计算机网络

李磊　陈静　主编

李向丽　谭新莲　副主编

清華大学出版社

北　京

内容简介

本书在介绍计算机网络基本原理和体系结构的基础上，系统讲述了应用层、传输层、网络层和数据链路层的重要协议，第 6 版互联网协议（IPv6）和 IP 多播技术以及计算机网络研究和应用领域中的一些高级主题。

为了帮助读者更好地理解抽象概念，本书利用 Wireshark 截获的真实网络数据，直观形象地讲述网络协议。通过对这些内容的学习，可以更加深入地理解计算机网络的原理，初步掌握网络协议分析的方法。本书可作为高等院校计算机类专业的本科生或研究生教材，对工程技术人员也有一定的参考价值。

图书在版编目（CIP）数据

计算机网络/李磊，陈静主编. —北京：清华大学出版社，2022.6
ISBN 978-7-302-60892-9

Ⅰ.①计… Ⅱ.①李… ②陈… Ⅲ.①计算机网络－高等学校－教材 Ⅳ.①TP393

中国版本图书馆 CIP 数据核字（2022）第 083232 号

责任编辑：汪汉友
封面设计：何凤霞
责任校对：李建庄
责任印制：宋　林

出版发行：清华大学出版社
网　　址：http://www.tup.com.cn，http://www.wqbook.com
地　　址：北京清华大学学研大厦 A 座　　**邮　　编**：100084
社 总 机：010-83470000　　**邮　　购**：010-62786544
投稿与读者服务：010-62776969，c-service@tup.tsinghua.edu.cn
质量反馈：010-62772015，zhiliang@tup.tsinghua.edu.cn
课件下载：http://www.tup.com.cn，010-83470236
印 装 者：三河市龙大印装有限公司
经　　销：全国新华书店
开　　本：185mm×260mm　　**印　　张**：25.75　　**字　　数**：627 千字
版　　次：2022 年 8 月第 1 版　　**印　　次**：2022 年 8 月第1 次印刷
定　　价：75.00 元

产品编号：089394-01

前　言

“计算机网络”课程知识面宽，理论性强，涉及许多抽象概念，本书按照读者接触计算机网络的顺序，分层介绍计算机网络的基本概念和网络协议，重点介绍 TCP/IP 协议族及其工作原理。为帮助读者更好地理解抽象概念，本书利用 Linux 网络虚拟化技术，设计虚拟实验网络环境，用 Wireshark 捕获真实的网络数据说明协议的操作细节，以更直观、更形象的方法讲述计算机网络的基本概念、协议和算法等。

本书共 8 章，按照如下方式进行组织。

第 1 章介绍全书使用的核心概念。主要内容包括网络边缘部分的接入网技术、网络核心部分的分组交换技术、分层的网络体系结构、控制平面和数据平面等基本概念。

第 2 章介绍 TCP/IP 体系结构中最基本的概念——IP 地址。主要内容包括 IP 地址的表示方法、IP 地址的编址方案、特殊用途的 IP 地址以及 IP 地址的规划和分配。

第 3 章介绍应用层协议原理以及相关的知识。主要内容包括万维网应用和超文本传送协议（HTTP）、域名系统（DNS）的原理、动态主机配置协议（DHCP）和电子邮件系统。

第 4 章介绍传输层的功能以及重要协议。主要内容包括端口的概念，传输层的多路复用，实现可靠传输的原理，用户数据报协议（UDP）的报文格式，传输控制协议（TCP）的报文格式以及连接管理、可靠传输、流量控制和拥塞控制等。

第 5 章介绍网络层的功能及重要协议。主要内容包括互联网协议（IP）和 IP 分组转发的算法，互联网控制报文协议（ICMP）及其应用实例，RIP、OSPF 和 BGP 等路由选择协议的基本原理，NAT 和 VPN 的基本原理，多协议标记交换（MPLS）的概念和典型应用。

第 6 章介绍数据链路层的功能以及重要协议。主要内容包括以太网协议和交换机的工作原理，无线局域网的组成、原理和 CSMA/CA 协议，点到点协议（PPP）的基本原理。

第 7 章介绍第 6 版互联网协议（IPv6）。主要内容包括 IPv6 的特点、IPv6 的地址结构和分组格式、ICMPv6 以及邻居发现协议和 IPv6 的过渡技术。

第 8 章介绍 IP 多播的相关技术原理。主要内容包括互联网组管理协议（IGMP）的原理、多播路由协议的原理以及几种典型的多播路由协议。

本书凝结了作者多年从事计算机网络教学的经验，在多方面听取意见和建议的基础上编写而成，既强调了计算机网络的基本原理，又力求反映计算机网络的最新发展。本书可以作为高校计算机类专业本科生或研究生的教材，对相关工程技术人员也有一定的参考价值。

本书提供了丰富的教辅材料，包括电子课件、思维导图以及 Wireshark 软件捕获到的网络数据文件，可以扫码下载使用。

本书的第 1、4、5、6 章由李磊编写，第 3 章由陈静编写，第 2 章由谭新莲编写，第 7、8 章由李向丽编写。本书编写过程中得到了单位同事的大力支持和帮助。此外清华大学出版社的相关编校人员也为本书的出版提供了很多帮助。在此,向他们表示衷心的感谢!同时也要感谢家人对我的理解和支持,使得我有足够的时间完成书稿。

网络技术发展很快,作者水平有限,难免会有疏漏和错误之处,敬请读者给予中肯的批评和建议。

作　者

2022 年 7 月

学习资源

目　　录

第1章 计算机网络概述

从古到今,人类共经历了5次信息技术的重大发展历程。每一次信息技术的变革都对人类社会的发展产生了巨大的推动力。最近一次信息技术变革是以电子计算机和通信卫星的出现为特征的。计算机网络是计算机和通信技术紧密结合而成的,对计算机系统的组织方式产生了深远的影响。近年来,随着计算机网络的迅速发展,信息的收集、处理、存储、传递、应用等都得到了空前的发展。互联网无疑是人类有史以来创造的最大系统,它将数以亿计的个人计算机、交换机、平板计算机、手机、游戏机、汽车、监控系统以及各种智能设备连接在一起。

本章主要讲述计算机网络的基础知识,内容包括计算机网络的定义以及互联网的诞生、发展和现状,互联网的标准化,计算机网络在我国的发展情况,网络边缘部分的接入网技术和传输介质,网络核心部分的交换技术以及分组交换网的性能,分层的网络体系结构,各层协议封装和解封、多路复用和分用的过程,以及控制平面和数据平面的基本概念。

1.1 计算机网络和互联网

关于计算机网络,目前并没有精确的定义。在 Larry L. Peterson 的《计算机网络：系统方法》(第5版)以及谢希仁的《计算机网络》(第7版)中均指出,计算机网络由一些通用的、可编程的硬件互连而成。计算机网络最重要的特性是通用性,它并非是为某一特定的应用而实现的。互联网是全球最大的计算机网络,它由众多的异构网络相互连接而成,是网络的网络。

许多人是通过各种应用程序接触和认识互联网的。例如,年轻人会通过互联网玩游戏、看视频,或者用微信、QQ聊天;成年人会通过网络搜索和查阅各种资料,利用电子邮件和即时通信软件联络他人和共享文件,利用互联网购物和交易股票;等等。互联网的连通性和资源共享两个特点为以上应用提供了支持。

1.1.1 互联网的诞生

计算机网络和互联网的诞生可以追溯到20世纪60年代。当时,电话网还是世界上占统治地位的通信网络。随着计算机技术的发展,计算机的重要性日渐凸显。如何将计算机连接在一起,使其中的信息能够被分散在不同地理位置的用户所共享,成为当时的一个研究方向。

计算机所产生的数据具有突发性,因此电话网的技术并不适用于计算机网络。当时,美国的麻省理工学院(MIT)、美国的兰德公司[①]和英国的国家物理实验室(NPL)这3家独立的研究团队共同提出了分组交换的概念并进行了相关研究工作,共同奠定了互联网的基础。

① 一家著名的综合性战略研究机构。

20世纪60年代早期，由MIT进入美国的高级研究计划局(Advanced Research Projects Agency，ARPA)的Lawrence Roberts负责着手筹建“分布式网络”，该网络后来命名为ARPANET，这就是国际互联网的前身。1969年5月，APRANET的第一台分组交换机安装在美国加州大学洛杉矶分校(UCLA)。最初的分组交换机称为接口报文处理机(interface message processor，IMP)。早期的分组交换机如图1.1所示。到了1972年，ARPANET已经发展成具有15台分组交换机的计算机网络。ARPANET上最初采用的是网络控制协议(network control protocol，NCP)控制主机到主机(host-host)的通信。

图1.1 早期的分组交换机

1.1.2 网络的网络

早期的ARPANET是一个单一的封闭网络，所有的主机必须连接到专用的接口报文处理机后才能进行通信。

自20世纪70年代起，ARPANET之外的其他分组交换网络也相继问世。夏威夷大学开发的ALOHANET是一个无线分组交换网，将瓦胡岛主校区的中央分时计算机与其他夏威夷岛屿上的用户连接在一起。Lawrence Roberts在离开ARPA后建立了第一个基于ARPANET技术的商用分组交换网——Telenet。此外，法国信息与自动化研究所(IRIA)运营了名为Cyclades的分组交换网，英国也建立了实验分组交换网络——EPSS。

除了DARPA[①]和其他机构进行的分组交换网研究外，还有许多重要的网络研究也在进行中。夏威夷大学的ALOHANET项目研究了如何使地理位置上分散的用户共享单一广播通信介质(相同的无线电频率)的方法，提出了第一个多路访问协议——ALOHA协议；美国的施乐(Xerox)公司的Metcalfe和Boggs研制了以太网协议，用于有线局域网络。以太网与微型计算机的结合使得局域网得到了快速的发展；1980年2月，IEEE 802委员会制定了一系列局域网标准。

随着计算机网络数量的增加，研究人员也逐渐意识到，将网络连接在一起的时机日渐成熟，如何将各种网络互连起来形成了新的研究方向。网络互连(internetting)的本质就是创建一个“网络的网络”。1973年，在DARPA的支持下，Vinton Cerf和Robert Kahn发表了题为《关于包交换网络的协议》的著名论文，提出不同计算机网络通过“网关”进行连接的概念，并设计了传输控制协议(transmission control protocol，TCP)。最初设计的TCP包括可靠传输功能(即今天TCP的功能)和网际转发功能(即今天互联网协议的功能)，随后的研究才将互联网协议(internet protocol，IP)从TCP中分离出来，然后又设计了用户数据报协议(user datagram protocol，UDP)。20世纪70年代末，TCP/IP协议族的3个重要协议TCP、IP和UDP在概念上已经完成。

1981年，IP(RFC791)和TCP(RFC793)正式发布。1983年，ARPANET完成了从

① 美国国防高级研究计划局(Defense Advanced Research Projects Agency，DARPA)，是美国国防部属下的一个行政机构。成立于1958年，最初的名称是高级研究计划局(Advanced Research Projects Agency，ARPA)，1972年3月改名为DARPA，但在1993年2月改回ARPA，1996年3月再次改名为DARPA。

NCP 到 TCP/IP 的迁移,具有网络互联能力的 TCP/IP 成为 ARPANET 上的标准协议。

1.1.3 互联网的发展

1983 年 8 月,BSD UNIX 4.2 版本发布,这是第一个包含 TCP/IP 实现的操作系统。随着以 BSD 4.2 为基础的商业产品迅速出现,TCP/IP 协议族得到了广泛实施。1985 年,美国国家科学基金会(National Science Foundation,NSF)利用 TCP/IP 建立了用于科学研究和教育的主干网 NSFNET。NSFNET 是一个三级计算机网络,分为主干网、地区网和校园网。1990 年,ARPANET 正式关闭。

1991 年,NSF 解除了对 NSFNET 用于商业目的的限制。因特网服务提供方(the Internet service provider,ISP)开始提供互联网接入服务。随着 ISP 的不断增加,NSFNET 逐渐被若干商用互联网取代,政府机构不再负责互联网的运营。1995 年,NSFNET 停止运作。

互联网的迅猛发展始于 20 世纪 90 年代。1989 年,欧洲原子核研究组织(CERN)的蒂姆·伯纳斯·李(Tim Berners Lee)发明了万维网(World Wide Web,WWW),蒂姆·伯纳斯·李和他的同事们定义了 HTML、HTTP、URL,并且研制了第一个 Web 客户端和服务器。随着图形化的浏览器软件的出现,万维网将互联网带入千家万户。万维网极大地方便了非专业人员对网络的使用,成为互联网迅猛发展的主要驱动力。作为一个平台,万维网开创了门户网站、搜索引擎、互联网商务和社交网站等。

万维网出现后,互联网进入爆炸性发展阶段,互联网主机数和用户数都得以飞速增长。根据国际互联网协会(Internet Society,ISOC)和互联网世界统计(internet world stats)网站的统计数据,1993 年互联网主机数量突破了 100 万台,到了 2001 年,互联网的主机数量已经超过 1 亿台,在 2005 年互联网用户数量突破 10 亿。1995—2020 年,互联网用户数的增长情况如图 1.2 所示。

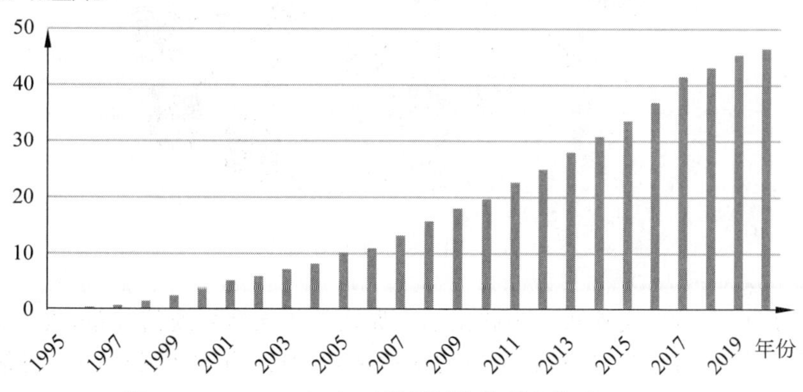

图 1.2　1995—2020 年互联网用户数增长情况

近年来,连接到互联网的计算设备不再局限于传统桌面 PC、笔记本计算机、Linux 工作站和各种服务器,越来越多的"物品"正在接入互联网。这些"物品"包括智能手机、平板计算机、电视机、智能手表、智能音箱、智能眼镜、智能家电、汽车、视频监控系统、家用安全系统和工业控制系统等。用互联网专业术语来描述这些"物品",它们都被称为主机(host)或端系统(end system)。

目前的互联网概况如图 1.3 所示。主机通过通信链路和分组交换机连接在一起。1.2 节将介绍多种类型的通信链路，不同的通信链路以不同的速率传输数据。当一台主机需要向另一台主机发送数据时，发送方会将数据分段并为每段数据增加首部，由此构成的“数据包”称为分组。分组到达目的主机后，再重新组装成原始数据。

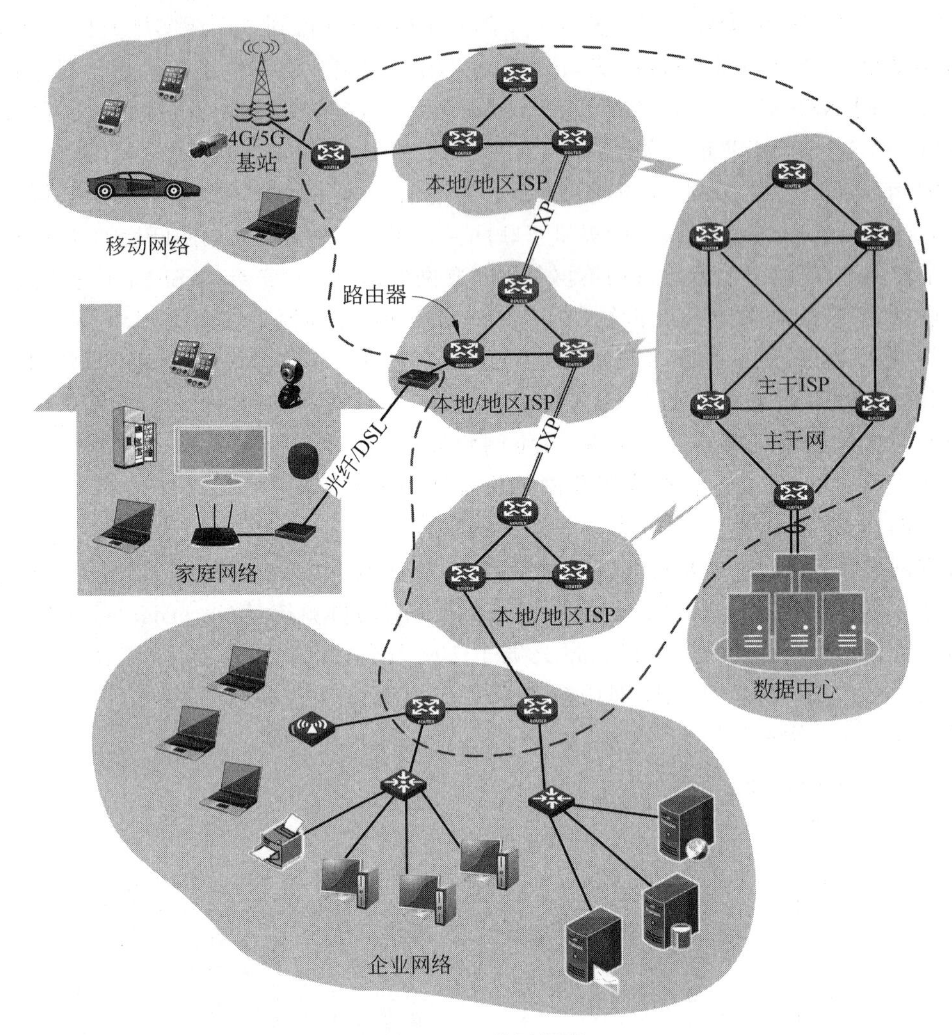

图 1.3　互联网概况

在互联网中，分组交换机称为路由器。路由器连接多条通信链路，负责将接收到的分组转发到另一条通信链路。经过路由器的多次转发，发送方主机发送的分组最终被送达接收方主机。互联网中，主机和路由器都称为结点(node)。

主机或端系统通过因特网服务提供方接入互联网。用户从 ISP 购买互联网接入服务，ISP 为用户的主机或端系统提供各种不同类型的网络接入，包括本地电话公司提供的光纤、DSL 等住宅宽带接入；机场、旅馆、医院或其他公共场所提供的 WiFi 接入；为智能手机或其他移动设备提供的蜂窝数据接入；为大型企业、学校等提供的专线接入等。ISP 也为因特网内容提供方(Internet content provider，ICP)提供接入服务，将其 Web 站点、视频服务器等接入互联网。因特网内容提供方能够为互联网用户提供文字、图像、音频和视频等各种媒体内容。

每个 ISP 都管理着一个由多台路由器和通信链路构成的网络，ISP 提供的网络规模可能是区域性、国家级甚至是国际范围。小型 ISP 向大型 ISP 购买流量，通过大型 ISP 提供的服务接入互联网。大型 ISP 之间可以通过交换流量的方式，以彼此对等的关系进行连接。在大型 ISP 网络中，用来连接多个区域或地区的高速网络称为主干网。国内的大型 ISP 有中国移动、中国联通、中国电信以及中国教育科研网等。

大型 ISP 网络覆盖很大的地理范围，有些 ISP 的网络会在地理位置重叠。位于相同城市的 ISP 可以将它们的网络连接到互联网交换点（internet exchange point，IXP 或 IX），以方便交换流量。世界各地有很多 IXP，一个 IXP 通常是一间放满了路由器的房间，每个 ISP 至少拥有一台路由器。在 IXP 内，所有路由器被网络连接起来，因此数据包可以从一个 ISP 转发到另一个 ISP。IXP 可以是超大型的，由拥有独立设施的中立机构运行和维护。全球最大的 IXP 是位于荷兰的阿姆斯特丹互联网交换中心（AMX-IX），国内著名的 IXP 有香港互联网交换中心（HKIX）等。大型 ISP 之间也可以不采用 IXP 模式，而以直连链路模式实现互联互通。

ICP 总是把它们的服务器放在互联网数据中心（internet data center，IDC），以获得优质的互联网接入条件。IDC 为 ICP 和企事业单位提供服务器托管、网站空间租用等大规模、高质量、安全可靠的互联网服务。目前，数据中心的托管业务已日益虚拟化，租用一台虚拟服务器司空见惯。

互联网的拓扑结构非常复杂，按工作方式不同，可以分为两部分。

（1）网络边缘。网络边缘由所有连接在互联网上的主机和接入网构成。网络边缘是用户可以直接使用的。

（2）网络核心。网络核心由 ISP 网络、其他网络以及连接这些网络的路由器组成。网络核心为网络边缘提供通信服务。

图 1.3 中，虚线框内画出的部分属于网络核心部分，虚线框外的部分属于网络边缘部分。1.2 节和 1.3 节中会分别介绍网络边缘和网络核心。

1.1.4 互联网标准化

经过 20 世纪 60 年代和 20 世纪 70 年代前期的发展，人们对计算机网络的技术、方法和理论的研究日趋成熟。为了促进网络产品的开发，各大计算机公司纷纷制定了自己的计算机网络标准。例如，美国的 IBM 公司推出了自己的系统网络体系结构（system network architecture，SNA）；DEC 公司推出了自己的数字网络体系结构（digital network architecture，DNA）。不同的网络体系结构出现后，相同公司生产的各种设备能够很容易地互连成网，但不同公司生产的设备很难互连。

为了使不同体系结构的计算机网络都能互连，国际标准化组织（International Standards Organization，ISO）于 1977 年成立了专门机构针对该问题，着手制定世界范围内互联网的标准框架，即开放系统互连参考模型（open systems interconnection reference model，OSI-RM），并于 1983 年发布了开放系统互连参考模型的正式文件，即著名的 ISO 7498 国际标准。但由于 TCP/IP 已经成为 BSD UNIX 的一部分，并随着 UNIX 的流行而得以迅速流行，基于 TCP/IP 协议族的互联网产品已抢先在全球大范围成功地运行，所以

TCP/IP 协议族成为互联网领域的事实标准。

在建立 ARPANET 时,美国国防部特意成立了一个非正式的委员会来监督它的运行。后来该委员会更名为互联网活动委员会(Internet Activities Board,IAB)。由 IAB 制定的互联网标准由一系列技术报告组成,这些技术报告称为征求意见稿(request for comments,RFC)。所有互联网标准都是以 RFC 的形式在互联网上发布的。

随着互联网规模的扩大,IAB 进行了重组,研究人员被重组到互联网工程部(Internet Engineering Task Force,IETF)和互联网研究部(Internet Research Task Force,IRTF)。1992 年,国际互联网协会(ISOC)成立,并将 IAB 纳入管理。随后 IAB 更名为互联网体系结构委员会(Internet Architecture Board,IAB),但其缩写词 IAB 保持不变。自此,形成了当前互联网标准的制定机构,其组织架构如图 1.4 所示。

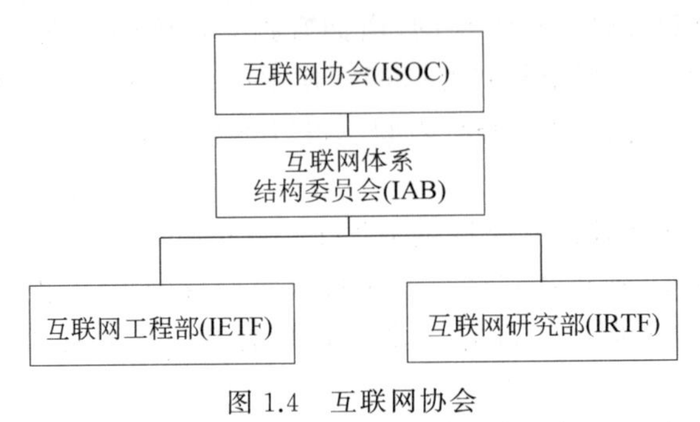

图 1.4　互联网协会

(1) 互联网工程部(IETF)。IETF 专注于处理短期的工程事项,由很多工作组(working group,WG)组成,每个组解决特定的问题,这些组被划分成若干领域。各领域的主席联合起来组成因特网工程指导组(Internet Engineering Steering Group,IESG),指导整个工作组的工作。

(2) 互联网研究部(IRTF)。IRTF 专注于长期的研究。类似于 IETF,IRTF 由很多研究组(Research Group,RG)组成,具体工作由因特网研究指导组(Internet Research Steering Group,IRSG)管理。

RFC 文档按照发表时间的先后顺序编号,如 RFC001。RFC 文档更新后再次发布,将会得到一个新的编号,在新文档中需要将旧版本的 RFC 文档标记为废弃(obsoletes)的。旧版本的 RFC 文档不会被删除。所有 RFC 文档都可以从互联网上免费下载,常用的下载 RFC 文档的网站是 https://www.rfc-editor.org/。并非所有的 RFC 文档都是互联网标准,互联网标准的制定需要花费很长时间,只有很少一部分 RFC 文档最终会成为互联网标准。

2011 年,RFC6410 规定,制定互联网的正式标准需要经过两个阶段:建议标准(proposed standard)和互联网标准(internet standard)。在 2011 年之前,制定互联网标准还需要经过草案标准(draft standard)阶段。RFC6410 同时规定,在新规定之前已发布的草案标准,如果已经达到互联网标准,就升级为互联网标准,否则仍采用发布时的名称。

在互联网领域,还有一个影响很大的标准化组织——万维网联盟(World Wide Web consortium,W3C)。万维网联盟最初由蒂姆·伯纳斯·李在美国 MIT 设立。后来,W3C 在欧洲数学与信息学研究联盟(ERCIM)设立了 W3C/ERCIM 总部,在日本庆应大学(Keio University)设立了 W3C/Keio 总部,在北京航空航天大学设立了 W3C/Beihang 总部。目前，W3C 由以上 4 个万维网联盟全球总部(W3C hosts)联合运营。

万维网联盟是 Web 技术领域最具权威的国际标准机构。到目前为止，W3C 已发布了四百多项影响深远的 Web 技术标准及实施指南，例如广为业界采用的超文本标记语言(hypertext markup language，HTML)、可扩展标记语言(extensible markup language，XML)等，有效促进了 Web 技术的互相兼容，对互联网技术的发展和应用起到了基础性和根本性的支撑作用。

此外，在标准化领域另一个有很大影响的组织是位于美国的电气与电子工程师协会(Institute of Electrical and Electronics Engineers，IEEE)。于 1980 年成立的 IEEE 802 委员会致力于研究局域网和城域网系列标准。在本书的后续章节，将学习其中一些标准。这一系列标准中的每一个子标准都由委员会中的一个专门的工作组负责。IEEE 802 委员会包括二十多个工作组，其中具有重要影响的工作组如表 1.1 所示。

表 1.1　部分 IEEE 802 工作组

编　　号	主　　题
IEEE 802.1	局域网体系结构、寻址、网络互联和网络
IEEE 802.3	以太网(Ethernet)
IEEE 802.11	无线局域网(wireless local area network，WLAN)、WiFi
IEEE 802.15	无线个人区域网(wireless personal area network，WPAN)
IEEE 802.16	宽带无线接入(broadband wireless access，BWA)、WiMAX

1.1.5　计算机网络在我国的发展

在我国，早期着手建设计算机广域网的是铁道部[①]。在互联网领域，中国兵器工业计算机应用技术研究所利用 TCP/IP 成功发送了我国第一封电子邮件，这封邮件以英德两种文字书写，内容是“Across the Great Wall we can reach every corner in the world(越过长城，走向世界)”。20 世纪 90 年代，我国注册了国际顶级域名 CN，并通过国际专线接入互联网，实现了与互联网的全功能连接，成为第 77 个接入互联网的国家。

20 世纪 90 年代中期以来，我国陆续建成了多个基于 TCP/IP 的全国范围的公用计算机网络，其中规模最大的有如下 5 个。

(1) 中国移动互联网(CMNET)。

(2) 中国联通互联网(UNINET)。

(3) 中国电信互联网(CHINANET)。

(4) 中国教育科研网(CERNET)。

(5) 中国科学技术网(CSTNET)。

2000 年前后，网易、搜狐、腾讯、新浪、百度、阿里巴巴等中国互联网的知名企业相继创立。随着我国互联网事业的蓬勃发展，网易邮箱、腾讯 QQ、百度搜索、支付宝、微信、抖音等互联网产品获得大量用户，不断影响着人们的生活方式。

---

① 2013 年，铁道部实行铁路政企分开，行政职责划入交通运输部。

2003 年，国务院批准了发改委等八部委联合领导的中国下一代互联网示范工程 CNGI，开始了我国下一代互联网的发展历程。根据中国互联网络信息中心（China Internet Network Information Center，CNNIC）2021 年 2 月发布的第 47 次《中国互联网络发展状况统计报告》，我国 IPv6 地址数量为 57634 个/32 地址块，早已跃居全球第一位。

2012 年，由我国大唐电信集团提出的 TD-LTE 技术规范被国际电信联盟（International Telecommunication Union，ITU）确定为第四代移动通信国际标准。标志着中国在移动通信标准制定领域再次走在了世界前列，为 TD-LTE 产业的后续发展及国际化提供了重要基础。目前，5G 时代已经到来，中国 5G 产业正处于快速发展阶段，在政策支持、技术进步和市场需求的驱动下，取得了不错的成绩。

1.2 网络边缘

网络边缘由所有连接在互联网上的主机及接入网构成，如图 1.3 所示。图中，虚线框外的部分即网络边缘。互联网上的主机在功能上会有较大的差别，小的主机可以是个人计算机或者是智能手机，大的主机可以是大型计算机甚至是超级计算机。随着物联网（internet of things，IoT）、车联网（internet of vehicles，IoV）等技术的发展，智能手表、智能眼镜等智能可穿戴装备、智能音箱、智能家电、汽车、车载设备以及各种传感器都可以作为主机与互联网上的其他主机进行通信。

互联网边缘是直接面向用户的，处于网络边缘的主机利用互联网核心部分提供的服务，与其他主机互相通信和交换信息。人们通常用端系统之间的交互或者主机之间的通信来描述这个过程。主机之间的通信，实质上是主机上的某个进程与另一台主机上的某个进程之间的通信。主机之间通信的方式分为两种：客户-服务器方式和对等网络方式。这两种通信方式会在第 3 章介绍。

接入网是指将主机连接到其边界路由器的网络，边界路由器指进入互联网核心部分后连接的第一台路由器。在家庭、企业、公共场所、移动环境等不同的应用环境中，接入网可以采用多种不同的接入技术。目前，常用的互联网接入技术有 ADSL、光纤同轴混合网、FTTH、以太网接入、WiFi 接入以及蜂窝移动接入等。

在不同的接入网中，使用了不同的传输介质。例如，ADSL 使用的是双绞线，光纤同轴混合网中使用的是光纤和同轴电缆，FTTH 技术中使用的是光纤，以太网接入使用的是双绞线和光纤，WiFi 接入和蜂窝移动接入使用的都是自由空间。

1.2.1 接入网

1. ADSL 接入

非对称数字用户线（asymmetric digital subscriber line，ADSL）是数字用户线（digital subscriber line，DSL）技术中最流行的一种。ADSL 技术通过对已有的模拟电话用户线进行改造，便可使其承载数字业务。ADSL 技术常用于家庭用户接入互联网，也有某些微型企业用户采用 ADSL 技术接入互联网。

基于 ADSL 的接入网由数字用户线接入复用器（digital subscriber line access multiplexer，DSLAM）、用户线、语音分离器以及 ADSL 调制解调器等组成，如图 1.5 所示。

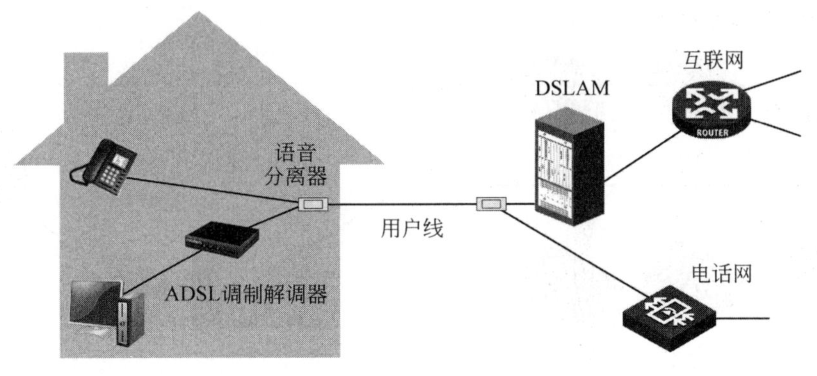

图 1.5　ADSL 接入网

ADSL 通过频分多路复用技术把用户线分成电话、上行数据(从用户到 ISP)和下行数据(从 ISP 到用户)3 个相对独立的信道,从而避免了相互之间的干扰。用户可以边打电话边上网。

ADSL 在用户线的两端各安装一个 ADSL 调制解调器。ADSL 调制解调器也称为 ADSL 线路收发器(ADSL transceiver unit,ATU),在用户家中所用的 ADSL 线路收发器称为 ATU-R,其中 R 表示远端(remote),在局端的 ADSL 线路收发器称为 ATU-C,其中 C 表示局端(central office)。一组 ATU-C 侧的集中控制管理单元(management entity,ME)以及它们之间的背板连接链路共同组成了 DSLAM。

语音分离器是一个无源的设备,在用户端和局端各有一个语音分离器,它利用低通滤波器将电话信号和 ADSL 信号分离。采用无源的语音分离器,即使停电也不会影响传统电话的使用。

ADSL 技术在不断发展过程中还推出了 ADSL2 和 ADSL2＋标准。ADSL 标准规定,上行和下行速率分别要达到 640kb/s 和 6Mb/s。ADSL2 通过提高调制效率、减小帧开销、提高编码增益等一系列措施,改进了 ADSL2 系统的传输性能,支持上行 800kb/s,下行至少 8Mb/s 速率。ADSL2＋标准在 ADSL2 的基础上又进行了扩展,将频谱范围从 1.1MHz 扩展到 2.2MHz,增加了子信道的数目,因此 ADSL2＋支持的下行速率可达 16Mb/s,上行速率仍保持在 800kb/s。ADSL 的实际传输速率受限于用户线的质量和 ISP 提供的分级服务,因此 ADSL 接入网用户取得的上行和下行速率会小于上述速率。

2. 光纤同轴混合网

光纤同轴混合网(hybrid fiber coax,HFC)是一种利用有线电视网已有的基础设施提供宽带接入的网络。光纤同轴混合网既可以提供传统的电视服务,也能够提供电话和互联网接入服务。HFC 通常用于家庭用户接入互联网。

HFC 接入网数据传输系统的基本构成如图 1.6 所示。光纤从头端连接到光纤结点,在光纤结点,光信号被转换成电信号,然后通过同轴电缆连接到用户家庭。用户家庭需要使用电缆调制解调器(cable modem,CM)才能将计算机接入 HFC。在光纤头端,电缆调制解调器终端系统(cable modem termination system,CMTS)将来自用户家庭中 CM 的模拟信号转换成数字信号并发往互联网。

适用于 HFC 的同轴电缆数据接口规范(data over cable service interface specifications,

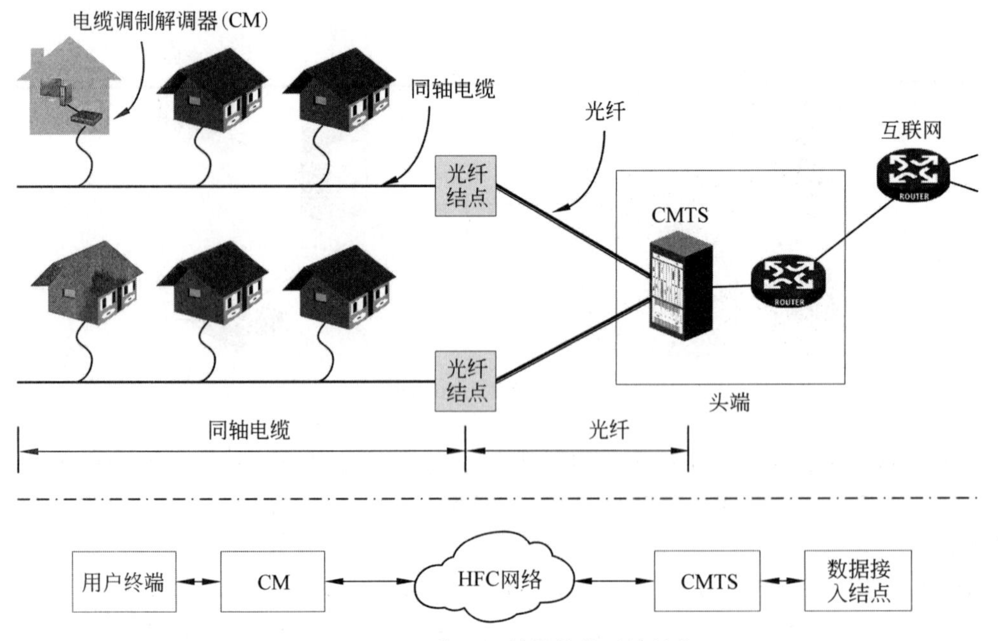

图 1.6　HFC 接入网数据传输系统结构

DOCSIS)最初仅能提供上行 10Mb/s,下行 40Mb/s 的速率。目前,最新的 DOCSIS 3.1 标准,上下行速率最高均可达 10Gb/s。HFC 的特征是共享传输介质,即多个用户家庭共享同一段同轴电缆,如果多个用户同时上网,每个用户的实际速率将大大低于 HFC 的最高速率。

3. FTTH 接入

光纤到户(fiber to the home,FTTH)是 FTTx 技术的一种,其中 x 代表光纤线路的目的地。常见的 FTTx 包括光纤到驻地(fiber to the premise,FTTP)、光纤到小区(fiber to the zone,FTTZ)、光纤到大楼(fiber to the building,FTTB)等。顾名思义,FTTH 是指从本地中心局直接到家庭提供一条光纤路径。FTTH 有多种实现方案,最常用的 FTTH 实现方案是无源光网络(passive optical network,PON)。

PON 是一种点对多点的光纤接入技术,需要在光纤干线和用户之间敷设一段光分配网络(optical distribution network,ODN)。所谓"无源"是指在 ODN 中不含任何有源电子器件及电源,全部都由无源器件组成。无源光网络由局侧的光线路终端(optical line terminal,OLT)、用户侧的光网络单元(optical network unit,ONU)以及无源分光器(passive optical splitter,POS)组成,如图 1.7 所示。

PON 的种类很多,如窄带 PON、APON(ATM PON)、ERON(Ethernet PON)和 GPON(gigabit-capable passive optical network)等。窄带 PON 技术是最早被提出的 PON 技术,仅能提供接入速率在 2Mb/s 以下的窄带业务。APON 技术是 20 世纪 90 年代中期开发完成的,产品价格偏贵。随着 ATM 协议的逐渐退出,APON 未能得到广泛应用。

EPON 是随着以太网的高速发展,将经济的以太网协议与 PON 的传输结构结合起来的技术。EPON 的优点在于与现有的以太网兼容性好,协议成熟,成本较低,易于扩展。2004 年,IEEE 802.3EFM 工作组发布了 EPON 标准——IEEE 802.3ah,支持上行、下行传

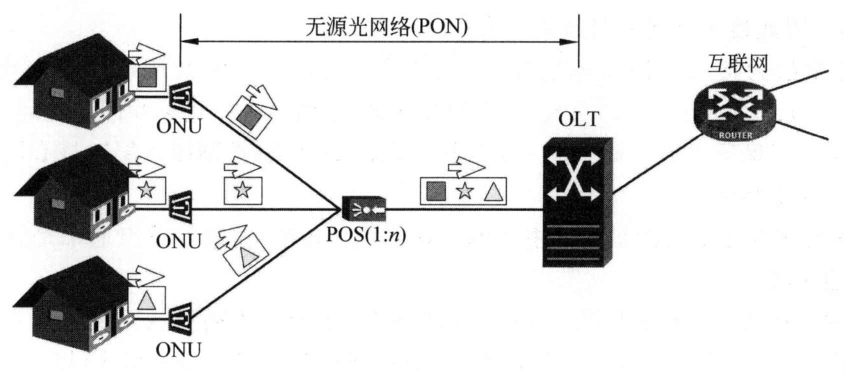

图 1.7 FTTH 接入网

输速率 1Gb/s。

GPON 由全业务接入网(full service access networks,FSAN)论坛提出。GPON 与 EPON 相比,带宽更大,业务承载更高效,分光能力更强,能实现更多用户接入,且更注重多业务和 QoS 保证。GPON 的下行传输速率可达 2.5Gb/s,上行速率可达 1.25Gb/s。

4. 以太网接入和 WiFi 接入

在公司、校园或者其他机构中,通常使用局域网将主机连接到边界路由器。局域网技术有很多种类型,经过多年的发展,以太网仍是主流的局域网技术。通过以太网将主机连接到边界路由器的方法,称为以太网接入。近年来,无线局域网得到了快速发展。为了方便笔记本计算机、智能手机等设备连接互联网,在公司、校园或者人员较密集的公共场所等,通常提供无线局域网接入互联网的方式。基于 IEEE 802.11 技术的无线局域网接入,也称为 WiFi 接入。以太网接入和 WiFi 接入如图 1.8 所示。

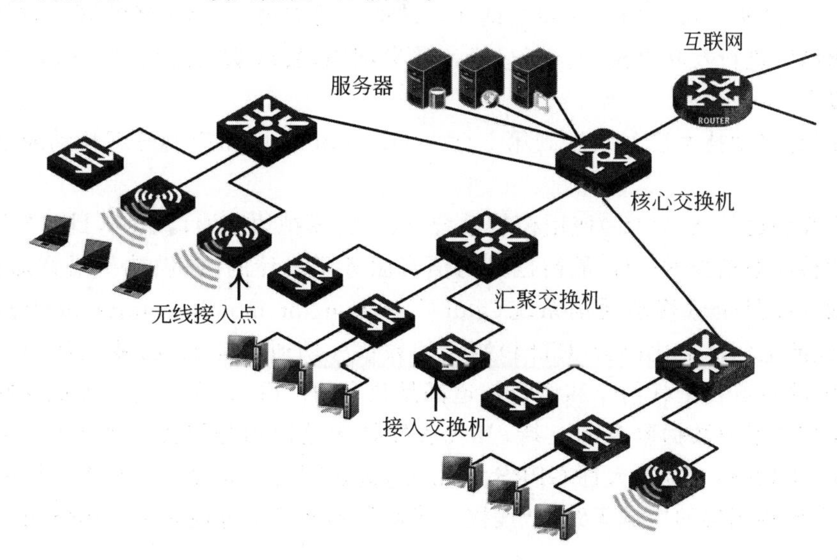

图 1.8 以太网接入和 WiFi 接入

中大型公司或机构的局域网拓扑结构比较复杂,通常被设计为 3 层结构:接入层、汇聚层和核心层。

(1) 接入层的功能是允许用户主机利用双绞线、无线接入等方式连接到网络;接入层直接面向用户，因此接入层交换机通常具有较多的端口。

(2) 汇聚层为接入层提供地址聚合、认证管理等服务。汇聚层可以利用虚拟局域网(virtual local area network，VLAN)进行网段划分，进而可以防止某些网段的问题蔓延或影响到核心层。汇聚层也可以提供接入层各网段之间的互连，控制接入层对核心层的访问，保证核心层的安全和稳定。

(3) 核心层的主要功能是实现主干网之间的优化传输，其设计重点通常是冗余能力、可靠性和传输速度。

局域网拓扑结构并非都如图1.8所示的那么复杂，有些小型局域网仅包括几台交换机。用户通过以太网或WiFi方式接入局域网后，就可通过路由器与ISP相连，接入互联网。

通过WiFi接入网络并不局限在企业、公司或者机构内部，在咖啡馆、饭店、医院、机场、酒店、商业中心等公共场所，均可提供WiFi接入。这些公共场所的无线接入点通过有线方式连入局域网后，可以根据场所的实际情况，利用ADSL、FTTx等不同的接入技术与ISP相连，最终连接互联网。

除了无线接入点外，常见的WiFi接入设备还有无线路由器。无线路由器不仅具有WiFi接入能力，还具有简单的路由功能。随着硬件设备价格的不断下降，无线路由器已成为用户家庭中常见的网络设备。如图1.3所示，家庭用户通过ADSL、FTTH或HFC接入互联网后，可以利用无线路由器将家庭中的笔记本计算机、智能手机、智能家电等无线终端接入互联网。

以太网技术和WiFi技术会在第6章详细介绍。

5. 蜂窝移动接入

WiFi接入的覆盖直径为10～100m。当需要无线互联网接入，但附近又没有无线接入点时，该如何处理呢？鉴于蜂窝移动电话在全球的广泛应用，一个自然的策略就是利用现有的蜂窝移动网络进行互联网接入。通过蜂窝移动网络，将端系统连接到互联网的方法称为蜂窝移动接入。

目前，蜂窝移动技术已经发展到第5代(generation，G)，相应的蜂窝移动通信标准已经推出。

第1代移动通信技术(1G)使用模拟系统，仅提供模拟语言通信服务，目前早已被淘汰。

第2代移动通信技术(2G)最初也是为语音服务而设计的，提供数字语音通信服务，最具代表性的标准是全球移动通信系统(global system for mobile communications，GSM)。GSM是由欧洲电信标准化协会(ETSI)制定的数字移动通信标准，已被全球100多个国家采用。GSM的特点在于其信令和语音信道都是数字的。后来，为了能够提供互联网接入服务，2G系统扩展了对数据服务的支持，其代表性技术是通用分组无线业务(general packet radio service，GPRS)。也有人称GPRS为2.5G，这是因为它是基于GSM系统的无线分组交换技术，提供端到端的广域无线IP连接。蜂窝移动通信系统就是从GPRS开始提供互联网接入服务的。

第3代移动通信技术(3G)提供数字语音和数据通信服务，并且对数据通信做了很大改进，以支持宽带多媒体业务。国际电信联盟(ITU)于2000年批准了3个3G移动通信系统标准，它们都是在码分多路访问(code division multiple access，CDMA)技术的基础上开发的，分别是美国提出的CDMA2000、欧洲提出的宽带码分多路访问(wideband CDMA，

WCDMA)和中国提出的时分同步码分多路访问(time division-synchronous code division multiple access，TD-SCDMA)。威迈(world interoperability for microwave access，WiMAX)全称为微波接入的世界范围互操作。2007 年，ITU 将威迈作为第 4 个 3G 标准。WiMAX 起源于计算机领域，是基于 IEEE 802.16 标准的宽带无线接入城域网技术。

第 4 代移动通信技术(4G)有两个重要特点：全 IP 核心网和长期演进(long term evolution，LTE)无线接入网。在 3G 网络中，语音和数据流量具有分离的网络组件和路径。而在 4G 网络中，提供了统一的全 IP 网络体系结构，语音和数据都承载在 IP 分组中。LTE 是由第三代合作伙伴计划(the 3rd Generation Partnership Project，3GPP)组织制定的移动通信系统技术标准，从名称 LTE(长期演进)就可看出，从 3G 到 4G 的过渡需要较长的时间。LTE 分为时分双工 TDD-LTE 和频分双工 FDD-LTE 两种模式。LTE 的最初版本是 3GPP 制定的 Release 8，其后续演进版本 Release 10 和 11 被确定为 4G 标准。

蜂窝移动接入网如图 1.9 所示，其中术语解释如下。

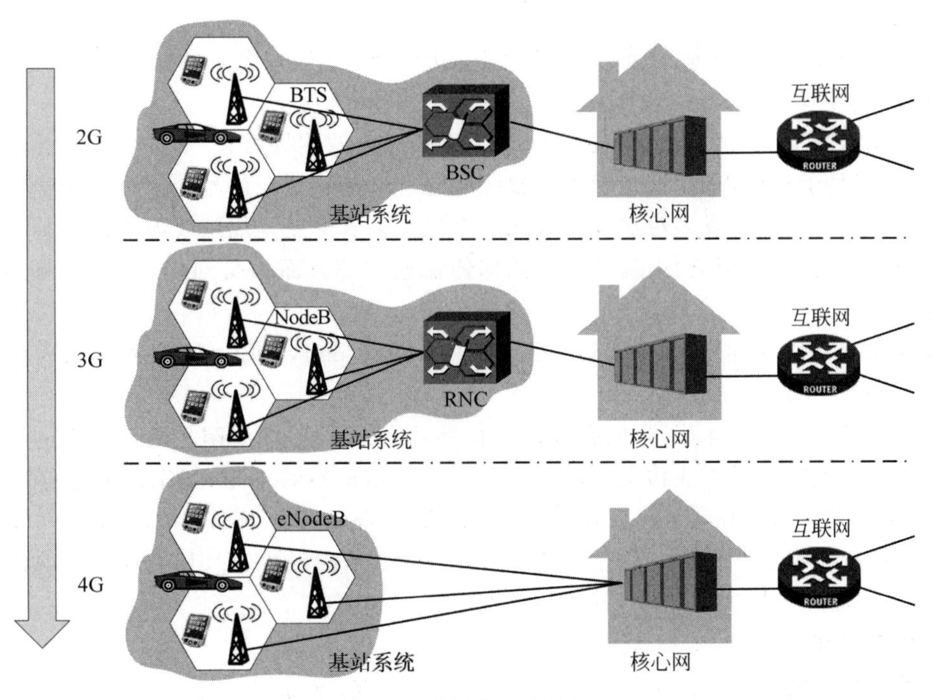

图 1.9　蜂窝移动接入网

(1) BTS：BTS(base transceiver station，收发基站)属于基站系统的无线部分，每个蜂窝小区(cell)都包含一个收发基站，负责向位于本小区内的移动站点发送或接收信号。

(2) BSC：BSC(base station control，基站控制器)在基站系统中起控制器和话务集中器的作用，基站控制器负责分配信道、呼叫处理以及移动用户的切换等工作。一个基站控制器通常可以控制数十个收发基站。

(3) NodeB：在 3G 网络中收发基站被称为 NodeB。

(4) RNC：无线电网络控制器(radio network controller，RNC)是 3G 网络中的主要网元，具有呼叫处理、链路管理以及移动用户的切换等功能。一个无线电网络控制器通常控制几个小区的基站。

(5) eNodeB：演进型 NodeB(evolved NodeB)是4G网络中的基站。相比于3G网络中的NodeB，eNodeB集成了部分RNC的功能。由于4G基站系统中取消了RNC，使RNC的功能一部分给了eNodeB，另一部分给了核心网。

2G、3G和4G通信网络间的核心技术有很大差别，这些内容不在本书介绍范围。

1.2.2 传输介质

传输介质也称为传输媒体或传输媒介。将数据从一个结点传送到另一个结点时，实际采用的传输介质可以有多种选择。每一种传输介质都有自己的特点，因此适用于不同的场合。传输介质可以分为两类：导引型传输介质和非导引型传输介质。导引型传输介质也称为有线传输介质，电磁波在导引型传输介质中沿着固态的介质传播。常见的导引型传输介质有双绞线、同轴电缆和光纤。非导引型传输介质指自由空间，电磁波在非导引型传输介质中的传输通常称为无线传输。

1. 双绞线

双绞线是最常用的传输介质，不论是家庭、办公室、学生宿舍中的网络，还是校园网、企业网，都离不开双绞线。

双绞线由两根不同颜色的铜导线组成。两根绝缘的铜导线按一定要求互相缠绕在一起，可降低信号干扰的程度，这是因为两根缠绕在一起的导线在信号传输过程中辐射出的电波会相互抵消。把一对或多对双绞线放在一个绝缘套管中就是双绞线电缆。与其他传输介质相比，双绞线在传输距离、信道宽度和数据传输速率等方面均受到一定限制，但其价格较为低廉。

双绞线可分为非屏蔽双绞线(unshielded twisted pair，UTP)和屏蔽双绞线(shielded twisted pair，STP)。

屏蔽双绞线增加了屏蔽层，能有效地防止外部电磁干扰，同时阻止内部产生的辐射干扰其他设备。在美国电子工业协会(Electronic Industries Association，EIA)和电信工业协会(Telecommunications Industry Association，TIA)联合发布的EIA/TIA568系列标准中规定了多种双绞线电缆。其中，五类线、超五类线和六类线属于UTP，其中六类线的传输速率可达1Gb/s，而七类线属于STP，其传输速率可达10Gb/s。

2. 同轴电缆

同轴电缆由内到外共分4层，分别是导体铜制芯线、绝缘层、屏蔽网层以及保护塑料外层，与双绞线相比，同轴电缆的屏蔽性能好，抗干扰能力强。

同轴电缆可分为两类，一类是50Ω同轴电缆，另一类是75Ω同轴电缆。在局域网发展初期，50Ω同轴电缆曾被广泛地使用。但随着技术的发展，已经被双绞线代替。75Ω同轴电缆主要应用于有线电视网络，在HFC接入网中也有大量应用。

3. 光纤

光纤是光导纤维的简称，其构造和同轴电缆相似，只是没有网状的屏蔽层。光纤的中心是用于光传播的玻璃芯，纤芯外面包围着一层折射率比纤芯低的玻璃封套，用于使光信号保持在纤芯内传播。再外面是一层薄的塑料外套，用来保护玻璃封套。

(1) 多模光纤。光纤利用了光的全反射现象进行信号传输。由于任何以大于临界值入射的光线，都可以发生全反射，因而不同入射角的光线在传输介质内部以不同的反射角传播。可以认为每一束光线有一个不同的模式,具备这种特性的光纤称为多模光纤。在多模光纤中,纤芯的直径是 15～50μm,如图 1.10(a)所示。

(2) 单模光纤。当光纤的直径减少到与一个光波波长相等的时候,光在其中传播时不经过反射,而是沿直线传播,这就是单模光纤。单模光纤的纤芯直径为 8～10μm。单模光纤的价格比多模光纤贵,但其衰耗小,传输距离比多模光纤远,如图 1.10(b)所示。

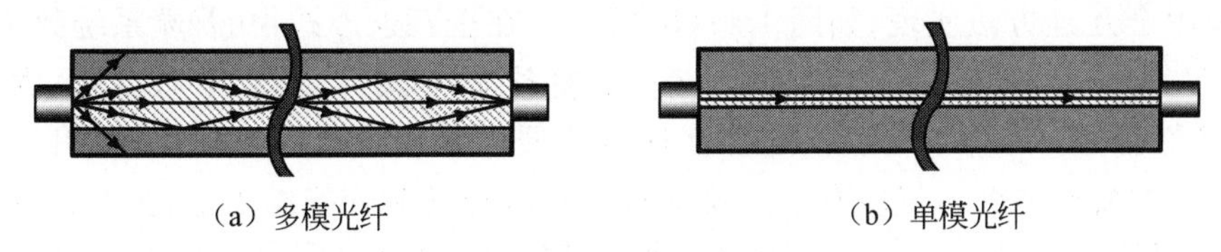

(a) 多模光纤　　(b) 单模光纤

图 1.10　多模光纤和单模光纤

光纤广泛应用于互联网中的主干网,ITU-T 制定的同步数字体系(synchronous digital hierarchy,SDH)国际标准是光纤链路上使用的数字传输标准。SDH 标准链路的传输速率为 155.52Mb/s～39.8Gb/s。其基本速率 155.52Mb/s 称为第 1 级同步传输模块(synchronous transfer module,STM),即 STM-1。其他标准速率被称为 STM-n,其传输速率等于 $n\times155.52$Mb/s。目前常用的标准包括 STM-1、STM-4、STM-8、STM-16、STM-32、STM-64 和 STM-256。

4. 非导引型传输介质

电磁波在自由空间中是全方向传播的,因此自由空间被称为非导引型传输介质。WiFi 接入和蜂窝移动接入都使用了自由空间作为传输介质。无线传输可使用的频段很广,其中多个已被人们用于通信。

无线信道大致分为 3 类:第一类运行在 1～2m 的很小范围内;第二类运行在几十到几百米的区域内;第三类运行在数千或数万米的区域内。WiFi 接入使用的是第二类无线信道,而蜂窝移动接入使用的是第三类无线信道。

无线电频谱资源的使用,通常需要得到本国政府管理机构的许可。但有一些无线电频带是可以自由使用的,如美国的工业、科学和医疗(industrial scientific medical,ISM)频带。WiFi 接入就使用了其中的 2.4GHz 和 5GHz 频带。

微波通信在数据通信中也占有重要地位。微波的频率为 300MHz～300GHz,在空气中直线传播,并且会穿透电离层进入宇宙空间。传统的微波通信方式有地面微波接力和卫星通信两种。微波通信常用来传输电话、电报和图像等信息。

1.3 网络核心

网络核心部分由 ISP 网络、其他网络以及连接这些网络的路由器组成,如图 1.3 所示。图中,虚线框内的部分即网络核心部分。网络核心部分为网络边缘部分的主机提供通信服务,使任何一台主机都能和其他主机进行通信。

计算机网络采用分组交换方式,路由器是网络核心部分最重要的设备,是实现分组交换的关键构件,其作用是将收到的数据分组转发到另一个网络。

1.3.1 交换的方式

一个最简单的通信系统由两个端系统和连接它们的传输线路构成。实现这种通信系统所用的通信方式称为点对点通信，如图 1.11(a)所示。当一个通信系统中存在多个端系统时，人们希望其中任意两个端系统之间都可以进行点对点通信。在端系统数量很少时，可以采用全互连方法实现，如图 1.11(b)所示。在全互连方式中，若端系统数为 N，则需要互连线 $N(N-1)/2$ 条。当增加第 $N+1$ 个端系统时，必须增设 N 条线路，因此这种互连方式经济性很差。当 N 很大时，这种互连方式便无实用价值。于是，人们引入了交换设备(即交换机或交换结点)，将所有端系统通过用户线连接到交换结点上，由交换结点控制任意端系统之间的连接，如图 1.11(c)所示。当端系统分布的区域较广时，就需设置多个交换结点，再将交换结点之间用中继线相连，如图 1.11(d)所示。当交换的范围更大时，多个交换结点之间的连接也不能采用全互连方式，而需要再次引入交换结点，由此就形成了交换网，如图 1.11(e)所示。

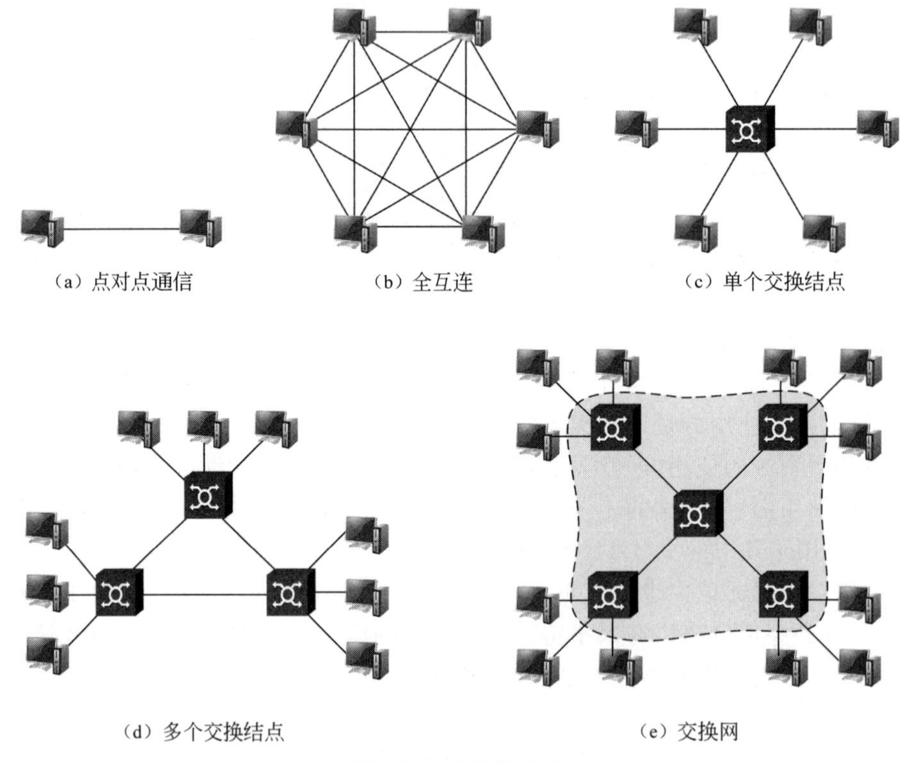
(a) 点对点通信　(b) 全互连　(c) 单个交换结点

(d) 多个交换结点　(e) 交换网

图 1.11　交换的引入

综上所述，实现通信必须要有 3 个要素：端系统、传输和交换。在通信网络中有多种交换方式，其中最典型的是电路交换、分组交换和报文交换 3 种。传统的电话网络采用的是电路交换方式，计算机网络采用的是分组交换方式，早期的电报网络采用的是报文交换方式。从通信资源分配的角度看，交换就是按照某种方式分配传输线路的资源。

1. 电路交换

电路交换是最早的交换方式，传统的电话网络采用的就是电路交换方式，电话机就是其通信终端(端系统)。电路交换属于通信资源的预分配系统。在使用电路交换通话之前,首先需要通过拨号的方式请求建立连接。当被叫用户听到振铃并摘机接听后,从主叫终端到被叫终端就建立了一条连接,这是一条专用的物理通路。连接建立的过程就是分配通信资源的过程。在一次通信中,预先分配的通信资源自始至终由这一对终端使用,不管电路上是否有信息传输,电路一直被占用,直到通信双方释放连接为止。

电路交换必须经过建立连接、数据传输、释放连接3个步骤,这种交换方式属于面向连接的交换方式。电路交换中,交换结点之间的中继线通常具有较高的带宽。多路电话信号可以通过频分多路复用、时分多路复用等多种信道多路复用技术共享带宽资源。需要强调的是,中继线的带宽资源在建立连接阶段已经预先分配给通话的双方了,在通话的全部时间内,通话的两个终端始终占用这个端到端的通信资源。

电路交换的特点是固定分配资源,而计算机网络中主机发送的数据具有突发性,链路上用来传送数据的时间比例不高。如果在计算机网络中采用电路交换方式,通信资源的利用率会极低。因此,电路交换方式不适用于计算机网络通信。

2. 分组交换

分组交换的提出可以追溯到20世纪60年代早期。分组交换技术的出现奠定了互联网发展的基础。通常将待发送的完整数据块称为报文(message)。在分组交换中,当发送方主机发送报文时,会将报文分成较小的数据段,并在每个数据段前面增加一些控制信息,以此构成分组(packet),分组有时也称为包。发送方增加的控制信息称为首部(header),有时也称为包头。分组是互联网中传输的数据单元。在互联网中,分组交换结点称为路由器。

分组交换采用存储转发机制。路由器收到一个分组后,先暂时存储起来,然后检查分组首部,根据首部中的控制信息,找到合适的接口将分组转发出去,将分组交给下一个路由器处理。以此类推,路由器以存储转发的方式逐跳(hop)处理,最终将分组交付目的主机。

互联网核心部分如图1.12所示,路由器之间的网络简化为一条链路,以突出路由器的作用。当主机 H_1 向主机 H_4 发送数据时,主机 H_1 先将分组逐个发往其边界路由器A,路由器A暂时存储收到的分组,然后根据分组首部中的控制信息,决定将分组转发给F;路由器F收到分组后,同样采用存储转发机制将分组转发给路由器C;路由器C继续采用存储转发机制将分组转发给目的主机 H_4。在分组从 H_1 向 H_4 转发的过程中,分组是逐段占用通信资源的。也就是说,当分组在链路A-F上传输时,其他通信链路资源并不被当前通信的双方所占用;即使是链路A-F,也仅当分组正在此链路上传送时,资源才被占用,其余空闲时间,该链路资源可以用来传输其他分组。假定在主机 H_1 向主机 H_4 发送分组的同时,主机 H_7 也在向主机 H_5 发送分组,两次通信所发送的分组都会通过链路F-C。链路F-C上的带宽资源并不会预先分配给某一次通信。路由器F收到的来自于主机 H_1 和主机 H_7 的分组,在向路由器C转发时,都需要进入路由器的输出接口队列进行排队,按需占用链路F-C的带宽资源。链路F-C上的带宽资源不属于任何一次通信,可以为多次通信所共享,其通信资源的利用率较高。

通过以上分析发现,采用存储转发机制的分组交换方式,实质上是通信资源的动态分配系统。这种资源分配方式对于发送突发式的计算机数据非常合适,可以大大提高通信资源的利用率。

分组交换包括虚电路(virtual circuit,VC)和数据报(datagram)两种方式。

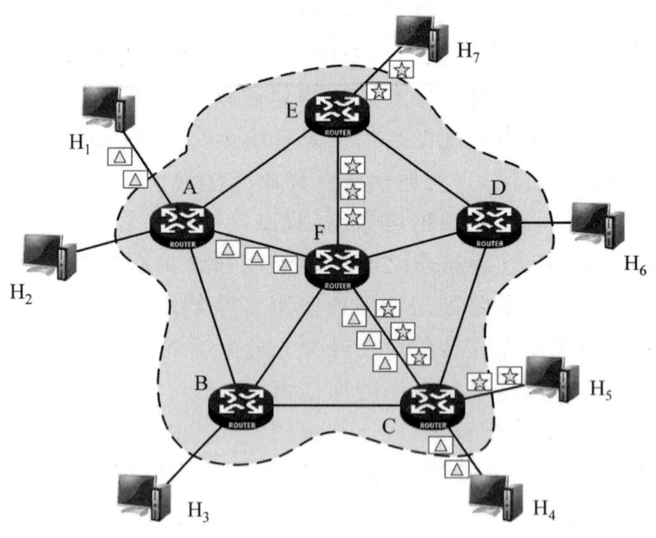

图 1.12 分组交换示意图

1）虚电路方式

采用虚电路方式进行分组交换时，主机在进行通信之前，应该先建立逻辑上的连接。建立连接时，发送方主机发送“连接建立请求”分组，该分组包括目的主机的地址以及为该连接在输出接口上分配的虚电路标识，网络中的每一个路由器都会为该分组选择输出接口，为该连接在输出接口上分配虚电路标识，并在路由器内建立输入接口上的虚电路标识与输出接口上的虚电路标识之间的对应关系。在目的主机同意建立虚电路后，便可建立连接，进入数据传输阶段。

在数据传输阶段，双方主机通过数据分组相互通信，在数据分组中不必再包含双方地址信息，而只需填写虚电路标识，路由器根据虚电路标识转发分组，直到将数据传送到对方。一旦虚电路建立，数据分组将沿着已建立的路径通过网络，按发送顺序到达目的主机。

数据传输完毕后，通信双方都可以主动释放虚电路连接。

图 1.13(a)是虚电路方式的分组交换示意图，主机 H_2 与 H_6 之间的交换分组都沿着事先建立的虚电路进行传送。

与电路交换中的物理连接不同，虚电路只是一条逻辑连接，并不独占电路。在一条物理线路上可以同时建立多个虚电路，以达到资源共享目的。以虚电路方式进行分组交换时，在通信过程中需要经过建立连接、传输数据和释放连接 3 个阶段，因此也属于面向连接的交换方式。

2）数据报方式

采用数据报方式进行分组交换时，主机在进行通信时，不需要建立连接。每个分组都进行独立发送，与其前后的分组无关。每个分组的首部中都包含目的地址，路由器会为每个分组独立地选择路由，因此不同的分组可能会沿着不同的路径到达目的主机，到达目的主机的分组也可能失序，即不按发送顺序到达。

如图 1.13(b)所示，主机 H_2 与 H_6 之间的交换分组可各自独立地选择路由，并最终到达 H_6。

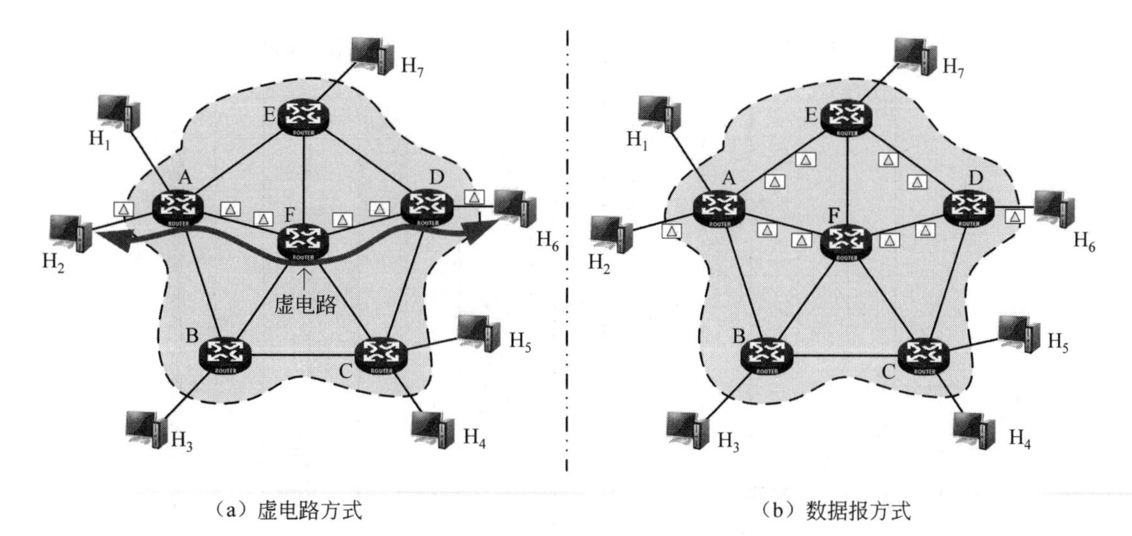

（a）虚电路方式　　（b）数据报方式

图 1.13　分组交换的两种方式

在通信过程中，以数据报方式进行分组交换不需要经过建立连接等步骤就可直接进行数据传输，这种交换方式称为无连接交换。在互联网中，就是通过数据报方式进行分组交换的。在本书的后续章节中，如未特别指明，分组交换均代表以数据报方式进行分组交换。

虽然采用分组交换方式可使资源利用率得到提高，但也会带来一些新的问题。例如，分组在各路由器中存储转发时，需要在队列中排队，这会造成一些延迟；此外，每个分组的首部中都包含一些控制信息，这会带来一定的开销。

3. 报文交换

存储转发这种动态分配通信资源的方法并不是分组交换的首创，早期的电报网络采用的报文交换方式也采用了存储转发方式。报文交换与分组交换的区别在于，前者传输的数据单元是一个完整的报文，而后者传输的数据单元是较小的分组。当需要跨越多个结点进行通信时，分组交换的延迟要远小于报文交换。

4. 3 种交换方式的比较

假定通信双方在发送数据时得到的带宽资源是一样的，即每秒能够发送的数据量相同，则电路交换、分组交换和报文交换在发送数据时的时序图如图 1.14 所示。图中 A 代表发送方结点，E 代表接收方结点，B、C、D 代表中间结点，纵坐标 t 代表时间轴。从图中可以看出，只有当连续发送大量数据，数据传输时间远大于建立连接和释放连接时间时，电路交换的延迟才会比分组交换的延迟小；跨越的结点数越多，报文交换的延迟越大。

当把计算机发送数据的突发性作为一个因素进行考虑后，在多个用户共享一条链路时，分组交换可以支持更多的用户共享链路带宽资源。下面，看一个简单易算的例子。假定多台主机共享一条带宽 10Mb/s 的链路；每台主机以 1Mb/s 的速率产生数据，或者停下来不产生数据，在考虑计算机数据的突发性后，假定每台主机仅有 10％的时间在产生数据，其余 90％的时间都不产生数据，则当采用电路交换时，需要预先分配 1Mb/s 的带宽资源给每台主机，以满足其发送数据的需求，因此电路交换仅能支持 10 台主机并发，带宽资源的利用率很低，仅有 10％。

在同样的条件下，当采用分组交换时，不需要预先分配带宽资源给每台主机，当主机产

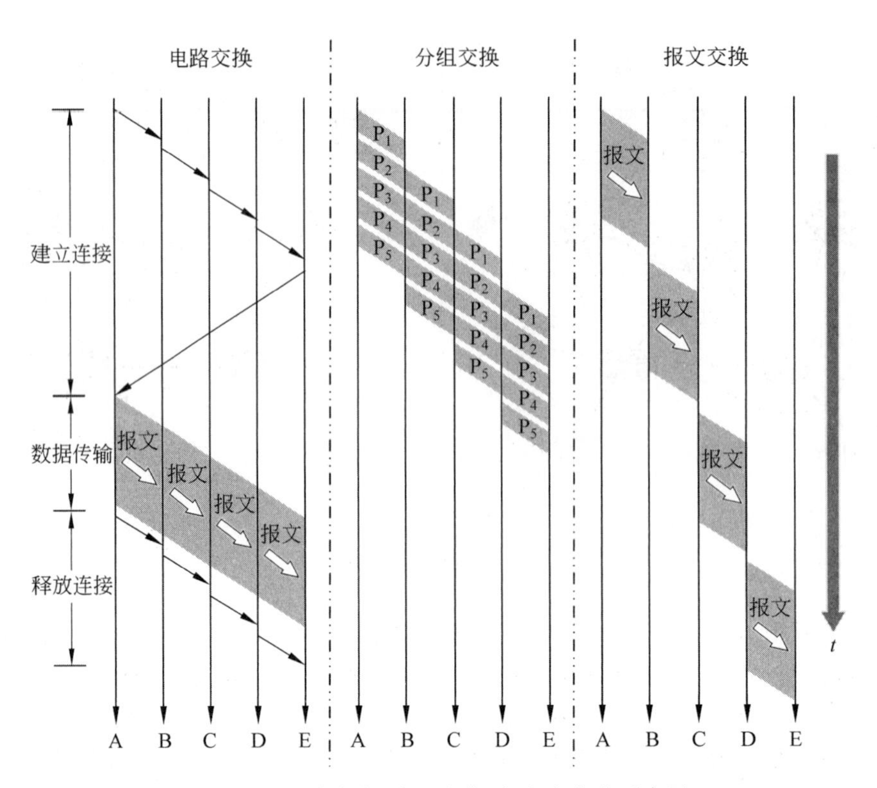

图 1.14 电路交换、分组交换、报文交换的时序图

生数据并发送给路由器后,若到达路由器的数据率不超过 10Mb/s,则路由器可以及时将数据转发出去;若到达路由器的数据率超过 10Mb/s,则需要在路由器进行排队。显然,只有同时发送数据的主机大于 10 台,分组才需要排队,当同时发送数据的主机少于 10 台时,分组无须排队,即分组交换可以得到和电路交换相近的性能。假设有 30 台主机连接在该共享链路上,由于所有主机只有 10%的概率产生并发送数据,根据二项式分布,可以计算出有 10 台以上的主机同时发送数据的概率约为 0.0001。由于该情况出现的概率极低,显然在用户数量扩大 3 倍的情况下,分组交换依然可以获得和电路交换相近的性能。

正是由于分组交换是按需分配通信链路资源,才使分组交换具有这样的优势。而电路交换因为没有考虑实时需求,仅按照最大需求预先分配通信链路的资源,所以造成了通信链路资源的浪费。

1.3.2 分组交换网的性能

分组交换网的性能可以从带宽、吞吐量、延迟和丢包率等几方面进行衡量。

1. 带宽

带宽即频带宽度,原来是通信和电子技术中的一个术语,单位是赫[兹](Hz)。信号的带宽是指该信号所包含的各种频率成分占据的频率范围,信道的带宽指该信道允许通过的信号的频带范围。如传统的电话信号的标准带宽是 3.1kHz(即 300Hz~3.4kHz),传统的电话信道的标准带宽是 4kHz(即 0~4kHz)。

在计算机网络中,带宽是指在单位时间内能传输的最大数据量,也称为最高数据率,用来表示网络中某信道的数据传送能力，单位是比特每秒(b/s)。例如，传统以太网的带宽是10Mb/s。

两种带宽表述本质是相同的，前者是其频域称谓，后者是其时域称谓。一个信道能通过的"频带范围"越宽，其能传输的"最高数据率"也越高。

2. 吞吐量

吞吐量就是在单位时间内通过某个网络或接口的实际数据量，单位是比特每秒(b/s)。端到端吞吐量是衡量计算机网络性能的一个重要指标。以文件传输应用为例，当主机 H_1 跨越网络向主机 H_2 传送一个大文件时，主机 H_2 在任何瞬间接收到该文件的速率称为瞬时吞吐量，主机 H_2 收到完整文件后计算的平均速率称为平均吞吐量。

显然，端到端吞吐量受到网络带宽的限制。假设网络中仅有主机 H_1 和主机 H_2 在通信，则其端到端吞吐量就是主机 H_1 到主机 H_2 的通路上所有链路的最小带宽，即 $\min(W_1, W_2, \cdots, W_n)$，其中 W_n 代表主机 H_1 到主机 H_2 通路上第 n 条链路的带宽，如图 1.15(a)所示。当网络中有许多主机同时通信时，链路的带宽资源需要共享给多个通信方使用，主机 H_1 和主机 H_2 通信的端到端吞吐量显然会受到网络中其他通信量的影响，如图 1.15(b)所示。

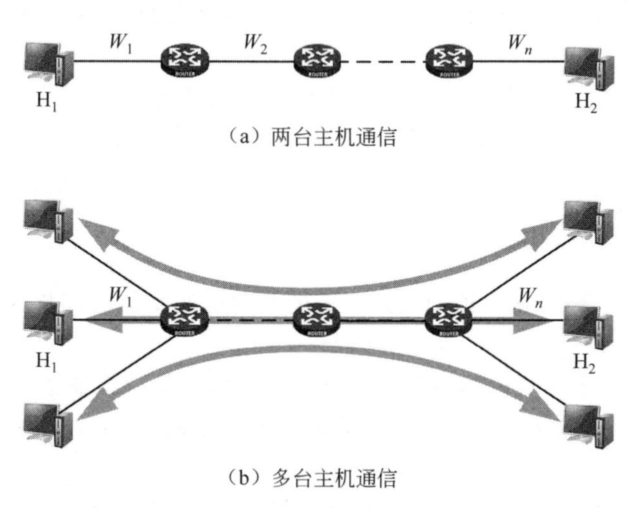

图 1.15　端到端吞吐量

3. 延迟

分组从源主机出发，经过一系列路由器，最终到达目的主机，在这个过程中所花费的时间称为端到端延迟。端到端延迟包括处理延迟(processing delay)、排队延迟(queuing delay)、传输延迟(transmission delay)、传播延迟(propagation delay)等，如图 1.16 所示。

1) 处理延迟

通信结点在收到分组后，需要花费一定的时间进行处理，由此产生的延迟称为处理延迟。比如路由器收到分组后，解析分组首部花费的时间就是处理延迟的一部分。

2) 排队延迟

如图 1.16 所示，分组进入路由器后，首先要在输入队列中排队等待处理。路由器选择了转发接口后，分组还要进入输出队列进行排队，由此产生的延迟称为排队延迟。排队延迟

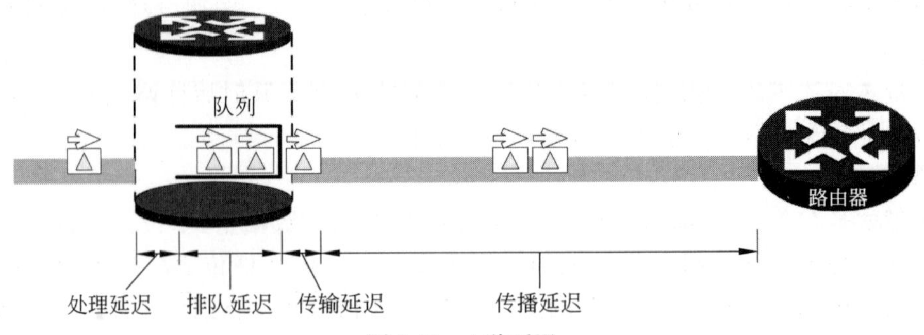

图 1.16　4 种延迟

与路由器当时的通信量有关，如果通信量很小，队列是空的，则分组排队延迟为 0。如果通信量很大，排队延迟将会很大，甚至会发生队列溢出，从而造成分组丢失。分组丢失也称为丢包。

3）传输延迟

如图 1.16 所示，传输延迟是结点将分组传输到链路上所需要的时间，也称为发送延迟。传输延迟的计算从结点发送分组的第一比特开始，直到分组的最后一比特发送完毕为止。其计算公式如下：

$$发送延迟 = 分组长度 / 发送速率 \tag{1-1}$$

其中，分组长度的单位为比特(b)，发送速率的单位为比特每秒(b/s)，发送延迟的单位为秒(s)。

传输延迟通常是毫秒或微秒级。

4）传播延迟

如图 1.16 所示，电磁波在信道中传播一定的距离所花费的时间称为传播延迟。传播延迟的大小与信道的长度有关，其计算公式如下：

$$传播延迟 = 信道长度 / 电磁波在信道上的传播速度 \tag{1-2}$$

其中，信道长度的单位为米(m)，电磁波在信道上的传播速度的单位为米每秒(m/s)，传播延迟的单位为秒(s)。

在不同的传输介质中，电磁波的传播速度不同。例如，电磁波在铜缆中的传播速度约为 2.3×10^5 km/s，在光纤中的传播速度约为 2.0×10^5 km/s。

注意：传输延迟和传播延迟很容易混淆，但二者在概念上有本质的不同。传输延迟是结点发送分组需要的时间，与分组长度和信号发送速率有关，与信道长度无关。传播延迟是传输介质传播信号需要的时间，与信道长度有关，与信号的发送速率无关。为了避免两种延迟的混淆，本书尽量使用发送延迟这个名词，而不使用传输延迟。

通过以上分析可知，端到端延迟就是以上 4 种延迟之和，其计算公式如下：

$$端到端延迟 = 处理延迟 + 排队延迟 + 发送延迟 + 传播延迟 \tag{1-3}$$

在很多情况下，人们更关注的是一条报文从网络的一端传送到另一端并返回所花费的时间，而不只是单程的端到端延迟。往返的端到端延迟通常称为往返路程时间(round-trip time，RTT)。

4. 丢包率

路由器中的存储空间有限，因此其队列容量也是有限的。当分组到达路由器时的速率超过路由器发送分组的速率时，路由器的输出队列会逐渐增长，排队延迟也会逐渐加大。如果网络中通信流量持续增大，最终路由器的队列会满，路由器会将新到达的分组丢弃，这种丢包策略称为尾部丢弃。

当发生丢包时，代表网络出现了拥塞。从主机的角度观察，丢包现象看起来是一个分组已经传输到网络核心，但再也没有从网络核心发往目的主机。分组丢失的比例会随着网络流量的增大而增大，丢包率在很大程度上反映网络的拥塞程度，常被用于评价和衡量网络性能。

丢包率的计算公式如下：

$$丢包率 = (N_s - N_r)/N_s \tag{1-4}$$

其中，N_s 为发送的分组总数，N_r 为收到的分组总数，$N_s - N_r$ 为丢失的分组总数。

5. 利用率

利用率分为信道利用率和网络利用率。信道利用率指出某信道被利用（有数据通过）的时间占全部时间的百分比。完全空闲的信道，利用率为 0。网络利用率是全网络的信道利用率的加权平均值。信道利用率并非越高越好。根据排队论的理论，当某信道的利用率增大时，该信道引起的延迟也会迅速增加。日常生活中，当高速公路上的车流量很大时，由于在某些地方会出现堵塞，因此行车所需的时间就会变长。当网络的通信量很少时，网络产生的延迟并不大。但在网络通信量不断增大的情况下，由于分组在网络结点进行处理时需要排队等候，因此网络引起的延迟就会增大。若令 D_0 表示网络空闲时的延迟，D 表示网络当前的延迟，则在适当的假定条件下，可以用下面的简单公式表示 D、D_0 和利用率 U 之间的关系：

$$D = D_0/(1-U) \tag{1-5}$$

其中，U 是网络利用率，取值范围为 0～1。

当网络利用率达到其容量的 1/2 时，延迟就要加倍。特别值得注意的就是，当网络利用率接近最大值 1 时，网络的延迟就趋于无穷大。因此必须有这样的概念：若信道或网络利用率过高，则会产生非常大的延迟。

1.4 网络体系结构

1.4.1 分层、协议和服务

互联网是一个非常复杂的系统，其中包括大量的应用程序和协议，各种类型的端系统、分组交换机，以及各种类型的传输介质等。为了降低网络设计的复杂性，绝大多数网络都按照“分层”的方法进行设计。分层可以将庞大而复杂的问题转化为若干较小的、较易处理的局部问题。

这种自上而下的分层设计方法并不陌生，被广泛应用于计算机科学领域，只是具有不同的名称，如抽象数据类型、数据封装和面向对象程序设计等都应用了分层的设计思想。这种分层设计的基本思想是每一层都建立在下一层的基础之上，每一层的目的都是向上一层提供特定的服务，并且将实现服务的细节对上一层屏蔽起来。

在日常生活中，人们一直在与复杂系统打交道，这些复杂系统中也有分层设计方法的应用。下面，以发送一份快递为例解释一下分层的概念。如图 1.17 所示，假设张涛和王伟两人分处北京和郑州两地，在北京的张涛需要发送一份快递给在郑州的王伟。双方需要协商好快递的内容以及包装方式等，然后寄件人张涛填写快递单，并将包装好的快递送到快递代发点发送；快递代发点根据快递公司的预先规定，决定采用火车运输的方式将快递发往郑州，填写火车运输单据后将快递送至北京火车站；北京火车站根据铁路系统预先的规定，选择用某班次火车运送该快递；郑州火车站收到货物后，根据火车运输单据通知快递代收点取快递；快递代收点根据快递单通知收件人王伟取快递；最终王伟收到了张涛发来的快递。

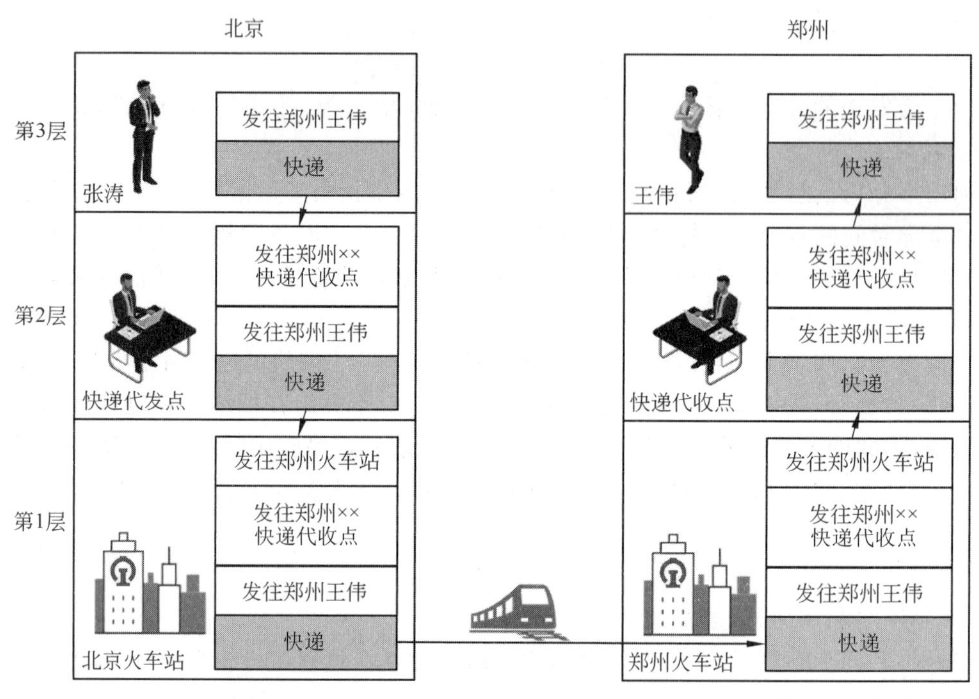

图 1.17　快递邮件的分层结构

在图 1.17 中，将快递发送分成了 3 个层次，自顶向下约定称为第 3 层、第 2 层和第 1 层。第 3 层的寄件人张涛和收件人王伟之间协商的快递的内容以及包装的方式等，可以称为两人之间的协议。为了完成发送快递的目的，第 3 层的寄件人张涛和收件人王伟需要利用第 2 层的快递代发点和快递代收点提供的快递服务。第 2 层的快递代发点和快递代收点之间，根据快递公司的预先规定，在北京和郑州之间采用火车运输快递，该预先规定可以称为两个快递点之间的协议。为了完成快递的发送，第 2 层的快递代发点和快递代收点需要利用第 1 层中铁路系统的火车站提供的运输服务。第 1 层的北京火车站和郑州火车站依据铁路系统预先的规定，选择某火车班次完成运输，该预先规定可以称为两个火车站之间的协议。

第 2 层的快递代发点和快递代收点在向上层用户提供快递服务时，将采用火车运输等实现服务的细节，对上层用户屏蔽起来，上层用户无须了解实现细节。同样，第 1 层的火车站在向第 2 层用户提供运输服务时，也将火车班次等实现服务的细节，对上层用户屏蔽了起来。

从上述实例的分析中可以发现，协议就是双方的一种约定。每层协议都完全独立于其他层的协议，每层协议独立地解决本层的问题，完成本层的功能，并向上层提供服务。这种分层的设计方式具有灵活性好、耦合性低等优点，并且易于开发和维护，方便进行标准化工作。

ARPANET 是互联网的前身，它就采用了分层的设计方法；美国的 IBM 公司推出的系统网络体系结构（SNA）也采用了分层的设计方法；国际标准化组织（ISO）制定的开放系统互连参考模型（open systems interconnection reference model，OSI-RM）同样也采用了分层的设计方法。

在互联网中，为进行网络中的数据交换而建立的规则、标准和约定称为网络协议，简称为协议。网络协议主要由以下 3 个要素组成。

（1）语法：它是数据与控制信息的格式。

（2）语义：它是控制信息的含义。

（3）同步：它是事件顺序的详细说明。

各层所有协议的集合称为协议栈或协议族。在互联网中，可以用实体表示任何发送或接收报文的硬件或软件进程。在不同主机相对应层上的实体称为对等实体。协议实质上是两个对等实体间进行通信的规则的集合。每层协议的实现都保证了向上层实体提供服务。由于协议的实现细节对上层进行了屏蔽，所以上层实体只能使用下层提供的服务，无法了解下层的协议，即协议是透明的。

协议透明的概念可以类比玻璃的透明性来理解，人们通过玻璃窗看到窗外的景物，看不到（感觉不到）玻璃的存在，就说玻璃是透明的；上层实体通过协议看到下层提供的服务，看不到（感觉不到）协议的存在，就说协议是透明的。

协议和服务是两个截然不同的概念，它们之间的区别和关系如图 1.18 所示。

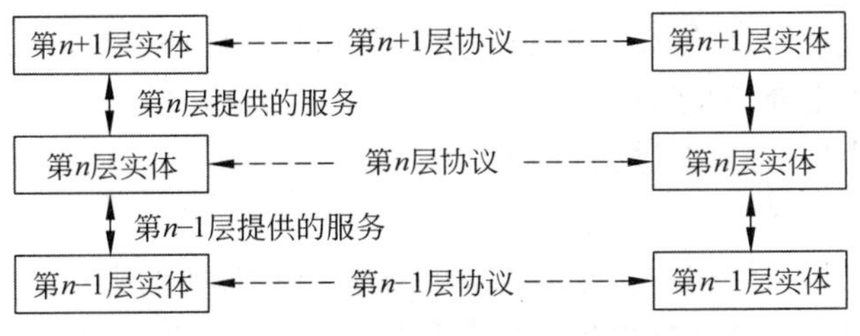

图 1.18 服务和协议之间的关系

从图 1.18 中可以看出，协议是水平方向的，控制着对等实体之间的信息交换；而服务是垂直方向的，控制着相邻层次实体之间的信息交换。对等实体之间交换的数据单位通常称为协议数据单元（protocol data unit，PDU）；相邻层次实体之间交换的数据单位通常称为服务数据单元（service data unit，SDU）。

1.4.2 互联网体系结构

在计算机网络中，层和协议的集合称为网络体系结构（network architecture）。网络体系结构的规范必须包含足够详细和精确的信息，以便实现者为每一层编写程序或者设计硬件。网络体系结构、协议栈和协议本身是本书的主要内容。

为了使各种计算机网络在世界范围内互连成网，国际标准化组织提出了开放系统互连参考模型。该模型概念清晰、理论完整，但是过于复杂且推出的时机较晚，因此没有成为互联网的国际标准。作为 BSD UNIX 的一部分，TCP/IP 协议族随着 UNIX 的流行而率先在全球范围成功地运行，成为了互联网上事实的国际标准。

OSI-RM 定义了 7 层协议栈，自顶向下分别是应用层、表示层、会话层、传输层、互联网络层、数据链路层和物理层。TCP/IP 定义了 4 层协议栈，自顶向下分别是应用层、传输层、互联网络层和网络接口层。两种协议栈之间的对应关系如图 1.19 所示。

7	应用层
6	表示层
5	会话层
4	传输层
3	网络层
2	数据链路层
1	物理层

(a) OSI-RM的7层协议栈

4	应用层
3	传输层
2	互联网络层
1	网络接口层

(b) TCP/IP的4层协议栈

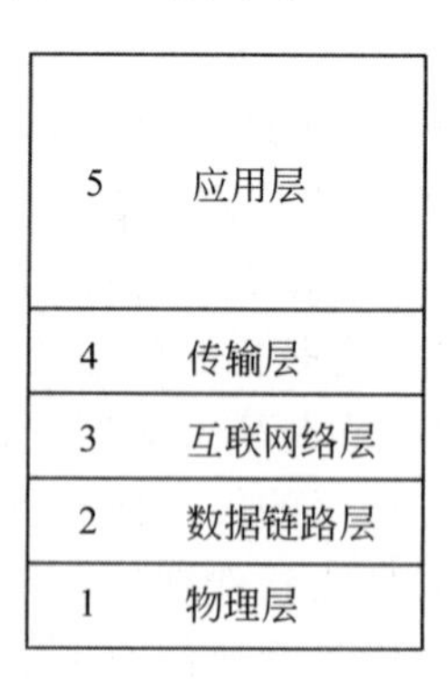

(c) 互联网实际采用的5层协议栈

图 1.19　互联网体系结构

由于 TCP/IP 协议族只在应用层、传输层和互联网络层定义了具体协议，而在网络接口层没有定义具体协议，因此互联网体系结构实际采用了 5 层协议栈，如图 1.19(c)所示。互联网体系结构的 5 层协议栈中，应用层、传输层和互联网络层直接使用了 TCP/IP 中的应用层、传输层和互联网络层，而数据链路层和物理层基本采用了 OSI-RM 中的数据链路层和物理层的定义。本书按照自顶向下的顺序，以互联网的 5 层协议栈的层次组织内容，但物理层的具体协议不在本书介绍范围内。

互联网协议栈中各层的主要功能如下。

1. 应用层

应用层是互联网体系结构中的最高层，相当于 OSI-RM 的会话层、表示层和应用层的组合。应用层的主要任务是通过进程间的通信解决某一类应用问题。不同的网络应用需要定义不同的应用层协议。应用层已经定义了很多协议，并且不断有新的应用层协议出现。互联网中常见的应用层协议包括域名系统(domain name system，DNS)，支持万维网应用的超文本传送协议(hypertext transfer protocol，HTTP)，支持即插即用连网方式的动态主机配置协议(dynamic host configuration protocol，DHCP)以及支持电子邮件应用的简单邮件传送协议(simple mail transfer protocol，SMTP)等。应用层的协议数据单元通常称为报文。

2. 传输层

传输层的主要任务是向应用进程提供端到端的通信服务。为了提供不同种类的通信服务，互联网的传输层定义了两个重要的协议：传输控制协议(transport control protocol，TCP)和用户数据报协议(user datagram protocol，UDP)。

(1) 传输控制协议用于向上层实体提供面向连接的、可靠的通信服务，其协议数据单元通常称为报文段(segment)。

(2) 用户数据报协议向上层实体提供无连接的、尽力而为服务，其协议数据单元通常称为用户数据报。

3. 互联网络层

互联网络层是互联网体系结构中最重要的一层，互联网的分组交换功能就由互联网络层实现。互联网络层的主要任务是向上层提供主机到主机的通信服务。互联网络层中的路由器为分组选择合适的路由，并利用存储转发机制转发分组。互联网络层中最重要的协议是互联网协议(internet protocol，IP)。辅助协议包括互联网控制报文协议(internet control message protocol，ICMP)、地址解析协议(address resolution protocol，ARP)和互联网组管理协议(internet group management protocol，IGMP)。互联网络层的协议数据单元通常称为分组或数据报，互联网协议的协议数据单元常称为IP分组或IP数据报。

4. 数据链路层

互联网是由大量异构的网络通过路由器相互连而成的，即网络的网络。这些网络可以采用各不相同的数据链路层协议，但每个网络内部需要采用相同的数据链路层协议。数据链路层的主要任务是向上一层实体提供相邻结点间的通信服务。数据链路层的主要功能有封装成帧、寻址、差错控制和介质访问控制等。常用的数据链路层协议包括以太网(Ethernet)协议、点到点协议(point to point protocol，PPP)、无线局域网(wireless loca larea network，WLAN)协议等。数据链路层的协议数据单元通常称为帧。

5. 物理层

物理层的主要任务是透明地传输二进制数据流。物理层的主要功能包括将“0”和“1”转换成电信号或光信号在传输介质上传输。物理层的协议和实际使用的传输介质相关，在不同的传输介质上定义了不同的物理层协议，如以太网就为同轴电缆和双绞线分别定义了不同的物理层协议。传输介质本身不属于物理层，它位于物理层之下。物理层的协议数据单元是码元。

一个码元可以理解为一个脉冲信号，一个码元可以携带长度为一位的信息，也可以携带多位信息。在某些编码体制中，多个码元一起携带一位信息，如曼彻斯特编码中，使用两个码元携带一位信息。本书不过多介绍物理层的知识，若想深入学习，可阅读通信工程专业相关书籍。

互联网体系结构中各层包含的主要协议如图1.20所示。这些协议是本书将要介绍的主要内容。

1.4.3 封装和解封

在互联网的分层体系结构中，用户数据从源主机到达目的主机需要经过逐层封装以及逐层解封的过程。图1.21展示了用户数据从源主机到目的主机的传递过程。为了简化描述，图中仅给出了两台主机以及路径中的一台数据链路层交换机(二层交换机)和一台路由器。

逐层封装发生在发送数据时。当用户数据到达源主机的应用层实体后，会增加应用层首部 H_a，从而得到应用层协议数据单元(即应用层报文)。为用户数据增加应用层首部，构造应用层报文的过程，称为应用层封装。应用层首部 H_a 中包含实现应用层协议所需要的控制信息。以HTTP为例，其首部中包含请求方法(如GET、POST、PUT)、URL、协议版

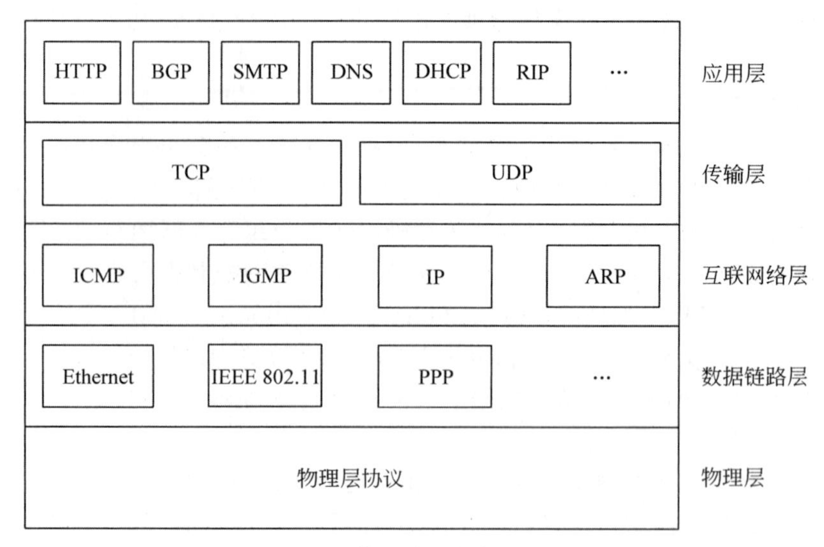

图 1.20 互联网体系结构中各层的主要协议

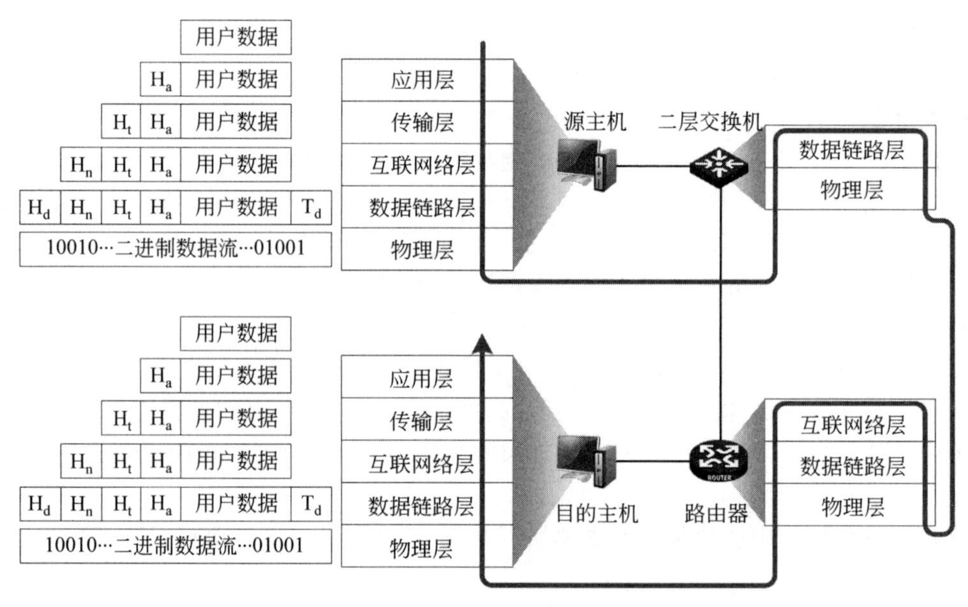

图 1.21 逐层封装和解封

本号等信息。应用层实体将报文传递给传输层实体,传输层实体为其增加传输层首部 H_t,得到传输层协议数据单元(即报文段或用户数据报)。这个过程称为传输层封装。传输层首部 H_t 中包含实现传输层协议所需要的控制信息,如端口号、差错检测信息等。接下来,传输层实体向互联网络层实体传递该报文段,互联网络层实体为其增加互联网络层首部 H_n,封装成 IP 数据报。互联网络层首部 H_n 中包含通信双方的 IP 地址、协议 ID 等控制信息。互联网络层实体继续将数据报传递给数据链路层实体,数据链路层的封装与上面几层略有不同。数据链路层实体为数据报增加数据链路层首部 H_d 和尾部 T_d,将 IP 数据报封装成数据链路层帧。数据链路层首部 H_d 和尾部 T_d 中包含双方的硬件地址、协议类型等控制信息。数据链路层将帧传递给物理层后，物理层实体不再增加控制信息，将二进制数据流转换成光信号或电信号发送到传输介质。

逐层解封的过程发生在接收数据时。当电信号或者光信号到达目的主机的物理层实体后，物理层实体将其解析为二进制数据流，传递给数据链路层实体。数据链路层实体根据数据链路层协议解析帧，并根据帧首部和尾部的控制信息完成数据链路层功能，然后剥去控制信息，将剩下的互联网络层数据单元传递给互联网络层实体，这个过程称为数据链路层解封。互联网络层实体收到数据单元后，根据互联网络层首部的控制信息完成互联网络层功能，然后剥去首部，将剩下的传输层数据单元传递给传输层实体，此过程称为互联网络层解封。类似的过程在传输层和应用层同样发生，被称为传输层解封和应用层解封。经过逐层上交、逐层解封后，用户数据最终被传递给目的用户进程。

数据在网络中传送时会经过很多网络结点。在这些结点中，最典型的设备是二层交换机和路由器。二层交换机仅具有互联网体系结构最下面两层（即物理层和数据链路层）的功能。当二进制数据流到达二层交换机时，二层交换机对其进行逐层解封，上交至第二层，根据物理地址等控制信息选择转发接口，然后再进行逐层封装，并通过物理接口将二进制数据流转发出去。关于二层交换机的转发原理详见第 6 章。路由器是进行网络互连的关键设备，具有互联网体系结构下 3 层（即物理层、数据链路层和互联网络层）的功能。当二进制数据流到达路由器时，路由器对其进行逐层解封，上交至第 3 层，根据 IP 地址等控制信息选择转发接口，再进行逐层封装，最后通过物理接口将二进制数据流转发出去。关于路由器的工作原理详见第 5 章。

前面已经介绍过，对等实体间交换的数据单位通常称为协议数据单元（PDU），相邻层次实体间交换的数据单位通常称为服务数据单元（SDU）。在图 1.21 的实例中，为简化描述，每层的 PDU 恰好与交给相邻层次实体的 SDU 相同。在实际的网络中，SDU 有可能和 PDU 不同，可以是多个 SDU 合并成为一个 PDU，也可以是一个 SDU 划分为多个 PDU。这种 SDU 与 PDU 不一样的情况，在 TCP 和 IP 中均会出现。这两个协议的原理详见第 4 章和第 5 章。

1.4.4 复用和分用

分层体系结构的一个重要优点是具有协议复用的能力。协议复用是指允许多种上层协议共用同一个下层协议提供的服务，即多种上层协议的数据被封装在相同下层协议的数据单元中而不会混淆。

复用可以发生在多个层次，并在每层都可用不同类型的标识符指明封装的信息属于上层哪个协议。例如，在数据链路层中，以太网的帧首部中包含表示协议类型字段的标识符，用于指出以太网帧中封装的数据属于网络层的哪个协议。当协议类型字段值是 0x0800[①] 时，代表以太网帧中的数据封装协议为 IPv4。

复用的过程发生在封装时。当来自上一层实体的数据单元通过层间接口到达下层实体时，下层实体会根据数据单元的来源填写标识符字段的值。

分用的过程发生在解封时。当下层实体收到数据单元后，会根据首部中标识符字段的

① 本书中 0x 开头的数值代表十六进制数值。

值，将数据单元交给正确的上层实体。通过利用每一层中的标识符字段，分层体系结构可实现协议的复用和分用功能。

图 1.22 是使用以太网帧为例的复用和分用示意图。在以太网帧中，标识符字段是协议类型(type)字段。协议类型字段的值 0x0800 代表帧中的数据封装协议为 IPv4，值 0x0806 代表数据封装协议为 ARP，等等。

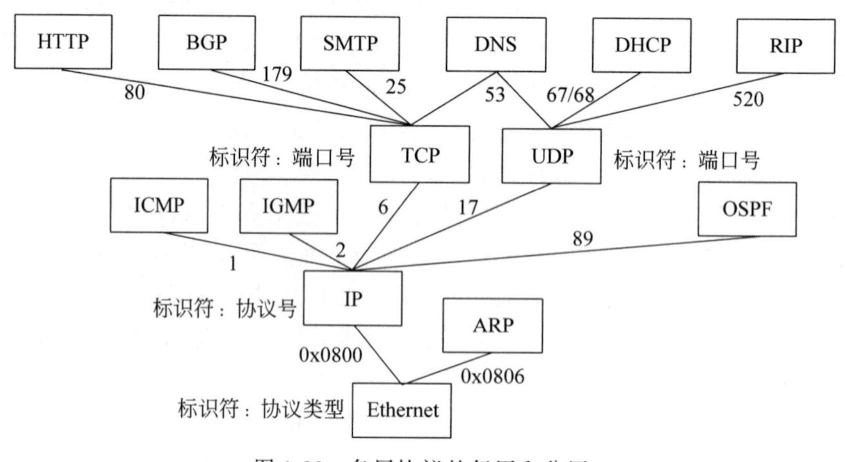

图 1.22　各层协议的复用和分用

若帧中包含的是 IP 数据报，则 IP 数据报会被交给 IP 进程处理。在 IP 数据报中，标识符字段是协议号(protocol identifier)字段。若协议号字段的值为 1，则代表 IP 数据报中数据封装的协议为 ICMP；若值为 2，则代表数据封装协议为 IGMP；若值为 6，则代表数据封装协议为 TCP；若值为 17，则代表数据封装协议为 UDP；等等。IP 进程会根据协议号字段的值将数据交给对应的协议实体进行处理。

传输层的 TCP 和 UDP 均定义了端口号(port number)字段作为标识符字段，不同的端口号对应了不同的应用层协议实体。若 TCP 的端口号为 80，则代表 TCP 报文段中数据封装协议为 HTTP；若端口号为 25，则代表数据封装协议为 SMTP；等等。若 UDP 的端口号为 67 或 68，代表用户数据报中数据封装协议为 DHCP。从图 1.22 中可以看出，DNS 协议既可以使用 UDP，也可以使用 TCP，UDP 和 TCP 的端口号 53 均代表数据封装协议为 DNS。

从图 1.22 可以看出，相对于 OSI 体系结构的层次分明、概念清晰，基于 TCP/IP 的互联网体系结构并没有严格遵循分层的概念，层次划分也不够明晰。例如，ICMP 从功能角度上说是辅助 IP 的网络层协议，但是 ICMP 的报文封装在 IP 数据报内部，从逐层封装的角度说是 IP 的上层协议。因此，有些书上也将 ICMP、IGMP 称为 3.5 层协议。与之类似，将 ARP 称为 2.5 层协议。

1.5　控制平面与数据平面

分组交换网络的操作涉及控制分组和数据分组的处理。控制分组携带的信息用来指导结点如何转发数据，在数据分组中则包括用户程序要发送的数据。用于处理控制分组的一系列操作称为控制平面，用于处理数据分组的一系列操作称为数据平面。除此之外，互联网中还存在一些用于管理目的的其他操作，这些操作被称为管理平面。一般情况下，管理平面会被合并在控制平面内，统称控制平面。

控制平面最重要的功能是路由选择。路由选择就是计算分组转发路径并将路径存储起来，供分组转发时查找。路由选择的过程通常在后台周期性地完成，路由选择的结果是维护和更新转发表[①]。在互联网体系结构中设计了多种路由算法和路由选择协议。常用的路由选择协议有路由信息协议(routing information protocol，RIP)、开放最短通路优先(open shortest path first，OSPF)协议和边界网关协议(border gateway protocol，BGP)，详见第5章。

控制平面的功能还包括差错报告、系统配置、系统管理和资源分配。互联网控制报文协议(ICMP)可以用来实现差错报告和网络探测功能。动态主机配置协议(DHCP)用来实现主机网络参数配置。互联网组管理协议(IGMP)用来管理多播组成员。控制平面的协议还包括域名系统(DNS)和地址解析协议(ARP)。控制平面的协议在图1.23中用椭圆形虚线框表示，详见第3、5、6章。

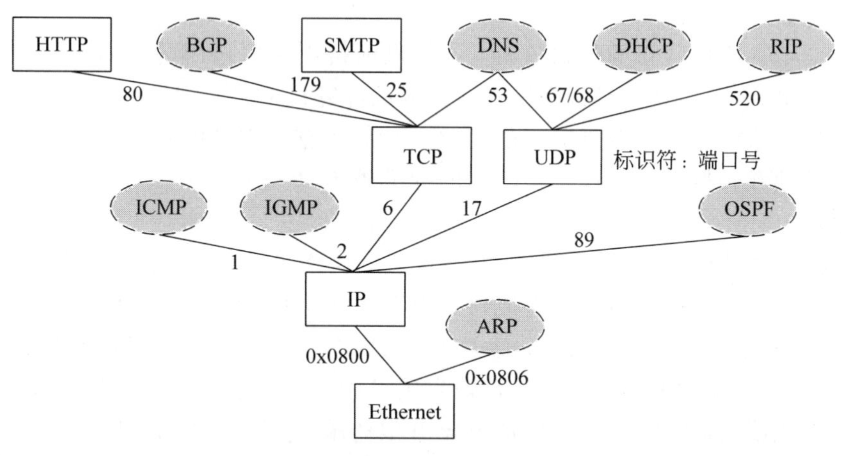

图1.23　控制平面和数据平面的协议

数据平面最重要的功能是分组转发。分组转发就是根据转发表将收到的IP分组从合适的接口转发出去。分组转发还可以提供分组过滤、加密等服务。这些服务需要通过检查分组首部中的多个字段来实现。

数据平面的功能还包括可靠传输和拥塞控制。分组转发功能并不能保证网络的健康运行，而可靠传输可以确保分组的传输无比特差错、无丢失乱序等，拥塞控制可以避免或减轻网络拥塞的发生，保持良好的吞吐量。数据平面的协议在图1.23中用矩形实线框表示，详见第3、4、5章。其中，IP、TCP和UDP为核心协议，可以支持很多应用层协议，这些应用层协议并没有在图中完全表示出来。

---

① 在路由器中存在路由表和转发表，路由表一般由软件实现，转发表是从路由表中得到的，通常由硬件实现。本书在讨论分组转发原理时，对路由表和转发表不做区分，可以理解为两个术语都表示相同的含义。

在传统的计算机网络中，每台分组交换设备都包括一个数据平面和一个控制平面。数据平面通常是一个交换结构，可以连接设备上的多个网络接口。控制平面是设备的大脑。每台设备通过控制平面相互沟通、协调，进行网络路径构建。显然，这样的控制平面是分布式的。

近些年出现的软件定义网络（software defined network，SDN）是美国斯坦福大学的科研人员提出的一种新型网络架构。SDN 的基本原则之一就是控制平面与数据平面的分离。SDN 基于 openFlow 协议，允许网络交换设备上仅具有数据平面，这些设备由一个逻辑上集中的控制器控制，该控制器就是网络中唯一的控制平面，负责维护所有的网络路径，可对由其控制的网络设备进行编程。显然，这样的控制平面是集中式的。

近年来，随着云计算的兴起，SDN 集中控制平面所需的算力已逐渐得到满足。虽然 SDN 的发展较快，但是目前仍然处于研究之中。IRTF 的 SDN 研究组（software-defined networking research group，SDNRG）还在对 SDN 的体系结构进行研究。本书关于控制平面的介绍，仍集中在传统网络的控制平面上。

1.6 本章小结

本章介绍了计算机网络的基础知识。计算机网络由一些通用的可编程硬件互连而成。互联网是全球最大的、由众多异构网络互连而成的计算机网络，是“网络的网络”。互联网的标准由互联网体系结构委员会（IAB）负责制定，IAB 下辖的 IETF 和 IRTF 分别负责处理互联网的工程事项和长期研究工作。互联网的标准以 RFC（request for comments，征求意见稿）的形式发布。

互联网由网络边缘部分和网络核心部分构成。网络边缘部分由连接在互联网上的主机以及接入网构成。接入网指将主机连接到其边界路由器的网络。常见的互联网接入技术包括 ADSL、光纤同轴混合网、FTTH、以太网接入、WiFi 接入以及蜂窝移动接入等。在不同的接入网中，使用了不同的传输介质。传输介质可以分为导引型传输介质和非导引型传输介质两类。双绞线、同轴电缆和光纤属于导引型传输介质。非导引型传输介质是指自由空间。

网络核心部分由 ISP 网络、其他网络以及连接这些网络的路由器组成。路由器是网络核心部分最重要的设备，是实现分组交换的关键。电路交换、分组交换和报文交换是通信网络中最典型的 3 种交换方式。分组交换分为虚电路和数据报两种方式。计算机网络采用数据报方式的分组交换。分组交换网的性能可以用带宽、吞吐量、延迟和丢包率等技术指标进行衡量。

互联网是一个非常复杂的系统，绝大多数网络都按照分层的方法进行设计。在互联网中，可以用实体表示任何发送或接收消息的硬件或软件进程。不同主机上，处于相同层次的实体称为对等实体。协议是为了在网络中进行数据交换而建立的规则、标准和约定，其实质是两个对等实体在进行通信时必须遵守的规则集合。协议由语法、语义和同步 3 个要素组成。每层协议的实现都保证了向上层实体提供服务。

在计算机网络中，层和协议的集合称为网络体系结构。互联网体系结构实际采用了 5 层协议栈。这 5 层自顶向下分别是应用层、传输层、互联网络层、数据链路层和物理层。互联网体系结构中各层包含的主要协议是本书将要学习的主要内容。在用户数据从源主机传递到目的主机的过程中，需要在发送数据时进行逐层封装，即逐层增加首部；在接收数据时需要进行逐层解封，即逐层剥去首部。分层体系结构具有协议复用的能力，即允许多种上层协议共用同一个下层协议提供的服务。复用可以发生在多个层次，在每层都有不同类型的标识符，用于指明封装的信息属于上层哪一个协议。在复用时，必须根据数据单元的来源，填写标识符字段的值；分用时，必须根据标识符字段的值，将数据单元交给正确的上层实体。

分组交换网络的操作涉及两种分组的处理：控制分组和数据分组。用于处理控制分组的一系列操作称为控制平面；用于处理数据分组的一系列操作称为数据平面。控制平面最重要的功能是路由选择，数据平面最重要的功能是分组转发。在传统的计算机网络中，网络设备中既包括控制平面又包括数据平面，其控制平面是分布式的。在软件定义网络（SDN）中，控制平面和数据平面是分离的，其控制平面是集中式的。

习 题 1

1. 简述互联网的两大组成部分及其作用。

2. 互联网相关的标准化组织有哪些？RFC6410 规定，互联网标准的制定需要经过哪几个阶段？

3. 我国已经建成的全国性公用计算机网络有哪些？

4. 主机和端系统有什么不同？列举几种不同类型的端系统。

5. 主要的接入网技术有哪些？简述它们的适用范围。

6. 简述无源光网络的组成。

7. 常用的传输介质有哪几种？各有什么特点？

8. 以虚电路和数据报方式进行分组交换时，有何异同？

9. 从多个方面比较电路交换、分组交换和报文交换。

10. 到 IETF 的网站（www.ietf.org）查询 RFC，目前 RFC 的最大编号是多少？

11. 已知要传送的报文为 x（单位：比特）；从源点到终点共经过 n 段链路，每段链路的传播延迟为 d（单位：秒）、数据率为 a（单位：比特每秒）；在电路交换时，电路的建立时间为 b（单位：秒）；在分组交换时，分组长度为 p（单位：比特），且忽略各结点的排队等待时间。求在什么条件下，分组交换的延迟比电路交换的要小？

12. 若收发两端之间的传输距离为 2×10^6m，信号在传输介质上的传播速率为 2×10^8m/s，计算以下两种情况下的发送延迟和传播延迟。从计算结果可以得出什么结论？

（1）数据长度为 10^8b，数据发送速率为 1Mb/s；

（2）数据长度为 10^4b，数据发送速率为 1Gb/s。

注意：在计算机领域中，描述数据量大小时，1K（大写）表示 2^{10}、1M 表示 2^{20}；1G 表示 2^{30}；在数据通信领域，描述数据率或带宽时，1k（小写）表示 10^3、1M 表示 10^6、1G 表示 10^9。计算时不能混淆。

13. 已知从月球到地球的距离大约是 385000km。若在地球和月球之间架设一条 100Mb/s 的点对点链路，且数据在链路上以光速传播（即 3×10^8m/s），试讨论下面问题。

（1）计算链路的最小 RTT。

（2）使用 RTT 作为链路的延迟，计算链路的延迟与带宽的乘积。

（3）说明(2)中计算的延迟与带宽乘积的意义。

（4）若月球基地上的一部数字照相机拍摄了一张地球的照片，并存入磁盘，则文件大小是 100Mb。假设地球上的任务控制中心希望下载最新的图像，则从发出请求到传输完毕需要耗费的最小时间。（忽略请求的发送延迟）

14. 如图 1.24 所示，在以“存储-转发”方式进行数据传输的分组交换网络中，所有链路的数据传输速率均为 100Mb/s，分组大小为 1000B，其中分组首部大小为 20B。若主机 H_1 向主机 H_2 发送一个 980000B 的文件，且不考虑分组拆装时间和传播延迟的情况下，则从 H_1 开始发送到 H_2 完成接收所需要的最短时间是多少？

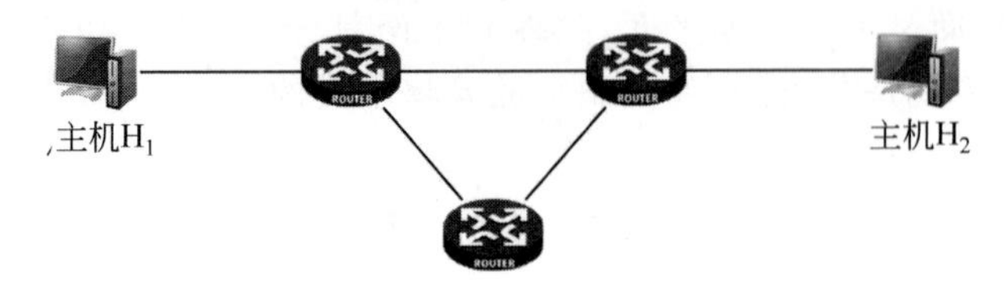

图 1.24　第 14 题图

15. 要在网络上传送 1000KB 的文件。若分组长度为 1KB，往返路程时间（RTT）为 100ms，传送数据之前建立连接的时间为 2RTT，则在以下几种情况下接收方收完该文件的最后一比特所需时间为多少？

（1）数据发送速率为 10Mb/s，数据分组可以连续发送。

（2）数据发送速率为 10Mb/s，但每发送完一个分组后要等待一个 RTT 后才能发送下一个分组。

（3）链路允许无限快发送，即不考虑发送数据所需的时间，但规定每个 RTT 内只能发送 10 个分组。

（4）链路允许无限快发送，即不考虑发送数据所需的时间，但在第一个 RTT 内只能发送 1 个分组，在第二个 RTT 内可发送 2（即 2^{2-1}）个分组，在第三个 RTT 内可发送 4（即 2^{3-1}）个分组（这种发送方式参见本书第 4 章 TCP 的拥塞控制部分）。

16. 主机甲通过 1 个路由器（存储转发方式）与主机乙互连，两段链路的数据传输速率均为 10Mb/s，主机甲分别采用报文交换和分组大小为 10Kb 的分组交换向主机乙发送一个 8Mb（$1M=10^6$）的报文。若忽略链路传播延迟、分组首部开销和分组拆装时间，则两种交换方式完成该报文传输所需的总时间各为多少？

17. 什么是协议？什么是服务？二者有何区别和关系？

18. 网络协议的 3 个要素是什么？各有什么含义？

19. 试比较 OSI 的 7 层体系结构与 TCP/IP 的 4 层体系结构。

20. 具有 5 层协议的网络体系结构有何特点？各层的主要功能是什么？

21. 数据的传输效率是指发送的应用层报文数据量占所发送的数据总量的百分比。试计算在以下情况时的传输效率。

（1）应用层产生 100B 的报文交给传输层，传输层增加 20B 的 TCP 首部交给互联网络层，互联网络层增加 20B 的 IP 首部交给数据链路层，数据链路层增加 18B 的首部和尾部交给物理层进行发送。

(2) 应用层产生 1000B 的报文交给传输层,其他情况同(1)。

(3) 一个网络系统具有 n 层协议,应用层产生长度为 m 字节的报文,每层协议增加 h 字节的开销(首部和尾部)。

22. 试述复用和分用的概念是什么? 举例说明 TCP 的复用和分用。

23. 什么是控制平面? 什么是数据平面? 列出 5 种控制平面协议和 5 种数据平面协议。

24. 对传统计算机网络中的控制平面和软件定义网络中的控制平面进行比较。

第 2 章　IP 地址

在 TCP/IP 体系结构中，IP 地址是一个最基本的概念。每台连接到互联网的设备都至少有一个 IP 地址。基于 TCP/IP 协议族的专用网络[①]设备也都需要有 IP 地址。路由器中的分组转发算法通过 IP 地址识别分组的来源去向。要想理解互联网如何识别主机和路由器以及路由器分组转发算法，就必须先理解 IP 地址的结构、编址方法和作用。

本章介绍的是 IPv4 地址，主要内容包括 IP 地址的基本概念、IP 地址的表示方法、IP 地址的编址方案、特殊用途的 IP 地址以及 IP 地址的规划和分配。

2.1　IP 地址概述

IP 地址是互联网中使用的网络层地址，用来标识一台主机（包括路由器）。严格地说，IP 地址标识的是主机上的网络接口。与互联网相连的每台主机的每个网络接口都需要有一个全球唯一的 IP 地址。IP 地址现在由 ICANN[②]（the Internet Corporation for Assigned Names and Numbers，互联网名称与数字地址分配机构）负责分配。在专用网络中，主机的 IP 地址必须保证在专用网络内唯一。

IP 地址是一个 32 位的二进制数，为了便于书写和记忆，IP 地址采用点分十进制记法表示，即把 32 位的 IP 地址分为 4 组，每组 8 位，然后将每组数字用十进制表示，并且在这些数字之间加上一个点。例如，IP 地址 11011110 00010110 01000001 00001010 的点分十进制记法是 222.22.65.10，如图 2.1 所示。

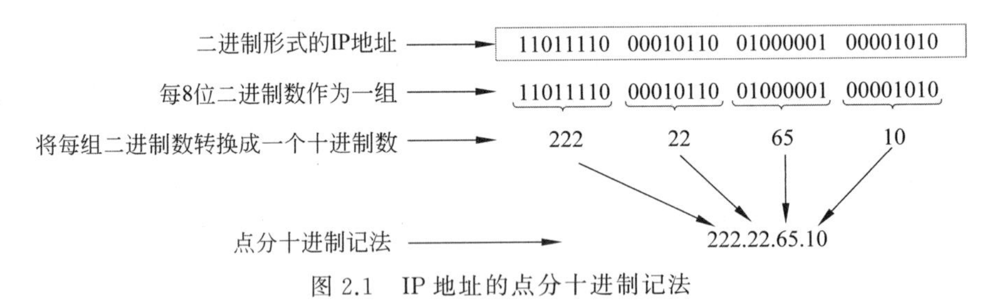

图 2.1　IP 地址的点分十进制记法

IP 地址采用了分层（hierarchical）结构，即 IP 地址由与互联网特定层次结构对应的几部分构成。更确切地说，IP 地址包括网络部分和主机部分。对于由多个网络相互连接而成的互联网，这是非常合理的。IP 地址的网络部分指明了主机所连网络。同一网络中，所有

---

① 专用网络是指企业或机构内部专用的网络。专用网络上的主机与公用的互联网上的主机通信需要利用网络地址转换（NAT），关于专用网络和 NAT 将在 5.6 节中讨论。

② ICANN 是一个非营利性的国际组织，成立于 1998 年 10 月，是一个集合了全球网络界商业、技术及学术各领域专家的非营利性国际组织，负责在全球范围内对互联网唯一标识符系统及其安全稳定的运营进行协调，包括 IP 地址的空间分配、协议标识符的指派、顶级域名系统的管理以及根服务器系统的管理。

主机 IP 地址的网络部分都相同。IP 地址的主机部分唯一标识了特定网络中特定的主机。

路由器可以仅根据 IP 地址的网络部分转发分组，无须考虑 IP 地址的主机部分。采用分层结构的 IP 地址可使路由表中的项目数大幅度减少，从而减小路由表所占的存储空间以及查找路由表的时间。

IP 地址的编址方案经历了 3 个历史阶段。

(1) 有类别编址。分类编址是将 IP 地址分为 A、B、C、D、E 5 类，是最基本的编址方案，在 1981 年通过的 RFC790① 中就包含了 A、B、C 类地址的相关规定。

(2) 子网划分。子网划分是在有类别编址的基础上进行的改进，在 1985 年通过的 RFC950 中就包含了相关的规定。

(3) 无类别编址。基于无类别域间路由选择(classless inter-domain routing，CIDR)的编址方案，是目前正在使用的编址方案。在 1993 年通过的 RFC1519 中提出后，很快就得到推广应用。2006 年，RFC1519 被 RFC4632 替换。

2.2　有类别编址

2.2.1　IP 地址的类别

在有类别编址的方案中，每个单播 IP 地址都由两个字段组成。其中，第一个字段是网络号(network number)，它是 IP 地址的网络部分，用于标识主机所连接的网络。网络号在整个互联网范围内必须是唯一的。第二个字段是主机号(host number)，它是 IP 地址的主机部分，用于标识该网络中特定的主机。主机号在其网络号指明的网络中必须唯一。由此可见，IP 地址在互联网范围内是唯一的。

这种两级的 IP 地址可以记为

$$\text{IP 地址} ::= \{<\text{网络号}>, <\text{主机号}>\} \tag{2-1}$$

式中的符号“::=”表示“定义为”。

在现实中，不同的网络可能包含不同数量的主机，但每台主机都需要一个唯一的 IP 地址。一种划分方法是依据当前实际或预计的主机数量，将不同大小的 IP 地址空间分配给不同的网络。首先，将 IP 地址空间划分为五类，分别命名为 A、B、C、D 和 E。其中 A、B、C 类为单播地址，D 类为多播地址，E 类为保留地址，如图 2.2 所示。

IP 地址的类型由最高的几位标识，称为类别位。

(1) A 类地址：类别位是 1 位，其值为 0；网络号字段长度为 1B(去除 1 个固定的类别位)，主机号字段长度为 3B。

(2) B 类地址：类别位是 2 位，其值为 10；网络号字段长度为 2B(去除 2 个固定的类别位)，主机号字段长度为 2B。

(3) C 类地址：类别位是 3 位，其值为 110；网络号字段长度为 3B(去除 3 个固定的类别位)，主机号字段长度为 1B。

(4) D 类地址：类别位是 4 位，其值为 1110，为多播地址，详见第 8 章。

① RFC790 中规定了互联网中的各类号码的分配方案，经过多次更新后，RFC3232 规定将这些号码分配方案发布在 IANA 网站上，不再通过 RFC 发布。

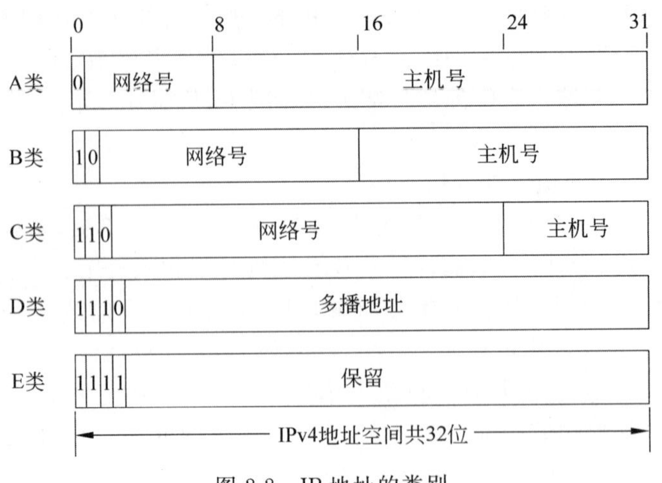

图 2.2 IP 地址的类别

(5) E 类地址：类别位是 4 位，其值为 1111，为保留位，供以后使用。

IP 地址空间可存放 2^{32}(即 4 294 967 296)个地址。A 类地址空间可存放 2^{31} 个地址，占整个 IP 地址空间的 50%(1/2)。B 类地址空间可存放约 2^{30} 个地址，占整个 IP 地址空间的 25%(1/4)。C 类地址空间可存放约 2^{29} 个地址，占整个 IP 地址空间的 12.5%(1/8)。D 类地址空间可存放约 2^{28} 个地址，占整个 IP 地址空间的 6.25%(1/16)。E 类地址空间可存放约 2^{28} 个地址，占整个 IP 地址空间的 6.25%(1/16)。

目前，根据 RFC1812 规定，单播 IP 地址采用无类别编址方案。A 类、B 类和 C 类地址的区分已成为历史。由于传统的有类别编址方案从概念的演进上更清晰，因此在介绍 IP 地址时，仍然从有类别编址方案讲起。

2.2.2 A 类、B 类和 C 类 IP 地址

A 类、B 类和 C 类 IP 地址属于单播地址，由网络号和主机号两部分组成。在单播地址空间中，有部分地址被用作特殊用途，不作为单播地址使用。RFC1122 中规定的不用于单播地址的特殊地址如表 2.1 所示。

表 2.1 不用于单播地址的特殊地址

网 络 号	主 机 号	作为源地址	作为目的地址	用 途 说 明
0	0	可以	不可以	本网络上的本主机
0	host number	可以	不可以	本网络上的指定主机
全“1”	全“1”	不可以	可以	本网络上的广播
network number	全“1”	不可以	可以	指定网络上的广播
127	任意	可以	可以	本地回送(loopback)测试

特殊地址中，主机号部分为全“1”的地址都称为广播地址。RFC919 中介绍了各种 IP 广播的作用，其中网络号和主机号为全“1”的地址用于本网络上的广播，也称为受限广播，它的传播范围仅限发送方所属网络，路由器不转发这种广播数据报。网络号为指定网络，主机

号为全“1”的地址用于向指定网络发送广播数据报，这种广播也称为定向广播(directed broadcast)。在理论上，定向广播数据报可作为一个单独的数据报通过互联网中的路由器直至到达目标网络，然后再作为一组广播数据报发送给指定网络中所有的主机。从安全的角度看，定向广播存在很大问题，因此关于路由器是否应该支持定向广播的问题，经过了多次反复。RFC1812 建议支持路由器转发定向广播。在当时，定向广播不仅可用，而且默认启用。RFC2644 变更了该策略，要求路由器默认禁止转发定向广播，甚至完全省略支持能力。目前，互联网路由器采用的是 RFC2644 规定的策略。

特殊地址中，本地回送测试地址用于本主机的进程间通信。若主机发送的是目的地址为回送地址(例如 127.0.0.1) 的 IP 数据报，则本主机中的协议软件会直接处理数据报中的数据，而不会将其发送到网络中。由于本地回送测试只需要使用一个 IP 地址，而 RFC1122 中指定了一个完整的 A 类 IP 地址用于本地回送测试，因此造成了 IP 地址的浪费。

此外，主机号部分为全“0”的地址，也不能用于单播地址，这种地址代表指定网络。

排除以上特殊地址后，剩余的地址属于可指派的 A、B、C 类 IP 地址。A、B、C 类 IP 地址可指派的网络数和每个网络可指派的主机数如表 2.2 所示。

表 2.2　A、B、C 类 IP 地址的可指派的地址数量

IP 地址类型	地址空间	可指派的网络数	每个网络可指派的主机数
A 类	2^{31}	126(即 2^7-2)	16 777 214(即 $2^{24}-2$)
B 类	2^{30}	16 384(即 2^{14})	65 534(即 $2^{16}-2$)
C 类	2^{29}	2 097 152(即 2^{21})	254(即 2^8-2)

A 类 IP 地址的网络号字段占 1B，该字段的第一位已固定为 0，故只有 7 位可供使用，可用网络数为 128(即 2^7)，减去 RFC1122 中规定的网络 0 和网络 127 两个特殊网络号后，最大可指派的网络数为 126(即 2^7-2)。

A 类 IP 地址的主机号字段占 3B，减去主机号为全“1”和全“0”的特殊地址后，每个网络最大可指派的主机数为 16 777 214(即 $2^{24}-2$)。

B 类 IP 地址的网络号字段占 2B，该字段的前面两位已经固定为 10，只剩下 14 位可以进行分配，因此可指派的网络数为 16 384(即 2^{14})。RFC820 曾经指定第一个 B 类 IP 地址 128.0.0.0 作为保留地址，但是 2002 年发表的 RFC3330 明确指出，由于采用了无类别编址方案，所以 B 类网络号 128.0.0.0 可以被分配。

B 类 IP 地址的主机号字段占 2B，减去主机号为全“1”和全“0”的特殊地址后，每个网络最大可指派的主机数为 65 534(即 $2^{16}-2$)。

C 类 IP 地址的网络号字段占 3B，该字段的前面 3 位已经固定为 110，只剩下 21 位可以进行分配，因此可指派的网络数为 2 097 152(即 2^{21})。RFC820 中曾经指定第一个 C 类 IP 地址的 192.0.0.0 作为保留地址，但是在 RFC3330 中，也明确指出 C 类 IP 地址的 192.0.0.0 可以被分配。

C 类 IP 地址的主机号占 1B，减去主机号为全“1”和全“0”的特殊地址后，每个网络最大可指派的主机数为 254(即 2^8-2)。

IP 地址的作用是标识主机的网络接口。互联网中有一些具有多个 IP 地址的特殊主机可使用多个网络接口连接网络，这种主机称为多归属主机(multihomed host)。由于路由器可在不同的网络之间转发分组，因此属于多归属主机，具有多个 IP 地址。

图 2.3 所示为 3 台路由器及其连接的多个网络，其中主机和路由器的 IP 地址具有以下特点。

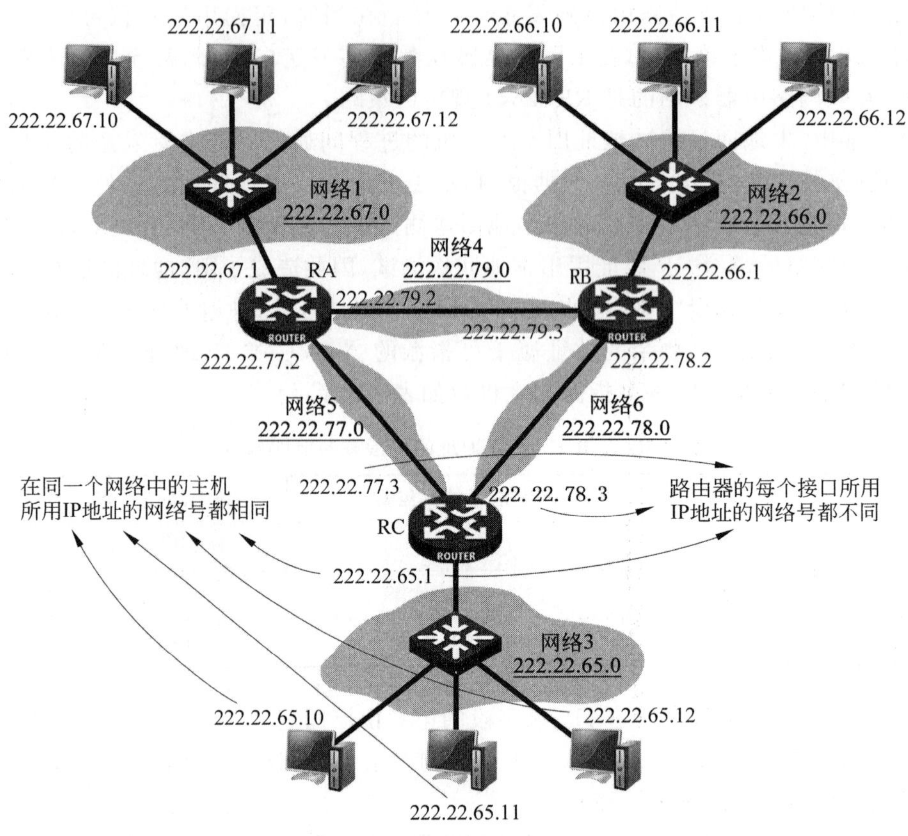

图 2.3　路由器和主机的 IP 地址

(1) 在同一个网络上的主机所用 IP 地址的网络号都相同；在不同网络上的主机所用 IP 地址的网络号都不同。

(2) 路由器总是具有多个 IP 地址，它的每个接口所用 IP 地址的网络号都不同。

由于主机和路由器的 IP 地址分配具有上述特点，所以路由器才可以根据目的网络号进行分组转发。

2.3　子网划分

在互联网的发展初期，随着局域网技术的发展，一些较大的单位或组织(organization)内部需要组建多个局域网，然后将这些局域网通过互连设备进行连接。在 IP 地址的两级编址方案下，为这些局域网分配 IP 地址十分困难。

若为单位内部的每个局域网申请一个网络号，则多个具有不同网络号的局域网需要使用路由器连接在一起，这种方式有如下缺点。

(1) 互联网路由器路由表中的项目数会急剧增加,路由器的转发效率会随之下降。

(2) 互联网上的路由器都可了解到该单位内部的网络拓扑结构,而这不是单位希望的。

(3) 向 ICANN 申请新的网络号需要花费较长的时间,在新的网络号申请通过之前,该单位将不能部署新的局域网。

若将单位内部的多个局域网看作同一个网络,则它们都具有相同的网络号,使用交换机就可以互相连接在一起,这种方式具有如下缺点。

(1) 单位内的路由器需要按照目的主机地址转发分组,会造成这些路由器的路由表项目数急剧增加。

(2) 多个局域网被看作同一个网络可引发广播流量的爆发,形成网络拥塞。

为解决上述问题,RFC950 提出了一种新的解决方案,即将 IP 地址从两级编址方案扩展为三级编址方案,这种编址方案称为子网划分(subneting)。子网划分是在有类别编址方案的基础上做的改进,不会改变传统的 5 类 IP 地址的分类。子网划分包括两种方式:定长子网划分和可变长子网划分。

2.3.1 定长子网划分

1. 子网划分的方法

子网划分的方法如下:从 IP 地址的主机号部分借用若干位作为子网号(subnet number),当然主机号也就相应减少了同样的位数。这样,两级 IP 地址在本单位内部就变为三级 IP 地址:网络号、子网号和主机号。

这种三级的 IP 地址可以记为

IP 地址::={<网络号>,<子网号>,<主机号>}　　(2-2)

子网划分是一个单位内部的事情。子网划分后,单位的网络对外仍然表现为一个网络,本单位以外的网络看不见这个网络由多少个子网组成。互联网上的路由器仍然将网络号看作 IP 地址的网络部分,凡是从其他网络发送给本单位某台主机的 IP 数据报,仍然根据目的网络号找到本单位网络上的边界路由器。单位的边界路由器和内部路由器将网络号+子网号记作网络地址,将网络地址看作 IP 地址的网络部分,当边界路由器和内部路由器收到 IP 数据报后,按照网络地址转发 IP 数据报,最终把 IP 数据报交付目的主机。

下面,以一个 B 类网络 139.9.0.0 为例介绍子网划分。假设申请到该 B 类地址的单位,从主机号部分借用 8 位作为子网号,则划分子网后的 IP 地址结构如图 2.4 所示。本例中,支持最多配置 256(即 2^8)个子网,每个子网最多可包含 254(即 2^8-2)台主机。子网划分后,主机号为全“0”和全“1”的 IP 地址仍然不能指派给主机。

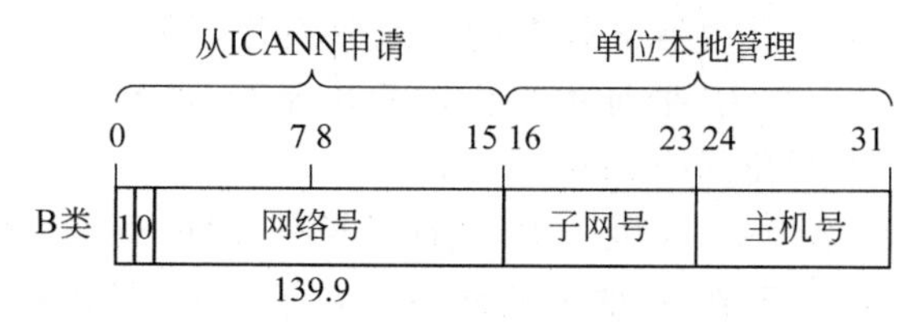

图 2.4　子网划分后的 B 类 IP 地址

与本例采用的方法一样,所有子网的子网号部分长度都相等,剩余的主机号部分长度也都相等，每个子网中允许的最大主机数也都相等，这种子网划分方式称为定长子网划分。

若单位申请到的网络号为 139.9.0.0，则网络管理员可以根据需要分配 256 个子网，可以将部分子网分配给已经组建好的局域网，将部分子网保留给将来组建新的局域网使用。若该单位已经组建了 3 个局域网，网络管理员为它们分配了子网号 5、10 和 15，其余的子网号暂时保留，则进行子网划分后的 139.9.0.0 网络如图 2.5 所示。

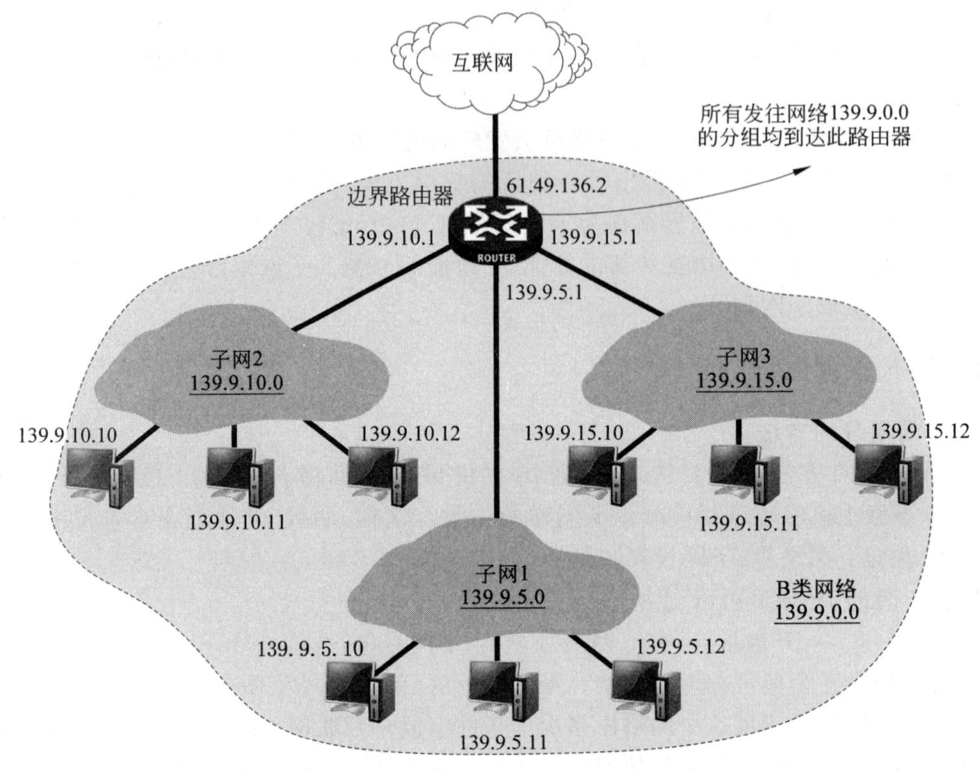

图 2.5　定长子网划分的例子

划分子网后，B 类网络 139.9.0.0 对外部仍表现为一个网络。互联网上的路由器按照网络号转发 IP 数据报，无论目的 IP 地址是 139.9.5.x、139.9.10.x 还是 139.9.15.x，这些 IP 数据报都会被转发到该网络的边界路由器。边界路由器和内部路由器在收到 IP 数据报后，会按照网络地址转发分组，将目的地址是 139.9.5.x 的 IP 数据报发送到子网 1，将目的地址是 139.9.10.x 的 IP 数据报发送到子网 2，将目的地址是 139.9.15.x 的 IP 数据报发送到子网 3。

2. 子网掩码

划分子网后，网络内部的路由器必须有能力区分发往不同子网的分组，因此必须从 IP 地址中获取网络地址。由于从 IP 地址本身无法看出是否划分了子网，也无法获取网络地址，因此 RFC950 定义了子网掩码(subnet mask)。

子网掩码用于标记网络地址，长度与 IP 地址的长度相同，例如 IPv4 的子网掩码长度为 32 位。子网掩码中的 1 对应于 IP 地址中的网络号和子网号，子网掩码中的 0 对应子网划分后 IP 地址中的主机号。子网掩码也可以采用点分十进制记法表示。虽然 RFC 没有规定子网掩码中的一串 1 必须是连续的，但却强烈推荐子网掩码由一串连续的 1 后面跟一串连续的 0 构成。这种子网掩码可以用容易记的格式来表示，只需给出这些连续的 1(左起)的位数即可。这种子网掩码的格式是目前最常见的,子网掩码的长度也被称为前缀长度。表 2.3 给出了一些子网掩码的例子。在本节定长子网划分的例子中,各个子网的子网掩码均为 255.255.255.0。

表 2.3 子网掩码的例子

序　号	点分十进制表示	前缀长度	二进制表示
1	255.0.0.0	/8	11111111 00000000 00000000 00000000
2	255.192.0.0	/10	11111111 11000000 00000000 00000000
3	255.240.0.0	/12	11111111 11110000 00000000 00000000
4	255.248.0.0	/13	11111111 11111000 00000000 00000000
5	255.255.0.0	/16	11111111 11111111 00000000 00000000
6	255.255.252.0	/22	11111111 11111111 11111100 00000000
7	255.255.255.128	/25	11111111 11111111 11111111 10000000
8	255.255.255.224	/27	11111111 11111111 11111111 11100000

子网掩码是一个网络或一个子网的重要属性。RFC950 在成为互联网的正式标准后,要求所有的网络都必须使用子网掩码,在路由器的路由表中也必须包含子网掩码字段,相邻的路由器之间交换路由信息时,必须把自己所在网络(或子网)的子网掩码告诉对方。若一个网络没有划分子网,则该网络的子网掩码就使用默认值。在默认的子网掩码中,1 的位置和 IP 地址中的网络号字段相对应。A 类地址的默认子网掩码为 255.0.0.0;B 类地址的默认子网掩码为 255.255.0.0;C 类地址的默认子网掩码为 255.255.255.0。

利用子网掩码可以很容易地计算出 IP 地址中的网络地址,只需要将 IP 地址与其子网掩码进行按位与(AND)操作,就可以得到相应的网络地址。在本节定长子网划分的例子中,如果边界路由器收到了目的 IP 地址为 139.9.10.11 的 IP 数据报,会将该 IP 地址与子网掩码 255.255.255.0 进行按位与操作,即可计算出网络地址为 139.9.10.0,计算过程如图 2.6 所示。

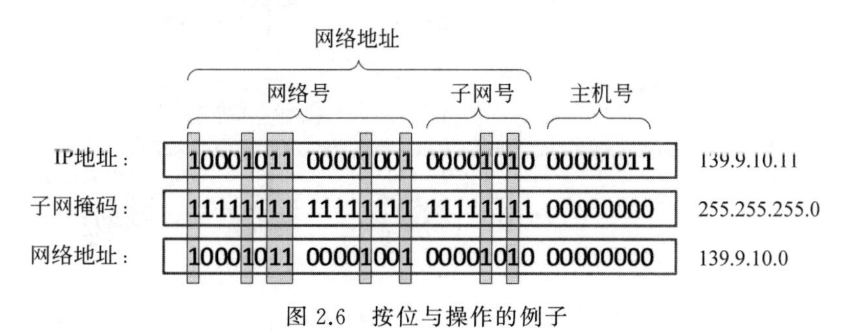

图 2.6 按位与操作的例子

2.3.2 可变长子网划分

前面已经介绍了如何将一个网络划分为多个大小相同(即每个子网能支持相同数量主机)的子网。在某些情况下,需要将一个网络划分为多个大小不同的子网,以适应实际的需求。将网络划分为不同大小的子网,称为可变长子网划分。在进行可变长子网划分时,各个子网的子网号部分长度不尽相同,因此其子网掩码的前缀长度也随之变化,这种子网掩码称为可变长子网掩码(variable length subnet mask,VLSM)。

目前,大多数主机、路由器和路由协议均支持 VLSM。采用 VLSM 后,不同的子网可以支持不同数量的主机。这样一来,虽然提高了子网结构的灵活性,但是增加了地址配置管理的复杂性。

在 2.3.1 节的定长子网划分的例子中,可以将子网 1 进一步划分为两个子网,并将它们的子网掩码配置为 255.255.255.128,即子网掩码前缀长度为 25,从而得到一个可变长子网,如图 2.7 所示。其中,4 个子网的网络地址、子网掩码和前缀长度如表 2.4 所示。

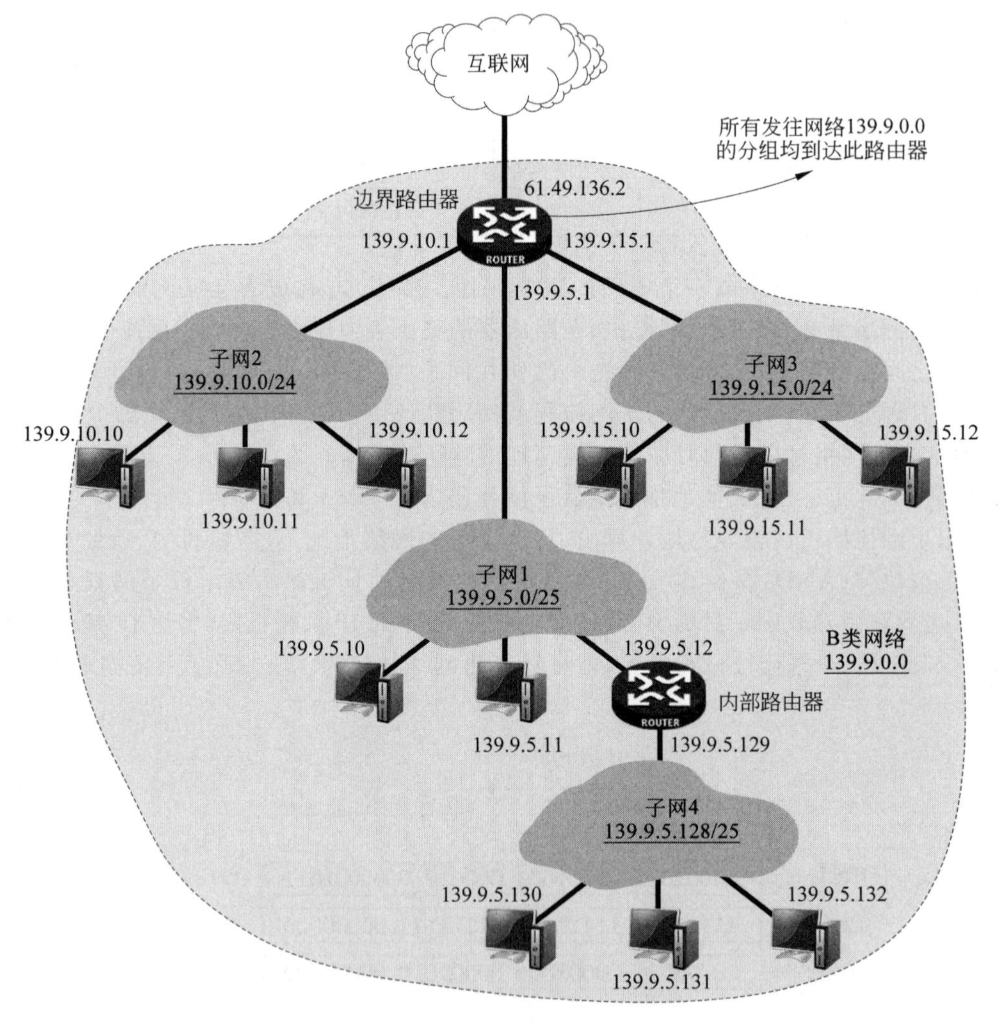

图 2.7　可变长子网划分的例子

虽然进行了更复杂的可变长子网划分,但是整个网络对外部仍表现为一个网络。此时,互联网上的路由器仍然按照网络号转发分组,并将发往网络 139.9.0.0 的分组转发到其边界路由器;内部路由器仍然按照网络地址转发分组,并根据目的 IP 地址与子网掩码的按位与操作结果判断分组所属子网,然后将发往不同子网的分组转发到相应的子网。

表 2.4　可变长子网掩码例子中的子网地址和子网掩码

	网络地址	子网掩码	前缀长度
子网 1	139.9.5.0	255.255.255.128	/25
子网 2	139.9.10.0	255.255.255.0	/24
子网 3	139.9.15.0	255.255.255.0	/24
子网 4	139.9.5.128	255.255.255.128	/25

2.4　无类别编址

划分子网在一定程度上缓解了互联网发展中遇到的困难。然而到了 20 世纪 90 年代初，伴随着互联网的迅速发展，产生了更严重的规模问题。

(1) 在 1992 年，B 类地址已分配了近一半，面临即将被用尽的窘境。

(2) 全球性路由表的项目数(每个网络号对应一条)急剧增长，到 1995 年已经有大约 65 000 个。随着越来越多 A 类、B 类和 C 类路由项目的出现，路由性能受到影响。

(3) 即使把所有的 IP 地址都用上，32 位的 IPv4 地址仍被认为不足以应对 21 世纪初互联网预期的规模。事实上，在 2011 年 2 月，IANA 正式宣布 IPv4 地址已经耗尽。

IETF 从 1992 年就开始关注这些问题，并预计前两个问题将很快变得非常严重，于是提出了一个短期解决方案——有效清除 IP 地址的分类缺陷，并提高层次化分配 IP 地址的聚合能力。由于最后一个问题需要长期的解决方案，因此专门成立 IPv6 工作组负责研究新版本的 IP。

本节主要介绍缓解 IPv4 地址分配压力的无类别编址方案，关于 IPv6 的知识详见第 7 章。

2.4.1　网络前缀

为了缓解 IPv4 地址，特别是 B 类地址面临的分配压力，IETF 在 VLSM 的基础上，进一步研究出了无类别编址方案，即无类别域间路由选择(classless inter-domain routing，CIDR)。目前，CIDR 由 RFC4632 规定。

CIDR 消除了传统的 A 类、B 类和 C 类地址以及子网划分的概念，为连续地址提供了一种方便的分配方式，可以更加有效地分配 IPv4 地址空间。CIDR 把 32 位的 IP 地址划分为前后两部分，前面部分称为网络前缀(network prefix)，简称为前缀，后面部分仍然称为主机号(host number)。在 CIDR 编址方案中，网络前缀是 IP 地址的网络部分，主机号是 IP 地址的主机部分。

CIDR 使 IP 地址从三级编址重新回到了两级编址(无类别的两级编址)。其记法如下：

IP 地址::={＜网络前缀＞,＜主机号＞}　　(2-3)

CIDR 采用斜线记法(slash notation)，也称为 CIDR 记法，即在 IP 地址后面加上“/”，然后写上网络前缀所占的位数。

网络前缀消除了 IP 地址中网络号和主机号的预定义分隔，使更细粒度的 IP 地址分配成为可能。网络前缀都相同的连续 IP 地址可组成一个 CIDR 地址块。只要知道 CIDR 地址块中的任何一个地址，就可以知道这个地址块的起始地址（即最小地址）和最大地址，以及地址块中的地址数。

例如，如图 2.8 所示的 IP 地址 222.22.65.10/20 是某 CIDR 地址块中的一个地址，把它写成二进制形式后，前 20 位是网络前缀，在图 2.8 中用粗体和下画线标识，前缀后面的 12 位是主机号。

图 2.8 CIDR 地址块的最小地址和最大地址

222.22.65.10/20 所在的地址块中的最小地址和最大地址，可以用图 2.8 中的方法计算获得。主机号为全“0”的最小地址和主机号为全“1”的最大地址是两个特殊地址，依然不能指派给主机用作单播地址。不难看出，这个地址块共有 4096（即 2^{12}）个地址，允许指派的最大主机数为 4094（即 $2^{12}-2$）个。可以用地址块中的最小地址和网络前缀的位数一起标识地址块，上述地址块可记为 222.22.64.0/20。

由于从 IP 地址本身无法获取网络前缀，CIDR 仍然需要一个类似于子网掩码的参数来标记网络前缀。在 CIDR 中，该参数称为地址掩码（address mask）。地址掩码由一串 1 和一串 0 组成，而 1 的个数就是网络前缀的长度。地址掩码也称为 CIDR 掩码，或简称为掩码。在 CIDR 的斜线记法中，“/”后面的数字也是 CIDR 掩码中 1 的个数。CIDR 掩码的应用不再局限于一个网络内部，而是作为完整的网络标识的一部分，在整个互联网的路由系统中处处可见。因此，互联网的核心路由器必须能解释和处理掩码。IP 地址与 CIDR 掩码做按位与操作，可以获得网络前缀。采用 CIDR 编址方式后，路由器根据网络前缀转发 IP 数据报。

虽然 CIDR 不再使用子网的概念和子网号，但是申请到 CIDR 地址块的单位，仍然可以在本单位内根据需要划分出子网。这些子网都具有相同网络前缀的 CIDR 地址块，只是子网的网络前缀比整个单位的网络前缀要长些。例如，某单位申请到一个/20 地址块，并划分出 8 个相同大小的子网。这时，每个子网的网络前缀就延长为 23 位，比该单位的网络前缀多了 3 位。在单位内部进行子网划分时，仍然支持采用可变长子网划分的方式。

2.4.2 路由聚合

CIDR 不仅可以提高 IPv4 的地址空间分配效率，也可以减少路由表的项目数，从而改善路由器的性能，这个功能可以通过路由聚合（route aggregation）实现。路由聚合是指将相邻 CIDR 地址块的网络前缀合并成一个较短的网络前缀，聚合后的路由信息可以覆盖更多的地址空间。

下面，举例说明路由聚合的概念。如图 2.9 所示，4 个相邻的/27 地址块 222.22.65.0/27、222.22.65.32/27、222.22.65.64/27 和 222.22.65.96/27 可以两两聚合成两个/26 地址块

222.22.65.0/26 和 222.22.65.0.64/26，然后可以再次聚合成一个/25 地址块 222.22.65.0/25。也可以直接将上述 4 个/27 地址块聚合成一个/25 地址块。

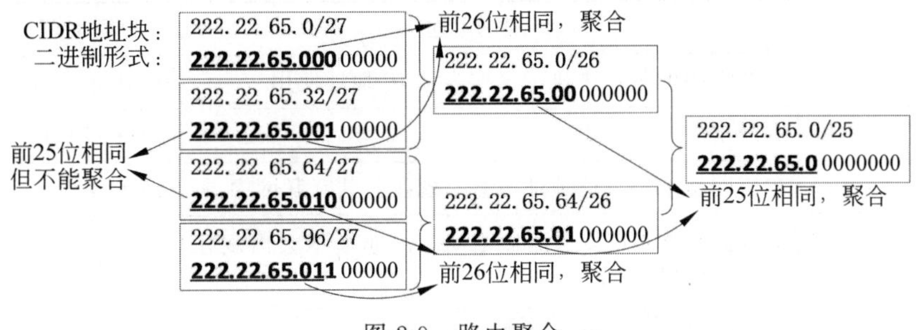

图 2.9　路由聚合

注意：在本例中所用的 IP 地址一般不允许用十进制和二进制混合表示。图 2.9 中的写法，仅仅为了说明解题的步骤，而并非表示平时使用的书写方式。

在路由聚合过程中，两个 CIDR 地址块能够聚合需要满足以下条件：

（1）两个地址块相邻且大小一致。

（2）两个地址块的前 n 位相同。

（3）聚合前后，CIDR 地址块包含的 IP 地址相同。

例如，在图 2.9 中，地址块 222.22.65.32/27 和 222.22.65.64/27 相邻且大小相等，虽然它们的前 25 位相同，但如果聚合成一个/25 地址块，则聚合前后的 CIDR 地址块包含不同的 IP 地址，因此这两个地址块不能聚合。

路由聚合使得路由表中的一个项目可以表示原来传统分类地址的很多个路由，这种方法降低了路由表的项目数。1996 年，全球性路由表的项目数从六万多个降低到了三万多个。由于有些聚合后的 CIDR 地址块包含了多个 C 类地址，路由聚合也被称为构成超网。

常用的 CIDR 地址块的网络前缀为 13～27，网络前缀小于 13 或大于 27 都较少使用。每个 CIDR 地址块中的地址数都是 2 的整数次幂，其中主机号为全“0”和全“1”的 IP 地址依然不能指派给主机做单播地址。

在 CIDR 的应用中，有一种特殊的情况，主机号为全“0”和全“1”的 IP 地址可以使用。当路由器之间被一条点对点链路连接，则每个端点都需要分配一个 IP 地址，且两台路由器之间的网络仅包含两个 IP 地址，为了节省 IP 地址，RFC3021 建议使用/31 地址块中包含的两个地址分配给两台路由器。在 IPv6 中，对于这种特殊情况，RFC6164 中也建议使用/127 地址块。

2.5　特殊用途的 IP 地址

在互联网的发展过程中，不断有 IP 地址块被指定用于某些特殊用途。这些特殊用途的 IP 地址在汇总后，会不定期地发布在 RFC 中，目前最新的汇总文档是 RFC6890。在 IANA 的网站[①]上，也可以查询到所有特殊用途的 IP 地址及其相关 RFC。

① https://www.iana.org/assignments/iana-ipv4-special-registry/iana-ipv4-special-registry.xhtml。

截至2021年4月,IANA网站上公布的特殊用途IPv4地址如表2.5所示。

表2.5 特殊用途的IPv4地址

地址块	特殊用途	分配时间	参考RFC
0.0.0.0/8	本网络中的某台主机。仅作为源IP地址使用	1981年9月	RFC791
0.0.0.0/32	本网络中的本主机	1981年9月	RFC1122
10.0.0.0/8	专用网络地址。此地址不会出现在公共互联网中	1996年2月	RFC1918
100.64.0.0/10	运营商级NAT共享地址空间。此地址不会出现在公共互联网中	2012年4月	RFC6598
127.0.0.0/8	本地回送测试地址。通常只用127.0.0.1	1981年9月	RFC1122
169.254.0.0/16	"链路本地"地址。通常由DHCP自动分配	2005年5月	RFC3927
172.16.0.0/12	专用网络地址。此地址不会出现在公共互联网中	1996年2月	RFC1918
192.0.0.0/24	IETF协议分配(IANA保留,本行以下5行中指定的地址已指定用途)	2010年1月	RFC6890
192.0.0.0/29	IPv4服务持续性前缀。用于IPv4/IPv6双栈精简版(dual-stack lite,DS-Lite)	2011年6月	RFC7335
192.0.0.8/32	IPv4伪地址。用于隧道产生的ICMPv6差错报告①	2015年3月	RFC7600
192.0.0.9/32	端口控制协议②任播地址	2015年10月	RFC7723
192.0.0.10/32	中继穿透NAT(TURN③)任播地址	2017年2月	RFC8155
192.0.0.170/32 192.0.0.171/32	用于NAT64/DNS64④发现	2013年2月	RFC7050 RFC8880
192.0.2.0/24	用于文档的测试网络地址(TEST-NET-1)	2010年1月	RFC5737
192.31.196.0/24	用于AS112⑤服务	2014年12月	RFC7535
192.52.193.0/24	用于自动多播隧道协议⑥	2014年12月	RFC7450
192.168.0.0/16	专用网络地址。此地址不会出现在公共互联网中	1996年2月	RFC1918
192.175.48.0/24	用于AS112服务	1996年1月	RFC7534
198.18.0.0/15	用于网络互连设备的基准和性能测试	1999年3月	RFC2544

---

① 属于IPv4/IPv6过渡技术,当IPv4分组穿越IPv6隧道时,如果产生了ICMPv6差错报告,该差错报告转换成ICMPv4格式时,需要用IPv4伪地址作为源地址。

② 端口控制协议用于在NAT64设备中控制IPv4分组和IPv6分组的转换和转发,由RFC6887规定。

③ 指使用中继穿透NAT的技术,属于多种NAT穿透技术的一种。

④ NAT64/DNS64是一种实现IPv4和IPv6之间网络互访的技术。

⑤ AS112服务指对专用网络地址的反向域名解析服务。由于专用网络地址的广泛使用,且很多终端软件被配置为自动发起反向域名解析,本地DNS服务器应该能够快速为此类查询返回空应答。为了避免专用网络地址的反向域名查询影响DNS的性能,同时避免终端软件因DNS查询而挂起,DNS操作、分析和研究中心(domain name system operations,analysis,and research center,DNS-OARC)提供了AS112服务。

⑥ 当多播数据报的接收方缺少到达多播源主机的多播网络连接时,自动多播协议基于UDP封装,提供了一种转发多播流量的方案。

续表

地　址　块	特 殊 用 途	分配时间	参考 RFC
198.51.100.0/24	用于文档的测试网络地址(TEST-NET-2)	2010 年 1 月	RFC5737
203.0.113.0/24	用于文档的测试网络地址(TEST-NET-3)	2010 年 1 月	RFC5737
240.0.0.0/4	保留地址,(以前的 E 类地址)除了 255.255.255.255	1989 年 8 月	RFC1112
255.255.255.255/32	本地网络广播(受限广播)地址	1984 年 10 月	RFC919 RFC8190

表 2.5 中指定了很多用于特殊用途的 IPv4 地址块,其中常见的有专用网络地址、链路本地地址、运营商级 NAT 共享地址、回送测试地址、受限广播地址和用于文档的测试网络地址等。

1. 专用网络地址

专用网络是指企业或机构内部专用的网络,也称为私有网络。如果采用 TCP/IP 构建专用网络,则专用网络内的主机也需要使用 IP 地址。专用网络内的 IP 地址不需要向 ICANN 申请,RFC1918 和 RFC6890 规定了 3 块 IP 地址空间作为专用网络地址,它们也称为专有地址(private address),仅用于专用网络内部的主机和路由器之间的通信。如表 2.5 所示,专有地址包括:

(1) 10.0.0.0～10.255.255.255(10.0.0.0/8);

(2) 172.16.0.0～172.31.255.255(172.16.0.0/12);

(3) 192.168.0.0～192.168.255.255(192.168.0.0/16)。

在专用网络内分配 IP 地址时,只需要保证 IP 地址在专用网络内唯一即可。当专用网络内的主机需要和互联网上的主机通信时,需要进行网络地址转换(network address translation,NAT)。关于 NAT,详见第 5 章。专用网络地址不会出现在公共互联网中。

2. 链路本地地址

在为主机配置 IP 地址时,可以采用手动或自动方式。手动方式由管理员分配 IP 地址,并将分配的 IP 地址写入主机的配置文件,这种方式也称为静态 IP 地址配置。在 Windows 和 Linux 操作系统中,都提供了配置静态 IP 地址的图形用户界面和命令行工具。自动方式利用动态主机配置协议(dynamic host configuration protocol,DHCP)为主机配置 IP 地址,这种方式称为动态 IP 地址配置。关于 DHCP,详见第 3 章。

在 Windows 操作系统中,当利用 DHCP 配置主机的 IP 地址时,若本地网络中没有提供 DHCP 服务,或者本地网络中 DHCP 服务器发生故障,又或者响应时间太长而超出了系统规定的时间,则操作系统会自动配置一个链路本地地址(link-local address)给主机。在 Linux 操作系统中,如果在网络接口配置中,选中了“仅本地链路”的选项,则操作系统会配置一个链路本地地址给主机。链路本地地址由 RFC3927 规定,如表 2.5 所示,其中包含一个/16 地址块: 169.254.0.0/16。

只有在同一个物理网络上且都配置了链路本地地址的主机之间可以进行通信。

3. 运营商级 NAT 共享地址

通过第 1 章的介绍已经了解到,用户可从互联网服务提供方(ISP)购买互联网接入服务并接入互联网。ISP 也被称为运营商(carrier)。用户可以是只有一台主机的个人用户,也可以是构建了一个专用网络的企业用户。由于能用于互联网通信的公网地址[①](public address)非常紧缺，所以当用户接入互联网时，ISP 会临时分配一个或多个公网地址给用户使用，用户可利用 NAT 技术与运营商进行网络通信，而运营商的内部网络已经可以直接与互联网通信，不需要 NAT 技术。

2011 年 2 月，IANA 宣布 IPv4 地址已经耗尽，ISP 再也不能获得新的公网 IP 地址。随着用户数量的不断增加，用户对公网 IP 地址的需求也在不断增加。为了满足这些用户接入互联网的需求，RFC6598 规定了一个/10 地址块，用作运营商级 NAT(carrier-grade NAT, CGN)共享地址，记作 CGN 地址。如表 2.5 所示，CGN 地址为 100.64.0.0/10。这样，当用户接入互联网时，ISP 不再为用户分配公网 IP 地址，而是从 100.64.0.0/10 地址块中分配一个或多个地址给用户。CGN 地址只能用于 ISP 的内部网络，不会出现在公共互联网中。每个 ISP 都可以使用 CGN 地址，因此 CGN 地址与专网地址一样，在互联网上并不唯一，不能用于互联网通信。当使用了 CGN 地址的 ISP 内部网络需要与互联网通信时，就需要利用 NAT 技术。

采用 CGN 地址为用户提供互联网接入服务后，用户的专用网络需要通过两次 NAT，才能接入互联网，如图 2.10 所示。在 ISP 内部网络中采用 CGN 地址，而不用 RFC1918 中规定的 3 块专用网络地址，是为了避免用户的专用网络与 ISP 内部网络之间的地址冲突。

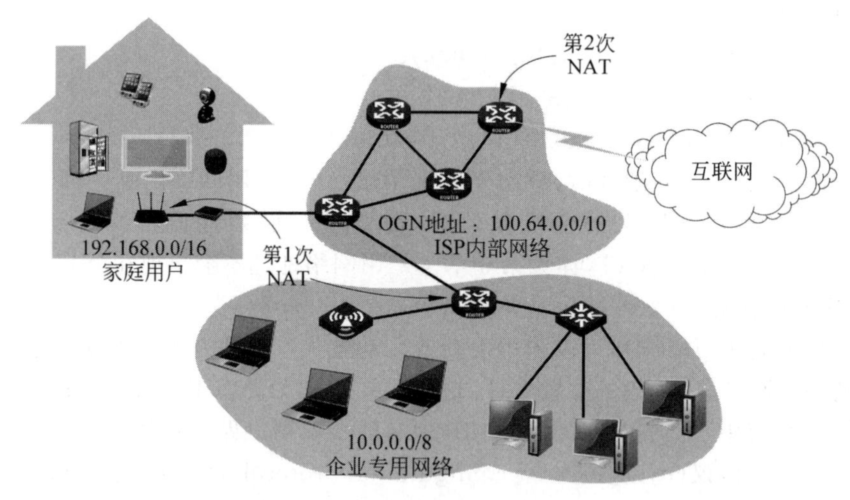

图 2.10　CGN 地址和两次 NAT

4. 用于文档的测试网络地址

在各种技术规范或者技术文档中，经常需要使用某些网络示例。为了避免因使用已分配给他人的地址而引起冲突，RFC5737 保留了 3 个地址块，专门用于在文档中作为测试网络地址。如表 2.5 所示，用于文档的测试网络地址包括以下几种。

(1) TEST-NET-1：192.0.2.0～192.0.2.255(192.0.2.0/24)。

(2) TEST-NET-2：198.51.100.0～198.51.100.255(198.51.100.0/24)。

(3) TEST-NET-3：203.0.113.0～203.0.113.255(203.0.113.0/24)。

---

① 相对于仅能用于专用网络内通信的专用网络地址，能用于全球互联网通信的 IP 地址称为公共网络地址。

由于这 3 个地址块较小，本书中的网络示例并未选用这些地址。需要强调的是，本书网络示例中的 IP 地址均由获得那些 IP 地址的单位拥有和使用，其在互联网中的真实使用情况与本书中的示例没有关联。用于文档的测试网络地址也不会出现在公共互联网中。

5. 其他特殊用途地址

表 2.5 中还列出了其他一些具有特殊用途的 IP 地址。例如，已经在 2.2.2 节中介绍过，0.0.0.0/8 用作本网络上的主机地址，127.0.0.0/8 用作回送测试地址，255.255.255.255/32 用作受限网络的广播地址，以及地址块 198.18.0.0/15 用于网络互连设备的基准和性能测试。

此外，在 2011 年 2 月，IPv4 地址耗尽之后，为了保证互联网的正常运行，IANA 将自己的保留地址 192.0.0.0/24 中的部分地址用于 NAT 技术和 IPv6/IPv4 过渡技术。这些地址的具体作用在表 2.5 中有简短描述，对这些地址的用法感兴趣的读者，可以参考相关 RFC 进行深入学习。

2.6 IP 地址的规划和分配

在建设企业网或校园网等专用网络时，首先需要进行网络规划，即进行 IP 地址的规划和分配。利用 CIDR 进行 IP 地址的规划和分配，可以更加有效地利用 IP 地址。本节首先介绍 IP 地址的规划与分配方法，然后通过一个校园网实例讲解 IP 地址的规划与分配过程。

2.6.1 IP 地址的规划和分配方法

利用 CIDR 进行 IP 地址的规划与分配时，主要考虑以下 3 点。

1. 确定 CIDR 地址块的数量和大小

在确定 CIDR 地址块的数量时，要综合考虑建筑物的位置分布以及部门数量。一般情况下，位于网络中心的各种服务器和主干线路上的交换设备需要单独占用一个 CIDR 地址块，一个建筑物根据其内部的部门数量可以占用一个或多个 CIDR 地址块。每个 CIDR 地址块的大小可以不同，应该根据建筑物内或部门中的信息点[①]（telecommunications outlet，TO）数量来确定，每个 CIDR 地址块包括的 IP 地址数目是 2 的整数次幂，例如 32、64、128、256 等，每个 CIDR 地址块中最小地址和最大地址不能分配给主机。在确定 CIDR 地址块大小时，应留有一定余量，以备将来扩展使用。

2. 确定掩码

根据 CIDR 地址块的大小，计算并确定掩码。例如，需要一个包含 128 个 IP 地址的地址块，则应选择/25 的前缀，其点分十进制表示的掩码为 255.255.255.128。

3. CIDR 地址块的分配

建设专用网络，可以使用 2.5 节介绍的专用网络地址。由于大量无线路由器使用了 192.168.0.0/16 地址块中的地址，所以在建设专用网络时，一般选用 10.0.0.0/8 或 172.16.0.0/12 地址块，以避免混淆。在使用专用网络地址建设专用网络时，仍需要向 ISP 申请少量公网地址或 CGN 地址，再利用 NAT 技术，才能访问互联网。

---

① 信息点通常指综合布线系统中，配线子系统的信息插座模块。

进行 CIDR 地址块的分配，需要遵循以下规则。

(1) 应先为较大的地址块分配网络前缀。

(2) 在相同路径上的地址块应具有相同的前缀，便于进行路由聚合。

(3) 应保留部分地址块，以备将来扩展使用。

2.6.2 IP 地址的规划和分配实例

本节以某校园网建设为例，讲解 IP 地址的规划和分配方法。

1. 需求概况

某学校现有建筑包括 1 座图书馆、1 座行政楼、1 座实验楼、2 座办公楼，1 座教学楼、4 座学生宿舍楼。用户信息点共有 1720 个，分布情况如表 2.6 所示。

表 2.6 某校园网信息点分布情况

建筑物	楼层	信息点个数	信息点合计个数
图书馆	学生阅览室	10	80
	教师阅览室	10	
	电子阅览室	40	
	书籍借阅处	5	
	办公室	15	
行政楼	1～3 层办公	30(每楼层)	90
实验楼	1 层办公区	40	420
	2 层实验室	80	
	3 层实验室	80	
	4 层网络中心	220	
1 号办公楼	1～2 层办公	50	50
2 号办公楼	1～3 层办公	80	80
东教楼	1～4 层教室	25(每楼层)	100
西教楼	1～4 层教室	25(每楼层)	100
1 号学生宿舍楼	1～5 层宿舍	40(每楼层)	200
2 号学生宿舍楼	1～5 层宿舍	40(每楼层)	200
3 号学生宿舍楼	1～5 层宿舍	40(每楼层)	200
4 号学生宿舍楼	1～5 层宿舍	40(每楼层)	200
总计			1720

2. 确定地址块的大小和掩码

根据表 2.6 所述信息点分布情况，可以得到该校园网需要的 CIDR 地址块数量、大小和掩码，如表 2.7 所示。

表 2.7　某校园网所需 CIDR 地址块及掩码

大　　楼	楼　　层	CIDR 地址块大小	IP 地址个数	CIDR 地址块掩码
图书馆	所有楼层	/25	128	255.255.255.128
行政楼	1～3 层	/25	128	255.255.255.128
实验楼	1～3 层	/24	256	255.255.255.0
	4 层网络中心	/24	256	255.255.255.0
1 号办公楼	1～2 层	/26	64	255.255.255.192
2 号办公楼	1～3 层	/25	128	255.255.255.128
东教楼	1～4 层	/25	128	255.255.255.128
西教楼	1～4 层	/25	128	255.255.255.128
1 号学生宿舍楼	1～5 层	/24	256	255.255.255.0
2 号学生宿舍楼	1～5 层	/24	256	255.255.255.0
3 号学生宿舍楼	1～5 层	/24	256	255.255.255.0
4 号学生宿舍楼	1～5 层	/24	256	255.255.255.0
合计	—	—	2240	—

由表 2.7 可知，该校园网至少需要 2240 个 IP 地址，因此使用一个/20 地址块就可以满足需要。

3. CIDR 地址块的分配

该校园网选用 10.10.16.0/20 地址块进行分配。10.10.16.0/20 地址块的地址范围为 10.10.16.0～10.10.31.255，共有 4096 个 IP 地址。根据表 2.7 给出的地址块大小和掩码，按照从大到小的地址块顺序，并考虑相近地理位置的 CIDR 地址聚合，对 CIDR 地址块的分配过程如图 2.11 所示。

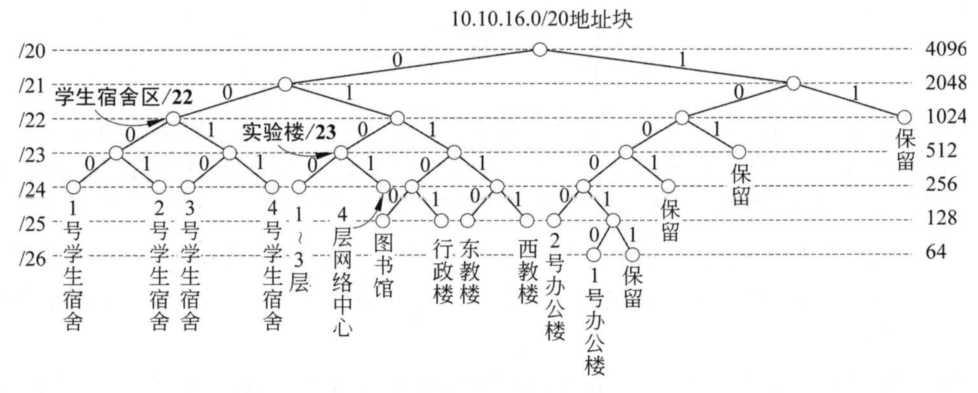

图 2.11　CIDR 地址块分配

图 2.11 中，左子树代表下一位取值为 0，右子树代表下一位取值为 1。学生宿舍楼需要 4 个/24 地址块且地理位置较近，考虑到应将它们聚合成一个地址块，于是首先将第一个/22 地址块 10.10.16.0/22 分配给学生宿舍区。实验楼需要 2 个/24 地址块，于是将剩余地址中

的第一个/23 地址块 10.10.20.0/23 分配给实验楼。其他各建筑物按照 CIDR 地址块大小，依次分配，剩余的地址作为保留地址，以备扩展。

按照图 2.11 进行 CIDR 地址块分配的方案如表 2.8 所示。

表 2.8　某校园网 CIDR 地址块的分配方案

大　楼	楼　层	CIDR 地址块	CIDR 地址块掩码
图书馆	所有楼层	10.10.22.0/25	255.255.255.128
行政楼	1～3 层	10.10.22.128/25	255.255.255.128
实验楼	1～3 层	10.10.20.0/24	255.255.255.0
	4 层网络中心	10.10.21.0/24	255.255.255.0
1 号办公楼	1～2 层	10.10.24.128/26	255.255.255.192
2 号办公楼	1～3 层	10.10.24.0/25	255.255.255.128
东教楼	1～4 层	10.10.23.0/25	255.255.255.128
西教楼	1～4 层	10.10.23.128/25	255.255.255.128
1 号学生宿舍楼	1～5 层	10.10.16.0/24	255.255.255.0
2 号学生宿舍楼	1～5 层	10.10.17.0/24	255.255.255.0
3 号学生宿舍楼	1～5 层	10.10.18.0/24	255.255.255.0
4 号学生宿舍楼	1～5 层	10.10.19.0/24	255.255.255.0
保留地址	—	10.10.24.192/26	255.255.255.192
保留地址	—	10.10.25.0/24	255.255.255.0
保留地址	—	10.10.26.0/23	255.255.254.0
保留地址	—	10.10.28.0/22	255.255.252.0

2.7　本章小结

本章首先介绍了 IP 地址的基本概念以及表示方法，然后介绍了 IP 地址的 3 种编址方案——有类别编址、子网划分和无类别编址，进而介绍了特殊用途的 IP 地址，最后给出了 IP 地址规划和分配的方法以及实例。

IP 地址是互联网中使用的网络层地址，用来标识一台主机的网络接口。IP 地址是一个 32 位的二进制数，为了便于书写和记忆而采用点分十进制记法表示。IP 地址采用了分层结构，即包括网络部分和主机部分。

有类别编址是最基本的 IP 编址方案，将 IP 地址分为 A、B、C、D、E 这 5 类。其中 A、B、C 类地址为单播地址，D 类地址为多播地址，E 类地址为保留地址。每个单播地址都由网络号和主机号两个字段组成，其中网络号代表网络部分，主机号代表主机部分。A、B、C 类地址的网络号长度分别为 8 位、16 位和 24 位。

子网划分是将 IP 地址从两级编址扩展为三级编址，即每个 IP 单播地址由网络号、子网号和主机号3个字段组成。在进行子网划分后，单位的网络对外仍然表现为一个网络。在单位外部的网络中，网络号代表网络部分；在单位内部的网络中，网络号＋子网号被记为网络地址，代表网络部分。子网划分是在分类编址方案基础上进行的改进，不改变传统的5类IP地址的分类。

子网划分包括定长子网划分和可变长子网划分两种方式。在进行定长子网划分时，所有子网的子网号长度都相同；在进行可变长子网划分时，任意子网的子网号长度可以不同。为了区分子网号和主机号，在进行子网划分时引入了子网掩码的概念。子网掩码的长度与IP地址的长度相同，子网掩码中的1对应IP地址中的网络号和子网号，而子网掩码中的0对应子网划分后IP地址中的主机号。在可变长子网划分时，子网掩码称为可变长子网掩码(VLSM)。

无类别编址方案的正式名字是无类别域间路由选择(CIDR)，是在VLSM的基础上提出的。CIDR消除了传统的A类、B类和C类地址以及子网划分的概念，使IP地址从三级编址又回到了两级编址。CIDR的单播地址由网络前缀和主机号两个字段组成，其中网络前缀代表网络部分，主机号代表主机部分。CIDR将子网掩码改称为CIDR掩码，用于标识网络前缀。CIDR支持路由聚合，满足条件的连续CIDR地址块可以聚合成一个更大的CIDR地址块。路由聚合可以优化路由器中的路由表，改善路由器的性能。

在互联网发展的过程中，有一些IP地址块被指定用于特殊用途。常见的特殊用途地址包括专用网络地址、链路本地地址、运营商级NAT共享地址、回送测试地址、受限广播地址和用于文档的测试网络地址等。在RFC6890中和IANA的网站上可以查询到最新的特殊用途地址。

在建设专用网络时，首先需要进行IP地址的规划和分配。利用CIDR进行IP地址的规划和分配，可以更有效地利用IP地址。在进行IP地址的规划与分配时主要考虑以下3点：确定CIDR地址块的数量和大小，确定掩码，分配CIDR地址块。

习　题　2

1. IP地址有哪几种编址方案？试简述它们的要点。

2. 以下是十六进制表示的几个IP地址，请将它们用点分十进制表示。

(1) AC358E03；

(2) D0F25638；

(3) C22F1582；

(4) 9D3CAA07。

3. IP地址分为几类？如何区分？为什么要进行IP地址的分类？

4. IP地址202.5.6.183的二进制表示形式是什么？

5. 某网络的子网掩码是255.255.255.192，试问它最多能容纳多少台主机？

6. 说出下列IP地址的类型：

(1) 128.5.20.9；

(2) 20.122.242.7；

(3) 83.194.76.253；

(4) 192.18.200.8；

(5) 189.10.6.5；

(6) 226.3.0.2。

7. 某网络的 IP 地址空间为 192.168.5.0/24，若采用定长子网划分的子网掩码为 255.255.255.248，则该网络中的最大子网个数、每个子网内的最大可分配地址个数分别是多少？

8. 某台主机的 IP 地址为 180.80.77.55，子网掩码为 255.255.252.0。若该主机向其所在子网发送广播分组，则目的地址是什么？

9. 若将网络 21.3.0.0/16 划分为 128 个规模相同的子网，则每个子网可分配的最大 IP 地址个数是多少？

10. 与下列掩码相对应的网络前缀各有多少位？

(1) 224.0.0.0；

(2) 255.192.0.0；

(3) 255.255.252.0；

(4) 255.255.255.128。

11. 解释路由聚合的含义。路由器执行路由聚合的目的是什么？

12. 4 个 CIDR 地址块 57.6.96.0/23、57.6.98.0/23、57.6.100.0/23、57.6.102.0/23 能聚合成一个 CIDR 地址块吗？如果能，聚合的结果是什么？如果不能，为什么？

13. 4 个 CIDR 地址块 57.6.92.0/22、57.6.96.0/22、57.6.100.0/22、57.6.104.0/22 能聚合成一个 CIDR 地址块吗？如果能，聚合的结果是什么？如果不能，为什么？

14. 某路由表中有转发接口相同的 4 条路由表项，其目的网络地址分别为 35.230.32.0/21、35.230.40.0/21、35.230.48.0/21 和 35.230.56.0/21，将该 4 条路由聚合后的目的网络地址是什么？

15. 常见的特殊用途 IP 地址有哪些类型？它们各有什么用途？

16. 什么是专用网络地址？专用网络地址会出现在公用互联网上吗？请解释原因。

17. 下列 IP 地址中，不可能出现在公用互联网上的 IP 地址有哪些？请说明原因。

(1) 202.196.55.1；

(2) 100.64.22.15；

(3) 172.20.35.40；

(4) 222.22.65.10；

(5) 192.168.31.25；

(6) 10.10.10.10。

18. 已知 CIDR 地址块中的地址如下。求各个地址块的最小地址、最大地址和掩码。

(1) 160.128.84.24/20；

(2) 30.155.6.1/10；

(3) 200.100.36.5/16；

(4) 192.18.56.120/25。

19. 某单位分配到的 CIDR 地址块为 222.22.78.0/23，该单位内部有 3 个局域网，分别有 50、100、200 台主机，且这 3 个局域网通过单位的核心网络连接在一起，如图 2.12 所示，试为每一个局域网分配地址块。

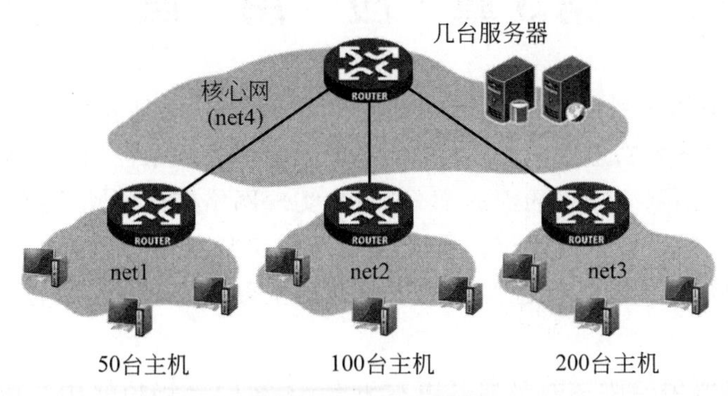

图 2.12　第 19 题图

第3章　应　用　层

TCP/IP 体系结构中的应用层是面向用户的。网络应用是互联网存在和发展的驱动力，是利用计算机网络为满足用户在不同领域、不同问题的需求而提供的软件。应用层协议与网络应用不同，它是网络应用的组成部分，是为实现网络应用的功能提供服务的。应用层中定义了很多协议，称为应用层协议。每个应用层协议都能通过不同主机中多个应用进程之间的通信来解决特定的应用问题。应用层研究的主要内容就是应用进程在通信时应遵循的协议。

本章主要介绍应用层协议的原理及相关知识，主要内容包括应用层协议的基本概念和原理，互联网上进程之间的通信方式——客户-服务器方式和对等计算模式，互联网上著名的网络应用万维网（World Wide Web，WWW），域名系统（domain name system，DNS），动态主机配置协议（dynamic host configuration protocol，DHCP）和电子邮件系统等。

应用层是学习网络协议非常好的起点，也最被人们熟悉。通过对应用层相关知识的学习，有助于更好地理解计算机网络背后诸多网络协议的运行原理，引发对很多计算机网络问题的思考，这些问题在学习传输层、网络层及数据链路层协议时也同样会碰到。本章从人们熟悉的万维网应用开始，探索计算机网络的应用层协议。

3.1　应用层协议原理

异彩纷呈的网络应用是计算机网络存在和蓬勃发展的根本原因，如果没有广泛应用于人们工作、生活和娱乐的网络应用，也就没有服务于这些应用的网络协议。

20 世纪 70 年代和 80 年代出现了文本电子邮件、远程访问计算机、文件传输和新闻组等基于文本的网络应用；20 世纪 90 年代中期出现了 Web 冲浪、搜索和电子商务等万维网应用；20 世纪末出现了即时通信（instant message，IM）和对等计算模式（peer to peer，P2P）的文件共享；现在，出现了基于互联网的语音电话、流媒体视频平台以及用户生成的视频发布（如抖音）等流行的语音和视频应用。此外，还有极具吸引力的多方在线游戏和在线教育平台，以及微信和微博等新一代社交网络应用，它们在互联网的应用层构建了引人入胜的社交网络。由此可见，网络的互连促进了人与人、人与物、物与物的联系，人们也越来越依赖于网络来进行活动与交流。

在 TCP/IP 体系结构中，应用层的主要功能是通过网络边缘的大量主机进行进程之间的交互来实现特定网络应用，网络应用程序的核心是能够运行在不同的端系统上并通过网络相互通信的程序。例如，在万维网应用中，有两个互相通信的应用程序：一个是运行在用户主机（笔记本计算机、平板计算机、智能手机等）上的浏览器程序，另一个是运行在万维网服务器主机上的 Web 服务器程序。又例如，使用了对等连接方式的 P2P 文件共享程序，在每个结点上安装的文件共享程序都具有类似的功能，每个结点既可以从其他结点获得文件，也可以向其他结点共享文件，从而可以充分利用庞大的终端资源。

从第1章已经知道,“主机A和主机B进行网络通信”实际上是指“运行在主机A上的某个网络应用程序和运行在主机B上的某个网络应用程序进行通信”。从操作系统的角度看,进行网络通信的实际上是进程(process)而不是程序,而进程是正在运行的应用程序的实例。当多个应用进程在同一个主机运行时,使用进程间通信(inter-process communication,IPC)机制相互通信,具体的通信规则由主机的操作系统确定。在计算机网络中,人们并不特别关注同一台主机上进程之间的通信,而更加关注运行在不同端系统(可能具有不同的操作系统)上的应用进程之间是如何通过计算机网络进行通信的,从而使得互联网上出现了大量异彩纷呈的应用。

在互联网的应用层中,应用进程之间的通信方式分为两种:客户-服务器(client-server,C/S)方式和对等连接方式,本节将分别进行介绍。

应用进程之间的通信必须遵循严格的规则,即遵循应用层协议。应用层协议应当规定如下内容。

(1) 交换的报文类型。例如,是请求报文还是响应报文。

(2) 各种报文类型的语法。例如报文中的各个字段及这些字段是如何描述的。

(3) 字段的语义。字段的语义就是这些字段中信息的含义。

(4) 确定一个进程何时以及如何发送报文,以及如何对报文进行响应的规则。

以上内容与第1章中介绍的协议三要素一致。本章会介绍几种重要的应用层协议,包括超文本传送协议(hypertext transfer protocol,HTTP)、域名系统(domain name system,DNS)、简单邮件传送协议(simple mail transfer protocol,SMTP)、动态主机配置协议(dynamic host configuration protocol,DHCP)等。

3.1.1 客户-服务器方式

客户-服务器方式是互联网上应用层进程之间最常用的通信方式。客户(client)和服务器(server)都是指通信中涉及的应用进程,客户-服务器方式描述的是进程之间服务和被服务的关系。例如,人们常用的万维网应用就是基于客户-服务器方式运作的。浏览器软件进程是客户进程,而在浏览器访问的远程主机上则驻留着万维网服务器进程。浏览器进程是服务请求方,它通过统一资源定位符(uniform resource locator,URL)主动向万维网服务器发出服务请求。万维网服务器进程是服务提供方,负责根据URL中对资源的描述寻找相应资源,并按照服务请求的要求将找到的资源发送给浏览器客户进程。客户与服务器的通信关系一旦建立,就可以进行双向通信,即客户和服务器都可以发送和接收信息,如图3.1所示。

在实际应用中,客户和服务器进程通常具有如下特点。

1. 客户进程的特点

(1) 客户进程被用户调用后,需要通信时主动向服务器进程发起通信并请求对方提供服务,因此它必须知道服务器进程的地址。这里的地址由主机的IP地址和进程绑定的端口(port)组成。在第2章中已经介绍了IP地址,关于端口的知识详见第4章。

(2) 客户进程不需要特殊的硬件和复杂的操作系统支持。

2. 服务器进程的特点

(1) 服务器进程是一种专门用来提供某种服务的进程,可以同时处理一个或多个远程

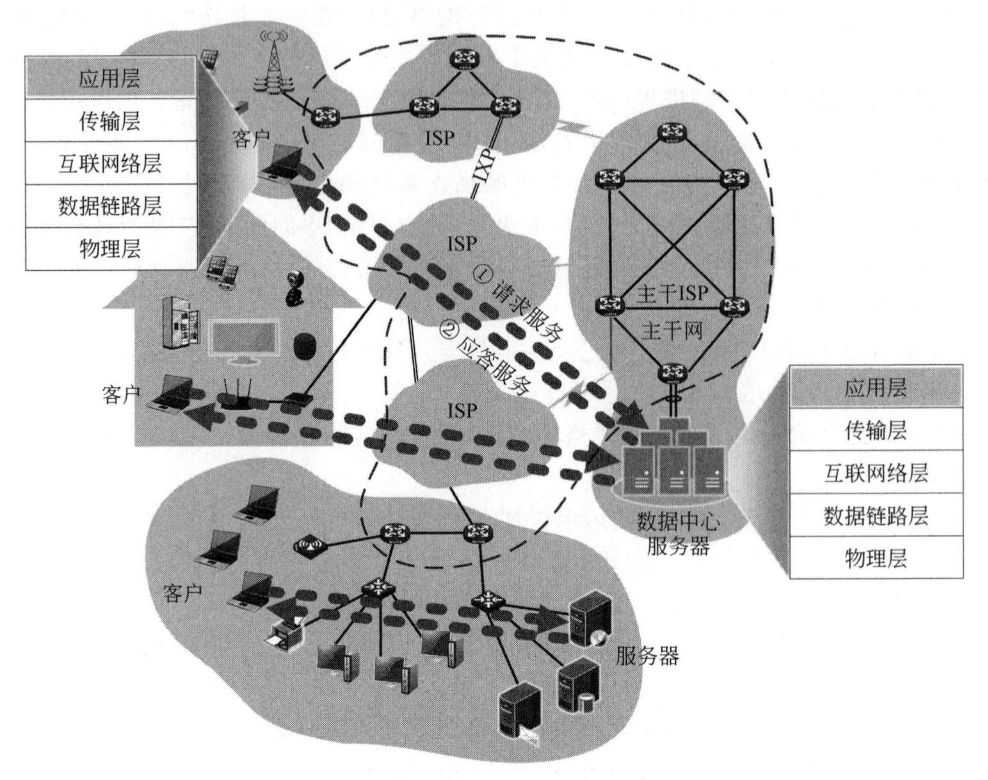

图 3.1　客户-服务器方式

或本地客户的请求。

(2) 当服务器进程被启动后，会立即自动调用并一直不断地运行，被动地等待并接受来自多个客户进程的通信请求，因此服务器进程不需要知道客户进程的地址。

(3) 服务器进程一般需要性能好的硬件和功能强大的操作系统支持。

值得注意的是，在客户-服务器方式下，客户之间不能直接通信。例如，在万维网应用中，两个浏览器之间并不能直接通信。使用客户-服务器方式进行通信的互联网应用有万维网、域名系统(DNS)、电子邮件等。在客户-服务器方式下，常常会出现一台单独的服务器主机无法满足所有客户请求的情况。为此，配备大量主机的数据中心常被用于创建强大的虚拟服务器，以支持数以百万计的并发用户请求。

虽然客户和服务器这两个词一般都是指通信中所涉及的应用进程，但在某些英文文献中，也会把运行客户进程的计算机称为 client，把运行服务器进程的计算机称为 server。因此需要根据上下文来判断 client 和 server 的具体含义。

3.1.2　对等计算模式

在客户-服务器方式中，服务器性能的好坏决定了整个系统的性能，当大量用户并发请求服务时，服务器就必然成为系统的瓶颈。对等计算模式的思想是整个网络中共享的内容不再被保存在中心服务器上，各个主机没有固定的客户和服务器角色的划分，即不明确区分哪个是服务请求方哪个是服务提供方，只要任意一对主机运行了对等连接软件(如 P2P 软件)，就可以进行对等连接通信。例如，在 P2P 文件共享应用中，每个主机都同时具有下载、上传的功能，通信双方都可以下载对方存储的共享资源。

在图 3.2 所示的对等计算模式中，主机 A、B、C 和 D 都运行了 P2P 软件，因此这几台主机都可进行对等通信(如 A 和 D，以及 B 和 C)。实际上，对等计算模式从本质上看仍然是客户-服务器方式，只是对等连接中的每台主机既作为客户访问其他主机的资源，也作为服务器提供资源给其他主机访问。例如，当主机 A 请求主机 D 的服务时，主机 A 是客户，主机 D 是服务器；但是若主机 A 又同时向主机 C 提供服务，则主机 A 又同时起着服务器的作用。

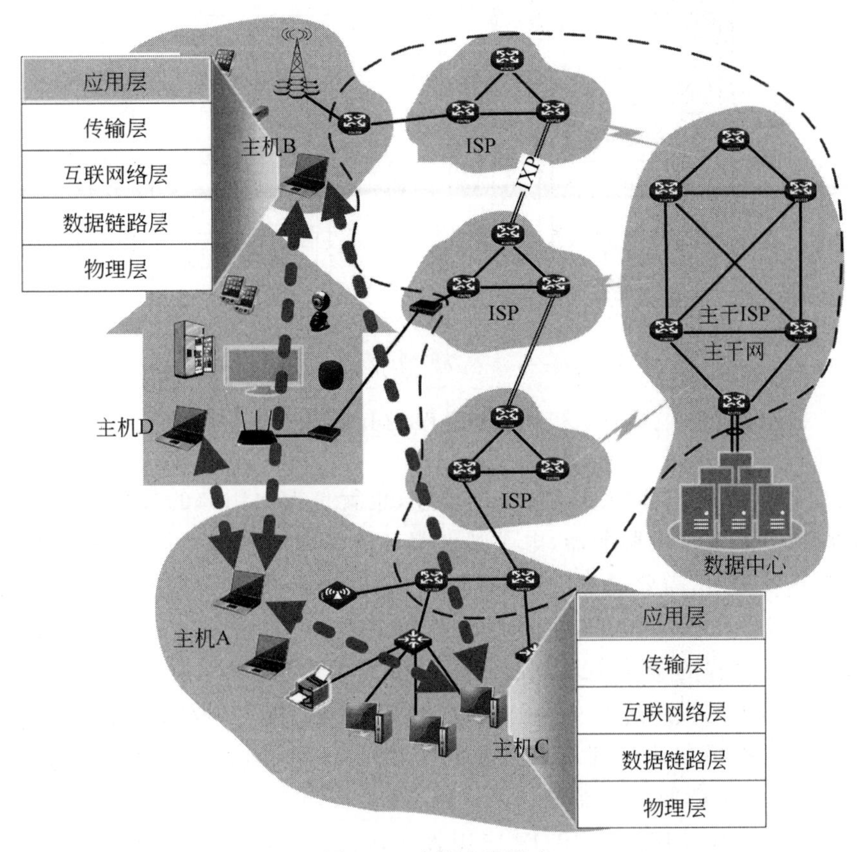

图 3.2 对等计算模式

对等计算模式最大的优点在于具有自扩展性(self-scalability)。例如，在一个 P2P 文件共享应用中，虽然每台对等的主机都由于请求文件而产生工作负载，但是也会因向其他对等主机分发文件而提高整个系统的总服务能力。这种情况下，通常不需要庞大的服务器基础设施和服务器带宽。这种高度的非集中式结构对于基于计算模式的应用会面临安全性、性能和可靠性等挑战。

3.1.3 进程通信

无论是客户-服务器方式，还是对等计算模式，人们总能将正在通信的一对进程中的一个标识为客户进程，另一个标识为服务器进程。例如，在万维网应用中，浏览器为客户进程，万维网服务器为服务器进程；再如，在 P2P 文件共享应用中，下载文件的进程为客户进程，上传文件的进程为服务器进程。

客户进程和服务器进程的定义如下：当一对进程之间进行通信时，发起通信的进程称为客户进程，等待通信请求的进程称为服务器进程。

在两个不同的端系统上运行的应用进程是通过计算机网络交换报文来相互通信，以完成相应功能的。客户进程生成并向网络发送请求报文；服务器进程在接收到这些报文后通过响应报文进行回应。互联网 5 层协议栈中的应用层进程之间的互相通信情况如图 3.3 所示。

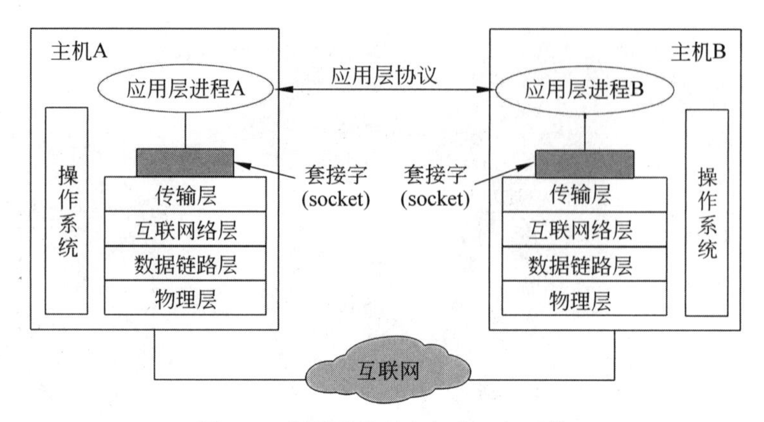

图 3.3　应用层进程之间的互相通信

如图 3.3 所示，顶层的部分是网络应用程序，也就是面向用户的各种网络应用，如浏览器、电子邮件客户端、万维网服务器、电子邮件服务器等应用进程。从一个应用进程向另一个应用进程发送报文时，需要通过下面的网络。应用进程通过一个名为套接字[①]的软件接口发送和接收报文。套接字就是应用进程和传输层协议之间的接口。发送方应用进程的套接字到接收方应用进程的套接字之间有传输层的逻辑信道。当一台主机上的应用进程 A 想向另外一台主机上的应用进程 B 发送报文时，就把报文推送到对应的套接字接口中。传输层逻辑信道可以把报文传送到目的进程的套接字内。一旦该报文抵达接收进程的套接字，应用进程 B 就可以读取报文并对其进行处理。

目前可供应用程序使用的 TCP/IP 应用程序接口（API）中，最著名的一种是美国加利福尼亚大学伯克利分校为 Berkeley UNIX 操作系统定义的，被称为套接字接口（socket interface）。套接字（socket）库中一般都包括地址解析器，用来向域名服务器发起查询，并将域名解析为 IP 地址，具体的工作过程将在 3.3 节进行介绍。当应用进程（客户进程或服务器进程）需要使用网络进行通信时，必须首先发出 socket 系统调用，请求操作系统会为其创建一个“套接字”。这个调用的实际效果是请求操作系统把网络通信所需要的存储器空间、CPU 时间、网络带宽等系统资源分配给该应用进程。操作系统会为这些资源分配一个套接字描述符（socket descriptor），然后把这个套接字描述符返回给应用进程。套接字描述符是一个小的整数。此后，应用进程所进行的网络操作都必须使用这个套接字描述符。几乎所有的网络系统调用都会把这个套接字描述符作为众多参数中的第一个参数。通过套接字描

① 套接字也称为插口。

述符，操作系统就可以识别出应该使用哪些资源来完成应用进程所请求的操作。通信完毕后，应用进程通过系统调用 close(关闭)套接字，通知操作系统回收与该套接字描述符相关的所有资源。由此可见，套接字也是应用进程为了获得网络通信服务而与操作系统进行交互时使用的一种机制。

套接字是一台主机内应用层与传输层之间的接口。应用程序开发者仅可以控制套接字在应用层的一切，而对传输层几乎没有控制权。应用程序开发者对于传输层的控制仅限于选择传输层协议和设定传输层参数。

一旦应用程序开发者选择了一种传输层协议，则该应用程序就建立在由该协议提供的传输层服务之上。最常用的传输层协议有提供面向连接和可靠传输服务的传输控制协议(TCP)，以及提供无连接、尽力而为服务的用户数据报协议(UDP)，在第 4 章会介绍这两种传输层协议。最重要的传输层参数是端口，端口可以唯一地标识本主机上的一个进程，端口与 IP 地址结合，可以唯一地标识互联网上一个进程。术语套接字(socket)的另外一种含义就是“IP 地址＋端口”，它也可以理解为进程地址。端口分为系统端口、用户端口和动态端口，其中系统端口和用户端口用于服务器进程，而动态端口用于客户进程。例如，万维网服务器所用 TCP 的 80 端口就属于系统端口。关于端口的概念和作用，会在第 4 章详细介绍。

3.2 万　维　网

3.2.1 万维网概述

20 世纪 90 年代之前，互联网的主要使用者还是研究人员、学者和大学生，他们登录远程主机，在本地主机和远程主机之间传输文件、收发新闻、收发电子邮件等。此时的互联网基本上不为学术界和研究界之外的人所知。直到 1989 年，欧洲原子核研究组织(CERN)的蒂姆·伯纳斯·李(Tim Berners Lee)发明了万维网，这种情况才得到改变。万维网极大地方便了非专业人员对网络的使用，它的出现将互联网带入了千家万户。万维网的影响力远远超出了专业技术范畴，已经进入电子商务、远程教育、远程医疗与信息服务等领域。目前，万维网应用是互联网上使用最方便、最受用户欢迎的网络应用。

万维网(World Wide Web，WWW)简称为 Web。它并非某种特殊的计算机网络，而是一个大规模的、联机式的信息存储空间，是运行在互联网上的一个超大规模的分布式应用。万维网是一个分布式的超媒体(hypermedia)系统，它是超文本(hypertext)系统的扩展。一个超文本由多个信息源链接而成，用户利用链接可以找到其他文档，而这些文档又可以包含其他链接。链接到其他文档的字符串称为超链接(hyperlink)。超文本与超媒体的区别是文档内容不同，超文本文档仅包括文本信息，而超媒体文档还包括图形、图像、声音、动画、活动视频等信息。带有超链接的超媒体可以非常方便地从互联网上的一个站点访问另一个站点。

万维网应用有很多组成部分，包括文档格式的标准，如超文本标记语言(HTML)、万维网浏览器、万维网服务器以及应用层协议——超文本传送协议(HTTP)。其中，HTTP 作为应用层协议是万维网应用中非常重要的组成部分，万维网应用就是建立在 HTTP 之上进行客户-服务器通信的。

万维网浏览器是万维网应用的客户程序，世界上第一个图形界面的浏览器是于1993年2月诞生的Mosaic。目前比较流行的浏览器有Chrome浏览器、火狐(Firefox)浏览器、Microsoft Edge浏览器、Safari浏览器、Opera浏览器等。浏览器最重要的部分是渲染引擎，也就是浏览器内核，负责对网页内容进行解析和显示。各种浏览器采用了不同的内核，例如，Chrome浏览器使用的内核是Blink，火狐浏览器使用的内核是Gecko，Safari浏览器使用的内核是Webkit等。不同的浏览器内核对网页内容的渲染效果大体一致，但细节有所不同。

万维网应用通过统一资源定位符(uniform resource locator，URL)定位信息资源，通过超文本标记语言(HTML)描述信息资源，通过超文本传送协议(HTTP)传递信息资源。URL、HTML和HTTP这3个规范构成了万维网的核心构建技术，是支撑着万维网运行的基石。用通俗一点的语言来说，浏览器将URL(例如http://www.zzu.edu.cn)封装入HTTP请求报文，发给万维网服务器；万维网服务器收到该请求报文后，利用URL找到资源，将该资源封装入HTTP响应报文发回给浏览器；浏览器解析并渲染后展示给用户。浏览器与万维网服务器之间使用HTTP的交互过程如图3.4所示。

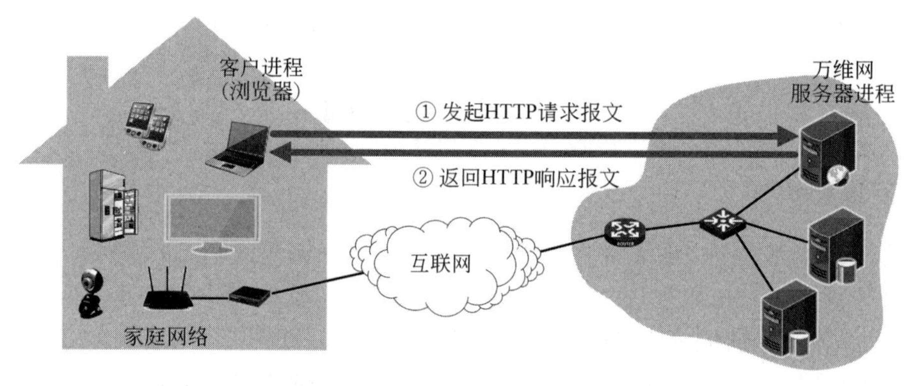

图3.4　HTTP的请求和响应过程

综上所述，URL、HTML和HTTP这3个规范解决了万维网应用面对的3个关键问题。

(1) 用URL解决了如何标识分布在整个互联网上的资源的问题，本节后面会加以介绍。

(2) 用HTML解决了万维网文档以及超链接的标准化问题，使不同人员创作的不同风格的万维网文档，都能以统一的形式在各种主机上显示出来，同时使跨越站点的资源访问更加方便，本节后面会加以介绍。

(3) 用HTTP解决了万维网上的信息资源的传递问题，会在3.2.2～3.2.5节加以介绍。

1. 统一资源定位符

统一资源定位符(URL)用来表示互联网上资源的位置和访问这些资源的方法。URL给资源的位置提供一种抽象的识别方法，并用这种方法给资源定位。只要能够对资源定位，系统就可以对资源进行各种操作，如存取、更新、替换和查找其属性。这里所说的“资源”是指在互联网上可以被访问的任何对象，包括文件目录、文件、文档、图片、声音、视频等，以及与互联网相连的任何形式的数据。

由此可见，URL 实际上就是资源在互联网上的地址，相当于一个文件名在互联网范围的扩展。因此，URL 是指向互联网上的主机中的任何可访问对象的指针。显然，互联网上的所有可访问资源，都必须有一个唯一的 URL。

由于访问不同资源所使用的协议不同，所以 URL 还必须指出访问某个资源时所使用的协议。URL 的一般形式由以下 3 部分组成：

<协议>://<主机>:<端口号>/<路径>

URL 的第一部分是最左边的"＜协议＞://"，它指出访问该资源所使用的协议，或称为服务方式。目前，最常用的协议就是 HTTP 和 HTTPS(HTTP over secure socket layer)。＜协议＞后面紧跟着的"://"是规定的格式。

URL 的第二部分是"＜主机＞:＜端口＞"，它指出保存该资源的主机和处理该 URL 的服务器进程。其中"＜主机＞"指明保存该资源的主机的域名或者 IP 地址，"＜端口＞"指明处理该 URL 的进程。如果服务器上采用的端口是已经在 IANA 注册过的熟知端口，则":＜端口＞"可以省略。如 HTTP 在 IANA 注册的熟知端口是 80 端口，当 Web 服务器采用 80 端口时，就可以省略":＜端口＞"部分。

URL 的第三部分是"/＜路径＞"，它指出资源在该主机中的具体位置，如目录和文件名等。其中"/"代表根目录，根目录是一个逻辑目录，它可以映射到主机上的某个物理目录，映射关系由服务器程序指定。"＜路径＞"是一个相对于根目录的相对路径。如果在服务器上设置了某目录下的默认资源，则"＜路径＞"可以仅指明资源保存的目录，而省略文件名，这表示访问该目录下的默认资源；如果服务器上设置了根目录下的默认资源，则"/＜路径＞"部分可以省略，这表示访问根目录下的默认资源。

例如，郑州大学主页的 URL 为"http://www.zzu.edu.cn"，省略了 HTTP 的熟知 80 端口，也省略了"/＜路径＞"部分，它代表使用 HTTP 访问主机 www.zzu.edu.cn 上的根目录下的默认资源，与目的主机的 80 端口绑定的服务器进程负责处理该 URL 指定的资源的访问。当点击郑州大学主页中的"学校概况"超链接时，将访问另一个页面，该页面的 URL 为"http://www.zzu.edu.cn/xxgk/xxjj.htm"，这个 URL 与网站主页 URL 中的协议、主机以及端口都相同，不同的仅是路径。在路径中，"/xxgk/"是目录名，"xxjj.htm"是要访问的资源的文档名。

2. HTML 文档

万维网引入了超文本标记语言(HTML)作为制作万维网页面的标准语言，以消除不同计算机之间信息交流的障碍。由于 HTML 易于掌握且实施简单，因此它很快就成为万维网的重要基础。官方的 HTML 标准由万维网联盟(WWW consortium，W3C)负责制定。从 1993 年 HTML 问世开始，W3C 就不断地对其版本进行更新，直到 1997 年 HTML 4.0 推出后，在相当长的时间内，HTML 没有大的版本更新，非常稳定。HTML 4.0 版本成为应用最广泛的 HTML 版本。RFC2854 对 HTML 4.0 版本之前的历史进行了综述。2014 年，W3C 发布了 HTML 5.0 版本，它是目前最新的版本。HTML 5.0 中增加了在网页内嵌入音频、视频以及交互式文档等功能，随着时间推移，HTML 5.0 的应用越来越广泛，目前主流的浏览器都支持 HTML 5.0。

HTML 是一种标记语言，或者说是一种描述如何格式化文档的语言。HTML 使用标记标签(markup tag)来描述网页文档，HTML 标记标签通常简称为 HTML 标签。HTML 标签是由“＜＞”包围的关键词，例如＜html＞。HTML 标签通常是成对出现的，例如＜body＞和＜/body＞。标签对中的第一个标签是开始标签，第二个标签是结束标签。开始和结束标签也被称为开放标签和闭合标签。开始标签和结束标签之间可以为空，也可以包含文本，还可以嵌套其他标签。标签之间的文本通常是可显示的内容，而标签可以带有参数，这些参数称为属性，用来指明内容显示的格式等。HTML 标签的组成如下：

```
<tag-name[[attribute-name[=attribute-value]]…]>(文本内容)</tag-name>
```

从开始标签到结束标签的所有代码称为 HTML 元素。HTML 文档由一组嵌套的元素组成。完整的 HTML 文档的结构如图 3.5 所示。

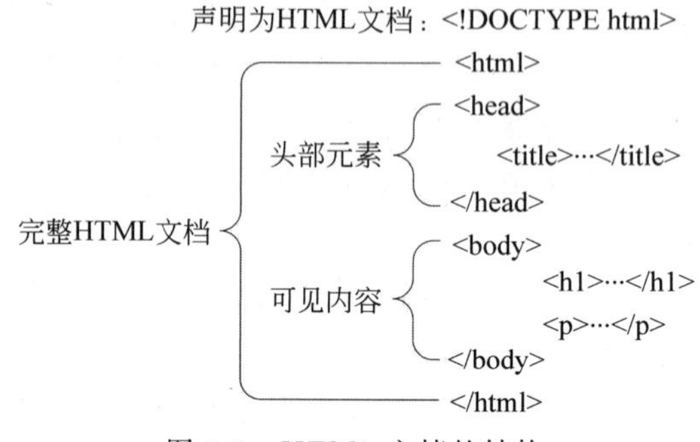

图 3.5　HTML 文档的结构

HTML 定义了几十种元素，用来定义不同的对象，如＜img＞元素用来定义图像、＜p＞元素用来定义段落、＜a＞元素用来定义超链接等。

HTML 的目标是指定文档的结构，而不是文档的外观。为了控制文档的呈现方式，通常会使用层叠样式表(cascading style sheets，CSS)语言为 HTML 文档定义布局，描述如何显示 HTML 元素。在浏览器上显示的字体、颜色、背景颜色或图片、边距、高度、宽度等方面，都可以通过 CSS 能够给出精确的规定。

HTML 文档分为静态文档、动态文档和活动文档 3 种。

(1) 静态 HTML 文档。静态 HTML 文档在创作完毕后就存放在万维网服务器中，它的内容不会根据浏览器发来的数据而改变。

(2) 动态 HTML 文档。动态 HTML 文档在浏览器访问服务器时才得以创建。当浏览器的请求到达时，服务器将 URL 映射到一个应用程序，由应用程序根据请求中的数据创建一个 HTML 文档。因此，每一个请求所得到的动态文档的内容也不一样。

(3) 活动 HTML 文档。活动 HTML 文档把创建文档的工作移到浏览器进行。服务器发回给浏览器的文档中包含脚本程序，浏览器执行脚本后，得到完整的活动 HTML 文档。虽然，活动 HTML 文档中的脚本程序可与用户直接交互，但活动文档一旦建立，它所包含的内容也就被固定了下来。

3.2.2　超文本传送协议概述

万维网的应用层协议是超文本传送协议(HTTP)，它是万维网的核心。HTTP 有多个版本，RFC1945 中定义了 HTTP/1.0，RFC7230～RFC7235 中定义了 HTTP/1.1，RFC7540 和 RFC7541 中定义了 HTTP/2。目前，HTTP/1.1 和 HTTP/2 是互联网建议标准。

目前互联网上应用广泛的 HTTP/1.1 最初由 RFC2068 定义，2014 年，IETF 更新了 HTTP/1.1，这是 HTTP/1.1 的一次重大更新。组织者将原来的 RFC2068 拆分为 6 个单独的 RFC 文档说明，并重点对原来语义模糊的部分进行了解释，新的文档说明更易懂、易读。新的 RFC 文档包括以下 6 部分：

(1) RFC7230(HTTP/1.1：message syntax and routing)。

(2) RFC7231(HTTP/1.1：semantics and content)。

(3) RFC7232(HTTP/1.1：conditional requests)。

(4) RFC7233(HTTP/1.1：range requests)。

(5) RFC7234(HTTP/1.1：caching)。

(6) RFC7235(HTTP/1.1：authentication)。

HTTP 由两个程序实现：一个客户程序(通常是浏览器)和一个服务器程序(通常是万维网服务器)。浏览器和万维网服务器一般运行在不同的端系统中，通过交换 HTTP 报文进行会话。HTTP 定义了这些报文的结构以及客户和服务器进行报文交换的方式。HTTP 的目的是实现浏览器从万维网服务器获取资源。这里的资源包括互联网上可以被访问的任何对象，例如文本、声音、图像等各种多媒体文件。

HTTP 的工作过程大致如图 3.6 所示。当用户在浏览器的地址栏中输入 URL 或者在某一个页面中单击一个超链接后，浏览器会自动在互联网上访问指定的资源。

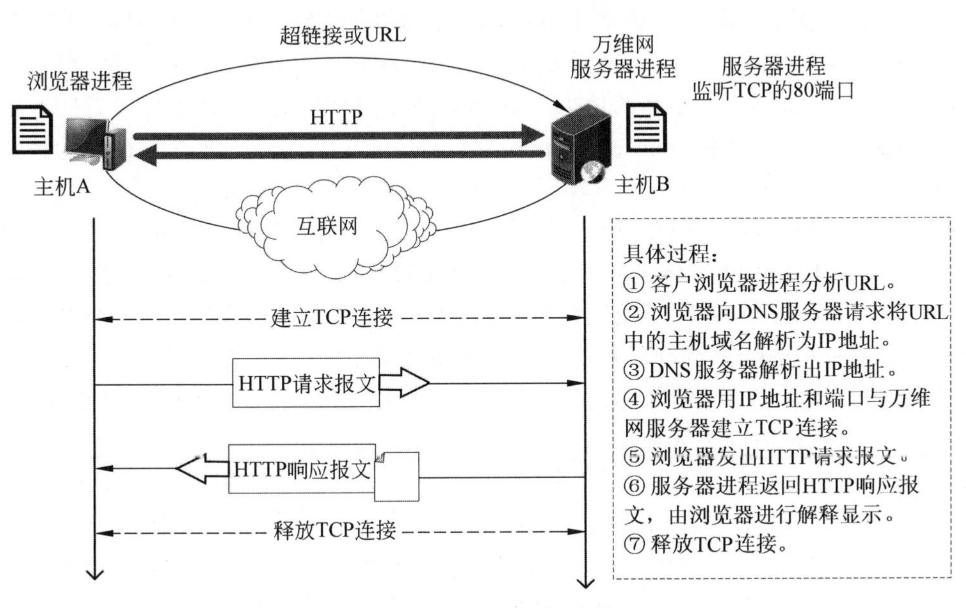

图 3.6　HTTP 工作过程

HTTP 使用面向连接的 TCP 作为传输层协议来保证数据的可靠传输。万维网服务器进程总是打开的，具有固定的 IP 地址，服务于大量来自不同浏览器的请求。每个万维网服务器进程不断地监听 TCP 的 80 端口，以便发现是否有浏览器向它发出 TCP 连接建立请求。当用户在浏览器的地址栏中输入 URL 或者在某一个页面中触发了超链接后，浏览器首先解析 URL，如果 URL 中的主机使用的是域名而不是 IP 地址，则主机将域名发给 DNS 服务器，请求将域名解析为 IP 地址。关于 DNS，将在 3.3 节介绍。当 DNS 解析出 IP 地址后，浏览器利用该 IP 地址和 80 端口向万维网服务器发出 TCP 连接建立请求。在万维网服务器接受了连接建立请求并建立了 TCP 连接后，浏览器就可以向万维网服务器发出获取某个资源的请求，服务器便会以返回所请求的资源作为响应。最后，TCP 连接被释放。浏览器和万维网服务器之间的请求报文和响应报文的交互，必须遵循 HTTP 的规定。

HTTP 规定了在 HTTP 客户与 HTTP 服务器之间的每次交互，都由一个 ASCII 码串构成的请求报文和一个类似多用途互联网邮件扩展（multipurpose internet mail extensions，MIME），即“类 MIME（MIME-like）”的响应报文组成。MIME 最初是为了将纯文本格式的电子邮件扩展到可以支持多种信息格式而设计的，后来被应用到多种协议里。MIME 的常见形式是一个主类型加一个子类型，用“/”分隔。例如 text/html、application/JavaScript、image/jpg 等。在访问网页时，MIME 类型帮助浏览器识别一个 HTTP 响应报文中返回的是什么内容的数据，应该如何打开、如何显示。关于 MIME，会在 3.5 节介绍。

HTTP 属于无状态协议（stateless protocol）。也就是说，服务器不存储任何关于客户的状态信息，它既不记录曾经访问过的某客户，也不记录为某客户曾经服务过多少次。当同一个客户第二次访问同一个万维网服务器上的页面时，服务器的响应与第一次被访问时的相同。HTTP 的无状态特性简化了服务器的设计，使服务器更容易支持大量并发的 HTTP 请求。

在许多互联网应用中，客户和服务器会在一个相当长的时间范围内多次通信，其中客户发出一系列请求，而服务器对每个请求进行响应。如果该客户-服务器应用选用 TCP 作为传输层协议，则应用程序的设计者就需要做一个重要决定：每个请求/响应对需经过一个单独的 TCP 连接发送，还是一系列的请求及其响应都经过相同的 TCP 连接发送呢？前一种设计方法被称为非持续连接（non-persistent connection）；后一种设计方法被称为持续连接（persistent connection）。

为了深入地理解该设计问题，以万维网应用中 HTTP 的设计为例，研究持续连接的优点和缺点。HTTP/1.0 仅支持非持续连接，而 HTTP/1.1 既支持非持续连接，也支持持续连接。HTTP/1.1 在默认方式下使用持续连接，如果经过配置，也可以使用非持续连接。

当采用非持续连接时，浏览器每次向万维网服务器请求一个文件，都需要先建立 TCP 连接，然后经过一次 HTTP 请求和响应的交互后，才能获得文件。在非持续连接情况下，浏览器请求一个文件的时间估算如图 3.7 所示。

浏览器与服务器建立 TCP 连接需要使用三报文握手，关于 TCP 的三报文握手的细节，会在 4.5 节介绍。总之，三报文握手的前两部分所耗费的时间占用约一个 RTT。浏览器发送了三报文握手的最后一个报文段之后，紧跟着就可以发送 HTTP 请求，服务器收到 HTTP 请求报文后，就把所请求的文件封装到响应报文中返回给客户，该 HTTP 请求/响应占用了另一个 RTT 时间。因此，粗略地讲，总的响应时间就是两倍 RTT 加上服务器发送文件的延迟。文件发送完毕后，TCP 连接就被释放了。如果需要向服务器请求另一个文件，需要再次建立 TCP 连接。

采用非持续连接工作方式的主要缺点有两个。第一，为每次 HTTP 请求建立一个全新的 TCP 连接，需要服务器为该 TCP 连接分配缓存等资源，这给服务器带来了严重的负担。

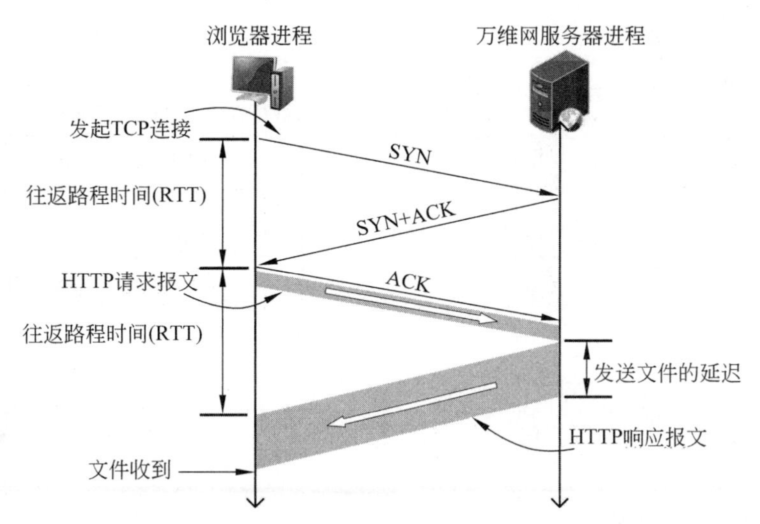

图 3.7　非持续连接情况下,获取一个文件所需时间

第二,每请求一个文件就要有两倍 RTT 的开销,效率很低。

持续连接的工作方式较好地解决了以上问题,万维网服务器在发送 HTTP 响应报文之后,仍然在一段时间内保持这条 TCP 连接,使同一个浏览器和该万维网服务器可以继续在这条 TCP 连接上传送后续的 HTTP 请求报文和响应报文。这并不局限于传送同一个页面上链接的文档,只要这些文档都在同一个服务器上就行。

HTTP/1.1 的持续连接有两种工作方式,即非流水线(without pipelining)方式和流水线(with pipelining)方式。在非流水线工作方式下,客户在收到前一个 HTTP 响应报文后才能发出下一个 HTTP 请求报文。因此,在 TCP 连接已建立后,客户每访问一次对象都要用去一个往返路程时间(RTT),与非持续连接相比,节约了一个 RTT。但非流水线方式还是有缺点的,因为服务器在发送完一个对象后,其 TCP 连接就处于空闲状态,浪费了服务器资源。而如果采用流水线工作方式,客户在收到服务器发回的 HTTP 的响应报文之前就能够接着发送新的 HTTP 请求报文。于是一个接一个的请求报文到达服务器后,服务器就可连续发回响应报文。因此,使用流水线方式时,TCP 连接中的空闲时间减少,提高了万维网应用的效率。

HTTP/2 是在 HTTP/1.1 的基础上构建的,它允许在相同连接中交错发送多个 HTTP 请求报文和 HTTP 应答报文,并增加了在 TCP 连接中优化 HTTP 报文请求和应答的机制,因此效率更高。

3.2.3　HTTP 报文格式

HTTP 有两类报文:请求报文和响应报文。如图 3.8 所示,由于 HTTP 是面向文本的(text-oriented),因此在报文中的每一个字段都是一些 ASCII 码串,因而各个字段的长度都是不确定的。

HTTP 请求报文和响应报文都是由 3 部分组成的。从图 3.8 中可以看出,这两种报文格式的区别就是开始行不同。

(1) 开始行。用于在请求报文中的开始行称为请求行(request-line),而在响应报文中

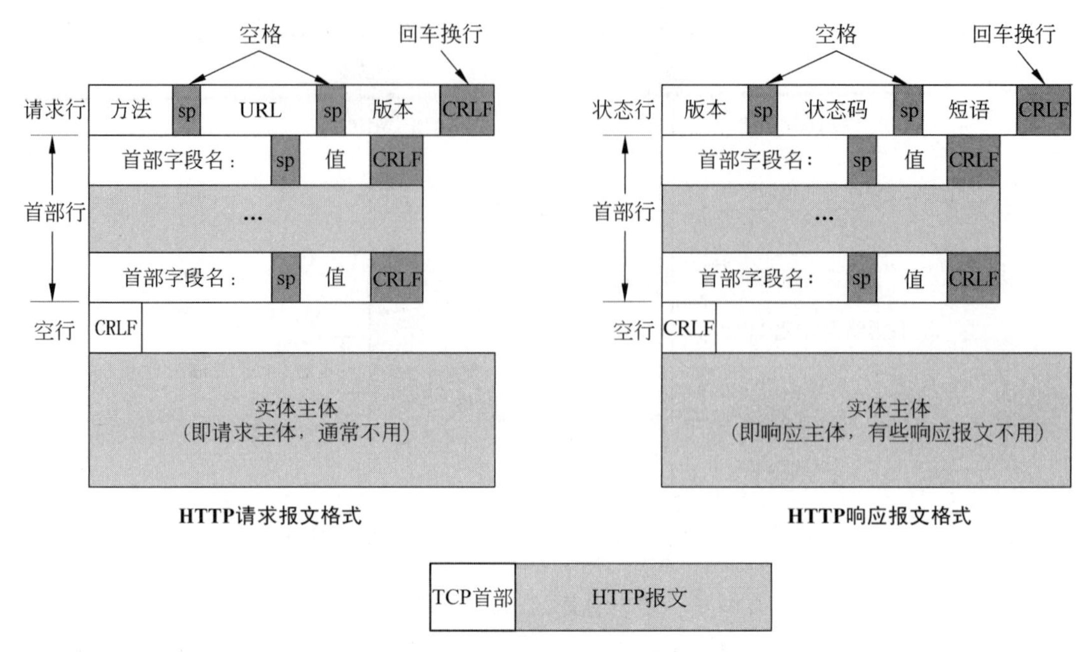

图 3.8 HTTP 报文的格式

的开始行称为状态行(status-line)。在开始行的 3 个字段之间都以空格分隔开，最后的“CR”和“LF”分别代表“回车”和“换行”。

(2) 首部行。用来说明浏览器、服务器或报文主体的一些信息。首部行可以包含多行，也可以不使用。每一个首部行中都包含首部字段名和它的值，每一个首部行都以“回车”和“换行”结束。所有首部行结束时，需要一个空行将首部行和后面的实体主体分开。在请求报文中的首部行也称为请求头，在响应报文中的首部行也称为响应头。

(3) 实体主体(entity body)。在请求报文中称为请求主体，HTTP 请求中一般不使用这个字段。在响应报文中称为响应主体，最常见的 HTTP 响应报文中包含该字段，但某些 HTTP 响应报文中没有这个字段。

1. HTTP 请求报文

如图 3.9 是用 Wireshark 截获的一段 HTTP 请求报文，下面以此为例进行说明。

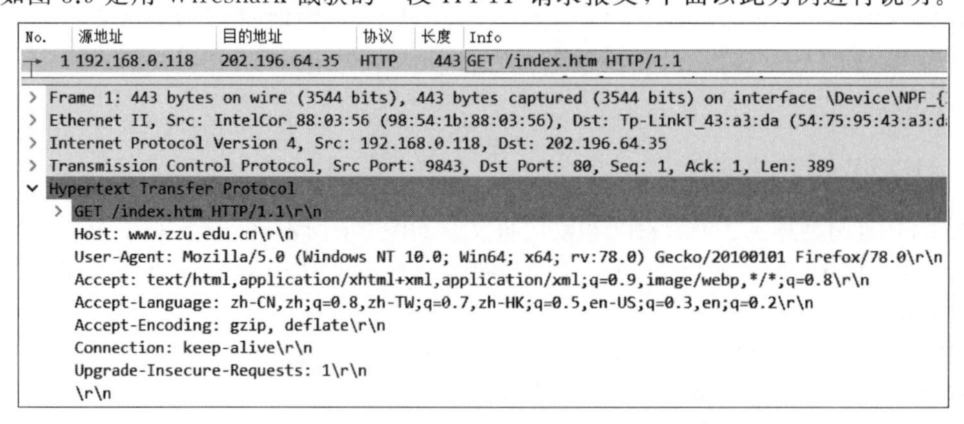

图 3.9 用 Wireshark 截获的 HTTP 请求报文

1）请求行

HTTP 请求报文的第一行是“请求行”，包含方法、URL 以及 HTTP 的版本号 3 项内容。

HTTP 不仅支持获取一个资源，也支持其他操作。在 HTTP 中，将操作称为方法（method）。所谓方法，是面向对象中的术语，在 HTTP 中代表一些命令。常见的方法有 GET、POST 等。表 3.1 列出了请求报文中的几种方法。方法名区分大小写。

表 3.1　HTTP 请求报文中的方法

方法（操作）	意　　义
GET	获取 URL 指定的资源
POST	用于提交信息或数据
HEAD	请求读取由 URL 所指定的资源的首部
PUT	向指定 URL 位置上传内容
DELETE	请求服务器删除 URL 指定的资源
TRACE	回显服务器收到的请求，用于测试或诊断
CONNECT	用于代理服务器
OPTION	请求服务器告知选项功能

HTTP/1.0 定义了 GET、POST 和 HEAD 这 3 种请求方法。HTTP/1.1 增加了 PUT、DELETE、TRACE、CONNECT 和 OPTIONS 这 5 种请求方法。其用法如下。

（1）GET 方法。该方法用于请求服务器发送 URL 指定的资源。GET 方式是最简单的也是最常用的方法，它不使用请求主体。使用 GET 方法时，允许将请求参数和对应的值附加在 URL 后面，利用一个“?”将 URL 和请求参数分隔开，多个参数之间使用“&”隔开。因为 URL 长度受限，所以利用 GET 方法提交数据时，所有参数的总长度也受到了限制。

（2）POST 方法。该方法用于向指定 URL 提交信息或数据，请求服务器进行处理请求（例如提交表单或者上传文件），待提交数据被包含在请求主体中。相对于利用 GET 方法提交数据，POST 方法提交的数据不受 URL 长度限制。

（3）HEAD 方法。该方法与 GET 类似，但仅请求消息头，而不获取真正的资源。使用 HEAD 方法，可以在不获取资源的情况下了解资源的情况。例如，下载文件前使用 HEAD 发送请求，通过响应头中的 ContentLength 字段了解网络资源的大小；或者通过响应头中的 LastModified 字段判断本地缓存资源是否要更新。

（4）PUT 方法。与 GET 方法相反，该方法不用于读取资源，而是用于请求服务器将请求主体的内容写入 URL 指定的位置。如果 URL 指定的资源不存在，则新建该资源；如果 URL 指定的资源已经存在，就用请求主体的内容覆盖它。因为 PUT 方法允许用户对内容进行修改，所以很多万维网服务器要求执行 PUT 方法之前进行身份认证。

（5）TRACE 方法。该方法允许客户发起一次回送测试，要求服务器在响应主体中携带它收到的原始请求报文，便于客户软件查看和比较。

（6）DELETE 方法。该方法用于请求服务器删除 URL 所指定的资源。使用 DELETE

方法，客户进程无法确保删除操作一定会被执行，因为 HTTP 允许服务器在不通知客户进程的情况下撤销该请求。

(7) CONNECT 方法。该方法使客户进程能够通过一个中间设备(比如代理服务器)与服务器建立连接。

(8) OPTIONS 方法。该方法用于请求服务器告知其支持的哪些其他的功能和方法，或者针对某些特定的资源支持哪些特定的操作。

在图 3.9 的例子中，请求行内容如下：

```
GET  /index.htm  HTTP/1.1\r\n
```

该请求行的 URL 中省略了主机的域名，这是因为下面首部行的 host 字段告知了所要访问的主机的域名。该请求行含义为请求服务器发送/index.htm 文件。

2) 首部行

HTTP 请求中，常用的首部行字段含义如下。

(1) Host 字段。该字段用于指定请求资源的主机名和端口号，其中端口号可选，默认为 80。在图 3.9 的例子中，Host 字段值为 www.zzu.edu.cn。

(2) User-Agent 字段。该字段指明了用户使用的代理软件(包括用户的操作系统、浏览器等)的相关属性。在图 3.9 的例子中，User-Agent 字段指明用户操作系统为 WindowsNT 10，浏览器为 Firefox。

(3) Accept 字段。该字段用于告知服务器客户进程能够处理的媒体类型及其相对优先级顺序，其中媒体类型用 MIME 表示。如果一次性指定多种媒体类型，可以采用权重值 q 表示相对优先级。本字段可使用“*”作为通配符，指定任意媒体类型。在图 3.9 所示的例子中，客户进程接受 text/html 等类型的数据。

(4) Accept-Encoding 字段。该字段用于告知服务器客户进程支持的内容编码及内容编码的优先级顺序。如果一次性指定多种内容编码，可以采用权重值 q 表示相对优先级。本字段可使用“*”作为通配符，指定任意编码格式。在图 3.9 所示的例子中，客户进程接受 gzip 等编码格式。

(5) Accept-Language 字段。该字段用于告知服务器所用的客户进程能够处理的自然语言集。在图 3.9 的例子中，客户进程能够处理中文等。

(6) Accept-Charset 字段。该字段用于告知服务器所用的客户进程能够处理的字符集。在图 3.9 的例子中，未包含该字段。

(7) Connection 字段。该字段用于告知服务器是否使用持续连接。在图 3.9 的例子中，客户进程使用持续连接。

(8) Cookie 字段。该字段用于表示请求者身份。在图 3.9 的例子中，未包含该字段。详细内容会在 3.2.4 节介绍。

(9) If-Modified-Since 和 If-Match 字段。这两个字段都可以用来构造条件 GET 请求。条件 GET 请求用来询问服务器本地缓存的副本是否仍然有效。浏览器在获得 HTTP 响应时，可以将获得的资源缓存起来，并记录响应报文中 Last-Modified 和 Etag 字段的值并在浏览器再次请求相同 URL 时，将 Last-Modified 值写入 If-Modified-Since 字段或者将 Etag 值写入 If-Match 字段，询问服务器所请求的资源是否发生过改变。如果相应的资源未被修改,则万维网服务器返回一个状态码为 304、实体为空的响应报文。浏览器收到 304 响应后,可以直接应用缓存的资源。

3）请求实体

与其他方法不同,在 HTTP 请求中只有 POST 和 PUT 方法才需要包含请求实体。在图 3.9 的例子中使用的是 GET 方法,未包含请求实体。

2. HTTP 响应报文

万维网服务器收到 HTTP 请求报文后,应该发回一个 HTTP 响应报文。

万维网服务器对如图 3.9 所示 HTTP 请求的响应报文会被分为多个 TCP 报文段发送,由 Wireshark 软件重组后的 HTTP 响应报文如图 3.10 所示。

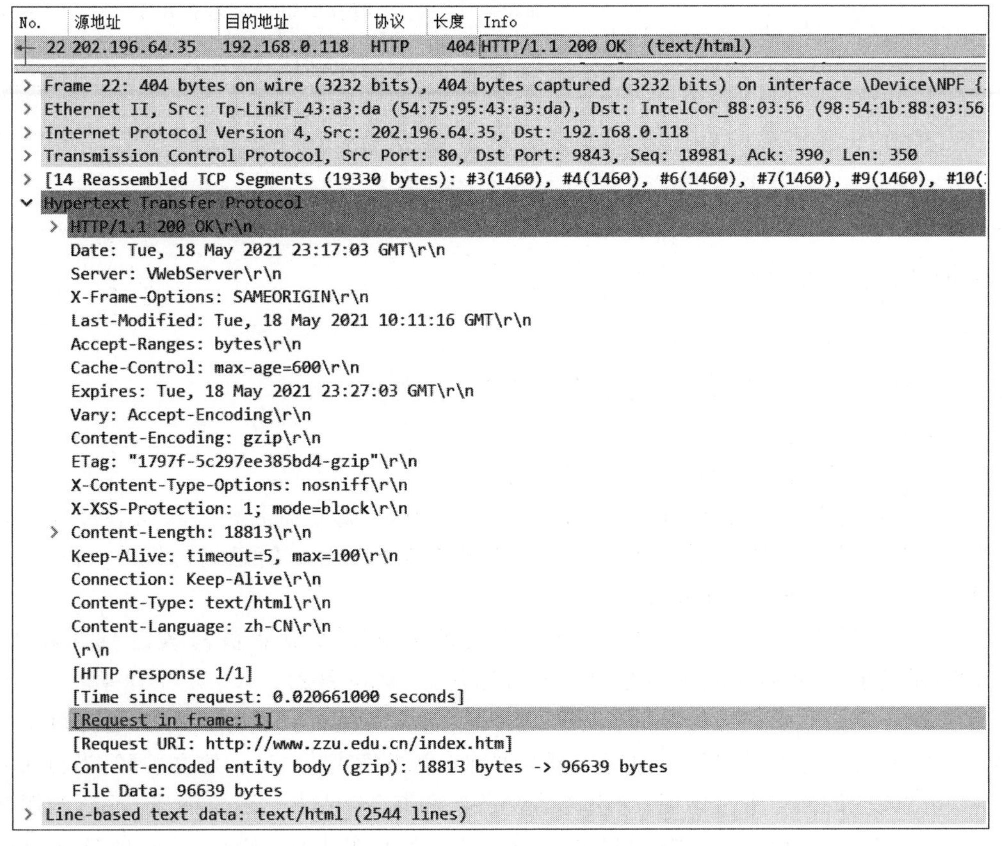

图 3.10 HTTP 响应报文的例子

1）状态行

HTTP 响应报文的第一行是状态行,它包括 3 项内容：HTTP 的版本、状态码(status-code)以及解释状态码的简单短语。

HTTP 的状态码都是 3 位数字形式,第一个数字把状态码分为 5 类,如表 3.2 所示。1xx 表示信息提示,例如请求已被服务器接受,但需要继续处理。实际上很少被使用。2xx 表示请求成功,例如处理成功,并且返回了相应的内容。3xx 表示重定向,例如访问的资源已被移动。重定向响应中包含新资源的参考 URL,如果需要完成请求,客户端收到重定向会重新对新资源发起请求。4xx 表示客户端的错误而导致请求失败,例如资源不存在或者请求中有错误的语法等。5xx 表示服务器自身错误导致服务无法完成，例如服务器程序异常或者临时负载过重等。

表 3.2　HTTP 响应报文中的状态码

状　态　码	含　　义	举　　例	解　　释
1xx	信息提示	100	表示服务器同意处理客户请求
2xx	请求成功	200	表示请求成功
		204	表示请求成功，无须内容
3xx	重定向	301	表示资源被永久性移动
		304	表示缓存的资源依然有效
4xx	客户端错误	403	表示禁止访问
		404	表示资源没有找到
5xx	服务器端错误	500	表示服务器内部错误
		503	表示服务器临时过载

例如，图 3.10 中的状态行

```
HTTP/1.1  200  OK
```

表示之前发送的 HTTP 请求报文已被服务器成功处理。

2）首部行

HTTP 响应中，常用的首部行字段含义如下。

（1）Server 字段。该字段用于服务器所使用的 Web 服务器名称。攻击者可以通过查看该信息，来探测 Web 服务器名称。所以一般服务器端会对该信息进行修改。图 3.10 所示例子中，该字段值为 VWebServer。

（2）Last-Modified 字段。该字段用于指定被请求资源最后被修改的日期和时间。图 3.10所示例子中，被请求资源的最后修改日期是 18 May 2021。

（3）Etag 字段。该字段是一个与资源相关联的唯一标识。服务器为发送的每个资源分派一个唯一的字符串形式的标识符。浏览器将资源缓存并与 Etag 建立关联，当再次发起请求时，可以使用 Etag 作为标识，向服务器发送条件 GET 请求。若资源未改变，则服务器返回不包含响应实体的 304 响应即可。图 3.10 所示例子中，Etag 字段的值为 1797f-5c297ee385bd4-gzip。

（4）Location 字段。对于一个已经移动的资源，Location 字段用于指向新的资源位置。该字段通常与状态码 302（暂时移动）或者 301（永久性移动）配合使用。图 3.10 所示例子中，状态码为 200，未包含该字段。

（5）Cache-Control 字段。该字段用于指定客户端对资源的缓存策略。例如指定是否进行缓存、缓存资源的有效期等。图 3.10 所示例子中，Cache-Control 字段指定 max-age=600，代表该资源缓存的有效期为 600s。

（6）X-Frame-Options 字段。该字段用于指明本页面的内容是否允许嵌套在其他万维网网站的 frame 标签内显示。该字段值为 DENY，代表不允许在任何 frame 标签内显示；值为 SAMEORIGIN,代表允许在相同域名网站的 frame 标签内显示;值为 ALLOW-FROM url,代表仅允许在指定 URL 的 frame 标签内显示。该字段的主要目的是为了防止点击劫持(click jacking)攻击。图 3.10 所示例子中,X-Frame-Options 字段的值为 SAMEORIGIN,这是最常见的一种设置。

(7) X-XSS-Protection 字段。该字段用于指明针对跨站脚本攻击(XSS)的响应策略,是用于控制浏览器 XSS 防护机制的开关。该字段值为"0"代表禁用 XSS 保护,值为"1"代表启用 XSS 保护。图 3.10 所示例子中,X-XSS-Protection 字段的值为"1; mode=block",代表启用 XSS 保护,并在检查到 XSS 攻击时,停止渲染页面。

(8) Content-Type 字段。该字段用于指明响应实体的内容类型。图 3.10 所示例子中,Content-Type 字段的值为 text/html,说明返回的响应实体为 HTML 格式的文本文件。

(9) Content-Encoding 字段。该字段用于指明响应实体的编码格式。图 3.10 所示例子中,Content-Encoding 字段的值为 gzip。

(10) Content-Length 字段。该字段用于指明响应实体的内容长度。图 3.10 所示例子中,Content-Length 字段的值为 18813。

(11) Set-Cookie 字段。该字段用于向客户端设置 Cookie,与 Cookie 请求头相互对应。

3) 响应实体

在 HTTP 响应中,最常见的是 200 响应,服务器返回给浏览器的资源就放在 200 响应的响应实体中。在图 3.10 所示的例子中,200 响应的响应实体内容是一个 2544 行的 HTML 文件。

3. Cookie

HTTP 是一种无状态协议,每次请求之间是相互独立的,当前请求不会记录它的上一次请求信息,这样设计的好处是可以简化服务器的设计。但是对于一套完整的业务逻辑,需要多次发送请求的情况数不胜数,使用 HTTP 如何关联上下文请求呢? Cookie 就是这样的一种机制,它可以弥补 HTTP 无状态的不足,利用 Cookie 可以实现跟踪会话的功能。RFC6265 中规定了利用 Cookie 跟踪用户状态的方法,目前 RFC6265 是互联网建议标准。

Cookie 包含 4 个组件。

(1) 在 HTTP 响应报文中的 Set-Cookie 首部行。

(2) 在 HTTP 请求报文中的 Cookie 首部行。

(3) 在用户系统中保存的 Cookie。该 Cookie 可以保存在内存或磁盘中,由用户浏览器进行管理。

(4) 位于万维网服务器的后端数据库。

目前主流的浏览器都支持 Cookie,除非用户禁用了 Cookie 功能。

Cookie 实际上是一小段的文本信息。浏览器向万维网服务器发送 HTTP 请求后,如果服务器需要记录该用户状态,就在 HTTP 响应中用 Set-Cookie 首部行发送一个 Cookie 给浏览器。用户的浏览器会把 Cookie 保存起来。当浏览器再次向该万维网服务器发送 HTTP 请求时,就在 HTTP 请求中用 Cookie 首部行将该 Cookie 信息发送给服务器。万维网服务器利用后端数据库检查该 Cookie,以此来辨别用户状态。

图 3.11 所示为一个利用 Cookie 跟踪用户状态的例子。该例中,服务器发送给浏览器的响应报文中的 Set-Cookie 首部行如下:

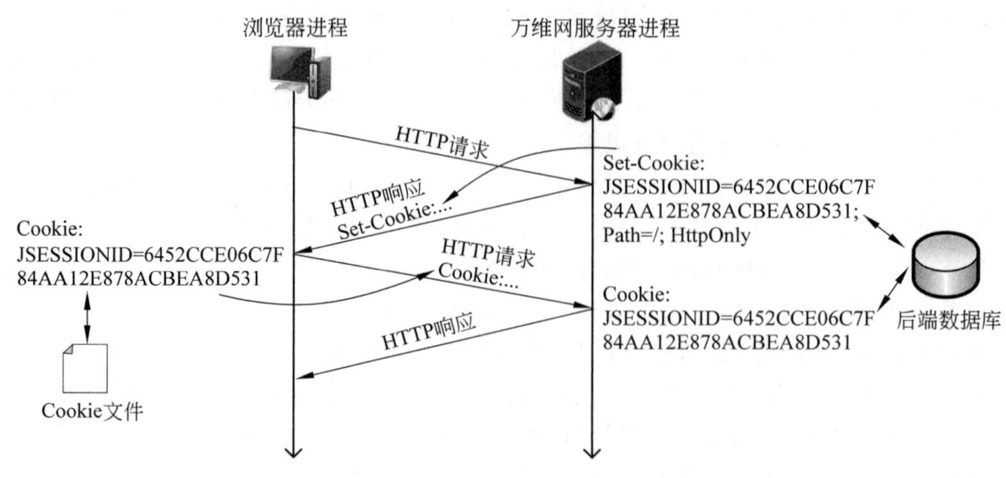

图 3.11　利用 Cookie 跟踪用户状态的例子

```
Set-Cookie: JSESSIONID=6452CCE06C7F84AA12E878ACBEA8D531; path=/; HttpOnly
```

收到 Cookie 后，浏览器再次请求时发送的请求报文中的 Cookie 首部行如下：

```
Cookie: JSESSIONID=6452CCE06C7F84AA12E878ACBEA8D531
```

RFC6265 中规定，一个 Cookie 可以包含至多 7 个字段。

(1) 内容字段。由一个或多个键值对组成，内容字段是 Cookie 的主体。在图 3.11 所示的例子中，内容字段为 JSESSIONID＝6452CCE06C7F84AA12E878ACBEA8D531。

(2) 过期时间(Expire)字段。指定了该 Cookie 何时过期。如果这个字段不存在，则浏览器在退出时将丢弃该 Cookie，这样的 Cookie 称为非持续 Cookie，也称为临时 Cookie；如果针对某个 Cookie 提供了时间和日期，那么这样的 Cookie 称为持续 Cookie，它被一直保存直至过期为止。通常临时 Cookie 保存在内存中，而持续 Cookie 保存在磁盘中。

(3) 最大生存期(Max-Age)字段。新版本的生存期字段，以秒为单位指定 Cookie 的过期时间。如果 Max-Age 为正数，则 Cookie 为持续 Cookie；如果 Max-Age 为负数，则 Cookie 为临时 Cookie；如果 Max-Age 为 0，则代表服务器要求删除 Cookie。

(4) 域(Domain)字段。该字段用于指出 Cookie 的来源。临时 Cookie 不能带有 Domain 字段。图 3.11 所示的例子中，Cookie 不包含 Expire 字段和 Max-Age 字段，属于临时 Cookie，因此也不包含 Domain 字段。

(5) 路径(Path)字段。该字段用于指明允许访问此 Cookie 的文档路径。例如 Path 是"/test"，那么只有"/test"路径下的文档可以读取此 Cookie。图 3.11 所示的例子中，Path 是"/"，代表本网站所有文档都可以读取此 Cookie。

(6) 安全(Secure)字段。该字段是个标志字段，如果 Cookie 中包含 Secure，则该 Cookie 仅能用于安全连接，安全连接由浏览器规定，通常指 HTTPS 连接。

(7) 仅 HTTP(HttpOnly)字段。该字段也是个标志字段，如果 Cookie 中包含 HttpOnly，则浏览器会忽略那些通过"非 HTTP"方式对 Cookie 的访问，例如浏览器开放给 JavaScript 脚本的接口将不能读取 Cookie。图 3.11 所示例子中包含了 HttpOnly，因此该 Cookie 不能被客户端脚本获取到。

利用 Cookie,万维网服务器就能够根据 Cookie 的内容(如图 3.11 中的 JSESSIONID)跟踪用户在该网站的活动,记录用户的状态。虽然 Cookie 能够简化用户浏览网站的过程,但 Cookie 的使用一直引起很多争议。这些争议主要集中在用户隐私的保护方面。为了使用户具有拒绝接受 Cookie 的自由,目前主流的浏览器都支持用户自主设置接受 Cookie 的条件。

3.2.4 代理服务器和内容分发网络

代理服务器(proxy server)和内容分发网络(content delivery network,CDN)都是提高万维网访问效率的技术。

1. 代理服务器

代理服务器也称为万维网缓存(Web cache)。代理服务器把最近请求过的资源的副本保存在自己的存储空间,当收到新请求时,如果代理服务器发现新请求的资源与缓存的资源相同,就返回缓存的资源,而不需要根据 URL 再次访问该资源。代理服务器可在客户端或服务器端工作,也可在中间系统上工作。下面,以一个校园网中的代理服务器为例说明它的作用。

假设校园网中的某用户使用浏览器请求视频资源 http://www.abc.cn/xyz.mp4,图 3.12(a)所示为校园网用户使用代理服务器访问互联网的情况。过程如下。

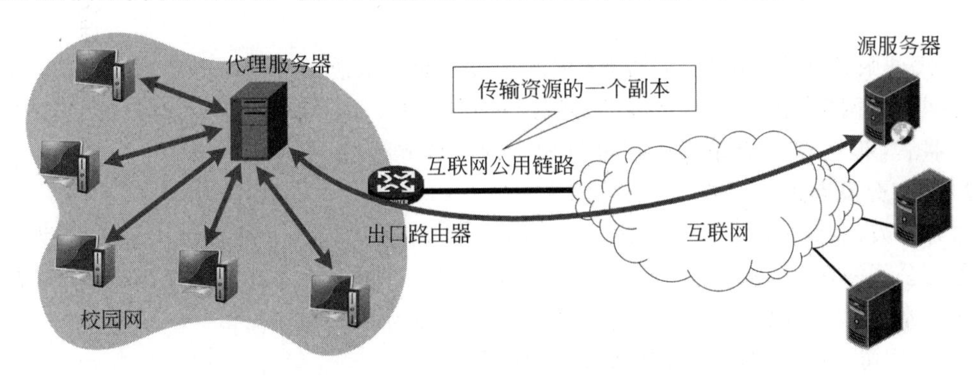

(a) 使用代理服务器

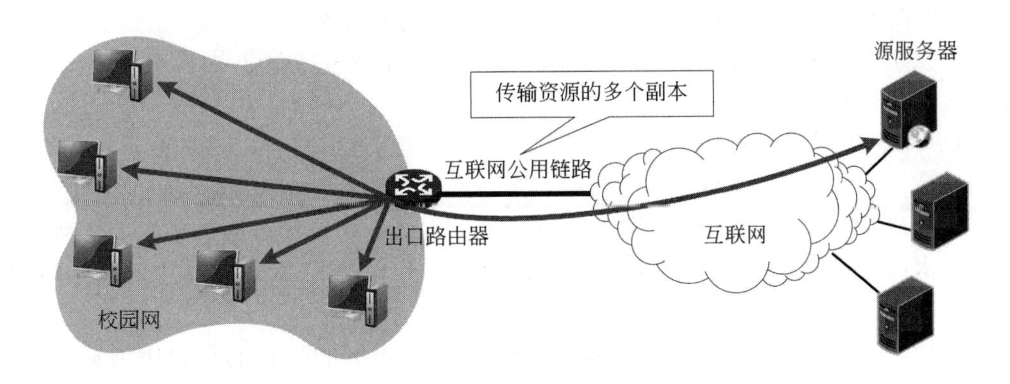

(b) 未使用代理服务器

图 3.12 代理服务器的例子

(1) 浏览器首先与代理服务器建立 TCP 连接,并以上述 URL 为参数,向代理服务器发送 HTTP 请求。

(2) 代理服务器收到 HTTP 请求后,检查本地缓存是否有该资源的副本。如果有,则向客户浏览器发送 HTTP 响应报文返回该资源。

(3) 如果代理服务器没有缓存该资源,则与该资源所在的源服务器(origin server)建立 TCP 连接,并代表用户浏览器向源服务器发送对该资源的 HTTP 请求。

(4) 源服务器向代理服务器发送 HTTP 响应报文返回该资源。

(5) 代理服务器接收到该资源后,在自己的存储空间存储一份副本,并向客户浏览器发送 HTTP 响应报文返回该资源的副本。当其他使用该代理服务器的浏览器访问相同的资源时,代理服务器可以将本地缓存的资源发送给它。

图 3.12(b)所示为校园网用户未使用代理服务器访问互联网的情况。过程如下。

(1) 校园网内的多个客户端都向源服务器请求相同的资源。

(2) 源服务器发送该资源的多个副本给不同的客户端。

对比以上两种访问方式可知,部署并使用代理服务器具有以下两个优势。

① 代理服务器从整体上降低了万维网上的通信流量,从而改善了网络性能。未使用代理服务器时,校园网的多个客户端访问互联网资源时,在互联网的公用链路上需要传输该资源的多个副本;而使用了代理服务器后,在互联网的公用链路上仅需传输该资源的一个副本。

② 代理服务器可以降低浏览器请求的响应时间。未使用代理服务器时,校园网内的客户端访问互联网资源时,HTTP 请求必须经过互联网公用链路,往返延迟较大;而使用了代理服务器后,部分 HTTP 请求仅需经过校园网内部链路,往返延迟较小。

2. 内容分发网络

内容分发网络(content delivery network,CDN)是一种 Web 缓存。人们将提供内容分发服务的公司简称 CDN 公司,CDN 公司在互联网上部署了许多代理服务器,因而使大量流量实现了本地化。CDN 公司部署的代理服务器也称为 CDN 集群。

CDN 公司可以采取两种策略部署代理服务器。

(1) 依据地理位置部署,即在不同的地理位置上部署代理服务器。

(2) 依据 ISP 部署,即在不同的 ISP 网络中部署代理服务器。

在依据 ISP 部署时,CDN 公司可以将代理服务器部署在互联网交换点(IXP),以方便多个 ISP 访问代理服务器。

一旦 CDN 集群部署完成,CDN 公司就可以动态地将客户的 HTTP 请求定向到 CDN 中的某个代理服务器上。CDN 不依赖用户在浏览器中配置代理服务器,而是依赖 DNS 将不同的 HTTP 请求定向到不同的代理服务器上。类似于部署代理服务器,CDN 动态地定向客户请求的策略也有两种,分别基于地理位置和基于 ISP。下面以基于 ISP 的策略为例,说明 CDN 的工作过程。

假设用户 A 是中国联通的用户,用户 B 是中国移动的用户,他们都使用浏览器请求视频资源 http://www.abc.cn/xyz.mp4,图 3.13 所示为 CDN 将不同用户定向到不同 CDN 集群(代理服务器)的过程。

(1) 客户浏览器向域名系统(DNS)发起查询,查找 www.abc.cn 的 IP 地址。

(2) DNS 依据发起查询的客户端不同,返回不同的结果。例如对于中国联通的用户 A,DNS 返回部署在中国联通的 CDN 集群的 IP 地址 IP1;而对于中国移动的用户 B,DNS

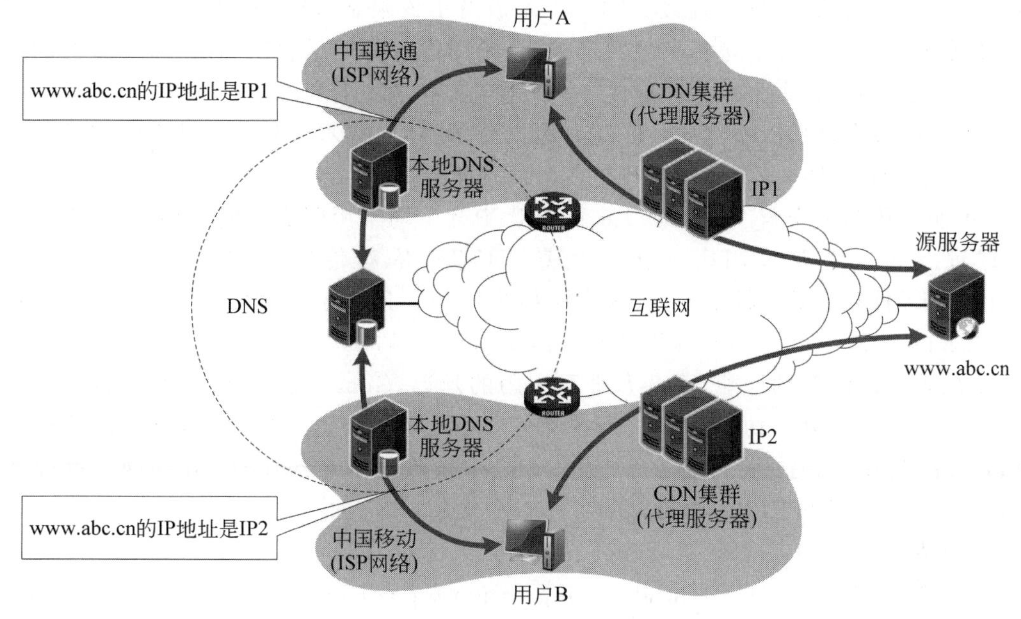

图 3.13 CDN 的例子

返回部署在中国移动的 CDN 集群的 IP 地址 IP2。

(3) 客户端浏览器依据 DNS 查询结果,向 CDN 集群发起 HTTP 请求。

(4) CDN 集群根据 3.2.3 节所述代理服务器的工作流程,直接返回资源给客户浏览器,或者向源服务器请求资源,缓存后再返回资源给客户浏览器。

为了基于当前流量条件为客户选择最好的集群,CDN 也能够对其集群和客户之间的延迟和丢包性能执行周期性的实时测量。然后,依据测量结果返回最好的集群的 IP 地址。这种方法可以更好地适应延迟和带宽等因素的变化。

3.2.5 HTTP/2

随着互联网近些年爆炸式的发展,万维网从当初以文本内容为主,到现在以多媒体内容(如图片、音频、视频)为主,并且对响应时间的要求也越来越高。1999 年就设计出来的 HTTP/1 的某些特性,已经逐渐无法满足现代万维网的需求了,这主要体现在以下几方面。

(1) 线头阻塞(head of line blocking)问题。在 3.2.2 节中,已经介绍了 HTTP/1.1 的持续连接有两种方式: 非流水线方式和流水线方式。在非流水线方式中,浏览器必须收到服务器对前一个 HTTP 请求的响应后,才能发送下一个请求。在流水线方式中,虽然不必等待服务器的响应就可以连续发送多个 HTTP 请求,但是服务器对收到的请求仍然按照先进先出(FIFO)原则处理,如果第一个响应较慢还是会阻塞后续响应,这称为线头阻塞。服务器为了按序处理请求和返回响应报文,还需要缓存多个请求,从而占用更多资源。线头阻塞问题会导致带宽无法被充分利用,缓存资源被过多占用。

(2) TCP 并发连接数限制。为了避免线头阻塞,浏览器可以打开多个 TCP 连接,并发访问万维网服务器。但是每个 TCP 连接都会消耗服务器的资源,并且在网络拥塞的情况下,还会对整个网络带来不利影响,因此 RFC2616 中规定,浏览器对同一个万维网服务器,仅允许建立两个并发的 TCP 连接。RFC7230 放宽了该限制，未明确规定最大并发连接数，但建议浏览器与服务器建立多个并发连接时，采用保守策略，因此在各主流浏览器的实现中，浏览器与服务器之间通常最多建立 5～10 个 TCP 并发连接[①]。

(3) 没有报文首部压缩方案。HTTP 报文首部内容很多，但是每次请求时首部的变化通常都不大。HTTP/1.1 没有提供压缩传输的优化方案。

(4) 明文传输不安全。HTTP/1.0 和 HTTP/1.1 均采用明文传输，因此不能提供数据安全保证。如果需要采用密文传输信息，HTTP 依赖传输层安全((transport layer security，TLS)协议，早期版本的 TLS 协议称为安全套接字层(secure socket layer，SSL)。利用 TLS 的 HTTP 称为 HTTPS，其服务器使用 TCP 的 443 端口。

为了提升 HTTP 的性能，降低万维网应用的延迟，Google 公司在 2009 年设计了基于 TCP 的 SPDY(SPeedY)协议。SPDY 协议在 Chrome 浏览器上证明可行以后，就被当作 HTTP/2 的基础，其主要特性都在 HTTP/2 之中得到继承。2015 年，互联网工程任务组(IETF)正式发布了 HTTP/2 规范，由两个 RFC 规定。

(1) RFC7540：Hypertext transfer protocol version 2。

(2) RFC7541：HPACK - header compression for HTTP/2。

HTTP/2 完全兼容 HTTP/1.1，其中定义的方法、状态码以及语义都与 HTTP/1.1 一样。下面，将从功能特性和帧格式两方面简单介绍 HTTP/2。

1. HTTP/2 的特性

HTTP/2 设计的主要目的是降低 HTTP/1.1 的延迟，提升性能，它引入了二进制格式的帧(frame)[②]和流(stream)的概念，支持基于流的多路复用，同时增加了首部压缩、服务端推送等功能，并且增强了安全性。HTTP/2 主要包括以下特性。

1) 二进制格式的帧

HTTP/1.1 的报文格式是基于文本的，而 HTTP/2 采用了新的二进制格式。在 HTTP/2 中，帧是数据传输的最小单位，HTTP 报文被划分为更小的帧，以二进制格式传输。HTTP/2 设计了多种类型的帧，用于不同的目的。其中首部帧和数据帧用于构成 HTTP 的请求和响应，其他类型的帧用于流控制、服务器推送等功能。

HTTP/2 所有性能增强的核心是一个新的二进制分帧层(binary framing layer)，它规定了如何在客户和服务器之间封装和传输 HTTP 报文，如图 3.14 所示。

二进制分帧层是指在套接字(socket)接口和向应用程序开放的更高层的 HTTP 接口之间引入一种编码机制，将基于文本的 HTTP/1.1 报文的开始行和首部行封装到 HTTP/2 的首部帧中，将 HTTP/1.1 报文的实体主体部分封装到 HTTP/2 的数据帧中。虽然 HTTP 语义(如方法和状态码)不受影响，但它们在传输过程中的编码方式是不同的。在应用层看来，和 HTTP/1.1 没有区别。这种设计可以确保所有基于 HTTP 的应用，无须重新编码即可使用。

---

① 为了提高传输效率，出现了域名分片技术。该技术将资源放在不同域名下，这样浏览器就可以针对不同域名创建连接并请求，以此突破 TCP 并发连接数限制。但是滥用此技术也会造成很多问题，比如服务器资源的大量消耗、网络阻塞等。

② HTTP/2 中定义的二进制格式的帧与数据链路层的帧完全没有关系，数据链路层的帧是数据链路层的协议数据单元，而 HTTP/2 的帧是 HTTP/2 中数据传输的最小单位。术语“帧”的含义需要根据上下文确定。

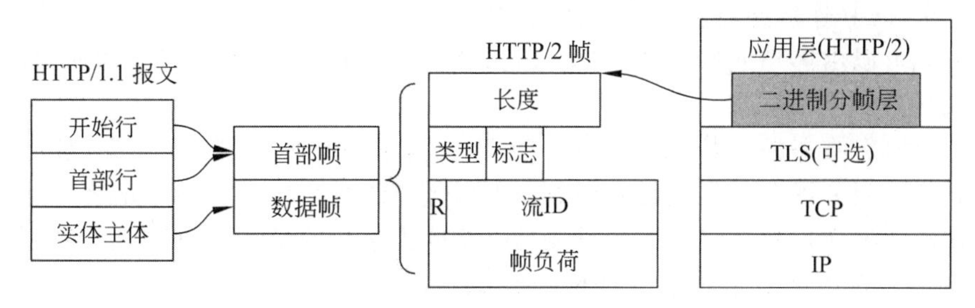

图 3.14　HTTP/2 的二进制分帧层

2）基于流的多路复用

在 HTTP/2 中引入了多路复用技术，使得浏览器与相同服务器之间的所有通信都能够在一个 TCP 连接上完成。该 TCP 连接可以承载任意数量的双向数据流。帧中的流标识(stream identifier，流 ID)字段用于标识数据流。每一对 HTTP 请求报文和响应报文被视为同一个流，具有相同的流 ID。每个请求报文或响应报文由一个或多个帧组成，接收方能够根据流 ID 将多个帧重新组装成一个报文。在同一个 TCP 连接上的多对请求报文和响应报文组成多个流，不同流中的帧可以交错地发送给对方，这就是 HTTP/2 中的多路复用。HTTP/2 中基于流的多路复用如图 3.15 所示。

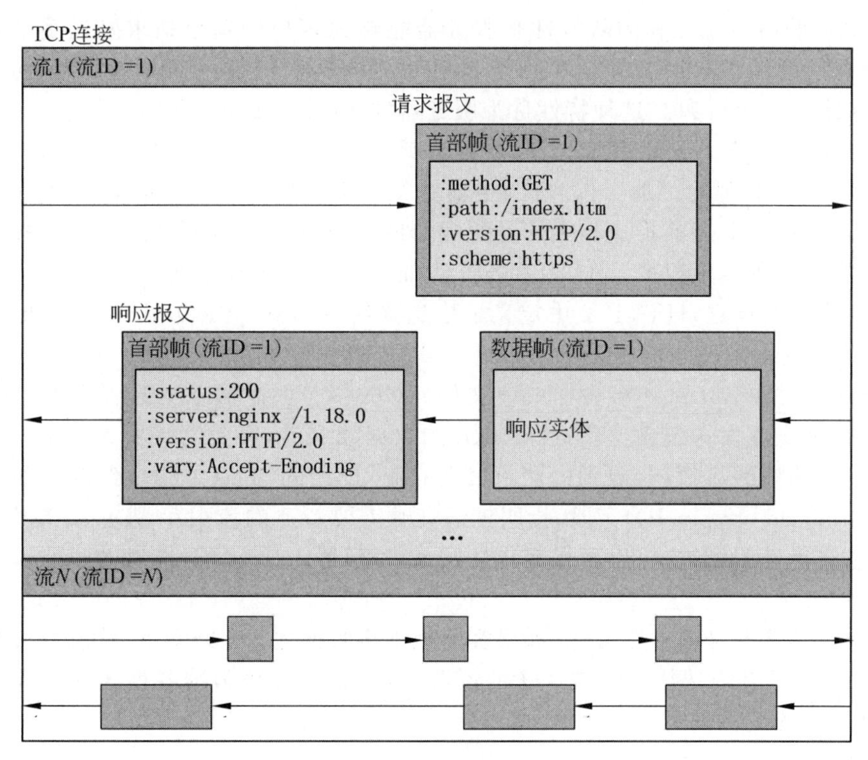

图 3.15　基于流的多路复用

HTTP/2 中定义的“流”具有以下几个重要特点。

(1) 支持多个请求的并行交错传递，而不阻塞任何一个请求。

(2) 支持多个响应的并行交错传递，而不阻塞任何一个响应。

(3) 单个 TCP 连接并行传递多个请求和响应。

(4) 流既可以由客户或服务器共享,又可以由其中的一方单方面建立和使用,流可以由任意一方关闭。

(5) 每个流有唯一的整数标识符——流 ID。为了防止两端流 ID 冲突,客户发起的流具有奇数流 ID,服务器发起的流具有偶数流 ID。流 ID 由发起流的一方分配。

(6) 在流上发送帧的顺序是非常重要的。接收方按接收的顺序处理帧。特别是首部帧和数据帧的顺序在语义上是非常重要的。

(7) 每个流可以被分配一个 1～256 的整数作为优先级。

(8) 每个流可以被设置对另一个流的显式依赖。

(9) 支持基于单个流的流量控制功能。由于 TCP 的流量控制是基于整个 TCP 连接的,而 HTTP/2 在一个 TCP 连接上进行了多路复用。因此,HTTP/2 提供了一组简单的模块,允许客户和服务器实现基于单个流的流量控制功能。

为实现基于流的多路复用,HTTP/2 中定义了多种类型的控制帧,例如优先级帧(PRIORITY)、流终止帧(RST_STREAM)等。HTTP/2 中还定义了流的 7 种状态,以及流的状态变迁图。例如当流处于 open 状态时,通信双方可以发送任何类型的帧。关于流的更多详细内容超出了本书的介绍范围,有兴趣的读者可以阅读相关 RFC 文档进行深入学习。

3) 服务器推送

HTTP/2 的另一个强大的新特性是服务器能够为客户的单个请求发送多个响应。也就是说,除了对原始请求的响应之外,服务器还可以向客户机推送额外的资源,而不需要客户显式地请求每一个资源。这种特性称为服务器推送(server push)。

一个典型的 Web 页面由数十个资源组成,所有这些资源都是由客户通过解析服务器提供的 HTML 文档发现的。那么,显然服务器是知道客户需要哪些资源的。为什么不消除额外的延迟,让服务器提前推送相关的资源呢? HTTP/2 的服务器推送提供了提前推送资源的能力,在一定程度上改变了 HTTP 传统的"请求-应答"工作模式。

为实现服务器推送,HTTP/2 中定义了推送要约(PUSH_PROMISE)帧。服务器推送的过程如图 3.16 所示。当服务器收到一个对某文档的请求,该文档包含内嵌的多个资源时,例如脚本文件 script.js 和层叠样式表文件 style.css。如果服务器选择向客户推送这些额外的资源,那么在发送包含这些资源 URL 的数据帧之前,服务器需要先发送一个推送要约帧。推送要约帧的流 ID 与收到的请求报文的流 ID 相同,并且推送要约帧中包含一个要约流 ID(promised stream ID)字段,指明推送资源需要新建的流 ID。服务器在发送响应实体之前先发送推送要约帧,可以确保客户在发现内嵌的 URL 之前,能够知道有一个资源将要被推送过来。

客户有权利选择是否接收推送,如果客户拒绝接收推送,可以返回一个流终止帧(RST_STREAM)。一旦客户选择接收被推送的资源,客户就不应该为准备推送的资源发起任何请求,直到要求的流被关闭。

4) 首部压缩

每次 HTTP 传输都会携带一组首部信息用于描述资源属性。在 HTTP/1.1 中,这些首部信息以纯文本形式发送,每次传输大约需要增加 500～800B 开销,如果使用了 Cookie,开销甚至会超过 1000B。为了降低开销,提升性能,HTTP/2 采用了 HPACK 压缩格式来压缩请求和响应中的首部信息。

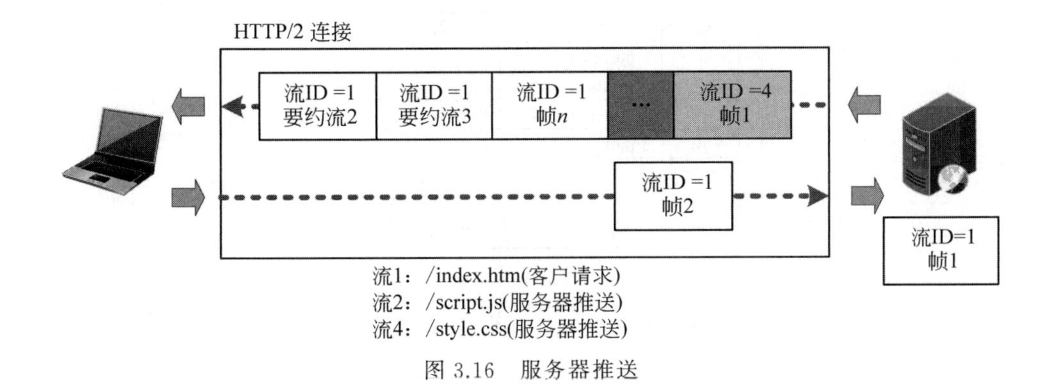

图 3.16　服务器推送

HPACK 压缩格式采用了两种简单但功能强大的技术。

(1) 它采用静态哈夫曼编码(static Huffman code)对首部信息进行编码，降低了首部信息的单次传输消耗。

(2) 它在客户进程和服务器进程之间使用“首部索引表”来跟踪和存储之前发送的首部键值对。对于已经存储在首部索引表中的首部信息，仅需发送其在表中的索引值。

首部索引表由静态表(static table)和动态表(dynamic table)组成。静态表在 RFC7541[①] 中规定，它包含所有连接都可能使用的 HTTP 首部字段的列表。动态表最初是空的，它由连接双方共同维护，其内容基于连接上下文，根据连接中的信息交换不断进行更新。动态表是一个有空间限制的表，每个 HTTP/2 连接有且仅有一份动态表。

图 3.17 为一个首部压缩的例子，当发送首部时，发送方匹配当前连接维护的索引表，若某个键值已存在，则用相应的索引代替首部条目，如图 3.17 所示的例子中，“:method”首部行可以匹配到静态表中的 index 2，传输时只需用字符“2”代替该首部行即可；若索引表中不存在该键值，则用哈夫曼编码后传输，然后分情况判断是否需要存入动态表中。如果键值对被存入动态表中，下次同名的值就可以在表中查到索引并替换。如图 3.17 所示的例子中，host 首部行用哈夫曼编码传输后，被存入动态表。

注意：图 3.17 中的编码的首部并非实际传输的数据，实际的数据还需要按照 RFC7541 的规定，编码为 HPACK 格式后，才能传输。HPACK 编码的方法比较烦琐，本书不再详细介绍，有兴趣的读者可以阅读 RFC 文档进行深入学习。

5) 增强的安全性

出于兼容的考虑，HTTP/2 延续了 HTTP/1.1 的“明文”特点，可以像以前一样使用明文传输数据，不强制使用加密通信。但目前主流的浏览器 Chrome、Firefox 等都公开宣布只支持加密的 HTTP/2，所以事实上的 HTTP/2 是加密的。互联网上通常所能见到的 HTTP/2 都是使用 HTTPS 作为协议名，运行在 TLS 之上的。

在 RFC7540 中，HTTP/2 对 TLS 的安全性做了进一步加强，通过黑名单机制禁用了几百种不再安全的加密算法。由于 HTTP/1.1 和 HTTP/2 都可以运行在 TLS 之上，Google 公司对 TLS 进行了扩展，开发了应用层协议协商(application layer protocol negotiation, ALPN)，可以在 TLS 连接建立时，协商使用的应用层协议。

---

① 静态表共包含 61 行信息，由 RFC7541 的附录 A 规定。

静态表

index	首部名	首部值
1	: authority	
2	: method	GET
3	: method	POST
4	: path	/
⋮	⋮	⋮
7	: scheme	HTTPS
⋮	⋮	⋮
38	host	
⋮	⋮	⋮
61	www-authenticate	
62	host	www.zzu.edu.cn

动态表 → 62

请求首部

: method	GET
: scheme	HTTPS
host	www.zzu.edu.cn
: path	/

编码的首部

2	
7	
38	Huffman(www.zzu.edu.cn)
4	

图 3.17　首部压缩的例子

2. HTTP/2 的帧格式

HTTP/2 的帧由首部和负荷(payload)组成,如图 3.18 所示。其中,首部占 9B,由长度、类型、标志、保留位和流标识字段组成,帧负荷部分的格式根据不同的类型定义。

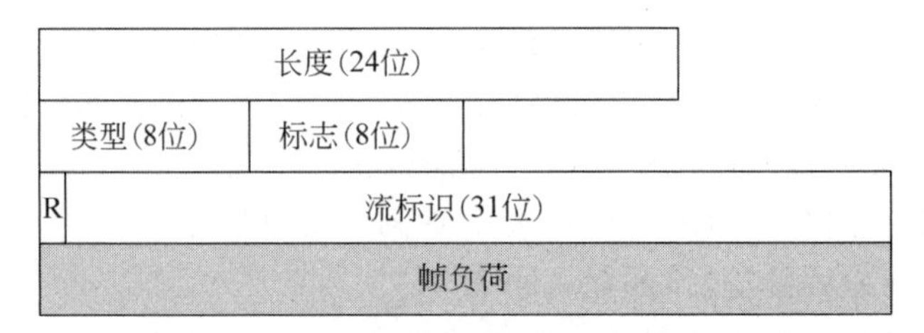

图 3.18　HTTP/2 的帧格式

HTTP/2 帧首部中各字段含义如表 3.3 所示。

表 3.3　HTTP/2 帧首部字段

字段名称	长度/b	描　　述
长度	24	表示帧负荷的长度,不包括帧首部所占用的 9B。默认最大长度 2^{14} B。双方也可以在设置帧中协商最大长度值(2^{14} ~ 2^{24})
类型	8	表示帧类型。帧类型决定了帧负荷的格式和语义
标志	8	预留给不同类型的帧用来定义特定标志。例如,数据帧定义了 End Stream 标志位,当 End Stream=1 时,表示通信完毕。对未定义的标志位,应置“0”
保留位(R)	1	保留位,应置“0”
流标识(流 ID)	31	每个流的唯一标识。客户的流 ID 为奇数,服务器的流 ID 为偶数

根据帧类型的取值不同，HTTP/2 中的帧共分为 10 种类型，如表 3.4 所示。

表 3.4　HTTP/2 中的帧类型

帧类型名称	type 值	描　　述
DATA（数据帧）	0x00	用来发送 HTTP 报文的实体主体，可以用一个或多个数据帧来发送一个实体主体
HEADERS（首部帧）	0x01	包含 HTTP 报文的首部和可选的优先级参数
PRIORITY（优先级帧）	0x02	用于设定或者更改流的优先级及其依赖关系
RST_STREAM（流终止帧）	0x03	用来请求终止一个流
SETTINGS（设置帧）	0x04	协商此连接的参数，作用于整个连接
PUSH_PROMISE（推送要约帧）	0x05	用于通知客户端，服务器将主动推送额外资源。客户可以返回 RST_STREAM 拒绝推送
PING	0x06	用于判断一个连接是否可用，也用于测量往返路程时间（RTT）
GOAWAY	0x07	用于终止连接，通知对方不要再发送新的流
WINDOW_UPDATE（窗口更新帧）	0x08	用于数据帧的流量控制功能，如果指定了具体的流 ID，则作用于该流上；如果流 ID 置“0”，则作用于整个连接
CONTINUATION（延续帧）	0x09	用于继续传送首部块片段序列

在上述帧类型中，首部帧和数据帧已经实现了 HTTP/1.1 中的内容。其余类型的帧用来实现 HTTP/2 中的服务器端推送、流控制、优先级设置等功能。

3.2.6　HTTP 新进展

虽然 HTTP/2 解决了很多旧版本 HTTP 的问题，但是它仍存在以下两个待解决问题。

（1）TCP 建立连接的延迟问题。HTTP 基于 TCP 实现，发送 HTTP 请求报文前需要先建立 TCP 连接，TCP 连接建立时的三报文握手机制有较大延迟。

（2）线头阻塞问题。虽然 HTTP/2 改进了由应用层“先进先出”引起的线头阻塞问题，但是由于 TCP 是一个可靠传输协议，它使用“丢失重传”机制保证利用 TCP 传输的数据都按序、正确送达，如果出现“丢包”现象，将导致整个 TCP 连接中后续的数据因等待“丢失重传”的数据，而不能交付给应用层的 HTTP。这种由 TCP“丢失重传”机制引起的线头阻塞问题，HTTP/2 不能解决。关于 TCP 的“丢失重传”机制，会在第 4 章介绍。

上述两个问题都是由传输层协议 TCP 引起的，为了解决这两个问题，2013 年 Google 公司开发了基于 UDP 的 QUIC（quick UDP internet connections）协议，希望在 QUIC 协议之上运行 HTTP。2018 年，互联网工程任务组（IETF）正式将基于 QUIC 协议的 HTTP（HTTP over QUIC）命名为 HTTP/3。目前 QUIC 和 HTTP/3 都处在草案阶段，由以下文档规定。

（1）draft-ietf-quic-http-34：Hypertext transfer protocol version 3。

（2）draft-ietf-quic-qpack-21：QPACK：Header compression for HTTP/3。

（3）draft-ietf-quic-transport-34：QUIC：A UDP-based multiplexed and secure transport。

（4）draft-ietf-quic-recovery-34：QUIC loss detection and congestion control。

（5）draft-ietf-quic-tls-34：Using TLS to secure QUIC。

上述几个文档都已经作为建议标准提交到 IETF，处于审核过程中。

与 HTTP/2 相比，HTTP/3 有以下几点改进。

（1）HTTP/3 不再基于 TCP 进行数据传输，而是基于 UDP 上的 QUIC 协议实现的。UDP 是无连接的，没有建立 TCP 连接时的延迟。

（2）QUIC 在 UDP 的基础之上增加了功能，实现了类似 TCP 的流量控制、可靠传输等功能。

（3）QUIC 集成了 TLS 的加密功能。目前 QUIC 使用 TLS1.3，相较于早期版本的 TLS，进行密钥协商时也可以降低延迟。

（4）QUIC 实现了在一条连接上传输多个独立的逻辑数据流。实现了数据流的单独传输，就解决了 TCP 中线头阻塞的问题。

（5）TCP 是在内核空间实现的拥塞控制，而 HTTP/3 将拥塞控制移出了内核，通过用户空间来实现。

（6）HTTP/3 将 HTTP/2 使用的首部压缩方案 HPACK 更换成了兼容 HPACK 的 QPACK 压缩方案。QPACK 优化了对乱序发送的支持，也优化了压缩率。

从概念上讲，基于 QUIC 协议的 HTTP/3 是一个出色的协议。但从实现上讲，它仍然需要进行大量的迭代更新。目前，微软也开发实现了自己的 QUIC 协议，称为 MsQuic，并将其开源。Windows 的 HTTP/3 协议栈将基于 MSQuic 进行构建。

综上所述，HTTP 的发展历程如图 3.19 所示。

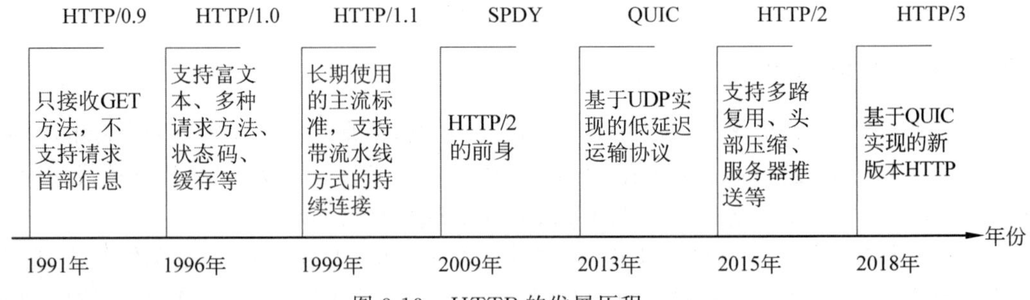

图 3.19　HTTP 的发展历程

3.3　域名系统

3.3.1　域名系统概述

用户与互联网上某台主机通信时，必须要知道对方的 IP 地址。然而用户很难记住长达 32 位的二进制主机地址。即使是点分十进制 IP 地址也并不容易记忆。并且，假如用户通过 IP 地址访问某公司的万维网服务器，一旦该公司将万维网服务器重新部署到另一台主机上，则该公司就必须将新的 IP 地址通知到每个用户。因此，在应用层，为了方便记忆和使用，人们引入了主机名(hostname)。而域名系统(DNS)能够把互联网上的主机名转换为IP地址。

DNS是互联网中的核心服务，为互联网上的各种网络应用提供域名解析服务。许多应用层软件直接使用DNS，但计算机的用户通常只是间接而不是直接使用DNS。

在ARPANET中，计算机网络规模比较小，整个网络只有数百台计算机，主机名和IP地址的对应关系保存在一个名为hosts的文件[①]中。主机通过查询hosts文件可以快速获得主机名到IP地址的映射。但是，随着互联网上主机数目的迅速增加，利用单独的文件来管理庞大的、经常变化的名字集合效率低下，难于维护。因此，互联网从1983年开始采用层次树状结构的命名方法，并使用分布式的域名系统进行域名到IP地址的解析。采用这种命名方法，任何一个连接在互联网上的主机或路由器，都可以拥有一个唯一的层次结构的名字，称为域名(domain name)。

DNS是一个分布式数据库系统，采用客户-服务器方式进行工作。域名服务器运行在UDP的53端口上。域名到IP地址的解析是由分布在互联网上的许多域名服务器程序共同完成的。域名服务器程序在专设的结点上运行，因此常把运行域名服务器程序的计算机称为域名服务器。从应用程序的角度看，当某一个应用进程需要把主机名解析为IP地址时，该应用进程就调用解析程序，并成为DNS的一个客户，把待解析的域名放在DNS请求报文中，以UDP用户数据报方式发给本地域名服务器，本地域名服务器通过分布式的域名系统查找域名后，把对应的IP地址放在回答报文中返回。应用进程获得主机的IP地址后即可进行通信。

DNS还采用了优化措施，使大多数域名都能在本地解析，仅少量解析需要在互联网上通信，因此DNS系统效率很高。除了进行主机名到IP地址的转换外，DNS还提供了一些重要的服务，如主机别名服务、邮件服务器别名服务等。DNS是互联网正式标准，在RFC1034和RFC1035中进行了定义，并在一系列RFC中进行了更新。DNS是一个复杂的系统，本书仅就其基础知识进行讲述，感兴趣的读者可以参考相关文献进行深入学习。

3.3.2 域名空间

DNS中使用的名字集合构成了域名空间(domain name space)。早期的互联网使用了非等级的域名空间，当互联网上的用户数急剧增加时，非等级的域名空间带来了管理上的困难。目前，互联网采用层次树状结构的域名空间，互联网上的主机或路由器都可以拥有一个唯一的层次结构的名字，即域名。这里的域(domain)是域名空间中一个可被管理的划分。域还可以划分为子域，而子域还可继续划分为子域的子域，这样就形成了顶级域、二级域、三级域等。

从语法上讲，每一个域名都由标号(label)序列组成，各标号之间用点隔开。能够唯一地标识互联网上某台主机的域名称为完全限定域名(fully qualified domain name，FQDN)，也译为完整域名、完全域名或规范域名。FQDN的格式如下：

```
[hostname].[domain].[tld]
```

---

① Windows操作系统中，hosts文件保存在windows/system32/drivers/etc下。Linux操作系统中，hosts文件保存在/etc下。

其中，hostname 是主机名，domain 可以是任意的子域，tld 是顶级域(top level domain)。

例如，域名 www.zzu.edu.cn 是郑州大学 Web 服务器的完全域名，其中 cn 是顶级域 tld，edu 是二级域，zzu 是三级域，www 是主机名。

DNS 规定，级别最低的域名写在最左边，而级别最高的顶级域名则写在最右边。DNS 既不规定一个域名包含多少个下级域名，也不规定每一级的域名代表什么含义。各级域名由其上一级的域名管理机构管理，而顶级域名则由 ICANN 进行管理。

DNS 最初规定域名中的标号都由英文字母和数字组成，并且不区分大小写字母。但随着互联网在非英语国家的广泛使用，在对比各种提案后，国际化域名(internationalized domain name，IDN)被采纳为标准，并被应用在域名系统中。国际化域名又称特殊字符域名，是指部分或完全使用特殊文字或字母组成的互联网域名，包括法语、阿拉伯语、中文或拉丁字母等各种非英文字母。国际化域名由 RFC5890～RFC5893 规定。

用域名树来表示域名空间的结构是比较直观的。图 3.20 是互联网域名空间的结构，在最上面的是根，但没有对应的名字。根下面一级的结点是最高一级的顶级域，顶级域往下划分为二级域、三级域等。一旦某个单位拥有了一个域名，它就可以自己决定是否要进一步划分其下属的子域，而不必由其上级机构批准。域名树的树叶就是主机的名字，它不能再继续往下划分子域了。

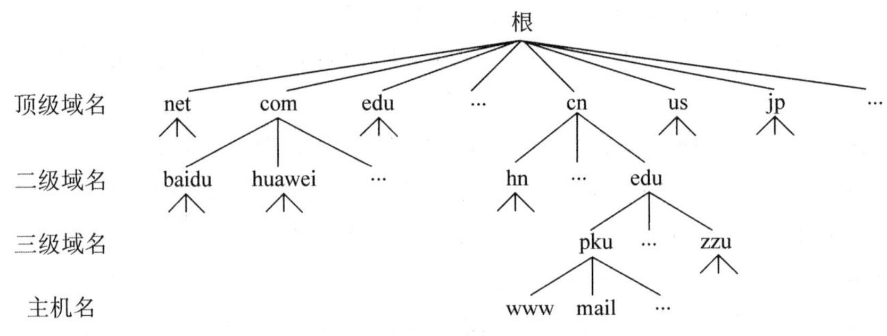

图 3.20　互联网域名空间的结构

ICANN 管理的通用顶级域共分为 3 类。

(1) 国家顶级域 nTLD。该域也称为 ccTLD(country-code TLD)。例如，cn 表示中国，us 表示美国，uk 表示英国，等等。

(2) 通用顶级域 gTLD。在 RFC1591 中，最初确定的通用顶级域名有 7 个，即 com(公司企业)、net(网络服务机构)、org(非营利性组织)、int(国际组织)、edu(美国专用的教育机构)、gov(美国的政府部门)和 mil(美国的军事部门)。

后来 ICANN 又陆续增加了 13 个通用顶级域：aero、asia、biz 等。2011 年 6 月，ICANN 批准了新顶级域(new gTLD)，允许任何公司、机构向 ICANN 申请新的顶级域。

(3) 基础结构域(infrastructure domain)。这种顶级域只有一个，即 arpa，用于反向域名解析，因此又称为反向域名。

在国家顶级域下注册的二级域名均由该国家自行确定。我国把二级域划分为类别域名和行政区域名两大类。类别域名共 7 个，分别为 ac(科研机构)、com(工、商、金融等企业)、edu(中国的教育机构)、gov(中国的政府机构)、mil(中国的国防机构)、net(提供互联网络服务的机构)和 org(非营利性的组织)。“行政区域名”共 34 个，适用于我国的各省、自治区、直辖市等。例如 bj(北京市)、hn(河南省)等。

3.3.3 域名服务器和资源记录

1. 域名服务器

为了处理扩展性问题,DNS 使用了大量的域名服务器,它们以层次方式组织,并且分布在全世界范围内。没有一台域名服务器能够拥有互联网上所有主机的映射。一个域名服务器所负责的,或者有权限管理的范围称为区域(zone),区域的边界划分由各单位负责。区域可能等于或小于域,若一个域没有再划分为一些更小的子域,则域和区域相同。互联网上的 DNS 域名服务器也是按照层次安排的。每一个域名服务器都只对域名体系中的一部分进行管辖。根据域名服务器所起的作用,可以把域名服务器划分为以下 4 种不同的类型。

(1) 根域名服务器。根域名服务器是最高层次的域名服务器,也是最重要的域名服务器。所有的根域名服务器都知道所有的顶级域名服务器的域名和对应的 IP 地址。不管是哪一个本地域名服务器,如果要对互联网上任何一个域名进行解析,只要自己无法解析,就首先要求助于根域名服务器。假定所有的根域名服务器都瘫痪了,那么整个互联网中的 DNS 就无法工作。

DNS 是任播[①]最成功的应用,早在 2002 年 F 根域名服务器就开始实行任播,在之后的几年里其他根域名服务器也逐渐开始使用任播,到了今天所有根域名服务器都是采用任播部署的。使用任播后,DNS 解析器不再需要知道 DNS 服务器的真正 IP 地址,只需要知道任播地址就可以在世界各地与当地的最优实例通信了,现在所看到的根域名服务器的 IP 地址实际上都是任播地址。

目前,根域名服务器使用了 13 个不同 IP 地址的域名,即 a.rootservers.net、b.rootservers.net、……、m.rootservers.net。它们分别由 12 个独立的机构负责运营。每个根服务器的运营者独立负责管理自己的任播实例,任播实例数量没有限制,但是各个组织有着不同的运营模式,所以不同根服务器的任播实例数量有很大差异,例如 B 根域名服务器只有 4 个任播实例,而 E 根却有 308 个实例。根域名服务器的部署情况可以在 https://root-servers.org/ 网站上查询。到 2021 年 6 月,全世界已经安装了 1380 个根域名服务器的实例(实例数还在不断增加),在我国有 37 个根域名服务器实例,分别位于北京(8 个)、上海(1 个)、香港(9 个)、台北(7 个)、重庆(1 个)、西宁(3 个)、杭州(2 个)、郑州(2 个)、武汉(2 个)、广州(1 个)和贵阳(1 个)。

需要明确的是,根域名服务器并不直接把待查询的域名直接转换成 IP 地址(根域名服务器也没有保存这些信息),而是告诉 DNS 解析器下一步应当找哪一个顶级域名服务器进行查询。

(2) 顶级域名服务器。这些域名服务器负责管理在该顶级域注册的所有二级域名。当收到 DNS 查询请求时,会给出相应的回答。回答可能是最终的 IP 地址,也可能是下一步应当找的域名服务器的 IP 地址。

(3) 授权域名服务器(authoritative name server)。授权域名服务器又称为权限域名服务器或权威域名服务器。授权域名服务器即负责管理某个区域的域名服务器。在授权域名

---

① 本书在第 7 章介绍任播。

服务器中保存了该区域中的所有主机的域名到 IP 地址的映射。

(4) 本地域名服务器。本地域名服务器是直接为用户提供域名解析服务的域名服务器。当一台主机发出 DNS 查询请求时,这个查询请求报文被发送给本地域名服务器。每一个互联网服务提供方都可以拥有一个本地域名服务器,这种域名服务器有时也称为默认域名服务器。

2. 资源记录

域名服务器中保存的每一个条目称为一个资源记录(resource record,RR),保存资源记录的文件被称为区域文件(zone file)。所有域名服务器中保存的资源记录共同构成了分布式的 DNS 数据库。DNS 的资源记录分为很多种类型,常见的资源记录类型如下。

(1) A 记录。A 记录是指地址(address)记录,也称为主机记录,是使用最广泛的 DNS 记录,A 记录的作用是将域名映射到主机的 IPv4 地址。

(2) AAAA 记录。AAAA 记录与 A 记录的作用类似,它将域名映射到主机的 IPv6 地址。

(3) SOA 记录。SOA 记录是指起始授权(start of authority,SOA)记录。SOA 记录是所有区域文件中的强制性记录,它必须是一个区域文件中的第一条记录。SOA 记录描述区域文件所属区域、该区域的主域名服务器的完全域名(FQDN)、该区域的管理员电子邮箱以及一些必要参数。

(4) NS 记录。NS 记录是指名字服务器(name server,NS)记录,用于指明该域名由哪一个 DNS 服务器来进行解析。NS 记录的作用是将域名映射为管理该域名的 DNS 服务器的完全域名。

(5) MX 记录。MX 记录是指邮件交换(mail exchanger,MX)记录,用于指明该域的邮件服务器。MX 记录的作用是将域名映射为该域的邮件服务器的完全域名。

(6) CNAME 记录。CNAME 记录是指别名(canonical name)记录,用于将多个域名映射到同一台主机。例如,当建立一个网站时,希望发布一个容易记忆的域名如 www.mydomain.com,但是实际上,为了方便管理、负载均衡或其他目的,可以建立一个别名记录,将 www.mydomain.com 映射到另一个完全域名。

(7) PTR 记录。PTR 记录是指指针(pointer)记录,也称为反向记录。PTR 记录的作用是将 IP 地址反向映射为域名。

当 DNS 解析器把一个域名发送给 DNS 服务器请求解析时,它能获得的 DNS 服务器的应答就是与该域名相关联的资源记录,每个 DNS 应答报文都包含了一条或多条资源记录。

当 DNS 服务器收到一条 DNS 查询时,如果它是待查询域名的授权域名服务器,则 DNS 服务器返回的应答报文中包含一条该域名的 A 记录。否则,DNS 服务器返回的应答报文中包含一条 NS 记录以及一条 A 记录,其中 NS 记录中指明管理该域名的授权域名服务器,A 记录中指明该授权域名服务器的 IP 地址。

例如,假设域 edu.cn 的授权域名服务器收到了一条解析域名 www.zzu.edu.cn 的请求时,由于该域名服务器不是主机 www.zzu.edu.cn 的授权域名服务器,因此它返回的应答中包含一条 NS 记录,这条 NS 记录指明管理 www.zzu.edu.cn 的授权域名服务器为 dns.zzu.edu.cn。同时还包含一条 A 记录,这条 A 记录中指明 dns.zzu.edu.cn 的 IP 地址。这条 DNS 应答指引 DNS 解析器向 dns.zzu.edu.cn 发起下一步的查询。

3.3.4 域名解析过程

DNS 域名解析可以采用递归查询(recursive query)和迭代查询(iterative query)两种方法,它们对域名的解析过程有所不同。所谓递归查询就是,如果 DNS 客户所询问的域名服务器不知道被查询域名的 IP 地址,那么该域名服务器就代替该 DNS 客户,继续向其他域名服务器发出查询请求报文,直至得到结果。因此,递归查询返回的结果要么是所要查询的 IP 地址要么是差错信息。所谓迭代查询,就是当域名服务器收到迭代查询请求报文时,要么给出所要查询的主机的 IP 地址,要么告知 DNS 客户下一步应当向哪一个域名服务器进行查询,而不会代替 DNS 客户进行下一步查询。

通常主机向本地域名服务器发起的查询是递归查询,而本地域名服务器向其他域名服务器发起的查询是迭代查询。一个 DNS 查询的实例如图 3.21(a)所示。

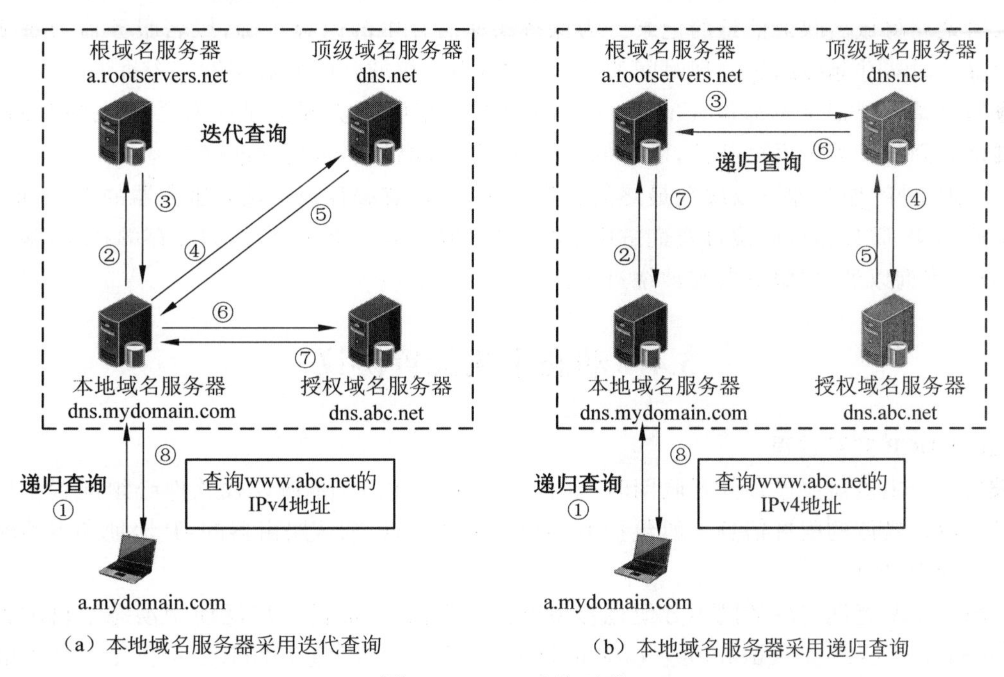

(a) 本地域名服务器采用迭代查询　　(b) 本地域名服务器采用递归查询

图 3.21 DNS 查询过程

在图 3.21(a)中,主机 a.mydomain.com 查询主机 www.abc.net 的 IP 地址的步骤如下。

(1) 主机 a.mydomain.com 首先向其本地域名服务器 dns.mydomain.com 发起递归查询。

(2) 本地域名服务器采用迭代查询,向根域名服务器发起查询。

(3) 根域名服务器响应本地域名服务器,将顶级域名服务器 dns.net 及其 IP 地址发送给本地域名服务器。

(4) 本地域名服务器向顶级域名服务器 dns.net 发起查询。

(5) 顶级域名服务器 dns.com 响应本地域名服务器,将授权域名服务器 dns.abc.net 及其 IP 地址发送给本地域名服务器。

(6) 本地域名服务器向授权域名服务器 dns.abc.net 发起查询。

(7) 授权域名服务器 dns.abc.net 响应本地域名服务器,将主机 www.abc.net 的 IP 地址发送给本地域名服务器。

(8) 本地域名服务器将最终查询结果发送给主机 a.mydomain.com。

从理论上讲,本地域名服务器也可以采用递归查询的方式向其他域名服务器发起域名解析,如图 3.21(b)中的步骤① ~⑧所示。在这种情况下,本地域名服务器只需向根域名服务器查询一次,后面的几次查询都是在根域名服务器、顶级域名服务器和授权域名服务器之间进行的。最后,本地域名服务器从根域名服务器得到了所需的 IP 地址。但实践中,DNS 查询通常遵循图 3.21(a)中的步骤,即从请求主机到本地域名服务器的查询是递归的,其余的查询是迭代的。

为了提高 DNS 查询效率,并减轻根域名服务器的负荷和减少互联网上的 DNS 查询报文数量,在域名服务器中广泛地使用了高速缓存。高速缓存用来存放最近查询过的域名以及从何处获得域名映射信息的记录。为保持高速缓存中的内容正确,域名服务器为每项内容设置计时器并删除超过合理时间的项。此外,当授权域名服务器应答一个查询请求时,在响应的每条资源记录中都包含 time to live 字段来指明该资源记录的有效存在的时间值。增加该时间值可减少网络开销,而降低该时间值可提高域名解析的准确性。

本地 DNS 服务器不仅缓存最终的查询结果,也能够缓存顶级域名服务器的 IP 地址,因而本地 DNS 服务器可以绕过查询链中的根 DNS 服务器。事实上,因为缓存的存在,除了少数 DNS 查询以外,根服务器都被绕过了。

3.4 动态主机配置协议

1. DHCP 交互过程

当一台主机需要连接到互联网时,操作系统中的 TCP/IP 协议栈软件必须配置正确的网络参数。具体的配置信息一般包括 IP 地址、子网掩码、默认路由器的 IP 地址和本地域名服务器的 IP 地址。

用人工配置网络参数既不方便也容易出错。目前,互联网上广泛使用动态主机配置协议(dynamic host configuration protocol,DHCP)进行自动配置。DHCP 提供了一种即插即用连网(plug and play networking)的机制。DHCP 由 RFC2131 和 RFC2132 规定,目前是互联网草案标准。

DHCP 使用的是客户-服务器方式,几乎所有常用的操作系统和大量的嵌入式设备都支持 DHCP。DHCP 服务器分配给 DHCP 客户的 IP 地址等网络参数是临时的,因此 DHCP 客户只能在一段有限的时间内使用分配到的 IP 地址。DHCP 将这段时间称为租用期(lease period)或租约期,通常 DHCP 的租用期由 DHCP 服务器指定。

DHCP 客户启动时,需要利用广播报文寻找 DHCP 服务器,该报文称为 DHCP 发现(DHCP Discover)报文。由于 DHCP Discover 报文采用 2.2.2 节中介绍的本地网络广播地址作为目的 IP 地址,该报文不能被路由器转发,因此 DHCP 客户只能发现本网络上的 DHCP 服务器。这就要求在每个网络上都配置一台 DHCP 服务器,为了简化配置,避免 DHCP 服务器过多,可以利用 DHCP 中继代理解决该问题。DHCP 中继代理配置了 DHCP 服务器的 IP 地址信息。当 DHCP 中继代理收到 DHCP 客户以广播形式发送的发现报文后，就以单播方式向 DHCP 服务器转发此报文，并等待其应答。收到 DHCP 服务器的应答报文后，DHCP 中继代理再把此应答报文发回给 DHCP 客户。

一次典型的 DHCP 客户与服务器的交互过程如图 3.22 所示。首先 DHCP 服务器被动打开 UDP 的 67 端口，等待客户发来的请求报文。DHCP 客户从 UDP 的 68 端口以广播方式发送 DHCP Discover 报文，该广播报文的目的 IP 地址为 255.255.255.255。由于客户目前还没有自己的 IP 地址，因此它将 IP 数据报的源 IP 地址字段设为全“0”。

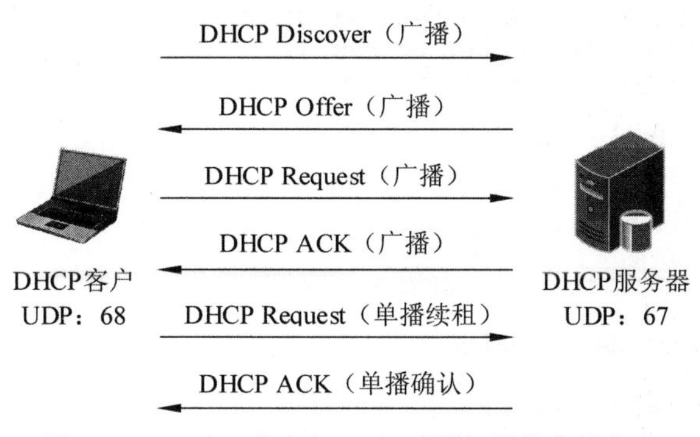

图 3.22　DHCP 客户与 DHCP 服务器的典型交互

当 DHCP 服务器收到 DHCP Discover 报文后，应该用 DHCP Offer 报文给予响应。凡收到 DHCP Discover 报文的 DHCP 服务器首先在自己的数据库中查找该计算机的配置信息。若找到，则返回找到的配置信息。若找不到，则从自己的 IP 地址池中取一个 IP 地址返回给 DHCP 客户。

DHCP 客户有可能收到来自不同 DHCP 服务器的多个 DHCP Offer 报文。DHCP 客户从中选择一个，并向所选择的 DHCP 服务器发送 DHCP Request 报文。当 DHCP 服务器收到 DHCP Request 报文后，向 DHCP 客户发送 DHCP ACK 报文。

虽然 DHCP 服务器在 DHCP Offer 报文中已经填写了分配给客户的 IP 地址信息，但直到收到 DHCP ACK 报文时，DHCP 客户才真正获得、并能够使用分配的 IP 地址。

DHCP 客户根据服务器提供的租用期 T 设置两个计时器 T1 和 T2，它们的超时时间分别是 $0.5T$ 和 $0.875T$。在到达 $0.5T$ 时，DHCP 客户发送单播 DHCP Request 报文请求续租，如果没有收到 DHCP ACK 报文，则在到达 $0.875T$ 时，会再次发送单播 DHCP Request 报文请求续租。如果收到 DHCP ACK 报文，则 DHCP 客户更新租用期，重新设置计时器。无论哪次 DHCP 客户发送单播 DHCP Request 报文请求续租，只要收到 DHCP NAK 报文，则 DHCP 客户必须立即停止使用原来的 IP 地址，然后发送 DHCP Discover 报文重新开始一次 DHCP 请求过程。

DHCP 客户可以随时提前终止服务器所提供的租用期，这时它只需向 DHCP 服务器发送 DHCP Release 报文即可。

2. DHCP 报文格式

在 DHCP 运行期间，可用 Wireshark 截获 DHCP Discover 报文、DHCP Offer 报文、DHCP Request 报文和 DHCP ACK 报文，如图 3.23 中 1～4 号报文所示。然后手动更新租期，截获 DHCP 用于更新租期的单播 DHCP Request 报文和 DHCP ACK 报文，如图 3.23 中 5 号和 6 号报文所示。图 3.23 中展开分析的是一个 DHCP Request 报文。

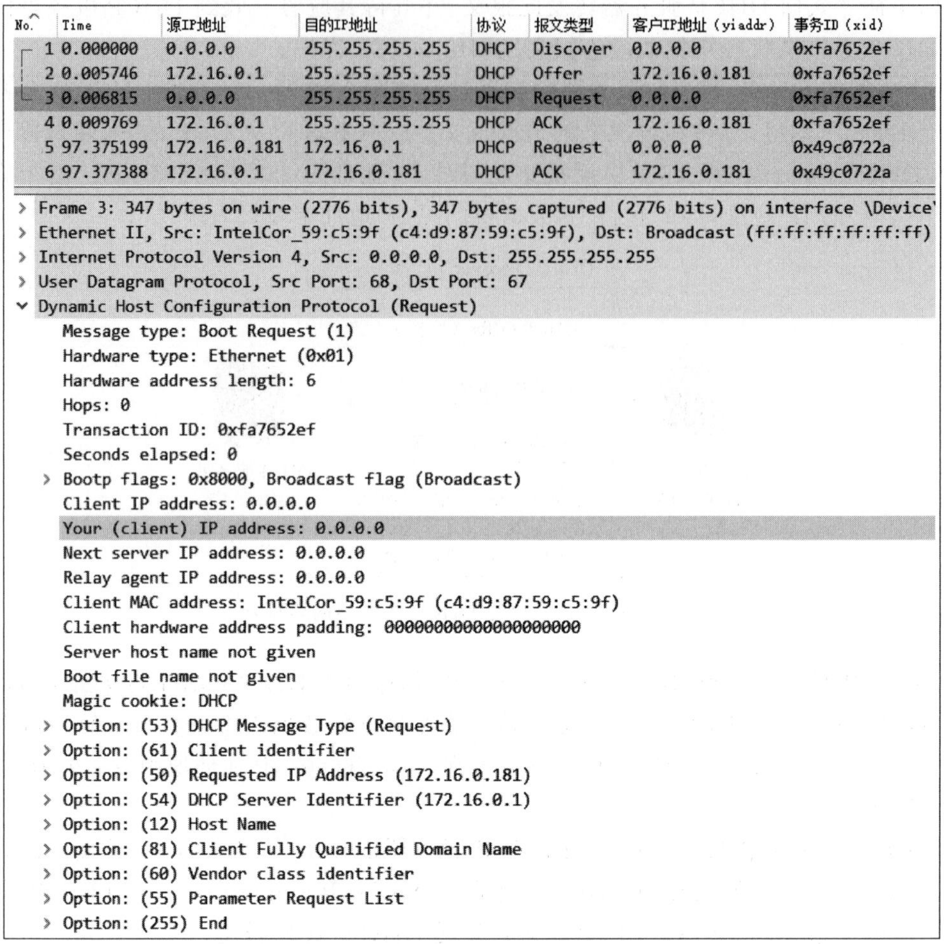

No.	Time	源IP地址	目的IP地址	协议	报文类型	客户IP地址(yiaddr)	事务ID(xid)
1	0.000000	0.0.0.0	255.255.255.255	DHCP	Discover	0.0.0.0	0xfa7652ef
2	0.005746	172.16.0.1	255.255.255.255	DHCP	Offer	172.16.0.181	0xfa7652ef
3	0.006815	0.0.0.0	255.255.255.255	DHCP	Request	0.0.0.0	0xfa7652ef
4	0.009769	172.16.0.1	255.255.255.255	DHCP	ACK	172.16.0.181	0xfa7652ef
5	97.375199	172.16.0.181	172.16.0.1	DHCP	Request	0.0.0.0	0x49c0722a
6	97.377388	172.16.0.1	172.16.0.181	DHCP	ACK	172.16.0.181	0x49c0722a

```
> Frame 3: 347 bytes on wire (2776 bits), 347 bytes captured (2776 bits) on interface \Device'
> Ethernet II, Src: IntelCor_59:c5:9f (c4:d9:87:59:c5:9f), Dst: Broadcast (ff:ff:ff:ff:ff:ff)
> Internet Protocol Version 4, Src: 0.0.0.0, Dst: 255.255.255.255
> User Datagram Protocol, Src Port: 68, Dst Port: 67
v Dynamic Host Configuration Protocol (Request)
    Message type: Boot Request (1)
    Hardware type: Ethernet (0x01)
    Hardware address length: 6
    Hops: 0
    Transaction ID: 0xfa7652ef
    Seconds elapsed: 0
  > Bootp flags: 0x8000, Broadcast flag (Broadcast)
    Client IP address: 0.0.0.0
    Your (client) IP address: 0.0.0.0
    Next server IP address: 0.0.0.0
    Relay agent IP address: 0.0.0.0
    Client MAC address: IntelCor_59:c5:9f (c4:d9:87:59:c5:9f)
    Client hardware address padding: 00000000000000000000
    Server host name not given
    Boot file name not given
    Magic cookie: DHCP
  > Option: (53) DHCP Message Type (Request)
  > Option: (61) Client identifier
  > Option: (50) Requested IP Address (172.16.0.181)
  > Option: (54) DHCP Server Identifier (172.16.0.1)
  > Option: (12) Host Name
  > Option: (81) Client Fully Qualified Domain Name
  > Option: (60) Vendor class identifier
  > Option: (55) Parameter Request List
  > Option: (255) End
```

图 3.23 DHCP 交互实例

DHCP 基于引导程序协议(bootstrap protocol,BOOTP)设计。DHCP 报文扩展了 BOOTP 报文,并保持两者之间的兼容性。DHCP 直接封装在 UDP 报文中,其格式如图 3.24 所示。

DHCP 报文中各字段含义如下。

(1) op 字段:表示报文的操作类型。分为请求报文和响应报文。客户发送给服务器的报文为请求报文,值为 1;服务器发送给客户的报文为响应报文,值为 2。

在图 3.23 所示的 DHCP 交互实例中的 DHCP Request 报文中 op 字段值为 1,表示请求。

(2) htype 字段:表示 DHCP 客户的硬件地址类型。当 htype 值为 1 时,表示硬件地址为最常见的以太网 MAC 地址。

在图 3.23 所示的 DHCP 交互实例中的 DHCP Request 报文中 htype 字段值为 1,表示硬件地址为以太网 MAC 地址。

(3) hlen 字段:表示 DHCP 客户的硬件地址长度。当硬件地址为以太网 MAC 地址时,hlen 值为 6。

0	7	15	23 31
op(1B)	htype(1B)	hlen(1B)	hops(1B)
xid(事务ID) (4B)			
secs(秒) (2B)		flags(标志) (2B)	
ciaddr(客户端IP地址) (4B)			
yiaddr("你的" IP地址) (4B)			
siaddr(服务器IP地址) (4B)			
giaddr(中继代理IP地址) (4B)			
chaddr(客户硬件地址) (16B)			
sname(服务器名) (64B)			
file(引导文件名) (128B)			
options(选项) (可变长度)			

UDP首部	DHCP报文

图 3.24　DHCP 报文格式

在图 3.23 所示的 DHCP 交互实例中的 DHCP Request 报文中 hlen 字段值为 6，表示 MAC 地址长度为 6B。

(4) hops 字段：表示 DHCP 报文经过的 DHCP 中继代理的数目，初始为 0，每经过一个 DHCP 中继代理，该值加 1。

在图 3.23 所示的 DHCP 交互实例中的 DHCP Request 报文中 hops 字段值为 0，表示未经过中继代理。

(5) xid 字段：表示事务 ID，是客户发起一次请求时选择的随机数。用来标识一次请求过程。在一次请求过程中所有报文的 xid 都是一样的。

在图 3.23 所示的 DHCP 交互实例中，1～4 号报文是一次请求过程，5～6 号报文是另一次请求过程，因此 xid 字段的值不同。

(6) secs 字段：表示 DHCP 客户端从获取到 IP 地址或者续约过程开始到现在所消耗的时间，以秒(s)为单位。在没有获得 IP 地址前，该字段始终为 0。

在图 3.23 所示的 DHCP 交互实例中的 DHCP Request 报文中 secs 字段值为 0，表示尚未获得 IP 地址。

(7) flags 字段：标志位，目前仅使用最高位，表示广播应答标识位，用来标识 DHCP 服务器应答报文采用单播还是广播发送。取值 0 表示采用单播发送方式，取值 1 表示采用广播发送方式。在客户获得 IP 地址之前的第一次请求过程中，包括客户发送的请求报文，以及 DHCP 服务器发送的响应报文等都是以广播方式发送的。在客户获得 IP 地址后，进行 IP 地址续约、IP 地址释放的相关报文都是采用单播方式发送的。此外，DHCP 中继代理转发的报文,都是以单播方式发送的。

在图3.23所示的DHCP交互实例中的DHCP Request报文中flags字段值为0x8000,其最高位为1,表示广播。

(8) ciaddr字段:表示DHCP客户的IP地址。仅在DHCP客户续租时的请求和响应报文中填写,其他报文中该值为0。

在图3.23所示的DHCP交互实例中的DHCP Request报文中ciaddr字段值为0.0.0.0。

(9) yiaddr字段:表示DHCP服务器分配给客户的IP地址。仅在DHCP服务器发送的Offer和ACK报文中填写,其他报文中该值为0。

在图3.23所示的DHCP交互实例中,yiaddr字段作为一列显示,可以看出在DHCP Offer报文和DHCP ACK报文中,该字段值为172.16.0.181。

(10) siaddr字段:表示下一个为DHCP客户分配IP地址等信息的DHCP服务器的IP地址。仅在DHCP Offer、DHCP ACK报文中填写,其他报文中该值为0。

在图3.23所示的DHCP交互实例中的DHCP Request报文中,siaddr字段为0.0.0.0。

(11) giaddr字段:表示DHCP客户发出请求报文后经过的第一个DHCP中继代理的IP地址。如果没有经过DHCP中继,则该值为0。

在图3.23所示的DHCP交互实例中的DHCP Request报文中,giaddr字段值为0.0.0.0。

(12) chaddr字段:表示DHCP客户的MAC地址。在每个报文中都会填写对应的DHCP客户的MAC地址。

在图3.23所示的DHCP交互实例中的DHCP Request报文中,chaddr字段值为c4:d9:87:59:c5:9f。由于该字段长度为16B,实例中的MAC地址仅占用6B,于是DHCP填充了10B长度的0位。

(13) sname字段:表示为DHCP客户分配IP地址的DHCP服务器的域名。如果DHCP服务器有域名,则在DHCP Offer和DHCP ACK报文中填写。在其他报文中该值为0。

(14) file字段:表示DHCP服务器为DHCP客户指定的启动配置文件名称及路径信息。该字段仅在DHCP Offer报文中填写,其他报文中该值为0。

(15) options:选项字段,长度可变,格式为"代码+长度+数据"。options字段体现DHCP的功能,DHCP为客户分配的网络配置信息以及DHCP的报文类型等都在该字段中定义。

常见选项及对应代码包括填充(0)、子网掩码(1)、默认路由地址(3)、默认域名服务器(6)、请求的IP地址(50)、地址租用期(51)、DHCP报文类型(53)、服务器标识符(54)、参数请求列表(55)、DHCP错误消息(56)和结束(255)等。其中,DHCP报文类型选项(53)用以标识DHCP的各种类型的报文。其常用取值包括DHCP Discover(1)、DHCP Offer(2)、DHCP Request(3)、DHCP Decline(4)、DHCP ACK(5)、DHCP NAK(6)、DHCP Release(7)、DHCP Inform(8)。

当DHCP客户收到DHCP服务器的ACK应答报文后,如果发现获得的IP地址冲突或者由于其他原因导致不能使用,则会向DHCP服务器发送DHCP Decline报文,通知服务器所分配的IP地址不可用。

当DHCP客户已经获得了IP地址,需要向服务器请求其他网络配置信息,例如DNS

服务器地址时，发送 DHCP Inform 报文。

3.5 电子邮件

电子邮件(E-mail)是一种非常流行的互联网应用。与普通邮件一样，电子邮件是一种异步通信媒介，当人们方便时即可收发邮件，不需要收发双方同时在场。电子邮件系统把邮件发送到收件人使用的邮件服务器，并放在收件人邮箱(mail box)中，收件人可在自己方便时读取电子邮件。

本节主要介绍电子邮件系统的关键组件以及电子邮件的格式。

3.5.1 电子邮件系统的组成

一个电子邮件系统包含 3 个关键组件：用户代理(user agent，UA)、邮件服务器(mail server)和电子邮件协议。电子邮件协议包括简单邮件传送协议(simple mail transfer protocol，SMTP)、邮局协议第 3 版(post office protocol version 3，POPv3)和互联网报文存取协议(internet message access protocol，IMAP)等。电子邮件系统的组成如图 3.25 所示。

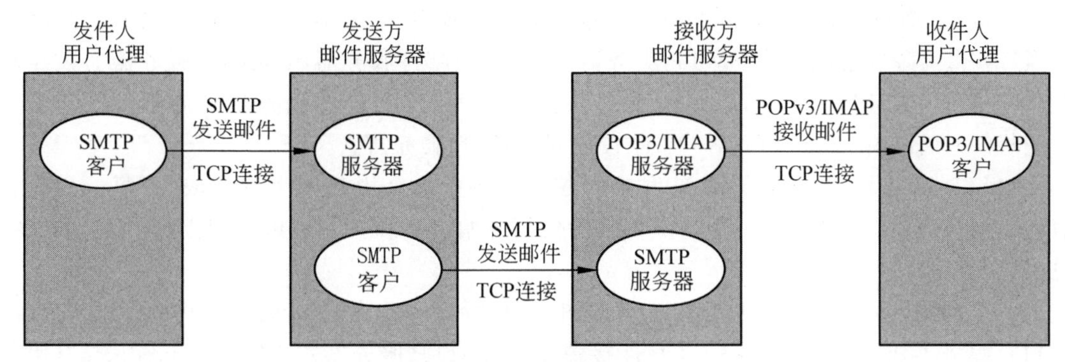

图 3.25　电子邮件系统的组成

用户代理是用户与电子邮件系统的接口，在大多数情况下，它就是在用户主机中运行的程序。用户代理也称为电子邮件客户端软件，它允许用户阅读、回复、转发、保存和撰写邮件。微软公司的 Outlook、苹果公司的 Apple Mail 以及张小龙开发的 Foxmail 都是电子邮件用户代理的例子。当完成邮件撰写时，用户代理通过 SMTP 向发送方邮件服务器发送电子邮件。

目前，越来越多的用户使用 Web 浏览器收发电子邮件，几乎所有著名的互联网公司或大学、科研机构等都提供了基于 Web 的电子邮件。这种情况下，用户打开浏览器软件就可以方便地收发电子邮件，用户代理就是普通的浏览器。用户和邮件服务器之间的通信则通过 HTTP 进行。

邮件服务器是组成电子邮件系统的核心。邮件服务器的功能是发送和接收电子邮件，同时还要向发信人报告邮件传送的情况(例如已交付、丢失、被拒绝等)。每个用户在邮件服务器上有一个邮箱，邮箱管理和维护着发送给用户的电子邮件。

下面以一个简单的例子来说明邮件发送的过程。假设用户 A 给用户 B 发送邮件，其操作过程如下。

（1）用户 A 使用用户代理撰写好一封邮件，通过 SMTP 发送到发送方的邮件服务器，暂存在发送方邮件服务器的缓存中。

（2）发送方邮件服务器定期扫描邮件缓存，如果发现有邮件，就通过 SMTP 将邮件发送到接收方邮件服务器，接收方邮件服务器将邮件存储在用户 B 的邮箱中。

若用户 A 的邮件服务器不能将邮件投递到用户 B 的邮件服务器，则用户 A 的邮件服务器将该邮件保存在一个队列中，并在以后尝试再次发送。若在规定期限内投递仍不成功，服务器就删除该报文，并向用户 A 发送电子邮件，通知投递失败。

（3）当用户 B 访问其邮件时，邮件服务器对用户 B 的身份进行验证。用户 B 访问邮件可以使用 POPv3 或者 IMAP 这两个协议。

从以上邮件发送过程可以看出，常用的电子邮件协议有 3 个：用于发送邮件的简单邮件传送协议，以及用于读取邮件的邮局协议和互联网报文存取协议。

1. 简单邮件传送协议

简单邮件传送协议（SMTP）最初由 RFC821 规定，目前 RFC821 已被 RFC5321 替代。SMTP 规定了在两个相互通信的 SMTP 进程之间应如何交换信息。SMTP 使用客户-服务器方式工作，它的服务器工作在 TCP 的 25 端口上，负责发送邮件的 SMTP 进程就是 SMTP 客户，而负责接收邮件的 SMTP 进程就是 SMTP 服务器。每个邮件服务器都既能充当 SMTP 客户，也能充当 SMTP 服务器。例如，当邮件服务器 A 向邮件服务器 B 发送邮件时，A 就作为 SMTP 客户，B 就是 SMTP 服务器；反之，当邮件服务器 B 向邮件服务器 A 发送邮件时，B 就作为 SMTP 客户，而 A 就是 SMTP 服务器。

SMTP 规定了 14 条命令和 21 种应答信息。每条命令用几个字母组成，而每一种应答信息一般只有一行信息，由一个 3 位数字的代码开始，后面附上（也可不附上）很简单的文字说明。

一次利用 SMTP 发送邮件的过程如图 3.26 所示。首先，SMTP 客户使用 25 端口与 SMTP 服务器建立 TCP 连接。TCP 连接建立后，SMTP 服务器发出“220 zzu.edu.cn”（服务就绪）。然后 SMTP 客户向 SMTP 服务器发送 HELO 命令，并附上发送方的主机名。SMTP 服务器若有能力接收邮件，则响应“250 OK”，表示已准备好接收。若 SMTP 服务器不可用，则响应“421 Service not available”（服务不可用）。邮件的传送从 MAIL 命令开始，MAIL 命令后面带有发件人的邮件地址，例如：“MAIL FROM：＜iecc@163.com＞”。如果 SMTP 服务器已准备好接收邮件，则响应“250 Mail OK”。否则，返回一个错误代码，指出原因。随后发送一个或多个 RCPT 命令，指明收件人的地址，其格式为“RCPT TO：＜收件人地址＞”，如果邮件发送给多个收件人，就需要发送多个 RCPT 命令。每收到一个 RCPT 命令，SMTP 服务器都应该给予响应，例如响应“250 Mail OK”，表示接收方的系统中存在该邮箱账户，而响应“550 No such user here”则标识接收方的系统中不存在该邮箱账户。接着就是 DATA 命令，表示要开始传送邮件的内容了。如果 SMTP 服务器返回的响应是“354 Please start mail input., end with "." on a line by itself”，就代表可以发送邮件内容了。如果 SMTP 服务器不能接收邮件，则返回一个错误代码。当发送完邮件内容后，客户发送单独占用一行的“.”表示邮件内容发送完毕，如果服务器正确收到了邮件内容，则响应“250 OK”。否则，返回一个错误代码。邮件发送完毕后，SMTP 客户应发送 QUIT 命令。SMTP 服务器返回响应“221 Closing connection.Good bye.”，表示 SMTP 同意释放 TCP 连接。最后双方释放 TCP 连接，邮件传送的全部过程即结束。

```
Server：220 zzu.edu.cn
Client：HELO 163.com
Server：250 OK
Client：MAIL FROM：<iecc@163.com>
Server：250 Mail OK
Client：RCPT TO：<ielilei@zzu.edu.cn>
Server：250 Mail OK
Client：DATA
Server：354 Please start mail input., end with "." on a line by itself
Client：This is test mail.
Client：.
Server：250 Mail queued for delivery.
Client：QUIT
Server：221 Closing connection. Good bye.
```

图 3.26　SMTP 发送邮件的过程

早期版本的 SMTP 存在着一些缺点。例如，发送电子邮件不需要经过鉴别。这就是说，在 FROM 命令后面的地址可以任意填写。这就大大方便了垃圾邮件的作者，给收信人增加了麻烦。又如，SMTP 本来就是为传送 ASCII 码而不是传送二进制数据设计的。虽然后来扩展了 MIME，可以传送二进制数据（见 3.5.2 节的介绍），但在传送非 ASCII 码的长报文时，传输效率不高。

为了解决这些问题，RFC5321 对 SMTP 进行了扩展，称为扩展 SMTP（extended SMTP，ESMTP）。ESMTP 在许多命令中增加了扩展的参数。新增加的功能有客户端的鉴别、服务器接受二进制报文、服务器接受分块传送的大报文、发送前先检查报文的大小等。

2. 邮局协议

邮局协议（POP）是一个非常简单、但功能有限的邮件读取协议，目前使用的是由 RFC1939 规定的邮局协议第 3 版——POPv3。POPv3 也使用客户-服务器的工作方式，它工作在 TCP 的 110 端口上。POP 有两种工作模式："下载并保留"和"下载并删除"。在"下载并保留"工作模式下，用户从邮件服务器读取邮件后，邮件依然会保存在邮件服务器上，用户可再次从邮件服务器上读取该邮件；而在"下载并删除"工作模式下，邮件一旦被读取，就被从邮件服务器上删除，用户不能再次从邮件服务器上读取该邮件。

3. 互联网报文存取协议

与 POPv3 一样，互联网报文存取协议（IMAP）也是一个邮件读取协议，但它比 POPv3 复杂得多。目前使用的 IMAP 是由 RFC3501 规定的 IMAP 的第 4 版。IMAP 也使用客户-服务器方式，它工作在 TCP 的 143 端口上。

IMAP 是一个联机协议，它最大的好处就是用户可以在不同的地方使用不同的计算机随时查阅邮件服务器中的邮件。在用户未发出删除邮件的命令之前，IMAP 服务器邮箱中的邮件一直保存着。

IMAP 的一个重要特性是它允许用户代理仅读取邮件中某些部分。例如，一个用户代理可以只读取一个邮件的首部，或只读取大部分邮件中的一部分。当用户代理和邮件服务器之间使用低带宽连接的时候，这个特性非常有用。

IMAP 的另一个重要特性是为用户提供了创建文件夹以及将邮件从一个文件夹移动到另一个文件夹的命令。此外，IMAP 还为用户提供了在远程文件夹中查询邮件的命令，用户可以按指定条件去查询匹配的邮件。

3.5.2 电子邮件格式与 MIME

用户代理发出的邮件必须设置成电子邮件的标准格式。最初电子邮件格式由 RFC822 规定，目前 RFC822 已被 RFC5322 替代。RFC5322 仅规定了基本的 ASCII 码电子邮件，可以传送二进制数据的多用途互联网邮件扩展(multipurpose internet mail extensions, MIME)由 RFC2045～RFC2049 规定。

下面，首先介绍基本的 ASCII 码电子邮件，然后再介绍 MIME。

一封电子邮件由一个基本的信封(信封部分由 RFC5321 规定)、数个首部字段、一个空行和邮件主体组成。首部的每个字段由一行 ASCII 文本组成，其中包括字段名和值组成的键值对。有些首部字段是必需的，而有些是可选的。最重要的首部字段是"To："和"Subject："。常见的电子邮件首部及其含义如下。

(1) To：指出一个或多个收件人的电子邮件地址。

(2) Subject：指出电子邮件的主题。

(3) Cc：抄送字段，表示需要发送一个邮件的副本给第三方。

(4) Bcc：暗送字段，表示在其他收件人未知的情况下，发送一个邮件的副本给第三方。

(5) From：指出电子邮件的撰写者。

(6) Sender：指出电子邮件的发送者。

(7) Reply-To：指出电子邮件的回复地址。

在 20 世纪 90 年代，随着互联网在全球范围得到广泛使用，发件人希望通过邮件系统发送更为丰富多彩邮件内容的需求越来越强烈，例如人们需要发送用带有重音符的语言(例如，法语和德语)来撰写的邮件、用非拉丁字母来撰写的邮件(例如，希伯来语和俄语)、用不带字母的语言来撰写的邮件(例如，中文和日文)以及完全不包含文本的邮件(例如，音频、图像或二进制文档和程序)。而 SMTP 只能传送一定长度的 ASCII 码，因此原先的这种方法不再够用。解决方案是使用 MIME。MIME 已被广泛应用于在互联网上收发邮件消息，除此之外，它也被用于万维网等其他应用的内容。

MIME 并没有改动或取代 SMTP。MIME 在原有的邮件格式基础上，增加了邮件主体的结构，并定义了传送非 ASCII 码的编码规则。因此，MIME 邮件可在现有的电子邮件程序和协议下传送。

MIME 定义了 5 种新的邮件首部，它们可包含在原来的邮件首部中，提供了有关邮件主体的信息。这 5 种新的邮件首部如表 3.5 所示。

表 3.5　MIME 定义的邮件首部

邮件首部	含　义
MIME-Version	指明 MIME 的版本
Content-Description	描述邮件主体内容的可读字符串
Content-ID	邮件主体内容的唯一标识符
Content-Transfer-Encoding	邮件主体内容的传输编码
Content-Type	邮件主体内容的类型

各邮件首部含义如下。

(1) MIME-Version。该首部通知处理邮件的用户代理，它正在处理一条 MIME 消息，并指明 MIME 的版本。如果邮件中没有包含该行信息，则邮件主体为文件文本信息。

(2) Content-Description。该首部的值是一个可读的 ASCII 字符串，它给出了邮件主体内容的基本描述。

(3) Content-ID。该首部的值在一个电子邮件中是唯一的，用于在电子邮件上下文中唯一标识某个 MIME 实体。

(4) Content-Transfer-Encoding。该首部指明邮件主体内容在传输时采用什么样的编码格式。

常见的内容传输编码格式有 3 种：7-bit、quoted-printable 和 base64。

① 7-bit 编码是最简单的编码格式，其消息体内容全部是未经编码的 ASCII 字符。它就是 SMTP 最初支持的编码格式，MIME 对这种由 ASCII 码构成的邮件主体不进行任何转换。

② quoted-printable 编码适用于所传送的数据中只有少量的非 ASCII 码的情况。quoted-printable 是一种将二进制数据转换成可打印的 ASCII 字符的编码方式，它对 ASCII 字符不进行转换，只对非 ASCII 字符的数据进行编码转换。每个非 ASCII 字符的字节数据，都被转换成一个"＝"后面跟着这个字节的十六进制数据，例如，"ab 中国"的 quoted-printable 编码结果为"ab＝d6＝d0＝b9＝fa"。显然，由于"＝"号在 quoted-printable 编码中具有的特殊意义，所以，原始数据中的"＝"号字符也需要进行编码转换，用"＝3d"表示。

③ base64 编码适用于任意的二进制文件。base64 编码也是一种将二进制数据转换成可打印的 ASCII 字符的常见的编码方式。base64 的基本原理是将一组连续的字节数据按照 6 位进行分组，然后对每组数据用一个 ASCII 字符来表示。6 位最多能表示 $2^6=64$ 个数值，因此可以使用 64 个 ASCII 字符来对应这 64 个数值，这 64 个 ASCII 字符为"ABCDEFGHIJKLMNOPQRSTUVWXYZabcdefghijklmnopqrstuvwxyz0123456789＋/"。其中每个字符表示的数值就是该字符在以上排列中的索引号，索引号从 0 开始，到 63 结束。

base64 编码要求把 3B(即 24 位)的数据转换为 4 个 6 位长的数据，如果原始数据的字节数不能被 3 整除，则余数只能是 1 或 2，对于这种情况，仍然按照 6 位对剩余的数据进行分组，在最后不足 6 位的数据后面填充"0"凑足 6 位长度。

base64 编码还要求，如果编码后的文本的字符数不是 4 的整数倍，那么就需要在最后填充"＝"字符来凑足 4 的倍数。

下面用一个简单的例子来说明 base64 编码。假设有如下 4 个连续的字节数据：[01000101] [00100010] [01100111] [11100011]，将其用 base64 编码的过程和结果如图 3.27 所示。

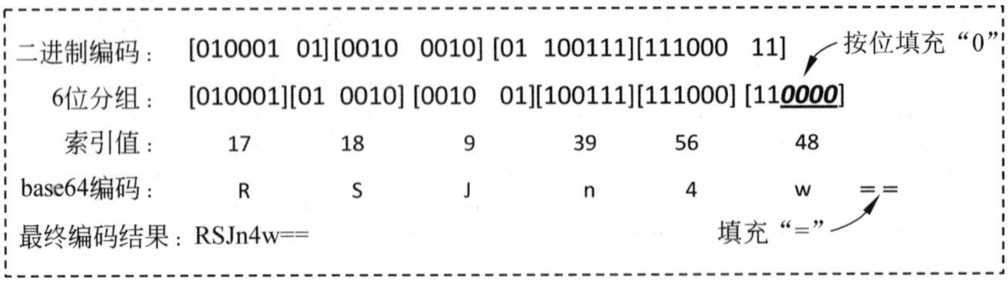

二进制编码：	[010001 01][0010 0010] [01 100111][111000 11]						按位填充“0”
6位分组：	[010001][01 0010] [0010 01][100111][111000] [11**0000**]						
索引值：	17	18	9	39	56	48	
base64编码：	R	S	J	n	4	w	==
最终编码结果：RSJn4w==							填充“=”

图 3.27　一个 base64 编码的例子

本例中前 3B 刚好分为 4 个 6 位的分组，每组二进制数转换成十进制数后，就是 64 个 ASCII 字符的索引。第 4 字节按照 6 位分组后，需要填充 4 个“0”，才能构成 6 位分组。又由于转换后只有 6 个 ASCII 字符，因此需要填充两个“＝”，使总字符数为 4 的倍数。最终编码结果为“RSJn4w＝＝”。

（5）Content-Type：该首部指明邮件主体内容的类型（type）和子类型（subtype）。MIME 标准规定 Content-Type 必须包含两个标识符，中间用“/”分开，格式为“type/subtype”，如“video/mpeg”。

MIME 的类型和子类型由 RFC2046 规定，后来经过了多次扩展。2013 年，RFC6838 规定了注册新类型和子类型的流程。目前，已经注册的类型有 10 种，子类型有上千种，所有已注册的类型和子类型可以在 IANA 的网站[①]上查询和下载。

MIME 类型以及常见的子类型实例如表 3.6 所示。

表 3.6　MIME 类型及常见子类型实例

类　　型	子类型实例	描　　述
application	javascript、zip、json、pdf	应用程序产生的数据
audio	ac3、ogg	音频
font	ttf、woff	字体
example	未定义	范例
image	png、jpeg、gif	图片
model	mesh、3mf	模型
text	plain、html、css、csv	文本
video	3gpp、mp4、raw	视频
message	globle、http	封装的报文
multipart	mixed、alternative、report	多种类型的组合

① https://www.iana.org/assignments/media-types/media-types.xhtml。

表 3.6 中，message 类型和 multipart 类型为复合类型，它们提供了封装多个对象的方法，每个对象都是单独的。

在电子邮件应用中，带有附件的电子邮件通常采用 multipart/mixed 类型进行封装，邮件本身的内容和附件作为单独的对象封装，每个对象由自己的 Content-Type 和 Content-Transfer-Encoding 进行说明，对象之间使用提前定义的边界(boundary)进行分隔。

3.6 本章小结

本章首先介绍了客户-服务器和对等计算模式这两种互联网中应用进程采用的通信方式，然后详细介绍了万维网、域名系统、动态主机配置和电子邮件应用及其对应的应用层协议。

客户-服务器方式描述的是进程之间服务和被服务的关系。客户是服务请求方，服务器是服务提供方。从本质上看，对等计算模式仍然是客户-服务器方式，只是对等计算模式中的每个结点既作为客户访问其他结点的资源，也作为服务器提供资源给其他结点访问。

万维网是一个大规模、联机式的信息存储空间，是运行在互联网上的一个超大规模的分布式应用。它通过统一资源定位符(URL)定位信息资源，通过超文本标记语言(HTML)描述信息资源，通过超文本传送协议(HTTP)传递信息资源。HTML、URL 和 HTTP 这 3 个规范构成了万维网的核心构建技术，是支撑着万维网运行的基石。

HTTP 是万维网客户程序(浏览器)与服务器程序之间进行交互的协议。HTTP 使用面向连接的 TCP 作为传输层协议来保证数据的可靠传输。HTTP 是无状态协议，服务器不存储任何关于客户的状态信息。HTTP 支持非持续连接和持续连接两种工作方式，在持续连接方式中，允许在一个 TCP 连接中进行多次 HTTP 请求和 HTTP 响应。HTTP 的持续连接分为非流水线方式和流水线方式，流水线方式的持续连接具有更高的效率。HTTP 是面向文本的，包括请求报文和响应报文两类。HTTP 请求报文和响应报文都是由开始行、首部行和实体主体 3 部分组成。HTTP 可以利用 Cookie 跟踪用户在网站的活动。HTTP 的代理服务器也称为万维网缓存，内容分发网络(CDN)是代理服务器的典型应用。代理服务器和内容分发网络的应用从整体上降低了万维网上的通信流量，从而改善网络性能。针对 HTTP 中线头阻塞、并发连接数限制等问题，HTTP/2 和 HTTP/3 提出了基于流的多路复用、二进制分帧、服务器推送等多种解决方案。

域名系统(DNS)是互联网中的核心服务，为互联网上的各种网络应用提供域名解析服务，即将互联网上的主机名转换成 IP 地址。域名服务器运行在 UDP 的 53 端口上。DNS 中使用的名字集合构成了域名空间，互联网采用层次树状结构的域名空间，能够唯一地标识互联网上某台主机的域名称为完全限定域名(FQDN，又称完整域名或完全域名)。为了处理扩展性问题，DNS 使用了大量的域名服务器，它们以层次方式组织，分布在全世界范围内。域名服务器分为根域名服务器、顶级域名服务器、权限域名服务器和本地域名服务器。域名服务器中保存的每一个条目称为一个资源记录，保存资源记录的文件被称为区域文件。DNS 域名解析的方法分为递归查询和迭代查询两种，通常主机向本地域名服务器发起的查询是递归查询，而本地域名服务器向其他域名服务器发起的查询是迭代查询。

互联网上广泛使用动态主机配置协议(DHCP)自动配置 IP 地址等网络参数。DHCP

为用户提供了一种即插即用连网的机制。DHCP 通过 DHCP Discover、DHCP Offer、DHCP Request、DHCP ACK 等报文为客户分配具有租约期的 IP 地址等网络参数。

电子邮件是一种非常流行的互联网应用。一个电子邮件系统包含 3 个关键的组成构件：用户代理、邮件服务器和电子邮件协议。电子邮件协议包括简单邮件传送协议（SMTP）、邮局协议第 3 版（POPv3）、互联网报文存取协议（IMAP）等。从用户代理把邮件传送到邮件服务器，以及在邮件服务器之间传送邮件，都需要使用 SMTP。用户代理从邮件服务器读取邮件时，则需要使用 POPv3 或 IMAP。电子邮件最初仅支持基本的 ASCII 码格式，但多用途互联网邮件扩展（MIME）支持传送包含二进制数据的电子邮件。

习 题 3

1. 简述网络边缘的端系统之间采用客户-服务器方式进行通信的含义，并举例说明。

2. 下列关于网络应用模型的叙述中，错误的是（　　）。

A. 在 P2P 模型中，结点之间具有对等关系

B. 在客户-服务器模型中，客户与客户之间可以直接通信

C. 在客户-服务器模型中，主动发起通信的是客户，被动通信的是服务器

D. 在向多用户分发一个文件时，P2P 模型通常比 C/S 模型所需时间短

3. 对比客户-服务器方式与对等计算模式的异同。

4. 在 IE 浏览器中输入“www.zzu.edu.cn”，并按 Enter 键，就能够访问到郑州大学网站。列举说明这个过程中可能使用到的应用层协议、传输层协议和网络层协议有哪些。

5. 什么是 URL？试述其格式及含义。

6. HTTP 是无状态协议，如果 Web 服务器希望跟踪用户状态，可以采用什么方法？试述其原理。

7. HTML 文档分为几种？它们有什么不同？

8. HTTP 有几种工作方式？它们有什么特点？效率最高的工作方式是哪种？为什么？

9. HTTP 有哪些请求方法？最常用的请求方法是哪个？

10. HTTP 有几类状态码？分别是什么含义？

11. 若在浏览器上单击一个 URL，但这个 URL 中的域名尚未解析，因此需要使用 DNS 进行域名解析。再假定解析该域名共需要经过 3 个 DNS 服务器，所需时间分别为 RTT1、RTT2 和 RTT3。如果浏览的 HTML 文档包含属于同一个网站的 4 个非常小的 GIF 格式的图片（忽略这些对象的发送延迟），从本地主机到这个网站的往返路程时间是 RTT_w，试计算以下两种情况下，从单击 URL 到收到所有对象所需的时间。

（1）采用流水线方式的持续 HTTP。

（2）采用并行 TCP 连接的非持续 HTTP。

12. 浏览器同时打开多个 TCP 连接进行浏览有什么优缺点？试简要分析。

13. HTTP 代理服务器的部署带来了什么优势？

14. 试简述内容分发网络（CDN）的工作原理。

15. 试分析 HTTP/1.x 的缺点。HTTP/2 和 HTTP/3 分别采取了什么措施来改进 HTTP/1.x？

16. 如果本地域名服务器无缓存，当采用递归方法解析另一网络某主机域名时，用户主机、本地域名服务器发送的域名请求消息数分别为(　　)。

A. 一条、一条　　　　B. 一条、多条

C. 多条、一条　　　　D. 多条、多条

17. 请举例说明域名转换的过程，并简述域名服务器中高速缓存的作用。

18. 对比 DNS 的迭代查询和递归查询。

19. 简要说明 DHCP 的工作原理。

20. 主机使用 DHCP 获取 IP 地址的过程中，发送的封装 DHCP Discover 报文的 IP 分组的源 IP 地址和目的 IP 地址分别是什么？

21. 请说明在什么情况下，DHCP Request 采用广播发送？在什么情况下，DHCP Request 采用单播发送？

22. 简述 POPv3 和 IMAP 的作用和区别。

23. 无须转换即可由 SMTP 直接传输的内容是(　　)。

A. JPEG 图像　　　　B. MPEG 视频

C. EXE 文件　　　　D. ASCII 文本

24. 试述电子邮件系统的组成。

25. MIME 新增加的 5 个邮件首部是哪些？分别有什么作用？

26. 求以下二进制数据用 base64 编码的结果，请写明计算步骤。

[11000101] [00101010] [01010110] [10100011] [00100101]

第4章 传 输 层

传输层位于应用层和网络层之间,用于为应用进程提供端到端的通信服务。传输层的主要协议包括传输控制协议(TCP)和用户数据报协议(UDP)。

本章主要内容包括传输层的概述、复用、分用和端口,UDP的特点、用户数据报格式,实现可靠传输的原理,TCP的主要特点、报文段格式、连接管理、可靠传输、流量控制和拥塞控制等。

4.1 传输层概述

第3章已经介绍了关于进程间通信的知识。进行通信的实体是主机中的进程,因此通信的真正端点是主机中的进程。传输层的主要任务是向应用进程提供端到端的逻辑通信服务,它属于面向通信部分的最高层。从应用程序的角度来看,逻辑通信是指两个进程好像直接相连,数据好像在直接传送;但这些进程实际上在网络边缘部分的主机上通过异构的网络核心部分相互连接,数据经过了多个结点、多个层次的封装和解封才完成传送。

如图4.1所示,传输层协议是在网络边缘部分的主机中而不是在网络核心部分的路由器中实现的。只有主机的协议栈才有传输层,路由器在转发分组时只用到了协议栈的最下面3层。

在发送方,传输层协议实体从发送方应用进程接收数据,并依据传输层协议约定的方法将数据封装到传输层数据单元内,交给下层实体处理;在接收方,传输层实体从下层实体收到传输层数据单元,解封后将数据取出交给接收方应用进程。因此,传输层协议的作用范围是发送方进程到接收方进程,如图4.2所示。

传输层协议的基本功能包括复用和分用、差错检测等;根据应用层的不同需求,传输层设计了多种传输层协议向应用层提供不同种类的服务。最重要的传输层协议是传输控制协议(TCP)和用户数据报协议(UDP),它们分别向应用层提供可靠传输服务和尽力而为服务。近年来,传输层还增加了新的协议,即流控制传输协议(stream control transmission protocol,SCTP)。该协议由RFC4960规定,目前是互联网建议标准。限于篇幅,本书主要介绍TCP和UDP。

4.1.1 传输层的两个重要协议

传输层中的传输控制协议(TCP)和用户数据报协议(UDP)都是互联网的正式标准,分别由RFC793和RFC768规定。随着互联网的发展,RFC793中的部分规定逐渐被RFC1122、RFC3168、RFC6093、RFC6528等文档更新。

1. 传输控制协议

在第1章中已经讲过,对等实体之间交换的数据单元通常称为协议数据单元(PDU)。传输层对等实体在通信时交换的数据单元称为传输层协议数据单元。互联网体系结构中的

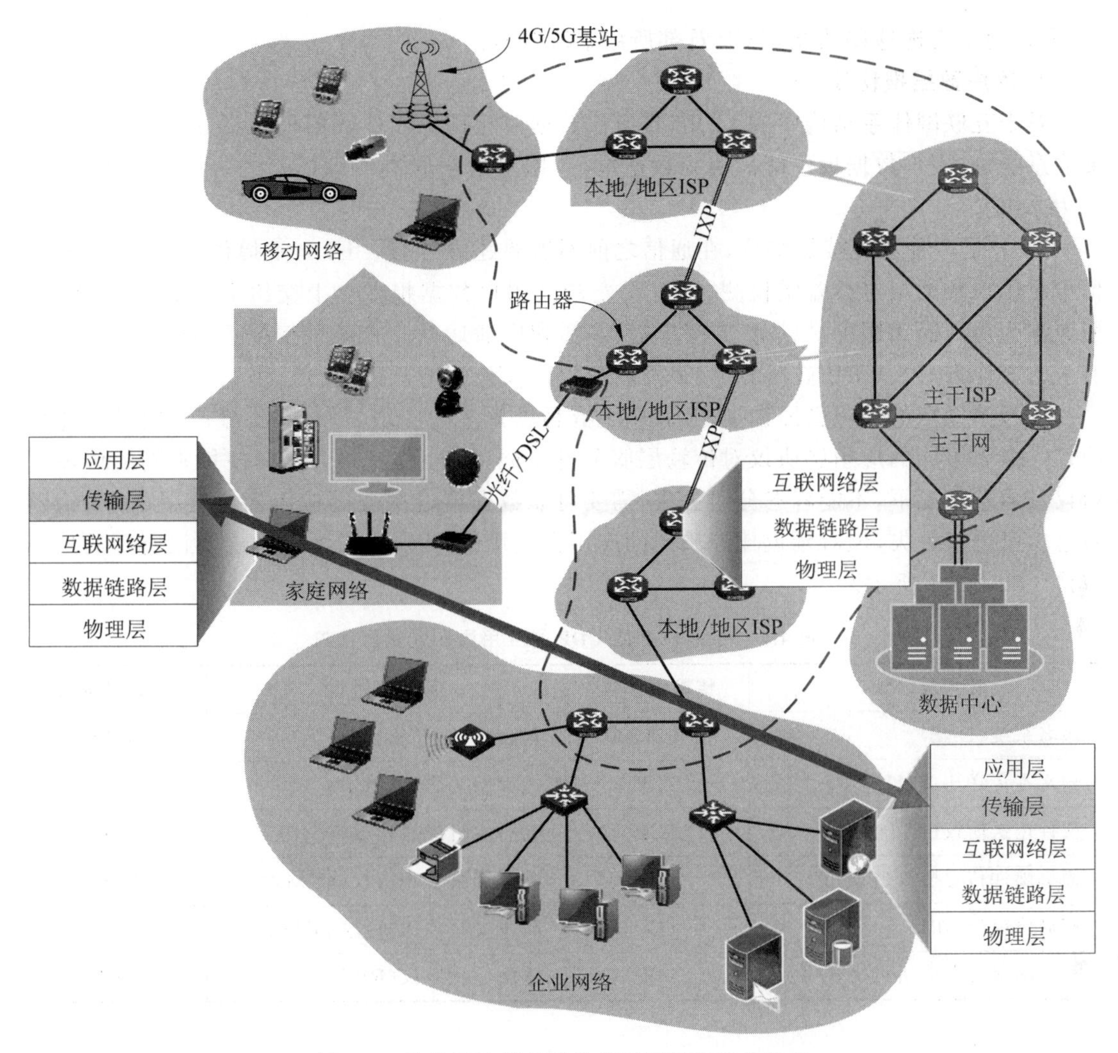

图 4.1　传输层协议提供的端到端逻辑通信服务

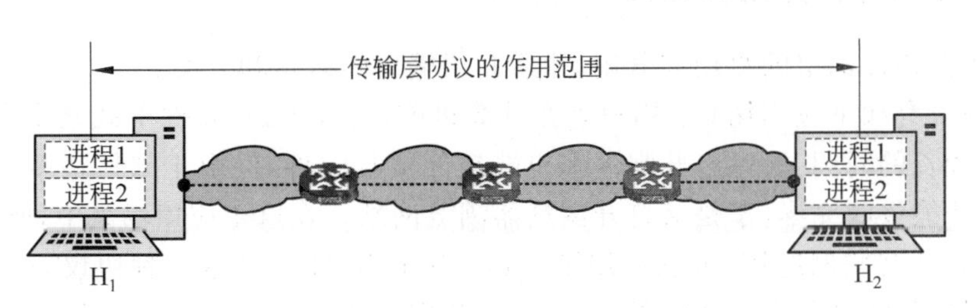

图 4.2　传输层协议的作用范围

TCP 对应的协议数据单元称为报文段(segment)。

TCP 在通信之前需要先建立逻辑连接,并在通信之后进行释放,因此说,TCP 是面向连接的协议。TCP 可以利用序号、肯定应答(acknowledgement,ACK)和重传等机制保证数据可以从发送进程正确地、按序地传送给接收进程,为上层应用提供可靠传输(reliable transfer)服务。此外,TCP 还提供了流量控制(flow control)和拥塞控制(congestion control)等功能。TCP 只支持双方单播通信,不支持广播和多播通信。由于 TCP 功能复杂，所以为了实现这些功能，TCP 首部所用字段较多。

2. 用户数据报协议

对于互联网体系结构中的 UDP，其协议数据单元称为用户数据报(user datagram)。需要注意的是，用户数据报不能简称为数据报，数据报是互联网协议(IP)的协议数据单元，也称为分组。

UDP 是一种无连接的协议，在通信之前不需要建立连接。UDP 不提供可靠传输服务，但可对用户数据报进行差错检测，只有无差错的用户数据报才会上交给上层实体，UDP 的服务称为尽力而为服务。UDP 支持单播、多播和广播通信。在某些情况下，UDP 是一种最有效的工作方式。UDP 首部简单，字段较少，与 TCP 相比开销较小。

通过第 3 章的学习已经知道，互联网上有种类繁多的应用，每种应用都有自己的应用层协议。由于不同的应用层协议对传输层服务有不同的需求，因此会选择使用不同的传输层协议。通常情况下，不能容忍分组丢失，需要可靠数据传输服务的应用才会使用 TCP；能够容忍少量分组丢失，但对延迟比较敏感的应用会使用 UDP。常见的应用层协议所用的传输层协议如表 4.1 所示。

表 4.1 使用 TCP 或 UDP 的应用层和传输层协议

应用层协议	传输层协议	应用层协议	传输层协议
域名系统(DNS)	TCP/UDP	远程上机(Telnet)	TCP
超文本传送协议(HTTP)	TCP	边界网关协议(BGP)	TCP
文件传送协议(FTP)	TCP	动态主机配置协议(DHCP)	UDP
简单邮件传送协议(SMTP)	TCP	简单网络管理协议(SNMP)	UDP
邮局协议(POP)	TCP	简单文件传送协议(TFTP)	UDP
互联网报文存取协议(IMAP)	TCP	路由信息协议(RIP)	UDP

4.1.2 传输层复用、分用和端口

下面，先介绍传输层的复用和分用，然后介绍端口的概念和分类。

首先，假设有如下应用场景：用户坐在计算机前，打开 FTP 软件下载某个大型文件，由于需要等待较长的时间，所以打开邮件客户端软件接收邮件，但由于邮件很多，因此需要等待一段时间才能接收完毕，于是又打开浏览器浏览网站。在这个应用场景中，所用的计算机同时运行了 3 个互联网应用，分别使用了 FTP、POP 和 HTTP 这 3 种协议，这 3 种应用层协议都需要使用 TCP 提供的通信服务。当 TCP 实体收到来自这 3 个应用的数据时，首先会要将它们分别封装到 TCP 报文段中并加以标识来避免混淆，然后将 TCP 报文段交给下层协议实体进行处理，这个过程称为 TCP 复用。在接收方，当 TCP 实体收到来自下层协议实体的数据时，需要根据报文段中的标识将数据分发给上述 3 个应用，这个过程称为 TCP 分用。

一般情况下，传输层的复用是指将多种应用数据封装在同一种传输层协议数据单元中；传输层的分用是指将封装在同一种传输层协议数据单元中的数据分发给不同的应用进程。显然，实现传输层的复用和分用，需要一个标识符来标识不同的应用进程。

在计算机操作系统中，一般采用进程标识符来标识进程，但不同的操作系统，其进程标识符的格式也不尽相同。为了使不同操作系统上的进程能够互相通信，就必须选择与操作系统无关的统一标识符来标识通信中的进程。端口号也简称为端口(port)。传输层协议使用端口号(port number)来标识应用进程。

作为传输层协议，TCP 和 UDP 的首部中均包含源端口字段和目的端口字段，TCP 和 UDP 首部中的其他字段，在后面几节中将对其进行介绍。目的端口字段用来标识接收方进程，源端口字段用来标识发送方进程，在接收方进行处理时，源端口通常用作"返回地址"的一部分。传输层的端口仅具有本地意义，即它所标识的是本计算机中的应用进程。在不同的计算机中，相同的端口号之间没有直接关联。端口字段长度为 16 位，其取值范围为 0～65 535，对于一台计算机而言，这个数目的端口是足够使用的。

在第 2 章中已经学习了 IP 地址的基本概念，IP 地址可以唯一地标识互联网上的一台主机。本节已经学习了端口的基本概念，端口可以唯一地标识本主机上的一个进程。因此，IP 地址和端口结合，可以唯一地标识互联网上的一个进程。

在互联网的传输层中，基于端口的复用和分用如图 4.3 所示。端口可以理解为应用层中各进程与传输层协议实体进行交互的层间接口。

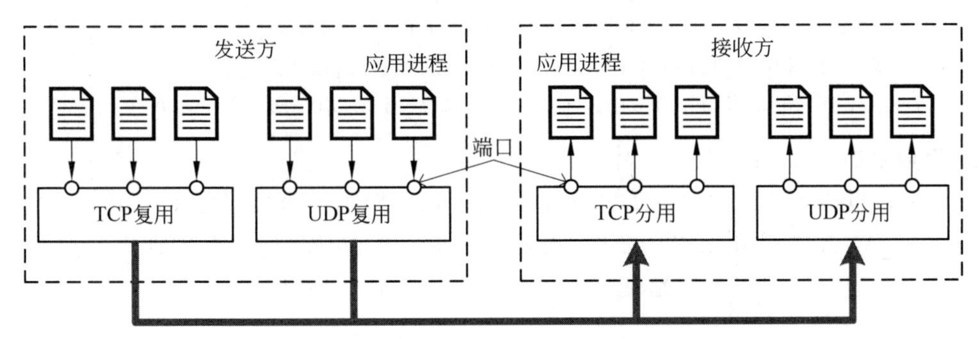

图 4.3　基于端口的复用和分用

在 RFC6335 中，因特网编号分配机构(Internet assigned numbers authority，IANA)将端口号分为系统端口(system port)、用户端口(user port)和动态端口(dynamic port)3 类。系统端口和用户端口一般用于服务进程，动态端口一般用于客户进程。

1. 系统端口

系统端口也称为熟知端口(well known port)，取值范围为 0～1023，由 IANA 分配使用。只有通过了 RFC5226 规定的"IETF 评审"或"IESG 审核"程序的服务，才允许被分配系统端口。已分配的系统端口可以在 IANA 网站(https://www.iana.org)上查到。表 4.2 列出了一些常见的服务程序以及它们使用的系统端口。

表 4.2　常见的服务程序及系统端口

服务程序	系统端口
域名系统(DNS)	TCP：53 或 UDP：53①
超文本传送协议(HTTP)	TCP：80②
超文本传输安全协议(HTTPS)	TCP：443

续表

服务程序	系统端口
文件传送协议(FTP)	TCP：21 或 TCP：20③
简单邮件传送协议(SMTP)	TCP：25
邮局协议第 3 版(POPv3)	TCP：110
远程上机(Telnet)	TCP：23
边界网关协议(BGP)	TCP：179
动态主机配置协议(DHCP)	UDP：67 或 UDP：68④
简单网络管理协议(SNMP)	UDP：161 或 UDP：162⑤
简单文件传送协议(TFTP)	UDP：69
路由信息协议(RIP)	UDP：520

① UDP 的 53 端口是 DNS 进行域名解析时的服务端口，TCP 的 53 端口是 DNS 进行区域传输时的服务端口。

② HTTP 在 IANA 同时登记了 TCP 的 80 端口和 UDP 的 80 端口，但仅使用了 TCP 的 80 端口，一些早期的重要协议在 IANA 登记服务端口时，也同时登记了 TCP 端口和 UDP 端口。

③ TCP 的 21 端口用于 FTP 的控制连接，TCP 的 20 端口用于 FTP 的数据连接。

④ DHCP 服务器使用 UDP 的 67 端口，DHCP 的客户端使用 UDP 的 68 端口。

⑤ UDP 的 161 端口用于 SNMP 的服务端口，UDP 的 162 端口用于 SNMP trap 的服务端口。

2. 用户端口

用户端口也称为登记端口(registered port)，取值范围为 1024～49 151，也由 IANA 分配使用。向 IANA 申请分配用户端口，需要通过 RFC5226 规定的“专家评审”程序。已分配的用户端口可以在 IANA 网站(https://www.iana.org)上查到。

3. 动态端口

动态端口也称为私有端口(private port)或短暂端口(ephemeral port)，取值范围为 49 152～65 535。动态端口用来分配给请求通信的客户进程，其使用不需要经过 IANA 的分配。当客户进程启动时，操作系统会为它分配一个动态端口号，这个动态端口号在进程运行期间一直存在。在客户进程发出的 UDP 或 TCP 报文中，客户进程的端口号为源端口号，已知的服务器进程的端口号为目的端口号。当客户进程退出时会释放该动态端口。

4.2 用户数据报协议

4.2.1 用户数据报协议概述

用户数据报协议(UDP)是一个简单的协议，其标准文档 RFC768 仅有 3 页。UDP 提供传输层最小服务，包括复用分用功能和差错检测功能。UDP 不提供差错纠正、可靠传输、流量控制和拥塞控制等功能，使用 UDP 的应用程序如果需要这些功能，必须自己实现。UDP 是一个无连接且尽力而为服务的协议，它保留了应用层报文边界。

UDP 用户数据报的封装格式如图 4.4 所示。其中，UDP 用户数据报被封装在 IP 数据报内部，由 UDP 首部和 UDP 数据部分组成。

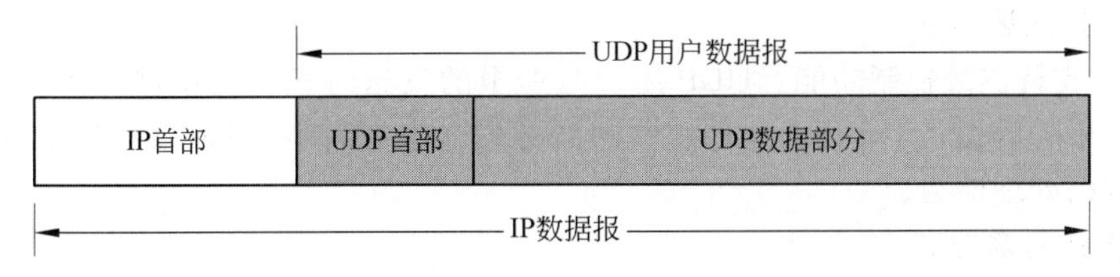

图 4.4 UDP 用户数据报的封装格式

UDP 的主要特点如下。

1. 无连接

UDP 是无连接的，不需要在发送数据之前就建立连接，因而也不需要在主机中维护连接状态，这种方式比面向连接方式具有更高的效率。

2. 面向报文

应用进程将报文传送给 UDP 后，UDP 保留应用层报文边界，将其作为 UDP 的数据部分封装进 UDP 用户数据报，如图 4.5 所示。UDP 对应用层报文既不拆分，也不合并，一次发送一个报文。在接收方，UDP 会把收到的用户数据报的 UDP 首部去除，然后将 UDP 数据部分作为一个应用层报文交给应用进程。因此，UDP 也称为面向报文的协议。

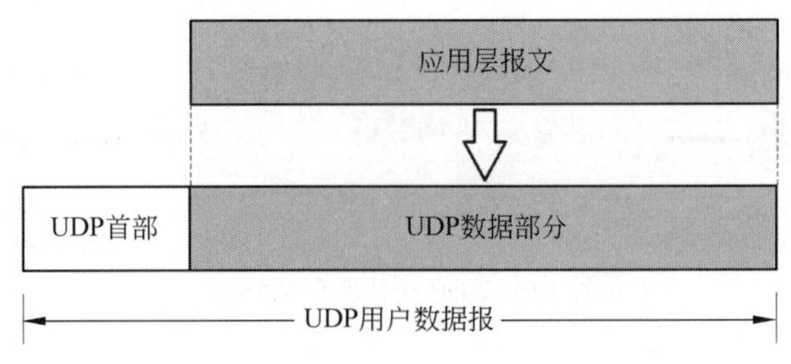

图 4.5 UDP 保留应用层报文边界

由于 UDP 保留应用层报文的边界，因此 UDP 报文的长度是由应用进程决定的。应用进程必须选择合适大小的报文，如果应用层报文过长，则 UDP 用户数据报也会过长，下层的 IP 在传送时可能会对其进行分片操作，从而造成传输效率的下降。如果应用层报文过短，则逐层封装所增加的各层首部所占比例较大，也会造成效率的下降。因此，很多使用 UDP 的应用进程，报文长度会被限制在 512B① 以内。采用该限制的典型例子包括域名系统(DNS)和动态主机配置协议(DHCP)。关于 IP 的分片操作，将在第 5 章介绍。

3. 尽力而为服务

尽力而为服务(best effort)的实质是不可靠交付。UDP 不会随意地丢弃用户数据报，这是因为 UDP 提供了从发送方到接收方的端到端差错检测功能，只有无差错的用户数据报才会被接受(accept)。这种无差错接受只能保证所有接收的用户数据报没有差错，但不能保证传输的可靠性，即不能保证发送方发送的所有用户数据报，接收方都能正确收到。对于可能出现的用户数据报丢失、重复或者失序问题，UDP 都不进行处理。

① RFC791 中规定，主机和路由器必须能够接收和处理长度不超过 576B 的 IP 数据报。因此，将 UDP 数据部分的长度限制在 512B 内，为网络层和运输层的首部预留了 64B 的空间，从而避免 IP 分片。

4. 不支持流量控制

UDP 不支持流量控制功能。UDP 用户数据报的发送时机由应用进程控制，一旦收到应用进程传来的数据，UDP 便会立即将其封装并发送出去，而不考虑用户数据报的发送时机和接收方的处理能力。

5. 不支持拥塞控制

UDP 在发送数据时不支持拥塞控制。UDP 不检测网络当前的拥塞情况，也没有防止高速 UDP 流量对其他网络用户的消极影响的机制。

6. 首部开销小

UDP 功能简单，首部长度仅 8B，与 TCP 相比，开销很小。

7. 支持单播、多播和广播通信

UDP 支持一对一的单播通信、一对多的多播通信和指定网络的广播通信。UDP 允许通信双方同时发送数据，支持全双工通信。

4.2.2 UDP 用户数据报格式

在 Linux 虚拟网络环境中，构建的网络拓扑[①]如图 4.6 所示，可利用 Linux 的 nc(ncat) 命令从主机 ns56A 向主机 ns57C 发起 UDP 通信。

图 4.6 UDP 通信实例拓扑图

执行如下 Linux 命令，在主机 ns57C 上打开 UDP 服务程序。

```
#ip netns exec ns57C nc -lvu 4499            //ns57C: 在 4499 端口打开 UDP 服务程序
```

执行如下 Linux 命令，在主机 ns56A 上打开 UDP 客户程序，然后向主机 ns57C 发送消息“Hello 57C!”。

```
#ip netns exec ns56A nc -u 192.168.57.254 4499  //ns56A: 开启 UDP 客户程序，指定服务
                                                //器程序 IP 地址和端口
Hello 57C!                                      //ns56A: 向 ns57C 发送消息
```

执行上述命令后，在主机 ns57C 的终端上，就可以正确接收到来自 ns56A 的消息文本了。最后，在 ns57C 的终端上发送消息“Hello 56A!”，在主机 ns56A 的终端上，也可以正确接收到对方发来的消息文本。

为了观察本次 UDP 通信实例，在主机 ns57C 上启动 Wireshark 工具软件截获 UDP 用户数据报，如图 4.7 所示。其中，编号为 1 的数据帧是主机 ns56A 发给主机 ns57C 的 UDP 用户数据报，编号为 4 的数据帧是主机 ns57C 发给主机 ns56A 的 UDP 用户数据报。在本

---

① 本实验网络拓扑的配置脚本可以参考本书配套电子资源。

实例中，利用 Wireshark 软件提供的显示过滤功能，仅显示了截获的 UDP 用户数据报。因此，编号为 2、3 的数据帧未在图中显示。

UDP 用户数据报由 UDP 首部和 UDP 数据部分组成。在图 4.7 中展开分析的 1 号数据报中，突出显示的部分为 UDP 首部。UDP 首部之后的 11B 为 UDP 数据部分，通过 Wireshark 软件的解析，可以观察到主机 ns56A 发送的消息为“Hello 57C!”。

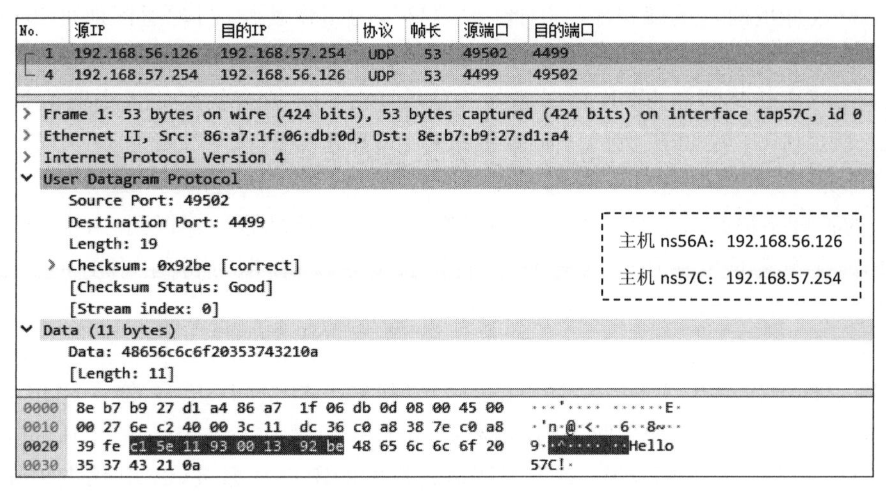

图 4.7 UDP 通信实例

UDP 首部很简单，只有 8B，由源端口、目的端口、长度和检验和 4 个字段组成，如图 4.8 所示。

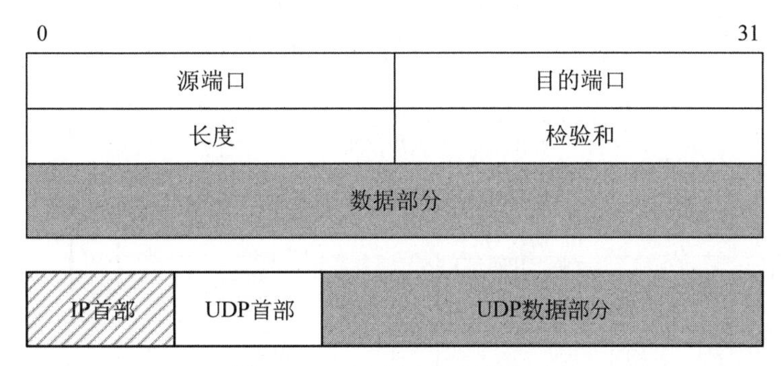

图 4.8 UDP 用户数据报格式

1. 源端口

源端口是发送方的端口号，占 16 位。源端口号是可选的，如果 UDP 的发送方不需要对方回复，该字段允许置为全“0”。

图 4.7 所示 UDP 通信实例的 1 号数据报中，源端口值为 0xc15e，即 49502。该端口为短暂端口，在 UDP 客户程序启动时，由操作系统分配，在 UDP 客户程序关闭时，由操作系统收回。

2. 目的端口

目的端口是接收方的端口号，占 16 位。接收方 UDP 向应用层交付报文时需要使用该字段。

在图 4.7 所示 UDP 通信实例的 1 号数据报中，目的端口值为 0x1193，即 4499。该端口为登记端口，从 IANA 网站查询可知，该端口号处于未分配状态。在本例中，设定 4499 端口作为 UDP 服务端口。

图 4.7 所示 UDP 通信实例的 4 号数据报中，源端口为 4499，目的端口为 49502。当接收方返回消息给发送方时，会从收到的 UDP 用户数据报中取出源端口值，将其写入待发送的 UDP 用户数据报的目的端口中。因此，源端口号的用途就是用作“返回地址”的一部分。

3. 长度

长度是指 UDP 首部和 UDP 数据部分的总长度，占 16 位。长度的最小取值是 8B。

图 4.7 所示 UDP 通信实例的 1 号数据报中，长度字段的值为 0x0013，即 19。本例中，UDP 数据部分长度为 11B、UDP 首部长度为 8B，显然长度字段值应为 19B。

UDP 的长度字段是冗余的，IP 首部中提供的信息已经足够计算得到 UDP 长度。IP 首部中的 IP 数据报总长度字段值减去 IP 的首部长度字段值，即可得到 UDP 的长度。关于 IP 首部格式的更多细节，将在第 5 章中介绍。

4. 检验和

检验和也称为校验和，UDP 检验和是一个端到端的检验和，占 16 位。UDP 检验和由初始发送方计算得到，由最终接收方进行检验，用于检验端到端的传输过程中，是否出现了比特差错[①]（0 变成 1，或者相反）。对于不能通过检验的用户数据报，UDP 仅做丢弃处理。

UDP 检验和的计算范围覆盖 UDP 首部、UDP 数据部分和一个伪首部。伪首部衍生自 IP 首部和 UDP 首部中的某些字段，共 12B。伪首部并不是用户数据报真正的首部，只是在计算检验和时，临时添加到 UDP 用户数据报前面，参加 UDP 检验和的计算。伪首部既不向下层传送，也不向上层提交，更不会被封装传输，因此是“虚”的。伪首部的构成如图 4.9 所示。在传输层的 TCP 中，TCP 检验和的计算也采用了相似的伪首部。

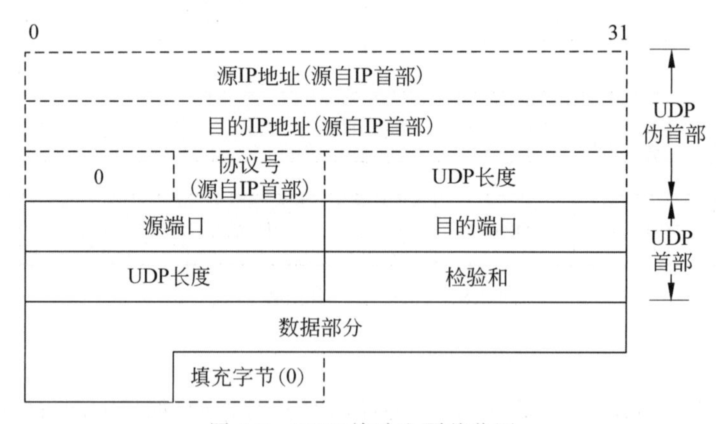

图 4.9　UDP 检验和覆盖范围

UDP 检验和的计算方法是求 16 位的反码运算和的反码，这种检验和计算方法在 IP、TCP 中都有应用。由于 UDP 用户数据报的长度可以是奇数字节，而检验和的算法要求 16 位对齐（必须是偶数字节）。因此，对于奇数长度的用户数据报，UDP 在尾部追加一个填充

---

① 由于信道的噪声干扰等因素，数字信号中的某个比特在传输过程中可能会产生差错，这种差错称为比特差错。

字节“0”。这个填充字节也仅仅是为了检验和的计算和验证，并不会被传送出去，因此填充字节也是“虚”的。图 4.9 显示了计算 UDP 检验和时覆盖的字段，包含 UDP 伪首部、UDP 首部、UDP 数据部分和可能存在的填充字段。

计算 UDP 检验和时，发送方先把 UDP 检验和覆盖范围内的数据按照图 4.9 所示的顺序将其划分成 16 位（即 1 字）的序列，并把检验和字段置“0”；然后，用二进制反码运算对所有 16 位（即 1 字）求和并取反，再将得到的和（即反码运算和）求反码，所得结果即为检验和[①]；最后将检验和写入检验和字段。

在图 4.7 所示的 UDP 通信实例的 1 号数据报中，源 IP 地址为 192.168.56.126，目的 IP 地址为 192.168.57.254，封装 UDP 用户数据报的 IP 协议号字段值为 17。1 号数据报中的 UDP 检验和计算实例如图 4.10 所示。

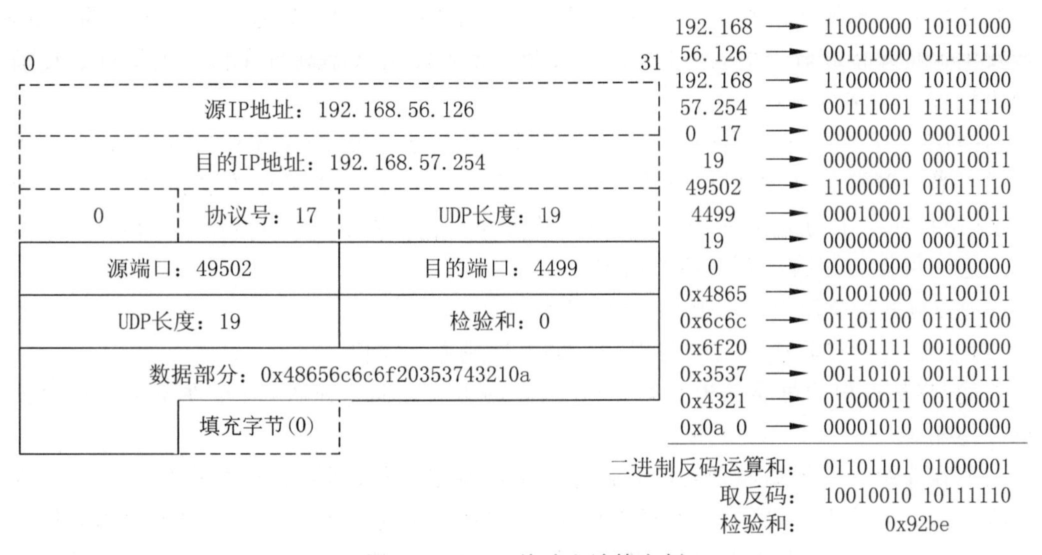

图 4.10　UDP 检验和计算实例

两个数进行二进制反码求和的运算规则是，从低位到高位逐列进行计算。0 和 0 相加得 0，0 和 1 相加得 1，1 和 1 相加得 0，但要把产生的进位 1 加到下一列。若最高位相加后产生了进位，则最后得到的结果要加上溢出的进位。将多个数进行二进制反码求和，计算规则与前面类似：从低位到高位逐列进行计算，将每一列相加得到的十进制数用二进制表示，保留最低位作为该列的值，其他位作为进位加到对应的列。若最高位相加后产生了进位，则最后得到的结果要加上溢出的进位。如图 4.10 所示实例中，最低位相加得 7，二进制表示为 111，则最低位的值为 1，其余两位进位到右起第 2 列和第 3 列进行计算，以此类推，最高位产生的进位回卷后继续计算。图 4.10 中，UDP 检验和的计算结果为 0x92be，与图 4.7 中 Wireshark 截获的用户数据报中的 UDP 检验和[②]一致。

---

① UDP、TCP 检验和的计算方法以及实现算法可以参考 RFC1071。

② 传输层检验和的计算最初由 CPU 完成。随着网络带宽的迅速增加，这些计算会消耗大量的 CPU 时间，为了提升性能，出现了网卡卸载（offload）技术。网卡卸载技术是将传输层检验和的计算交由网卡处理。目前的大多数网卡都支持卸载技术，在 Windows 和 Linux 操作系统中，网卡的卸载功能是默认打开的，因此 Wireshark 软件在截获数据包时，会得到错误的检验和。如果希望截获正确的检验和，需要手动关闭网卡的卸载功能。

接收方收到用户数据报后，会按照同样的方法划分 16 位(即 1 位)的序列，将检验和字段的值代入，直接对所有的 16 位(即 1 位)再计算一次检验和。如果计算结果为 0，则通过检验，否则不通过检验并丢弃用户数据报。

4.3 可靠传输原理

可靠传输的实现原理是计算机网络中的基本原理，关于可靠传输的考虑，不仅在传输层出现，在数据链路层和应用层也会出现。比如 OSI-RM 的 7 层体系结构中，将可靠传输的实现放在了数据链路层。在互联网实际采用的 5 层体系结构中，如果应用进程选择使用 UDP 作为传输层协议，则可靠传输的功能需要应用层协议实现。

所谓可靠传输服务是指为上层实体提供一条可靠的逻辑信道，通过该信道传输的数据，不会发生比特差错或者丢失，并且所有数据都按照其发送顺序进行交付。提供可靠传输服务的协议称为可靠传输协议。

网络层的 IP 仅提供尽力而为服务，不提供可靠传输服务；传输层中的 TCP 在此基础上实现了可靠的逻辑信道，提供可靠传输服务。因此，TCP 是一种可靠传输协议。从 4.4 节开始，会学习传输层中的重要协议——TCP。在本节，先介绍实现可靠传输的原理。

理想的可靠信道满足以下两个假定。

(1) 传输的数据不会产生比特差错、丢包或延迟。

(2) 接收方的接收速率能够与发送方的发送速率一样快。

下面，将从理想的可靠信道开始介绍，然后逐步去除假定条件，直至在不可靠信道上实现可靠传输。

本节在介绍可靠传输原理协议时仅考虑单向数据通信的情况，即数据传输是从发送方到接收方的。为了方便描述，将发送方称为 A，将接收方称为 B。对于全双工数据通信的情况，在可靠传输的实现方法上，与本节所述原理一致，不再赘述。虽然 TCP 的协议数据单元称为“报文段”，但本节介绍的可靠传输原理适用于一般的计算机网络协议，因此本节采用术语协议数据单元(PDU)进行后续的介绍。

4.3.1 停止等待协议

在理想的可靠信道上传输数据，不需要任何协议就可以实现可靠传输。

1. 无比特差错、丢包或延迟信道上的可靠传输

首先去除理想可靠信道的第(2)个假定，那么接收方的接收速率就存在比较慢的可能，此时来不及处理发送方发送的数据的情况就会发生。因此，接收方需要增加控制措施，请求发送方慢一点。

由于 A 的发送速率较快，B 的接收速率较慢，为了保证 B 能够正确地接收和处理收到的数据，需要增加流量控制机制：当 B 收到一个包含数据的 PDU，在处理完毕，并做好接收下一个 PDU 的准备时，B 发送给 A 一个包含肯定应答(acknowledgment，ACK)的 PDU。A 每次发送完一个 PDU 就必须停止发送，等待 B 发来的 ACK。在收到 ACK 后，A 才能够发送下一个 PDU。这种具有流量控制的，每发一个 PDU 就停下来等待的协议称为停止等待(stop and wait，SW)协议，又称为停等式协议。

在无比特差错、无丢包或延迟的信道上传输数据，仅需要以上最基本的停止等待协议即可实现可靠传输。这种基本的停止等待协议记为 SW1.0 协议。SW1.0 协议的通信过程如图 4.11(a)所示。

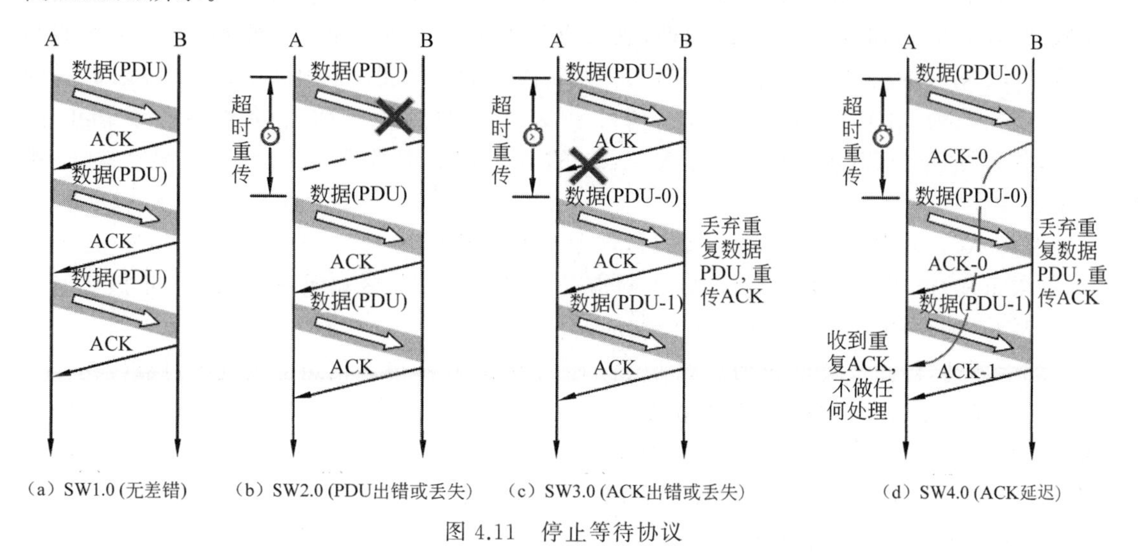

图 4.11 停止等待协议

2. 有比特差错、丢包或延迟信道上的可靠传输

若再去除理想信道的第(1)个假定，则信道中传输的数据就有出现比特差错、丢包或延迟的可能。因此，需要增加控制措施，使出错或丢失的 PDU 得以重传，以实现可靠传输。

1) 包含数据的 PDU 出错或丢失

当 A 发送的包含数据的 PDU 在传输过程中出现比特差错后，B 在接收 PDU 时，可以通过检验和计算等措施检测到。对于出错的 PDU，B 直接丢弃，不发送 ACK。为了保证出错的 PDU 重传，必须将 SW1.0 协议扩展为 SW2.0 协议，为发送方增加超时重传机制：A 每发送一个 PDU，会设定一个超时计时器，如果超时计时器到期仍然没有收到 B 发送的 ACK，A 就会重传前面发过的 PDU；如果超时计时器到期之前收到了 B 发送的 ACK，则撤销超时计时器。

显然，在 SW2.0 协议中，若 A 发送的 PDU 在传输过程中丢失，则 B 将收不到 PDU，也就不会发送 ACK；超时计时器到期后，A 也会重发丢失的 PDU。SW2.0 协议的通信过程如图 4.11(b)所示。采用 SW2.0 协议中的超时重传机制，不需要接收方的请求就能自动重传出错或丢失的 PDU，这种协议称为自动重传请求(automatic repeat request，ARQ)协议。

2) ACK 出错或丢失

若 B 发送给 A 的 ACK 在传输过程中出现差错或丢失，由于 A 收不到正确的 ACK，则会在超时计时器到期后，重发前面已发过的 PDU。但若 B 曾经正确接收过该 PDU，为了避免将重复的 PDU 交给上层协议实体，必须将 SW2.0 协议扩展为 SW3.0 协议，为 PDU 增加一个序号字段：A 每发送一个 PDU，都会将序号加 1，然后写入新 PDU 的序号字段，但超时重传的 PDU 与出错或丢失的 PDU 具有相同的序号。

在为数据 PDU 增加序号(字段)后，B 可以根据序号判断收到的 PDU 是否是重复的，如果重复，说明 B 发给 A 的 ACK 没有正确送达，于是会丢弃重复的 PDU，并重传 ACK。

SW3.0 协议的通信过程如图 4.11(c)所示。

3) ACK 延迟

如图 4.11(d)所示,B 发给 A 的 ACK 在信道中传输时,有可能会延迟到达 A。A 在尚未收到 ACK 时,超时计时器已经到期,则会重传 PDU。当迟到的 ACK 到达时,A 不能判断该 ACK 对应的是哪一个 PDU,SW3.0 协议会失效。因此,必须将 SW3.0 协议扩展为 SW4.0 协议,为 ACK 增加一个肯定应答号字段:B 每收到一个 PDU,都会取出该 PDU 的序号,并在发送 ACK 时将序号写入 ACK 的肯定应答号字段,以说明该 ACK 对应哪个 PDU。

在为 ACK 增加肯定应答号字段后,A 可以根据肯定应答号判断收到的 ACK 是否重复,如果重复,说明已经重发过该 ACK 对应的 PDU 了,于是忽略重复的 ACK,不做任何处理。SW4.0 协议的通信过程如图 4.11(d)所示。

综上所述,停止等待协议增加如下几条控制措施,在不可靠信道上实现了可靠传输。

(1) 基于确认反馈的流量控制机制。

(2) 基于超时计时器的自动重传机制。

(3) 基于序号和肯定应答号的重复 PDU 识别机制。

3. 停止等待协议的信道利用率

停止等待协议的优点是简单,但缺点是信道利用率太低。可以通过图 4.12(a)所示的假想应用场景,简单说明其信道利用率。

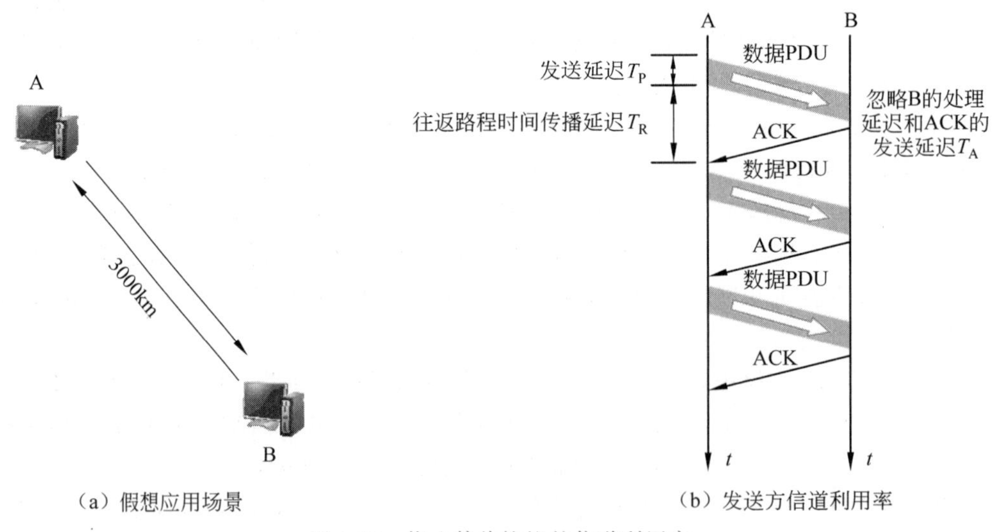

(a) 假想应用场景　　(b) 发送方信道利用率

图 4.12　停止等待协议的信道利用率

考虑相距约 3000km 的两台主机 A 和 B 用停止等待协议进行通信。假定主机 A 和 B 通过一条发送速率为 1Gb/s(10^9b/s)的信道相连,数据 PDU 的长度为 1500B,忽略从 A 到 B 途中经过的所有结点的处理延迟和排队延迟,也忽略 B 主机处理 PDU 的延迟和发送 ACK 的延迟。

该假想应用场景中发送方信道利用率如图 4.12(b)所示。A 在 $t=0$ 时刻开始发送 PDU,经过 T_P+T_R 时间后,收到来自 B 的 ACK。发送延迟 T_P 计算如下:

$$T_P = \frac{分组长度}{发送速率} = \frac{1500 \times 8b}{1 \times 10^9 b/s} = 0.012ms$$

假定远距离传输介质为光纤，光在光纤中的传播速率约为 2×10^5km/s，由于忽略了所有的处理延迟和排队延迟，主机 A 到主机 B 的往返传播延迟 T_R 估算如下：

$$T_R \approx \frac{2 \times 信道长度}{电磁波在信道上的传播速率} = \frac{2 \times 3000km}{2 \times 10^5 km/s} = 30ms$$

发送方 A 的信道利用率 U 计算如下：

$$U = \frac{T_P}{T_P + T_R} = \frac{0.012ms}{30 + 0.012ms} = 0.04\%$$

发送方 A 在 30.012ms 内，仅能发送 1500B 数据，其实际吞吐量仅 1500×8/30.012≈400kb/s。显然，停止等待协议造成了通信资源的极大浪费。

4.3.2 连续 ARQ 协议

停止等待协议是最简单的可靠传输协议。为了提高传输效率，可以采用流水线传输的方式。流水线传输方式是指允许发送方连续发送多个 PDU，而无须等待 ACK。流水线传输方式使信道上不断有数据在传送，可以获得较高的信道利用率。流水线传输方式示意如图 4.13 所示。

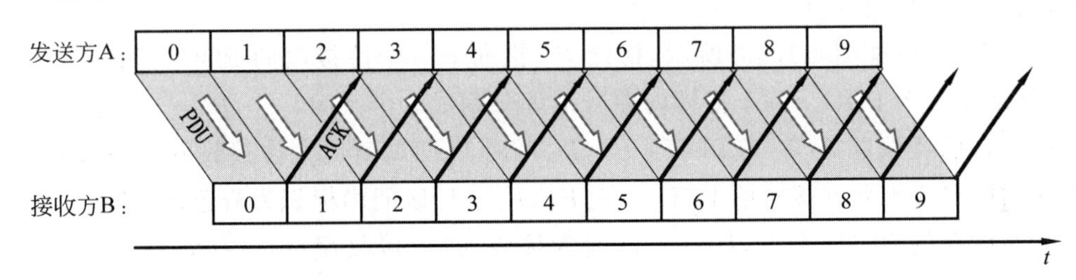

图 4.13 流水线传输方式示意图

采用流水线传输方式的可靠传输协议称为连续 ARQ 协议，也称为滑动窗口协议(sliding-window protocol)。连续 ARQ 协议需要增加序号的范围，发送方和接收方还需要增加缓存空间，用来暂时保存多个 PDU。根据差错恢复方式的不同，连续 ARQ 协议分为两种：回退 N 步(go back N，GBN)的连续 ARQ 协议和选择重传(selective repeat，SR)的连续 ARQ 协议。

1. 滑动窗口协议基本概念

执行滑动窗口协议的通信双方根据自己的缓存空间，各自维护一个窗口。发送方维持发送窗口(sender window，SWND)，其意义是，位于发送窗口内的 PDU 都可以连续发送出去，而无须等待 ACK。接收方维持接收窗口(receiver window，RWND)，其意义是，位于接收窗口内的 PDU 即使是失序到达的，也都可以被缓存，而不必丢弃。

发送窗口示例如图 4.14(a)所示，指针 P_1 指向最早未收到 ACK 的 PDU，指针 P_2 指向下一个待发送的 PDU，指针 P_3 指向发送窗口外的第一个 PDU。3 个指针将序号范围分割成 4 个区间。$[0, P_1-1]$ 区间内对应已经发送并收到 ACK 的 PDU，$[P_1, P_2-1]$ 区间内对应已经发送但尚未收到 ACK 的 PDU，$[P_2, P_3-1]$ 区间内对应允许发送但尚未发送的 PDU，大于或等于 P_3 区间内对应不允许发送的 PDU。$[P_1, P_3-1]$ 区间称为发送窗口，发

送窗口长度 $N=P_3-P_1$，在本例中，发送窗口长度为固定值 10。

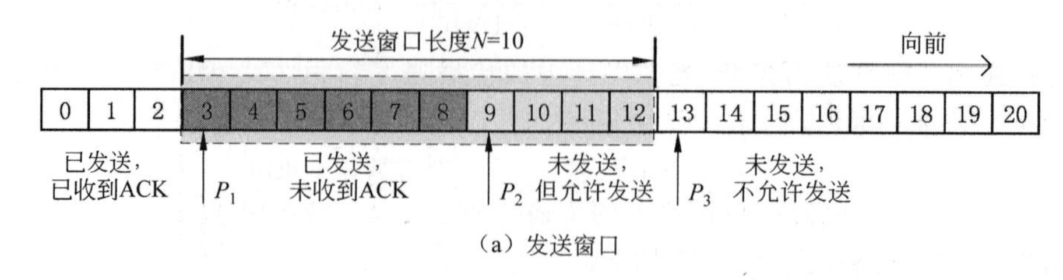

(a) 发送窗口

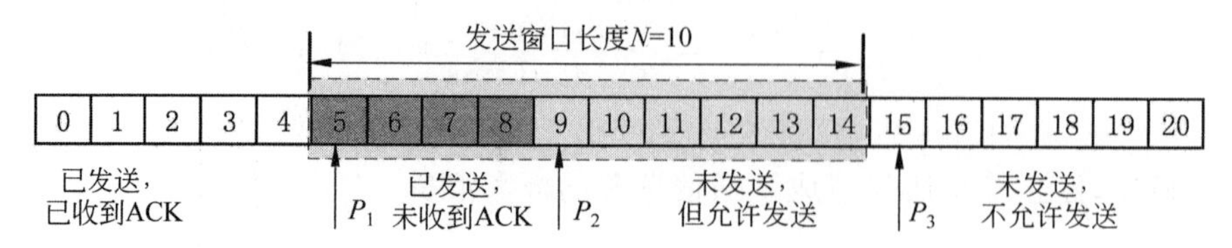

(b) 收到ACK-4后的发送窗口滑动

图 4.14　发送窗口基本概念

当发送方收到对 PDU-3 和 PDU-4 的 ACK 后，发送窗口将向前[①]滑动，如图 4.14(b)所示。P_1 指针滑动后指向 PDU-5，由于本例中窗口长度是固定值，所以 P_3 指针也随之向前滑动，保持发送窗口长度值 10 不变。

接收窗口示例如图 4.15(a)所示，指针 P_4 指向下一个待接收的 PDU，指针 P_5 指向接收窗口外的第一个 PDU。两个指针将序号范围分割成 3 个区间。$[0,P_4-1]$区间内对应已经收到，并且已经发送 ACK 的 PDU，$[P_4,P_5-1]$ 区间内对应允许接收的 PDU，大于或等于 P_5区间内对应不允许接收的 PDU。在$[P_4,P_5-1]$区间内标识为灰色的 PDU 代表失序到达，已经缓存的 PDU。$[P_4,P_5-1]$区间为接收窗口，接收窗口长度 $N'=P_5-P_4$，在本例中，接收窗口长度为固定值 10。

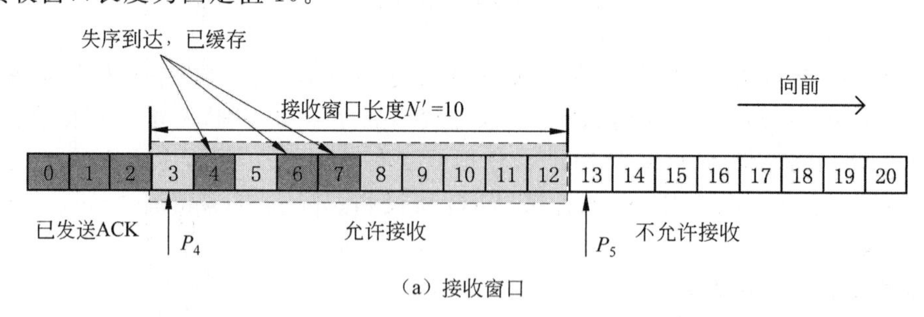

(a) 接收窗口

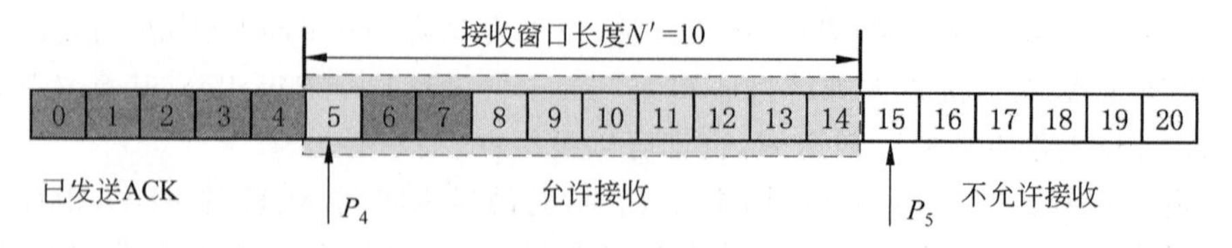

(b) 发送ACK-4后的接收窗口滑动

图 4.15　接收窗口基本概念

---

① 按照习惯，“向前”指向时间增大的方向，“向后”指向时间减少的方向。

当接收方收到 PDU-3 后，由于之前接收方已经缓存了 PDU-4，接收方可以连续发送对 PDU-3 和 PDU-4 的 ACK。发送 ACK-4 后，接收窗口将向前滑动，如图 4.15(b)所示。P_4 指针滑动后指向 PDU-5，由于本例中窗口长度是固定值，所以 P_5 指针也随之向前滑动，保持接收窗口长度值 10 不变。

接收方允许采用累积肯定应答的方式发送 ACK。累积肯定应答指接收方不必对收到的分组逐个发送 ACK，而是在收到几个分组后，对按序到达的最后一个 PDU 发送 ACK，该 ACK 表示到这个 PDU 为止的所有 PDU 都已经正确收到了。

对比停止等待协议和滑动窗口协议的基本概念后不难发现，停止等待协议实质上是发送窗口长度为 1，接收窗口长度也为 1 的滑动窗口协议。本节后续部分将要介绍的两个连续 ARQ 协议，是发送窗口或接收窗口大于 1，但窗口长度固定的滑动窗口协议。4.4～4.8 节介绍的 TCP 是发送窗口长度和接收窗口长度都允许动态调整的滑动窗口协议。

2. 回退 *N* 步协议

回退 *N* 步(GBN)协议是发送窗口长度大于 1，接收窗口长度等于 1 的滑动窗口协议。图 4.16 所示为一个发送窗口长度为 4，接收窗口长度为 1 的 GBN 协议的运行过程。

发送窗口长度为 4 代表即使发送方 A 没有收到 ACK，也可以连续发送 4 个 PDU。接收窗口长度为 1 代表接收方 B 仅能接收按序到达的 1 个 PDU，对于其他失序的 PDU，必须丢弃。

图 4.16 所示 GBN 协议实例运行过程描述如下。

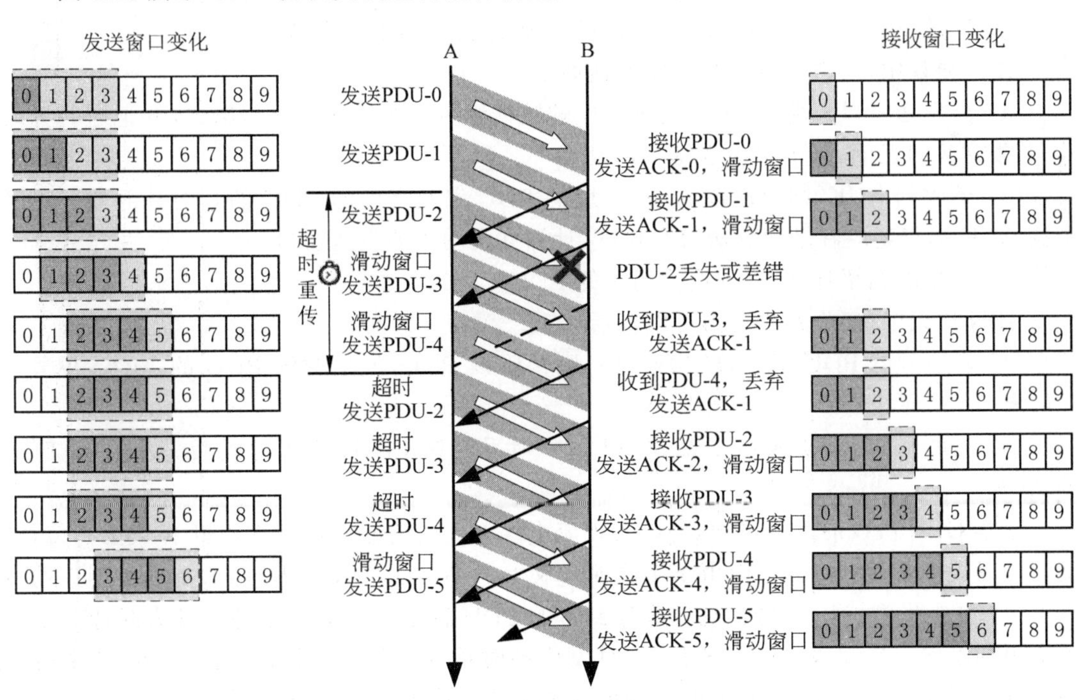

图 4.16 运行中的 GBN 协议

(1) A 初始时允许连续发送 PDU-0～PDU-3，B 初始时等待接收 PDU-0。

(2) A 发送的 PDU-0 到达 B 后，落在 B 的接收窗口内，于是 B 接收 PDU-0，并发送 ACK-0，然后滑动接收窗口，等待 PDU-1。

(3) A 发送的 PDU-1 到达 B 后，也落在 B 的接收窗口内，于是 B 接收 PDU-1，并发送 ACK-1，然后滑动接收窗口，等待 PDU-2。

(4) A 发送的 PDU-2 在传输过程中丢失或差错。

(5) A 发送了 PDU-2 后，收到来自 B 的 ACK-0，于是滑动发送窗口，允许发送 PDU-1～PDU-4。

(6) A 发送的 PDU-3 到达 B 后，由于 B 的接收窗口内为 PDU-2，于是 B 丢弃 PDU-3，并重新发送 ACK-1，提示 A 接收方期待收到 PDU-2。

(7) A 发送了 PDU-3 后，第一次收到来自 B 的 ACK-1，于是滑动发送窗口，允许发送 PDU-2～PDU-5。

(8) A 发送的 PDU-4 到达 B 后，由于 B 的接收窗口内为 PDU-2，于是 B 丢弃 PDU-4，并重新发送 ACK-1，提示 A 接收方期待收到 PDU-2。

(9) A 发送了 PDU-4 后，PDU-2 的超时计时器触发了超时事件，于是 A 重传 PDU-2。之后 PDU-3、PDU-4 相继超时重传。

(10) A 超时重传的 PDU-2～PDU-4 相继到达 B，相继落入 B 的接收窗口内，于是 B 相继接收 PDU-2～PDU-4，并 3 次滑动接收窗口，相继发送 ACK-2、ACK-3 和 ACK-4。

(11) A 收到重复的 ACK-1 时，不需要滑动发送窗口，仅丢弃重复的 ACK-1。当收到 ACK-2、ACK-3 和 ACK-4 时，相继滑动发送窗口。

(12) 本实例中往返传播延迟不大，所以发送窗口始终未满。如果往返传播延迟比较大，当 A 发送完 PDU-3 后，仍未收到 ACK-0，则 A 必须停下来等待。

GBN 协议中，发送方的行为可以概括如下。

(1) 若发送窗口未满，则用发送缓存中的数据组装一个 PDU，发送出去，登记超时计时器；若发送窗口已满，则等待发送窗口滑动。

(2) 若收到 ACK，则取消该 ACK 对应的 PDU 以及之前的 PDU 的超时计时器。然后根据 ACK 的肯定应答号和发送窗口长度，计算并滑动当前发送窗口。

(3) 若检测到超时事件，则重传超时的 PDU。

GBN 协议中，接收方的行为可以概括如下。

(1) 若收到的 PDU 落在接收窗口内，则接收该 PDU，发送对该 PDU 的 ACK，并滑动接收窗口。

(2) 若收到的 PDU 未落在接收窗口内，则丢弃该 PDU，发送对最后一个正确 PDU 的 ACK。

观察 GBN 协议的运行过程，可以发现流水线方式的传输使信道中不断有数据在传送，确实可以提高信道利用率。但由于接收窗口仅为 1，造成丢失或差错的 PDU 之后到达的所有 PDU 均被发送方重传，即使这些失序到达的 PDU 都是正确的。这种处理方式造成了信道资源的浪费。从发送方角度来看，一旦发生超时重传事件，则需要回退 N 步，从超时的 PDU 开始重新发送所有后续 PDU。因此这种协议被称为回退 N 步协议。

3. 选择重传协议

选择重传(selective repeat，SR)协议是发送窗口长度大于 1，接收窗口长度也大于 1 的滑动窗口协议。图 4.17 所示为一个发送窗口长度为 4，接收窗口长度也为 4 的 SR 协议的运行过程。

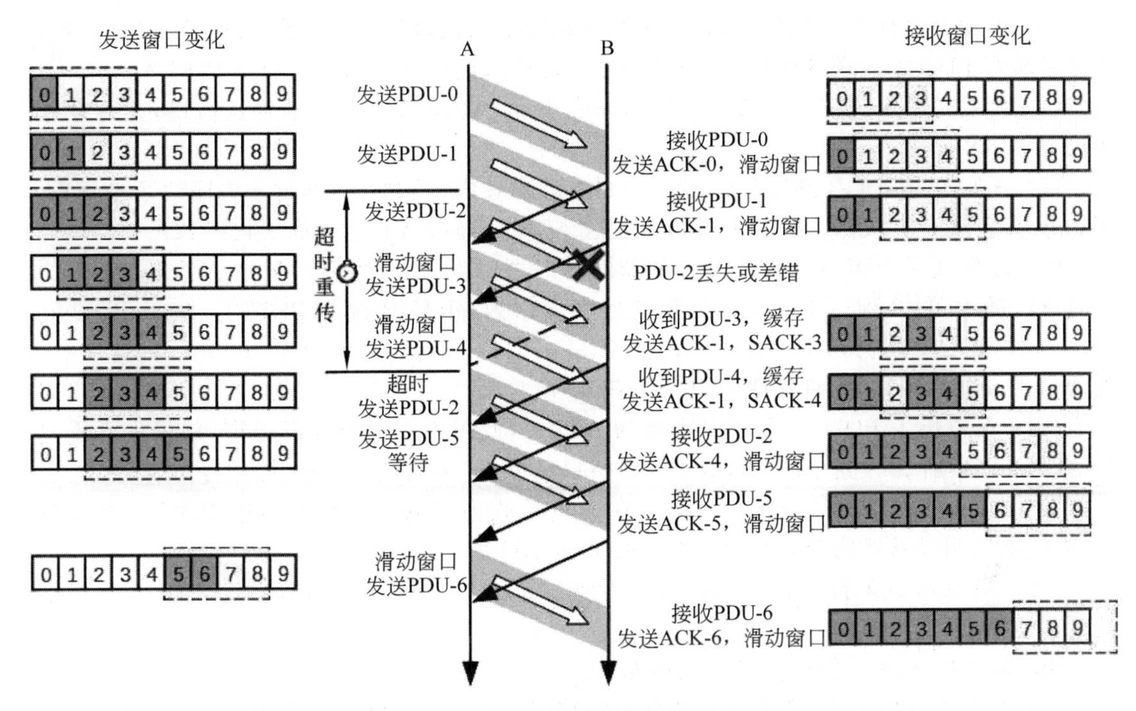

图 4.17　运行中的 SR 协议

接收窗口长度为 4 代表接收方 B 最多缓存 3 个失序到达且序号落在接收窗口范围内的 PDU。为了避免在丢失或差错的 PDU 之后，发送方连续超时，接收方在缓存失序到达的 PDU 后，需要发送 ACK 给发送方。由于连续 ARQ 协议的 ACK 具有累积肯定应答的功能，如果直接将肯定应答号填写为失序到达的 PDU 序号，则会对该 PDU 及之前的所有 PDU 做出肯定应答，其中包括了差错的 PDU。因此，接收方使用按序到达的最后一个 PDU 序号对所有按序到达的 PDU 进行累积肯定应答，同时使用选择肯定应答（selective acknowledgement，SACK）①对失序到达的 PDU 单独进行肯定应答。选择肯定应答是 SR 协议必须具备的功能，累积肯定应答是 SR 协议的可选功能。本书的 SR 协议实例同时使用了这两种肯定应答。

图 4.17 所示 SR 协议实例运行过程描述如下。

（1）A 初始时允许连续发送 PDU-0～PDU-3，B 初始时允许接收 PDU-0～PDU-3。

（2）A 发送的 PDU-0 到达 B 后，落在 B 的接收窗口内，于是 B 接收 PDU-0，并发送 ACK-0，然后滑动接收窗口，允许接收 PDU-1～PDU-4。

（3）A 发送的 PDU-1 到达 B 后，也落在 B 的接收窗口内，于是 B 接收 PDU-1，并发送 ACK-1，然后滑动接收窗口，允许接收 PDU-2～PDU-5。

（4）A 发送的 PDU-2 在传输过程中丢失或差错。

（5）A 发送了 PDU-2 后，收到来自 B 的 ACK-0，于是滑动发送窗口，允许发送 PDU-1～PDU-4。

---

①　此处的 SACK 是 SR 协议的选择肯定应答，与本书后面章节介绍的 TCP 的选择肯定应答选项不同。

(6) A 发送的 PDU-3 到达 B 后，落在 B 的接收窗口内，但 PDU-3 属于失序到达的 PDU。于是 B 缓存 PDU-3，发送 SACK-3，并重新发送 ACK-1，提示 A 己方尚未收到 PDU-2。

(7) A 发送了 PDU-3 后，第一次收到来自 B 的 ACK-1，于是滑动发送窗口，允许发送 PDU-2～PDU-5。

(8) A 发送的 PDU-4 到达 B 后，落在 B 的接收窗口内，但 PDU-4 也属于失序到达的 PDU。于是 B 缓存 PDU-4，发送 SACK-4，并重新发送 ACK-1，提示 A 接收方尚未收到 PDU-2。

(9) A 发送了 PDU-4 后，PDU-2 的超时计时器触发了超时事件，于是 A 重传 PDU-2。超时重传的 PDU-2 到达 B 后，落入 B 的接收窗口内，于是 B 接收 PDU-2。由于 PDU-2、PDU-3 和 PDU-4 均已到达，所以 B 发送 ACK-4，对之前到达的所有 PDU 进行肯定应答。然后 B 滑动接收窗口，允许接收 PDU-5～PDU-8。

(10) A 重传了 PDU-2 后，收到重复的 ACK-1，此时不需要滑动发送窗口，仅丢弃重复的 ACK-1。然后 A 发送 PDU-5，由于发送窗口已满，A 不能继续发送，必须停下来等待。

(11) A 发送的 PDU-5 到达 B 后，落在 B 的接收窗口内。于是 B 接收 PDU-5，并发送 ACK-5，然后滑动接收窗口，允许接收 PDU-6～PDU-9。

(12) 当 A 收到来自 B 的 ACK-4 时，滑动发送窗口，允许发送 PDU-5～PDU-8。A 继续运行协议，发送 PDU-6。

SR 协议中，发送方的行为可以概括如下。

(1) 若发送窗口未满，则用发送缓存中的数据组装一个 PDU，发送出去，登记超时计时器；若发送窗口已满，则等待发送窗口滑动。

(2) 若收到 ACK，则取消该 ACK 对应的 PDU 以及之前的 PDU 的超时计时器。然后根据 ACK 的肯定应答号和发送窗口长度，计算并滑动当前发送窗口。

(3) 若收到 SACK，则取消该 SACK 对应的 PDU 的超时计时器。

(4) 若检测到超时事件，则重传超时的 PDU。

SR 协议中，接收方的行为可以概括如下。

(1) 若收到的 PDU 落在接收窗口内，且该 PDU 是按序到达的 PDU，则接收该 PDU，对所有按序到达的正确 PDU 发送累积 ACK，并滑动接收窗口。

(2) 若收到的 PDU 落在接收窗口内，但该 PDU 是失序到达的 PDU，则缓存该 PDU，发送对该 PDU 的 SACK，并重新发送对最后一个正确 PDU 的 ACK。

观察 SR 协议的运行过程，可以发现仅丢失或差错的 PDU 被发送方重传。这种协议按需要进行选择性的重传，因此被称为选择重传协议。

SR 协议可以跟否定策略结合在一起使用，即当接收方检测到错误的 PDU 时，它就发送一个否定应答(non-acknowledgement，NAK)。在发送方，收到 NAK 可以触发该 PDU 的重传操作，而不需要等到对应的超时计时器超时，因此可以提高协议性能。

后续章节介绍的 TCP 的可靠传输机制是上述几种原理协议的综合体，其实现机制更为复杂。

4.4 传输控制协议

4.4.1 传输控制协议概述

传输控制协议(TCP)比较复杂，其原始规范是 RFC793，后来经过了一系列 RFC 文档的修订和扩展。完整的 TCP 集合很大,因而 IETF 专门发布了 RFC7414 用以说明与 TCP 相关的 RFC 文档。其中指出构成 TCP 核心规范的 RFC 文档主要包括 RFC793、RFC1122、RFC2460、RFC2873、RFC5681、RFC6093、RFC6298 和 RFC6691。TCP 是面向连接的可靠传输协议,提供连接管理、可靠传输、流量控制和拥塞控制等功能。

TCP 报文段的封装格式如图 4.18 所示。TCP 报文段被封装在 IP 数据报内部,由 TCP 首部和 TCP 数据部分组成。

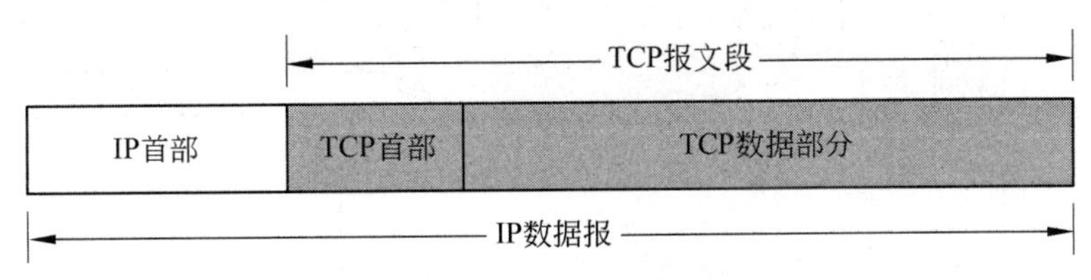

图 4.18　TCP 报文段的封装格式

TCP 具有如下主要特点。

1. 面向连接

TCP 是一种面向连接的协议,在通信之前需要先建立连接,通信之后要释放连接。TCP 连接是逻辑连接,TCP 把连接作为最基本的抽象。TCP 连接的端点称为套接字(socket)。RFC793 中定义套接字由端口号拼接到 IP 地址构成,即

套接字=(IP 地址:端口号)

每条 TCP 连接有且仅有两个端点,每一条 TCP 连接唯一地被通信两端的两个套接字确定。

TCP 仅在网络边缘部分的主机中运行,因此主机需要维护 TCP 连接状态,而网络核心部分的设备不需要维持 TCP 连接状态。一旦建立连接,主机中的 TCP 进程将设置并维护发送缓存和接收缓存。关于 TCP 的连接管理,将在 4.5 节中介绍。

2. 面向字节流

TCP 不保留应用层报文边界。虽然应用进程和 TCP 进程的交互是每次一个数据块,但 TCP 进程把这些数据块看成一串无结构的字节流。应用进程通过套接字将字节流传递到 TCP 发送缓存后,TCP 在合适的时候从发送缓存中取出字节流封装成报文段发送出去,如图 4.19 所示。TCP 进程从发送缓存中取出并放入报文段的字节流长度受最大报文段长度(maximum segment size,MSS)限制,与应用层报文边界无关。必须强调,MSS 指 TCP 报文段中数据部分的最大长度,不包含 TCP 首部①。通常,TCP 在建立连接时将 MSS 值通知给对方。在接收方主机中,TCP 进程收到一个报文段后,把报文段中的数据部分放入该连接的接收缓存,应用进程在合适的时候通过套接字读取接收缓存中的数据,恢复成应用层报文。

3. 可靠交付

TCP 采用以字节为单位的滑动窗口协议实现可靠交付服务。其实现机制依赖 4.3 节介绍的可靠传输原理,但具体实现考虑了更多细节,如超时重传时间的选择、累积肯定应答、快重传、选择肯定应答和重传等。通过 TCP 连接传送的数据,可以保证无差错、不丢失、不重

① 虽然 MSS 一词容易引起混淆,但其使用已经根深蒂固,不得不用。

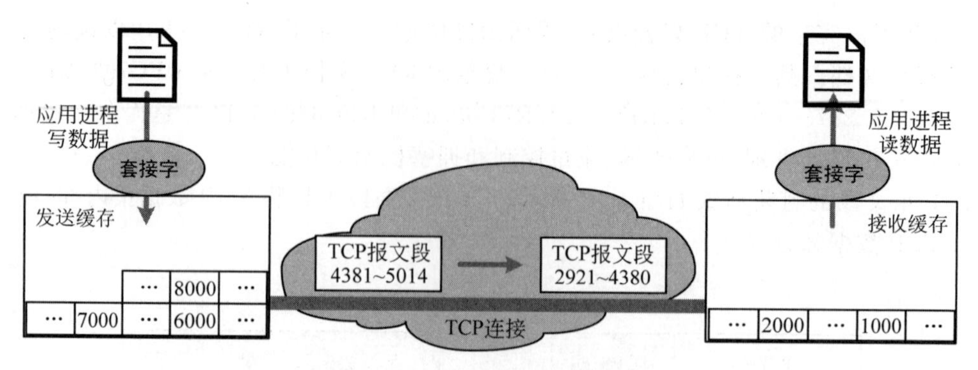

图 4.19　TCP 面向字节流示意

复，并且按序到达。关于 TCP 的可靠传输，将在 4.6 节介绍。

4. 支持流量控制

TCP 支持流量控制功能。当接收方的处理速度相对于发送方比较慢时，TCP 的接收方可以通知发送方将发送速度减缓下来。TCP 采用基于窗口的流量控制机制，接收方将接收窗口值发给发送方，发送方根据该值调整发送窗口长度，并以此控制发送速率。关于 TCP 的流量控制，将在 4.7 节介绍。

5. 支持拥塞控制

TCP 支持拥塞控制功能。TCP 可以根据超时重传事件和快速重传事件检测网络的拥塞情况，减缓发送速度，进行拥塞控制。TCP 也支持用显式拥塞通知(explicit congestion notification，ECN)的方式进行拥塞控制。关于 TCP 的拥塞控制，将在 4.8 节介绍。

6. 首部较复杂，开销较大

TCP 首部字段较多，首部长度为 20～60B。与 UDP 相比，开销较大。

7. 仅支持一对一的单播通信

每条 TCP 连接仅有两个端点，因此仅支持一对一的单播通信。TCP 允许通信双方同时发送数据，支持全双工通信。

4.4.2 TCP 报文段格式

在 Linux 虚拟网络环境中，仍然使用如图 4.6 所示的网络拓扑，在主机 ns57C 上，制作一个 3500B 的文本文件，命名为 3500.0，利用 Linux 的 nc 命令从主机 ns56A 向主机 ns57C 发起 TCP 通信，并读取 3500.0 文件。

执行如下 Linux 命令，在主机 ns57C 上打开 TCP 服务程序，并启动 shell 程序。

```
#ip netns exec ns57C nc -e /bin/sh -lv 4499      //ns57C: 在 4499 端口打开 TCP 服务程序，
                                                 //并启动 shell 程序
```

执行如下 Linux 命令，在主机 ns56A 上打开 TCP 客户程序，从主机 ns57C 上读取 3500.0 文件。

```
#ip netns exec ns56A nc 192.168.57.254 4499      //ns56A: 开启 TCP 客户程序，指定服务器
                                                 //程序 IP 地址和端口
cat 3500.0                                       //读取'3500.0'文件
```

文件传输完毕后，在主机 ns57C 和 ns56A 上，分别按 Ctrl+C 键终止 TCP 通信。

为了观察本次 TCP 通信实例，在主机 ns57C 上，启动 Wireshark 软件截获 TCP 报文段，如图 4.20 所示。通信双方共发送 15 个 TCP 报文段，在图 4.20 中展开分析的是 1 号报文段，TCP 报文段由 TCP 首部和 TCP 数据部分组成。

No.	源IP	目的IP	协议	帧长	源端口	目的端口	序号	确认号	TCP标记位	窗口	MSS值
1	192.168.56.126	192.168.57.254	TCP	74	56486	4499	598736763	0	··········S·	29200	1460
2	192.168.57.254	192.168.56.126	TCP	74	4499	56486	354608352	598736764	·······A··S·	28960	1460
3	192.168.56.126	192.168.57.254	TCP	66	56486	4499	598736764	354608353	·······A····	229	
4	192.168.56.126	192.168.57.254	TCP	77	56486	4499	598736764	354608353	·······AP···	229	
5	192.168.57.254	192.168.56.126	TCP	66	4499	56486	354608353	598736775	·······A····	227	
6	192.168.57.254	192.168.56.126	TCP	1514	4499	56486	354608353	598736775	·······A····	227	
7	192.168.57.254	192.168.56.126	TCP	1514	4499	56486	354609801	598736775	·······A····	227	
8	192.168.57.254	192.168.56.126	TCP	670	4499	56486	354611249	598736775	·······AP···	227	
9	192.168.56.126	192.168.57.254	TCP	66	56486	4499	598736775	354609801	·······A····	251	
10	192.168.56.126	192.168.57.254	TCP	66	56486	4499	598736775	354611249	·······A····	274	
11	192.168.56.126	192.168.57.254	TCP	66	56486	4499	598736775	354611853	·······A····	296	
12	192.168.57.254	192.168.56.126	TCP	66	4499	56486	354611853	598736775	·······A···F	227	
13	192.168.56.126	192.168.57.254	TCP	66	56486	4499	598736775	354611854	·······A····	296	
14	192.168.56.126	192.168.57.254	TCP	66	56486	4499	598736775	354611854	·······A···F	296	
15	192.168.57.254	192.168.56.126	TCP	66	4499	56486	354611854	598736776	·······A····	227	

```
> Frame 1: 74 bytes on wire (592 bits), 74 bytes captured (592 bits) on interface tap57C, id 0
> Ethernet II, Src: 8a:ba:26:3f:71:4b, Dst: 96:8c:bb:98:48:4f
> Internet Protocol Version 4
v Transmission Control Protocol
    Source Port: 56486
    Destination Port: 4499
    [Stream index: 0]
    [TCP Segment Len: 0]
    Sequence number: 0    (relative sequence number)
    Sequence number (raw): 598736763
    [Next sequence number: 1    (relative sequence number)]
    Acknowledgment number: 0
    Acknowledgment number (raw): 0
    1010 .... = Header Length: 40 bytes (10)
  v Flags: 0x002 (SYN)
      000. .... .... = Reserved: Not set
      ...0 .... .... = Nonce: Not set
      .... 0... .... = Congestion Window Reduced (CWR): Not set
      .... .0.. .... = ECN-Echo: Not set
      .... ..0. .... = Urgent: Not set
      .... ...0 .... = Acknowledgment: Not set
      .... .... 0... = Push: Not set
      .... .... .0.. = Reset: Not set
    > .... .... ..1. = Syn: Set
      .... .... ...0 = Fin: Not set
      [TCP Flags: ··········S·]
    Window size value: 29200
    [Calculated window size: 29200]
    Checksum: 0xa51b [correct]
    [Checksum Status: Good]
    [Calculated Checksum: 0xa51b]
    Urgent pointer: 0
  > Options: (20 bytes), Maximum segment size, SACK permitted, Timestamps, No-Operation (NOP), Window scale

0010  00 3c d4 e6 40 00 3c 06  76 08 c0 a8 38 7e c0 a8   ·<··@·<· v···8~··
0020  39 fe dc a6 11 93 23 af  ff 7b 00 00 00 00 a0 02   9·····#· ·{······
0030  72 10 a5 1b 00 00 02 04  05 b4 04 02 08 0a 00 05   r······· ········
0040  2b 9d 00 00 00 00 01 03  03 07                     +······· ··
```

主机 ns56A：192.168.56.126

主机 ns57C：192.168.57.254

图 4.20　TCP 通信实例

TCP 首部明显比 UDP 首部复杂很多，长度为 20～60B。TCP 首部的前 20B 是固定首部，其余部分是不超过 40B 的选项部分。因此，TCP 首部的最小长度是 20B。TCP 首部格式如图 4.21 所示。

1. 源端口

源端口是发送方的端口号，占16位。

图4.20所示TCP通信实例的1号报文段中，源端口值为0xdca6，即56486。该端口为短暂端口，在TCP客户程序启动时，由操作系统分配；在TCP客户程序关闭时，由操作系统收回。

2. 目的端口

目的端口是接收方的端口号，占16位。

在图4.20所示TCP通信实例的1号报文段中，目的端口值为0x1193，即4499。该端口为登记端口，从IANA网站查询可知，该端口号处于未分配状态。在本例中，设定4499端口作为TCP服务端口。

3. 序号

TCP是面向字节流的，以字节为单位按顺序编号。序号是本报文段中数据部分首字节的编号，占32位。TCP在建立连接时，通信双方各自选择一个随机值作为初始序号[①]（initial sequence number，ISN）。

图4.20所示TCP通信实例的1号报文段中，序号值为0x23af ff7b，即598736763。为方便分析，Wireshark软件将序号处理成"相对序号"，初始相对序号记为0。

4. 确认号

确认号又称肯定应答号。TCP的确认号是期待收到的对方下一个报文段中数据部分首字节的编号，占32位。只有标志位ACK＝1，确认号字段才有效。TCP的确认号具有累积肯定应答功能，如果一个报文段的确认号为501，则代表到500号为止的所有字节均已正确收到，期待接收以第501字节开头的报文段。

图4.20所示TCP通信实例中，ns57C发给ns56A的5号报文段确认号为598736775，说明ns57C已经正确收到598736774为止的所有字节，期待接收的下一个报文段序号为598736775。

5. 数据偏移

数据偏移指出TCP报文段的数据部分的起始位置，该字段的实际含义是TCP首部长度，占4位。数据偏移以4B(32位)为单位，因此TCP首部长度必须是4B的整数倍。4位的数据偏移，最大取值为15，因此TCP首部最大长度为60B，也就是说TCP首部的选项部分长度不超过40B。

图4.20所示TCP通信实例的1号报文段中，数据偏移字段值为10，代表首部长度为40B。这说明该TCP报文段首部由20B的固定首部和20B的选项构成。

6. 保留

RFC793规定了6位作为保留位。后来RFC3168将保留位的最低两位定义为显式拥塞通知（explicit congestion notification，ECN）的标志位。目前，保留位共占4位[②]。在TCP

---

① 为了避免TCP序号预测攻击，RFC6528提出了一个初始序号(ISN)随机生成算法：

$$ISN = M + F(localip, localport, remoteip, remoteport, secretkey)$$

其中，M是一个每隔4ms加1的计时器，secretkey是一个符合RFC4086要求的随机数，F是一个Hash算法。

② RFC3540把4个保留位中的最低位定义为随机和（nonces sum，NS）。RFC3540是一个实验性的RFC，当前状态是历史RFC文档。

报文段中，保留位应置“0”。

7. 标志位

RFC793 和 RFC3168 共定义了 8 个标志位①，分别命名为 CWR、ECE、URG、ACK、PSH、RST、SYN 和 FIN，位置如图 4.21 所示。

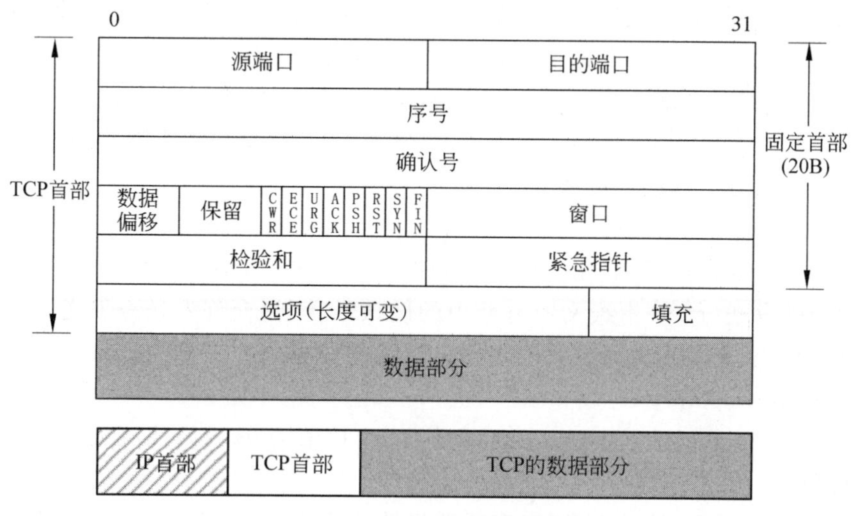

图 4.21　TCP 报文段格式

(1) CWR：拥塞窗口缩减。当 CWR＝1 时，表明根据 ECN 回显，发送方已经降低发送速率。

(2) ECE：ECN 回显。ECE＝1 的报文段是一个来自接收方的显式拥塞通知，表明发送方之前发送的报文段曾经遇到了网络拥塞。

(3) URG：紧急数据标志。当 URG＝1 时，紧急指针字段生效，表明报文段中包含紧急数据，紧急数据的位置由紧急指针字段指明。由于多个 RFC 文档对紧急指针的阐述存在语义上的模糊，2011 年 RFC6093 重新解释了紧急指针的含义，并建议不再使用紧急数据。

(4) ACK：肯定应答标志。当 ACK＝1 时，确认号字段生效，表明报文段中包含肯定应答信息。TCP 规定，连接建立后的所有报文段都必须把 ACK 置“1”。

(5) PSH：推送标志。当 PSH＝1 时，表明发送方要求接收方尽快将报文段中的数据交付给上层。在包括 Berkeley Socket 在内的多数 TCP/IP 实现中，PSH 标志置“1”代表发送方缓存中已经没有待发送数据。此外，在处理 telnet 等交互模式的连接时，该标志总是置“1”的。

(6) RST：重置连接。当 RST＝1 时，表明 TCP 连接中出现了错误，需要取消连接。RST＝1 的报文段通常称为 RST 报文段。

(7) SYN：同步连接。当 SYN＝1 时，表明报文段是一个 TCP 建立连接请求。SYN＝1 的报文段通常称为 SYN 报文段。

(8) FIN：终止连接。当 FIN＝1 时，表明发送方的数据已经发送完毕，并请求释放

① RFC793 定义了最初的 6 个标志位，RFC3168 扩展了两个用于 ECN 的标志位：CWR 和 ECE。在一些老的 TCP 实现中，仅能识别后 6 个标志位。

TCP 连接。FIN＝1 的报文段通常称为 FIN 报文段。

图 4.20 所示 TCP 通信实例中，在 Wireshark 的“数据帧列表”视图中，可以看到每个报文段的标志位取值情况，在“数据帧详情”视图中，可以查看 8 个标志位的详细信息。1 号和 2 号报文段中 SYN 均置“1”，表明这两个报文段是通信双方的建立连接请求。2～15 号报文段的 ACK 均置“1”，表明这些报文段都携带有肯定应答信息，其确认号字段有效。4 号报文段是主机 ns56A 向 ns57C 发送的“cat 3500.0”命令，命令发送完毕，TCP 将报文段中 PSH 置“1”。8 号报文段是主机 ns57C 发给 ns56A 的 3500B 数据中的最后一个报文段，数据发送完毕，TCP 将报文段中 PSH 置“1”。12 号和 14 号报文段中 FIN 均置“1”，表明这两个报文段是通信双方的释放连接请求。

8. 窗口

窗口值代表接收窗口长度，用来进行流量控制，占 16 位，最大取值为 65535B。接收方利用窗口值通知发送方：从本报文段首部中的确认号算起，允许发送方发送的字节数。窗口值经常动态变化，是发送方设置其发送窗口长度的依据之一。该窗口值也称为通知窗口(advertised window，AWND)。

图 4.20 所示 TCP 通信实例的 1 号报文段中，窗口值为 0x7210，即 29200B。

9. 检验和

TCP 检验和与 UDP 检验和类似，也是端到端的检验和，占 16 位。TCP 检验和的计算也需要覆盖 12B 的伪首部，伪首部的格式与图 4.9 中 UDP 伪首部的格式一致，仅需将其中的 UDP 协议号 17 改为 TCP 的协议号 6，并将 UDP 长度改为 TCP 长度。TCP 长度包括 TCP 首部加 TCP 数据部分，该值不在首部字段中，但可以计算得到。TCP 检验和的计算方法与 UDP 检验和的计算方法一样，也是求 16 位的反码运算和的反码，在此不再赘述。

图 4.20 所示 TCP 通信实例的 1 号报文段中，检验和为 0xa51b，检验通过。

10. 紧急指针

紧急指针指出本报文段中紧急数据的位置，占 2B。RFC6093 规定，本报文段的序号值加紧急指针值等于紧急数据后首字节的编号①。TCP 的紧急数据和正常数据在同一个数据流中传输，不能提供紧急数据的带外传输功能，如果需要带外传输功能，应用层需要单独设计实现协议。RFC6093 建议，利用 TCP 通信的新应用，不再使用紧急指针。

11. 选项

TCP 选项长度可变，最长不超过 40B，且必须是 4B 对齐②的。图 4.20 所示 TCP 通信实例的 1 号报文段中，包含 20B 选项。

在多个 RFC 文档中，TCP 定义了多种选项。TCP 选项的格式有两类，一类是单字节的 TCP 选项，仅包含 1B 的类型字段。另一类是多字节的 TCP 选项，由 1B 的类型字段、1B 的长度字段以及选项数据组成。TCP 选项格式如图 4.22 所示。

常见的 TCP 选项如表 4.3 所示。其中 EOL 选项和 NOP 选项属于单字节的 TCP 选项，其他选项都属于多字节选项。

---

① RFC1122 规定，紧急指针指向紧急数据的尾字节，RFC6093 修正了该规范，让紧急指针指向非紧急数据的首字节。大多数 TCP 实现符合 RFC6093 的规定。

② 4B 对齐的含义指长度是 4B 的整数倍。

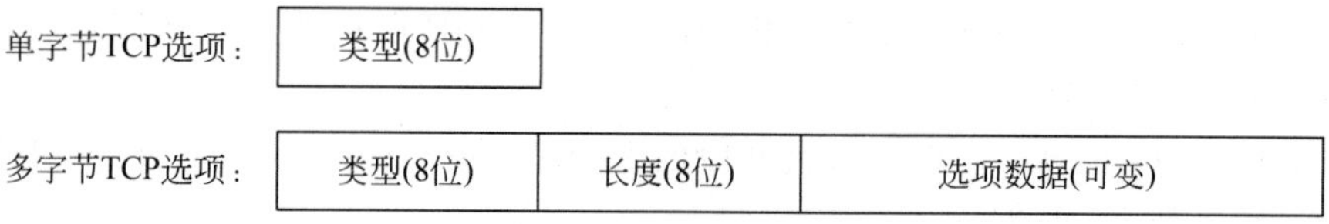

单字节TCP选项：

类型(8位)

多字节TCP选项：

类型(8位)	长度(8位)	选项数据(可变)

图 4.22　TCP 选项格式

表 4.3　常见的 TCP 选项

选 项 名 称	类型	长度	参考 RFC
选项列表结束(end of option list,EOL)	0	1	RFC793
无操作(no operation,NOP)	1	1	RFC793
最大报文段长度(maximum segment size,MSS)	2	4	RFC793、RFC1122、RFC6691
窗口扩大(window scale,WS)	3	3	RFC7323
允许选择肯定应答(SACK-permitted,SACK-P)	4	2	RFC2018
选择肯定应答(selective acknowledgement,SACK)	5	可变	RFC2018
时间戳(timestamps,TS)	8	10	RFC7323

每个 TCP 报文段的首部可以包含多个选项。图 4.20 所示 TCP 通信实例的 1 号报文段中,包含 MSS、SACK-P、时间戳、NOP 和窗口扩大选项,其 TCP 选项详细信息如图 4.23 所示。

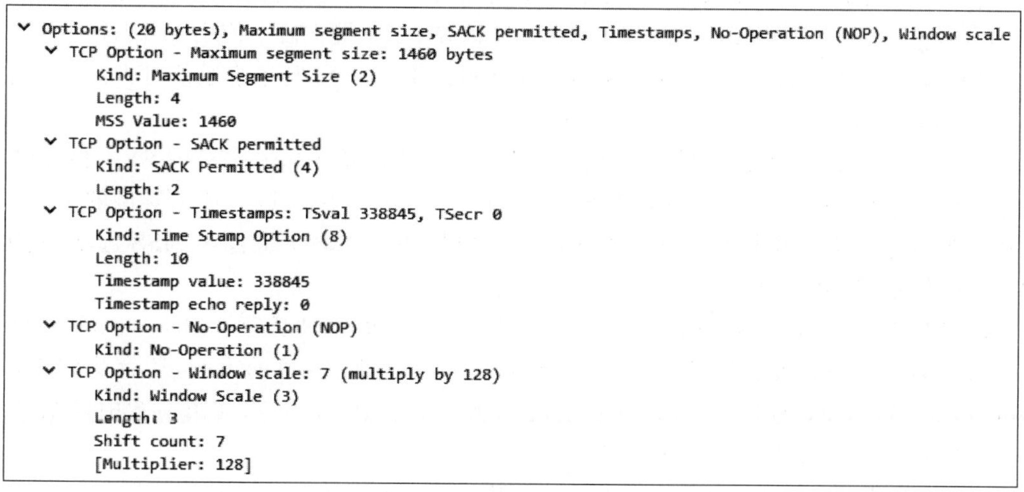

```
∨ Options: (20 bytes), Maximum segment size, SACK permitted, Timestamps, No-Operation (NOP), Window scale
  ∨ TCP Option - Maximum segment size: 1460 bytes
      Kind: Maximum Segment Size (2)
      Length: 4
      MSS Value: 1460
  ∨ TCP Option - SACK permitted
      Kind: SACK Permitted (4)
      Length: 2
  ∨ TCP Option - Timestamps: TSval 338845, TSecr 0
      Kind: Time Stamp Option (8)
      Length: 10
      Timestamp value: 338845
      Timestamp echo reply: 0
  ∨ TCP Option - No-Operation (NOP)
      Kind: No-Operation (1)
  ∨ TCP Option - Window scale: 7 (multiply by 128)
      Kind: Window Scale (3)
      Length: 3
      Shift count: 7
      [Multiplier: 128]
```

图 4.23　1 号报文段的 TCP 选项信息

1）选项列表结束(EOL)选项

EOL 选项用于指示 TCP 的选项列表结束,它用在所有 TCP 选项的后面,只有在 TCP 选项的总长度不满足 4B 对齐时,才需要使用该选项。如果增加了 EOL 选项后,TCP 选项的总长度仍然不满足 4B 对齐,则在 EOL 选项后填充“0”。填充的“0”不属于 TCP 选项。

2）无操作(NOP)选项

NOP 选项可以用在 TCP 选项之间或者结尾处,用来保证 TCP 选项的总长度满足 4B

对齐。在多数 TCP/IP 实现中，通过添加一个或多个 NOP 选项的方法来实现 TCP 选项的 4B 对齐，而不会添加 EOL 选项。

图 4.23 所示 TCP 通信实例 1 号报文段的选项中，包含了一个 NOP 选项，使 TCP 选项的总长度为 20B，满足 4B 对齐。

3）最大报文段长度(MSS)选项

如前文所述，最大报文段长度(MSS)指 TCP 报文段中数据部分的最大长度，不包含 TCP 首部。MSS 选项用来限制 TCP 通信中对方在发送数据时能够使用的最大报文段。设置 MSS 值与接收方的缓存以及接收窗口长度都没有关系，而是出于对传输效率的考虑。由于 TCP 报文段的数据部分需要加上 TCP 首部和 IP 首部(长度为 20～60B)之后，才能组装成一个 IP 数据报在网络中传送，因此在网络层传输 IP 数据报的开销至少 40B。如果 TCP 报文段的数据部分过少，网络利用率就会很低。TCP 应该尽可能在一个报文段中封装更多的数据，以提高网络利用率。但是，如果 TCP 报文段中的数据过多，又会造成 IP 在传送时对其进行分片，这也会造成传输效率的下降。因此，TCP 设置 MSS 值的作用是在不引起 IP 分片的情况下，在一个报文段中能够尽可能多地封装数据。

引起 IP 分片的重要参数是最大传送单元(maximum transmission unit，MTU)。MTU 是数据链路层允许通过的网络层分组的最大长度。关于 MTU 的更多内容，将在第 5、6 章进一步介绍。在这里仅需知道，如果 IP 数据报的总长度超过 MTU 值，IP 就需要进行分片操作。最典型的 MTU 值是 1500B，它是以太网中的 MTU 值。TCP 可以通过层间的调用，获得 MTU 值。

为了不引起 IP 分片，TCP 的接收方可以利用 MTU 值计算自己能接收的最大报文段长度，并通知给发送方。RFC1122 规定，TCP 应该在 SYN 报文段中使用 MSS 选项，将接收方最大报文段长度(receiver maximum segment size，RMSS[①])发送给通信对方。一般情况下，RMSS＝MTU－40。

本节 TCP 通信实例中，1 号报文段是主机 ns56A 发送给主机 ns57C 的 SYN 报文段，该报文段中包含 MSS 选项，其中的 RMSS 值为 1460＝1500－40。TCP 通信实例的 2 号报文段为主机 ns57C 发送给主机 ns56A 的 SYN 报文段，该报文段中也包含 MSS 选项，其中的 RMSS 值也是 1460B，如图 4.20 所示。

TCP 发送方在封装报文段时，有效发送的最大报文段长度(effective-send MSS，EMSS)称为有效最大报文段长度，除了受到对方发来的 MSS 值的限制，还会受到自己的 MTU 值、TCP 选项长度以及 IP 选项长度的限制。关于 IP 选项，将在第 5 章中详细介绍。RFC1122 规定，EMSS 的计算公式如下：

$$\text{EMSS} = \min(\text{RMSS} + 20, \text{MSS\_S}) - \text{TCPhdrsize} - \text{IPoptionsize} \tag{4-1}$$

其中参数如下：

(1) RMSS 为对方发来的 MSS 选项中的 MSS 值；

(2) MSS_S 为自己能够发送的包含 TCP 首部的报文段的最大值，计算公式为

$$\text{MSS\_S} = \text{自己的 MTU} - 20$$

(3) TCPhdrsize 为包含选项的 TCP 首部长度；

① RFC5681 中将该值记作 RMSS，RFC1122 中将该值记作 SendMSS，本书采用 RFC5681 中的记法。

（4）IPoptionsize 为 IP 选项长度。

在 TCP 发送方发送数据时，会尽可能按照 EMSS 值封装 TCP 报文段，以提高传输效率。按照 EMSS 值封装的报文段称为全长报文段（full-sized segment）。在本节的 TCP 通信实例中，主机 ns57C 通过 TCP 向主机 ns56A 发送 3500B 的数据，应用进程将这些数据写入缓存后，TCP 根据自己的 EMSS 值，从缓存中读取数据并封装报文段。TCP 在每个报文段中实际封装的数据长度如图 4.24 所示。

No.	源IP	目的IP	协议	帧长	源端口	目的端口	序号（相对）	确认号（相对）	TCP数据长度	TCP首部长度
1	192.168.56.126	192.168.57.254	TCP	74	56486	4499	0	0	0	40
2	192.168.57.254	192.168.56.126	TCP	74	4499	56486	0	1	0	40
3	192.168.56.126	192.168.57.254	TCP	66	56486	4499	1	1	0	32
4	192.168.56.126	192.168.57.254	TCP	77	56486	4499	1	1	11	32
5	192.168.57.254	192.168.56.126	TCP	66	4499	56486	1	12	0	32
6	192.168.57.254	192.168.56.126	TCP	1514	4499	56486	1	12	1448	32
7	192.168.57.254	192.168.56.126	TCP	1514	4499	56486	1449	12	1448	32
8	192.168.57.254	192.168.56.126	TCP	670	4499	56486	2897	12	604	32
9	192.168.56.126	192.168.57.254	TCP	66	56486	4499	12	1449	0	32
10	192.168.56.126	192.168.57.254	TCP	66	56486	4499	12	2897	0	32
11	192.168.56.126	192.168.57.254	TCP	66	56486	4499	12	3501	0	32
12	192.168.57.254	192.168.56.126	TCP	66	4499	56486	3501	12	0	32
13	192.168.56.126	192.168.57.254	TCP	66	56486	4499	12	3502	0	32
14	192.168.56.126	192.168.57.254	TCP	66	56486	4499	12	3502	0	32
15	192.168.57.254	192.168.56.126	TCP	66	4499	56486	3502	13	0	32

主机 ns56A：192.168.56.126　　主机 ns57C：192.168.57.254

图 4.24　TCP 的实际数据长度

6～8 号报文段是主机 ns57C 发送给主机 ns56A 的 3500B 数据，这些报文段均包含 12B 的 TCP 选项，即 TCP 首部长度为 32B，其 IP 首部中，选项长度为 0。根据式（4-1）计算可知：EMSS＝1460＋20－32＝1448B。在上述 TCP 通信实例中，主机 ns56A 将 3500B 数据分割成 1448B、1448B、604B 封装到 3 个 TCP 报文段中发送，既避免了 IP 分片，又提高了网络利用率。

在 TCP 的具体实现中，EMSS 的计算还需要考虑路径最大传送单元（path MTU，PMTU）等因素的限制。PMTU 是整个网络路径上的所有链路中最小的 MTU。关于 PMTU 的内容，将在第 5 章中介绍。

RFC1122 中还规定，如果在 SYN 报文段中未包含 MSS 选项，则 TCP 将 RMSS 设置为 536B。这是因为在早期的计算机网络中，x.25 协议应用广泛，它的 MTU 值是 576B。如果减去 20B 的 IP 固定首部长度和 20B 的 TCP 固定首部长度，刚好将 536B 作为 MSS 的默认值。在当前的网络环境中，最典型的 MSS 值是 1460B。

4）窗口扩大（WS）选项

在计算机网络中，将延迟与带宽的乘积称为延迟带宽积。延迟带宽积很大的网络称为长肥网络（long fat network，LFN），运行在长肥网络上的 TCP 连接称为长肥管道（long fat pipe，LFP）。卫星信道上的 TCP 连接就是典型的长肥管道。

在 TCP 中，窗口字段只有 16 位，窗口值最大为 65535B，因此发送窗口长度的上限只有 65536B。对于长肥管道，上述原因可能会造成发送的所有的数据还未到达接收方，但是发送方因发送窗口已满而不能继续发送，从而极大降低了网络的吞吐量。为了解决该问题RFC7323[①] 中定义了窗口扩大选项。

窗口扩大选项占 3B，最后 1B 的选项数据表示移位值 S。使用窗口扩大选项后，TCP 的窗口位数从 16 位增大到 $16+S$ 位。RFC7323 允许使用的最大移位值是 14，相当于将窗口值从 16 位增大到 30 位。如图 4.23 所示，TCP 通信实例 1 号报文段的选项中，窗口扩大选项的移位值 S 为 7。

扩大后的窗口值按以下公式进行计算：

$$扩大后的窗口值 = 窗口值 \times 2^S$$

在图 4.23 所示的实例中，窗口值扩大了 128(即 2^7)倍。

窗口扩大选项只允许出现在 SYN 报文段中，为使用窗口扩大功能，通信双方就会在 SYN 报文段中包含该选项。当 TCP 连接建立后，移位值是与方向绑定的，两个方向的移位值可以不同。本节 TCP 通信实例中的窗口扩大情况如图 4.25 所示。

No.	源IP	目的IP	协议	帧长	源端口	目的端口	窗口值	窗口（扩大后）	窗口移位值
1	192.168.56.126	192.168.57.254	TCP	74	56486	4499	29200	29200	7
2	192.168.57.254	192.168.56.126	TCP	74	4499	56486	28960	28960	7
3	192.168.56.126	192.168.57.254	TCP	66	56486	4499	229	29312	
4	192.168.56.126	192.168.57.254	TCP	77	56486	4499	229	29312	
5	192.168.57.254	192.168.56.126	TCP	66	4499	56486	227	29056	
6	192.168.57.254	192.168.56.126	TCP	1514	4499	56486	227	29056	
7	192.168.57.254	192.168.56.126	TCP	1514	4499	56486	227	29056	
8	192.168.57.254	192.168.56.126	TCP	670	4499	56486	227	29056	
9	192.168.56.126	192.168.57.254	TCP	66	56486	4499	251	32128	
10	192.168.56.126	192.168.57.254	TCP	66	56486	4499	274	35072	
11	192.168.56.126	192.168.57.254	TCP	66	56486	4499	296	37888	
12	192.168.57.254	192.168.56.126	TCP	66	4499	56486	227	29056	
13	192.168.56.126	192.168.57.254	TCP	66	56486	4499	296	37888	
14	192.168.56.126	192.168.57.254	TCP	66	56486	4499	296	37888	
15	192.168.57.254	192.168.56.126	TCP	66	4499	56486	227	29056	

主机 ns56A：192.168.56.126　主机 ns57C：192.168.57.254

图 4.25　TCP 窗口扩大情况

本实例中，通信双方发送的 SYN 报文段中均包含了窗口扩大选项，两个方向的移位值都是 7。需要注意的是，在 SYN 报文段中的窗口值不进行窗口移位计算，在后续的报文段中才进行窗口移位计算。

5）选择肯定应答(SACK)选项和允许选择肯定应答(SACK-P)选项

前文已述，TCP 的确认号具有累积肯定应答功能，因此对于失序到达的报文段，TCP 接收方不能用确认号字段进行肯定应答。RFC2018 定义的 SACK 选项，可以解决该问题。

SACK 选项可以描述失序到达的报文段中包含的字节块。利用 SACK 选项，TCP 接收方可以对失序报文段进行选择肯定应答。SACK 选项的格式如图 4.26 所示，它由类型、长度以及一系列“边界对”组成，长度不固定。每个“边界对”由一个左边界和一个右边界组成，可以标记一个连续的字节块。

---

① 1992 年，RFC1323 定义了 TCP 窗口扩大选项；2014 年，RFC7323 替代了 RFC1323。目前，RFC7323 为互联网建议标准。

TCP首部的其他部分	类型(8位)	长度(8位)
第1个字节块的左边界(32位)		
第1个字节块的右边界(32位)		
第2个字节块的左边界(32位)		
第2个字节块的右边界(32位)		
⋮		
第n个字节块的左边界(32位)		
第n个字节块的右边界(32位)		

边界对

图 4.26 SACK 选项的格式

对于一个失序到达的字节块，RFC2018 定义其左边界为该字节块的首字节编号，其右边界为该字节块的尾字节编号加 1。由于 TCP 选项长度不超过 40B，SACK 选项最多描述 4 个字节块。接收方发送的 SACK 选项中的字节块都是已经正确收到但是失序到达的字节块。关于 TCP 的选择肯定应答机制，将在 4.6 节介绍。

如果 TCP 通信方希望使用 SACK 选项，需要在初始的 SYN 报文段中增加 SACK-P 选项。SACK-P 选项占 2B，仅包含类型和长度两个字段，不包含选项数据字段。SACK-P 选项只允许出现在 SYN 报文段中。只要 SYN 报文段中包含了 SACK-P 选项，在这个连接随后的报文段中都允许使用 SACK 选项。

本节 TCP 通信实例的 1 号报文段中，SACK-P 选项如图 4.23 所示，类型字段为 4，长度字段为 2。

6）时间戳(TS)选项

时间戳(TS)选项占 10B，属于图 4.22 所示的多字节 TCP 选项，其选项数据部分由时间戳值(timestamps value，TSval)字段和时间戳回显应答(timestamps echo reply，TSecr)字段组成，这两个字段各占 4B。

TCP 可以在初始的 SYN 报文段中发送 TS 选项，接收方只有在收到的 SYN 报文段中包含 TS 选项的时候才允许在其 SYN-ACK 报文段中发送 TS 选项。一旦 TCP 通信双方协商好启用 TS 选项，在这个连接随后的报文段中(RST 报文段除外)必须包含 TS 选项。

当使用 TS 选项时，发送方 TCP 发送报文段时将当前时间戳写入 TSval 字段，接收方 TCP 在发送 ACK 报文段时，再把这个时间戳写入 TSecr 字段并返回。因此，只有在 ACK 标志位置“1”的报文段中，TSecr 字段才有效。

TS 选项具有两大功能。

(1) 防止序号绕回(protect against wrapped sequence numbers，PAWS)。由于 TCP 报文段的序号字段只有 32 位，因此每增加 2^{32} 个序号就会重复使用原来的序号。在长肥管道中，序号很可能被重复使用。为避免序号绕回带来的二义性问题，TCP 增加时间戳选项，对相同序号的报文段加以区别。

(2) 往返路程时间测量(round-trip time measurement，RTTM)。TCP 报文段的往返路程时间对于超时重传时间的设定具有重要意义。在发送的报文段中设置时间戳，并在返回的 ACK 报文段中回显该时间戳。当发送方收到 ACK 时，用当前时间减去回显时间戳的时间，即可得到往返路程时间。关于超时重传时间的设定，将在 4.6 节介绍。

本节 TCP 通信实例的 1 号报文段中，TS 选项如图 4.23 所示，其 TSval 字段值为 338845，由于 1 号报文的 ACK 标志未置“1”，其 TSecr 字段值为 0。在图 4.24 中，3～15 号报文段的 TCP 首部长度均为 32B，说明它们都包含了 12B 的选项。这 12B 的选项由 10B 的 TS 选项和两个单字节的 NOP 选项组成，两个 NOP 选项的作用是满足 TCP 首部 4B 对齐的要求。

4.5 TCP 的连接管理

TCP 是一个面向连接的协议，完整的 TCP 通信需要经过连接建立、数据传输和连接释放 3 个阶段。在通信过程中，TCP 需要维护连接的状态。

4.5.1 TCP 的连接建立

TCP 连接的建立采用客户-服务器方式。主动建立连接的一端(active opener)称为客户，被动等待连接建立的一端(passive opener)称为服务器。

TCP 建立连接的过程中需要在客户和服务器之间进行 3 次报文段交换，RFC793 将 TCP 连接建立过程称为三次握手(three way handshake)，也称为三报文握手。TCP 建立连接的过程如图 4.27 所示。

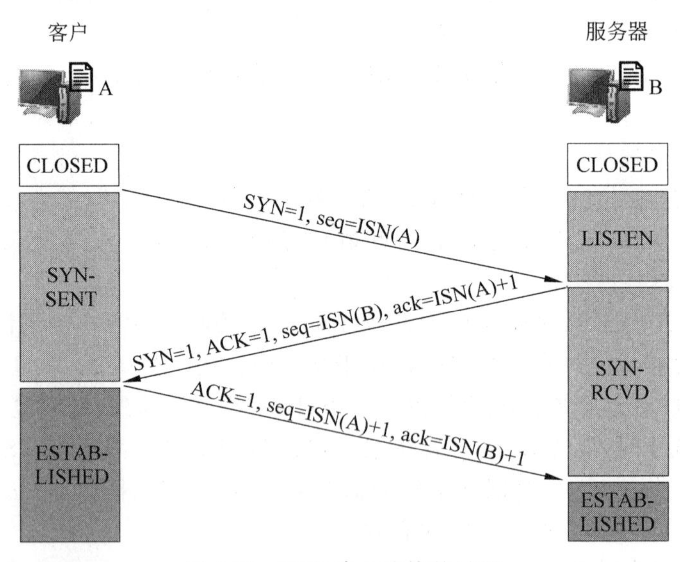

图 4.27　TCP 建立连接的过程

建立连接时，服务器进程 B 被动打开连接，从 CLOSED 状态进入 LISTEN 状态，等待来自客户进程 A 的建立连接请求。

A 需要连接 B 时，将 SYN 标志置“1”，选择初始序号 ISN(A)，以 B 的 IP 地址和端口号作为参数，构造 TCP 报文段，向 B 发送建立连接请求报文段。该报文段是三报文握手中的第一次，一般称为 SYN 报文段。虽然 SYN 报文段的数据部分长度为 0，但是仍占用 1B 的编号，以方便通信对方对 SYN 请求进行肯定应答。A 发送了 SYN 报文段后，从 CLOSED 状态进入 SYN-SENT 状态。

B 收到 A 的建立连接请求后，需要发送自己的 SYN 报文段作为响应。在该 SYN 报文段内，B 选择自己的初始序号 ISN(B)。为了确认 A 的 SYN 请求，B 将 ACK 标志置"1"，并将 ISN(A)+1 作为确认号。该报文段是三报文握手中的第二次，一般称为 SYN-ACK 报文段。SYN-ACK 报文段也占用 1B 的编号。B 发送了 SYN-ACK 报文段后，从 LISTEN 状态进入 SYN-RCVD 状态。

A 在收到 B 的 SYN-ACK 报文段后，需要对其 SYN 请求进行肯定应答。A 将 ISN(B)+1 作为确认号，将 ACK 标志置"1"，发送 ACK 报文给 B。该报文段是三报文握手中的第三次，一般称为 ACK 报文段。三报文握手的 ACK 报文段一般不包含数据，其序号字段填写 ISN(A)+1。在随后发送数据的报文段中，A 仍然从 ISN(A)+1 开始进行字节编号。A 发送了 ACK 报文段后，从 SYN-SENT 状态进入 ESTABLISHED 状态。此时，对于 A，TCP 连接已经建立，可以开始进行数据传输了。

B 收到 A 的 ACK 报文段后，从 SYN-RCVD 状态进入 ESTABLISHED 状态。此时，B 也可以开始进行数据传输了。

在 4.4 节的 TCP 通信实例中，主机 ns56A 的 nc 进程作为客户进程，主机 ns57C 的 nc 进程作为服务器进程，完成了上述三报文握手，建立了 TCP 连接。其建立连接的过程如图 4.28中 1～3 号报文段所示，注释中的序号和确认号均采用 Wireshark 处理后的相对序号。

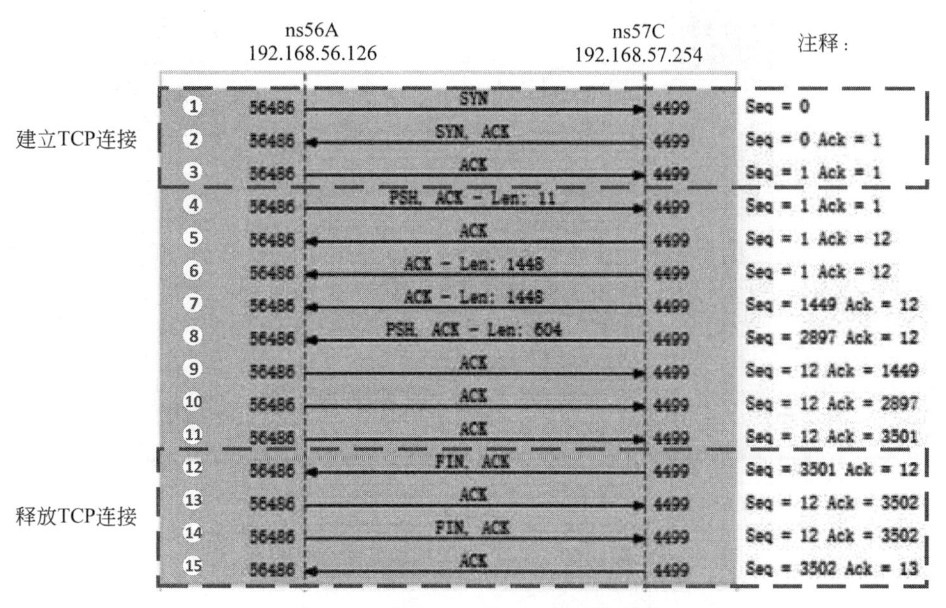

图 4.28　建立和释放 TCP 连接实例

在 TCP 建立连接的过程中采用三次握手而不是仅采用两次握手的原因是为了防止已失效的连接请求报文段突然又传送到 B，因而产生错误。所谓"已失效的连接请求报文段"是这样产生的。考虑以下异常情况：客户进程 A 发出连接请求，因在某些网络结点长时间滞留而未收到 ACK，于是又重传一次连接请求，在收到了 ACK 后建立连接，传输数据，释放连接。在释放连接后,A 发出的第一个连接请求才到达 B。本来这是一个早已失效的报文段,但是 B 收到此报文段后误认为是 A 又新发出的连接请求,于是就向 A 发出 ACK 报文段,同意建立连接。若仅采用二次握手,则只要 B 发出 ACK,新的连接就建立了。由于 A 并没有发出新的建立连接请求,因此不会理睬 B 的 ACK,也不会向 B 发送数据。但 B 却以为新的连接已经建立了,并一直等待 A 发来数据。B 的许多资源就这样白白浪费了。采用三次握手的方法可以防止上述现象的发生。

如果客户进程向某套接字(socket)发送 SYN 报文段请求建立 TCP 连接,但该套接字指向的端口并没有绑定服务器应用进程,则服务器上的 TCP 进程会设置 RST 标志,发送 RST 报文段给客户进程,拒绝该建立连接请求。

TCP 建立连接过程中,通信双方可以利用选项设置一些连接参数,如 MSS 选项、SACK-P 选项、窗口扩大选项等。关于选项的具体内容,可以参考 4.4 节的介绍。

4.5.2 TCP 的连接释放

数据传输结束后,通信双方都可以主动释放 TCP 连接。TCP 释放连接的过程中需要通信双方进行 4 次报文段交换,这个过程称为四次握手或四报文握手。TCP 释放连接的过程如图 4.29 所示。

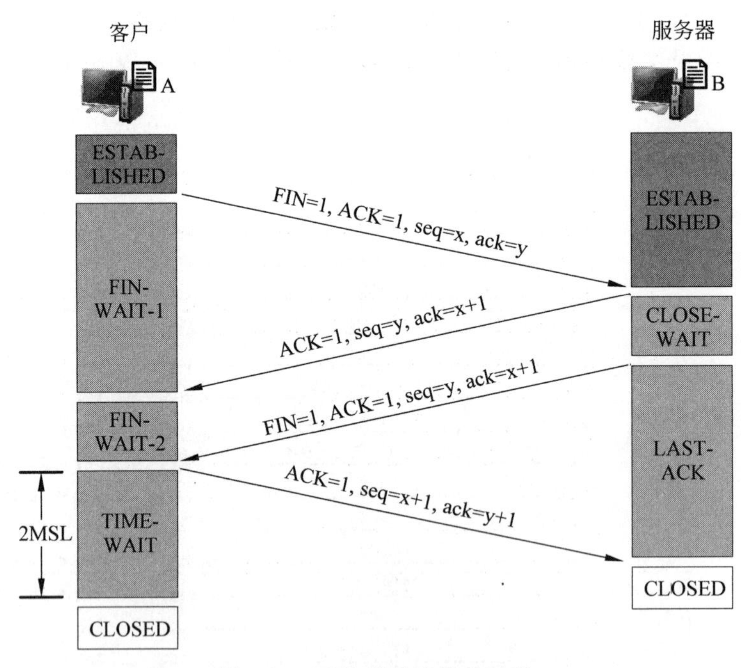

图 4.29　TCP 释放连接的过程

若将数据传输过程中,客户进程 A 发送给服务器进程 B 的最后字节编号记为 $x-1$,B 发送给 A 的最后字节编号记为 $y-1$。

若 A 发送完数据后主动释放连接,则 A 需要向 B 发送释放连接请求报文段。在该报文段内,A 将 FIN 标志置"1",填写序号为 x。由于 TCP 建议连接建立后的所有报文段中 ACK 标志都置"1",所以 A 也将 ACK 标志置"1",并填写确认号为 y,用以肯定应答收到的最后1B的数据。该报文段一般称为FIN报文段或FIN请求。FIN报文段数据部分长度为0,但是占用1B的编号,以方便通信对方对FIN请求进行肯定应答。A发送了FIN请求后,从ESTABLISHED状态进入FIN-WAIT-1状态。

进程B收到A的释放连接请求后,应立即进行肯定应答。在ACK报文段中,B将ACK标志置"1",填写确认号为$x+1$,填写序号为y。B向A发送了ACK报文后,从ESTABLISHED状态进入CLOSE-WAIT状态。这时的TCP连接处于半关闭状态,即A已经没有数据要发送了,若B有数据,还可以继续发送,A仍然要接收。在图4.29中,B没有继续发送数据给A。半关闭状态的实质是关闭了双向通信数据流中的一个传输方向。

A收到B的ACK报文段后,从FIN-WAIT-1状态进入FIN-WAIT-2状态。

当B需要关闭另一个方向的连接时,也需要发送一个FIN请求。由于B没有继续发送数据给A,B构造的FIN报文段中,其序号仍然为y。B也将ACK标志置"1",确认号仍然为$x+1$。B发送了FIN请求后,从CLOSE-WAIT状态进入LAST-ACK状态。

A收到B的FIN请求后,应立即进行肯定应答。在ACK报文段中,A将ACK标志置"1",填写确认号为$y+1$,填写序号为$x+1$。A发送了ACK报文段后,从FIN-WAIT-2状态进入TIME-WAIT状态。

B收到最后一个ACK报文后,从LAST-ACK状态进入CLOSED状态。此时,对于B来说,TCP连接已关闭。

A需要在TIME-WAIT状态等待2MSL后,才能进入CLOSED状态。RFC793建议的MSL(maximum segment lifetime,最长报文段生存期)取值为2min。若A发送的最后一个ACK在传输过程中丢失,则在TIME-WAIT状态,A会收到B重传的FIN请求,A只需要重新进行肯定应答并重置2MSL计时器即可。

当2MSL计时器超时,A从TIME-WAIT状态进入CLOSED状态。此时,对于A来说,TCP连接才关闭。

在4.4节中的TCP通信实例中,通信结束后主机ns57C首先主动释放TCP连接,向主机ns56A发出了第一个FIN请求,随后双方完成了释放连接的四报文握手。其释放连接的过程如图4.28中12～15号报文段所示,对照图4.29的四报文握手过程,实例中$x=3501$,$y=12$。实例注释中的序号和确认号均采用Wireshark处理后的相对序号。

四报文握手中的第二个ACK报文段有时会被省略,这样释放连接的过程仅需要3次报文握手就可以完成。在4.4节中的TCP通信实例中,如果先从nc客户端释放连接,即先在主机ns56A上按Ctrl+C组合键终止TCP通信,可以观察到三报文握手释放连接的过程。

4.5.3 TCP的状态变迁

在上述三报文握手建立连接和四报文握手释放连接的过程中,通信双方的状态变迁都属于TCP连接状态的正常变迁。除此之外,在各种触发条件下,TCP连接状态还会发生多种异常变迁。RFC793规定了TCP的状态变迁图,描述连接状态变迁的规则,如图4.30所示。

图4.30中,椭圆表示TCP连接状态,椭圆中的英文字符串是RFC793定义的TCP连接状态名。状态之间的变迁用箭头表示。箭头旁边的文字描述触发变迁的条件。图4.30

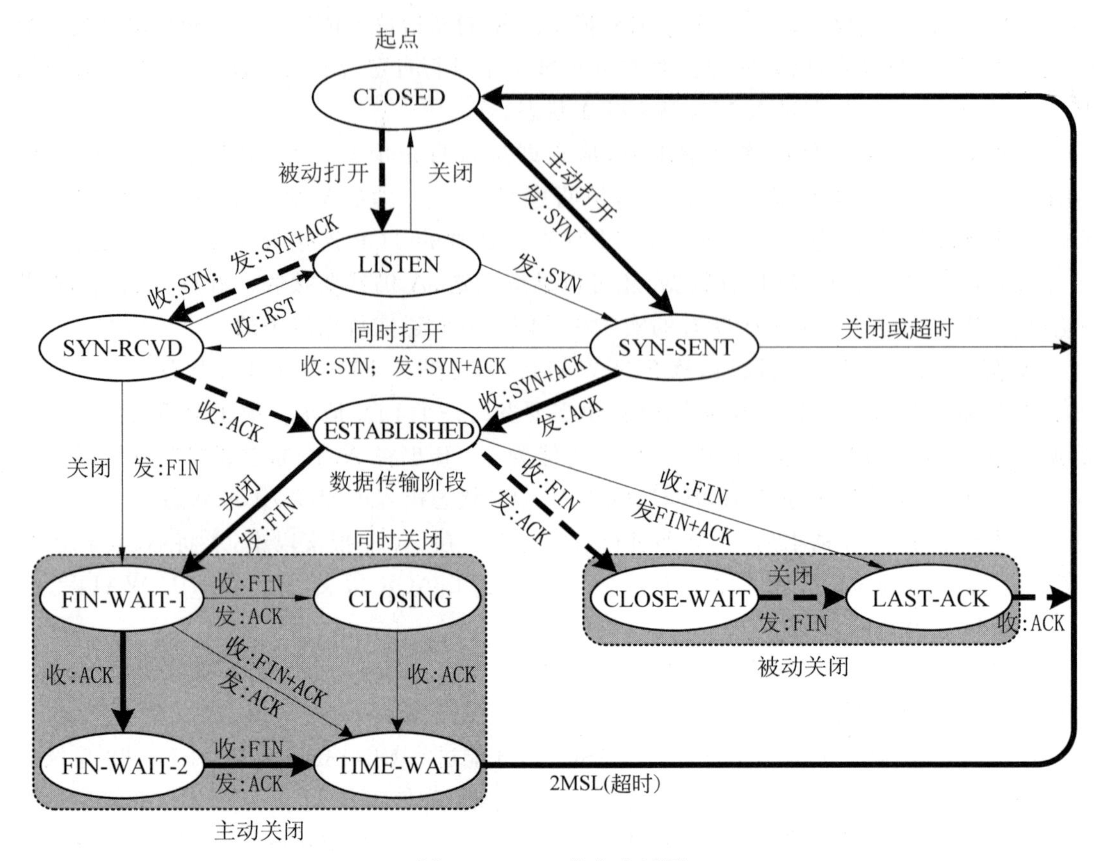

图 4.30　TCP 状态变迁图

中有 3 种箭头，粗实线箭头代表客户状态的正常变迁；粗虚线箭头代表服务器状态的正常变迁；细实线箭头代表异常变迁。

在 TCP 建立连接和释放连接过程中，一些可能出现的状态变迁情况总结如下。

(1) 三报文握手建立连接。

客户(主动打开)：CLOSED→SYN-SENT→ESTABLISHED。

服务器(被动打开)：CLOSED→LISTEN→SYN-RCVD→ESTABLISHED。

(2) 四报文握手释放连接。

客户(主动关闭)：ESTABISHED→FIN-WAIT-1→FIN-WAIT-2→TIME-WAIT→CLOSED。

服务器(被动关闭)：ESTABLISHED→CLOSE-WAIT→LAST-ACK→CLOSED。

(3) 三报文握手释放连接。

客户(主动关闭)：ESTABISHED→FIN-WAIT-1→TIME-WAIT→CLOSED。

服务器(被动关闭)：ESTABLISHED→LAST-ACK→CLOSED。

(4) 同时打开。

客户和服务器：CLOSED→SYN-SENT→SYN-RCVD→ESTABLISHED。

(5) 同时关闭。

客户和服务器：ESTABLISHED→FIN-WAIT-1→CLOSING→TIME-WAIT→CLOSED。

4.6 TCP的可靠传输

TCP是一种可靠传输协议，是以字节为单位的滑动窗口协议。TCP的滑动窗口概念与4.3.2节中讲述的滑动窗口一致。不同的是，TCP窗口内的序号不是以PDU为单位编号，而是以字节为单位编号。TCP依靠首部中的序号和确认号字段控制窗口的滑动，其发送窗口和接收窗口均大于1。此外，4.3.2节介绍的连续ARQ协议的发送窗口和接收窗口长度是固定的，而TCP的发送窗口和接收窗口长度都是动态变化的。

对于出现差错的报文段，TCP依赖超时重传机制保证可靠传输，其超时重传时间的设定能够根据当前网络的实际情况不断调整。为提高重传效率，TCP还采用了快重传算法。对于失序到达的报文段，TCP利用SACK选项进一步提高了重传效率。

4.6.1 以字节为单位的滑动窗口

下面，用4.4节中的TCP通信实例来介绍以字节为单位的滑动窗口协议。TCP通信实例的数据流如图4.31所示。图中4号和5号报文段是主机ns56A向主机ns57C发送11B数据，及其进行肯定应答的过程。6～11号报文段是主机ns57C向ns56A发送3500B数据，以及这些数据进行肯定应答的过程。在此，主要介绍6～11号报文段。

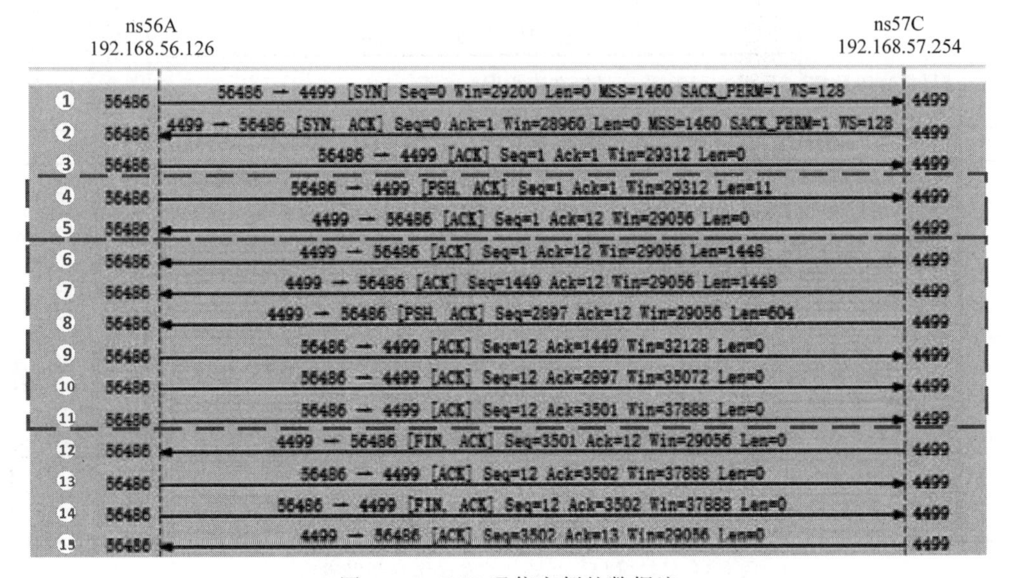

图4.31 TCP通信实例的数据流

1. 发送缓存和发送窗口

连接建立后，TCP通信的双方均维持一个发送窗口和一个接收窗口。下面，首先介绍发送方主机ns57C上的发送缓存和发送窗口的情况。在4号报文段中，ns56A通告的接收窗口长度为29312B，确认号为1。ns57C根据收到的信息，计算自己的发送窗口范围为1～29312B(暂时不考虑拥塞控制的情况)。当主机ns57C中的发送应用程序nc将3500B数据写入TCP的发送缓存后，TCP根据MSS值以及发送窗口值，组装TCP报文段并发送出去。ns57C的发送缓存和发送窗口如图4.32所示。

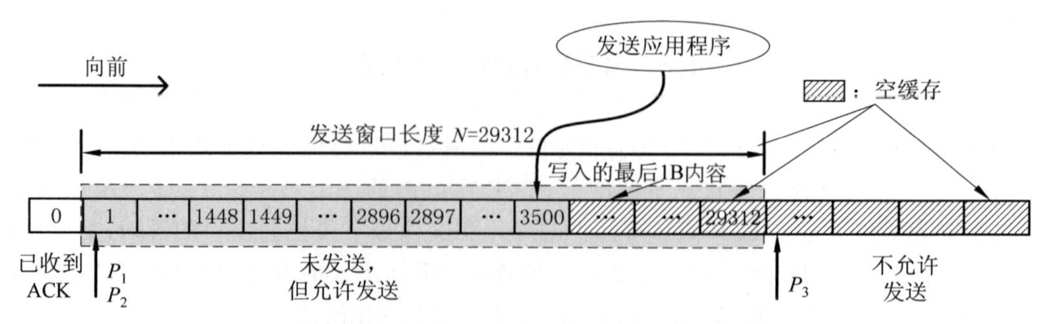

（a） 发送6号报文段前，ns57C的发送缓存和发送窗口

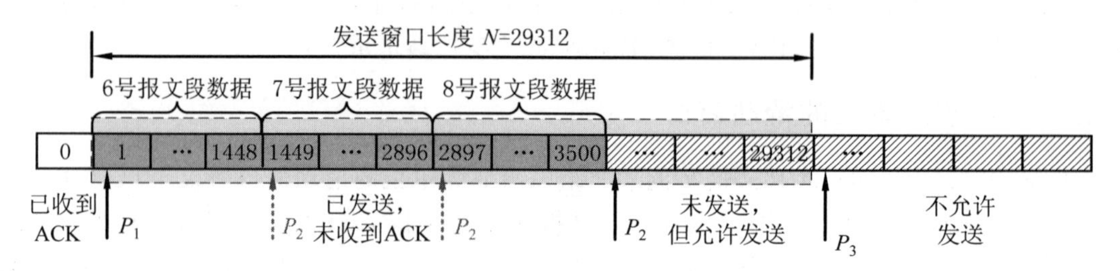

（b） 发送6～8号报文段后，ns57C的发送缓存和发送窗口

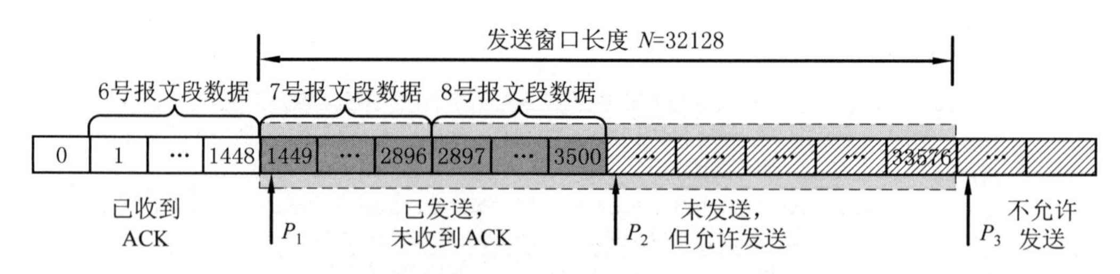

（c） 收到9号报文段后，ns57C的发送缓存和发送窗口

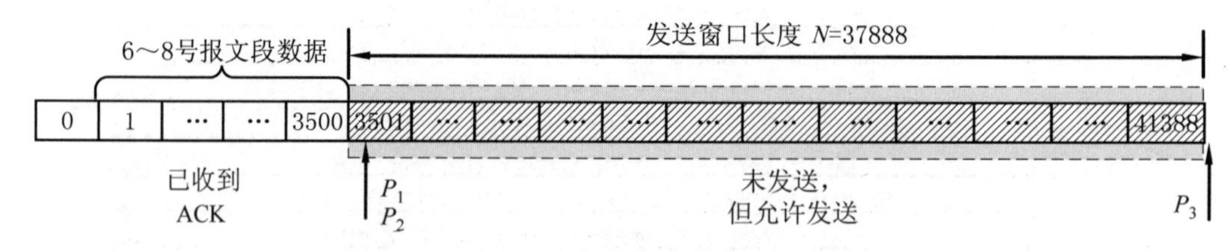

（d） 收到11号报文段后，ns57C的发送缓存和发送窗口

图 4.32 ns57C 的发送缓存和发送窗口

在发送 6 号报文段之前，ns57C 的发送缓存和发送窗口如图 4.32(a)所示。ns57C 已经发送的 SYN 报文段，占用了一字节编号，Wireshark 处理过的相对序号为 0，该字节已被肯定应答。当前发送窗口长度 $N=29312$，字节编号范围 1～29312。发送应用程序写入 3500B 数据到 TCP 发送缓存，编号为 1～3500，编号 3500 之后的缓存为空。所有 3500B 均在发送窗口之内，在未收到 ACK 报文之前，允许连续发送。

对方主机 ns56A 的 SYN 报文段中通告的 MSS 是 1460B，主机 ns57C 自己的 MSS 也是 1460B，所以 ns57C 发送的报文段的数据部分最大不超过 1460B。由于通信双方协商采用时间戳选项，在每个报文段中选项占用了 12B(参见 4.4.2 节中的分析)。最终计算得到的有效最大报文段长度 EMSS＝1460B－12B＝1448B。因此，ns57C 每次从发送缓存取 1448B 数据封装成报文段发送，直至将数据取完。

TCP 发送缓存中的 3500B 数据被 ns57C 封装成 6～8 号报文段，依次发送，3 个报文段数据部分长度分别为 1448B、1448B 和 604B。每发送一个报文段，TCP 将指针 P_2 向前滑动。经过 3 次滑动后，指针 P_2 指向 3501B。由于数据已经发完，TCP 在 8 号报文段中设置了 PSH 标志。因尚未收到 ACK，ns57C 的发送窗口长度不发生变化，仍为 29312B，如图 4.32(b)所示。

9 号报文段是 ns56A 发给 ns57C 的 ACK，确认号为 1449，对 1449B 之前的所有数据进行肯定应答。在 9 号报文段中，ns56A 通告了它的新接收窗口长度为 32128。收到 9 号报文段后，ns57C 根据确认号，将指针 P_1 向前滑动，指向 1449B。然后计算 $P_3=1449+32128=33577$B，将指针 P_3 向前滑动，指向 33577B。当前发送窗口长度 $N=32128$，字节编号范围 1449～33576B，如图 4.32(c)所示。

ns57C 在收到 10 号报文段和 11 号报文段后，用相同方法进行计算，并两次向前滑动指针 P_1 和 P_3。处理完 11 号报文段后，ns57C 的发送缓存和发送窗口如图 4.32(d)所示。至此，ns57C 发送的 3500B 数据都已收到 ACK。

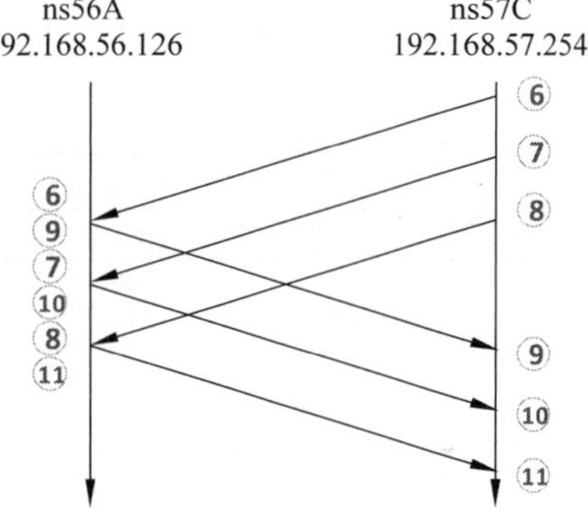

图 4.33　延迟对抓包结果的影响

2. 接收缓存和接收窗口

下面，介绍接收方主机 ns56A 上的接收缓存和接收窗口的情况。由于延迟的影响，从主机 ns56A 上观察上述 TCP 通信实例，得到的报文段顺序不同。如图 4.33 所示，ns57C 连续发送了 6～8 号报文段，当这些报文段到达 ns56A 时，ns56A 每收到一个报文段，都立即发送了 ACK。但由于延迟的影响，对 6 号报文段的 ACK 到达 ns57C 时，ns57C 已经发完了 8 号报文段。因此，从 ns57C 上观察，对 6 号报文段的 ACK 是第 9 个报文段的。为避免混淆，继续采用从 ns57C 上观察得到的报文段顺序号进行介绍。这样，对于接收方 ns56A，当它收到 6 号报文段时，发送了 9 号报文段给予肯定应答，以此类推。

建立连接后，主机 ns56A 发送的 4 号报文段中，通告的接收窗口长度为 29312B，确认号为 1，说明当前接收窗口范围为 1～29312B。ns56A 的接收缓存和接收窗口如图 4.34 所示。

收到 6 号报文段前，主机 ns56A 的接收窗口和接收缓存如图 4.34(a)所示。收到 6 号报文段后，主机 ns56A 将按序到达的 1448B 数据放入接收缓存，向前滑动 P_4 指针，指向 1449B。然后根据 TCP 接收窗口长度自动调优算法[①]计算接收窗口长度为 32128，计算 $P_5=1449+32128=33577$B，将指针 P_5 向前滑动，指向 33577B。将接收窗口值 32128 和确认号 1449 写入 9 号报文段，发送给 ns57C。滑动后的接收窗口范围为 1449～33576B，如图 4.34(b)所示。

ns56A 在收到 7 号报文段和 8 号报文段后，用相同方法进行计算，并两次向前滑动指针

① 该算法是 TCP 流量控制的组成部分。调优后的接收窗口长度可以反映出该连接上可用接收缓存大小以及该连接上的延迟带宽积。Windows 和 Linux 系统的 TCP 实现中均实现了接收窗口长度自动调优算法。

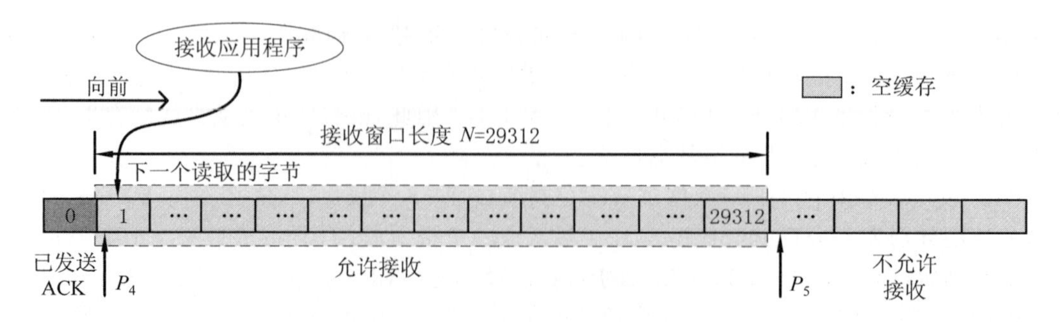

（a） 收到6号报文段前，ns56A的接收缓存和接收窗口

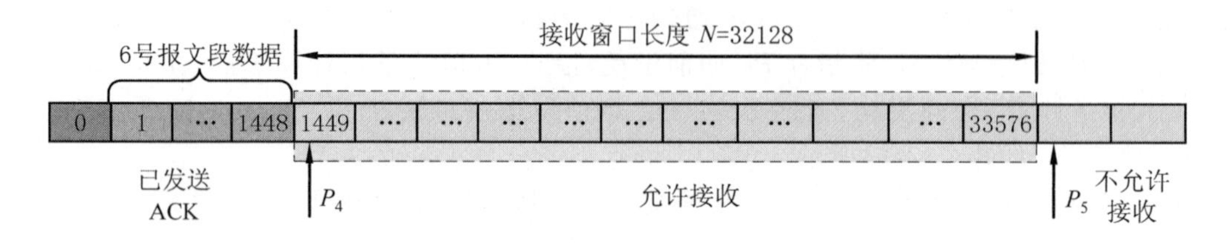

（b） 收到6号报文段，并发送9号报文段后，ns56A的接收缓存和接收窗口

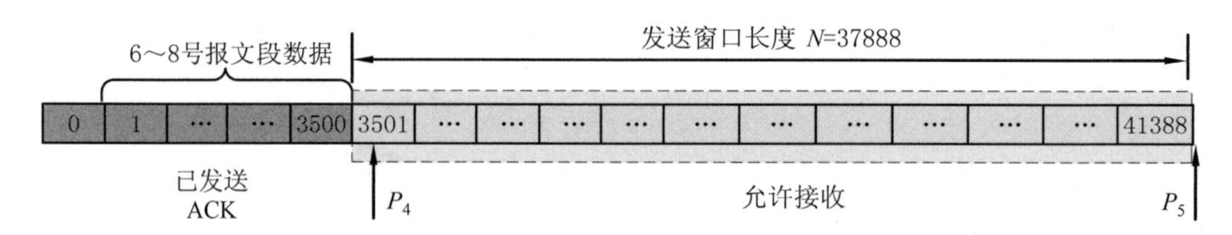

（c） 发送11号报文段后，ns56A的接收缓存和接收窗口

图 4.34 ns56A 的接收缓存和接收窗口

P_4 和 P_5。产生并发送 10、11 号报文后，ns56A 的接收缓存和接收窗口如图 4.34(c)所示。因空间所限，图 4.34(c)中的空缓存未画出。至此，主机 ns56A 收到的 3500B 数据都已发送 ACK。

4.6.2 超时重传

在数据传输过程中，如果未出现差错，TCP 将按照上述实例过程，运行滑动窗口协议。如果出现了报文段丢失或差错，TCP 将会采用 4.3 节中介绍的超时重传机制，对超时且未收到 ACK 的报文段进行自动重传。TCP 的超时重传采用累积肯定应答，不能单独对失序到达的报文段进行肯定应答。

TCP 的超时重传概念很简单，但实践中超时重传时间(retransmission time-out，RTO)的选择却比较复杂。由于 TCP 的下层是互联网环境，发送的报文段可能只经过一个高速局域网络，也可能经过多个低速网络，不同的网络环境中的报文段往返路程时间(round-trip time，RTT)相差很大。RTO 显然应该大于往返路程时间(RTT)，否则会造成不必要的报文段重传。但如果 RTO 设置过长，则会使网络空闲时间增大，降低传输效率。本节基于 RFC6298 的建议，介绍 TCP 中 RTO 的设定。

1. 往返路程时间的估算

TCP 采用一种自适应算法估算 RTT。TCP 记录一个报文段的发出时间，以及收到的

ACK 对应的时间，二者之差作为一个 RTT 测量值，也称为 RTT 样本(RTT sample)，记作 RTT_{sam}。TCP 维护一个 RTT 的加权平均值，称为平滑往返路程时间(smoothed RTT，SRTT)。每进行一次测量，TCP 按照如下公式计算新的 SRTT：

$$SRTT = (1-\alpha)\cdot SRTT + \alpha \cdot RTT_{sam} \tag{4-2}$$

RFC6298 中，建议 α 取值 0.125。类似 SRTT 这种加权平均值称为指数移动加权平均值(exponential weighted moving average，EWMA[①])。时间越靠近当前时刻的数据权重越大。

SRTT 的初值应设置为第一个有效的 RTT 样本。

2. 超时重传时间的估算

为了计算 RTO，RFC6298 定义了 RTT 偏差(RTT variation，RTTV)，用以估算 RTT 样本偏离 SRTT 的程度。RTT 偏差也是一个指数移动加权平均值，每取得一次 RTT_{sam}，TCP 按照如下公式计算 RTTV：

$$RTTV = (1-\beta)\cdot RTTV + \beta \cdot | SRTT - RTT_{sam} | \tag{4-3}$$

RFC6298 中，建议将 β 取值为 0.25。RTTV 的初值设置为第一个 RTT 样本值的一半。

RTO 应略大于 SRTT。每取得一次 RTT_{sam}，TCP 计算 SRTT 和 RTTV，然后按照如下公式计算 RTO：

$$RTO = SRTT + \max(G, 4RTTV) \tag{4-4}$$

其中，G 表示系统的时钟粒度(clock granularity)，即使计算得到的 RTTV 趋近 0，RTO 也应该比 SRTT 大 1 个时钟粒度。在 Linux 系统中，TCP 时钟粒度为 1ms，因此 RTO 至少比 SRTT 大 1ms。RFC6298 建议给 RTO 设定上界和下界，上界的建议值是 60s，下界的建议值是 1s。因此，即使计算出的 RTO 小于 1s，也应将 RTO 设置为 1s。RFC6298 也允许将 RTO 下界设定为更小的值，如在数据中心网络中，RTO 下界仅有几微秒。在尚未取得有效 RTT 样本之前，RFC6298 建议将 RTO 初值设置为 1s。

3. RTT 样本测量

RFC6298 不要求对每个 TCP 报文段进行 RTT 样本测量，但要求在一个 RTT 间隔内，至少进行一次 RTT 样本测量。

在测量 RTT 样本的过程中，如果出现重传，就会带来二义性问题。假设一个报文段的传输出现超时，该报文段重传后，接着收到一个 ACK。那么 ACK 对应第一次发送的报文段还是重传的报文段就存在了二义性。为了避免二义性，TCP 采用 Karn 算法。

Karn 算法包括两部分。

(1) 当报文段重传后，不采用该报文段作为 RTT 样本。

(2) 报文段每重传一次，将 RTO 增大为原来的 2 倍，直至不再发生重传。

Karn 算法使 TCP 可以区分有效和无效样本，保证 RTO 计算结果更加合理。

在 4.4 节已经介绍了 TCP 的时间戳选项可以用于往返路程时间测量。发送方在发送的报文段中设置时间戳，并在返回的 ACK 报文段中回显该时间戳。当发送方收到 ACK 信息时，用当前时间减去回显时间戳的时间，即可得到往返路程时间。利用时间戳选项计算往返路程时间，可以避免上述二义性，因此不必采用 Karn 算法的第(1)部分。

利用时间戳选项可以在一个 RTT 间隔内，进行多次 RTT 采样。更频繁地测量能让

---

① EWMA 是一种指数式递减加权的移动平均，各数值的加权影响力随时间呈指数式递减，时间越靠近当前时刻的数据加权影响力越大。

RTT 的测量结果更为精确，但也带来了负面影响。如果继续采用 RFC6298 推荐的 α 值和 β 值进行计算，RTT 历史值的影响将会减弱。RFC7323 给出了修正 α 值和 β 值的计算方法，以保持与 RFC6298 近似的计算结果。

4.6.3 快重传

超时重传机制虽然可以实现可靠传输，但是超时周期相对较长，效率不高。并且 TCP 的超时重传机制带来更大的网络负载。根据 Karn 算法的第(2) 部分，超时重传事件还会引起 RTO 快速增长，因而会引起网络利用率下降。幸运的是，TCP 提供了另一种重传方法来检测和修复丢包，它比超时重传更为高效。这就是 RFC5681 和 RFC6582 中定义的快重传(fast retransmit)。

快重传机制基于接收方的反馈信息来引发重传，并非重传计时器的超时。快重传机制通过检测重复 ACK(duplicate ACK)事件发现丢包。由于 TCP 的确认号具有累积肯定应答功能，因此当接收方 TCP 收到失序的报文段时，发送的 ACK 中的确认号与对应的最后一个按序到达的报文段的 ACK 中的确认号一样。这种再次确认某个报文段的 ACK 称为重复 ACK。

要理解发送方对重复 ACK 的响应，首先需要理解接收方发送 ACK 的策略。RFC5681 中规定了 TCP 接收方发送 ACK 的策略，如表 4.4 所示。

表 4.4 TCP 接收方发送 ACK 的策略

事　件	TCP 接收方的动作
① 具有所期望序号的按序报文段到达。并且所有在期望序号及以前的数据都已经被肯定应答	延迟发送 ACK 最多 500ms。如果下一个按序报文段在 500ms 内没有到达，则发送本报文段的 ACK
② 具有所期望序号的按序报文段到达。同时上一个按序报文段正处于延迟发送 ACK 状态	立即发送单个累积 ACK，用以肯定应答前后两个按序报文段
③ 具有所期望序号、同时能部分或完全填充数据空缺的按序报文段到达	立即发送 ACK
④ 比期望序号大的失序报文段到达	立即发送重复 ACK，指示期望字节的序号

对于按序到达的报文段，TCP 会延迟发送 ACK，最大延迟不超过 500ms，并且每两个按序到达的报文段，至少发送一个 ACK；如果按序到达的报文段能填充数据空缺，则立即发送 ACK；对于失序到达的报文段，立即发送重复 ACK。

由于网络层不保证按序提交数据报，因此 TCP 发送方在仅收到一个重复 ACK 时，并不能确认是发生了丢包还是发生了失序传输。RFC5681 规定重复 ACK 的阈值(DupThresh)为 3[①]，也就是说如果收到 3 个重复的 ACK，才认为这个已经被肯定应答了 4 次(1 次正常的肯定应答+3 次重复的肯定应答)的报文段之后的报文段已经丢失。

当 TCP 发送方收到 3 个重复的 ACK 时，TCP 就启动快重传算法，立即重传丢失的报文段而不必等待重传计时器超时[②]。启动快重传算法后，在收到有效 ACK 前，TCP 至多只能重传一个报文段。有效 ACK 是指肯定应答了新到达数据的 ACK。有效 ACK 分为两种，

---

① RFC4653 提出了一种调整重复 ACK 阈值的方法。在 Linux 的实现中，允许通过系统参数 tcp_reordering 来设置该阈值的默认值，并允许动态调整和更新该阈值。

② 立即重传是指 TCP 立即将重传的报文段送入发送队列，已在发送队列内的数据发送完之后，才发送丢失的报文段。

RFC6582 将其称为完全 ACK(full acknowledgments)和部分 ACK(partial acknowledgments)。由于快重传算法是由多个失序报文段引发的,当发送方启动快重传算法时,已经发送了多个比丢失报文段序号大的报文段,RFC6582 将此时发送方已经发送的最大序号称为恢复点(recovery point)。如果收到的有效 ACK 肯定应答了包含恢复点在内的所有已发送数据,则该 ACK 称为完全 ACK。如果收到的有效 ACK 仅肯定应答了恢复点之前的部分数据,则该 ACK 称为部分 ACK。

当发送方收到完全 ACK 时,说明重传的报文段以及恢复点之前发送的所有报文段,接收方已经全部收到,发送方可以退出快重传算法。

当发送方收到部分 ACK 时,说明接收方收到了重传的报文段,但恢复点之前发送的报文段,还有其他丢失的情况,部分 ACK 中的确认号就指示了下一个丢失的报文段的首字节。此时,发送方无须等待部分 ACK 的多次重复,可以立即重传下一个丢失的报文段。直至收到完全 ACK 为止,发送方才退出快重传算法。

在 RFC5681 定义的 TCP Reno 版本中,没有区分完全 ACK 和部分 ACK,只要收到了有效 ACK,就会退出快重传算法。如果在同一个发送窗口内,连续发送的报文段中出现了多次丢失的情况,TCP Reno 版本的快重传算法仅能重传第 1 个丢失的报文段,对后续丢失的其他报文段,必须再次等待 3 个重复的 ACK,才能再次启动快重传。但 TCP 发送方很可能尚未等到新的 3 个重复 ACK 事件,第 2 个丢失的报文段就已经触发了超时重传。从前文的介绍可知,TCP 的超时重传机制会带来更大的网络负载,应尽量避免。

在 RFC6582 中定义的 TCP NEWReno 版本对 TCP Reno 版本的快重传算法做了修订,能够区分完全 ACK 和部分 ACK。收到部分 ACK 时,可以立即重传丢失的报文段,直至收到完全 ACK 才退出快重传算法。TCP NEWReno 版本的改进减小了触发超时重传的可能,进而减轻了网络负载。与 TCP NEWReno 版本一起使用的快恢复算法对 TCP 的拥塞控制也提供了更好的支持。关于 TCP 拥塞控制及快恢复算法,将在 4.8 节中介绍。

TCP NEWReno 版本的快重传算法的要点可以总结如下。

(1) 收到 3 个重复 ACK:记录恢复点,启动快重传算法,重传丢失的报文段。

(2) 收到部分 ACK:立即重传下一个丢失的报文段。

(3) 收到完全 ACK:退出快重传。

本节仍然采用图 4.6 所示网络拓扑,观察 TCP 的快重传。首先,将 TCP 连接的接收缓存参数修改为 65536,然后关闭 SACK 选项,并在主机 ns56A 到主机 ns57C 经过的路由器 RA 上,用 iptables 设置规则,以 10%的概率模拟丢包[①]。最后利用 Linux 中的 nc 命令从主机 ns56A 向主机 ns57C 发送一个 100KB 大小的文件。

在路由器 RA、主机 ns57C 和 ns56A 中执行如下 Linux 命令:

```
#ip netns exec RA iptables -I FORWARD -d 192.168.57.254 -m statistic --mode random
--probability 0.1 -j DROP          //在 RA 上的转发接口上,以 10%概率丢弃目的地址为
                                   //192.168.57.254 的数据报
#ip netns exec ns57C nc -lv 4499>100K.1 &              //在 ns57C 上后台开启 TCP 服务
#ip netns exec ns56A nc 192.168.57.254 4499<100K.0   //向 ns57C 发送文件
```

用 Wireshark 在主机 ns56A 上截获的部分 TCP 报文段如图 4.35(a)所示,根据截获的报文段分析 TCP 发送方和接收方的行为如图 4.35(b)所示。

---

① 本实验用到的配置脚本可以参考本书的配套电子资源。

No.	Time	源IP	目的IP	序号（相对）	确认号（相对）	TCP数据长度	Info
12	0.000559084	192.168.57.254	192.168.56.126	1	5793	0	4499 → 44140 [ACK]
13	0.000559404	192.168.57.254	192.168.56.126	1	7241	0	4499 → 44140 [ACK]
14	0.000567397	192.168.56.126	192.168.57.254	7241	1	952	44140 → 4499 [PSH,
15	0.000600793	192.168.56.126	192.168.57.254	8193	1	1448	44140 → 4499 [ACK]
16	0.000601851	192.168.56.126	192.168.57.254	9641	1	1448	44140 → 4499 [ACK]
17	0.000602580	192.168.56.126	192.168.57.254	11089	1	1448	44140 → 4499 [ACK]
18	0.000603356	192.168.56.126	192.168.57.254	12537	1	1448	44140 → 4499 [ACK]
19	0.000604038	192.168.56.126	192.168.57.254	13985	1	1448	44140 → 4499 [ACK]
20	0.000667063	192.168.57.254	192.168.56.126	1	7241	0	[TCP Dup ACK 13#1]
21	0.000667420	192.168.57.254	192.168.56.126	1	7241	0	[TCP Dup ACK 13#2]
22	0.000667744	192.168.57.254	192.168.56.126	1	7241	0	[TCP Dup ACK 13#3]
23	0.000676562	192.168.56.126	192.168.57.254	7241	1	952	[TCP Fast Retransmi
24	0.000668065	192.168.57.254	192.168.56.126	1	7241	0	[TCP Dup ACK 13#4]
25	0.000710202	192.168.57.254	192.168.56.126	1	9641	0	4499 → 44140 [ACK]
26	0.000716202	192.168.56.126	192.168.57.254	15433	1	1448	44140 → 4499 [ACK]
27	0.000717008	192.168.56.126	192.168.57.254	16881	1	1448	44140 → 4499 [ACK]
28	0.000746043	192.168.56.126	192.168.57.254	9641	1	1448	[TCP Out-Of-Order]
29	0.000748950	192.168.56.126	192.168.57.254	18329	1	1448	44140 → 4499 [ACK]
30	0.000759837	192.168.57.254	192.168.56.126	1	9641	0	[TCP Dup ACK 25#1]
31	0.000767108	192.168.56.126	192.168.57.254	19777	1	1448	44140 → 4499 [ACK]
32	0.000768003	192.168.56.126	192.168.57.254	21225	1	1448	44140 → 4499 [ACK]
33	0.000760190	192.168.57.254	192.168.56.126	1	9641	0	[TCP Dup ACK 25#2]
34	0.000772767	192.168.56.126	192.168.57.254	22673	1	1448	44140 → 4499 [ACK]
35	0.000773546	192.168.56.126	192.168.57.254	24121	1	456	44140 → 4499 [PSH,
36	0.000842095	192.168.57.254	192.168.56.126	1	18329	0	4499 → 44140 [ACK]

（a）TCP 快重传实例的部分报文段

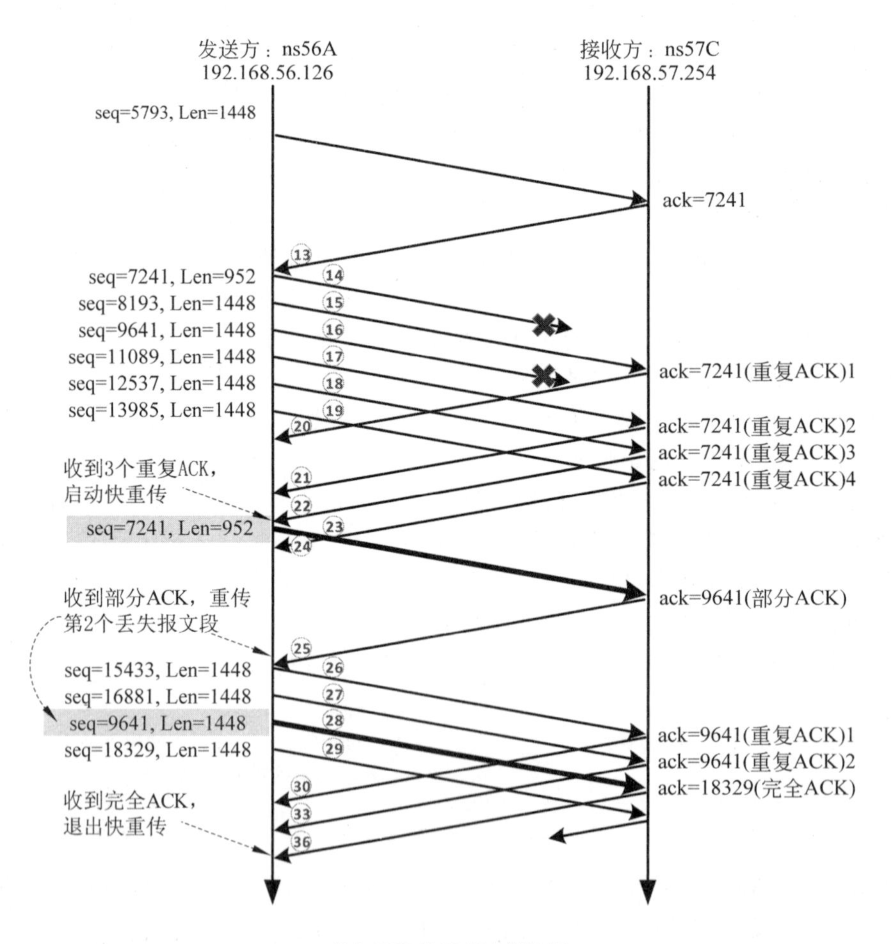

（b）TCP 快重传实例分析

图 4.35　TCP 快重传实例的部分报文段及实例分析

图 4.35 中 14 号和 16 号报文段在传送途中丢失，接收方在收到 15、17、18 和 19 号报文段后，发出确认号 7241 的重复 ACK。前 3 个重复 ACK 到达发送方后，发送方启动快重传算法，重传起始序号为 7241 的 14 号报文段，并记录恢复点为 13985＋1448＝15433。重传的 14 号报文段到达接收方后，由于 16 号报文段缺失，接收方只能发送确认号为 9641 的 ACK，它在 Wireshark 中编号为 25 号。当 25 号 ACK 到达发送方，发送方判断 9641＜15433，该 ACK 属于部分 ACK，于是在 28 号报文段中，重传第 2 个丢失的报文段，即起始序号为 9641 的 16 号报文段。接收方收到该重传的报文段后，补齐了所有数据空缺，立即发送确认号为 18329 的 ACK，肯定应答收到的所有报文段。发送方收到确认号为 18329 的 ACK 后，由于 18329＞15433，该 ACK 属于完全 ACK，于是退出快重传算法。

TCP 实际上以重复 ACK 的形式实现了隐式的否定应答(NAK)。与超时重传相比，快重传能更加及时有效地修复丢包情况，提高重传效率。TCP NEWReno 版本的快重传算法，虽然可以对一个窗口内的多个丢失报文段进行快速重传，但是第 2 次重传是在收到第 1 次重传的 ACK 之后，两次重传之间的时间间隔大于一个 RTT，因此效率不高，并且仍然容易触发超时重传。

4.6.4 SACK 重传

SACK 重传算法是快重传算法的改进。在不使用 SACK 选项的快重传算法中，在一个 RTT 内仅能够重传一个报文段。使用了 SACK 选项后，在重复 ACK 中携带的 SACK 选项信息可以反映接收方存在的多个数据空缺，因而发送方可以根据 SACK 的信息，在一个 RTT 内重传多个报文段。

4.4.2 节中已经介绍了 TCP 中 SACK 选项的格式。利用 SACK 选项，TCP 接收方可以有选择地肯定应答失序到达的报文段，并进行有选择地重传。TCP 的 SACK 重传机制与 4.3.2 节中选择重传(SR)协议中的重传机制不同。SR 协议是原理协议，其选择重传功能比较简单，未考虑实际运行环境的复杂性。而 TCP 是在复杂的网络环境中运行的协议，其 SACK 重传机制考虑了更多因素，其通信双方的行为更复杂。

如果在 TCP 建立连接请求的 SYN 报文段中包含了 SACK-P 选项，则该连接建立后通信双方都可以使用 SACK 选项。为了便于介绍，本小节仅介绍单向通信的情况，即一方作为数据发送方，另一方作为数据接收方。双向通信的情况，与本小节所述行为一致。将采用 SACK 选项的数据接收方简称为 SACK 接收方，将采用 SACK 选项的数据发送方简称为 SACK 发送方。

RFC2018 和 RFC6675 规定了 SACK 接收方和 SACK 发送方的行为。

1. SACK 接收方行为

SACK 接收方收到失序报文段后，将报文段内的失序数据暂存在接收缓存中，然后就生成并发回发送方一个包含 SACK 选项的报文段。对于 SACK 发送方来说，根据该报文段中的确认号可知，这个包含 SACK 选项的报文段属于一个重复 ACK。

一个 SACK 选项中可以包含多个字节块，SACK 选项中的字节块简称为 SACK 块。RFC2018 规定接收方生成 SACK 选项的规则如下。

(1) 在生成 SACK 选项时，接收方应该填写尽可能多的 SACK 块。

(2) 第一个 SACK 块必须指明触发该 SACK 选项的失序数据序号。

(3) 其他的 SACK 块用于指明最近接收到的失序数据序号。这些 SACK 块在之前发送过的 SACK 选项中曾填写过。这些 SACK 块按照先后顺序倒序排放，对于可以进行合并的 SACK 块，要进行合并。

若带 SACK 选项的报文段中不包含数据，则这些报文段在传输过程中的丢失将不会触发重传。在多个 SACK 选项中包含重复 SACK 块的目的是为了防止带 SACK 选项的报文段丢失。一般情况下，每个 SACK 块都会重复出现在至少 3 个连续的 SACK 选项中①。

2. SACK 发送方行为

SACK 发送方应合理地利用接收到的 SACK 块进行丢失重传。SACK 发送方除了需要记录收到的累积肯定应答信息，还需记录收到的 SACK 信息。根据累积肯定应答信息和 SACK 信息，SACK 发送方会通过一个数据结构记录已被正确接收的失序数据块序号范围和数据空缺序号范围。在 RFC6675 中，该数据结构被称为记分板(scoreboard)。

导致接收方发送 SACK 选项给发送方的情况有两种：丢包或失序传输。与收到重复 ACK 一样，发送方在收到 SACK 选项后，也需要区分以上两种情况，只有在报文段丢失的情况下，才需要重传丢失的报文段。

依据重复 ACK 阈值(DupThresh)，RFC6675 规定满足以下两个条件之一时，SACK 发送方就会判定发生了报文段丢失，并启动 SACK 重传。

(1) 收到 DupThresh 个不连续的 SACK 块。

(2) SACK 块的最高数据序号－累积 ACK 号＞(DupThresh－1)×MSS。

DupThresh 的默认取值为 3。由于 SACK 接收方收到失序报文段时，总是发送一个包含 SACK 块的重复 ACK 给 SACK 发送方，因此 RFC6675 规定的第(1)个条件其实就相当于 RFC5681 规定的 3 个重复 ACK。也就是说，当启用了 SACK 后，收到 3 个重复 ACK 时，将启动 SACK 重传而不是普通的快重传。

由于在 TCP 的设计中，对于不包含数据的“纯 ACK”，没有肯定应答和重传的机制。如果 SACK 接收方发出的重复 ACK 丢失，将不能触发 SACK 发送方的重传，为避免这种情况，RFC6675 规定了第(2)个条件，只要收到的 SACK 块的序号足够大，也能够触发 SACK 发送方重传。

在 SACK 重传时，TCP 会根据记分板中的信息，从低序号向高序号依次重传空缺报文段。没有空缺报文段后，TCP 才会发送新数据。SACK 重传和快恢复算法一同实现，在 4.8 节会介绍基于 SACK 的快恢复算法。SACK 重传和恢复的细节请参考 RFC6675。

在基于 SACK 的重传算法中，判断报文段丢失的方法比快重传算法更加灵活，并且可以在一个 RTT 内重传多个空缺报文段，因此在丢包严重的情况下，它比快重传算法更高效，也更不易触发超时重传。目前主流的操作系统都默认打开了 SACK 选项，在重传时采用 SACK 重传算法。

注意：*为避免死锁，TCP 允许接收方丢弃缓存中已经经过 SACK 处理的数据。因此，SACK 发送方在收到一个 SACK 后，不能清除其重传缓存中对应的数据，只有在收到累积 ACK 后，才能清除重传缓存中对应的数据。该规则也会影响超时重传行为。RFC2018 规定，当 TCP 启动超时重传时，应该忽略 SACK 中的信息。*

---

① Windows 和 Linux 等操作系统的 TCP 实现都默认开启时间戳选项，在应用时间戳选项的 TCP 连接中，一个 SACK 选项至多包含 3 个 SACK 块。因此在正常情况下，一个 SACK 选项中的第一个 SACK 块还会连续出现在之后的第二个和第三个 SACK 选项中。

综上所述,TCP 综合使用滑动窗口、超时重传、快重传以及 SACK 重传机制来实现数据的可靠传输。在实际应用中,TCP 还面临伪超时、报文段重复等其他的传输异常现象,对这些现象有兴趣的读者可以参考相关的 RFC 文档进行深入学习。

4.7 TCP 的流量控制

在本节的介绍中,暂时不考虑拥塞控制的影响,仅介绍 TCP 的流量控制。关于 TCP 的拥塞控制,会在 4.8 节介绍。

通过 TCP 连接的通信双方都为该连接设置了接收缓存。当收到正确数据后,TCP 进程就将数据放入接收缓存。与该连接相关联的应用进程会从缓存中读取数据,但不是数据一到达就立即读取。实际上,接收方应用进程此时也可能正在处理其他的任务,可能需要经过很长时间后去读取该数据。如果某应用进程读取数据的速度相对缓慢,而发送方发送数据太多、太快,则发送的数据就可能会使接收缓存溢出。

为了避免缓存溢出,TCP 提供了流量控制机制。TCP 的流量控制机制完成了对发送速度的调节,它是基于 ACK 报文段中通知窗口长度实现的。这种方式提供了来自接收方的明确状态信息,可以避免接收方缓存溢出。

在滑动窗口协议中,发送方的发送速度由发送窗口长度 N 控制,在没有收到 ACK 之前,发送方仅能连续发送 N 个 PDU。停止等待协议和连续 ARQ 协议都采用了固定长度的发送窗口,但是不能根据接收方的情况进行调节。TCP 采用了可变长度的发送窗口,其发送窗口可根据接收方的通知窗口进行设定。

TCP 的流量控制需要通信双方共同参与,主要过程如下。

(1) 接收方每收到一个报文段,都会重新计算自己的接收窗口长度。较早的 TCP 在实现时,接收方被分配一个固定大小的接收缓存,用以下公式计算接收窗口长度:

接收窗口长度=接收的缓存字节数-已缓存但未被读取的按序到达的字节数　　(4-5)

在较新版本的 TCP 实现中,为提高长肥管道中的传输效率,增加了 TCP 接收窗口长度自动调优算法①,该算法可以综合考虑当前可用缓存容量以及本连接的延迟带宽积等因素,调整分配给 TCP 连接的接收缓存,然后计算接收窗口长度。自动调优的计算方法比较复杂,在此不做深入介绍。

(2) 接收方在发送 ACK 给发送方时,将计算得到的接收窗口长度填入 TCP 首部中的窗口字段通知给发送方,该值也称为通知窗口长度。

(3) 发送方要求自己的发送窗口必须小于或等于通知窗口,以控制发送速率。在不考虑拥塞控制的影响时,发送方设置发送窗口等于通知窗口。

(4) 发送方根据自己的发送窗口发送报文段。

在流量控制过程中,如果接收缓存耗尽,接收方会将通知窗口长度置"0"。发送零窗口通知给发送方,不允许发送方继续发送新数据。

为了观察到 TCP 的流量控制,将 TCP 连接的接收缓存参数修改为 8192,此时,Linux 实际分配的接收缓存为 9032B。执行如下 Linux 命令,利用 nc 命令从主机 ns56A 向主机

---

① 在 Windows 7 和 Linux 2.6.7 之后的版本中均支持 TCP 接收窗口自动调优算法。

ns57C 发送一个 10KB 大小的文件，并限制 ns57C 上的 nc 服务程序延迟 5s 再读取数据。

```
#ip netns exec ns57C nc -d 5 -lv 4499>10K.1 &    //后台开启 TCP 服务,nc 进程延迟操作 5s
#ip netns exec ns56A nc 192.168.57.254 4499<10K.0       //向 ns57C 发送文件
```

用 Wireshark 在主机 ns57C 上截获的 TCP 报文段如图 4.36 所示。图中灰色和黑色标记的报文段是主机 ns57C 发送给 ns56A 的报文段。在最初的报文段中，ns57C 并未将通知窗口设置为最大接收缓存，这是接收窗口自动调优计算的结果。随着收到的数据不断增加，应用进程并未读取数据，可用缓冲不断减少。因此，ns57C 发送的通知窗口长度从 11 号报文段开始减少，在 15 号报文段，通知窗口长度减为 0。通知窗口长度为 0 的报文段称为零窗口通知报文。直到 5s 后，应用程序从接收缓存中读取数据后，ns57C 才在 23 号报文段中更新通知窗口长度，该报文段称为窗口更新报文。

No.	Time	源IP	目的IP	窗口（扩大后）	确认号（相对）	TCP数据长度
1	0.000000000	192.168.56.126	192.168.57.254	2920	0	0
2	0.000013112	192.168.57.254	192.168.56.126	2896	1	0
3	0.000034451	192.168.56.126	192.168.57.254	2920	1	0
4	0.000097858	192.168.56.126	192.168.57.254	2920	1	1448
5	0.000100912	192.168.57.254	192.168.56.126	2920	1449	0
6	0.000113091	192.168.56.126	192.168.57.254	2920	1	1448
7	0.000124212	192.168.56.126	192.168.57.254	2920	1	1448
8	0.000257833	192.168.57.254	192.168.56.126	2920	4345	0
9	0.000280327	192.168.56.126	192.168.57.254	2920	1	1448
10	0.000280624	192.168.56.126	192.168.57.254	2920	1	1448
11	0.039653098	192.168.57.254	192.168.56.126	1792	7241	0
12	0.039718474	192.168.56.126	192.168.57.254	2920	1	1448
13	0.083570839	192.168.57.254	192.168.56.126	344	8689	0
14	0.302336002	192.168.56.126	192.168.57.254	2920	1	344
15	0.302368532	192.168.57.254	192.168.56.126	0	9033	0
16	0.513405993	192.168.56.126	192.168.57.254	2920	1	0
17	0.513480823	192.168.57.254	192.168.56.126	0	9033	0
18	0.935032113	192.168.56.126	192.168.57.254	2920	1	0
19	1.773340726	192.168.56.126	192.168.57.254	2920	1	0
20	1.773377173	192.168.57.254	192.168.56.126	0	9033	0
21	3.449301026	192.168.56.126	192.168.57.254	2920	1	0
22	3.449323500	192.168.57.254	192.168.56.126	0	9033	0
23	5.005621258	192.168.57.254	192.168.56.126	2920	9033	0
24	5.005722052	192.168.56.126	192.168.57.254	2920	1	1104
25	5.005734373	192.168.57.254	192.168.56.126	2920	10137	0
26	5.005723275	192.168.56.126	192.168.57.254	2920	1	104
27	5.048007405	192.168.57.254	192.168.56.126	2920	10242	0
28	15.0216831…	192.168.57.254	192.168.56.126	2920	10242	0
29	15.0217834…	192.168.56.126	192.168.57.254	2920	2	0

图 4.36　TCP 流量控制实例

窗口更新报文是在接收方重新获得可用缓存空间后，主动传送给发送方的，通常不包含数据。在 TCP 的设计中，对于不包含数据的“纯 ACK”，没有肯定应答和重传的机制。如果窗口更新报文丢失，发送方将一直等待窗口更新报文，而接收方则一直等待新的数据，协议将陷入死锁状态。为避免这种死锁状态的出现，TCP 发送方会维持一个持续计时器。每次收到零窗口通知，发送方就设定持续计时器，持续计时器一旦超时则发送一个窗口探测报文。用这样的方式，发送方可以间歇性的发送窗口探测报文，查询接收方通知窗口变化。图 4.36实例中的 16、18、19 和 21 号报文就是 ns56A 发出的窗口探测报文①。主机 ns57C 收

① 在本实验中的 CentOS 操作系统用 TCP 定义的保活(keepalive)报文段实现窗口探测报文。保活报文段的特点是不包含数据，其序号值为对方发来的确认号减一。

到窗口探测报文后必须发送 ACK,其中会携带新的通知窗口长度。

RFC1122 建议在一个 RTO 之后就发送第一个窗口探测报文,随后以指数时间间隔发送。图 4.36 所示实例中,16 号报文与 15 号报文的时间间隔约为 0.2s,随后的窗口探测报文之间的间隔约为 0.4s、0.8s 和 1.6s。

在收到零窗口通知报文(15 号)后,发送方 ns56A 不能再继续发送数据,直到收到窗口更新报文(23 号)后,ns56A 才能够继续发送数据。

如果应用进程读取数据后,接收方获得的可用缓存空间很小,不应该立即发送窗口更新报文。这是因为很小的窗口更新报文会让发送方发送很小的数据报文段,这会造成传输效率的下降。在极端情况下,会造成发送方和接收方交互的都是仅包含 1B 数据的报文段,这种现象在 RFC813 中称为糊涂窗口综合征(silly window syndrome,SWS)。

为避免糊涂窗口综合征,RFC1122 建议:在满足以下两种情况之一时,TCP 才发送窗口更新报文。

(1) 可用缓存可以容纳一个全长报文段;

(2) 可用缓存达到接收缓存空间的一半。

在 4.4 节已经介绍,TCP 发送方发送数据时,会尽可能按照 EMSS 值封装全长报文段,以提高传输效率。也就是说 TCP 发送方要等到发送缓存中包含足够的数据时才能进行封装。但对于实时性要求较高的交互式应用来说,TCP 的这种发送机制时效性较差。但如果对交互式应用的每字节数据单独封装发送,则传输效率很低。

目前,在交互式应用中,TCP 广泛采用 Nagle 算法。算法描述如下:若发送应用进程把待发送的数据逐字节写入 TCP 的发送缓存,则 TCP 实体就把第一个数据字节先发送出去,把后面到达的数据字节都缓存起来。当 TCR 实体收到第一个数据字节的 ACK 后,再把发送缓存中的所有数据封装成一个报文段发送出去,同时继续对随后到达的数据进行缓存。只有在收到对前一个报文段的 ACK 后才继续发送下一个报文段。此外,Nagle 算法还规定,当缓存的数据已达到发送窗口大小的一半或已达到报文段的最大长度时,就立即发送一个报文段。采用 Nagle 算法,可以兼顾传输效率和时效性。

4.8 TCP 的拥塞控制

TCP 最初是没有拥塞控制的,但是在 1986 年 10 月,美国的 NSFnet 主干网由于负载过重(拥寒)导致实际速率下降为预期速率的千分之一,网络性能严重降低。为了避免或减轻拥塞,网络专家对 TCP 的拥塞控制进行了一系列研究,至今拥塞控制仍然是计算机网络领域的热点研究方向之一。

本节首先介绍拥塞的原因及其影响,然后介绍经典的 TCP 拥塞控制算法,最后介绍有网络层参与辅助的拥塞控制方法。

4.8.1 拥塞原因及其影响

在数据分组通过网络中的路由器进行转发时,如果路由器中分组到达速率持续高于分组发出速率,会导致路由器的缓存空间耗尽,而只能丢弃部分分组。这种因路由器无法处理过高的流量而被迫丢弃分组的现象称为拥塞(congestion)。处于拥塞状态的路由器称为拥塞结点。

许多因素都可能引起拥塞，例如结点的缓存空间较少或输出链路的容量较低、结点处理机的运算能力较弱等。总之，拥塞是一个复杂的综合问题。仅仅依靠增加资源不但不能解决拥塞问题，在某些情况下，还可能使网络的性能更差。例如，为避免某个结点出现拥塞，而将该结点缓存的容量扩展到非常大，则会因为输出链路的容量和处理机的速度并未提高而使该结点的分组排队延迟大大增加。

网络出现拥塞会带来很多负面影响。首先，在拥塞结点中的分组会经历较大的排队延迟；其次，被拥塞结点丢弃的分组，发送方必须执行重传，分组重传会进一步加大网络负载，导致更严重的拥塞和分组丢弃；再次，如果一个分组沿一条路径转发，当它被拥塞结点丢弃后，这条路径上的每个上游结点用于转发该分组而使用的资源都会被浪费。

网络拥塞会引起网络性能的恶化。在没有拥塞控制的网络中，网络负载与网络性能的关系如图 4.37 所示，其中横坐标为网络负载，代表单位时间内进入网络的分组数目，图 4.37(a)中纵坐标为吞吐量，代表单位时间内从网络输出的分组数目。图 4.37(b)中纵坐标为响应时间，代表从发出分组到收到 ACK 的时间间隔。

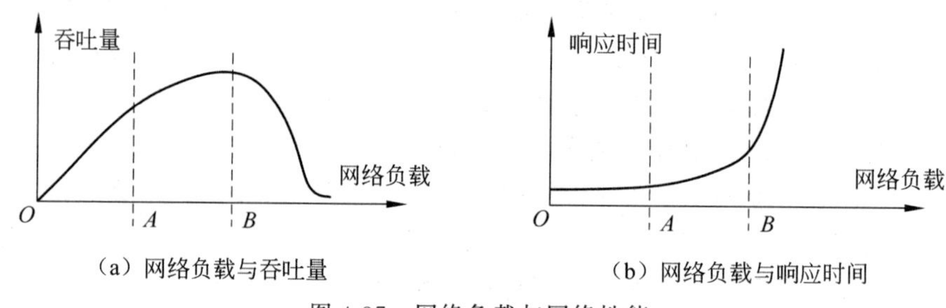

(a) 网络负载与吞吐量

(b) 网络负载与响应时间

图 4.37　网络负载与网络性能

从图 4.37 可以看出，在 A 点之前，随着网络负载的增加，网络吞吐量显著的线性增加，响应时间相对比较平稳；在 A 点和 B 点之间，随着网络负载的增加，网络吞吐量增速降低，此时响应时间增长比较明显；在 B 点之后，随着网络负载的增加，吞吐量显著下降，响应时间极速抬升，网络性能迅速恶化。

经过 A 点后，网络就进入了轻度拥塞状态；经过 B 点后，网络就进入了拥塞状态；在最严重的情况下，网络甚至会死锁，网络吞吐量下降到 0，这种情况称为拥塞崩溃。

进行拥塞控制的目标就是避免网络进入拥塞状态，即让网络负载处于 B 点之前。显然，所谓拥塞控制就是由相关算法控制 TCP 发送方行为，防止过多的分组进入网络，避免网络中的路由器或者链路过载。拥塞控制需要通过限制发送方的发送速率来实现，这从表面看和 4.7 节中介绍的流量控制相似，但拥塞控制与流量控制有本质的区别。

(1) 流量控制是点对点的通信量控制，关注的是接收端和发送端；而拥塞控制是一个全局性的过程，关注到所有的主机和路由器。

(2) 流量控制的目的是使接收方来得及接收，而拥塞控制的目的是避免网络过载。

(3) 流量控制以显式(explicit)通知的方式在 TCP 首部中通过窗口字段通知发送方。拥塞控制大多是通过隐式(implicit)通知的方式控制发送方速率，发送方依据报文段的收发情况来推测网络拥塞状况，TCP 也支持使用显式拥塞通知(explicit congestion notification，ECN)的方法辅助进行拥塞控制。

TCP的拥塞控制方法如下。

(1) TCP的经典拥塞控制。TCP发送方通过观察报文段丢失、重复ACK信息和SACK信息等推测网络拥塞情况,控制发送方发送速率,进行拥塞控制。

(2) 网络层辅助的拥塞控制。路由器利用网络层IP首部中的ECN字段通知TCP接收方网络发生拥塞;然后TCP接收方再利用TCP首部中的ECE标志位通知TCP发送方;最后发送方据此控制发送速率,进行拥塞控制。

4.8.2 TCP的经典拥塞控制

早期的TCP由于没有拥塞控制机制,容易导致网络拥塞。1988年,Van Jacobson提出了最初的TCP拥塞控制算法,被称为Jacobson算法,包括慢开始(slow start)和拥塞避免(congestion avoidance)。在几十年的发展过程中,与拥塞控制相关的TCP版本主要有TCP Tahoe、TCP Reno、TCP NewReno和TCP SACK。TCP Tahoe是早期的TCP版本,它包括了3个最基本的算法——慢开始、拥塞避免和快重传(fast retransmit),但是在TCP Tahoe版本中对于超时重传事件和快重传事件的处理方法相同,即一旦发生重传就启动慢开始过程。TCP Reno则在TCP Tahoe基础上增加了快恢复(fast recovery)算法,规定发生快重传事件后进入快恢复阶段,避免了在网络轻度拥塞时采用慢开始算法而造成过度减小发送窗口的现象。TCP NewReno对TCP Reno中的快恢复算法进行了修正,它考虑了一个窗口内多个报文段丢失的情况。在Reno版中,发送方收到一个有效ACK后就会退出快恢复阶段,而在NewReno版中,只有收到完全ACK后才退出快恢复阶段。TCP SACK版本也关注一个窗口内多个报文段丢失的情况,它增加了SACK重传算法,并规定了基于SACK的快恢复算法。

TCP拥塞控制算法中的慢开始、拥塞避免、快重传和快恢复4个算法由RFC5681规定,TCP NewReno的快重传和快恢复算法由RFC6582规定,TCP的SACK重传算法由RFC6675规定。快重传算法和SACK重传算法主要描述的是与丢失重传相关的规定已经在4.6节中介绍。本节主要介绍慢开始、拥塞避免和快恢复算法。

为集中介绍拥塞控制,本节中暂不考虑流量控制的影响,假定发送窗口长度仅由拥塞控制算法决定,即假定接收方接收窗口无限大。

TCP采用的拥塞控制方法是基于窗口的。为限制发送方的发送速率,TCP增加了一个状态变量,称为拥塞窗口(congestion windows,CWND)。拥塞窗口长度取决于网络的拥塞程度,并能根据网络拥塞情况动态变化。发送方要求自己的发送窗口必须小于或等于拥塞窗口,以此控制发送速率。在不考虑流量控制的影响时,发送窗口等于拥塞窗口。

TCP进行拥塞控制的原则是,如果网络中没有出现拥塞,就增大拥塞窗口,以此提高发送速率,提高吞吐量;如果网络中出现了拥塞,就减小拥塞窗口,以此降低发送速率,降低网络负载。

TCP发送方如何监测网络的拥塞程度呢?如果网络出现拥塞,路由器会丢弃分组。TCP判断拥塞的依据就是出现了报文段丢失。在4.6节中介绍了3种TCP判定报文段丢失的规则。

(1) 如果重传计时器超时,则TCP判定报文段丢失,启动超时重传。

(2) 如果收到3个重复ACK,则TCP判定报文段丢失,启动快重传。

(3) 如果收到的 SACK 满足 RFC6675 规定的两个条件之一，则 TCP 判定报文段丢失，启动 SACK 重传。

因此，如果出现了以上 3 种重传事件，TCP 认为出现了不同程度的网络拥塞，应用不同的拥塞控制算法进行处理。

下面，从拥塞窗口的初始化开始，介绍在不同情况下拥塞窗口的变化。

1. 慢开始

慢开始算法是 TCP 规范中强制实现的部分。在 TCP 连接建立之初，由于不清楚网络传输能力，为防止短时间内大量数据注入导致拥塞，需要采用慢开始算法探测网络中的可用传输资源。在 TCP 连接建立之初或者发生超时重传事件后，都需要执行慢开始算法。

TCP 连接建立之后，首先要设定初始拥塞窗口，记为初始窗口(initial window，IW)。RFC2581 规定 IW 值为 1 或 2 个发送方最大报文段长度(sender maximum segment size，SMSS[①])。新的 RFC5681 根据 SMSS 的长度规定了 IW 值的上限，具体规定如下。

当 SMSS>2190B 时，IW=2SMSS，且不超过 2 个报文段。

当 SMSS>1095B 且 SMSS≤2190B 时，IW=3SMSS，且不超过 3 个报文段。

当 SMSS≤1095B 时，IW=4SMSS，且不超过 4 个报文段。

该规定将 IW 值的上限设置为 2SMSS～4SMSS 个的长度[②]。为方便介绍原理，在本节的介绍中都假定：IW=1SMSS。

慢开始算法启动后，每收到一个有效的 ACK，把拥塞窗口增加不超过 1SMSS 的数值。RFC5681 规定的计算公式如下：

$$\text{cwnd} += \min(N, \text{SMSS}) \tag{4-6}$$

其中，N 代表被刚收到的 ACK 肯定应答的字节数[③]。显然，当 $N<$SMSS 时，cwnd 每次的增加量要小于 SMSS。大多数情况下，TCP 发送的报文段是全长报文段，此时 cwnd 的每次增加量是 SMSS。

实际应用中 cwnd 是以字节为单位的，为方便介绍，假定 TCP 发送的每个报文段都是全长报文段，然后以报文段的个数(即 SMSS 字节)为单位进行介绍。如果 TCP 对每个报文段都进行肯定应答。经过一个 RTT 后，cwnd 会增加到 2SMSS；再经过一个 RTT，cwnd 会由 2SMSS 增加到 4SMSS，以此类推，如图 4.38 所示。

从 TCP 发送一轮报文段到 TCP 收到这些报文段对应的 ACK 所经历的时间约为 RTT，称之为一个传输轮次。使用传输轮次这个名词，是为了便于描述 TCP 的拥塞控制算法。在慢开始阶段，拥塞窗口 cwnd 随轮次呈指数增长，每经过一个传输轮次，cwnd 加倍，如图 4.38 所示。

如果发送的报文段之间的时间间隔足够短，考虑表 4.4 中第②条规定的 TCP 延迟 ACK 策略，接收方每收到两个报文段才发送一个 ACK，那么慢开始阶段 cwnd 的增长速度

---

① SMSS 受接收方最大报文段长度(RMSS)、发送方最大传送单元(MTU)以及路径最大传送单元(PMTU)限制。

② RFC6928 建议将 IW 设置为 10SMSS 长度，新版本 Linux 内核中默认的 IW 即为 10SMSS。

③ RFC3465 规定，刚被肯定应答的字节数用于支持适当字节计数(appropriate byte counting，ABC)，这也是 RFC5681 推荐的实验规范。ABC 用于对抗 ACK 分裂攻击，这种攻击会利用许多较小 ACK 使 TCP 发送方加速发送，从而引起网络拥塞。在 Linux 中可以用系统配置变量 net.ipv4.tcp_abc 设定 ABC 是否开启。在较新版本的 Windows 中，ABC 默认为开启状态。

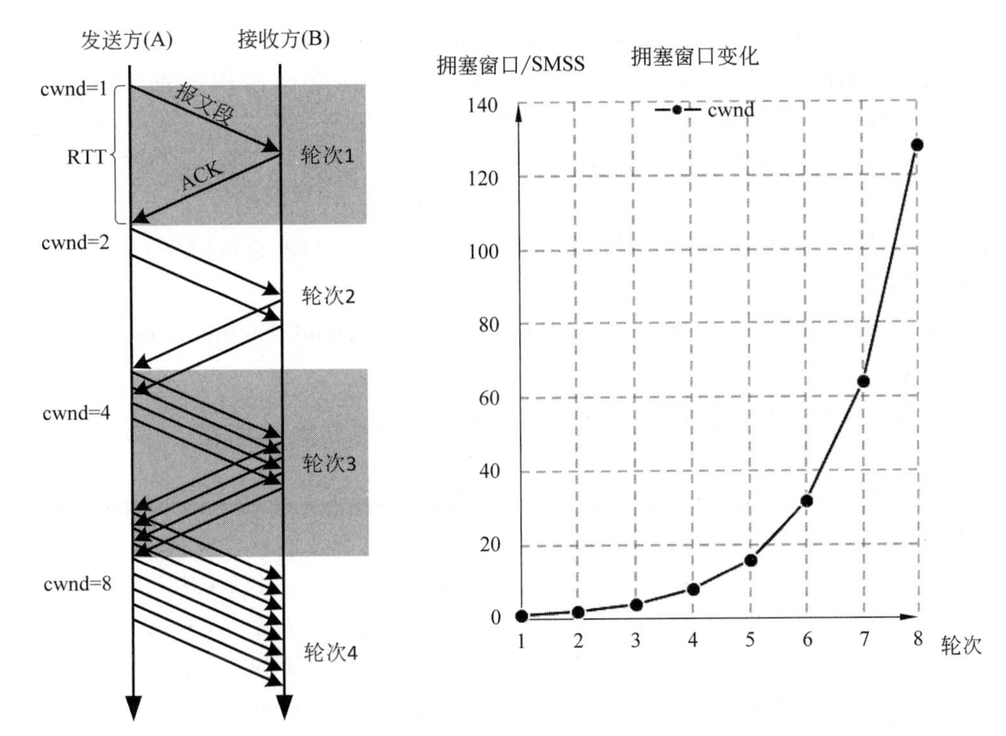

图 4.38　TCP 慢开始

将放缓。在 Linux 等操作系统的实现中，在慢开始阶段不使用延迟 ACK 策略。

在慢开始阶段，cwnd 呈指数增长，为了控制这种指数增长，慢开始算法提供了以下几种策略。

(1) TCP 维持一个状态变量称为慢开始阈值(slow start threshold，ssthresh)，又称慢开始门限。当 cwnd<ssthresh 时，TCP 采用慢开始算法；当 cwnd>ssthresh 时，TCP 停用慢开始算法，改用拥塞避免算法；当 cwnd＝ssthresh 时，TCP 可以选用慢开始算法或者拥塞避免算法。

RFC5681 建议将 ssthresh 的初值设置得尽可能高①(例如等于通知窗口长度的最大值)，然后让 ssthresh 值随拥塞控制而调整，这样更有利于让网络状况决定发送速率。

(2) 当监测到重传事件时，停止指数增长。如果监测到快重传事件或 SACK 重传事件，就启动快恢复算法。如果监测到超时重传事件时，按式(4-7)计算新的 ssthresh 值，然后将 cwnd 设为 1，重新执行慢开始算法。

$$\text{ssthresh} = \max(\text{FlightSize}/2, 2\text{SMSS}) \tag{4-7}$$

式中，FlightSize 表示在途数据量，代表已经发出但尚未被累积肯定应答的字节数。本节在介绍拥塞控制算法时，已经假定接收窗口无限大，所以发送窗口 swnd 仅受 cwnd 影响，从而在途数据量 FlightSize 也仅受 cwnd 影响，可以近似认为 FlightSize≈cwnd。因此，可以按照式(4-8)计算 ssthresh，即发生超时重传后，慢开始阈值取当前拥塞窗口的一半，且不小于 2SMSS 长度。

① 在 Linux 的实现中，将 ssthresh 的初值设置为无穷大。

$$\text{ssthresh} = \max(\text{cwnd}/2, 2\text{SMSS}) \tag{4-8}$$

尽管如此，RFC5681 仍强调，在具体实现中不能简单地使用当前 cwnd 值代替 FlightSize，因为发送窗口 swnd 还受对方通知窗口 awnd 限制，而 cwnd 的增长不受通知窗口限制，cwnd 有可能远大于 awnd 和 swnd，而 FlightSize 必然小于 swnd，这样 cwnd 将远大于 FlightSize。

本书后续章节介绍拥塞控制原理时，认为式(4-8)是式(4-7)的近似结果。

2. 拥塞避免

拥塞避免算法也是 TCP 规范中强制实现的部分。当 cwnd＞ssthresh 时，会启动拥塞避免算法。

拥塞避免算法启动后，每收到一个有效 ACK，cwnd 按照式(4-9)更新：

$$\text{cwnd} \mathrel{+}= \text{SMSS} \cdot \text{SMSS}/\text{cwnd} \tag{4-9}$$

由式(4-9)可知，假如 cwnd＝k · SMSS，在当前轮次，分为 k 个报文段依次发送，当收到第 1 个有效 ACK 后，计算新的拥塞窗口值 cwmd_n 如下：

$$\text{cwnd\_n} = \text{cwnd} + (\text{SMSS} \times \text{SMSS})/\text{cwnd} = \text{cwnd} + 1/k \cdot \text{SMSS}$$

随着每个有效 ACK 的到达，cwnd 均有小幅增加，本轮次的 k 个 ACK 收到后，cwnd 增加大约 1 个 SMSS 长度。通常可以近似地认为：在拥塞避免阶段，拥塞窗口 cwnd 随轮次呈线性增长，每经过一个传输轮次，cwnd 增加 1 个 SMSS，如图 4.39 中实线所示。考虑表 4.4 中第(2)条规定的 TCP 延迟 ACK 策略，如果接收方每收到两个报文段才发送一个 ACK，每轮次中 cwnd 的增长幅度将较小，但仍然呈线性增长，如图 4.39 中虚线所示。

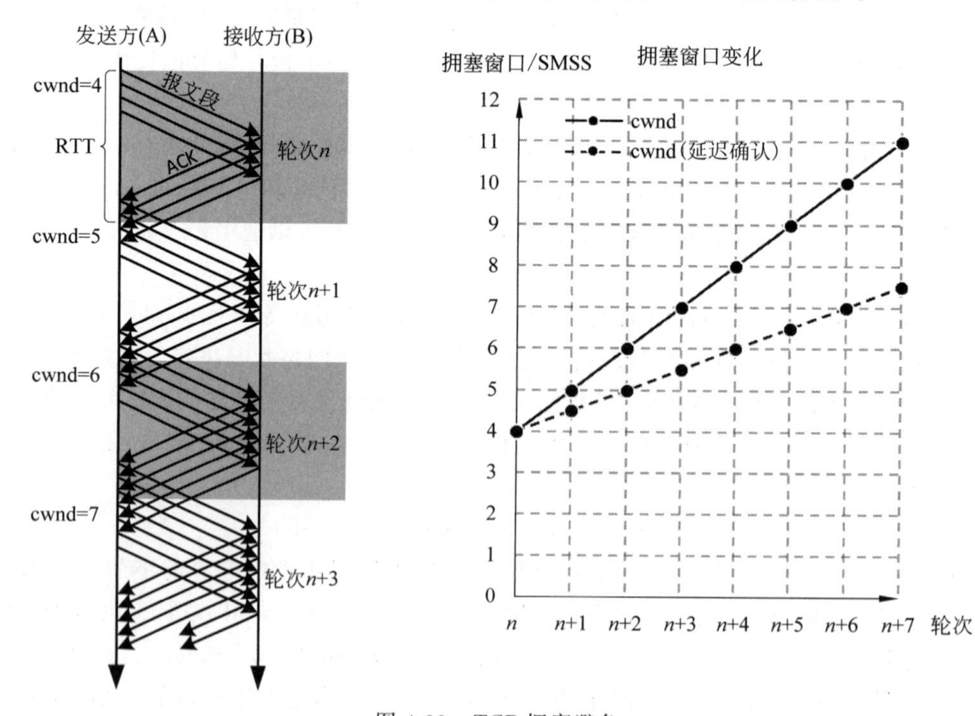

图 4.39　TCP 拥塞避免

无论在慢开始阶段还是在拥塞避免阶段，一旦监测到超时重传事件，TCP 推测网络中出现了比较严重的拥塞，必须立即将发送速率降下来。因此，TCP 利用式(4-7)计算 ssthresh，然后将 cwnd 设为 1SMSS，重新执行慢开始算法。

注意：*无论初始窗口 IW 如何取值，当发生超时重传后，cwnd 都会被设置为 1SMSS。*

3. 快恢复

快恢复算法是 TCP 规范中建议实现的部分。

TCP 的超时重传机制会带来更大的网络负载，甚至会加重网络拥塞，因此 TCP 采用了快重传算法和 SACK 重传算法。这两种算法虽然也是基于丢包的推测而启动的，但 TCP 认为发生这两种重传事件时，网络的拥塞情况不严重。为保持较高的吞吐量，TCP 无须将 cwnd 降为 1SMSS 并重新执行慢开始，因此 TCP 定义了快恢复算法。当监测到快重传事件或 SACK 重传事件时，TCP 启动快恢复算法。快恢复算法执行完毕后，TCP 将执行拥塞避免算法。

根据是否启用了 SACK 重传，TCP 的快恢复算法有所不同，下面进行分别介绍。

1) 不启用 SACK 重传时的快恢复算法

RFC5681 和 RFC6582 规定了不启用 SACK 重传时的快恢复算法，在具体实现中，快恢复算法和快重传算法应该一起实现。RFC6582 扩展后的版本称为 TCP NewReno 版本。

(1) 当 TCP 发送方收到第 1 个和第 2 个重复 ACK 时，拥塞窗口 cwnd 不做调整①。

(2) 当 TCP 发送方收到第 3 个重复 ACK 触发快重传时，先按照式(4-8)计算 ssthresh，再计算 cwnd=ssthresh+3SMSS，更新拥塞窗口 cwnd。

(3) 当 TCP 发送方在第 3 个重复 ACK 后，又收到新的重复 ACK 时，每收到一个重复 ACK，计算 cwnd+=1SMSS，更新拥塞窗口 cwnd。这个更新拥塞窗口的过程称为拥塞窗口膨胀(inflation)。拥塞窗口的暂时膨胀是由于每收到一个重复 ACK，代表一个报文段已到达接收方，即离开了网络，应该允许发送一个新的报文段。在 4.6.3 节中，图 4.35 中的第 24 号报文段就是第 4 个重复 ACK。

(4) 当 TCP 发送方收到部分 ACK 时②，快重传算法立即重传确认号对应的报文段；如果部分 ACK 刚累积肯定应答了 x 字节数据，快恢复算法应将拥塞窗口收缩(deflation) x 字节。考虑本节最初的假定：每个报文段都是全长报文段，那么 x 字节被分为 n 个报文段，每个报文段包含 SMSS 字节数据。因此，快恢复算法计算 cwnd$-=n\cdot$SMSS，更新拥塞窗口 cwnd。采用拥塞窗口收缩的目的是消除拥塞窗口暂时膨胀的影响。

拥塞窗口收缩后，快恢复算法比较刚肯定应答的字节数 x 与 SMSS 的值，如果 $x\geqslant$ SMSS，则计算 cwnd+=1SMSS，更新拥塞窗口 cwnd。然后继续快恢复算法，如果再次收到重复 ACK，按照第(3)步的方法，继续拥塞窗口膨胀。

(5) 当 TCP 发送方收到完全 ACK 时，计算 cwnd=ssthresh，此处 ssthresh 为第(2)步计算得到的，然后退出快恢复算法。本步骤中计算 cwnd 的目的同样是消除拥塞窗口暂时膨胀的影响。

总之，退出快恢复算法时，cwnd 值和 ssthresh 值均为启动快恢复算法时的 cwnd 值的

---

① RFC3042 规定，虽然 cwnd 值不调整，但是允许超出 cwnd 窗口之外发送 2 个报文段。

② TCP Reno 版本没有区分部分 ACK 和完全 ACK，在 TCP Reno 版本中，收到部分 ACK 时的处理过程与第(5)步中收到完全 ACK 的处理过程相同。

一半。

2）启用 SACK 重传时的快恢复算法

RFC6675 规定了启用 SACK 重传时的快恢复算法，对 TCP NewReno 版本的快恢复算法做了修订，该版本也称为 TCP SACK 版本。

回顾在 4.6.4 节中的介绍：RFC6675 规定满足以下两个条件之一时，SACK 发送方判定发生了报文段丢失。

（1）收到 3 个不连续的 SACK 块。

（2）SACK 块的最高数据序号－累积 ACK 号＞(3－1)×MSS。

TCP SACK 修订的快恢复算法如下。

（1）当 TCP 发送方收到第 1 个和第 2 个重复 ACK 时，TCP 根据以上规则判定是否丢包，如果未丢包，拥塞窗口 cwnd 不做调整。否则，进入快恢复阶段，跳转到(3)。

（2）当 TCP 发送方收到第 3 个重复 ACK，进入快恢复阶段，跳转到(3)。

（3）计算 ssthresh＝cwnd＝FlightSize/2，重传 SACK 选项指明的第一个缺失报文段。

（4）计算管道数据量 pipe，pipe 代表已经发出但尚未被肯定应答的字节数。pipe 与 FlightSize 不同，FlightSize 指所有已经发出但未被累积肯定应答的字节数，而 pipe 不包括其中已被 SACK 选项肯定应答的字节数。

（5）如果 cwnd－pipe≥SMSS，说明可以发送数据。于是，发送方按照先重传缺失报文段，再发送新报文段的顺序，依次发送报文段[①]。

（6）在快恢复阶段中收到任意 ACK，需要判断该 ACK 是不是完全 ACK。如果 ACK 不是完全 ACK，跳转到(3)，否则退出快恢复算法。

启用 SACK 后，在快恢复阶段中，每次收到 ACK 都会计算 cwnd 和 ssthresh，这也使得退出快恢复算法时，cwnd 值和 ssthresh 值均为启动快恢复算法时的 cwnd 值的一半。

综上所述，TCP 的快恢复算法，不论是否开启了 SACK 选项，经历大约一个轮次（一个 RTT）后，都将拥塞窗口 cwnd 和慢开始门限 ssthresh 调整为触发快恢复时的拥塞窗口的一半。快恢复算法结束后，TCP 执行拥塞避免算法，进入拥塞避免阶段。

目前主流的操作系统都默认打开了 SACK 选项，可以支持 SACK 重传和基于 SACK 的快恢复算法。

在 Linux 的实现中，采用了拥塞窗口缩减（congestion window reducing，CWR）策略实现快恢复算法。当进入快恢复阶段后，Linux 计算 ssthresh＝cwnd/2，但并未一次性将 cwnd 减半，而是在后续的步骤中，每收到两个 ACK 将 cwnd 减 1，直至 cwnd 达到新的 ssthresh 值或者由于其他原因退出快恢复算法。Linux 的实现方法[②]在本质上与标准的快恢复算法一致，即在快恢复算法退出时，拥塞窗口 cwnd 和慢开始门限 ssthresh 均调整为触发快恢复时的拥塞窗口的一半。

注意：在 TCP 快恢复算法执行过程中，如果监测到超时重传事件，TCP 将退出快恢复算法，将 cwnd 设为 1SMSS，重新执行慢开始算法。

4. 拥塞控制状态变迁

在了解 TCP 经典拥塞控制算法的细节后，总结一下 TCP 经典拥塞控制算法的 3 个阶

---

① 快恢复阶段计算 pipe 的具体算法、发送报文段的具体算法等请参考 RFC6675。

② Linux 中 TCP 拥塞控制算法的实现细节参见文献 *Congestion Control in Linux TCP*。

段的作用。慢开始阶段是TCP探测当前网络传输能力的阶段。拥塞避免阶段是TCP的稳定运行阶段，在该阶段TCP继续探测可能利用的网络资源。快恢复阶段是TCP发现网络拥塞后，调整和恢复稳定运行的阶段。TCP拥塞控制的状态变迁如图4.40所示，图中采用SACK重传和SACK快恢复算法。

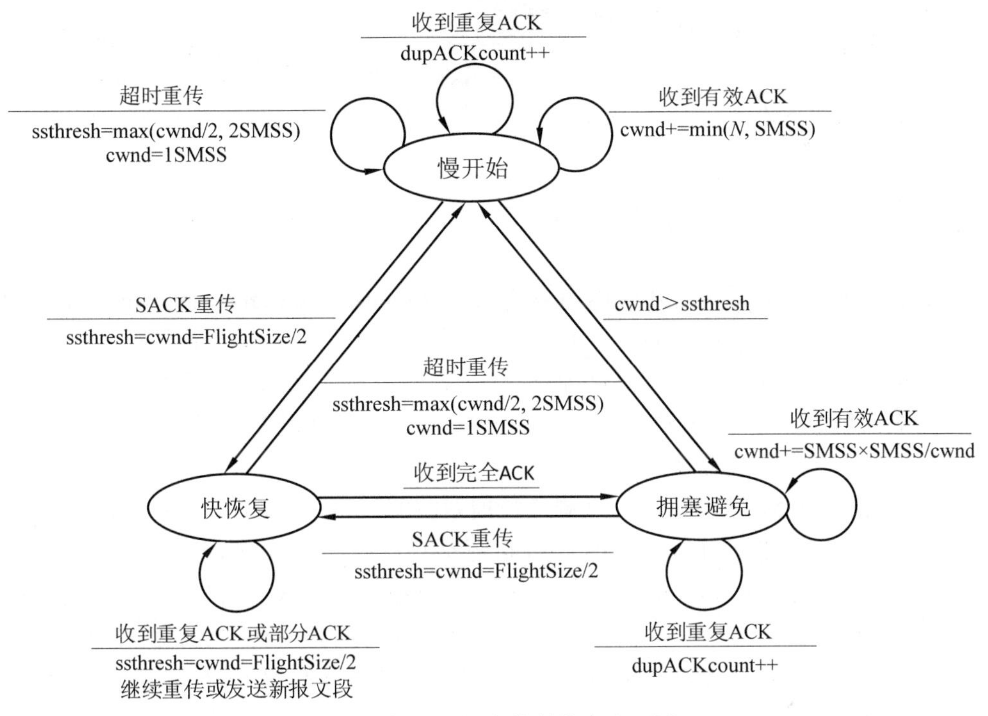

图4.40　TCP拥塞控制状态变迁图

TCP拥塞控制的过程如下：TCP连接建立之初首先进入慢开始状态，探测网络传输能力，期间如果出现超时重传，将重新启动慢开始算法，直至出现快重传或SACK重传时退出慢开始状态，经过短暂的快恢复阶段后，TCP进入拥塞避免阶段。由于SACK重传的广泛使用，超时重传一般出现在网络负载极大，SACK重传后再次丢失的情况下。一般情况下，TCP大部分时间运行在拥塞避免阶段和快恢复阶段。在拥塞避免阶段，TCP线性增加拥塞窗口cwnd，缓慢探测网络传输能力，该特点被称为加法增大(additive increase，AI)；在快恢复阶段，经过快速调整和恢复，TCP将慢开始阈值ssthresh和拥塞窗口cwnd设置为触发快恢复时的cwnd的一半，该特点被称为乘法减小(multiplicative decrease，MD)。因此，TCP的经典拥塞控制算法也称为AIMD算法。

在TCP拥塞控制下的拥塞窗口cwnd变化情况示意如图4.41所示。图中cwnd初值为1SMSS，ssthresh初值为无穷大。在A点发生了超时重传事件，TCP计算ssthresh＝128/2＝64SMSS，将cwnd设置为1SMSS后，重新启动慢开始算法。在B点cwnd达到64SMSS后，TCP切换到拥塞避免阶段。在C点发生SACK重传事件，TCP计算ssthresh＝cwnd＝80/2＝40SMSS，进入快恢复阶段。经过约一个轮次的快恢复，在D点收到完全ACK后，TCP再次进入拥塞避免阶段。

观察图4.41中的拥塞避免阶段，可以发现需要很长一段时间，cwnd才能增长到饱和，

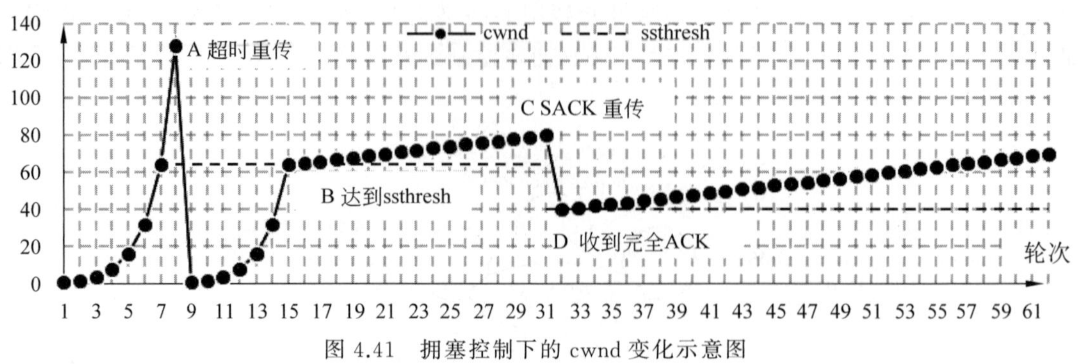

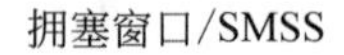

图 4.41 拥塞控制下的 cwnd 变化示意图

TCP 才能充分利用传输资源。在高速网络环境中，由于拥塞避免算法中 cwnd 增长缓慢，限制了 TCP 的发送速率，会造成 TCP 不能很好地利用高速网络资源，因而性能表现不够好。

RFC3649 和 RFC3742[①] 研究了高速网络环境下的 TCP，提出了高速 TCP（HSTCP），指出当拥塞窗口大于一个基础值 Low_Window 时，应当调整标准 TCP 的处理方式以改进性能。其中 Low_Window 设置为 38SMSS。

2004 年，Lisong Xu 等提出了二进制增长拥塞控制（binary increase congestion control，BIC）算法，指出 TCP 拥塞窗口调整的本质问题是找到最适合当前网络的一个发送窗口。BIC 算法采用二分搜索增大（binary search increase）和加法增大两种算法改进了标准 TCP 中的拥塞避免算法。2008 年，BIC 算法的窗口增长机制得到简化，出现了 CUBIC[②] 算法。CUBIC 算法使用一个高阶多项式函数（三次方程）控制窗口的增大，在高速网络中 CUBIC 算法比标准 TCP 性能更好。当窗口较小时，CUBIC 算法将 cwnd 值切换至标准 TCP 算法中的 cwnd 值，用来确保在中低速网络中的 TCP 性能。由于 CUBIC 算法的优越性能，Linux 自内核 2.6.18 版之后，在拥塞避免阶段中默认采用 CUBIC 算法。RFC8312 对 CUBIC 算法进行了说明。目前，Linux 支持通过配置系统变量切换 CUBIC 算法和 Reno 算法。

5. AIMD 算法的公平性介绍

假如在一个网络中有 n 条 TCP 连接，每条连接都有不同的端到端路径，且都经过一个最大处理能力为 X 比特每秒(b/s)的路由器，若每条连接路径上的结点和链路带宽都不受限制，每条 TCP 连接的发送方都在发送一个超大文件，则在没有拥塞控制机制的情况下，每条 TCP 连接中的发送方都以最大速率发送数据，网络必然拥塞。在拥塞控制算法的调节下，发送方的发送速率会降低到某个不使网络产生拥塞的值，如果最终每条连接的发送速率都收敛至 X/n 比特每秒，即每条连接获得了相同份额的带宽资源，则称该拥塞控制算法是公平的。

在 Van Jacobson 提出 TCP 拥塞控制算法的经典论文中，已经证明了 AIMD 算法的公平性。本书不做算法公平性的数学证明，仅利用一个非常简单的例子进行说明。

---

① RFC3649 和 RFC3742 都是实验性 RFC 文档。

② CUBIC 算法的细节参考文献 *CUBIC：a new TCP-friendly high-speed TCP variant*。

假设有两条 TCP 连接，它们共享一台最大处理能力为 4Mb/s 的路由器 R，发送方分别为主机 A 和主机 B，如图 4.42 所示。两条 TCP 连接的发送速率仅受拥塞窗口影响，其他网络环境和参数完全相同。

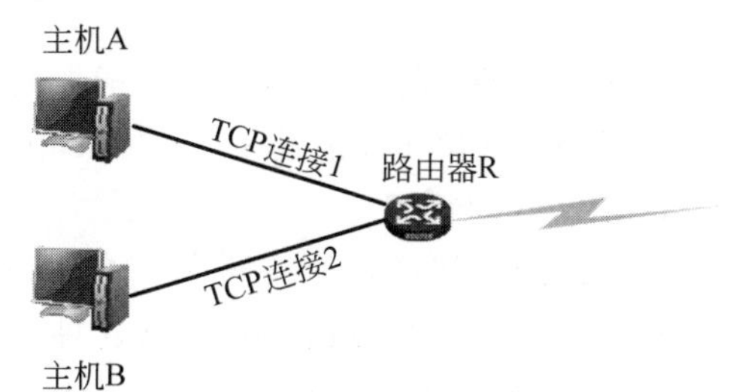

图 4.42　两条共享路由器的 TCP 连接

假如主机 A 先发送数据。一小段时间后，主机 B 开始发送数据，此时，A 的拥塞窗口已经增长到某个较大的值，而 B 的拥塞窗口仍然需要从 1 开始增加，因此 A 抢先占用的带宽资源比较多。假如当 A 的发送速率达到 3Mb/s 时，B 的发送速率达到 1Mb/s，两条 TCP 连接的数据到达路由器 R 后，会由于路由器 R 的处理能力受限而丢包。此时，TCP 的 AIMD 拥塞控制算法开始介入，主机 A 和主机 B 的拥塞窗口减半，发送速率分别降到 1.5Mb/s 和 0.5Mb/s，然后继续线性增加。当两条 TCP 连接的发送速率之和再次达到 4Mb/s 时，AIMD 算法将再次进行减半，以此类推，经过多轮 AIMD 算法的控制后，主机 A 和主机 B 的发送速率将稳定在 2Mb/s 左右，控制过程如图 4.43 所示。

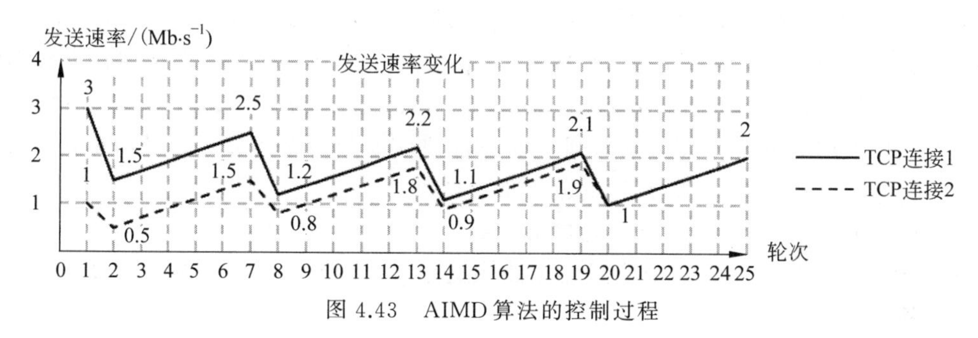

图 4.43　AIMD 算法的控制过程

TCP 拥塞控制机制能够使多个连接公平地占用传输资源，但 UDP 是没有拥塞控制机制的。那些不想被 TCP 限制发送速率的应用程序，更愿意采用 UDP 进行数据传输。由于 UDP 应用程序的发送速率不受限制，对于 TCP 应用程序来说就是不公平的，UDP 应用的流量可能会压制 TCP 应用的流量。目前，IETF 正在研究具有拥塞控制机制的数据报协议，也发布了一些关于数据报拥塞控制协议(datagram congestion control protocol，DCCP)的互联网建议标准，如 RFC4340、RFC5595、RFC6673 等。

TCP 的拥塞控制要求发送方的发送窗口小于或等于拥塞窗口，流量控制要求发送窗口小于或等于通知窗口。因此发送窗口值 swnd 应选取拥塞窗口 cwnd 和通知窗口 awnd 中的较小值，如式(4-10)所示。

$$\mathrm{swnd} = \min(\mathrm{awnd}, \mathrm{cwnd}) \tag{4-10}$$

上式说明，当 awnd 较小时，决定发送方发送速率的是 TCP 的流量控制；当 cwnd 较小时，决定发送方发送速率的是 TCP 的拥塞控制。

4.8.3　网络层辅助的拥塞控制

TCP 的经典拥塞控制算法通过监测传输层的超时重传、重复 ACK 信息和 SACK 信息等推测网络拥塞情况被动地采取拥塞控制措施，而没有利用网络层的信息主动地进行拥塞控制。

网络层辅助的拥塞控制方法包括主动队列管理(active queue management，AQM)和显式拥塞通知(explicit congestion notification，ECN)。

1. 主动队列管理

路由器的队列通常是按照先进先出(first in first out，FIFO)规则进行管理的，当队列已满时，后续到达的分组将被丢弃，这种丢包策略被称为尾部丢弃(tail-drop)策略。尾部丢弃会导致一批分组的丢失，发送方监测到分组丢失后，将依据拥塞控制算法降低拥塞窗口值。当网络中有多条 TCP 连接通过拥塞路由器时，路由器的尾部丢弃策略会造成多条 TCP 连接因同时丢包而降低拥塞窗口值，进而降低发送速率。这种现象称为 TCP 全局同步(global synchronization)。两条 TCP 连接的同步现象如图 4.43 所示。

为了避免发生全局同步现象，IETF 于 1998 年在 RFC2309 中提出了主动队列管理(AQM)机制。所谓“主动”就是不要等到路由器的队列满时才被动地丢弃后续到达的分组，而是在队列长度达到某个数值时或当网络有了某些拥塞征兆时，就主动丢弃部分到达的分组。这样可以提醒部分 TCP 连接放慢发送的速率，避免全局同步。

AQM 有多种实现算法，在 RFC2309 中建议将随机早期检测(random early detection，RED)算法作为默认的 AQM 算法。实现 RED 算法需要路由器预先设定队列长度最小阈值 min_{th}、最大阈值 max_{th} 和最大丢包概率 max_p 3 个参数。当有新的分组到达时，路由器采用指数移动加权平均的方法计算平均队列长度 avg，将 avg 与两个预先设定的阈值进行比较：

(1) 若 $avg < max_{th}$，则将新到达的分组加入队列；

(2) 若 $avg \geq max_{th}$，则丢弃新到达的分组；

(3) 若 $min_{th} \leq avg < max$，则根据 avg 计算概率 p，以概率 p 丢弃新到达的分组，概率 $p \leq max_p$。

在实际应用中，IETF 发现 RED 算法在稳定性和公平性方面存在一些问题，如 RED 算法对参数设置过于敏感，3 个预设参数的细微变化会对网络性能造成很大影响。

经过十多年的实践和研究，学者们提出了多种 RED 的改进算法，以及其他种类的 AQM 算法，如基于网络负载的 AQM 算法等。2015 年，IETF 在 RFC7567 中不再推荐 RED 算法作为默认的 AQM 算法，也不再推荐其他的算法作为默认的 AQM 算法。在强调 AQM 机制的重要性的同时，RFC7567 给出了关于选择 AQM 算法的一些建议，其中特别强调 AQM 算法应该能够自动配置并适应于各种常见的应用场景。有兴趣的读者可以阅读相关文献，了解 AQM 算法方面的研究进展。

2. 显式拥塞通知

如果能将路由器的拥塞状况传递给端系统，并以此控制端系统的发送速率，进而影响路由器中的队列长度，减小排队延迟，将更有利于提升网络性能。RFC3168 提出了对 IP 和 TCP 的扩展方案，允许路由器通过设置 IP 首部中的 ECN 字段的方法，明确向 TCP 发出拥塞信号，这种形式的网络层辅助拥塞控制称为显式拥塞通知(ECN)。

RFC3168 将 IP 首部中的两个比特定义为 ECN 字段，ECN 字段取值“00”代表端系统不支持 ECN；ECN 字段取值“01”或“10”代表端系统支持 ECN；当路由器出现拥塞时，路由器将 ECN 字段设置为“11”，代表网络拥塞信号。关于 ECN 字段在 IP 首部中的位置，将在第

5 章中介绍。

显式拥塞通知的过程如图 4.44 所示。发送方 A 发出的数据报文段经过拥塞路由器 R 时，路由器 R 将 IP 首部中的 ECN 字段置为“11”。携带网络层拥塞信号的报文段到达接收方 B 后，B 在后续发送给 A 的所有 ACK 中，都将 TCP 首部中的 ECE(ECN echo)标志位置“1”，显式通知发送方 A 有拥塞产生，直至收到 A 发来的报文段中有 CWR 标志为止。当携带 ECE 标志的 ACK 到达发送方 A 后，A 必须做出拥塞窗口缩减(CWR)处理，即将拥塞窗口 cwnd 减半，并降低慢开始阈值 ssthresh。对属于同一个窗口的且携带 ECE 标志的一系列 ACK，发送方 A 仅做一次拥塞窗口缩减处理。A 完成拥塞窗口缩减后，将其发送给 B 的第一个新的数据报文段中的 CWR 标志位置“1”，通知接收方 B 拥塞窗口缩减已完成。

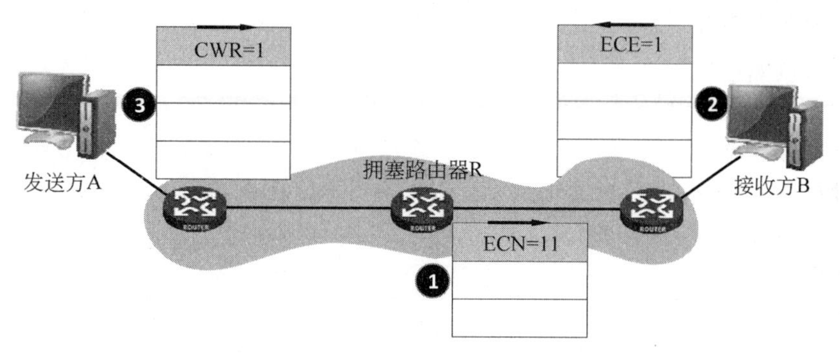

图 4.44　显式拥塞通知

RFC3168 规定 TCP 对显式拥塞通知的处理应该与快重传或 SACK 重传的拥塞处理机制一致①。在 Linux 的实现中，定义了 TCP 连接的 CWR 状态来处理显式拥塞通知，在进入 CWR 状态时，计算 ssthresh＝cwnd/2，之后每收到两个 ACK 将 cwnd 减 1，直至 cwnd 达到新的 ssthresh 值或者由于其他原因退出 CWR 状态。这种处理方法与 Linux 中快恢复阶段的处理方法一致。

ECN 字段在网络层进行操作，不仅可以应用于 TCP，也可以应用于其他协议，如数据报拥塞控制协议(DCCP)、实时传输协议(RTP)等。

主动队列管理和显式拥塞通知都已经应用多年，但它们仍然无法满足各种应用情景下对网络调度的需求。对于拥塞控制算法的研究仍然是计算机网络领域的研究热点之一，例如基于延迟的拥塞控制算法(Vegas 算法和 Fast 算法)；RFC5690 提出的针对接收方 ACK 的拥塞控制算法；Google 在 2016 年提出的 BBR②(bottleneck bandwidth and round-trip propagation time)算法等。对拥塞控制感兴趣的读者，可以阅读相关文献进行研究。

4.9　本章小结

本章介绍了传输层的基本概念以及两个重要的传输层协议：用户数据报协议(UDP)和传输控制协议(TCP)。用户数据报协议提供无连接的不可靠的服务，传输控制协议提供面

① RFC8311 适当放宽了 RFC3168 中对 ECN 响应的限制。

② Linux 从内核 4.9 版本开始，已经提供对 BBR 算法的支持。

向连接的可靠的服务。

传输层位于应用层和网络层之间，主要用于向应用进程提供端到端的逻辑通信服务。传输层协议的作用范围发送方进程到接收方进程。传输层协议利用端口号标识应用进程，实现传输层的复用和分用功能。端口号由因特网编号分配机构(IANA)管理，分为系统端口、用户端口和动态端口3类。系统端口和用户端口一般用于服务进程，而动态端口一般用于客户进程。

UDP的主要特点如下：

(1) 无连接；

(2) 保留应用层报文边界；

(3) 尽力而为服务；

(4) 不支持流量控制；

(5) 不支持拥塞控制；

(6) 首部开销小；

(7) 支持单播、多播和广播通信。

TCP的主要特点如下：

(1) 面向连接；

(2) 面向字节流；

(3) 可靠交付；

(4) 支持流量控制；

(5) 支持拥塞控制；

(6) 首部较复杂，开销较大；

(7) 仅支持一对一的单播通信。

停止等待(SW)协议利用序号、肯定应答和超时重传机制实现可靠传输，是最简单的可靠传输协议。停止等待协议的信道利用率太低，可以采用流水线方式传输以提高信道利用率。采用流水线方式的可靠传输协议称为连续ARQ协议，也称为滑动窗口协议。滑动窗口协议分为回退N步(GBN)协议和选择重传(SR)协议。GBN协议是发送窗口大于1，接收窗口等于1的滑动窗口协议，SR协议是发送窗口和接收窗口都大于1的滑动窗口协议。停止等待协议可以看作发送窗口和接收窗口都等于1的滑动窗口协议。

TCP建立连接的过程中需要在客户和服务器之间进行3次报文段交换，3个报文段分别是SYN、SYN+ACK和ACK。TCP释放连接的过程中需要在客户和服务器之间进行4次报文段交换，最后一个报文段发送后，需要等待时间为2MSL，TCP才能进入连接关闭状态。TCP的状态变迁图描述了TCP连接状态变迁的规则。

TCP的可靠传输是依靠以字节为单位的滑动窗口协议实现的。TCP通信双方各维护一个发送窗口和一个接收窗口，发送窗口和接收窗口不断动态变化。TCP首部中的序号字段代表本报文段中数据部分首字节的编号，确认号字段代表期待收到的对方下一个报文段中数据部分首字节的编号。确认号具有累积肯定应答功能。TCP实现了基于超时计时器的超时重传机制、基于3个重复ACK的快重传机制和基于SACK的SACK重传机制。

TCP的流量控制允许接收方利用通知窗口控制发送方的发送速率，TCP规定发送窗口必须小于或等于通知窗口。为避免零窗口通知带来的死锁状态，TCP发送方维持一个持续计时器，定时发送窗口探测报文。

路由器因无法处理过多的流量而被迫丢弃分组的现象称为拥塞。TCP 的拥塞控制根据网络的拥塞情况控制发送方的发送速率。TCP 规定发送窗口必须小于或等于拥塞窗口。

TCP 拥塞控制机制包括经典拥塞控制机制和网络层辅助的拥塞控制机制。TCP 的经典拥塞控制包括慢开始、拥塞避免和快恢复 3 个阶段。在慢开始阶段，拥塞窗口 cwnd 按指数增长；在拥塞避免阶段，拥塞窗口 cwnd 按线性增长；在快恢复阶段，拥塞窗口 cwnd 减半。网络层辅助的拥塞控制分为主动队列管理和显式拥塞通知两种。

习 题 4

1. 试画图解释传输层的复用和分用。

2. 端口的作用是什么？为什么端口号要划分为 3 种？3 种端口号的应用范围是什么？

3. UDP 实现分用（demultiplexing）时所依据的首部字段是（　　）。

A. 源端口号　　B. 目的端口号　　C. 长度　　D. 检验和

4. 假定某 UDP 接收方对收到的 UDP 数据报计算检验和，并发现它与封装在检验和字段中的值相匹配。此时，接收方能够绝对确信没有出现过比特差错吗？试解释之。

5. 当某应用程序使用 UDP 时，该应用程序能得到可靠数据传输吗？如果能，试举例说明如何实现。

6. 在停止等待协议中，如果在收到重复的报文段时不予理睬（即悄悄地丢弃它而其他什么也不做）是否可行？试举例说明理由。

7. 主机甲采用停止等待协议向主机乙发送数据，数据传输速率是 3kb/s，单向传播延迟是 200ms，忽略 ACK 帧的传输延迟。当信道利用率等于 40%时，数据帧的长度是多少？

8. 假设主机采用停止等待协议向主机乙发送数据帧，数据帧长与 ACK 帧长均为 1000B。数据传输速率是 10kb/s，单向传播延迟是 200ms。则甲的最大信道利用率是多少？

9. 试证明，在连续 ARQ 协议中，当用 n 位进行 PDU 的编号时，若接收窗口等于 1（即只能按序接收 PDU），则仅在发送窗口不大于 2^n-1 时，连续 ARQ 协议才能正确运行。

10. 假定使用连续 ARQ 协议，发送窗口大小是 4，用 4 位进行 PDU 编号，传输介质可以保证接收方能够按序收到 PDU。在某一时刻，如果接收方期望收到的下一个序号是 k，试问：

（1）在发送方的发送窗口中可能出现的序号组合有哪些？

（2）接收方已经发送出的、但仍在网络中（即还未到达发送方）的 ACK 可能有哪些？说明这些 ACK 是用来肯定应答哪些序号的 PDU。

11. 数据链路层采用回退 N 步（GBN）协议，发送方已经发送了编号为 0～7 的帧。当计时器超时时，若发送方只收到 0、2、3 号帧的 ACK，则发送方需要重发的帧数是多少？

12. 数据链路层采用选择重传（SR）协议传输数据，发送方已发送了 0～3 号数据帧，现已收到 1 号帧的 ACK，而 0、2 号帧依次超时，则此时需要重传的帧数是多少？

13. 为什么说 UDP 是面向报文的，而 TCP 是面向字节流的？

14. 假设 RTT 为 100ms，请计算下列网络中的 RTT 与带宽的乘积：

（1）传统以太网（10Mb/s）；

(2) 百兆以太网(100Mb/s);

(3) STM-1(155Mb/s);

(4) 千兆以太网(1Gb/s);

(5) 万兆以太网(10Gb/s);

(6) STM-256(40Gb/s)。

回顾 TCP 首部中的 16 位长的窗口字段和 TCP 的窗口扩大选项,试述其含义。

15. 查阅 RFC1122,深入理解 MSS 选项的作用以及发送方最大报文段长度(SMSS)的计算方法。

16. 主机 A 向主机 B 发送 TCP 报文段,首部中的源端口是 x 而目的端口是 y。当 B 向 A 返回信息时,其 TCP 报文段首部中的源端口和目的端口分别是什么?

17. 试说明传输层中伪首部的作用。

18. 若主机甲与主机乙建立 TCP 连接时发送的 SYN 段中的序号为 1000,在断开连接时,甲发送给乙的 FIN 段中的序号为 5001,则在无任何重传的情况下,甲向乙已经发送的应用层数据的字节数是多少?

19. 若主机甲主动发起一个与主机乙的 TCP 连接,甲、乙选择的初始序列号分别为 2018 和 2046,则第三次握手时 TCP 段的确认号是多少?

20. 主机 A 向主机 B 连续发送了两个 TCP 报文段,其序号分别是 700 和 1000。试问:

(1) 第一个报文携带了多少字节的数据?

(2) 主机 B 收到第一个报文段后,发回的 ACK 中的确认号应当是多少?

(3) 如果 B 收到第二个报文段后,发回的 ACK 中的确认号是 1500,那么 A 发送的第二个报文段中有多少字节数据?

(4) 如果有效最大报文段长度(EMSS)的值是 600B,B 收到第二个报文段后,发回的 ACK 中接收窗口值是 400,那么 A 如果要给 B 发送第三个报文段,第三个报文段最多包含多少字节数据?

(5) 如果 A 发送的第一个报文段丢失了,但第二个报文段到达了 B。B 在收到第二个报文段后向 A 发送 ACK。试问这个确认号应为多少?

21. 什么是 Karn 算法?在 TCP 的重传机制中,为什么采用 Karn 算法?

22. 在 TCP 的超时重传算法中,假如在某时刻 SRTT 值为 300ms,RTTV 值为 25,其后测得的 RTT 样本均为 200ms,试问需要多长时间,RTO 值才会小于 300ms?

23. 某客户通过一个 TCP 连接向服务器发送数据的部分过程如图 4.45 所示。客户在 t_0 时刻第一次收到确认号 ack_seq=100 的段,并发送序列号 seq=100 的段,但发生丢失。若 TCP 支持快重传,则客户重新发送 seq=100 段的时刻是图中哪个时刻?

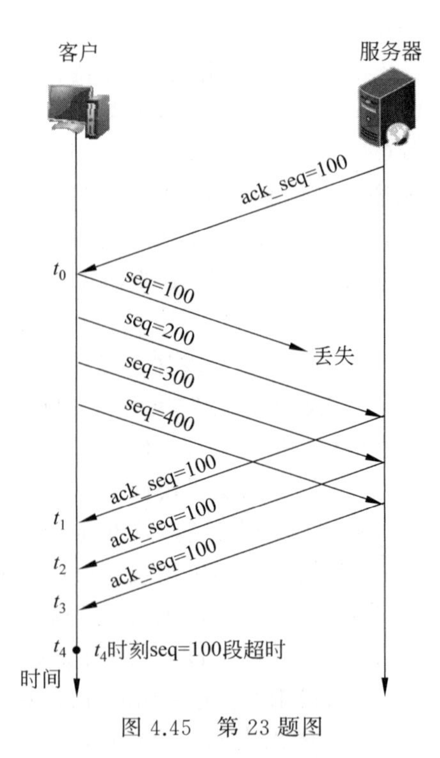

图 4.45 第 23 题图

24. 试比较 TCP 的超时重传、快重传和 SACK 重传算法。

25. TCP 快重传算法中规定的部分 ACK 和完全 ACK 是什么含义？有什么作用？

26. 主机甲和主机乙已建立了 TCP 连接，主机甲始终以 MSS＝1KB 大小的段发送数据，并一直有数据发送；主机乙每收到一个数据段都会发出一个接收窗口为 10KB 的 ACK 段。若主机甲在 t 时刻发生超时时拥塞窗口为 8KB，则从 t 时刻起，不再发生超时的情况下，经过 10RTT 后，主机甲的发送窗口是多少？

27. 主机 A 的 TCP 使用慢开始、拥塞避免、快重传和快恢复算法进行拥塞控制。假设主机 A 设置的慢开始门限 ssthresh 的初值为 16 个最大报文段长度(MSS)为 1KB。在 TCP 拥塞窗口为 18KB 时检测到 3 个重复 ACK，进入快恢复阶段，那么快恢复结束后拥塞窗口的大小和慢开始门限值的大小分别是多少？请说明快恢复结束后第 1～6 轮次传输时，拥塞窗口的大小分别是多少？

28. 如图 4.46 所示，主机 A 请求与主机 B 三次握手建立 TCP 连接的过程。请在括号处填上空缺的 6 个关键字段的值(注：seq 表示序号字段，ack 表示确认号字段，SYN 表示同步标志，ACK 表示肯定应答标志)。并请说明这些关键字段值的意义，分析一下这些值之间的关系。

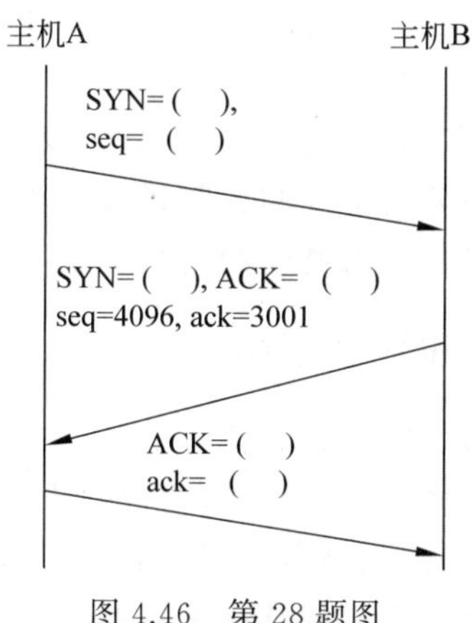

图 4.46 第 28 题图

29. 若主机甲与主机乙已建立一条 TCP 连接，最大段长(MSS)为 1KB，往返路程时间(RTT)为 2ms，则在不出现拥塞的前提下，拥塞窗口从 8KB 增长到 32KB 所需的最长时间是多少？

30. 为什么 TCP 的经典拥塞控制算法称为 AIMD 算法？试分析 AIMD 算法的公平性。

31. 流量控制和拥塞控制的最主要的区别是什么？发送窗口的大小取决于流量控制还是拥塞控制？

32. 网络层辅助的拥塞控制方法有哪些？试描述其基本原理。

第5章 网 络 层

网络层是互联网体系结构中最重要的一层，其主要任务是向上层提供主机到主机的通信服务。网络层的关键设备是路由器，其主要功能包括分组转发和路由选择。

本章主要内容包括网络层的控制平面和数据平面功能概述，互联网协议(IP)以及IP数据报格式，IP分组转发的算法，互联网控制报文协议(ICMP)的报文格式、种类以及应用实例，路由选择协议的分类以及路由选择协议RIP、OSPF和BGP，网络地址转换(NAT)和虚拟专用网络(VPN)的基本概念，多协议标记交换(MPLS)的概念和典型应用。

5.1 网络层概述

在第3、4章中，已经介绍了应用层协议和传输层协议，它们都是在网络边缘部分的主机中实现的。本章主要介绍的网络层协议与之不同，不论在网络边缘部分的主机上，还是在网络核心部分的路由器上，都会实现网络层协议。

从第1章已经知道，互联网采用的交换方式是分组交换。分组交换是一种动态地按需分配通信资源的交换方式。实现分组交换的关键设备是网络核心部分的路由器，其任务是将收到的分组转发到下一个网络。路由器中的网络层是本章介绍的重点。

5.1.1 传统网络的控制平面和数据平面

路由器是一种具有多个接口的专用计算机，每个接口连接了不同的网络。每个网络可以采用不同的体系结构或不同的协议实现，也就是说路由器能够连接异构的网络。

路由器的主要功能包括分组转发和路由选择，其中分组转发功能属于数据平面，路由选择功能属于控制平面。每台路由器由实现路由选择功能的控制平面和实现分组转发功能的数据平面构成。一个传统的路由器结构如图5.1所示。

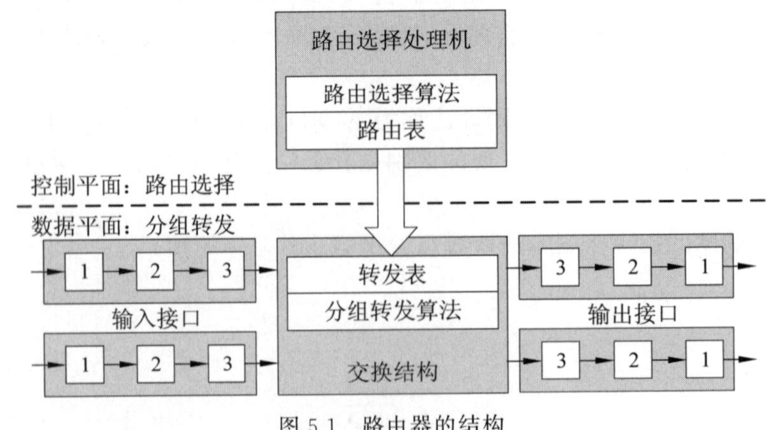

图5.1 路由器的结构

(1) 控制平面的核心构件是路由选择处理机。路由选择处理机的任务包括利用路由选择协议与其他的路由器通信，获得网络拓扑结构的相关信息；根据获取的信息，利用路由选择算法计算到目的网络的路由，构造和更新路由表。

(2) 数据平面由一组输入接口、一组输出接口和交换结构组成。交换结构是数据平面的核心构件，它的任务是通过分组转发算法查找转发表，将输入分组转发到适当的输出接口；输入接口在执行必要的物理层和数据链路层功能后，将收到的分组放入接口输入队列，如图 5.2(a)所示；输出接口从交换结构接收分组并将其放入接口输出队列，在执行必要的数据链路层和物理层功能后，将分组发送出去，如图 5.2(b)所示。

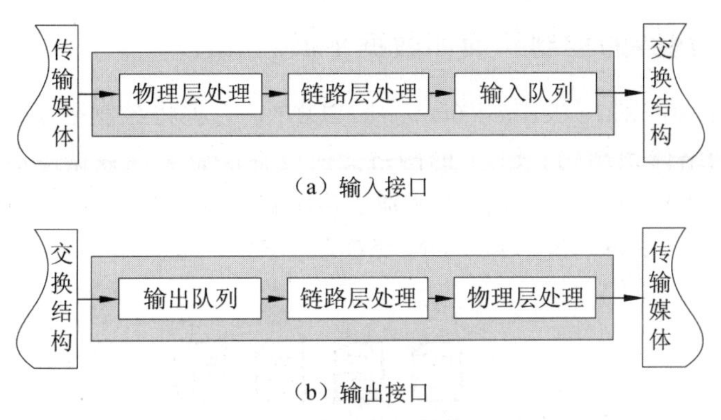

图 5.2 输入接口和输出接口

交换结构可以采用多种方法实现。常见的方法包括内存交换、总线交换和互连网络交换。数据平面中的转发表是由控制平面中的路由表得到的。路由表一般由软件实现，其数据结构适用于网络拓扑变化后，对其进行高效地增、删和更新操作；而转发表一般由硬件实现，其数据结构适用于快速查找操作。虽然二者采用了不同的实现方式，但本书在介绍路由器原理和网络层原理时，对路由表和转发表不做区分。

传统网络的控制平面是分布式实现的。每台路由器中都包含控制平面，如图 5.3 所示。

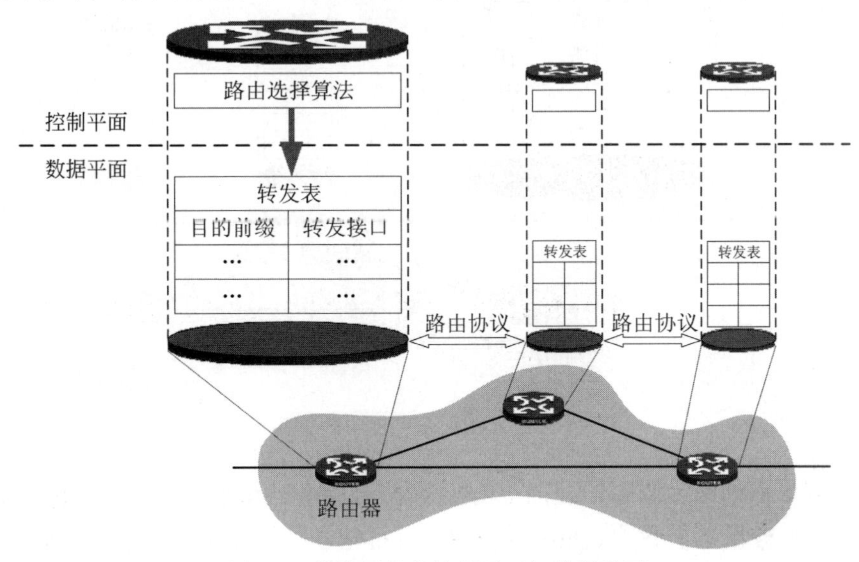

图 5.3 传统网络的控制平面与数据平面

每台路由器通过路由协议与其他路由器交换网络拓扑信息，独立维护路由表(转发表)。路由表包括目的前缀(CIDR 前缀)、掩码、转发接口或者下一跳 IP 地址等信息，每个路由表项指明到某一个 CIDR 地址块的路径信息。

传统网络的数据平面采用基于目的地址的转发策略。路由器根据收到分组的目的 IP 地址，查找转发表，转发分组。关于路由表和分组转发算法将在 5.3 节中介绍。如果要提供分组过滤、加密等服务，则需要在路由器上安装运行支撑软件，如虚拟专用网络(virtual private network，VPN)软件、网络地址转换(network address translation，NAT)软件、防火墙(firewall)软件等。

5.1.2 软件定义网络的控制平面和数据平面

软件定义网络(software defined network，SDN)是一种将控制平面和数据平面分离，构建可编程控制的网络体系结构。SDN 的网络交换设备仅需实现数据平面的功能，而控制平面的功能集中在远程控制器上实现。为区别于传统路由器，SDN 将受控网络交换设备称为 SDN 网元(network element，NE)或 SDN 交换机。SDN 的控制平面和数据平面如图 5.4 所示。

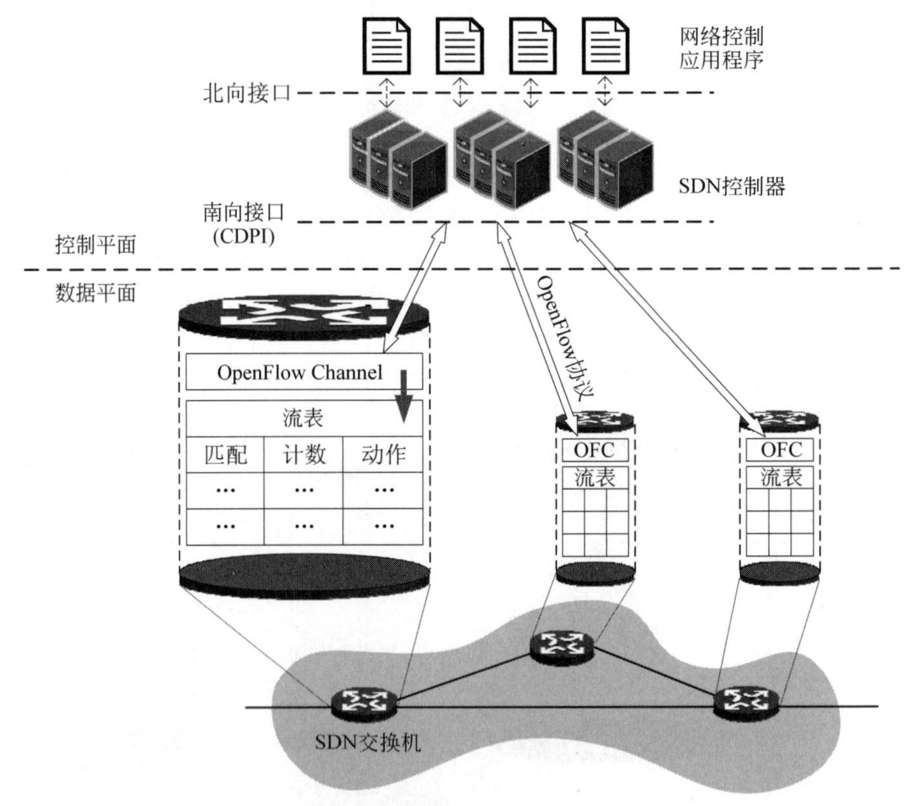

图 5.4 SDN 的控制平面与数据平面

SDN 控制平面的实现是集中式的。SDN 的控制逻辑全部在 SDN 控制器中实现，SDN 控制器通过控制数据平面接口(control to data-plane interface，CDPI)对 SDN 交换机进行控制和管理，控制数据平面接口也称为南向接口(southbound interface，SBI)。SDN 控制器与 SDN 交换机之间的通信基于 OpenFlow 协议。SDN 交换机通过 OpenFlow 协议向 SDN 控制器传递本地观察到的事件;SDN 控制器利用收集到的这些事件,管理网络状态信息,维护流表(flow table),并通过 OpenFlow 协议将流表下发给 SDN 交换机。流表包括匹配域(match fields)、计数器集(counters)和动作(actions)等信息,每个流表项是一条规则,指明与流表项匹配的分组应该执行的动作。

流表的匹配域是首部字段的集合。OpenFlow 协议规范允许基于一组首部字段与收到的分组进行匹配操作,这些首部字段分别来自传输层协议首部、网络层协议首部和数据链路层协议首部。计数器集包括分组数、字节数、持续时间等已经与该表项匹配的分组的统计数据。动作是指当收到的分组与流表项匹配时应该采取的转发、丢弃、修改指定的首部字段等操作。

SDN 控制器通过北向接口(northbound interfaces,NBI)向网络控制应用程序开放编程能力。网络控制应用程序利用 SDN 控制器提供的 API 来定义和控制网络设备中的数据平面。例如,一个路由选择应用程序可以定义分组转发规则;一个防火墙应用程序可以定义分组通过或丢弃规则。如果需要在 SDN 中提供额外的服务,仅需要编写并部署新的网络控制应用程序,不需要在 SDN 控制器或 SDN 交换机中安装软件。

SDN 的数据平面采用通用转发策略,即基于流表的转发策略。SDN 交换机根据所收分组中的首部字段,匹配流表,执行匹配的动作。由于 SDN 的转发策略能够匹配协议栈中的多个首部字段,比传统路由器更"通用",因此 SDN 的分组转发被称为通用转发。

SDN 控制平面与数据平面的分离会带来以下优点。

(1) 网络的全局优化。集中式的控制平面更易于进行网络的全局优化。

(2) 灵活性。通过开发新的网络控制应用程序可以部署新业务,更易于新业务的灵活和快速部署。

(3) 开放性。传统网络设备中的控制平面功能由网络设备厂商开发实现,与网络设备捆绑销售,SDN 的北向接口向软件企业开放了编程能力,可使更多的软件企业参与网络控制应用程序的开发。

SDN 的控制平面与数据平面分离也会带来以下问题。

(1) 服务能力问题。随着网络规模的扩大,集中式控制结点的服务能力有可能成为网络性能的瓶颈。

(2) 单点故障问题。SDN 控制器的故障会造成整个受控网络发生故障,因此 SDN 控制器通常以控制器集群的形式存在。

(3) 高可用性问题。传统网络设备的控制平面和数据平面集成在一起,数据平面与控制平面的通信延迟极小,数据平面具备高可用性,但 SDN 的控制平面与数据平面通过网络远程连接,网络的延迟可能会带来数据平面可用性问题。

虽然 SDN 已经提出并发展多年,目前也已经有很多支持 SDN 的网络设备面世并应用,部分基于 SDN 的网络已经商用,但是在互联网领域,由于以下几点原因,SDN 仍不可能完全取代传统网络。

(1) SDN 仍然没有统一的国际标准。

(2) 互联网上已经部署了大量的传统网络设备。

(3) 互联网中自治系统之间所用的路由协议为边界网关协议(border gateway

protocol,BGP),它的功能和作用仍不可替代。

在目前的互联网中,传统网络仍然占据较大市场。本书的介绍依然以传统网络为主,关注 SDN 的读者可以参考相关专业书籍进行学习。

5.1.3 本章的主要协议

本章主要介绍以下协议。

(1) 互联网协议(Internet protocol,IP)。网络层核心协议以及传输层的 TCP、UDP 等协议的数据都通过 IP 数据报传输。

(2) 互联网控制报文协议(Internet control message protocol,ICMP)。它提供与网络配置信息和 IP 数据报处置相关的诊断和控制信息。

ICMP 报文直接封装在 IP 数据报内传输,从封装层次看与 TCP、UDP 等传输层协议一致,但是 ICMP 是 IP 的辅助协议,必须与 IP 一起实现。通常 ICMP 被认为是网络层协议,也有人将其归为 3.5 层协议,即网络层和传输层之间的协议。

(3) 路由协议(routing protocol)。它是路由器之间用来交换路由信息、链路状态信息或网络拓扑信息的协议,主要包括路由信息协议(routing information protocol,RIP)、开放最短通路优先(open shortest path first,OSPF)协议和边界网关协议(border gateway protocol,BGP)。

RIP 报文封装在 UDP 数据报中传输;OSPF 协议报文直接封装在 IP 数据报中传输;BGP 报文封装在 TCP 报文段中传输。从封装层次上看,RIP 和 BGP 与应用层协议一致,而 OSPF 与传输层协议一致。如果将路由选择看作一种特殊的应用,将路由器看作特殊的主机,路由协议可以归为应用层协议。

从功能上看,各路由协议都是为路由器控制平面中的路由选择算法提供数据支持的。由于路由选择功能属于网络层,本书将路由协议放在本章后面介绍。

(4) 多协议标记交换(multi-protocol label switching,MPLS)。它为 IP 等网络层协议提供面向连接的服务质量,支持流量工程(traffic engineering,TE)和负载均衡(load balance,LB),支持 MPLS VPN,在运营商和 ISP 中得到广泛应用。

MPLS 首部位于数据链路层首部和网络层首部之间,因此也可以将其归为 2.5 层协议。

与网络层 IP 相关的协议还有地址解析协议(address resolution protocol,ARP)。从封装层次上看,ARP 与 IP 一致,封装在数据链路层的数据帧内传输,因此 ARP 通常被归为网络层协议。但由于 ARP 的功能是将 IP 地址解析为数据链路层地址,与数据链路层关系紧密,故有人将其归为 2.5 层协议。学习 ARP 需要用到数据链路层相关的知识,本书将在第 6 章中介绍。

5.2 互联网协议

5.2.1 互联网协议概述

互联网协议(internet protocol,IP)是 TCP/IP 协议族中两个最重要的协议之一,是互联网的正式标准。IP 的协议数据单元通常称为 IP 分组或 IP 数据报。目前有两个版本的

IP 正在使用，分别是 IPv4 和 IPv6。IPv4 由 RFC791 规定，在 RFC2474、RFC3168 和 RFC6864 等文档中做了更新。IPv6 由 RFC8200 规定。本章介绍 IPv4，IPv6 的相关知识将在第 7 章中介绍。本书中，如未特别说明，“IP”均代表 IPv4。

IP 是为了实现网络互连才设计的协议。利用 IP，可以实现在不同网络之间转发分组。当多个异构网络通过路由器互相连接起来后，IP 屏蔽了底层网络的实现细节（如编址方案、协议格式等），向上层协议实体提供了统一的接口和服务。

如图 5.5 所示，路由器的每个接口连接一个网络，这些网络的实现各不相同，可以是无线局域网（wireless local area network，WLAN）、以太网（Ethernet）、点对点网络或移动网络等。采用 IP 后，路由器转发的都是统一的 IP 数据报，网络层地址都采用统一的 IP 地址，网络层之上的协议实体都无须再考虑具体网络的实现细节，每一个具体网络的细节由数据链路层协议实现。统一采用了 IP 的网络，也称为 IP 网络或简称 IP 网。

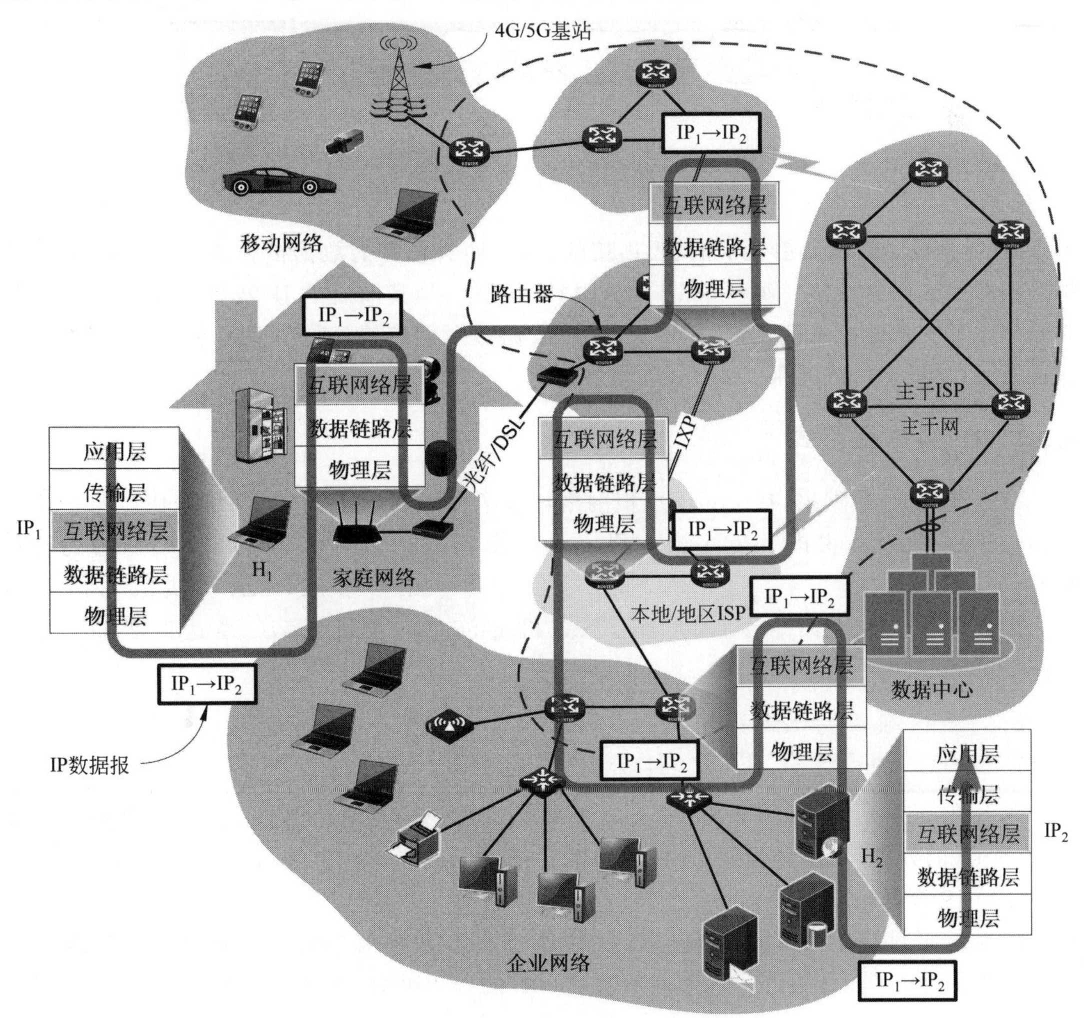

图 5.5 IP 数据报在互联网中的传送

在 IP 网络中，路由器的每个接口具有一个 IP 地址，这些 IP 地址属于不同的网络。在第 2 章已经介绍了 IP 地址的相关知识，已经知道 IP 地址目前是按照 CIDR 的方案进行编址和管理的。在 CIDR 编址方案中，相同网络的含义为，在掩码作用下，具有相同网络前缀的 IP 地址属于相同网络。与之类似，在掩码作用下，具有不同网络前缀的 IP 地址属于不同网络。在本书后续的介绍中，如无特殊说明，“相同网络”和“不同网络”两个名词均指上述含义。

在图 5.5 中，源主机 H_1 产生的 IP 数据报，经过多个路由器的转发，最终到达目的主机 H_2。IP 数据报的源 IP 地址 IP_1 和目的 IP 地址 IP_2 在传送过程中均不发生变化(暂不考虑 NAT)。IP 地址唯一地标识了互联网上的一台主机，更确切地说，唯一地标识了该主机的一个网络接口。因此，IP 的作用范围是源主机的网络接口到目的主机的网络接口，如图 5.6 所示。

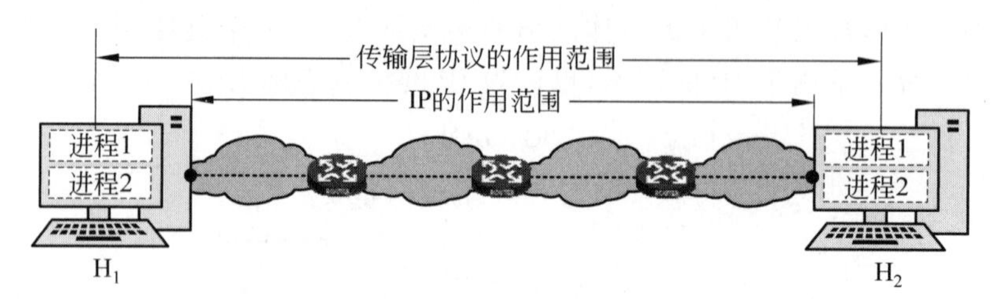

图 5.6　IP 的作用范围

IP 向上层仅提供简单灵活的、无连接的、尽力而为服务的数据报服务。在发送 IP 数据报时不需要先建立连接。每一个 IP 数据报独立发送，与其前后的 IP 数据报无关。IP 不提供服务质量的承诺。也就是说，所传送的 IP 数据报可能出错、丢失、重复和失序，当然也不保证 IP 数据报交付的时限。

5.2.2　IP 数据报格式

为了观察 IP 数据报，在 Linux 虚拟网络环境中构建如图 5.7 所示网络拓扑①，然后利用 Linux 的 nc 命令从主机 ns56A 向主机 ns57C 发起 UDP 通信②，观察 IP 数据报的首部格式。

执行如下 Linux 命令，利用 UDP，从主机 ns56A 向主机 ns57C 发送长度 3500B 的文件。

```
#ip netns exec ns57C nc -lvu 4499>3500.1
#ip netns exec ns56A nc -u 192.168.57.254 4499<3500.0
```

在主机 ns56A 上，启动 Wireshark 软件截获 IP 数据报如图 5.8 所示。3500B 数据经过 UDP 和 IP 的处理后，被分为 3 个 IP 数据报发送，Wireshark 为其编号 1～3。图 5.8 中显示的是 2 号 IP 数据报。

IP 数据报封装在数据链路层帧内部，由 IP 首部和数据部分组成。IP 首部长度为 20～60B，其中前 20B 是固定首部，其余是不超过 40B 的选项部分，如图 5.9 所示。

---

① 本实验网络拓扑的配置脚本可以参考本书配套电子资源。

② 执行命令前，需要关闭网卡 GSO 功能。网卡 GSO 功能允许将 IP 分片操作交给网卡执行，如果不关闭 GSO，用 Wireshark 截获数据时，在发送方不能观察到 IP 分片。

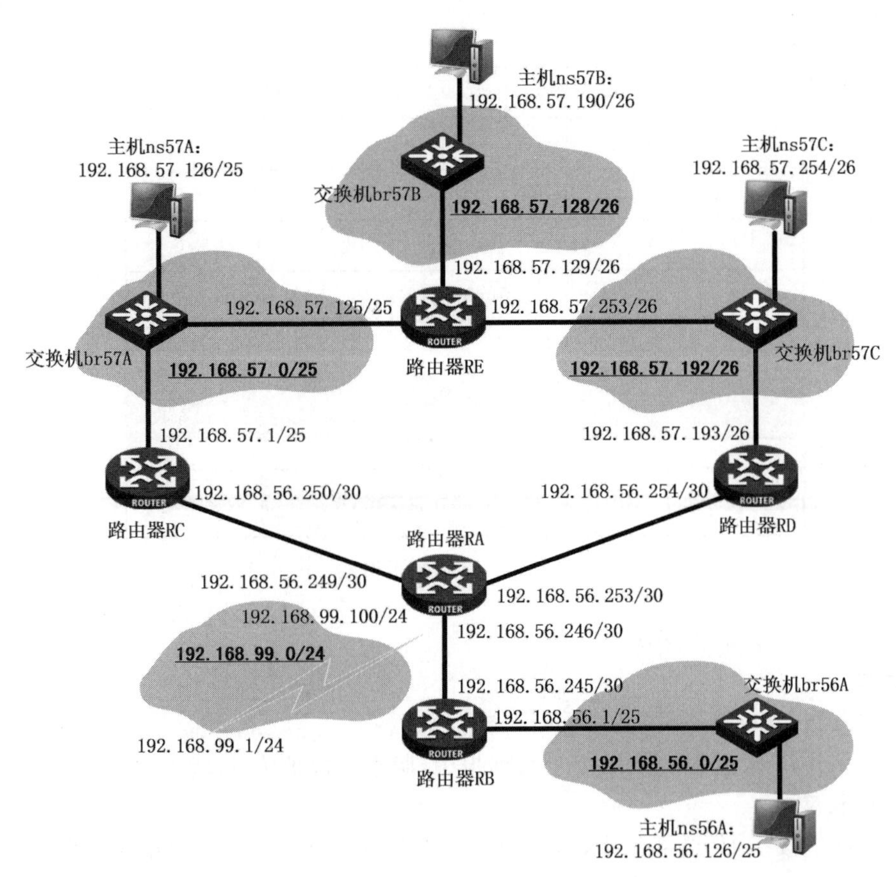

图 5.7　网络层通信实例拓扑图

No.	源IP	目的IP	总长度	标识	禁止分片	更多分片	片偏移	TTL
1	192.168.56.126	192.168.57.254	1500	0x8076 (32886)	Not set	Set	0	64
2	192.168.56.126	192.168.57.254	1500	0x8076 (32886)	Not set	Set	1480	64
3	192.168.56.126	192.168.57.254	568	0x8076 (32886)	Not set	Not set	2960	64

```
> Frame 2: 1514 bytes on wire (12112 bits), 1514 bytes captured (12112 bits) on interface tap56A
> Ethernet II, Src: da:8b:42:1c:a4:3d, Dst: 5e:52:40:50:47:88
v Internet Protocol Version 4
    0100 .... = Version: 4
    .... 0101 = Header Length: 20 bytes (5)
  v Differentiated Services Field: 0x00 (DSCP: CS0, ECN: Not-ECT)
      0000 00.. = Differentiated Services Codepoint: Default (0)
      .... ..00 = Explicit Congestion Notification: Not ECN-Capable Transport (0)
    Total Length: 1500
    Identification: 0x8076 (32886)
  v Flags: 0x20b9, More fragments
      0... .... .... .... = Reserved bit: Not set
      .0.. .... .... .... = Don't fragment: Not set
      ..1. .... .... .... = More fragments: Set
    Fragment offset: 1480
    Time to live: 64
    Protocol: UDP (17)
    Header checksum: 0xe014 [correct]
    [Header checksum status: Good]
    [Calculated Checksum: 0xe014]
    Source: 192.168.56.126
    Destination: 192.168.57.254
> Data (1480 bytes)

0000  5e 52 40 50 47 88 da 8b  42 1c a4 3d 08 00 45 00   ^R@PG··· B··=··E·
0010  05 dc 80 76 20 b9 40 11  e0 14 c0 a8 38 7e c0 a8   ···v ·@· ····8~··
0020  39 fe 20 20 20 20 20 20  20 20 20 20 20 20 20 20   9·
```

主机 ns56A：192.168.56.126

主机 ns57C：192.168.57.254

图 5.8　IP 数据报实例

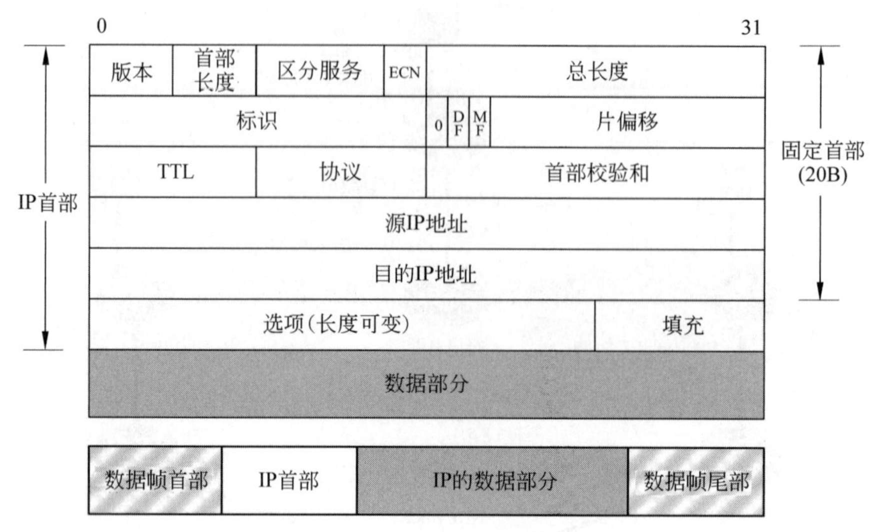

图 5.9　IP 数据报格式

IP 数据报的固定首部各字段含义如下。

1. 版本

版本字段指 IP 的版本号，占 4 位。

图 5.8 所示 IP 数据报实例的 2 号数据报中，版本字段值为 4，代表 IPv4。

2. 首部长度

首部长度字段指 IP 首部长度，占 4 位。首部长度以 4B(32 位)为单位，因此 IP 首部长度必须是 4B 的整数倍。首部长度最大取值为 15，对应 IP 首部最大长度为 60B，因此 IP 首部的选项部分长度不超过 40B。

如图 5.8 所示，在 IP 数据报实例的 2 号数据报中，首部长度字段值为 5，代表 IP 首部长度为 20B。这说明该 IP 数据报仅包含 20B 固定首部，未包含选项。

3. 区分服务

区分服务(differentiated services，DS)字段和紧随其后的 ECN 字段共占 8 位。这 8 位最初被 RFC791 定义为服务类型(type of service，ToS)字段，可以为 IP 数据报定义优先级，用来为 IP 提供差异化服务。IETF 在 RFC2474 中重新定义了服务类型字段，但仅使用了前 6 位，命名为区分服务(DS)字段。重新定义的 DS 字段与早期的服务类型字段能够部分兼容。

支持区分服务(DS)功能的结点称为 DS 结点。DS 结点根据 DS 字段的值来处理 IP 数据报的转发。因此，利用 DS 字段的不同值就可提供不同等级的服务质量。互联网建议标准 RFC2474 中将 DS 字段的取值称为区分服务码点(differentiated services codepoint，DSCP)，6 位 DS 字段可以定义 64 个 DSCP。

RFC2474 和 RFC8436 按照用途将 64 个 DSCP 分为 3 个池(pool)，如表 5.1 所示，表中 x 可取值 0 或 1。

DS 结点依据 DSCP 值对 IP 数据报采取的转发处理行为称为每跳行为(per-hop behavior，PHB)。RFC2474 要求对每跳行为的描述应该足够清晰。因具有公共约束条件，而能够同时实现的一组 PHB 被称为 PHB 组(PHB group)。

表 5.1 DSCP 用途

池	DSCP 空间	用　　途
1	xxxxx0	标准用途
2	xxxx11	实验或本地用途
3	xxxx01	标准用途①

① RFC2474 中规定将池 3 初始定义为实验或本地用途，当池 1 的空间耗尽时，转为标准用途。2018 年 RFC8436 发布时，虽然池 1 空间尚未耗尽，但是已经定义了 22 个标准 DSCP，因此将池 3 的用途转为标准用途。2019 年，RFC8622 定义了第一个属于池 3 的 DSCP。

1）默认 PHB

DSCP 的默认值为全“0”，该 DSCP 值对应的 PHB 称为默认 PHB（default PHB，DF PHB）。默认 PHB 采用常规的尽力而为服务（best effort）的 IP 数据报转发策略。

2）类别选择 PHB 组

RFC2474 规定，按照从高位到低位的顺序，DS 字段的第 0～2 位与早期服务类型字段中的优先级定义保持兼容，DS 字段中的第 3～5 位均为“0”的 DSCP 值称为类别选择码点（class selector codepoint），其对应的 PHB 称为类别选择 PHB（class selector PHB，CS PHB）组。CS PHB 的定义如表 5.2 所示。

表 5.2 DSCP 定义、服务类型和典型应用

服务类型	DSCP 名称	DSCP 值	PHB 定义	典型应用	是否应用 AQM
保留（未定义）	CS7	111000	RFC2474		
网络控制	CS6	110000	RFC2474	BGP 路由协议	是
电话语音（容量许可）	VOICE-ADMIT	101100	RFC5865	IP 电话语音	否
电话语音	EF	101110	RFC3246	IP 电话语音	否
电话信令	CS5	101000	RFC2474	IP 电话信令	否
多媒体会议	AF41 AF42 AF43	100010 100100 100110	RFC2597	视频会议	是 （每 PHB）
实时交互	CS4	100000	RFC2474	交互式游戏	否
多媒体流	AF31 AF32 AF33	011010 011100 011110	RFC2597	音频或视频点播	是 （每 PHB）
广播视频	CS3	011000	RFC2474	IPTV 广播	否
低延迟数据	AF21 AF22 AF23	010010 010100 010110	RFC2597	基于 Web 的客户-服务器应用	是 （每 PHB）
操作和维护	CS2	010000	RFC2474	网络维护	是

续表

服务类型	DSCP 名称	DSCP 值	PHB 定义	典型应用	是否应用 AQM
高吞吐量数据	AF11 AF12 AF13	001010 001100 001110	RFC2597	存储和转发应用	是 (每 PHB)
标准	CS0(DF)	000000	RFC2474	未指定	是
低优先级数据(历史遗留)	CS1	001000	RFC3662		
低优先级数据	LE	000001	RFC8622	搜索引擎爬虫	是

3) 确保转发 PHB 组

RFC2597 定义了确保转发 PHB(assured forwarding PHB,AF PHB)组,简称为 AF 组。按照从高位到低位的顺序,AF 组用 DSCP 的第 0～2 位把通信量划分为 4 个 AF 类,分别为 001、010、011 和 100。对于每个 AF 类,再用 DSCP 的第 3～5 位划分出 3 个丢弃优先级,从最低丢弃优先级到最高丢弃优先级分别为 010、100 和 110。AF 类为 i,丢弃优先级为 j 的 IP 数据报标记为 AF ij,如 DSCP 值为 010110 的 IP 数据报标记为 AF23。AF 组的定义如表 5.2 所示。

对于不同的 AF 类,RFC2597 要求 DS 结点分配不同的转发资源,如缓存或带宽等。在相同 AF 类中,丢弃优先级较高的分组适用较高的丢包概率。丢弃优先级仅用来配合路由器的主动队列管理(active queue management,AQM)策略使用,RFC2597 不允许 DS 结点根据丢弃优先级对 IP 数据报进行队列重排。

4) 加速转发 PHB

RFC3246 定义了加速转发 PHB(expedited forwarding PHB,EF PHB)[①]。加速转发(EF)提供了非拥塞的网络服务,也就是说,对于 EF 流量,要求 DS 结点的输出速率大于输入速率。在一台路由器的队列中,EF 流量仅排在其他 EF 流量之后。EF PHB 的定义如表 5.2 所示。

5) 其他 PHB

RFC5865 定义了用于容量许可流量(capacity-admitted traffic)的 DSCP。该 DSCP 符合 EF PHB,命名为 VOICE-ADMIT,主要用于 VoIP(voice over IP)业务。RFC8622 定义了较少努力 PHB(lower-effort PHB,LE PHB)[②],LE PHB 用于低优先级流量。

RFC4594 汇总了 DSCP 的定义、服务类型以及典型应用等信息,如表 5.2 所示。最新的 DSCP 定义可以在 IANA 网站[③]查询和下载。

为了在互联网中提供差异化服务,IETF 已持续进行多年的努力。虽然大部分的标准化工作开始于 20 世纪 90 年代末,但其中有些功能直到 21 世纪才被实现。目前,定义 PHB

---

① EF PHB 最初由 RFC2598 规定,2002 年 RFC3246 取代了 RFC2598。

② LE PHB 最初由 RFC3662 规定,但其定义的 DSCP 与 RFC2474 中定义的 CS1 有混淆,2019 年 RFC8622 重新定义了 LE PHB 的 DSCP,取代了 RFC3662。

③ https://www.iana.org/assignments/dscp-registry/dscp-registry.xhtml 提供 DSCP 的查询和 XML、CSV 等格式文档的下载。

的 RFC 文档均为互联网建议标准。

如图 5.8 所示，在 IP 数据报实例的 2 号数据报中，区分服务字段为全“0”，即默认 PHB。

4. ECN

RFC3168 将区分服务字段之后保留的两位定义为显式拥塞通知(explicit congestion notification，ECN)字段。ECN 字段取值为“00”时，代表端系统不支持 ECN；ECN 字段取值为“01”或“10”时，代表端系统支持 ECN；对于具有 ECN 能力的路由器，当网络持续拥塞时，会将经过它的 IP 数据报的 ECN 字段设置为“11”，以此标记拥塞。被标记的 IP 数据报到达目的结点后，具有拥塞控制能力的协议实体能将拥塞信号反馈给发送方，发送方随后会降低发送速率，这种机制可以缓解拥塞。在第 4 章已经介绍了 TCP 的显式拥塞控制机制。

如图 5.8 所示，在 IP 数据报实例的 2 号数据报中，ECN 值为“00”，说明端系统未开启 ECN 支持[①]。

5. 总长度

总长度是指 IP 首部和数据部分之和的长度，单位为字节。通过总长度字段和首部长度字段可以计算出 IP 数据报的数据部分长度。如果 IP 数据报中封装的是 UDP 用户数据报，则计算出的数据部分长度和 UDP 首部中的长度字段一致。因此，在第 4 章中说 UDP 长度字段是冗余的。部分数据链路层协议并不能精确描述自己封装的数据报大小，例如以太网会将不足 64B 的数据帧填充到 64B，因此 IP 数据报必须包括一个总长度字段用以说明数据部分结束的位置。关于以太网数据帧的格式，将在第 6 章介绍。

总长度字段占 16 位，因此 IP 数据报的最大长度为 $2^{16}-1$B(即 65535B)。实际上这么长的 IP 数据报在现实中是极少遇到的。这是因为大多数数据链路层不能承载这么长的数据，在网络层之下的每一种数据链路层协议都规定了帧的数据字段的最大长度，这称为最大传送单元(maximum transmission unit，MTU)。当一个 IP 数据报封装成数据链路层的帧时，此 IP 数据报的总长度不允许超过 MTU 值，否则必须将 IP 数据报进行分片处理。目前最典型的 MTU 值是以太网规定的 1500B。若总长度超过 1500B 的 IP 数据报需要通过以太网传送，则必须分片。分片后，IP 数据报首部中的总长度字段指每个分片的首部与该分片的数据部分之和的长度。IP 分片操作还需要使用 IP 首部中的标识、标志和片偏移字段。

RFC791 中规定，互联网中所有的主机和路由器，必须能够接收长度为 576B 的 IP 数据报。这是假定上层交下来的数据长度有 512B(合理的长度)，加上最长的 IP 首部 60B，再考虑 4B 的富余量，就得到 576B[②]。这也是许多 UDP 应用程序将数据长度限制在 512B 以内的原因。TCP 应用程序可以获取数据链路层的 MTU 值，也能够从通信对方获得最大报文段长度(MSS)的值，还可以通过路径 MTU(PMTU)发现机制获得 PMTU 值，因此可以根据这几个参数，动态设置报文段长度，在避免 IP 分片的同时尽可能多地封装并传送数据，提高传输效率。关于 TCP 发送方最大报文段长度(SMSS)的计算方法，已经在第 4 章中进行了介绍。关于 TCP 的 PMTU 发现机制，将在 5.4 节介绍。

图 5.8 所示 IP 数据报实例的 2 号数据报中，总长度字段为 1500B，这个 IP 数据报已经达到以太网 MTU 值。

---

① 在 Linux 中可以用系统配置变量 net.ipv4.tcp_ecn 设定 ECN 是否开启。

② 选择 576B 的另一个原因是曾经广泛使用的 x.25 协议的 MTU 值是 576B。

6. 标识

标识字段用来标识主机发送的每一份 IP 数据报，通常每发送一份 IP 数据报，它的值就会加 1。但标识不是序号，因为 IP 是无连接服务，IP 数据报不存在按序接收的问题。当数据报由于长度超过链路的 MTU 而必须分片时，标识字段的值会被复制到所有的数据报片的标识字段中。具有相同标识的 IP 数据报片在接收方主机会被重组成原来的 IP 数据报。

图 5.8 所示 IP 数据报实例的 3 个 IP 数据报中，标识字段的值都是 0x8076(即 32886)，说明它们是源自同一个 IP 数据报的 IP 数据报片。

7. 标志

标志字段占 3 位，其中第一位保留，尚未使用。

标志字段的中间一位记为 DF(don't fragment，禁止分片)。当 DF=1 时，禁止分片；当 DF=0 时才允许分片。

标志字段的最低位记为 MF(more fragment，更多分片)。当 MF=1 时，表示后面还有其他 IP 数据报片。当 MF=0 时，表示该 IP 数据报片是最后一个分片。

图 5.8 所示 IP 数据报实例的 2 号数据报中，DF=0，MF=1，代表允许分片，且该数据报片不是最后一个 IP 数据报片。

8. 片偏移

片偏移字段用来指出对 IP 数据报进行分片后，当前的 IP 数据报片在原 IP 数据报中的位置。片偏移字段占 13 位，以 8B 为单位，如果片偏移字段为 n，则代表当前 IP 数据报片中的第 1 个数据字节是原 IP 数据报中的第 $8n$ 字节。

由于片偏移字段的单位是 8B，IP 进行分片操作时，除最后一个 IP 数据报片外，其余 IP 数据报片的数据部分长度必须是 8B 的整数倍。

图 5.8 所示 IP 数据报实例的 2 号数据报中，标志位和片偏移字段共 16 位，值是 0x20b9，转换成二进制为 0010 0000 1011 1001，其中后 13 位是片偏移，十进制值为 185，代表当前 IP 数据报片的第 1 个数据字节是原 IP 数据报中的第 1480(即 8×185)字节。Wireshark 软件中显示的片偏移值是分析计算后的、以字节为单位的值。

9. IP 分片和重组

总长度字段、标识字段、标志字段和片偏移字段用来完成 IP 的分片和重组。IPv4 中的分片操作可以在原始发送方主机和端到端路径上的任何中间路由器上进行。即使是 IP 数据报片，在经过其他路由器时，也允许被再次分片。RFC791 中规定，所有路由器必须能够转发长度为 68B 的 IP 数据报，而无须进行分片。这是由最长的 IP 首部 60B，再加上最小的 IP 分片数据长度 8B 得到的。值得一提的是，IPv6 的分片操作仅允许在原始发送方主机上进行，不允许在中间路由器上进行。

IP 的重组操作只能在最终目的主机上进行。不允许中间路由器进行重组操作的原因有两个。

(1) 在网络中进行重组会加重路由器的负担，甚至会出现分片→重组→再分片→再重组这样的情况。

(2) 同一个 IP 数据报的不同分片可能经由不同的路径到达目的主机。如果发生这种情况，路径上的路由器只能看到所有分片的一个子集，因而没有能力重组原始的 IP 数据报。

下面，以图 5.8 所示 UDP 通信为例，分析 IP 分片过程如下。

从第4章已经知道UDP是保留应用层报文边界的。在本例中,nc程序利用UDP发送一个长度为3500B的文件,这3500B的应用层数据直接被加上8B的UDP首部,构成UDP用户数据报转交给IP。IP增加20B固定首部,得到总长度为3528(即3500+8+20)B的IP数据报。在将IP将数据报转交给数据链路层之前,IP实体得到本地接口的MTU值为1500B,于是进行分片后,才将IP数据报片转交给数据链路层进行发送。IP分片的过程如图5.10所示。

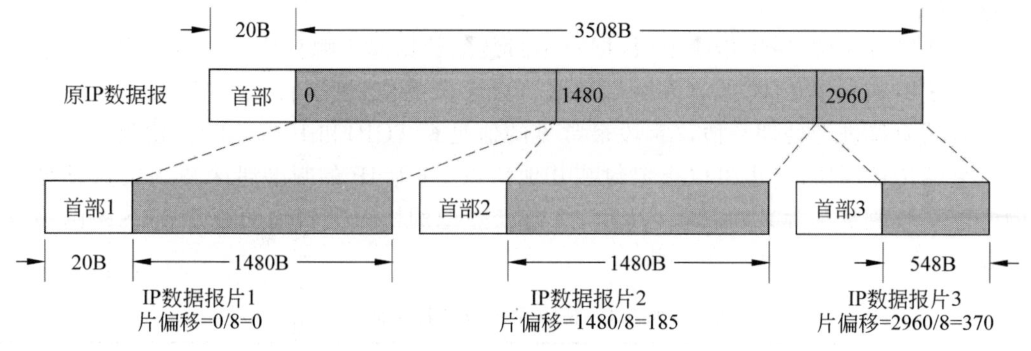

图5.10 IP数据报分片实例

IP分片操作时,将原IP数据报的首部复制到各IP数据报片中,并根据需要修改总长度、标志、片偏移等字段的值,重新计算首部检验和。IP数据报片的数据部分长度需要满足以下3个条件。

(1) 数据部分长度+首部长度≤MTU。

(2) 数据部分长度是8B的整数倍,最后一个分片可以不满足该条件。

(3) 数据部分长度取满足以上两个条件的数值中的最大值。

本例中,IP数据报首部长度为20B,因此IP数据报片的数据部分最大可能长度为1480B。1480B恰好是8B的整数倍,因此除最后一个IP数据报片以外的IP数据报片的数据部分长度为1480B。图5.10给出了各IP数据报片计算片偏移的过程。

IP分片前后各相关字段的值如表5.3所示。在本例实验中,原IP数据报并未发送至网络中,因而Wireshark软件仅能截获3个IP数据报片,其中各字段值如图5.8所示。

表5.3 IP分片前后相关字段的值

字　　段	总长度	标识	DF	MF	片偏移
原IP数据报	3528	32886	0	0	0
IP数据报片1	1500	32886	0	1	0
IP数据报片2	1500	32886	0	1	185
IP数据报片3	568	32886	0	0	370

10. TTL

TTL字段占8位,字面含义是生存时间(time to live),实际含义为跳数限制(hop limit),用以指明IP数据报在网络中至多可以经过多少台路由器。

发送方将 TTL 初始化为某个值[①]，每台路由器在转发数据报时将该值减 1。当 TTL 值减为 0 时，路由器丢弃该数据报，并发送一个 ICMP 差错报告报文给发送方。利用 TTL 字段可以防止由于错误的路由环路而导致 IP 数据报在网络中永远循环。关于 ICMP，将在 5.4 节介绍。

图 5.8 所示 IP 数据报实例的 2 号数据报是在发送方主机接口截获的 IP 数据报，TTL 字段值为 64，这是在 Linux 中默认的 TTL 初值。

11. 协议

协议字段占 8 位，用来指明 IP 数据报中封装的数据属于哪种协议。协议字段用于实现网络层的复用和分用功能，接收方主机根据协议字段的值，可以将 IP 数据报封装的数据转交给相应的协议进行处理。协议字段最常见的值是 6(TCP)和 17(UDP)。协议字段不仅能指定封装的传输层协议，也可以指定封装其他协议，这为 IP 的封装带来更大的灵活性。常用的协议字段值及其含义如表 5.4 所示，所有已登记的协议字段值可以在 IANA 网站查询和下载[②]。

表 5.4 协议字段值及其含义

协议字段值	1	2	4	6	17	41	89
含义	ICMP	IGMP	IPv4	TCP	UDP	IPv6	OSPF

如图 5.8 所示，在 IP 数据报实例的 2 号数据报中，协议字段值为 17，封装的是 UDP 用户数据报。

12. 首部检验和

IP 首部检验和字段占 16 位，仅检验 IP 数据报的首部，不包括数据部分。IP 首部检验和的计算方法与 TCP、UDP 检验和的计算方法一样，也是求 16 位的反码和的反码[③]，在此不再赘述。与 TCP、UDP 检验和不同的是，IP 数据报每经过一台路由器，都需要重新计算首部检验和，而 TCP 和 UDP 的检验和是端到端的，只在发送方主机和接收方主机计算检验和。

如图 5.8 所示，在 IP 数据报实例的 2 号数据报中，首部检验和字段值为 0xe014。

13. 源 IP 地址和目的 IP 地址

源 IP 地址占 32 位，是发送方主机的 IP 地址；目的 IP 地址占 32 位，是接收方主机的 IP 地址。

如图 5.8 所示，在 IP 数据报实例的 2 号数据报中，源 IP 地址为 192.168.56.126，目的 IP 地址为 192.168.57.254。

14. 选项

IP 有一些可供选用的选项，用于进行网络的排错或测量等工作。选项字段最长 40B 且必须是 4B 的整数倍。如果选项长度不满足 4B 整数倍，需要用全"0"进行字段填充。IP 选

① RFC1122 建议 TTL 初值为 64。Linux 默认 TTL 初值为 64，Windows 10 默认 TTL 初值为 128。

② https://www.iana.org/assignments/protocol-numbers/protocol-numbers.xhtml 提供协议号的查询和 XML 格式文档下载。

③ IP 检验和的计算方法以及实现算法可以参考 RFC1071。

项大部分由 RFC791 规定，主要包括源路由选项、时间戳选项、记录路由选项等。随着互联网的发展，出于安全和效率等多方面考虑，这些 IP 选项已很少使用，本书不再介绍这些选项的细节，有兴趣的读者可以阅读相关 RFC 文档。

5.3 IP 分组转发

互联网中的主机和路由器都维护了至少一张路由表，用来实现分组转发功能。当互联网中的源主机要把一个 IP 数据报发送给目的主机时，源主机需要查找自己的路由表，判断目的主机是否直接相连。如果直接相连，则不需要经过任何路由器，IP 数据报就直接发送到目的主机，这个过程称为直接交付。如果不是直接相连，则必须把 IP 数据报发送给某个路由器，由该路由器将 IP 数据报交付到目的主机，这个过程称为间接交付。每台收到 IP 数据报的路由器都重复上述过程，进行直接交付或者间接交付，直到 IP 数据报到达目的主机。主机或路由器查找路由表，将 IP 数据报从某个网络接口转发出去的过程称为 IP 分组转发。

5.3.1 路由表

从第 2 章已经了解到，目前 IP 地址采用无类别编址方案，支持无类别域间路由选择(classless inter-domain routing，CIDR)。IP 没有规定路由表或转发表的精确格式，而将这个工作留给了协议栈的实现者。为了支持 CIDR，理论上路由表中每个项目应包含以下字段。

1. 目的地址

目的地址是一个 32 位的值，用于与掩码操作结果做匹配。其中掩码操作见下文。目的地址可以代表以下 3 种含义。

(1) 目的主机地址：当掩码是 32 位，即掩码为 255.255.255.255 时，目的地址仅能匹配某一个主机的 IP 地址，这样的路由表项目称为特定主机路由。

(2) 所有主机：当掩码长度是 0 位，即掩码为除 0.0.0.0，目的地址字段值为 0.0.0.0 时，该目的地址可以匹配所有的 IP 地址，这样的路由表项目称为默认路由。

(3) 目的网络前缀：当掩码长度是 1～31 位，即掩码为 0.0.0.0 和 255.255.255.255 外的其他值时，目的地址能匹配某个 CIDR 网络前缀，这样的路由表项目称为目的网络路由。

2. 掩码

掩码是指 CIDR 掩码，长度为 32 位，可以用来与 IP 数据报中的目的 IP 地址做掩码操作。所谓掩码操作，就是第 2 章介绍过的按位与操作。掩码操作的结果用于和本项目的目的地址做匹配。

3. 下一跳

下一跳[①]是一个 IP 地址，用于指向一个与其直接相连的路由器，IP 数据报会被转发到该地址，并通过下一跳路由器再次转发出去，最终到达目的主机。如果与本项目匹配的 IP 数据报不需要下一跳转发(即可以直接交付)，则下一跳地址填写 0.0.0.0。

---

① 在 Linux 系统的路由表中，用 Gateway 代表下一跳，当与目的主机直接相连时，下一跳地址填写 0.0.0.0。

4. 转发接口

转发接口是一个在网络层使用的标识符,用以指明将 IP 数据报发送到下一跳的网络接口。

从路由表的信息中可以看出,除了直接相连的主机或路由器以外,路由表中并不包含去往任何目的主机的完整转发路径。IP 分组转发是逐跳的,只提供 IP 分组转发的下一跳结点 IP 地址,这是基于下一跳结点比本结点更接近目的主机的假设。

路由表的维护可以由系统管理员手动进行,手动配置的路由表项目一般称为静态路由。静态路由不能适应网络拓扑的变化,也不容易确保路由配置正确。通常,路由器的路由表由一个或多个路由选择协议维护,常用的路由选择协议包括路由信息协议(RIP)、开放最短通路优先协议(OSPF)和边界网关协议(BGP)等,将在 5.5 节介绍路由选择协议。

5.3.2 分组转发

当一台主机或路由器需要发送一个 IP 数据报时,它按照以下步骤进行分组转发。

1. 获取目的 IP 地址

解析待发送 IP 数据报的首部,读取目的 IP 地址。

2. 按照最长前缀匹配算法搜索路由表

在路由表中搜索所有与目的 IP 地址匹配的路由项目。所谓匹配是指,将目的 IP 地址与路由项目的掩码字段做按位与操作,得到的结果与该项目的目的地址字段值相同。与目的 IP 地址匹配的路由项目中,掩码中“1”的位数越多,则说明该项目与目的 IP 地址匹配得越好。因此,在所有与目的 IP 地址匹配的路由项目中,掩码中“1”的位数最多的路由项目是“最佳匹配”,称为最长前缀匹配。

3. 按照最长前缀匹配的路由项目进行转发

首先读取最长前缀匹配的路由项目的接口字段和下一跳字段,然后利用这两个字段的值[①],将 IP 数据报从指定接口发送出去。

在最长前缀匹配的过程中,如果匹配的项目是特定主机路由,即其掩码的 32 位全为“1”,则一定是最佳匹配。如果匹配的项目是默认路由,即其掩码中没有“1”,则只有其他项目都不能匹配时才会生效。如果在路由表中未配置默认路由,从而导致所有项目都不能匹配,则结点会丢弃该 IP 数据报,并产生一个 ICMP 差错报告报文。关于 ICMP,将在 5.4 节介绍。

为了深入理解 IP 分组转发的原理,在图 5.7 所示网络拓扑中,以主机 ns56A 发给主机 ns57C 的 IP 数据报为实例,介绍各结点进行 IP 分组转发的过程。

在 Linux 中,可以用 traceroute 命令跟踪 IP 数据报的路由。执行如下 Linux 命令,跟踪主机 nc56A 发给主机 ns57C 的 IP 数据报的路由。

```
#ip netns exec ns56A traceroute -n 192.168.57.254        //-n: 不解析 IP 地址到域名
```

跟踪结果如图 5.11 所示。

IP 数据报沿着 ns56A→RB→RA→RD→ns57C 的路径传送,利用命令 route -n 查看主

---

① 在第 6 章介绍 ARP 时,可以看到下一跳字段值在发送 IP 数据报时的作用。

```
traceroute to 192.168.57.254 (192.168.57.254), 30 hops max, 60 byte packets
 1  192.168.56.1  0.043 ms  0.014 ms  0.020 ms
 2  192.168.56.246  0.019 ms  0.012 ms  0.012 ms
 3  192.168.56.254  0.021 ms  0.015 ms  0.015 ms
 4  192.168.57.254  0.042 ms  0.032 ms  0.030 ms
```

图 5.11　traceroute 的结果

机 ns56A、路由器 RB、RA 和 RD 的路由表，其中的关键信息如表 5.5 所示。

表 5.5　ns56A、RB、RA 和 RD 的路由表①

	目的地址	掩码	下一跳	接口名	说明
主机 ns56A	192.168.56.0	255.255.255.128	0.0.0.0	tap56A	直连路由
	0.0.0.0	***0.0.0.0***	***192.168.56.1***	***tap56A***	***默认路由/最长前缀匹配***
路由器 RB	192.168.56.0	255.255.255.128	0.0.0.0	tapRB_56A	直连路由
	192.168.56.244	255.255.255.252	0.0.0.0	tapRB_RA	直连路由
	0.0.0.0	***0.0.0.0***	***192.168.56.246***	***tapRB_RA***	***默认路由/最长前缀匹配***
路由器 RA	192.168.56.244	255.255.255.252	0.0.0.0	tapRA_RB	直连路由
	192.168.56.248	255.255.255.252	0.0.0.0	tapRA_RC	直连路由
	192.168.56.252	255.255.255.252	0.0.0.0	tapRA_RD	直连路由
	192.168.99.0	255.255.255.0	0.0.0.0	tapRA_H	直连路由
	192.168.56.0	255.255.255.128	192.168.56.245	tapRA_RB	
	192.168.57.0	*255.255.255.0*	*192.168.56.250*	*tapRA_RC*	*匹配*
	192.168.57.192	***255.255.255.192***	***192.168.56.254***	***tapRA_RD***	***最长前缀匹配***
	0.0.0.0	*0.0.0.0*	*192.168.99.1*	*tapRA_H*	*默认路由/匹配*
路由器 RD	192.168.56.252	255.255.255.252	0.0.0.0	tapRD_RA	直连路由
	192.168.57.192	***255.255.255.192***	***0.0.0.0***	***tapRD_57C***	***直连路由/最长前缀匹配***
	192.168.57.0	*255.255.255.0*	*192.168.57.253*	*tapRD_57C*	*匹配*
	0.0.0.0	*0.0.0.0*	*192.168.56.253*	*tapRA_H*	*默认路由/匹配*

待发送 IP 数据报的目的 IP 地址为 192.168.57.254。在发送方主机 ns56A，路由表中有两个项目，其中一个是直连路由，另一个是默认路由。目的 IP 地址仅能与默认路由匹配，该匹配就是最长前缀匹配，如表 5.5 中倾斜的黑体字项目所示。主机 A 将 IP 数据报从接口 tap56A 发送到下一跳 192.168.56.1，192.168.56.1 属于路由器 RB。本次发送属于间接交付。

---

① 在本书的 Linux 虚拟网络环境中，虚拟主机的 ns 中的网络接口命名规则为 tap[N]，其中 N 为主机名，例如 tap56A 代表主机 ns56A 中的虚拟网络接口。虚拟路由器的 ns 中的网络接口命名规则为 tap[X_Y]，其中 X 为路由器名，Y 为与该接口连接的路由器、交换机或主机的名字，如 tapRB_RA 代表路由器 RB 中连接到路由器 RA 的虚拟网络接口。

在路由器 RB,路由表中有 3 个项目,其中两个为路由器的直连路由,另一个是默认路由。目的 IP 地址仍然仅能与默认路由匹配,该匹配就是最长前缀匹配,如表 5.5 中倾斜的黑体字项目所示。路由器 RB 将 IP 数据报从接口 tapRB_RA 转发到下一跳 192.168.56.246,192.168.56.246 属于路由器 RA。本次转发也属于间接交付。

在路由器 RA,路由表中有 8 个项目,其中 4 个为路由器的直连路由,一个是默认路由,其余 3 个为普通的目的网络路由。目的 IP 地址可以与路由表中的 3 个项目匹配,如表 5.5 中斜体字项目所示,这 3 个项目的掩码长度分别为 0 位、24 位和 26 位,其中最长前缀匹配为掩码长度 26 位的项目,如表 5.5 中倾斜的黑体字项目所示。路由器 RA 将 IP 数据报从接口 tapRA_RD 转发到下一跳 192.168.56.254,该接口属于路由器 RD。本次转发属于间接交付。

在路由器 RD,路由表中有 4 个项目,其中两个为路由器的直连路由,一个是默认路由,另一个为普通的目的网络路由。目的 IP 地址再次可以与路由表中的 3 个项目匹配,如表 5.5 中斜体字项目所示,这 3 个项目的掩码长度分别为 0 位、24 位和 26 位,其中最长前缀匹配为掩码长度 26 位的项目,该匹配的项目是一个直连路由,如表 5.5 中倾斜的黑体字项目所示。路由器 RD 将 IP 数据报从接口 tapRD_57C 转发到最终目的地址 192.168.57.254。本次转发属于直接交付。

经过精心设计的路由查找算法不需要遍历路由表,即可高效、快速地找到最长前缀匹配项目,如 Linux 中实现的 Hash 查找算法和 Tire 树查找算法。对路由查找算法有兴趣的读者可以阅读相关专业书籍进行深入学习。

5.4 互联网控制报文协议

IP 没有提供发现和处置发送失败的 IP 数据报的方法和获取网络诊断信息的方法。为了解决这些问题,IETF 定义了互联网控制报文协议(Internet control message protocol,ICMP),提供与网络配置信息和 IP 数据报处置相关的诊断和控制信息。ICMP 通常被认为是网络层的一部分,必须与 IP 一起实现。ICMP 利用 IP 进行传输,即 ICMP 报文直接封装在 IP 数据报内部。

ICMP 负责传送差错报告报文以及其他控制信息。ICMP 通常是由 IP、TCP 或 UDP 等触发执行的,在某些情况下,用户应用也能触发 ICMP 执行。ICMP 仅仅为 IP 提供了辅助的控制信息,如某些类别的故障信息、某些网络配置信息等,ICMP 并不能为 IP 提供可靠性。

由于 ICMP 能够获取网络配置信息,甚至能够影响系统功能,所以经常被用于发起攻击。为了解决这个问题,网络管理员会用防火墙拦截 ICMP 报文,在互联网上,如果 ICMP 被拦截或丢弃,则某些诊断程序将无法正常工作。

ICMP 由 RFC792 规定,在 RFC1256、RFC1812、RFC4884 和 RFC8335 等文档中对 ICMP 做了细化、更新和扩展。与 IPv4 配套使用的 ICMP 称为 ICMPv4,与 IPv6 配套使用的 ICMP 称为 ICMPv6。在本书中,如未特别说明,ICMP 均代表 ICMPv4。

5.4.1 ICMP 报文格式和种类

ICMP 报文可分为两大类:与 IP 数据报传送差错有关的 ICMP 报文,称为 ICMP 差错报告报文;与网络信息查询有关的 ICMP 报文,称为 ICMP 查询/信息报文。

ICMP 报文的格式如图 5.12 所示。所有 ICMP 报文的前 4B 的格式均一样，都由类型、代码和检验和 3 个字段组成。其余部分的格式在不同类型的 ICMP 报文中有不同规定。

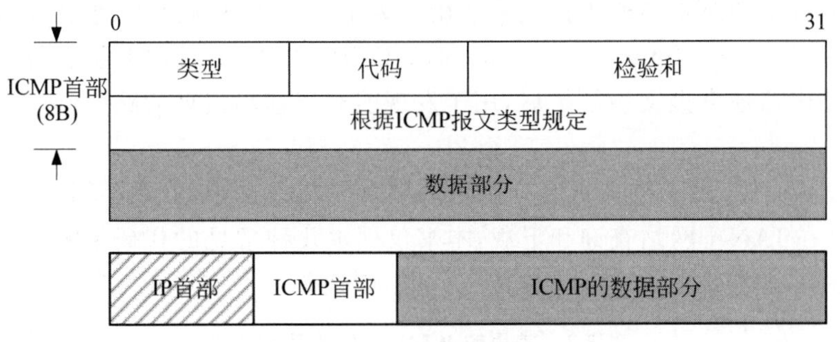

图 5.12 ICMP 报文格式

1. 类型

类型字段占 8 位，用来规定 ICMP 报文的类别。ICMP 的标准一直在不断更新，在 ICMPv4 中曾经定义的类型有四十多种，目前有很多种类型已经不再使用。常用的类型值及其含义如表 5.6 所示，所有已登记的类型值可以在 IANA 网站查询和下载①。

表 5.6 常用的 ICMP 类型值及其含义

报文种类	类型值	名称	参考 RFC	用途
查询/信息报文	0	回显应答 (echo reply)	RFC792	用于探测指定网络接口之间的连通性(connectivity)，ping 工具的实现利用了这两种 ICMP 报文
	8	回显请求 (echo request)	RFC792	
	9	路由器通告 (router advertisement)	RFC1256 RFC5944	主要与移动 IP 一起使用，被移动 IP 结点用来定位一个移动代理
	10	路由器请求 (router solicitation)	RFC1256 RFC5944	
	42	扩展的回显请求 (extended echo request)	RFC8335	用于探测指定网络接口是否活动(active)或可达(reachable)，其实现依赖一个代理接口
	43	扩展的回显应答 (extended echo reply)	RFC8335	
差错报告报文	3 *	目的不可达 (destination unreachable)	RFC792	目的网络/主机/端口不可达
	5	重定向 (redirect)	RFC792	到目的主机有更好的路由
	11 *	超时 (time exceeded)	RFC792	TTL 字段减为 0，分组被丢弃或 IP 分片重组超时
	12 *	参数问题 (parameter problem)	RFC792	首部参数错误，丢弃 IP 分组

① https://www.iana.org/assignments/icmp-parameters/icmp-parameters.xhtml 提供 ICMP 类型、代码等信息的查询和 XML 格式文档下载。

表 5.6 中简要说明了各种 ICMP 报文的用途。其中，在类型值旁边标记“ * ”的 ICMP 报文支持携带 RFC4884 规定的扩展信息，扩展的 ICMP 报文格式在本节稍后介绍。

RFC1256 规定的路由器通告报文最初用于为主机配置默认路由，但由于动态主机配置协议（dynamic host configuration protocol，DHCP）的普及，该用途未得到广泛应用。RFC5944 对路由器通告报文做了扩展，用于发现能充当移动代理的路由器。

2. 代码

代码字段占 8 位，用于进一步区分相同类型 ICMP 报文中的不同情况。所有已经登记的代码值可以在 IANA 网站查询和下载，本书仅列举几种常见的代码值及其含义，如表 5.7 所示。如果在某个类型中，ICMP 未规定代码值，则代码字段应填充“0”。

表 5.7 常用的 ICMP 代码值及其含义

类型值	代码值	名　称	注　释
3	0	网络不可达	没有到匹配的路由项目
	1	主机不可达	已知匹配的路由项目，但目的主机不可达
	3	端口不可达	目的主机上指定端口未开放
	4	需要分片但设置了 DF 位	分组长度超过转发接口的 MTU 值，需要分片
	13	管理禁止通信	被防火墙等策略禁止
5	1	对主机重定向	表明到目的主机有更好的路由
11	0	TTL 超时	由于跳数限制，分组被丢弃
	1	分片重组超时	在重组计时器超时前，未收到所有 IP 分片，分组被丢弃
12	0	指针指示差错	ICMP 首部中的指针字段指向 IP 首部的问题字段
	2	长度错误	IP 数据报的总长度字段无效

3. 检验和

ICMP 检验和字段占 16 位，用来检验整个 ICMP 报文。ICMP 检验和的计算方法和 IP 首部检验和以及 TCP、UDP 检验和计算方法一样，也是求 16 位的反码和的反码，在此不再赘述。

5.4.2 ICMP 差错报告报文

当结点发现 IP 数据报有差错，不能进行下一步处理时，将产生 ICMP 差错报告报文，并将差错报告报文发送回源主机。所有的 ICMP 差错报告报文中的数据字段都具有同样的格式，如图 5.13 所示。它包含一个完整的原始 IP 数据报（导致差错的 IP 数据报）的首部副本，以及原始 IP 数据报的数据部分的前 n 字节。原始 IP 数据报的数据部分应该尽可能多地封装在 ICMP 差错报告报文中，但要确保新生成的 IP 数据报长度不超过 576B。

RFC792 规范最初仅要求 ICMP 差错报告报文包含原始 IP 数据报的数据部分的前 8B，但随着越来越多的复杂协议的应用，这些信息不足以有效诊断问题。RFC1812 更新了该项规定，要求包含原始 IP 数据报中的更多数据。在有些应用场景中，需要提供 IP 数据报传递过程中的附加信息才能有效诊断，RFC4884 规定了为部分 ICMP 差错报告报文增加扩展

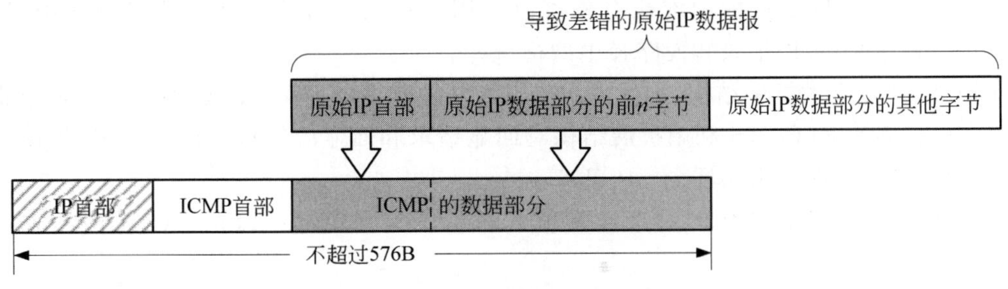

图 5.13　ICMP 差错报告报文的格式

(extension)的方法。

1. 扩展的 ICMP 报文格式

RFC4884 通过在 ICMP 报文的尾部追加扩展数据结构(extension data structure)的方法,使部分类型的 ICMP 报文具有了扩展能力。扩展结构包括一个扩展首部以及多个扩展对象,每个扩展对象由对象首部和对象数据组成,如图 5.14 所示。

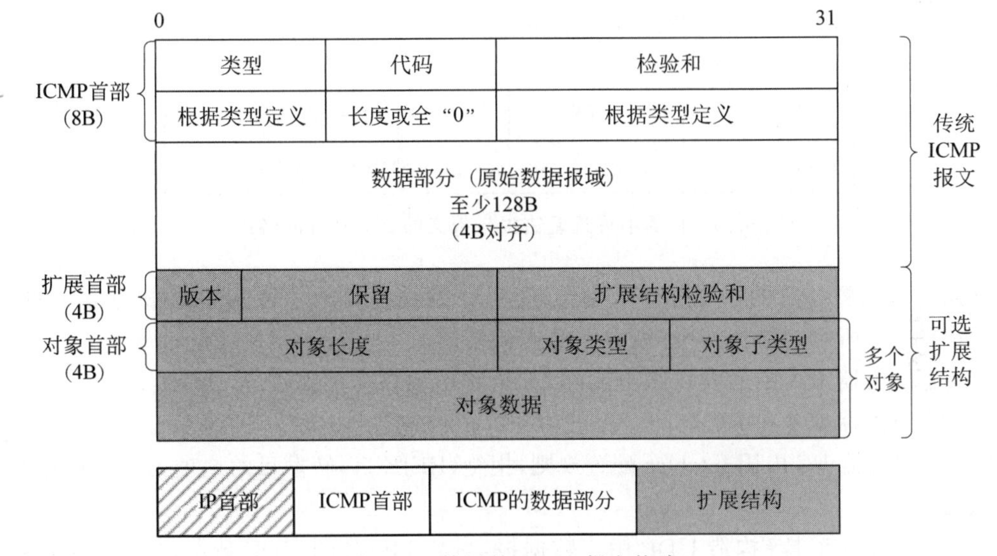

图 5.14　扩展的 ICMP 报文格式

针对类型值为 3、11 或 12 的 ICMP 差错报告报文,RFC4884 将其首部的第 6 字节指定为长度字段,代表“原始数据报域”的长度。该字节在以上 3 类 ICMP 差错报告报文的原始规范中属于保留字节。如果不追加扩展结构,则该字段保持为全“0”。如果追加了扩展结构,则长度字段值必须指定。

RFC4884 引入的长度字段的单位是 4B,因此要求在扩展的 ICMP 报文中原始数据报域的长度必须是 4B 的整数倍。此外,为了保持向后兼容,在增加扩展结构时,要求原始数据报域的长度至少 128B。如果原始数据报域的长度不满足上述要求,需要用“0”填充。

扩展的 ICMP 报文不但携带传统的 ICMP 报文的所有信息,还携带了扩展信息。扩展信息中的对象由其他 RFC 文档规定。

RFC4950 为多协议标记交换(multi-protocol label switching,MPLS)规定了标记堆栈

对象(label stack object),标记堆栈对象可以应用在目的不可达报文和超时报文中,用于traceroute程序时,可以记录转发路径中的标记。

RFC4884定义的扩展结构,不仅可用于ICMP差错报告报文,在ICMP查询/信息报文中也有应用,例如RFC8335利用扩展结构对回显请求和回显应答报文进行扩展,提出了一种新型的网络可达性探测工具——Probe。

所有已登记的扩展结构的对象类型值和对象子类型值都可以在IANA网站查询和下载。

2. 目的不可达差错报告报文

目的不可达差错报告报文用于报告IP数据报无法送达目的地,可能的原因包括传输过程中的各种问题或者管理员禁止通信等。ICMPv4为此报文定义了16个不同的代码,其中有5个是较常用的,分别是网络不可达、主机不可达、端口不可达、需要分片和管理禁止通信,它们的代码如表5.7所示。

目的不可达差错报告报文长度为8B的首部格式如图5.15所示。其中根据代码值确定的其他字段,需要分片差错报告报文将其定义为下一跳链路的MTU(最大传送单元),另外几种目的不可达差错报告报文均未使用该字段。

0		31
类型(3)	代码	检验和
未使用(全“0”)	长度或全“0”	其他(根据代码确定)

图5.15 目的不可达差错报告报文的ICMP首部格式

下面通过配置特定的Linux虚拟网络环境,介绍几种目的不可达差错报告报文的产生条件。在图5.7所示网络拓扑中,做以下几点配置[①]。

(1) 将路由器RA中的默认路由删除,其余路由项目仍然如表5.5所示。

(2) 将路由器RA和RC之间链路的MTU值修改为1000B。

(3) 在路由器RC内用iptables配置规则,拒绝(REJECT)转发目的地址为192.168.57.190的IP数据报。

然后用nping工具[②]构造UDP用户数据报,封装1400B的UDP数据,从主机ns56A分别发往目的IP地址为192.168.100.1、192.168.57.250、192.168.57.254、192.168.57.190和192.168.57.126主机的4499端口。

执行如下Linux命令:

```
#ip netns exec ns56A nping --udp -p4499 -g40321 -c1 --data-length 1400 192.168.
100.1
#ip netns exec ns56A nping --udp -p4499 -g40321 -c1 --data-length 1400 192.168.
57.250
#ip netns exec ns56A nping --udp -p4499 -g40321 -c1 --data-length 1400 192.168.
57.254
```

① 本实验用到的配置脚本可以参考本书配套电子资源。

② nping工具是nmap的组成部分,可以用来构造特定的分组并发送。

```
#ip netns exec ns56A nping --udp -p4499 -g40321 -c1 --data-length 1400 192.168.57.190
#ip netns exec ns56A nping --udp -p4499 -g40321 -c1 --data-length 1400 -df 192.168.57.126
```

在主机 ns56A 上用 Wireshark 截获数据帧如图 5.16 所示。

No.	源IP	目的IP	协议	总长度	禁止分片	类型	代码	下一跳MTU	注释
1	192.168.56.126	192.168.100.1	UDP	1428	Not set				
2	192.168.56.246	192.168.56.126	ICMP	576	Not set	3	0		网络不可达
3	192.168.56.126	192.168.57.250	UDP	1428	Not set				
4	192.168.56.254	192.168.56.126	ICMP	576	Not set	3	1		主机不可达
5	192.168.56.126	192.168.57.254	UDP	1428	Not set				
6	192.168.57.254	192.168.56.126	ICMP	576	Not set	3	3		端口不可达
7	192.168.56.126	192.168.57.190	UDP	1428	Not set				
8	192.168.56.250	192.168.56.126	ICMP	576	Not set	3	3		端口不可达（假）
9	192.168.56.126	192.168.57.126	UDP	1428	Set				
10	192.168.56.246	192.168.56.126	ICMP	576	Not set	3	4	1000	需要分片

主机 ns57A：192.168.57.126；主机 ns57B：192.168.57.190；主机 ns57C：192.168.57.254；

RA：192.168.56.246；RD：192.168.56.254；RC：192.168.56.250；主机 ns56A：192.168.56.126；

图 5.16　ICMP 目的不可达差错报告报文实例

1）网络不可达差错报告报文

当路由器发现 IP 数据报的目的地址与路由表中的所有项目都不匹配，即完全不知道该从哪个接口转发时，路由器会丢弃 IP 数据报并产生网络不可达差错报告报文。出现这种差错报告的原因一般是路由器中没有配置默认路由。

上述实例中，在路由器 RA 中删除默认路由后，发送 IP 数据报给 192.168.100.1。路由器 RA 收到该 IP 数据报后，发现其目的地址与路由表中所有项目不能匹配，于是路由器 RA 丢弃该 IP 数据报，产生并返回网络不可达差错报告报文，如图 5.16 中的 2 号 ICMP 报文所示。

2）主机不可达差错报告报文

当路由器发现，虽然 IP 数据报可以直接交付，但是因为目的地址指向的主机不在线或者没有正确响应导致 IP 数据报无法转发，便会丢弃 IP 数据报，并产生主机不可达差错报告报文。在 IPv4 网络中，出现这种差错报告的常见原因是路由器没有收到目的主机的 ARP 响应。

上述实例中，在发送 IP 数据报给 192.168.57.250 时，路由器 RD 收到该数据报后，发现目的主机不响应 ARP 请求，无法封装以太网帧进行转发，于是丢弃该 IP 数据报，产生并返回主机不可达差错报告报文，如图 5.16 中的 4 号 ICMP 报文所示。关于 ARP 的请求和响应，会在第 6 章中介绍。

3）端口不可达差错报告报文

当目的主机收到 IP 数据报后，如果发现指定的目的端口号未被任何进程使用，无法向上层转发数据，便会丢弃 IP 数据报，并产生端口不可达差错报告报文。端口不可达差错报告报文一般和 UDP 一起使用，这是因为在使用 TCP 通信时，如果客户端向服务器发起连接建立请求，但请求指向的 TCP 端口号没有绑定应用进程，则服务器端的 TCP 进程会返回

RST 给客户端，使建立连接失败。在这个过程中，TCP 不使用端口不可达差错报告报文。

上述实例中，发送 UDP 用户数据报给 192.168.57.254(主机 ns57C)的 4499 端口，但是在目的主机上没有启动 4499 端口上的 UDP 服务进程，于是目的主机 ns57C 丢弃该 IP 数据报，产生并返回端口不可达差错报告报文，如图 5.16 中的 6 号 ICMP 报文所示。

4) 需要分片差错报告报文

如果在源主机发出的 IP 数据报中，DF 位为“1”，则代表不允许对该 IP 数据报进行分片操作。当路由器收到 DF 为 1 的 IP 数据报，但转发时发现下一跳链路的 MTU 值小于该 IP 数据报的总长度时，会丢弃 IP 数据报，并产生“需要分片，但设置了不可分片位”差错报告报文，该报文也简称为需要分片差错报告报文。

上述实例中，DF 位为“1”，指定 UDP 数据部分长度为 1400B，发送 UDP 用户数据报给 192.168.57.126(主机 ns57A)，封装好的 IP 数据报总长度为 1428B。路由器 RA 收到该 IP 数据报后，发现需要转发的下一跳路由器为 RC，但 RA 和 RC 之间的数据链路层 MTU 值为 1000，于是丢弃该 IP 数据报，产生并返回需要分片差错报告报文，如图 5.16 中的 10 号 ICMP 报文所示。在该差错报告报文中，下一跳的 MTU 字段值为 1000，当源主机收到该参数后，会将其缓存起来，记为到该目的主机的 PMTU。

需要分片差错报告报文最初用于网络诊断，但目前主要用于 PMTU 发现机制。TCP 应用 PMTU 发现机制，可以得到源主机到目的主机路径中最小的 MTU，然后利用 PMTU 计算发送方最大报文段长度(SMSS)，封装合适长度的 TCP 报文段。

5) 管理禁止通信差错报告报文

在 IP 数据报转发路径中，如果路由器或目的主机的管理员配置了某种丢包规则来禁止转发某些 IP 数据报，则当丢弃 IP 数据报时，路由器或目的主机将产生管理禁止通信差错报告报文。丢包规则通常由防火墙软件实现，但是在很多情况下，防火墙不希望向源主机通告丢包规则，因此可以通过配置防火墙软件直接丢弃 IP 数据报，而不产生差错报告报文，或者产生一个其他的差错报告报文来代替管理禁止通信差错报告报文。

上述实例中，在路由器 RC 内配置有丢包规则，拒绝(REJECT)[①]转发目的地址为 192.168.57.190(主机 ns57B)的 IP 数据报，然后从主机 ns56A 发送 IP 数据报给 192.168.57.190。路由器 RC 收到该 IP 数据报后，发现该 IP 数据报符合丢包规则，于是 RC 丢弃该 IP 数据报，产生并返回一个其他的差错报告报文，本例中显示的是端口不可达差错报告报文，如图 5.16 中的 8 号 ICMP 报文所示。观察 8 号 ICMP 报文可以发现，与正常的端口不可达差错报告报文不同，该报文的源 IP 地址不是目的主机，而是某个中间路由器，因此这是一个“假”的端口不可达差错报告报文。

综上所述，在目的不可达差错报告报文中，网络不可达、主机不可达、需要分片和管理禁止通信等差错报告报文应该由路由器产生，而端口不可达差错报告报文应该由目的主机产生。

3. 重定向差错报告报文

如果路由器收到一个 IP 数据报，并在查找路由表后发现自己并不是将该 IP 数据报送

---

① 在 Linux 的软件 iptables 1.4 版本中，如果为符合规则的 IP 数据报配置了 DROP 动作，则防火墙软件不产生差错报告报文，直接丢弃 IP 数据报；如果为符合规则的 IP 数据报配置了 REJECT 动作，则防火墙软件会产生一个其他的差错报告报文。

往目的地址的最佳路由，则该路由器会发送一个重定向差错报告报文给源主机，并将该 IP 数据报转发到正确的下一跳路由器。路由器判断自己是否是最佳路由的方法是，比较该 IP 数据报的输入接口是否与其下一跳转发接口相同，如果输入接口等于输出接口，则需要产生重定向差错报告报文。重定向差错报告报文的 8B 的 ICMP 首部格式如图 5.17 所示。

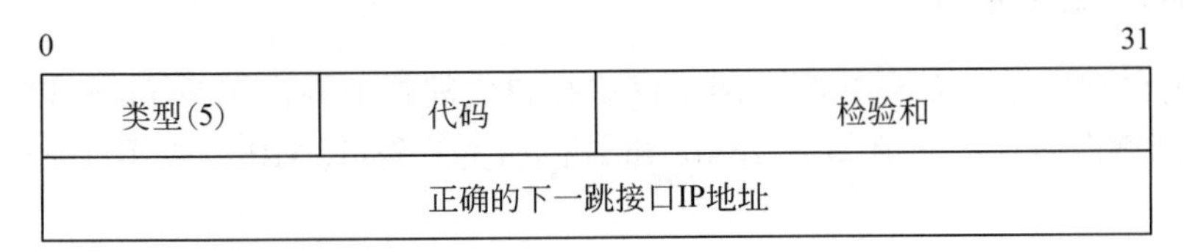

图 5.17　重定向差错报告报文首部格式

当源主机收到重定向差错报告报文后，需要修改本机路由表，以便在下次向同一个目的 IP 地址发送 IP 数据报时使用正确的路由。由于路由器可以通过路由协议动态更新路由表，所以并不鼓励主机根据重定向差错报告报文修改路由表[①]。

在如图 5.7 所示网络拓扑中，如果主机 ns57A 不知道到达目的网络前缀 192.168.57.128/26 的最佳下一跳是路由器 RE 的接口 192.168.57.125，而仅仅在本机配置了默认路由 192.168.57.1，则当 ns57A 发送 IP 数据报给 ns57B 时，IP 数据报会被发送到路由器 RC，路由器 RC 发现转发该 IP 数据报的下一跳应该是路由器 RE 的接口 192.168.57.125，即输入接口等于输出接口，于是会在转发 IP 数据报的同时，发送重定向差错报告报文给主机 ns57A。

4. 超时差错报告报文

IP 数据报的首部中包含 TTL 字段，每台路由器在转发数据报时都会将它的值减 1。当值减为 0 时，路由器会丢弃该 IP 数据报，并发送一个超时差错报告报文给源主机。超时差错报告报文的首部格式如图 5.18 所示。

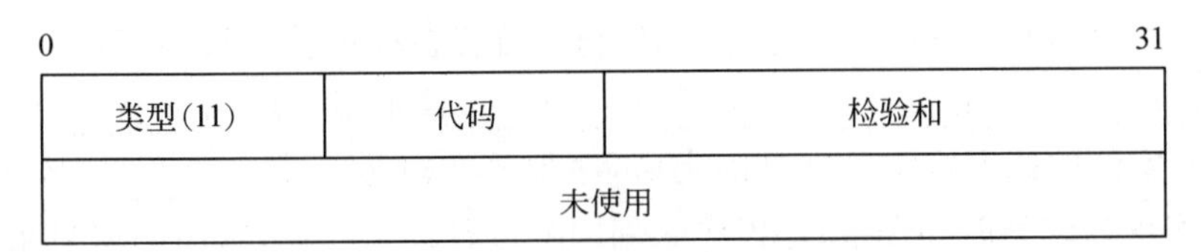

图 5.18　超时差错报告报文的首部格式

超时差错报告报文被应用在跟踪路由工具 traceroute 和 tracert 中。在 5.4.3 节中，将介绍跟踪路由工具的实现原理。

5. 不产生 ICMP 差错报告报文的情况

根据 RFC1812 的规定，以下几种情况不应产生和发送 ICMP 差错报告报文。

(1) ICMP 差错报告报文。

(2) 第一个 IP 分片以外的其他 IP 数据报片。

(3) IP 首部检验和验证失败的 IP 数据报。

---

① 在 Linux 中，可通过系统配置变量 net.ipv4.conf.all.accept_redirects 控制是否响应重定向差错报告报文，如果设置了响应重定向差错报告报文，则 Linux 主机会将正确的路由信息写入缓存，而不是直接写入路由表，仅暂时性变更路由。

(4) 目的地址是 IPv4 广播地址或 IPv4 多播地址的 IP 数据报。

(5) 作为链路层广播的 IP 数据报。

(6) 源 IP 地址不是单播地址的 IP 数据报或者源地址无效。

5.4.3 ICMP 应用实例

ICMP 的典型应用主要包括测试两个网络接口之间连通性的工具 ping,以及跟踪 IP 数据报从源点到终点路径的工具 traceroute 和 tracert。此外,ICMP 还应用在 TCP 的 PMTU 发现机制中。

1. ping

ping 利用了 ICMP 回显请求与回显应答报文,而没有使用传输层的 TCP 或 UDP,是应用层直接使用网络层 ICMP 的典型应用。

ICMP 回显请求和回显应答属于 ICMP 查询/信息报文,长度为 8B 的首部格式如图 5.19 所示。

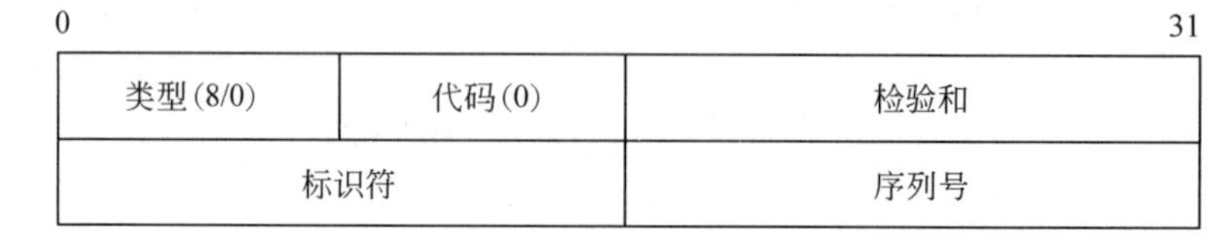

图 5.19　回显请求/回显应答报文的首部格式

当 ping 向目标主机发出一个回显请求报文后,目标主机会在收到后返回一个回显应答报文。回显请求报文的类型字段值为 8,回显应答报文的类型字段值为 0。在回显请求报文和回显应答报文中都包含标识符字段和序列号字段,这两个字段用来匹配一对请求和应答。回显应答报文中的标识符值和序列号值都是从对应的回显请求报文中复制来的。

在 Linux 的实现中,ping 实例的进程 ID 会被放置在标识符字段中,每当一个新的 ping 实例运行时,序列号字段都从 1 开始,每发送一个回显请求报文增加 1;而在 Windows 实现中,所有 ping 实例的标识符字段都是固定值,序列号字段是一个全局变量,按照某种规律[①]增加。两种实现方式都能确保 ping 程序收到回显应答报文时,与发出的回显请求报文唯一匹配。

在 Linux 中,ping 在默认情况下会不停地发送回显请求,直到用户中断为止,可以用参数-c 指定发送的回显请求数量;而在 Windows 中,ping 默认为发送 4 个回显请求后退出,可以用参数-t 要求 ping 不停地发送回显请求。在图 5.7 所示的网络拓扑中,利用 ping 从主机 ns56A 向主机 ns57C 发送两个回显请求报文,在主机 ns56A 上用 Wireshark 截获的 ICMP 报文如图 5.20 所示。

2. 跟踪路由程序

在 Linux 中,跟踪路由程序为 traceroute;在 Windows 中,跟踪路由程序为 tracert。二者的实现都利用 ICMP 超时差错报告报文识别途经的路由器,但由于它们发出的 IP 数据报

① 在 Windows 7 之后的实现中,序列号从初值 1 开始,每个回显请求报文增加 1。在 Windows XP 的实现中,序列号值的增加规律与此不同。

No.	源IP	目的IP	协议	类型	代码	标识符	序列号	注释
1	192.168.56.126	192.168.57.254	ICMP	8	0	5610 (0x15ea)	1 (0x0001)	回显请求
2	192.168.57.254	192.168.56.126	ICMP	0	0	5610 (0x15ea)	1 (0x0001)	回显应答
3	192.168.56.126	192.168.57.254	ICMP	8	0	5610 (0x15ea)	2 (0x0002)	回显请求
4	192.168.57.254	192.168.56.126	ICMP	0	0	5610 (0x15ea)	2 (0x0002)	回显应答

主机 ns56A：192.168.56.126；主机 ns57C：192.168.57.254

图 5.20　ping 应用实例

内部封装的数据不同，因此识别目的主机的方法略有不同。

traceroute 从源主机向目的主机发送一连串 IP 数据报，默认对每一跳路由探测 3 次，对第一跳路由器探测的 IP 数据报首部的 TTL 字段值为 1，当 IP 数据报到达第一跳路由器时，路由器将返回 ICMP 超时差错报告，该报文的源地址字段指明了路由器的某个接口的 IP 地址，traceroute 可以据此记录下第一跳路由器的接口 IP 地址；对第二跳路由器探测的 IP 数据报首部的 TTL 字段值为 2，当其到达第二跳路由器时，路由器将返回 ICMP 超时差错报告，traceroute 可以记录第二跳路由器的接口 IP 地址；以此类推，traceroute 可以记录每跳路由器的接口地址。在 traceroute 发送的 IP 数据报中封装的是无法交付的 UDP 用户数据报，第一个 UDP 用户数据报的端口号是 33434[①]，之后发送的每个 UDP 用户数据报的端口号加 1。当 UDP 用户数据报到达目的主机时，目的主机会返回一个 ICMP 端口不可达差错报告报文。traceroute 会在收到 ICMP 端口不可达差错报告报文后，退出执行。traceroute 的实现原理如图 5.21 所示。

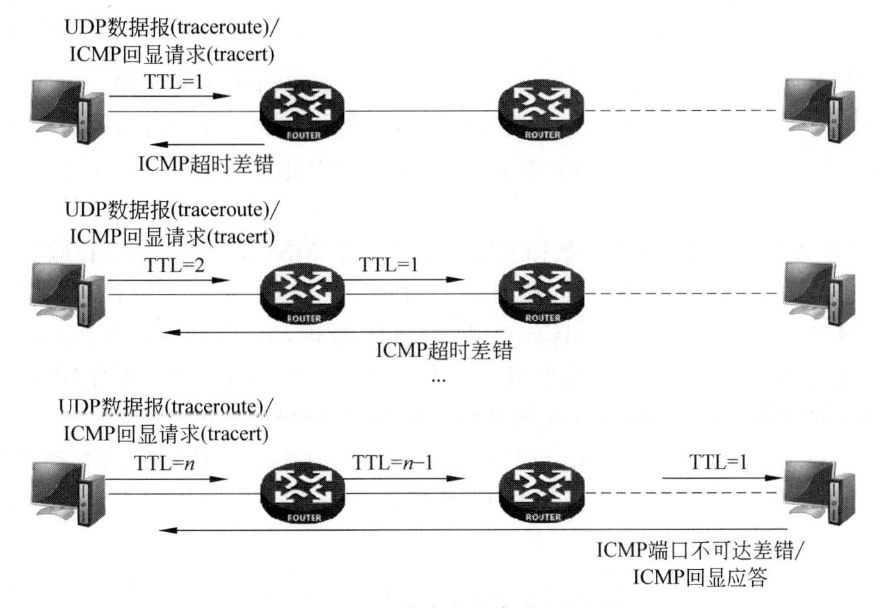

图 5.21　跟踪路由程序实现原理

tracert 的实现与 traceroute 略有不同，在 tracert 发送的 IP 数据报中封装的是 ICMP

---

① UDP 的 33434 端口已在 IANA 登记，用于 traceroute 程序。而 33435 等端口属于已知的未授权应用。

回显请求报文[①]，当ICMP回显请求报文到达目的主机后，目的主机返回ICMP回显应答报文。tracert会在收到ICMP回显应答报文后，退出执行。tracert的实现原理如图5.21所示。

3. 路径MTU发现

RFC791中规定，IPv4允许MTU的最大值为65535B，最小值为68B。为了提高TCP的传输效率，需要在避免IP分片的同时尽可能多地封装并传送数据，因此需要根据发送方的MTU、PMTU和接收方的RMSS计算SMSS的值。发送方的MTU可以通过本地数据链路层接口获得，接收方的RMSS可以在TCP连接建立阶段获得，而PMTU需要通过PMTU发现机制获得。

PMTU发现机制由RFC1191规定[②]，它利用了ICMP需要分片差错报告报文中的下一跳MTU的值。IPv6也支持PMTU发现，相应的规范文件为RFC8201[③]。开启PMTU发现机制后，源主机首先假定PMTU值为本地链路的MTU值，然后在所有发送的IP-TCP数据报中将DF位置"1"。一旦收到ICMP需要分片差错报告报文，源主机会将差错报告报文中的下一跳MTU值作为该目的IP地址的PMTU值，并将其保存在缓存中。为了适应路由变化引起的MTU变化，RFC1191建议将PMTU缓存的有效时间设置为10min。

Linux和Windows系统都默认开启了TCP的PMTU发现机制[④]。在保持图5.7中网络拓扑不变的情况下，也保持路由器RA和RC之间链路的MTU值为1000B不变。为方便观察PMTU发现，设定TCP的初始拥塞窗口值IW等于1MSS[⑤]，然后执行如下Linux命令：

```
#ip netns exec ns57A nc -lv 4499>3500.1                    //在ns57A上开启TCP服务
#ip netns exec ns56A nc 192.168.57.126 4499<3500.0         //向ns57A发送文件
```

利用TCP，从主机ns56A向主机ns57A发送一个3500B大小的文件。

在主机ns56A上，用Wireshark截获的IP数据报如图5.22所示，其中5号IP数据报内封装的是ICMP报文，其余IP数据报内封装的是TCP报文段。

PMTU发现的过程如下。

(1) TCP连接建立后，由于初始拥塞窗口值为1个MSS的大小，所以在收到ACK前，发送方ns56A仅能发送一个报文段，即图5.22中的4号报文段。由于主机ns56A发送数据的接口MTU值为1500B，因此ns56A封装1448B数据，加上32B的TCP首部和20B的IP首部，构成长度为1500B的IP数据报。又由于开启了PMTU发现，所有IP-TCP数据报中的DF位都必须置"1"，从而ns56A封装的4号IP数据报被禁止分片。

(2) 当4号IP数据报途径路由器RA，需要向下一跳路由器RC转发时，路由器RA发现下一跳MTU为1000B，于是丢弃4号IP数据报，并返回ICMP需要分片差错报告报文，

---

① Windows 7之后的实现中封装ICMP回显请求报文，Windows XP的实现中封装的也是UDP用户数据报。

② 在RFC1191中，为了支持PMTU发现机制，修改了ICMP需要分片差错报告报文的格式，增加了下一跳MTU字段。

③ IPv6的路径发现机制在第7章中介绍。

④ 在Linux中可以用系统配置变量net.ipv4.ip_no_pmtu_disc设定PMTU发现是否开启，在Windows中可以通过修改注册表设定PMTU是否开启。

⑤ 在Linux中，可以通过ip route命令修改TCP的初始拥塞窗口值。

将数值“1000”填入该差错报告报文的下一跳 MTU 字段，如图 5.22 中的 5 号 IP 数据报所示。

No.	源IP	目的IP	禁止分片	IP总长度	IP首部长度	TCP首部长度	TCP数据长度	下一跳MTU
1	192.168.56.126	192.168.57.126	Set	60	20	40	0	SYN
2	192.168.57.126	192.168.56.126	Set	60	20	40	0	SYN/ACK
3	192.168.56.126	192.168.57.126	Set	52	20	32	0	ACK
4	192.168.56.126	192.168.57.126	Set	1500	20	32	1448	
5	192.168.56.246	192.168.56.126	Not set	576	20	32		1000
6	192.168.56.126	192.168.57.126	Set	1000	20	32	948	
7	192.168.57.126	192.168.56.126	Set	52	20	32	0	
8	192.168.56.126	192.168.57.126	Set	552	20	32	500	
9	192.168.56.126	192.168.57.126	Set	1000	20	32	948	
10	192.168.57.126	192.168.56.126	Set	52	20	32	0	
11	192.168.56.126	192.168.57.126	Set	1000	20	32	948	
12	192.168.56.126	192.168.57.126	Set	208	20	32	156	
13	192.168.57.126	192.168.56.126	Set	52	20	32	0	
14	192.168.57.126	192.168.56.126	Set	52	20	32	0	
15	192.168.57.126	192.168.56.126	Set	52	20	32	0	
16	192.168.56.126	192.168.57.126	Set	52	20	32	0	FIN
17	192.168.57.126	192.168.56.126	Set	52	20	32	0	FIN/ACK
18	192.168.56.126	192.168.57.126	Set	52	20	32	0	ACK

主机 ns56A：192.168.56.126；主机 ns57A：192.168.57.126

图 5.22　PMTU 发现实例

(3) 主机 ns56A 在收到 ICMP 需要分片差错报告报文后，会记录目的地址 192.168.57.126 的 PMTU 值为 1000B，并通知 TCP 进程 PMTU 值改变。

需要注意的是，当 TCP 进程发现 PMTU 改变后，会意识到以较长 MSS 发送的报文段必然被丢弃，因此无须等待 4 号报文段超时或者 3 个 ACK 事件，而立即重传 4 号报文段发送的数据。4 号报文段发送过的 1448B 数据被 ns56A 分成了两个报文段，长度分别是 948B 和 500B。第一个报文段封装成长度为 948＋32＋20(即 1000) B 的 IP 数据报；第二个报文段封装成长度为 500＋32＋20(即 552) B 的 IP 数据报，如图 5.22 中的 6 号和 8 号 IP 数据报所示。

(4) 在随后继续发送数据时，主机 ns56A 每次封装 948B 数据，加上 32B 的 TCP 首部和 20B 的 IP 首部，构成 1000B 的 IP 数据报发送出去，如图 5.22 中的 9 号和 11 号 IP 数据报所示。

利用 IP 首部中的 DF 位和 ICMP 需要分片差错报告报文，TCP 可以实现 PMTU 发现和响应机制，满足动态调整 EMSS 值、高效发送数据的需求。

出于安全考虑，网络管理员常会关闭路由器的 ICMP 相关功能。以下 3 种“安全策略”配置会造成基于 ICMP 的 PMTU 发现机制失效。

(1) 路由器仅丢弃 IP 数据报，不产生 ICMP 差错报告报文。

(2) 路由器可以产生和发送 ICMP 差错报告报文，但 ICMP 差错报告报文被途经的防火墙软件过滤。

(3) 发送方忽略 ICMP 差错报告报文。

如果发送方主机不能收到必要的 ICMP 差错报告报文，则 PMTU 发现的过程会出现“黑洞”问题，即较长的 TCP 报文段都会丢失，而较短的 TCP 报文段可以正确处理。针对这种“黑洞”问题,网络设备厂商建议用户更加小心地配置ICMP相关的安全策略,至少应保证ICMP需要分片差错报告报文的正确产生和转发。在某些TCP的实现中,也考虑了这种“黑洞”问题,当一个报文段在反复重传后,将会尝试发送较小的报文段。

2007年,IETF在RFC4821中规定了一种不依赖ICMP报文的PMTU发现机制,称为分组层[①]路径MTU发现(packetization layer path MTU discovery, PLPMTUD),PLPMTUD是传统的PMTU发现算法的重要补充,解决了传统PMTU发现中的“黑洞”问题。RFC4821中的PLPMTUD算法可以应用于TCP和SCTP等。2017年发布的UDP使用指南(RFC8085)中,建议利用UDP通信的应用程序也采用PMTU发现机制,控制UDP用户数据报长度,避免IP分片。2020年发布的RFC8899中,介绍了在数据报协议(如UDP)中利用PLPMTUD的方法。RFC4821、RFC8899等均是互联网建议标准,对路径MTU发现有兴趣的读者可以阅读相关参考文献深入学习。

此外,在Linux中,可以利用tracepath测试到指定目的地址的PMTU值。

5.5 路由选择协议

5.5.1 路由选择协议概述

前面已经介绍了网络层的分组转发功能,本节将介绍路由选择功能,即如何建立和维护路由表。实现路由选择功能的算法称为路由选择算法,为路由选择算法传递必要信息的网络协议称为路由选择协议。

1. 路由选择算法

路由选择算法是路由选择协议的核心,其目的是找到从发送方到接收方的最佳路由。此外,还应该满足高效、稳定、健壮、公平和可扩展等多方面的需求。在互联网中,衡量路由优劣的指标有跳数、网络资源利用率、分组延迟和丢包率等,但这些指标之间可能是相互冲突的。因此,互联网中的路由选择算法根据特定的指标定义并度量最佳路由。这些度量统称为开销,通常最佳路由指具有最低开销的路由。

可以用图来形式化描述路由选择算法。图$G=(N,E)$是一个具有N个顶点和E条边的集合,其中每条边连接两个顶点。在网络层路由选择的环境中,图中的一个顶点代表一台路由器或者一个结点,这是做出分组转发决定的点;两个顶点之间的边代表两台相邻路由器之间的链路。一个路由选择算法的图模型示例如图5.23所示。图中每条边用一个值代表它的开销。对于E中的任意一条边(x,y),可用$c(x,y)$代表边的开销。一旦图中的每条边都给定了开销,路由选择算法的目标就是找出从源到目的之间的最低开销路径,即最佳路径。

图$G=(N,E)$中的一条路径是一个顶点序列$(x_1,x_2,\cdots,x_p)$,路径$(x_1,x_2,\cdots,x_p)$的开销是沿着路径所有边的开销的总和,即$c(x_1,x_2)+c(x_2,x_3)+\cdots+c(x_{p-1},x_p)$。给定任意两个顶点,通常在这两个顶点之间有许多条路径,每条路径都有一个开销。这些路径中的一条或多条是最低开销路径。如图5.23所示,源顶点A和目的顶点D之间的最低开销

① 分组层(packetization layer)指能够选择合适的数据长度,并负责将数据块放入IP分组数据部分中的那一层,该功能通常由传输层协议TCP、SCTP等实现。

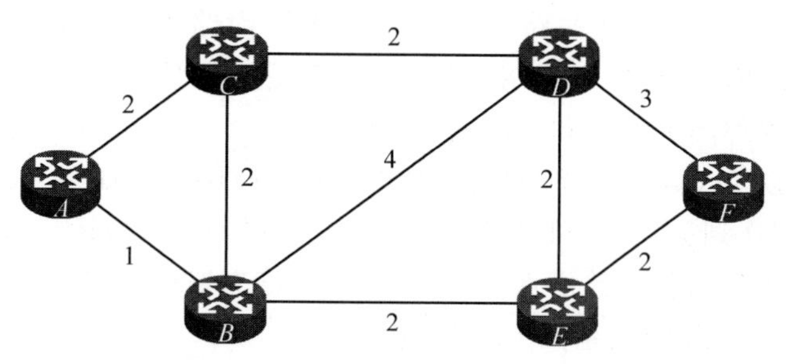

图 5.23　路由选择算法的图模型

路径是(A,C,D)。如果在图中的所有边具有相同的开销,则最低开销路径就是在源和目的之间的具有最少链路数量的路径。

在不同的路由选择协议中,采用的度量指标不同,对边的开销也有不同的定义。因此,即使网络拓扑相同,不同的路由协议也有可能得出不同的最佳路由。有一些路由选择协议(如 OSPF 协议)允许根据不同的度量指标,对边定义不同的开销,这样就能够支持多张路由表,每张路由表对应一种度量。如果将每种度量和 IP 首部中的区分服务字段结合,就可以对不同服务类型的通信流量采用不同的路由。

常用的路由选择算法包括距离向量(distance vector,DV)算法、链路状态(link state,LS)算法和路径向量(path vector,PV)算法。

2. 路由选择协议

互联网路由选择面临的一个关键问题是规模,几十年来,互联网规模的指数级增长迫使人们面对更多的挑战。解决路由选择扩展能力的方法是引入层次结构。为了实现分层次的路由选择,互联网被划分为许多自治系统(autonomous system,AS)。AS 是指在单一技术管理下的一组路由器,这些路由器使用一种自治系统内部的路由选择协议和共同的度量。目前对自治系统的定义已经有所扩展,一个 AS 内也允许使用几种自治系统内部的路由选择协议或者使用几种度量。RFC4271 强调,AS 的关键在于对其他 AS 表现出一个单一的、一致的路由选择策略。

在互联网上,每个 ISP 和终端用户都可能是独立管理的实体。不同的 ISP 对其内部所选用的路由选择协议以及如何确定度量标准都有不同的看法,由于这种独立性,通常每个 ISP 网络就是一个 AS。每个 AS 拥有一个全球唯一的自治系统号(autonomous system number,ASN),ASN 由 IANA 管理和分配,最初规定为一个 16 位数值,后来 RFC6793 将其扩展至 32 位。

在引入 AS 后,互联网的路由选择协议就被划分为两大类。

(1) 内部网关协议(interior gateway protocol,IGP)。在一个 AS 内部使用的路由选择协议,它与互联网中的其他 AS 选用什么路由选择协议无关。目前最常见的内部网关协议包括路由信息协议(RIP)和开放最短通路优先(OSPF)协议。

(2) 外部网关协议(external gateway protocol,EGP)。在 AS 之间使用的路由选择协议。目前,互联网中使用的外部网关协议是边界网关协议(BGP),其当前版本号为 4,因此也记为 BGP-4。

互联网中 AS 也称为路由域(domain)。因此,AS 之间的路由选择也称为域间路由选择

(interdomain routing),AS 内部的路由选择也称为域内路由选择(intradomain routing)。由于互联网早期的 RFC 文档中未使用“路由器”,而是使用“网关[①]”这一术语,因此两类路由选择协议被称为内部网关协议和外部网关协议。

每个 AS 都能够运行自己选择的任何域内路由选择协议。如果 AS 较大,它还可以在 AS 内部再次进行层次划分,如 OSPF 就允许在 AS 内部划分区域运行路由选择协议。如果 AS 较小,它也可以不运行任何路由选择协议,仅采用静态路由配置。

AS、IGP 和 EGP 之间的关系如图 5.24 所示。

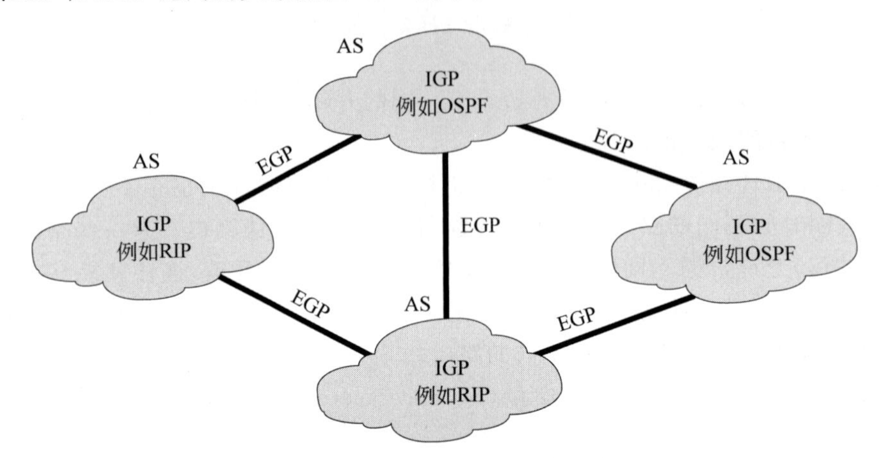

图 5.24 AS、IGP 和 EGP 的关系

5.5.2 路由信息协议

路由信息协议(RIP)是内部网关协议中最先得到广泛应用的协议,其当前版本号为 2,记为 RIPv2,由 RFC2453 规定,是互联网的正式标准。RFC4822 中补充规定了 RIPv2 的加密认证机制。RIPv2 支持 CIDR,其最大优点是简单。RIP 采用距离向量路由选择算法。

1. 距离向量路由选择算法

距离向量路由选择算法(DV 算法)不需要知道网络的全局信息,它是一种分布式的、迭代的、异步的算法。说它是分布式的,是因为每个顶点都要从一个或多个相邻顶点接收某些信息,在经过计算后将结果分发给邻居顶点。说它是迭代的,是因为该过程一直要持续到相邻顶点之间无更多信息要交换为止。说它是异步的,是因为它不要求所有顶点之间同步进行操作。

DV 算法的基础是 Bellman-Ford 方程:

令 $d(x,y)$ 是从顶点 x 到顶点 y 的最低开销,则

$$d(x,y)=\min_v\{c(x,v)+d(v,y)\},v\in\{x\text{ 的邻居顶点}\} \tag{5-1}$$

Bellman-Ford 方程给出了一种求顶点 x 到顶点 y 的最低开销的方法,即遍历 x 的所有邻居顶点 v,计算 x 到邻居顶点 v 的开销与 v 到 y 的最低开销之和,其中的最小值就是 x 到 y 的最低开销。

在 DV 算法中,每个顶点 x 都需要维护以下 3 个信息:

---

① 在网络层中,可以将路由器和网关理解为同义词,不做区分。

(1) $c(x,v)$，$v\in\{x$ 的邻居顶点$\}$：代表从 x 到所有邻居顶点 v 的开销。

(2) 顶点 x 的距离向量 $\boldsymbol{D}_x=[D(x,y),y\in\mathbf{N}]$：包含了 x 到顶点集合 $\mathbf{N}$ 中所有目的顶点 y 的最低开销的估计值 $D(x,y)$。

(3) x 的每个邻居顶点 v 的距离向量，即 $\boldsymbol{D}_v=[D(v,y),y\in\mathbf{N}]$。

DV 算法初始化时，每个顶点仅知道到它的直连邻居顶点的开销。随后，每个顶点不时地向它的每个邻居顶点发送它的距离向量副本。当顶点 x 从它的任何一个邻居顶点 v 接收到一个新距离向量时，会保存 v 的距离向量，然后利用式(5-1)更新自己的距离向量如下：

$$\boldsymbol{D}(x,y)=\min_v\{c(x,v)+D(v,y)\}$$

如果顶点 x 的距离向量因这个更新步骤而改变，则会向它的每个邻居顶点发送更新后的距离向量，从而引起所有邻居顶点更新它们自己的距离向量。只要所有的顶点不断地以异步方式交换并更新它们的距离向量，每个最低开销的估计值 $D(x,y)$ 最终会收敛到实际最低开销 $d(x,y)$。

路由选择算法最终需要为给定的目的地址 y 选择下一跳路由，而不仅仅是计算到 y 的最低开销。利用 DV 算法，可以得到下一跳路由吗？答案是肯定的。在用 Bellman-Ford 方程更新计算 $D(x,y)$ 时，取得最小值的邻居顶点 v 就是下一跳路由。因此，对于每个目的地址 y，在 DV 算法运行过程中，顶点 x 可以计算并更新自己的路由表。

2. RIP 概述

RIP 规定，所有路由器到与其直接连接的网络的开销为 1，所有路由器到其直接邻居的开销也为 1。RIP 将两台路由器之间的最低开销称为距离或跳数(hop count)。在如图 5.7 所示网络拓扑中，路由器 RB 到网络前缀 192.168.56.0/25 的距离为 1，到网络前缀 192.168.57.0/25 的距离为 3。RIP 允许一条路径的距离最大为 15，因此距离等于 16 即相当于不可达，所以 RIP 仅适用于小型自治系统。

运行 RIP 的路由器维护着由多个路由项目组成的路由信息数据，每个路由项目包括目的地址、掩码、下一跳地址、距离、转发接口等字段。RIP 报文中也包括多个路由项目，RIP 报文中的路由项目包括目的地址、掩码、下一跳地址和距离等字段。当收到相邻路由器的 RIP 报文时，RIP 进程更新路由信息数据，并以此为依据更新路由表。

RIP 实现的更新算法与图论中的 DV 算法略有不同。在 DV 算法中，每个顶点需要维护所有邻居顶点的距离向量 $\boldsymbol{D}_v$，以方便计算最低开销。但在实际的实现中，没有必要维护所有邻居结点的距离向量，仅需记录最低开销和产生最低开销的邻居。当得到更低开销的信息时，更新该记录即可。

将收到的 RIP 报文中的源 IP 地址(相邻路由器的发送接口 IP 地址)记为 G，将 RIP 报文中的路由项目的目的地址记为 D，掩码记为 M，下一跳地址记为 H，距离记为 d。当收到来自相邻路由器的 RIP 报文时，RIP 进程对 RIP 报文中的每一个路由项目，将距离加 1，即改为 $d+1$，然后按以下规则查找并更新路由信息数据。

(1) 如果原路由信息数据中不包含目的地址等于 D 且掩码等于 M 的路由项目，则把 RIP 报文中的项目添加到原路由信息数据中。

(2) 如果原路由信息数据中包含目的地址等于 D 且掩码等于 M 的路由项目，且其下一跳地址是 G，则用 RIP 报文中的项目更新原路由信息数据中的路由项目。

(3) 如果路由信息数据中包含目的地址等于 D 且掩码等于 M 的路由项目,但下一跳地址不是 G,则需要比较距离。只有 RIP 报文中项目的距离 $d+1$ 小于原路由信息数据中的距离,才用 RIP 报文中的项目更新原路由信息数据中的路由项目。

RIP 规定,路由器都需要每隔 30s 发送 RIP 路由更新报文给所有邻居。RIP 路由更新报文中的路由项目包括本路由器已知的全部路由信息,即本路由器的路由表。当路由器刚刚开始工作时,它的路由表仅包括几个直连网络的路由信息,到它们的距离都为 1。然后,每台路由器只和数目有限的相邻路由器交换并更新路由信息。经过若干次的更新后,所有的路由器最终都会知道到达本自治系统(AS)中任何一个网络的最短距离和下一跳路由器的地址。这个过程称为收敛。

在图 5.7 所示网络拓扑中,路由器 RA 最初仅知道与其相连的 4 个直连网络的路由信息,其初始路由表如表 5.8 所示,在经过几次路由信息交换后,路由器 RA 最终知道了拓扑图中所有网络的路由信息,其路由表如图 5.9 所示。

表 5.8　路由器 RA 的初始路由表

目的地址	掩　　码	距离	下　一　跳
192.168.56.244	255.255.255.252	1	/
192.168.56.248	255.255.255.252	1	/
192.168.56.252	255.255.255.252	1	/
192.168.99.0	255.255.255.0	1	/

路由表的默认路由需要手动配置,因此在表 5.8 和表 5.9 中没有体现。当路由器到某网络有多条距离相等的路径时,RIP 只能选择其中一条作为最优路由。

表 5.9　路由器 RA 的最终路由表

目的地址	掩　　码	距离	下　一　跳
192.168.56.244	255.255.255.252	1	/
192.168.56.248	255.255.255.252	1	/
192.168.56.252	255.255.255.252	1	/
192.168.99.0	255.255.255.0	1	/
192.168.56.0	255.255.255.128	2	192.168.56.245(RB)
192.168.57.0	255.255.255.128	2	192.168.56.250(RC)
192.168.57.192	255.255.255.192	2	192.168.56.254(RD)
192.168.57.128	255.255.255.192	3	192.168.56.250(RC)

RIP 的路由信息更新依赖其邻居路由器发送的 RIP 路由更新报文,但如果其邻居路由器崩溃或链路断开了,它将无法发送更新。因此 RIP 还规定,如果超过 3min 没有收到来自邻居路由器的路由更新报文,则将下一跳为该路由器的所有路由都标记为无效,即将距离修改为 16。

在图 5.7 所示网络拓扑中，经过几次路由信息交换后，各路由器的路由表都将收敛并稳定下来。考察各路由器到网络 192.168.56.0/25 的路由如表 5.10 所示。

表 5.10 各路由器到网络 192.168.56.0/25 的路由（RA-RB 的链路故障前）

路由器	下一跳	距离
RB	/	1
RA	RB	2
RC	RA	3
RD	RA	3
RE	RC	4

此时，若路由器 RB 与 RA 之间的链路失效了，则 3min 后路由器 RA 会将经过 RB 的路由标记为无效，并将该路由信息通告给自己的邻居 RC 和 RD。但 RC 和 RD 不仅接收来自 RA 的路由信息，还接收来自 RE 的路由信息，虽然 RA 通告经过 RA 到网络 192.168.56.0/25 的距离为 16，但 RE 通告还有一条经过 RE 到网络 192.168.56.0/25 的路由，距离为 4，于是 RC 和 RD 根据 RE 的通告，将距离加 1 并更新自己的路由表。这次更新后，各路由器到网络 192.168.56.0/25 的路由如表 5.11 所示。显然，RC 和 RD 得出了错误的路由信息，需要经过多次路由更新后，RC、RD 和 RE 才能最终将到网络 192.168.56.0/25 的距离更新到 16。

表 5.11 各路由器到网络 192.168.56.0/25 的路由（RA-RB 的链路故障后首次更新）

路由器	下一跳	距离
RB	/	1
RA	RB	16
RC	RE	5
RD	RE	5
RE	RC	4

对于上述链路故障导致的距离增加等“坏消息”，距离向量算法收敛很慢。在 RFC2453 中，将这类问题称为无穷计数（counting to infinity）问题。为了缩短收敛时间，RIP 选择了数值 16 作为距离的上限。引起无穷计数问题的原因是路由环路（routing loop）的存在，以及构成环路的路由器之间相互学习。RIP 采用了多种机制来避免路由环路问题，如带毒性逆转的水平分割（split horizon with poisoned reverse）和触发更新（triggered updates）等。普通的水平分割是指路由器向邻居发送路由更新时，不包含从该邻居学习到的项目；而带毒性逆转的水平分割则指向邻居发送路由更新时仍然包含这些项目，但将这些项目的距离设置为 16。毒性逆转的路由项目实例可以参考 5.5.3 节中的实例。带毒性逆转的水平分割可以完全避免两台路由器之间的路由环路，但是当 3 台以上路由器构成环路，并相互学习时，带毒性逆转的水平分割方案就无法避免无穷计算问题了。为解决该问题，RIP 采用了触发更新机制。触发更新是指当路由器一旦发现路由项目的距离发生变化，就立即发送路由更

新信息给邻居路由器。由 RFC2453 可知，综合采用上述机制虽然可以使发生无穷计数问题的概率降到极低，但是仍然不能完全避免该问题的发生。关于触发更新还有很多细节问题需要考虑，这些规定在 RFC1812 中进行了更详细的描述。有兴趣的读者可以阅读相关文档进一步学习。

RIP 进程为路由信息中的每个项目关联了超时(timeout)计时器和垃圾回收(garbage-collection)计时器。超时计时器的默认时间是 3min，如前文所述，当超时计时器超时，RIP 会将该路由项目标记为无效，无效的路由项目仍然会保存一小段时间。垃圾回收计时器的默认时间是 2min。当垃圾回收计时器超时，RIP 才将该路由项目删除。

3. RIP 报文格式

在图 5.7 所示网络拓扑中，利用开源路由软件 BIRD①，在各路由器上启用 RIPv2。在路由器 RA 的 192.168.56.246 接口上，用 Wireshark 截获的 RIP 报文如图 5.25 所示。其中，源地址为 192.168.56.246 的 RIP 报文是路由器 RA 发出的，源地址为 192.168.56.245 的 RIP 报文是路由器 RB 发出的。

No.	Time	源IP地址	目的IP地址	源端口	目的端口	命令	版本
1	0.000000000	192.168.56.246	224.0.0.9	520	520	Request	RIPv2
2	0.001391676	192.168.56.245	224.0.0.9	520	520	Request	RIPv2
3	0.001536128	192.168.56.246	192.168.56.245	520	520	Response	RIPv2
4	0.101340560	192.168.56.246	224.0.0.9	520	520	Response	RIPv2
5	0.101604364	192.168.56.245	224.0.0.9	520	520	Response	RIPv2
6	5.212263564	192.168.56.246	224.0.0.9	520	520	Response	RIPv2
7	17.728726814	192.168.56.246	224.0.0.9	520	520	Response	RIPv2
8	22.504605171	192.168.56.245	224.0.0.9	520	520	Response	RIPv2
9	47.729108702	192.168.56.246	224.0.0.9	520	520	Response	RIPv2
10	52.503167276	192.168.56.245	224.0.0.9	520	520	Response	RIPv2

```
> Frame 7: 206 bytes on wire (1648 bits), 206 bytes captured (1648 bits) on interface tapRA_RB,
> Ethernet II, Src: de:f8:87:80:0c:b6 (de:f8:87:80:0c:b6), Dst: IPv4mcast_09 (01:00:5e:00:00:09)
> Internet Protocol Version 4, Src: 192.168.56.246, Dst: 224.0.0.9
> User Datagram Protocol, Src Port: 520, Dst Port: 520
v Routing Information Protocol
    Command: Response (2)
    Version: RIPv2 (2)
  v IP Address: 192.168.56.252, Metric: 1
      Address Family: IP (2)
      Route Tag: 0
      IP Address: 192.168.56.252
      Netmask: 255.255.255.252
      Next Hop: 0.0.0.0
      Metric: 1
  > IP Address: 192.168.99.0, Metric: 1
  > IP Address: 192.168.56.0, Metric: 16
  > IP Address: 192.168.57.0, Metric: 2
  > IP Address: 192.168.56.244, Metric: 1
  > IP Address: 192.168.57.192, Metric: 2
  > IP Address: 192.168.56.248, Metric: 1
  > IP Address: 192.168.57.128, Metric: 3
```

路由器 RA：192.168.56.246

路由器 RB：192.168.56.245

图 5.25　用 Wireshark 截获的 RIP 报文

① BIRD 是 Linux、FreeBSD 等类 UNIX 操作系统上的全功能路由守护进程，最初由捷克的 Charles university 开发，现在由捷克互联网络信息中心(CZ.NIC)开发和支持。参考网站：https://bird.network.cz/。

RIP 报文直接封装在 UDP 用户数据报内，它的发送方和接收方都使用 UDP 的 520 端口。RIP 报文由首部和路由信息部分组成，格式如图 5.26 所示。

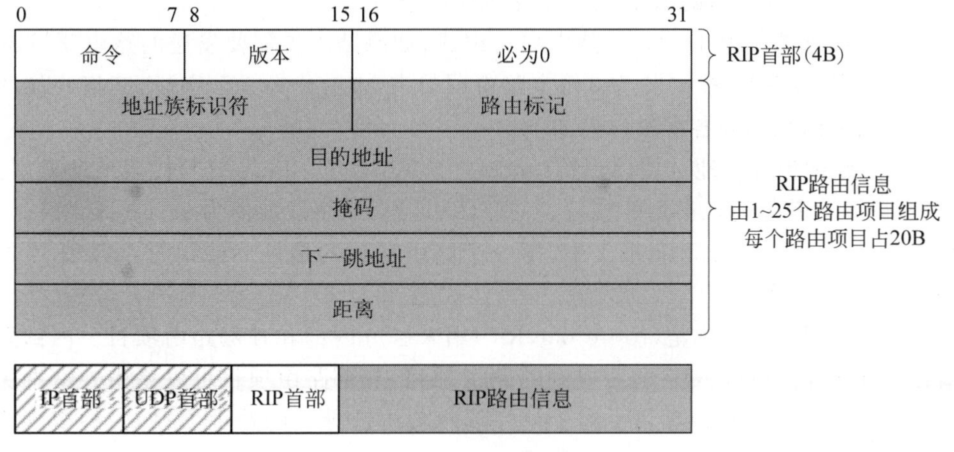

图 5.26　RIP 报文的格式

RIP 首部占 4B，共 3 个字段，其中仅前两个字段有定义，最后 2B 未定义，必须保留为 0。RIP 首部各字段含义如下。

(1) 命令。命令字段代表 RIP 报文的类型，占 8 位。命令字段允许取值为 1 或者 2，取值 1 代表 RIP 请求，取值 2 代表 RIP 响应。

RIP 请求通常用于刚上线的路由器向邻居路由器请求路由信息，这种做法可以使路由器尽快得到路由表。RIP 请求报文是 IP 多播数据报[①]，其目的地址是 224.0.0.9。RIP 请求报文可以请求对方的全部路由信息或特定路由信息。当请求对方全部路由信息时，RIP 请求报文中的路由信息仅包含一个路由项目，其地址族标识符字段为 0，距离字段为 16。当请求对方特定路由信息时，RIP 请求报文中的路由信息应指明目的地址和掩码，接收方将会在响应报文中填写距离。

RIP 响应可以是对某一个 RIP 请求的响应信息，也可以是路由器自发生成的路由更新报文。当 RIP 响应某一个 RIP 请求时，采用 IP 单播数据报，其目的地址是请求方的 IP 地址。当 RIP 发送路由更新报文时，采用 IP 多播数据报，其目的地址是 224.0.0.9。

在图 5.25 所示 RIP 报文中，1 号和 2 号 RIP 报文分别是路由器 RA 和路由器 RB 上线时发送的 RIP 请求。3 号 RIP 报文是路由器 RA 对 2 号 RIP 请求报文的响应信息。其他报文是路由器自发生成的路由更新报文，展开的 7 号 RIP 报文是路由器 RA 通过接口 192.168.56.246 发出的路由更新报文。通过观察各 RIP 报文的发送时间，可以发现 7 号和 9 号 RIP 报文间隔 30s，8 号和 10 号 RIP 报文间隔 30s，这说明在 7 号 RIP 报文发送时，RIP 已经收敛。RIP 的触发更新机制使实例中的 RIP 在启动后十几秒的时间内发送了多轮 RIP 路由更新报文，快速完成了收敛过程。在 7 号 RIP 报文之后，RIP 进入了稳定的、定期发送 RIP 更新报文的阶段。

(2) 版本。版本字段指 RIP 的版本号，占 8 位。版本可以取 1 或者 2。目前常用的 RIP

---

① RIPv1 的请求报文是广播报文。

版本为 RIPv2。RIPv2 的路由信息部分的定义与 RIPv1 不同，增加了对可变长子网掩码(VLSM)和无类别域间路由(CIDR)的支持。图 5.26 所示路由信息格式为 RIPv2 定义的路由信息格式。图 5.25 所示的 RIP 报文也是 RIPv2 报文。

RIP 路由信息部分由 1～25 个路由项目组成，如果路由器需要发送的路由项目超过 25 个，则必须再用一个 RIP 报文发送。每个路由项目占 20B，分为 6 个字段，其格式如图 5.26 所示。RIP 路由信息部分各字段含义如下。

(1) 地址族标识符。地址族标识符(address family identifier，AFI)代表地址类型。RIP 设计时，考虑了对其他地址类型的支持。对于 IP 地址，该字段取值为 2。

在图 5.25 所示的 7 号 RIP 报文中，第一个路由项目的地址族标识符字段值为 2，代表 IP 地址。

(2) 路由标记。路由标记(route tag，RT)用来区分内部和外部路由项目。内部路由项目是指在 RIP 域内，通过 RIP 学习得到的路由项目；外部路由项目可以是由外部网关协议或其他路由协议导入的路由项目。对于从外部网关协议导入的路由项目，一种实现方式是将自治系统编号(ASN)填入路由标记字段。

在图 5.25 所示的 7 号 RIP 报文中，第一个路由项目的路由标记字段值为 0，代表内部路由项目。

(3) 目的地址和掩码。目的地址是一个 32 位的 IP 地址，和掩码一起决定目的网络前缀。

在图 5.25 所示的 7 号 RIP 报文中，第一个路由项目的目的地址字段值为 192.168.56.252，掩码字段值为 255.255.255.252，代表目的网络前缀 192.168.56.252/30。

(4) 下一跳地址。下一跳地址是指 IP 数据报应该转发的下一个路由器的接口 IP 地址。该字段值通常为 0.0.0.0，代表下一跳路由器就是发送该 RIP 报文的路由器，下一跳地址就是该 RIP 报文的源 IP 地址。当一个网络中仅有部分路由器使用 RIP 时，下一跳地址字段才有特定用途[①]。

在图 5.25 所示的 7 号 RIP 报文中，第一个路由项目的下一跳地址字段值为 0.0.0.0，代表到目的网络前缀 192.168.56.252/30 的下一跳路由器是路由器 RA，下一跳地址是 192.168.56.246。

(5) 距离。距离代表发送 RIP 报文的路由器到达目的网络前缀的距离，取值范围为 1～16，其中 16 代表不可达。

在图 5.25 所示的 7 号 RIP 报文中，第一个路由项目的距离字段值为 1，代表路由器 RA 与目的网络前缀 192.168.56.252/30 直接相连。距离为 1。

在图 5.25 所示的 7 号 RIP 报文中，第三个路由项目的目的网络前缀是 192.168.56.0/25，距离字段值为 16，代表路由器 RA 不能到达目的网络前缀。该路由项目是前文介绍过的毒性逆转项目。由于到达目的网络前缀 192.168.56.0/25 的路由信息是路由器 RA 从接口 192.168.56.246 收到的 RIP 报文中学习到的，因此在通过接口 192.168.56.246 发送自己的 RIP 更新报文时，将目的网络前缀 192.168.56.0/25 的路由项目的距离标记为 16，以此避免路由器之间相互学习。

---

① RFC2453 的附录 A 给出了一个下一跳地址的应用实例。

RIPv2 支持鉴别功能。当使用鉴别功能时，RIPv2 将原来写入第一个路由项目的位置用作鉴别。此时应将地址族标识符字段置为全“1”(即 0xFFFF)，而路由标记字段改为鉴别类型字段。RFC2453 规定了一种简单的、采用明文密码方式的鉴别功能，其鉴别类型字段值为 2。第一个路由项目剩余的 16B 用来填写明文密码。在鉴别数据之后才写入路由信息，因此在使用鉴别功能后，一个 RIP 报文最多只能再写入 24 个路由项目。RFC4822 规定了一种加密鉴别功能，其鉴别类型字段值为 3。如果采用这种加密鉴别方式，在所有路由项目之后还需要增加一个鉴别数据字段。本书没有深入介绍 RIP 鉴别功能的细节，有兴趣的读者可以阅读相关 RFC 文档进行学习。

5.5.3 开放最短通路优先

开放最短通路优先(open shortest path first，OSPF)是另一种常用的内部网关协议，是 RIP 之后占据主导地位的内部网关协议。目前 IPv4 使用的 OSPF 第 2 版①是由 RFC2328 规定的，它是互联网的正式标准。RFC5709、RFC6549、RFC6845、RFC6860、RFC7474 和 RFC8042 对 OSPF 进行了更新和扩展。OSPF 也支持 CIDR，其最大特点是支持在自治系统(AS)内再次分层。与 RIP 不同，OSPF 采用链路状态路由选择算法。

1. 链路状态路由选择算法

链路状态路由选择算法(简称 LS 算法)是一种使用全局信息的算法。在 LS 算法中，网络拓扑和所有的链路开销都是已知的，可以用作 LS 算法的输入。在实践中，链路开销通常通过链路状态广播通知给网络中的其他路由器。链路状态广播的结果就是网络中的所有路由器都拥有包含网络拓扑和所有链路开销的一致数据，这些数据称为链路状态数据库(link state database，LSDB)。每台路由器根据链路状态数据库，利用 LS 算法计算最小开销路径，以此为依据构建路由表。

因此，链路状态路由选择分为链路状态广播阶段和路由计算阶段。下面，首先介绍路由计算阶段的 LS 算法。

OSPF 采用的 LS 算法是 Dijkstra② 算法。Dijkstra 算法是图论中的著名算法，用于计算加权有向图中的单源最短路径(single-source shortest path，SSSP)。在计算机网络中，如果把链路开销定义为图中边的权重，Dijkstra 算法可以计算图中源顶点 s 到其他所有顶点的最低开销路径，并构造一棵最短路径。Dijkstra 算法是一种迭代算法，在每次迭代中，得到一条从源顶点 s 到一个目的顶点之间的最低开销路径。经过 k 次迭代后，可以得到 k 个目的顶点的 k 条最低开销路径。对于一个有 N 个顶点的图，Dijkstra 算法需要经过 $N-1$ 次迭代才会终止。

下面，先用图论的知识描述 Dijkstra 算法。令 N 代表图中的顶点集合；$c(i,j)$ 代表两个顶点 $i,j\in N$ 之间的边上的开销，如果 i 与 j 之间没有边相连，则 $c(i,j)=\infty$；$s\in N$ 代表源顶点；$c(v)$ 代表源顶点 s 到顶点 $v\in N$ 的最低开销；$p(v)$ 代表源顶点 s 到顶点 v 的最低开销路径上，顶点 v 的直接前趋顶点，当构造最短路径树时，$p(v)$ 顶点是顶点 v 的父顶点；$T\subseteq N$ 代表最低开销路径已知的顶点集合。

---

① OSPF for IPv6 由 RFC5340 规定，该版本也称为 OSPFv3。

② 该算法由荷兰计算机科学家 Edsger Dijkstra 于 1959 年提出。

Dijkstra 算法可以简单描述如下。

1）初始化

（1）$T=\{s\}$；

（2）对所有顶点 v，如果 v 是 s 的邻居顶点，则 $c(v)=c(s,v)$，$p(v)=s$，否则 $c(v)=\infty$。

2）迭代

只要 $T \neq N$。执行如下步骤。

（1）在集合 $N-T$ 中选择顶点 w，使得 $c(w)=\min\{c(w) \mid w \in N-T\}$；

（2）将顶点 w 加入集合 T；

（3）对所有顶点 $v \in N-T$，计算 $c(v)=\min[c(v), c(w)+c(w,v)]$。

如果 $c(v)$因新添加的顶点 w 而更新，则记录 $p(v)=w$。

Dijkstra 算法首先从仅包含顶点 s 的集合 T 开始，初始化顶点开销表 $c(v) \mid v \in N$。然后在集合 $N-T$ 中选择能以最低开销到达的顶点 w，将 w 加入集合 T。最后考察经过 w 到达 $N-T$ 集合中的顶点的开销，如果经过 w 的开销较小，则更新开销表 $c(v)$，并用 $p(v)$ 记录顶点 v 的直接前趋顶点。$p(v)$顶点可用来构建最短路径树。

在实际应用中，路由器采用一种称为前向搜索（forward search）的 Dijkstra 算法实现，从它收集的链路状态分组中直接计算路由表。具体来说，每台路由器都维护两张表：证实表（confirmed）和试探表（tentative）。每张表中包含多条记录，每条记录包含（目的地，开销，下一跳）等信息。将进行计算的路由器记为源顶点，源顶点是最短路径树的根顶点，算法如下。

（1）初始化：创建源顶点记录并写入证实表，源顶点记录的开销为 0，下一跳为空。

（2）将最新加入证实表的顶点记为 Next 顶点[①]，提取 Next 顶点的链路状态数据。链路状态数据包含 Next 顶点的邻居顶点及其链路开销。

（3）根据 Next 顶点的链路状态数据，找到它的每个邻居顶点 v。如果邻居顶点 v 不在证实表中，计算从源顶点通过 Next 顶点到达邻居顶点 v 的开销：$c'(v)=c(\text{Next})+c(\text{Next},v)$，其中 $c(\text{Next})$是证实表中 Next 顶点记录的开销，也是源顶点到 Next 顶点的最低开销；$c(\text{Next},v)$是链路状态数据中 Next 顶点到邻居顶点 v 的开销。根据计算结果，进行如下操作。

① 如果邻居顶点 v 也不在试探表中，则将邻居顶点记录（邻居顶点，开销 $c'(v)$，下一跳）加入试探表中，其中下一跳值为 Next 顶点[②]的下一跳值，但如果 Next 顶点是源顶点，则下一跳值是邻居顶点 v。

② 如果邻居顶点 v 在当前的试探表中，则比较试探表中登记的顶点 v 的开销 $c''(v)$与新计算得到的开销 $c'(v)$。如果 $c'(v)<c''(v)$，则用新的邻居顶点记录（邻居顶点，开销 $c'(v)$，下一跳）更新试探表中的记录，其中下一跳值为 Next 顶点的下一跳值；否则不更新。

（4）如果试探表为空，则算法终止；否则从试探表中选择开销最小的记录，将它移入证实表，然后跳转到第（2）步。

---

① Next 顶点即图论中 Dijkstra 算法的顶点 w。

② Next 顶点是邻居顶点 v 的直接前趋顶点。

为更容易理解上述算法，下面以5.5.1节中的图5.23抽象的网络模型为例，计算并构造顶点 A 的路由表。计算过程如表5.12所示。

表5.12　图5.23中的顶点A计算并建立路由表的过程

步骤	证　实　表	试　探　表	说　　明
1	(A,0,—)		初始化：创建源顶点 A 的记录并写入证实表
2	(A,0,—)	(B,1,B) (C,2,C)	以顶点 A 为Next顶点，提取链路状态数据，计算邻居开销 $c'(v)$。顶点 B 和顶点 C 均不在试探表中，是新成员，因此将它们加入试探表
3	(A,0,—) (B,1,B)	(C,2,C)	把试探表中开销最小的记录 B 移入证实表
4	(A,0,—) (B,1,B)	(C,2,C) (D,5,B) (E,3,B)	以顶点 B 为Next顶点，提取链路状态数据，计算邻居开销 $c'(v)$。将新成员 D、E 加入试探表；$c'(v)=3>2$，因此 C 无须更新
5	(A,0,—) (B,1,B) (C,2,C)	(D,5,B) (E,3,B)	把试探表中开销最小的记录 C 移入证实表
6	(A,0,—) (B,1,B) (C,2,C)	(D,4,C) (E,3,B)	以顶点 C 为Next顶点，提取链路状态数据，计算邻居开销 $c'(v)$。没有新成员；$c'(D)=4<5$，因此更新 D；E 无须更新
7	(A,0,—) (B,1,B) (C,2,C) (E,3,B)	(D,4,C)	把试探表中开销最小的记录 E 移入证实表
8	(A,0,—) (B,1,B) (C,2,C) (E,3,B)	(D,4,C) (F,5,B)	以顶点 E 为Next顶点，提取链路状态数据，计算邻居开销 $c'(v)$。将新成员 F 加入试探表；$c'(D)=5>4$，因此 D 无须更新
9	(A,0,—) (B,1,B) (C,2,C) (E,3,B) (D,4,C)	(F,5,B)	把试探表中开销最小的记录 D 移入证实表
10	(A,0,—) (B,1,B) (C,2,C) (E,3,B) (D,4,C)	(F,5,B)	以顶点 D 为Next顶点，提取链路状态数据，计算邻居开销 $c'(v)$。没有新成员；$c'(F)=7>5$，因此 F 无须更新
11	(A,0,—) (B,1,B) (C,2,C) (E,3,B) (D,4,C) (F,5,B)		把试探表中开销最小的记录 F 移入证实表
12	(A,0,—) (B,1,B) (C,2,C) (E,3,B) (D,4,C) (F,5,B)		以顶点 F 为Next顶点，提取链路状态数据，计算邻居开销 $c'(v)$。没有新成员。试探表为空，算法终止

最终得到的证实表就是顶点 A 的路由表。在实际的网络中，需要考虑的情况更为复杂，OSPF在上述算法的基础上，增加了很多细节设计，形成了OSPF的LS算法。得益于OSPF的链路状态广播，OSPF的链路状态数据库能较快的更新，因此OSPF的更新过程收敛很快。

2. OSPF协议概述

OSPF协议非常复杂和烦琐，其规范文档RFC2328达到了244页。本节仅从OSPF的区域划分、链路状态广播以及工作过程等方面介绍OSPF协议的基本原理。

1）OSPF 的区域划分

OSPF 能够用于规模很大的网络，为了提供良好的可扩展性，OSPF 在自治系统（AS）内引入了层次结构，将一个自治系统（AS）进一步划分为多个区域。一个区域内部的路由器只知道本区域的完整网络拓扑，而不知道其他区域的网络拓扑的情况。因此自治系统内的路由分为区域内路由和区域间路由。

OSPF 使用的是有层次结构的区域划分。在上层的区域称为主干区域（backbone area）。主干区域的作用是用来连通其他区域。图 5.27 所示为一个 OSPF 网络的层次结构，可以看出，使用 OSPF 的自治系统包括 4 种类型的路由器：两种边界路由器和两种内部路由器。在一个区域内部的路由器称为内部路由器（internal router），在主干区域内部的路由器也称为主干路由器（backbone router）。连接两个不同区域的路由器称为区域边界路由器（area border router）。显然，每个区域至少应有一个区域边界路由器。在主干区域内还要至少有一台路由器负责和本自治系统外的其他自治系统交换路由信息，这样的路由器称为自治系统边界路由器（AS boundary routers，ASBR）。

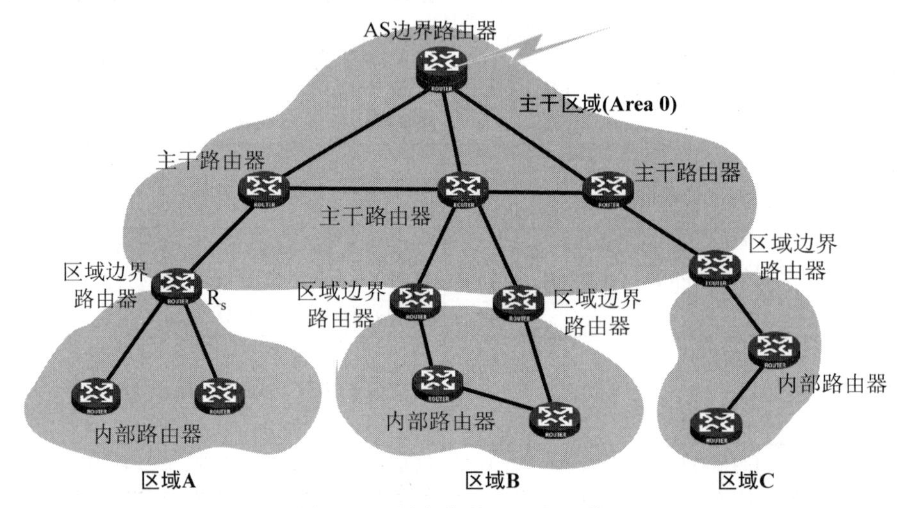

图 5.27　层次化的 OSPF 网络

OSPF 规定每个区域必须有一个 32 位的标识符。类似于 IP 地址，区域标识符也用点分十进制表示。主干区域的标识符为 0.0.0.0，一般称为区域 0。划分区域后，链路状态广播被限制在区域内部。每个区域的内部路由器广播发送自己的链路状态信息，参与区域内的路由计算，并从区域边界路由器那里学习其他区域的路由信息。区域边界路由器属于多个区域，执行 LS 算法的多个副本，每个副本参与一个区域的路由计算，也就是说区域边界路由器同时参与区域内路由计算和区域间路由计算。区域边界路由器还负责将所属区域的路由信息汇总后发往主干区域，并将来自主干区域的路由信息汇总后发往自己所属的区域。ASBR 运行 OSPF 获得 AS 内的路由信息，也运行 BGP 等外部网关协议，学习 AS 外的路由信息，并将外部路由信息在整个 AS 内通告。

采用划分区域的方法使路由信息的种类增多了，同时也使 OSPF 协议更加复杂了。但这样做却能使每个区域内部交换路由信息的通信量大大减小，因而使 OSPF 协议能够用于规模很大的 AS 中。

划分区域后，OSPF 将路由信息分为 4 类：区域内路由信息、区域间路由信息、Ⅰ类外部路由信息和Ⅱ类外部路由信息。其中Ⅰ类外部路由信息的开销与 AS 内路由信息的开销相互兼容，而Ⅱ类外部路由信息的开销与 AS 内路由信息的开销不兼容，可以认为Ⅱ类外部路由信息的开销比 AS 内路由信息的开销大一个数量级。

区域边界路由器向所属区域发送区域间路由信息和外部路由信息时，通常先进行汇总然后才发送，但并不是所有区域边界路由器都需要向所属区域发送区域外的路由信息。OSPF 定义了一类特殊的区域，它们不需要接收本区域外的路由信息，这类特殊区域称为末节区域①(stub area)。当某区域只有唯一的出口或者某区域的出口不需要根据网络拓扑进行设定时，可以将该区域配置为末节区域。如图 5.27 中的区域 A 就可以配置为末节区域。末节区域的区域边界路由器(如路由器 R_5)不向末节区域内转发区域外部的路由信息，但向末节区域内注入一条默认路由信息，末节区域的内部路由器据此配置默认路由。配置末节区域可以显著减小链路状态数据库的规模，也可以减小末节区域内部路由器的路由表。

2) OSPF 的链路状态广播

OSPF 采用可靠洪泛(reliable flooding)方法实现链路状态广播。链路状态广播的范围限制在一定范围内。可靠洪泛可以确保参与协议的每台路由器都能收到来自其他路由器的链路状态信息，它的基本步骤包括洪泛和肯定应答(确认)。

运行 OSPF 的路由器会创建一个或多个链路状态通告(link state advertisement，LSA)。OSPF 定义了 5 种类型的 LSA，每种 LSA 都至少包含如下信息。

(1) 创建 LSA 的路由器 ID。

(2) 与路由器直接相邻的链路信息，包括链路开销。

(3) 链路状态序号(LS sequence number)。

(4) 链路状态老化时间②(LS age，LSA)。

LSA 中最常见的是路由器 LSA，路由器 LSA 中仅包含与本路由器直接相邻的链路状态信息，路由器 LSA 中的数据量与网络的规模无关。可靠洪泛的工作方式如下，当路由器收到来自同一个区域的路由器的 LSA 时，会检查该 LSA 是否是新的。如果该路由器的链路状态数据库(LSDB)中没有该 LSA 的副本，或者新收到的 LSA 比 LSDB 中保存的 LSA 副本的序号更大，则认为收到了新的 LSA。只有在收到新的 LSA 后，路由器才更新自己的 LSDB，并将新的 LSA 从本次接收接口以外的其他所有接口转发出去。当其他路由器收到 LSA 时，同样的过程再次发生，最终 LSA 的最新副本将到达所有路由器。收到新 LSA 的路由器，需要对该 LSA 进行肯定应答。肯定应答信息通过本次接收接口，发向相邻路由器。OSPF 的可靠洪泛示意如图 5.28 所示。

链路状态老化时间以秒为单位记录 LSA 的生存时间。新产生的 LSA 的初始老化时间为 0，老化时间不能超过其最大值，RFC2328 规定老化时间的最大值为 1h(即 3600s)。到达最大老化时间的 LSA 不再参与路由计算，最终将会被删除。为了避免有效的 LSA 被老化删除，RFC2328 规定每经过 30min，创建 LSA 的路由器应该以新的序号和新的老化时间(老化时间为 0) 重新洪泛一份 LSA。

---

① stub areas 又称存根区域或桩区域。

② LS age 又称链路状态生存期。

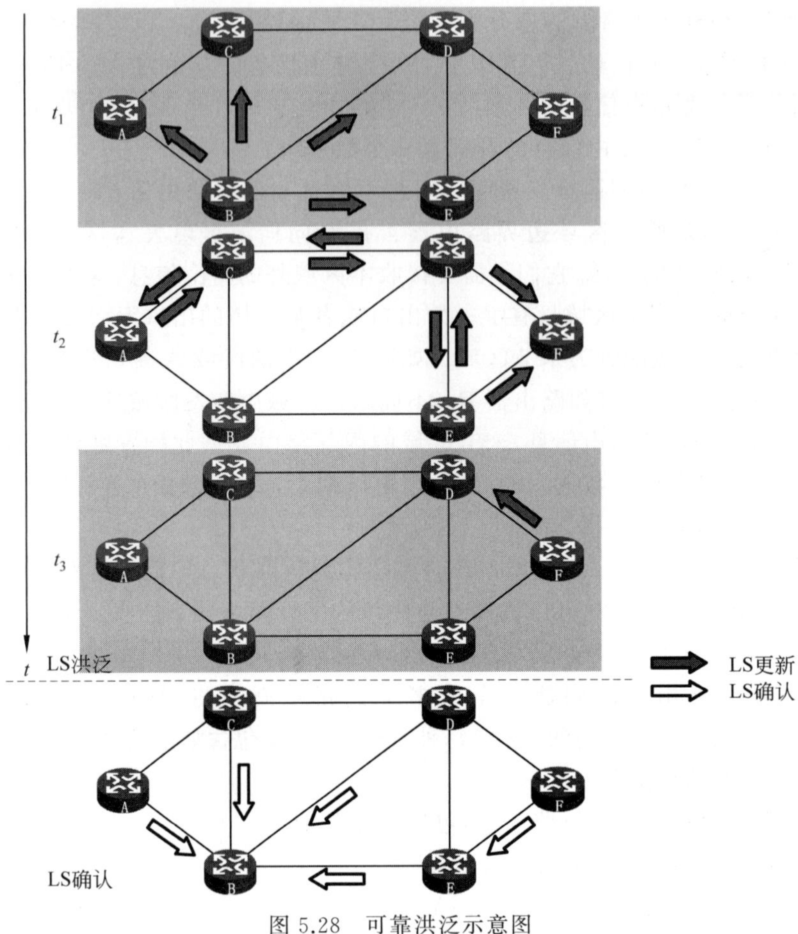

图 5.28 可靠洪泛示意图

3）OSPF 的工作过程

OSPF 共定义了 5 种类型的分组。

（1）问候（hello）分组：用来发现和维护邻居（neighbor）关系。

（2）数据库描述（database description）分组：用于与邻居交换链路状态数据库的摘要信息，并完成主从关系协商。

（3）链路状态请求（link state request）分组：用于请求特定的链路状态信息。

（4）链路状态更新（link state update）分组：用于发送链路状态信息，这种分组包含若干条链路状态通告（LSA），是 OSPF 协议最核心的部分。

（5）链路状态肯定应答（link state acknowledgment，LSACK）分组：用于对链路状态更新的肯定应答。

为方便观察和介绍 OSPF 的工作过程，利用开源路由软件 BIRD 在图 5.7 所示的网络拓扑中的每个路由器上启用 OSPFv2 协议①。在路由器 RA 的 192.168.56.246 接口上，用 Wireshark 截获 OSPF 分组如图 5.29 所示。其中，源地址为 192.168.56.246 的 OSPF 分组是由路由器 RA 发出的，源地址为 192.168.56.245 的 OSPF 分组是由路由器 RB 发出的。

① 本实验中 OSPF 协议的配置脚本可以参考本书配套电子资源。

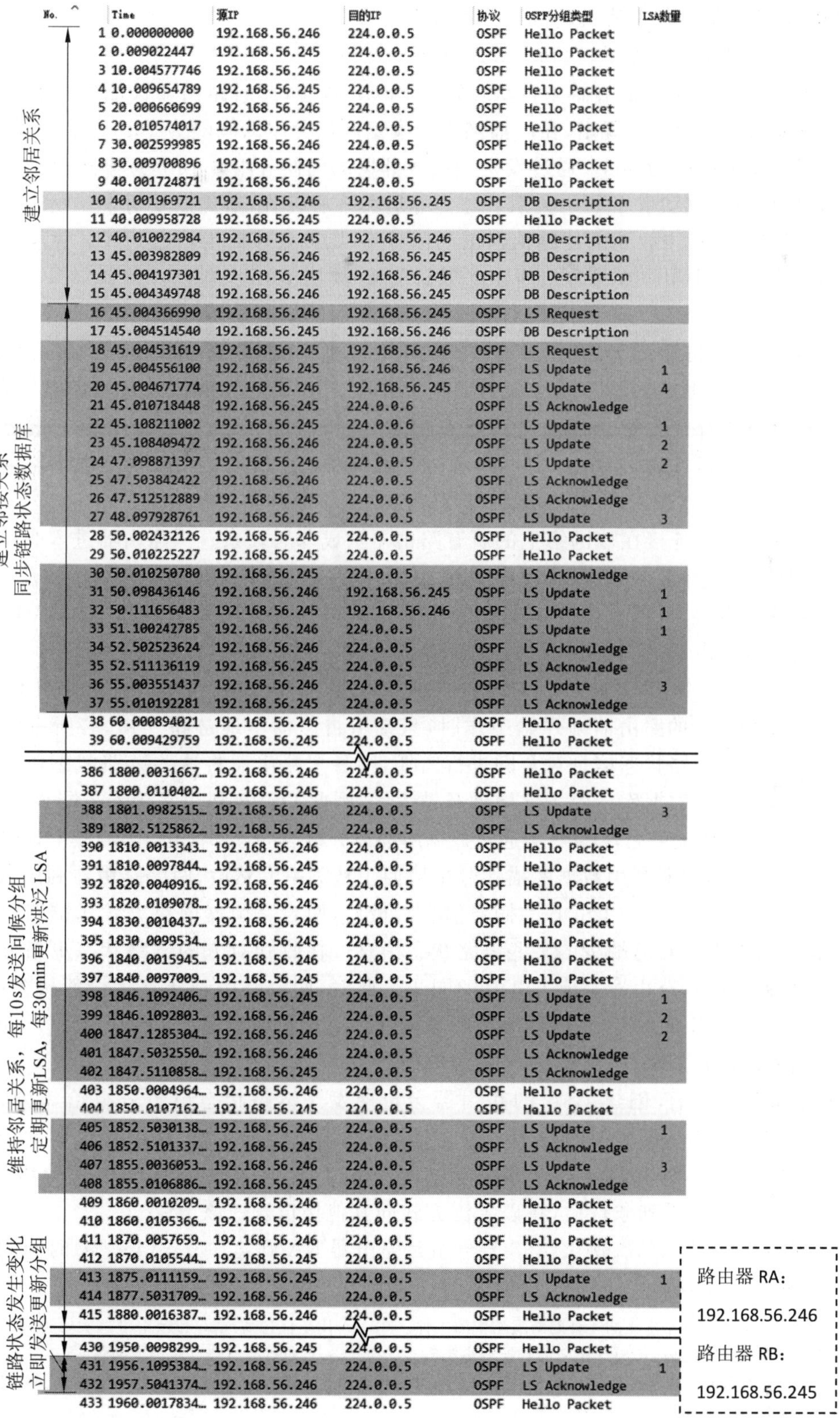

No.	Time	源IP	目的IP	协议	OSPF分组类型	LSA数量
1	0.000000000	192.168.56.246	224.0.0.5	OSPF	Hello Packet	
2	0.009022447	192.168.56.245	224.0.0.5	OSPF	Hello Packet	
3	10.004577746	192.168.56.246	224.0.0.5	OSPF	Hello Packet	
4	10.009654789	192.168.56.245	224.0.0.5	OSPF	Hello Packet	
5	20.000660699	192.168.56.246	224.0.0.5	OSPF	Hello Packet	
6	20.010574017	192.168.56.245	224.0.0.5	OSPF	Hello Packet	
7	30.002599985	192.168.56.246	224.0.0.5	OSPF	Hello Packet	
8	30.009700896	192.168.56.245	224.0.0.5	OSPF	Hello Packet	
9	40.001724871	192.168.56.246	224.0.0.5	OSPF	Hello Packet	
10	40.001969721	192.168.56.246	192.168.56.245	OSPF	DB Description	
11	40.009958728	192.168.56.245	224.0.0.5	OSPF	Hello Packet	
12	40.010022984	192.168.56.245	192.168.56.246	OSPF	DB Description	
13	45.003982809	192.168.56.246	192.168.56.245	OSPF	DB Description	
14	45.004197301	192.168.56.245	192.168.56.246	OSPF	DB Description	
15	45.004349748	192.168.56.246	192.168.56.245	OSPF	DB Description	
16	45.004366990	192.168.56.246	192.168.56.245	OSPF	LS Request	
17	45.004514540	192.168.56.245	192.168.56.246	OSPF	DB Description	
18	45.004531619	192.168.56.245	192.168.56.246	OSPF	LS Request	
19	45.004556100	192.168.56.245	192.168.56.246	OSPF	LS Update	1
20	45.004671774	192.168.56.246	192.168.56.245	OSPF	LS Update	4
21	45.010718448	192.168.56.245	224.0.0.6	OSPF	LS Acknowledge	
22	45.108211002	192.168.56.245	224.0.0.6	OSPF	LS Update	1
23	45.108409472	192.168.56.246	224.0.0.5	OSPF	LS Update	2
24	47.098871397	192.168.56.246	224.0.0.5	OSPF	LS Update	2
25	47.503842422	192.168.56.246	224.0.0.5	OSPF	LS Acknowledge	
26	47.512512889	192.168.56.245	224.0.0.6	OSPF	LS Acknowledge	
27	48.097928761	192.168.56.246	224.0.0.5	OSPF	LS Update	3
28	50.002432126	192.168.56.246	224.0.0.5	OSPF	Hello Packet	
29	50.010225227	192.168.56.245	224.0.0.5	OSPF	Hello Packet	
30	50.010250780	192.168.56.245	224.0.0.5	OSPF	LS Acknowledge	
31	50.098436146	192.168.56.246	192.168.56.245	OSPF	LS Update	1
32	50.111656483	192.168.56.245	192.168.56.246	OSPF	LS Update	1
33	51.100242785	192.168.56.246	224.0.0.5	OSPF	LS Update	1
34	52.502523624	192.168.56.246	224.0.0.5	OSPF	LS Acknowledge	
35	52.511136119	192.168.56.245	224.0.0.5	OSPF	LS Acknowledge	
36	55.003551437	192.168.56.246	224.0.0.5	OSPF	LS Update	3
37	55.010192281	192.168.56.245	224.0.0.5	OSPF	LS Acknowledge	
38	60.000894021	192.168.56.246	224.0.0.5	OSPF	Hello Packet	
39	60.009429759	192.168.56.245	224.0.0.5	OSPF	Hello Packet	
386	1800.0031667…	192.168.56.246	224.0.0.5	OSPF	Hello Packet	
387	1800.0110402…	192.168.56.245	224.0.0.5	OSPF	Hello Packet	
388	1801.0982515…	192.168.56.246	224.0.0.5	OSPF	LS Update	3
389	1802.5125862…	192.168.56.245	224.0.0.5	OSPF	LS Acknowledge	
390	1810.0013343…	192.168.56.246	224.0.0.5	OSPF	Hello Packet	
391	1810.0097844…	192.168.56.245	224.0.0.5	OSPF	Hello Packet	
392	1820.0040916…	192.168.56.246	224.0.0.5	OSPF	Hello Packet	
393	1820.0109078…	192.168.56.245	224.0.0.5	OSPF	Hello Packet	
394	1830.0010437…	192.168.56.246	224.0.0.5	OSPF	Hello Packet	
395	1830.0099534…	192.168.56.245	224.0.0.5	OSPF	Hello Packet	
396	1840.0015945…	192.168.56.246	224.0.0.5	OSPF	Hello Packet	
397	1840.0097009…	192.168.56.245	224.0.0.5	OSPF	Hello Packet	
398	1846.1092406…	192.168.56.245	224.0.0.5	OSPF	LS Update	1
399	1846.1092803…	192.168.56.246	224.0.0.5	OSPF	LS Update	2
400	1847.1285304…	192.168.56.246	224.0.0.5	OSPF	LS Update	2
401	1847.5032550…	192.168.56.246	224.0.0.5	OSPF	LS Acknowledge	
402	1847.5110858…	192.168.56.245	224.0.0.5	OSPF	LS Acknowledge	
403	1850.0004964…	192.168.56.246	224.0.0.5	OSPF	Hello Packet	
404	1850.0107162…	192.168.56.245	224.0.0.5	OSPF	Hello Packet	
405	1852.5030138…	192.168.56.246	224.0.0.5	OSPF	LS Update	1
406	1852.5101337…	192.168.56.245	224.0.0.5	OSPF	LS Acknowledge	
407	1855.0036053…	192.168.56.246	224.0.0.5	OSPF	LS Update	3
408	1855.0106886…	192.168.56.245	224.0.0.5	OSPF	LS Acknowledge	
409	1860.0010209…	192.168.56.246	224.0.0.5	OSPF	Hello Packet	
410	1860.0105366…	192.168.56.245	224.0.0.5	OSPF	Hello Packet	
411	1870.0057659…	192.168.56.246	224.0.0.5	OSPF	Hello Packet	
412	1870.0105544…	192.168.56.245	224.0.0.5	OSPF	Hello Packet	
413	1875.0111159…	192.168.56.245	224.0.0.5	OSPF	LS Update	1
414	1877.5031709…	192.168.56.246	224.0.0.5	OSPF	LS Acknowledge	
415	1880.0016387…	192.168.56.246	224.0.0.5	OSPF	Hello Packet	
430	1950.0098299…	192.168.56.245	224.0.0.5	OSPF	Hello Packet	
431	1956.1095384…	192.168.56.245	224.0.0.5	OSPF	LS Update	1
432	1957.5041374…	192.168.56.246	224.0.0.5	OSPF	LS Acknowledge	
433	1960.0017834…	192.168.56.246	224.0.0.5	OSPF	Hello Packet	

建立邻居关系

建立邻接关系
同步链路状态数据库

维持邻居关系，每10s发送问候分组
定期更新LSA，每30min更新洪泛LSA

链路状态发生变化
立即发送更新分组

路由器 RA：192.168.56.246

路由器 RB：192.168.56.245

图 5.29　OSPF 的工作过程

OSPF 协议的工作过程分为如下 3 个步骤。

第 1 步：建立邻居关系，达到 2-way 状态。

运行 OSPF 协议的路由器在启动后处于 Down 状态，此时路由器仅能发送和接收问候分组来探知邻居。OSPF 规定，在广播网络中发送问候分组的间隔为 10s，在非广播网络中，发送问候分组的间隔为 30s。通过发送并接收邻居的问候分组，OSPF 逐渐过渡到 2-way 状态，两台路由器之间建立了邻居关系。建立邻居关系后，路由器仍然要每 10s 发送一个问候分组，如果超过 40s 未收到邻居路由器的问候分组，则判定该路由器已下线。邻居关系建立的过程如图 5.29 中 1～15 号分组所示。邻居关系维持的过程如图 5.29 中 38～387 号分组所示。

如果有多台路由器连接在一个广播网络或非广播多路访问网络（non-broadcast multiple access，NBMA）[①]上，由于每台路由器都要向其他的路由器发送链路状态信息，所以会造成网络中存在大量重复的链路状态信息，为解决此问题，OSPF 采用了指定路由器（designated router，DR）的方法，使网络中传送的链路状态信息大大减少。指定路由器代表该网络发送 LSA，这种 LSA 中包括所有与该网络连接的链路状态信息。

指定路由器与连接在该网络上的所有路由器构成邻居关系。当路由器进入 2-way 状态后，可以根据问候分组中的信息，按照 RFC2328 中设定的规则，从邻居路由器中选出一台优先级最高或路由器 ID 最大的路由器作为指定路由器。每个广播网络和 NBMA 网络上都应有一台指定路由器。

第 2 步：建立邻接（adjacency）关系，同步链路状态数据库（LSDB），达到 Full 状态。

当运行 OSPF 的路由器刚开始工作时，只知道自己的本地链路开销，若所有的路由器都把自己的本地链路状态信息对全网进行广播，则各个路由器将这些链路状态信息综合后就可得出链路状态数据库。由于这样做开销太大，因此 OSPF 利用邻接关系同步 LSDB。

在建立了邻居关系后，OSPF 会通过数据库描述分组与部分邻居路由器[②]建立邻接关系。

首先，两台路由器利用数据库描述分组协商主从关系。然后，两台路由器利用数据库描述分组向对方通告各自的 LSDB 的摘要信息。最后，两台路由器向对方发送链路状态请求分组，请求对方发送自己缺少的某些链路状态信息。在收到对方的链路状态更新分组并给予肯定应答后，两台路由器完成 LSDB 的同步。此时，两台路由器建立完全邻接关系，进入 Full 状态。在 Full 状态时，路由器可以发送和处理所有 5 种类型的 OSPF 分组。同步链路状态数据库的过程如图 5.29 中 16～37 号分组所示。

建立邻接关系后，创建 LSA 的路由器会定期发送链路状态更新分组给邻接路由器，RFC2328 规定的默认间隔时间是 30min。当链路状态发生变化时，路由器也会发送链路状态更新分组给邻接路由器。处于邻接状态[③]的路由器，收到链路状态更新分组，并满足 RFC2328 规定的一系列条件后，将以洪泛方式向其他接口发送该 LSA。

在如图 5.29 所示的实例中，388 号分组是路由器 RA 到达 30min（1800s）时间间隔时发

---

① NBMA 是 OSPF 中定义的 4 种网络类型中的一种。NBMA 用来描述如 x.25 和帧中继这类本身并不具有广播和多播能力的多路访问网络。OSPF 定义的其他网络类型有广播网络、点对点网络和点对多点网络。

② 对于点对点网络和点对多点网络，路由器和所有邻居路由器建立邻接关系；对于广播网络和 NBMA 网络，路由器和指定路由器建立邻接关系。

③ OSPF 规定，路由器在高于 Exchange 状态，收到链路状态更新分组，并满足条件时才进行可靠洪泛。

送的链路状态更新分组;398～402 号以及 405～408 号报文是路由器 RA 和 RB 收到其他路由器定期发送的链路状态更新分组后,以洪泛方式向其他接口发送的链路状态更新分组。从图中可以看出,OSPF 的可靠洪泛并不是简单地把收到的链路状态更新分组转发出去,而是从链路状态更新分组中取出 LSA,并将符合条件的 LSA 重新封装入新的链路状态更新分组后发送给自己的邻接路由器。这些路由器在收到链路状态更新分组后,需要发送链路状态 ACK 分组进行肯定应答。OSPF 还规定,在支持多播传输的网络上,链路状态更新分组和链路状态 ACK 分组的目的 IP 地址均是多播地址[①]。在实验运行约 1956s 后,手动关闭路由器 RB 到网络 192.168.56.0/25 的链路。图 5.29 中的 431 号分组反映了链路状态发生变化后,路由器立即发送链路状态更新分组的情况。

从路由器启动时的 Down 状态到建立完全邻接关系时的 Full 状态,OSPF 一共规定了 8 种邻居状态。这 8 种状态之间的转换条件以及状态变迁图在 RFC2328 中均有详细描述,这些内容超出了本书的介绍范围,有兴趣的读者可以参考相关文献进行深入学习。

第 3 步:根据 Dijkstra 算法,进行路由计算。

每台路由器根据 LSDB 中的链路状态,利用 Dijkstra 算法计算最短路径树,并进行路由计算,得到路由表。

每当收到链路状态更新分组后,路由器都更新 LSDB,重新进行路由计算,更新路由表。

3. OSPF 的分组格式

与直接把 RIP 封装在 UDP 用户数据报内不同,OSPF 把 RIP 直接封装在 IP 数据报内,其 IP 首部协议字段值为 89。OSPF 分组由首部和数据部分组成,5 种类型的 OSPF 分组都使用相同的首部格式,其格式如图 5.30 所示。

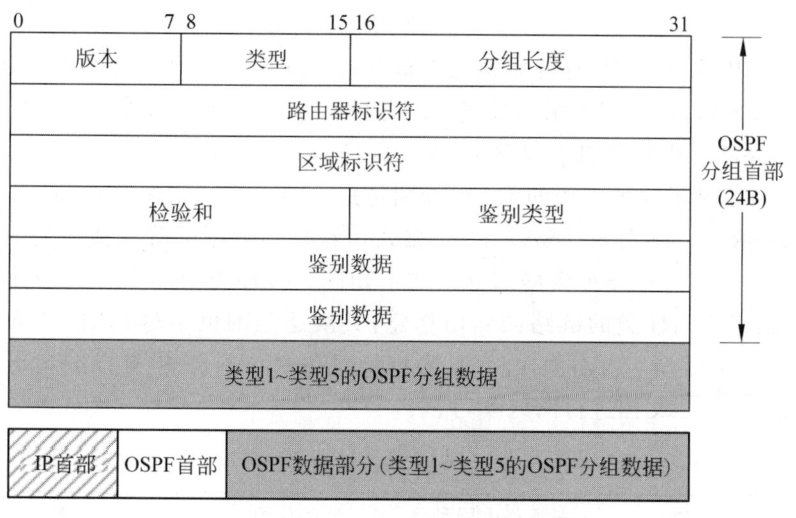

图 5.30 OSPF 分组格式

OSPF 分组首部共 24B,各字段含义如下。

(1) 版本。版本字段占 8 位,用于存放 OSPF 协议的版本号。当前版本为 2。若版本号

① 指定路由器属于多播组 224.0.0.6,其他 OSPF 路由器属于多播组 224.0.0.5。因此,预期目标是指定路由器的链路状态更新和链路状态确认分组的目的 IP 地址是 224.0.0.6。

为 3,代表 OSPF for IPv6。

(2) 类型。类型字段占 8 位,用于存放 OSPF 分组的类型。类型的取值范围为 1～5,分别代表前文所述的 5 种 OSPF 分组：问候分组、数据库描述分组、链路状态请求分组、链路状态更新分组和链路状态 ACK 分组。

(3) 分组长度。分组长度占 16 位,用于存放包含首部在内的 OSPF 分组长度。分组长度以字节为单位。

(4) 路由器标识符。路由器标识符占 32 位,用于存放发送 OSPF 分组的路由器在自治系统内的唯一标识。在配置 OSPF 协议时,可以为每台路由器指明标识符,也可以由 OSPF 自动选择路由器标识符。通常情况下,OSPF 自动选择的路由器标识符为该路由器所有接口 IP 地址中最小的一个。

(5) 区域标识符。区域标识符占 32 位,用来标识该 OSPF 分组所属的区域。

(6) 检验和。检验和字段占 16 位,用来检验 OSPF 的首部和数据部分,但是检验和计算范围不包括 OSPF 首部中的 64 位鉴别数据。OSPF 检验和的计算方法和 IP 首部检验和的计算方法一样。

(7) 鉴别类型和鉴别数据。鉴别类型和鉴别数据字段用来支持鉴别功能。鉴别类型字段占 16 位,鉴别数据字段占 64 位。OSPF 支持对每个 OSPF 分组进行鉴别。鉴别类型字段取值范围 0、1 或 2。鉴别类型取值 0 代表不进行鉴别,此时鉴别数据字段应为全“0”;鉴别类型取值 1 代表进行简单密码鉴别,此时鉴别数据字段填写明文密码;鉴别类型取值 2 代表进行加密鉴别,此时鉴别数据字段由密钥 ID、鉴别报文摘要(message digest)长度和序号 3 部分组成。当采用加密鉴别时,在每一个 OSPF 分组后还需追加由单向 Hash 函数计算的报文摘要。

在 5 类 OSPF 分组中,只有链路状态更新分组可以包含 LSA。每个链路状态更新分组可以包含多个 LSA,每个 LSA 用来描述链路开销信息或网络信息等。图 5.29 中最后一列信息给出了链路状态更新分组中包含 LSA 的数量。

OSPF 一共定义了 5 种类型的 LSA,分别是路由器 LSA、网络 LSA、汇总 LSA(网络)、汇总 LSA(ASBR)和 AS 外部 LSA。LSA 格式由首部和数据部分构成。所有类型的 LSA 具有相同的首部格式,但 LSA 数据部分格式不相同。每种类型的 LSA 由不同类型的路由器产生,用来描述不同种类的链路或路由信息,其洪泛范围也不尽相同。5 种类型的 LSA 的简要说明如表 5.13 所示。各类 LSA 的数据格式在 RFC2328 中有详细规定,有兴趣的读者可以阅读相关 RFC 文档进行深入学习。

表 5.13　5 种类型的 LSA

类型	名　称	来源路由器种类	洪泛范围	说　明
1	路由器 LSA	所有路由器	本区域内	描述路由器接口的链路状态
2	网络 LSA	指定路由器 DR	本区域内	描述连接到网络上的路由器列表
3	汇总 LSA(网络)	区域边界路由器	相关区域	描述区域间网络的路由
4	汇总 LSA(ASBR)	区域边界路由器	相关区域	描述到 AS 边界路由器的路由
5	AS 外部 LSA	AS 边界路由器	自治系统	描述到其他 AS 的路由

4. OSPF 的其他特点

除了具有支持 AS 内的层次划分、CIDR、鉴别机制等优点以外，OSPF 还具有一些其他特点。

（1）灵活的开销配置。OSPF 允许根据不同的业务类型为每条链路设置不同的开销，这样一来，在相同的网络拓扑中，就可对不同类型的业务计算出不同的路由。因此，OSPF 的链路开销配置十分灵活。

（2）多路径间的负载平衡。如果到相同目的网络有多条相同开销的路径，OSPF 允许将通信量分配给这几条路径。这种方法称为多路径间的负载平衡。多路径间的负载平衡功能不仅需要路由协议支持，还需要操作系统的支持才能实现。

5.5.4 边界网关协议

边界网关协议（BGP）是目前域间路由协议的事实标准，当前为第 4 版，记为 BGP-4，由 RFC4271 规定。此外，RFC6286、RFC6608、RFC6793、RFC7606、RFC7607、RFC7705、RFC8212 和 RFC8654 对 BGP 进行了更新和扩展。BGP 也支持无类别域间路由选择（CIDR）。BGP 采用路径向量（path vector）算法计算有效路径，而非最佳路由，这与距离向量算法和链路状态算法有很大区别。BGP 一直被认为是最复杂的互联网技术之一，本节仅就其中一些重要概念进行介绍。

1. 路径向量算法

内部网关协议的目标是找出从源到目的之间的最低开销路径。但由于 BGP 的应用环境是复杂的、庞大的互联网，所以进行域间路由选择非常困难。BGP 只能力求寻找一条无环的通往目的网络的有效路径，而不再追求寻找一条最低开销路径。如果存在多条有效路径，BGP 通常基于策略选择出最佳路径。采用路径向量算法的主要原因如下。

（1）互联网的规模太大。互联网上的主干路由器必须能够转发目标为任意全球 IP 地址的分组，这就需要有一张路由表能提供对所有全球 IP 地址的匹配。虽然 CIDR 有助于减少主干网络路由中的不同网络前缀的数量，但是目前互联网 BGP 路由表中活动项目（active entries）数仍然达到了约 90 万条①。链路状态算法和距离向量算法都不适用于如此大规模的路由计算。

（2）自治系统（AS）都具有自治特性。每个 AS 都可以运行它自己的内部网关协议，并可以用它自己选择的度量标准计算最低开销路径。这就意味着计算穿过多个 AS 的路径开销没有意义。例如，对某 AS 来说，开销为 100 可能表示一条很好的路径。但对另一个 AS 来说，开销为 100 却可能表示不可接受的坏路由。也就是说，在域间路由选择中，要用“开销”作为度量来寻找最佳路由是很不现实的。因此，比较合理的做法是在 AS 之间交换可达性（reachability）信息。在此，可达性可以理解为是否能通过某些 AS 到达目的网络。BGP 的路径向量算法仅和其邻居路由器交换路由信息，路由信息包含到达目的网络的完整路径信息，因而称为路径向量。

（3）域间路由选择必须考虑多种选择策略。如果到达某个网络前缀有多条有效路径，

① 该数据来源于 https://bgp.potaroo.net 网站的统计。截至 2021 年 1 月 21 日，在 AS6447 上统计的 Active BGP entries 数量为 896985 条。

域间路由选择需要根据路径的不同属性配置路由选择策略选择最佳路径。例如自治系统 AS_1 要发送数据报到 AS_2，需要经过 AS_3。但 AS_3 是否愿意让这些数据报通过自己的网络，可能和很多非技术因素有关，例如 AS_1 是否支付了服务费。同样，AS_1 是否期望自己发送的数据经过 AS_3，也和很多非技术因素有关，如 AS_1 是否信任 AS_3。因此，域间路由选择应该允许使用多种路由选择策略。这些策略包括政治、安全或经济方面的考虑。域间路由选择的策略可以是由网络管理人员进行配置的，BGP 能够支持多种路由选择策略的配置。

综上所述，BGP 的路径向量算法仅和邻站交互可达性信息；交互的路由信息中包括到达目的网络前缀的完整路径信息，还包括该路径具有的多种属性；并且 BGP 支持根据不同的路径属性配置策略以选择最佳路径。

2. BGP 概述

在 BGP 广泛应用前，互联网上使用的是外部网关协议（EGP）。它具有很多局限性，其中最严重的是要求互联网具有树状拓扑结构。而 BGP 并不假设 AS 的互联方式，可以适应各种拓扑结构。图 5.31 是一个由 AS 连接组成的网络示意图，是一个非树状的拓扑结构。本节从 AS 分类、路径向量交换、基于策略的最佳路径选择、BGP 报文种类以及域间路由与域内路由的集成等几方面介绍 BGP 的基本原理。

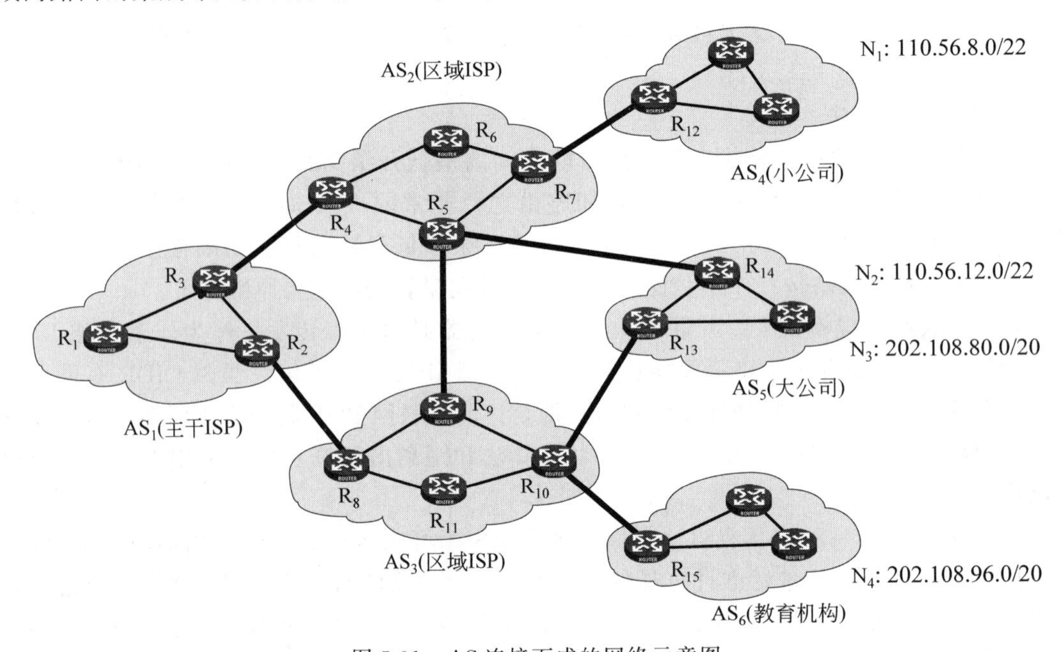

图 5.31　AS 连接而成的网络示意图

1）自治系统的分类

自治系统（AS）可以是各级 ISP，也可以是接入互联网的各种公司或教育机构等。通过 AS 的网络通信量可以分为本地通信量（local traffic）和中转通信量（transit traffic）两类。本地通信量是指起点或终点在 AS 内的通信量，中转通信量指穿过一个 AS 传送的通信量。参与 BGP 的 AS 可以分为 3 类。

（1）末节 AS。末节 AS 与其他 AS 只有一个连接，只传送本地通信量，没有传送中转通信量的能力。图 5.31 中 AS_4 和 AS_6 都属于末节 AS。

（2）多连接 AS。多连接 AS 与其他 AS 有一个以上的连接，虽然具有传送中转通信量的能力，但是拒绝传送中转通信量。图 5.31 所示的 AS_5 就属于多连接 AS。

（3）中转 AS。中转 AS 与其他 AS 有一个以上的连接，允许传送本地通信量和中转通信量。图 5.31 所示的 AS_1、AS_2 和 AS_3 都属于中转 AS。

每个 AS 都有一台或多台 AS 边界路由器，通过它的分组可以进入或者离开 AS。也就是说 AS 边界路由器是负责在 AS 之间完成分组转发的路由器。在图 5.31 中，R_2、R_3、R_4、R_9 等都属于 AS 边界路由器。每个 AS 中一般包含很多路由器，其中仅有少数几台属于 AS 边界路由器，其他都属于内部路由器。图 5.31 中象征性地画出了少量内部路由器，如 R_1、R_6、R_{11} 等。每个 AS 可以拥有多个网络前缀，如图 5.31 所示，AS_5 就拥有两个网络前缀。

2）路径向量交换

每一个参与 BGP 的 AS 必须至少选择一个 BGP 发言人（BGP speaker）。BGP 发言人是一台路由器，它代表整个 AS 与其他 AS 交换路由信息。通常选择 AS 边界路由器作为 BGP 发言人，但 AS 边界路由器并不一定必须成为 BGP 发言人。

一个 BGP 发言人与其他 AS 的 BGP 发言人要交换路由信息，需要先建立 TCP 连接，然后在此连接上建立 BGP 会话，再利用 BGP 会话交换路由信息，比如增加了新的路由，或撤销过时的路由，以及报告差错情况，等等。利用 TCP 连接交换路由信息的两个 BGP 发言人，彼此成为对方的邻站或对等站（peer）。

BGP 的路由信息包含到目的网络的完整路径信息，这种路由信息可以防止环路出现。下面，结合图 5.31 所示的网络拓扑，给出一个 BGP 路径向量交换的例子。客户 AS_4 的网络前缀 N_1：110.56.8.0/22 是由区域 ISP AS_2 分配的，因此 AS_2 的 BGP 发言人可以通告到网络 N_1 可以经过 AS_2 到达。主干 ISP（AS_1）收到该通告后，可以继续通告到网络 N_1 可以经过路径＜AS_1，AS_2＞到达。类似地，AS_3 可以通告到网络 N_1 可以经过路径＜AS_3，AS_1，AS_2＞到达。注意到在图 5.31 中，自治系统 AS_1、AS_2 和 AS_3 形成了一个闭环，AS_2 的 BGP 发言人收到 AS_3 发出的通告后，发现自己包含在这条路径中，于是得出这是一条无用路径的结论。这样，利用带有唯一 AS 编号的完整路径信息，BGP 实现了防环功能。对于末节 AS，一般不需要分配唯一编号 ASN。目前，由 ICANN 管理和分配的 AS 编号已经在 RFC6793 中扩展到了 32 位，这样可以确保 AS 编号不会成为稀缺资源。

3）基于策略的最佳路径选择

在图 5.31 中，由于 AS_5 属于多连接 AS，AS_1 通过路径＜AS_1，AS_2＞和路径＜AS_1，AS_3＞都可以到达网络 N_2 和 N_3。在进行最佳路径选择时，AS_1 可以根据预先配置的路由选择策略，比较两条路径的属性值来进行选择。

BGP 的路由属性是对路由的特定描述，可以分为以下 4 类。

（1）公认强制（well known mandatory）[①]。所有 BGP 设备都可以识别此类属性，且必须存在于 BGP 路由更新报文中。如果缺少这类属性，路由信息就会出错。

（2）公认任意（well known discretionary）。所有 BGP 设备都可以识别此类属性，但不要求必须存在于 BGP 路由更新报文中，即使缺少这类属性，路由信息也不会出错。

---

① well known mandatory 又称为公认必遵。

(3) 可选可传递(optional transitive)[①]。不是所有的 BGP 设备都能识别此类属性,如果 BGP 设备不能识别该属性,也应该接收该属性,并通告给其他对等体。

(4) 可选不可传递(optional non-transitive)。不是所有的 BGP 设备都能识别此类属性,如果 BGP 设备不能识别该属性,则应该忽略该属性,且不通告给其他对等体。

在 BGP 中,路由选择策略是一些按照顺序执行的规则。常见的 BGP 路由属性以及规则举例如下。

(1) origin 属性属于公认强制属性,代表路径信息的来源,取值为 IGP、EGP 和 incomplete。根据该属性可以定义规则。例如,来源属于 IGP 的路径具有最高优先级、来源属于 EGP 的路径具有次高优先级,来源属于 incomplete 的路径具有最低优先级。

(2) local_Pref 属性属于公认任意属性,代表 BGP 路径的本地优先级,AS 的管理员可以预先配置规则并计算 local_Pref 值。根据该属性可以定义规则。例如,local_Pref 值较大的路径为较好的路径。

(3) AS_path 属性属于公认强制属性,记录路径经过的所有 AS 编号。根据该属性可以定义规则。例如,AS_path 较短的路径为较好的路径。

当配置好路由选择策略,即定义好一系列规则后,BGP 将第一个有效路径指定为当前最佳路径,然后 BGP 将当前最佳路径按照策略顺序与有效路径列表中的下一路径进行比较,选出最佳路径,直到 BGP 到达有效路径列表的末端为止。BGP 选择最佳路由的策略非常灵活,可以满足自治系统的各种需求。

每台 BGP 路由器保留到达目的网络的全部有效路径,但仅将最佳路径通告给对等站。

4) BGP 报文种类

在最初运行时,BGP 对等站会交换完整的 BGP 路由表,以后则只在路由发生变化时更新有变化的部分,以节约网络带宽和减少路由器的处理开销。

BGP-4 在 RFC4271 和 RFC2918 中规定了 5 种报文。

(1) OPEN(打开)报文:用于建立 BGP 对等站关系。

(2) UPDATE(更新)报文:用于 BGP 对等站之间传递路由信息。

(3) NOTIFICATION(通知)报文:用于发送检测到的差错。

(4) KEEPALIVE(保活)报文:用于周期性地证实对等站的连通性。

(5) ROUTE-REFRESH(路由刷新)报文:用于在改变路由策略后请求对等站重新发送路由信息。

当 TCP 连接建立后,BGP 首先发送 OPEN 报文,如果邻站允许这种关系,就用 KEEPALIVE 报文响应。这样,两个 BGP 发言人就建立了对等站关系。一旦建立了对等站关系,双方都需要周期性地发送 KEEPALIVE 报文,以证实自己还在线。KEEPALIVE 报文只使用了长度为 19B 的 BGP 报文首部,因此网络开销不大。UPDATE 报文是 BGP 的核心内容。BGP 发言人可以用 UPDATE 报文宣布增加新的路由,也可以通告撤销过时的路由,当检测到 BGP 差错时,BGP 发送 NOTIFICATION 报文,随后将关闭 BGP 连接。

5) 域间路由与域内路由的集成

路由器中维护了多张路由表,这些路由表分为两类:一类是核心路由表,它在构造用于

---

① optional transitive 又称为可选过渡。

分组转发的转发表时会被用到。另一类是协议路由表,每个路由协议都会维护一张自己的路由表,如 OSPF 维护 OSPF 路由表,RIP 维护 RIP 路由表,BGP 维护 BGP 路由表,协议路由表会被导入核心路由表,供转发系统使用。OSPF 和 RIP 这两种内部网关协议都可以计算并构建自己的协议路由表,而 BGP 则没有直接计算域内路由的能力。BGP 的路由表需要人工输入或从内部网关协议的路由表中进导入。只有导入了路由表后,BGP 发言人才能够将 AS 内部的可达性信息通告给对等站,进而利用 BGP 将这些信息逐步扩散到全网。

当 BGP 发言人收到对等站的路由信息后,如何才能把这些域间路由信息通知给 AS 内的其他路由器呢?

下面,从最简单、最普遍的情况开始介绍。对于一个只有一台 AS 边界路由器与其他 AS 连接的末节 AS 来说,显然 AS 边界路由器是将 IP 数据报发往 AS 外部的唯一选择。这台 AS 边界路由器可以将一个默认路由导入内部网关协议,然后内部网关协议将默认路由扩散到 AS 内的全部路由器。由于绝大多数非 ISP 网络都属于末节 AS,所以可以用这种方法。

下面介绍多连接 AS 和中转 AS 的情况。多连接 AS 和中转 AS 都具有多台 AS 边界路由器,因而 AS 内部路由器需要决定将 IP 数据报从哪台 AS 边界路由器发送出去。由于 BGP 路由表非常庞大,如果把 BGP 路由表都导入内部网关协议,并依靠内部网关协议将这些域间路由信息扩散到 AS 内部路由器,则会由于内部网关协议交换信息比较频繁,而极大增加网络的负载和路由器的计算开销。所以,这种方式不能有效解决问题。

为解决如何将域间路由信息通知到 AS 内的路由器的问题,BGP 将其应用范围扩展到了 AS 内部。因此,RFC4271 将 BGP 分为两种形式:外部 BGP(external BGP,EBGP)和内部 BGP(internal BGP,IBGP)。运行于不同 AS 之间的 BGP 称为 EBGP,EBGP 的两个对等站分别属于不同的 AS。运行于同一 AS 内部的 BGP 称为 IBGP,IBGP 的两个对等站都属于同一个 AS。IBGP 与 EBGP 本质上没有区别,都是为了传递域间路由信息,它们仅在防环机制上有一点差别。EBGP 利用带有唯一 AS 编号的完整路径信息防止环路产生,但是由于 IBGP 的对等站具有相同的 AS 编号,会使得这种防环机制失效。因此,为了防止在 AS 内产生环路,IBGP 设备从 IBGP 对等站学到的路由信息就不允许通告给其他 IBGP 对等站,即 IBGP 通告仅允许一跳。IBGP 的防环机制造成所有运行 IBGP 的路由器之间必须建立全连接,与其他运行 IBGP 的路由器都构成对等站。对于主干网上的大型中转 AS 来说,IBGP 对等站之间的连接数量众多。为了降低连接数量,BGP 又设计了 BGP 路由反射器①(BGP route reflector)和 AS 联盟②(AS confederations)。这两种机制的内容超出了本书的介绍范围,有兴趣的读者可以参考相关专业资料进行学习。

总之,利用 IBGP 可以有效地将 BGP 发言人学习到的域间路由信息再次分发到 AS 内部的路由器上,而不需要将 BGP 路由表导入内部网关协议。IBGP 使 AS 内任何路由器在发送 IP 数据报到任何地址时,都能够获知应该先发送到哪台 AS 边界路由器。同时,AS 内的每台路由器利用内部网关协议,也都明白到达每台 AS 边界路由器的最佳路由。通过将这两类信息合并,AS 内的每台路由器都能够确定所有目的网络前缀的下一跳。域间路由

---

① BGP 路由反射器由 RFC4456 规定。

② AS 联盟由 RFC5065 规定。

和域内路由的集成示意如图 5.32 所示。

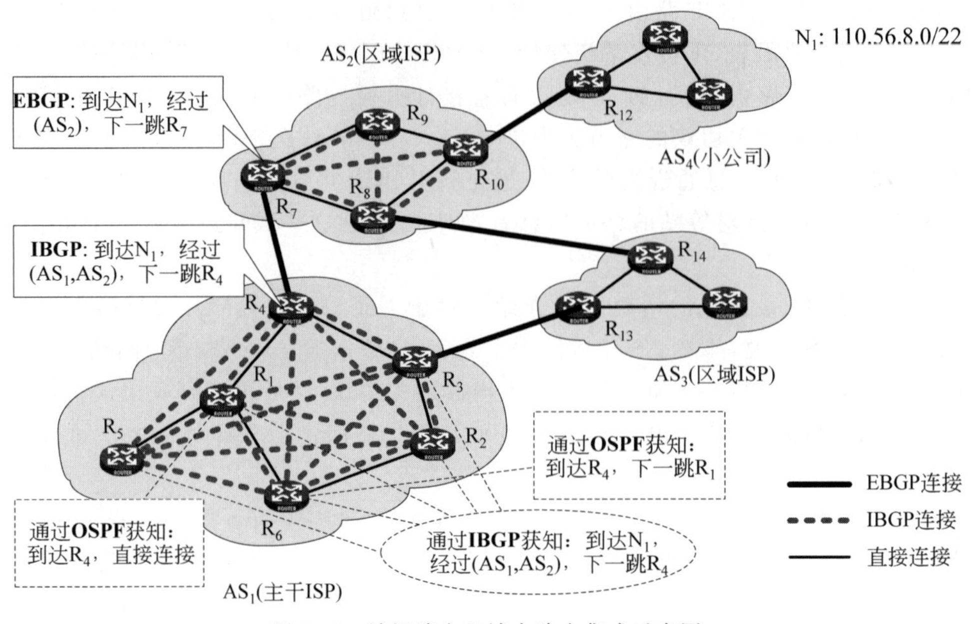

图 5.32　域间路由和域内路由集成示意图

3. BGP 报文格式

BGP 对等站之间利用 TCP 进行通信,BGP 报文直接封装在 TCP 报文段内部,其 TCP 端口号为 179。BGP 报文由首部和数据部分组成,其格式如图 5.33 所示。所有种类的 BGP 报文具有相同格式的首部,其长度为 19B。

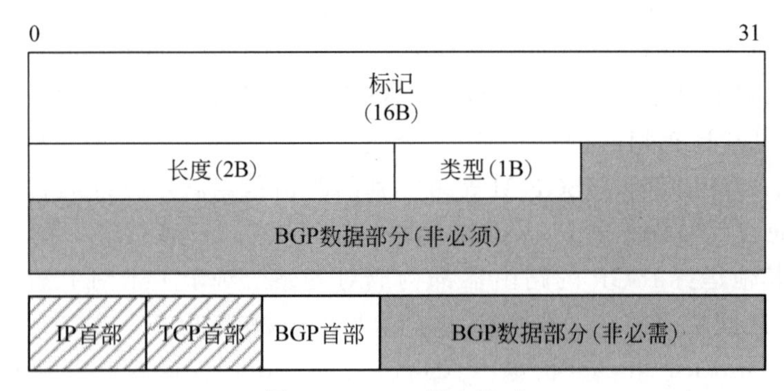

图 5.33　BGP 报文格式

BGP 首部包含 3 个字段,各字段含义如下。

(1) 标记。该字段占 16B,标记字段为兼容 BGP 之前的版本而保留。该字段值必须为全“1”。

(2) 长度。该字段占 2B,长度字段是指包括首部在内的整个 BGP 报文的长度,以字节为单位。长度最小值是 19B,最大值是 4096B。

(3) 类型。该字段占 1B,类型字段取值为 1～5,分别代表 OPEN、UPDATE、NOTIFICATION、KEEPALIVE 和 ROUTE-REFRESH 报文。

OPEN 报文共包含 6 个字段，分别是版本、本自治系统号(ASN)、保持时间、BGP 标识符、可选参数长度和可选参数。UPDATE 报文共包含 5 个字段，分别是撤销路由长度、撤销的路由、路径属性总长度、路径属性和网络可达性信息，其中网络可达性信息中包含目的网络前缀长度和网络前缀，可以支持 CIDR。KEEPALIVE 报文只包含 BGP 的 19B 长的首部，而不包含数据部分。NOTIFICATION 报文包含 3 个字段，分别是差错代码、差错子代码和差错数据。

RFC4271 中定义的本自治系统号字段占 16 位，AS_PATH 属性中的 AS 编号也占 16 位。在 RFC6793 中给出了使 BGP 支持 32 位 AS 编号的方法。此外，在 RFC7938 中给出了将 BGP 用作大型数据中心的路由协议的方法。希望深入学习 BGP 的读者，可以参考相关规范文档。

5.6 专用网相关概念

专用网是指企业或机构内部专用的网络。专用网上的主机与公用的互联网上的主机通信需要利用网络地址转换(network address translation，NAT)。机构内部的专用网之间的链路通常是私有的。利用公用的互联网作为本机构各专用网之间通信载体的专用网称为虚拟专用网络(virtual private network，VPN)。

5.6.1 网络地址转换

IP 是互联网的核心协议。目前广泛使用的 IPv4 是在 20 世纪 70 年代末期设计的。经过几十年的飞速发展，到 2011 年 2 月，互联网的 IPv4 地址空间已经耗尽，ISP 已经不能再申请到新的 IP 地址块了。我国在 2014—2015 年也逐步停止了向新用户和应用分配 IPv4 地址。虽然解决 IP 地址枯竭的根本措施是采用具有更大地址空间的 IPv6，但 IPv6 的应用显然不能一蹴而就。在互联网发展的数十年间，不断地应用新技术和新措施对 IP 地址的分配和使用进行管理，以延缓 IP 地址空间耗尽。其中最为重要的一种解决方案就是网络地址转换(NAT)。

RFC3022 中介绍了 NAT 的技术实现。NAT 的基本思想是将一组 IP 地址映射为另一组 IP 地址，这样，互联网上的部分主机就不再需要全球唯一的 IP 地址，而仅需要在一定的范围内拥有唯一的 IP 地址即可。于是，在互联网的不同部分，相同的 IP 地址可以被重复使用。这些可重复使用的地址被称为专有地址[①](private address)或专网地址。在第 2 章中已经介绍了特殊用途的 IP 地址。其中，在 RFC1918 和 RFC6890 中，定义了 3 块 IP 地址空间作为专有地址，用于私人专用或企业内部的通信。具体如下：

(1) 10.0.0.0～10.255.255.255(10.0.0.0/8)；

(2) 172.16.0.0～172.31.255.255(172.16.0.0/12)；

(3) 192.168.0.0～192.168.255.255(192.168.0.0/16)。

专有地址的使用不需要向 IANA 申请。相对而言，需要向 IANA 申请才能使用的全球唯一的 IP 地址称为全球地址(global address)或公网地址。

---

① private address 也翻译作私有地址、私网地址等。

NAT 通常是以透明方式实现专有地址和全球地址的映射。NAT 存在两种形式：基本 NAT 和网络地址与端口转换(network address and port translation,NAPT)。使用 NAT 需要在专用网络连接到互联网的路由器上安装 NAT 软件。安装了 NAT 软件的路由器称为 NAT 路由器,它应至少具有一个有效的全球地址。当专用网上的主机需要与互联网上的主机通信时,需要在 NAT 路由器上将其专有地址转换成全球地址,然后才能和互联网连接。

基本 NAT 的工作原理如图 5.34(a)所示。专用网 192.168.60.0/24 上的主机希望访问互联网。在专用网的出口配置了 NAT 路由器,它具有全球 IP 地址 222.22.79.10 和 222.22.79.11 等。当 NAT 路由器收到来自专用网主机 192.168.60.1 的,以互联网上 Web 服务器 202.196.64.35 为目的地址的 IP 数据报时,将该 IP 数据报的源 IP 地址替换为自己拥有的全

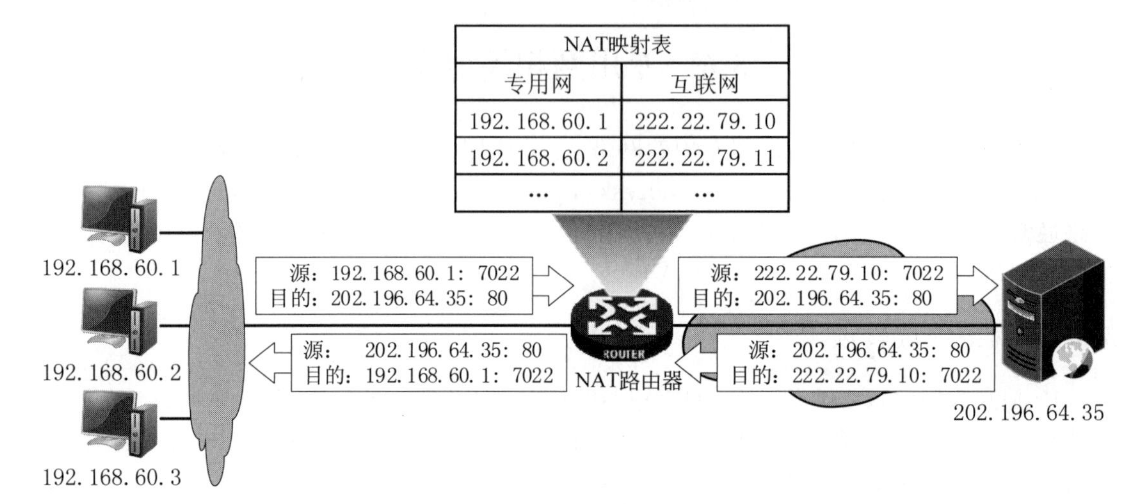

(a) 基本NAT工作原理

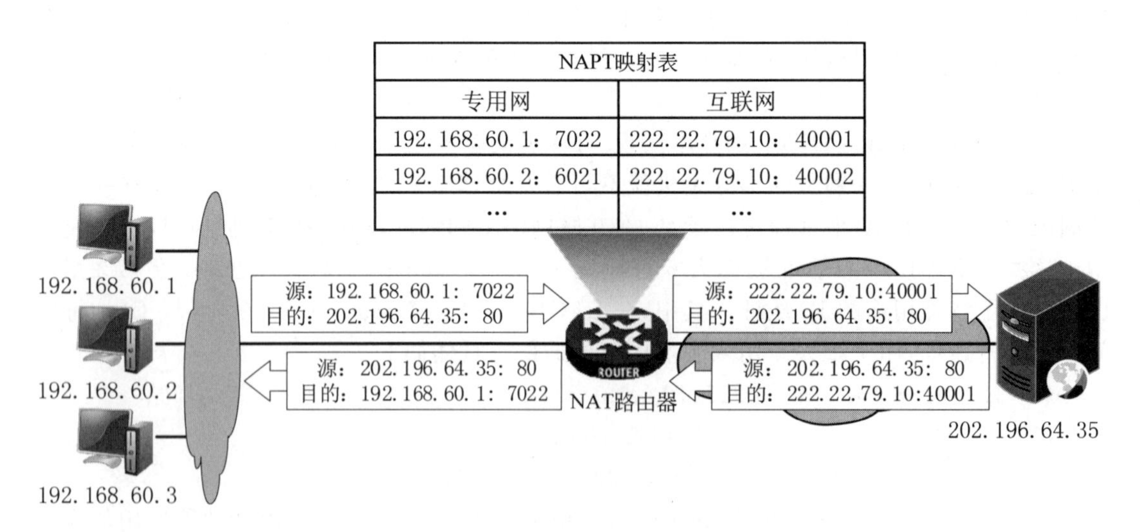

(b) NAPT工作原理

图 5.34　NAT/NAPT 工作原理

球 IP 地址 222.22.79.10，并将映射关系记入 NAT 映射表，然后转发 IP 数据报。当 NAT 路由器收到来自互联网 Web 服务器 202.196.64.35 的以 222.22.79.10 为目的地址的 IP 数据报时，会查找 NAT 映射表，并将目的 IP 地址替换为专网 IP 地址 192.168.60.1，然后转发 IP 数据报。经过 NAT 路由器的转换，专用网主机实现了互联网的访问。从基本 NAT 的工作原理可以发现，如果有 n 台专用网主机同时访问互联网，NAT 路由器必须具有 n 个全球 IP 地址。虽然专用网主机可以轮流使用 NAT 路由器上的全球 IP 地址访问互联网，但 NAT 服务器上的全球 IP 地址数量限制了同时访问互联网的专用网主机数量。

为了更加高效地利用 NAT 路由器上的全球 IP 地址，可以将转换范围扩展到传输层的端口号，这样就得到了 NAT 的第二种形式：网络地址与端口转换 NAPT。NAPT 的工作原理如图 5.34(b)所示。当 NAT 路由器向互联网转发 IP 数据报时，将源 IP 地址和源端口号替换为自己拥有的全球 IP 地址 222.22.79.10 和自己空闲的端口号 40001，并记入 NAPT 映射表。当 NAT 路由器向专用网转发 IP 数据报时，根据 NAPT 映射表中的数据将目的 IP 地址和目的端口号转换回去。如果有不同的专用网主机同时访问互联网，NAT 路由器可以使用相同的全球 IP 地址，通过不同的端口号进行转换。如图 5.34(b)所示，专用网主机 192.168.60.2 利用 6021 端口访问互联网时，NAT 路由器仍然将 IP 地址转换为 222.22.79.10，但将端口号转换为 40002。这样，NAPT 实现了一个全球 IP 地址支持多台专用网主机同时访问互联网。

不管采用 NAT，还是采用 NAPT，NAT 路由器的地址映射表都有两种实现方式。一种是动态映射，即专用网主机发起对互联网的访问时，NAT 路由器会根据 IP 数据报动态生成映射信息，记入映射表；当通信结束后，映射关系超时删除；删除后，NAT 路由器的全球 IP 地址和端口号资源就可以被重新使用。另一种是静态映射，即 NAT 路由器中的映射信息手动提前写入，只有手动删除映射信息后，NAT 路由器的全球 IP 地址和端口号资源才可以被重新使用。动态映射方式不需要人为干预、使用方便、资源利用率较高，但是仅支持从专用网主动发起向互联网的访问，而不支持从互联网主动发起向专用网的访问。静态映射方式需要人为干预，即使当前没有进行通信，NAT 路由器的全球 IP 地址和端口号资源也被占用，资源利用率较低，但是静态映射既支持从专用网主动发起向互联网的访问，也支持从互联网主动发起向专用网的访问。如果专用网内部有部分服务需要暴露给互联网用户，就需要采用静态映射方式。

NAT 在近年得到了广泛的应用。但对 NAT 的批评从未停止。首先，有人认为端口号是传输层用来标识进程的，而不是网络层用来为主机寻址的，NAT 没有严格按照层次关系进行操作；其次，在 P2P 应用中，由于 P2P 的对等方在充当服务器时需要接受连接请求，而 NAT 的动态映射不支持专用网主机接受连接请求，且普通的家庭用户也没有权限进行静态映射的配置，因此 NAT 的应用为互联网上的 P2P 应用带来了技术上的困扰。对这些问题的技术解决方案包括 RFC8489 规定的 NAT 穿越(NAT traversal)和 RFC6970 规定的通用即插即用(universal plug and play，UPnP)。随着运营商级 NAT 地址的广泛应用，两级甚至多级 NAT 也越来越普遍。这些技术解决方案又进一步增加了 NAT 实现和 NAT 穿越的复杂度。本书不再深入介绍这些内容，对 NAT 相关技术有兴趣的读者，可以参考相关文档进行深入学习。

5.6.2 虚拟专用网络

如果机构的办公位置比较集中，那么很容易构建具有私有物理链路的专用网，如图 5.35(a)所示，两个机构 A 和 B 分别构建了自己的专用网。如果机构的办公位置在地理上分散，租用远距离的物理链路构建专用网是一种简单但价格非常昂贵的解决方案。利用隧道(tunnel)技术，在公用互联网上创建虚拟链路建设虚拟专用网络(VPN)则是一种非常适合的替代方案。两个机构 A 和 B 利用公用互联网建设的 VPN 如图 5.35(b)所示。

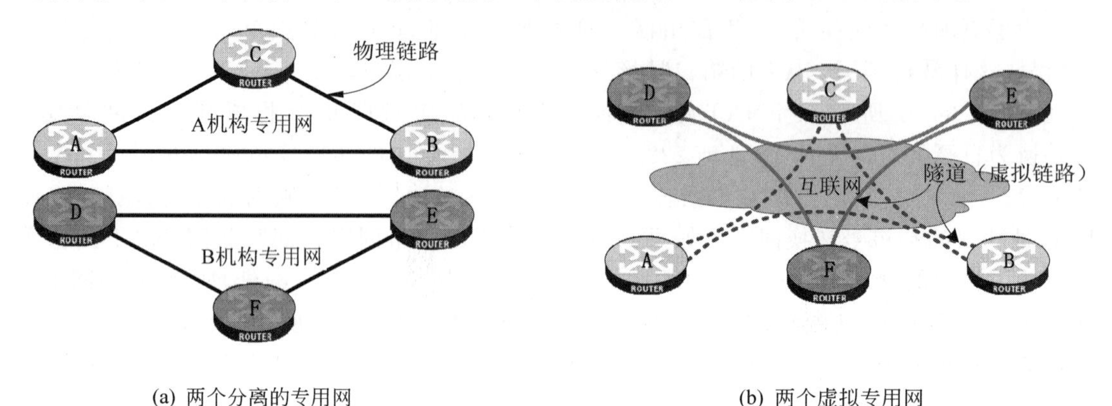

(a) 两个分离的专用网　　(b) 两个虚拟专用网

图 5.35　虚拟专用网的例子

在虚拟专用网络中，可以把隧道想象成一对结点间的一条虚拟链路，这对结点之间事实上可以相隔任意多个网络。最基础的隧道是 IP in IP 隧道，即利用 IP 构建隧道。通过将隧道两端路由器的 IP 地址提供给虚拟链路，就可以在隧道两端的路由器之间创建虚拟链路。无论何时当隧道入口处的路由器想要通过这个虚拟链路发送一个分组时，它就把分组再次封装在一个 IP 分组中。外层 IP 分组首部中的目的地址是隧道远端的路由器 IP 地址，而源地址是隧道入口处路由器的 IP 地址。

在隧道入口路由器的路由表中，这条虚链路像一条普通的链路一样。如图 5.36 所示的网络中，已经配置了一条从 R_1 到 R_2 的隧道，并设置虚接口号为 V_0，R_1 的路由表如图 5.36 所示。为简化描述，路由表中仅标明了转发接口，未标明下一跳。

R_1 有两个物理接口，接口 E_0 连接专用网 1，接口 S_0 连接互联网。R_1 已配置的虚接口 V_0 连接 IP 隧道。在 R_1 的路由表中，将目的网络为专用网 1(192.168.60.0/24) 的 IP 数据报通过接口 E_0 转发；将目的网络为专用网 2(192.168.61.0/24) 的 IP 数据报通过接口 V_0 转发，将接口 S_0 配置为默认路由的转发接口，所有其他 IP 数据报通过接口 S_0 转发。当 R_1 收到目的地址为 192.168.61.Y 的 IP 数据报时，将 IP 数据报通过虚接口 V_0 转发。但通过 V_0 接口的 IP 数据报，并未真正转发，而是增加了一个新的 IP 首部后，重新转发给 R_1 的 IP 处理进程。如图 5.36 所示，新增加的 IP 首部中目的 IP 地址为隧道远端路由器 R_2 的 IP 地址 110.56.12.10，源 IP 地址为隧道入口路由器 R_1 的 IP 地址 202.108.80.10。专用网 1 发出的原 IP 数据报成为新 IP 数据报的数据部分。新 IP 数据报在 R_1 查找路由表，按照默认路由从接口 S_0 转发到互联网。一旦 IP 数据报离开了 R_1，它就像一个目的地址为 R_2 的普通 IP 数据报一样被处理和转发。互联网中的所有路由器使用正常的方式来转发这个 IP 数据报，

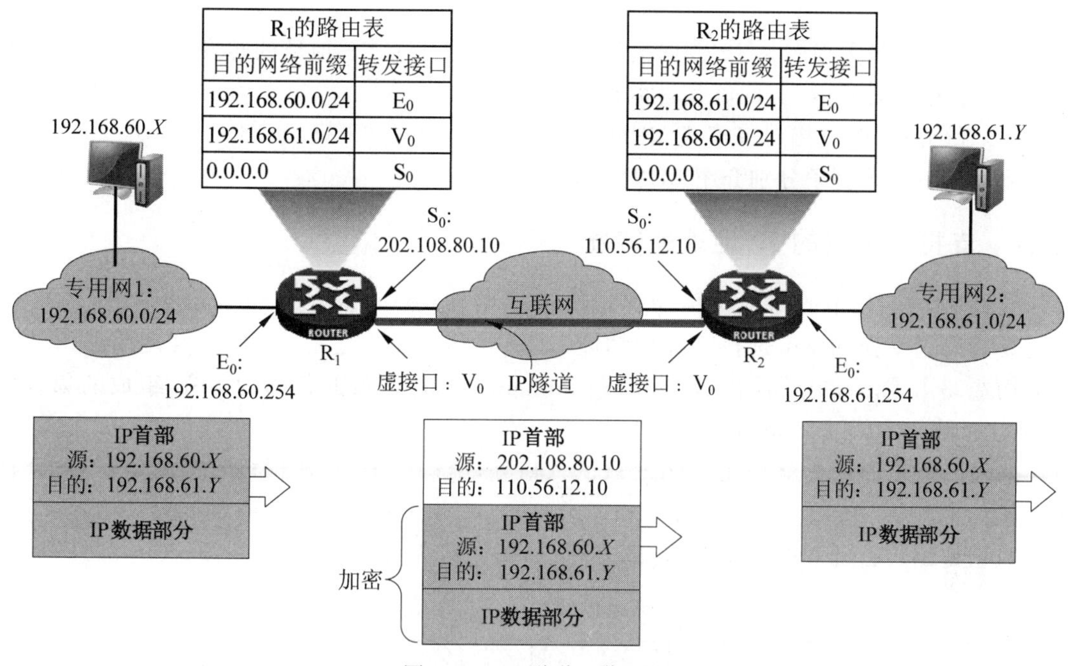

图 5.36　IP 隧道工作原理

直到它到达路由器 R_2。当路由器 R_2 收到这个 IP 数据报时，发现它来源于隧道另一端，于是删除 IP 首部，并根据内部 IP 数据报的目的地址 192.168.61.*Y* 查找路由表，通过自己的接口 E_0 将内部 IP 数据报转发出去。

IP in IP 隧道由 RFC1853 规定。通过 IP in IP 隧道，专用网 1 和专用网 2 穿透互联网，实现了与真实专用网络相似的通信。但在 IP in IP 隧道中，专用网的数据以明文形式在互联网中传送，没有提供数据安全保障。实际中，用于建立隧道的协议通常将原 IP 数据报加密后才再次封装，如图 5.36 所示。这样可以为 VPN 提供数据安全保障。用于 VPN 的常见协议包括通用路由封装(generic routing encapsulation，GRE)、点对点隧道协议(point to point tunneling protocol，PPTP)、第 2 层隧道协议(layer two tunneling protocol，L2TP)①和互联网络层安全协议(internet protocol security，IPSec)等。

本节介绍了 VPN 的基本原理和隧道技术，在 5.7 节中将继续介绍 MPLS VPN。

5.7　多协议标记交换

多协议标记交换(multi-protocol label switching，MPLS)是 IETF 的 MPLS 工作组开发的一种协议，它综合了许多公司的类似技术，试图将虚电路的一些特点与数据报的灵活性结合起来。一方面，MPLS 依靠 IP 地址和路由协议工作；另一方面，MPLS 通过检查短小的、固定长度的标记来转发分组。

MPLS 由 RFC3031 和 RFC3032 规定，2001 年成为互联网建议标准。它主要应用于以

① GRE 由 RFC2784 规定，PPTP 由 RFC2637 规定，L2TP 由 RFC3931 规定。

下 3 个方面。

(1) 使不知道如何转发 IP 数据报的设备支持基于目的 IP 地址的转发。

(2) 利用显式路由,支持负载均衡和流量工程。

(3) 利用 BGP,支持对等模式 VPN[①]。

下面通过几个例子分别介绍 MPLS 的 3 种应用。

5.7.1 支持基于目的 IP 地址的转发

支持 MPLS 技术的路由器称为标记交换路由器(label switching router,LSR)。LSR 同时具有标记交换和路由选择这两种功能,在进行标记交换之前,LSR 需要使用路由选择功能构造路由表。在一个路由域(routing domain)内,许多彼此相邻的 LSR 组成的集合称为 MPLS 域(MPLS domain)。

MPLS 的重要特点就是在 MPLS 域的入口处,给每一个 IP 数据报打上固定长度的"标记",然后按照标记转发 IP 数据报。MPLS 标记是 MPLS 首部中的一个字段,MPLS 首部位于数据链路层首部和网络层 IP 首部之间,如图 5.37 所示。

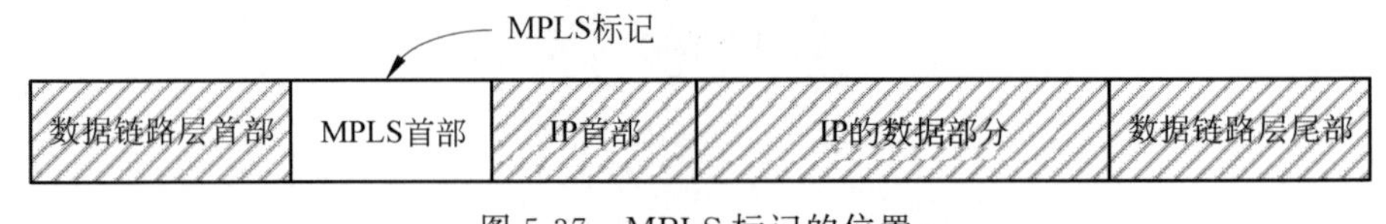

图 5.37 MPLS 标记的位置

为了支持基于目的 IP 地址的转发,LSR 在路由表中增加了两个字段:入标记和出标记。其中入标记代表接收到的分组中携带的 MPLS 标记,出标记代表自己发出的分组中携带的 MPLS 标记。

图 5.38 给出了一个 MPLS 标记交换的例子。首先,LSR 使用路由选择功能计算并得到路由表,此时的路由表和 IP 路由器的路由表中记录的信息一致,但入标记和出标记值均为空。然后,LSR 给路由表中的每个前缀都分配一个标记。在图 5.38 的例子中,R_2 为网络前缀 222.22.65.0/24 分配的标记是 25,为网络前缀 222.22.66.0/24 分配的标记是 26,并将两个标记写入路由表的入标记字段中。LSR 分配的标记也可以视为路由表的索引。在图 5.38 的例子中,R_3 为网络前缀 222.22.65.0/24 分配的标记是 33;R_4 为网络前缀222.22.66.0/24 分配的标记是 34。

随后,每个 LSR 利用标记分发协议(label distribution protocol,LDP)[②]将分配的标记和对应的网络前缀通知给相邻的 LSR。在图 5.38 所示的例子中,R_2 将网络前缀 222.22.65.0/24 和标记 25 的绑定关系,以及网络前缀 222.22.66.0/24 和标记 26 的绑定关系通知给 R_1。R_1 收到后,按照绑定关系,将标记写入路由表中的出标记字段中,如图 5.38 中 R_1 的路由表所示。R_3 和 R_4 也将自己分配的标记和对应的网络前缀通知给了 R_2,R_2 将它们记录在路由表中,如图 5.38 中 R_2 的路由表所示。标记分发完成后,LSR 在发送 IP 分组时,就可以按照标记字段的值进行转发,转发的同时还需要完成标记对换(label swapping)。

① 对等模式 VPN 将在 5.7.3 节中介绍。

② 标记分发协议由 RFC5036 规定。

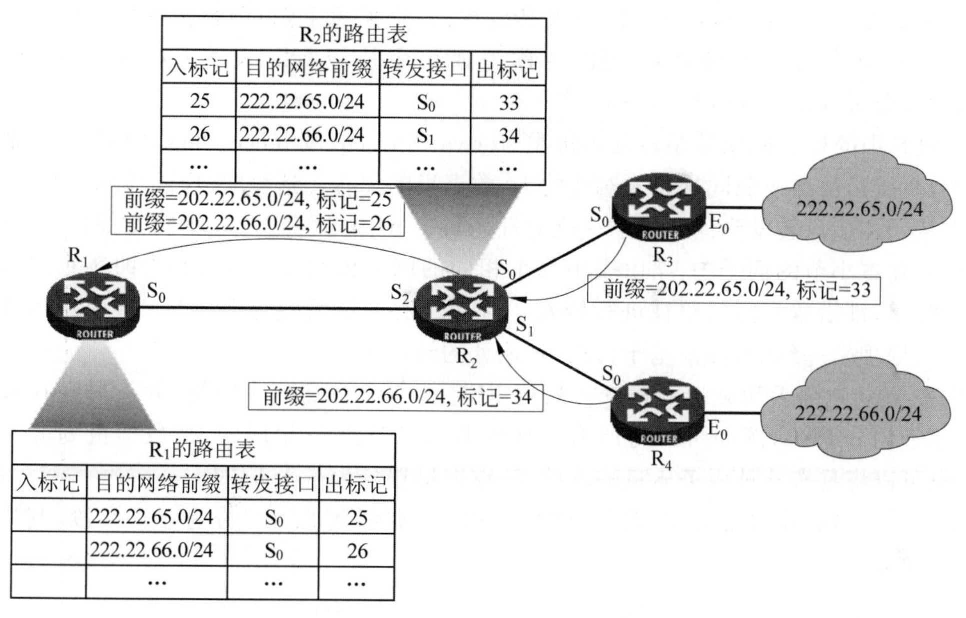

图 5.38　MPLS 交换的例子

下面,来看一个 IP 分组在 MPLS 域中转发的情况。假设一个目的 IP 地址为 222.22.65.10 的分组从左边传送到路由器 R_1。由于 R_1 是分组进入 MPLS 域时经过的第一个 LSR,因此将 R_1 称为 MPLS 入口结点(ingress node)。MPLS 入口结点按照到达的 IP 分组的目的 IP 地址查找路由表,得到其对应的转发接口和出标记值。在本例中,R_1 发现 222.22.65.10 与路由表中的目的网络前缀 222.22.65.0/24 匹配,得到其对应的转发接口是 S_0,出标记为 25。于是,R_1 将标记 25 写入 MPLS 首部,并插入到 IP 首部之前,然后从接口 S_0 转发它。

当分组到达 R_2 时,R_2 只查看分组中的标记,而不需查看 IP 地址。R_2 中的路由表指明到达的携带标记值为 25 的分组应从接口 S_0 转发,并应将标记值改为 33。因此,R_2 重写分组中的 MPLS 标记,并把分组转发到 R_3。R_2 将分组中的 MPLS 标记从 25 替换为 33 的过程称为标记对换。按照同样的步骤,目的 IP 地址为 222.22.65.10 的分组沿着 $R_1 \rightarrow R_2 \rightarrow R_3$ 的路径转发,当 IP 分组离开 MPLS 域时,MPLS 出口结点(egress node)会把 MPLS 的标记去除,把分组交付非 MPLS 的主机或路由器,之后分组按照普通的转发方法进行转发,最终到达目的主机。

观察标记交换的过程可以发现,除了 MPLS 入口结点以外,其他的 LSR 在转发分组时,根本不需要检查 IP 地址,只检查入标记即可。也就是说,用标记查找替换了目的 IP 地址查找。回想一下,目的 IP 地址的查找算法是最长前缀匹配算法,而标记查找算法是一种精确匹配算法。标记查找算法比目的 IP 地址查找算法效率更高,可以更快速的转发 IP 分组,这也是 MPLS 的优点之一。

虽然路由表的查找算法得以替换,但路由选择算法仍然可以是任何一种标准的路由选择算法,例如 OSPF。使用 MPLS 后,分组经过的路径与不使用 MPLS 时经过的路径是相同的。改变的仅仅是分组转发算法。这种改变产生了一个重要的结果:以前不知道如何转发 IP 数据报的设备,在 MPLS 域内能够支持 IP 数据报的转发了。这种结果最初应用在

ATM(asynchronous transfer mode,异步传输模式)交换机上,目前被扩展应用到光交换设备上。在光交换设备上应用的 MPLS 称为通用多协议标记交换(generalized MPLS,GMPLS),由 RFC3945 规定。

MPLS 中的核心概念就是转发等价类(forwarding equivalence class,FEC)。所谓转发等价类,是指路由器按照同样方式对待的 IP 数据报的集合。这里"按照同样方式对待"可以理解为从同样接口转发到同样的下一跳地址。每个 MPLS 标记与一个转发等价类 FEC 一一对应。在本小节的例子中,路由表中每个相同的网络前缀是一个 FEC,即所有网络前缀相同的分组,都沿着相同的路径进行转发。这种转发等价类的定义与 5.5 节中路由选择协议的选路原理是一致的,都是基于目的 IP 地址的转发。

FEC 是非常强大和灵活的概念。划分 FEC 的方法不受什么限制,并不局限在基于目的 IP 地址划分 FEC,例如可以将所有源地址与目的地址都相同的 IP 数据报划分为一个 FEC,也可以将具有某种服务质量需求的 IP 数据报划分为一个 FEC。

插入数据链路层首部和 IP 首部之间的 MPLS 首部共 32 位,分为 4 个字段,其格式如图 5.39 所示。

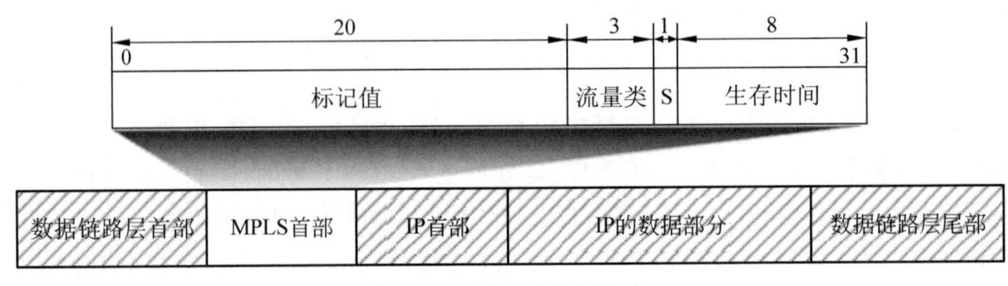

图 5.39　MPLS 首部格式

MPLS 首部各字段含义如下。

(1) 标记值。该字段占 20 位,理论上允许最多 2^{20},即 1048576 个标记。RFC3032 规定标记 0～15 保留用于特殊用途。

(2) 流量类(traffic class,TC)。该字段占 3 位,最初,RFC3032 将这 3 位保留用于试验。2009 年,RFC5462 将这 3 位重命名为流量类 TC,包括服务质量(quality of service,QoS)信息和显式拥塞通知 ECN。

(3) 栈底标记 S。该字段占 1 位。当多次插入 MPLS 首部,构成"标记栈"时使用。位于栈底(bottom of stack)的 MPLS 首部,即最后一个 MPLS 首部的 S 位置"1"。

(4) 生存时间 TTL。该字段占 8 位。每经过一个 LSR,TTL 减 1。当 TTL 为 0 时,丢弃分组。

5.7.2　支持流量工程

MPLS 通过转发等价类 FEC 与标记的映射关系,实现了相同标记的分组都沿着相同的路径转发,在 MPLS 域内,这样的路径称为标记交换路径(label switched path,LSP)。显然一个转发等价类对应一条标记交换路径 LSP。每条 LSP 在入口结点为分组指定标记时就已经确定了。这种"由入口结点确定进入 MPLS 域以后转发路径"的方法称为显式路由(explicit routing)。显式路由与之前介绍的"逐跳路由"有着很大的区别。

显式路由可以应用于负载均衡和流量工程。在图 5.40 所示的网络中，如果采用传统的逐跳路由，所有从 R_1 到 R_7 通信量都应经过最短路径 $R_1 \to R_3 \to R_6 \to R_7$，而且所有从 R_2 到 R_7 的通信量也都应经过最短路径 $R_2 \to R_3 \to R_6 \to R_7$，如图 5.40(a)所示。当通信量很大时，$R_3 \to R_6 \to R_7$ 这段路径有可能过载。如果采用显式路由，可以根据分组的不同来源划分 FEC，并为它们分配标记。这样 R_3 就可以将来自 R_1 和 R_2 的分组转发到不同的路径，完成网络通信量的负载均衡，如图 5.40(b)所示。这种由网络管理员采用自定义的 FEC 来均衡网络负载的做法称为流量工程(traffic engineering，TE)。流量工程可以对网络上的通信量进行测量、建模和控制，保证网络中有足够的可用资源满足需求，使网络性能得到优化。

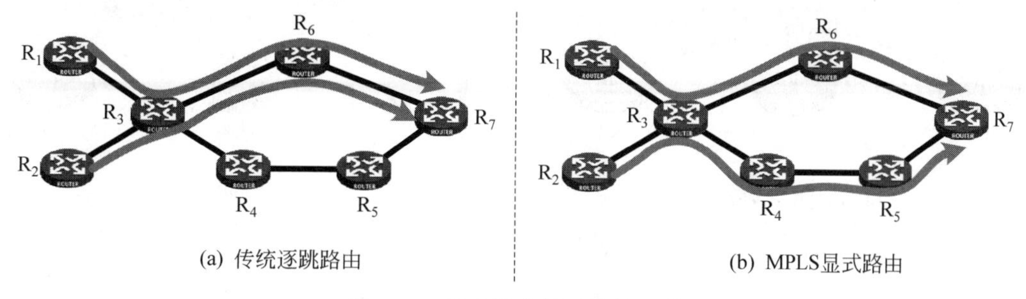

图 5.40　显式路由用于流量工程

为了实现负载均衡，显然不能使用 5.7.1 节描述的策略来分发标记，因为那样建立的标记会使分组按照目的 IP 地址进行转发，这正是想要避免的，需要采用新的机制计算路由和分发标记。

在 MPLS 流量工程中，显式路由不需要网络管理员手动计算，可以采用约束最短通路优先(constrained shortest path first，CSPF)算法自动计算显式路由。这种算法类似链路状态算法，但是要考虑一些约束条件。例如，如果需要找到一条从 R_2 到 R_7 的路径，要求能够承担 1000Mb/s 的负载，那么"约束"就是每条链路必须至少有 1000Mb/s 的可用带宽资源。当 CSPF 完成路由计算之后，可以采用 RFC3473 规定的资源预留-流量工程(resource reservation protocol-traffic engineering，RSVP-TE)协议为 MPLS 域分发标记。

关于 CSPF、RSVP 及其在流量工程的应用，本书不做过多介绍。有兴趣的读者可以阅读相关专业文献进行深入学习。

5.7.3　支持多协议标记交换的虚拟专用网络

在 5.6 节已经介绍了虚拟专用网络(VPN)，以及如何利用隧道技术实现 VPN。目前，VPN 的实现模式有两种：重叠(overlay)模式和对等(peer)模式。

1. 重叠模式 VPN

在重叠模式 VPN 中，ISP 不参与用户 VPN 的组建，用户需要在自己的用户边缘(customer edge，CE)路由器上建立跨地域的隧道连接，如图 5.41(a)所示。用户在各地域的 CE 路由器都要与其他地域的 CE 路由器建立虚拟链路，并且 CE 路由器还要负责管理 VPN 路由，即到哪个 CE 应通过哪条虚拟链路转发。而 ISP 仅参与数据传递，不参与路由协议的运行，不负责管理用户 VPN 的路由。随着用户专用网络规模的扩大，当用户新增一个地域的专用网络并接入 VPN 时，需要建立它与其他所有地域的 CE 之间的虚拟链路，还需要维护路由信息，这非常不方便。并且重叠模式 VPN 对 CE 设备的要求很高。

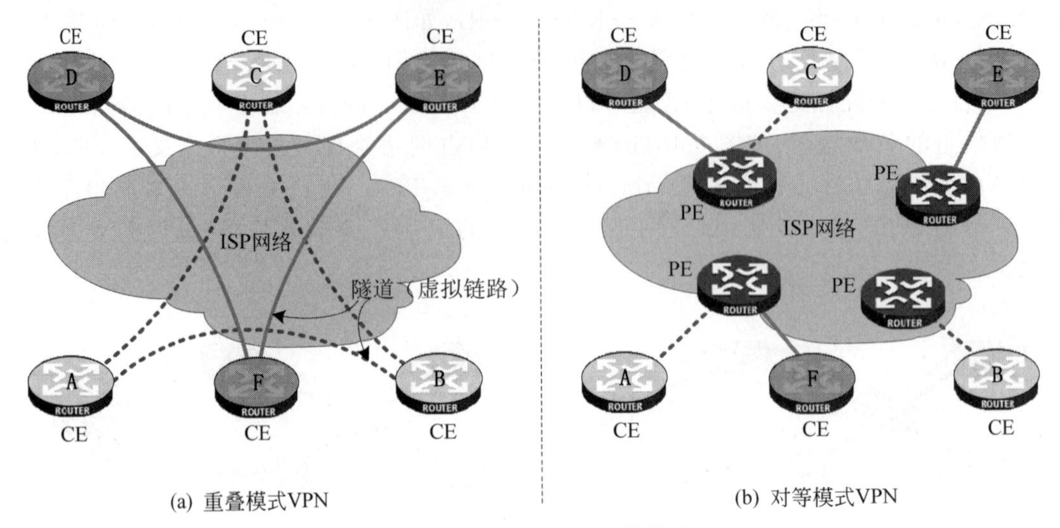

图 5.41 重叠模式 VPN 和对等模式 VPN

在 5.6 节中，介绍了通过 IP in IP 隧道实现重叠模式 VPN 的方法，也列举了重叠模式 VPN 的典型实现方案 GRE VPN 和 IPSec VPN 等。利用本节介绍的 MPLS，也可以将专用网的 IP 数据报封装起来，定义适合的 FEC，然后通过标记交换路径 LSP 将专用网的 IP 数据报送达其他 CE 路由器。显然，MPLS 是一种构建隧道的方法，可以在 MPLS 域内实现重叠模式 VPN。

2. 对等模式 VPN

为了降低用户实现 VPN 时的复杂度，提供更加便捷的 VPN 服务，便产生了对等模式 VPN。在对等模式 VPN 中，ISP 不仅参与数据的传递，同时也参与路由协议的运行。用户不再需要在所有 CE 设备间建立虚拟链路，仅需要与 ISP 的服务商边缘(provider edge，PE)路由器建立物理链路即可，如图 5.41(b)所示。实现 VPN 需要的隧道，以及 VPN 的路由管理均由 ISP 的 PE 路由器负责。

在对等模式 VPN 中，一个 ISP 可以为不同客户提供 VPN 服务，每个客户都可以拥有属于不同地域的专用网络。ISP 给每个客户都造成了网络上没有其他客户的错觉。客户看到的 IP 网络上只与它自己的站点互连，而不连接其他站点。这意味着每个客户在路由和编址上与其他客户都是隔离的。客户 A 不能直接发送 IP 数据报到客户 B，反之亦然[①]。

在 MPLS 网络上，构建对等模式 VPN，是 MPLS 最广泛的应用，也是 MPLS 在互联网工程界被广泛部署的原因之一。RFC4364 规定了利用 MPLS 和 BGP 实现对等模式 VPN 的技术方案。这种 VPN 被称为 MPLS L3 VPN[②]，也称为 BGP/MPLS VPN。BGP/MPLS VPN 具有成本低、控制简单等优点，是互联网上对等模式 VPN 的主流实现方案。BGP/

① 客户 A 和客户 B 的通信需要通过其他方式实现，而不能通过虚拟专用网络(VPN)。

② 该名称用于与早期利用 MPLS 封装二层数据帧，构建的 MPLS L2 VPN 相区别。所谓 L3 VPN，是指隧道中封装的是网络层的 IP 数据报。

MPLS VPN 的架构示意如图 5.42 所示。

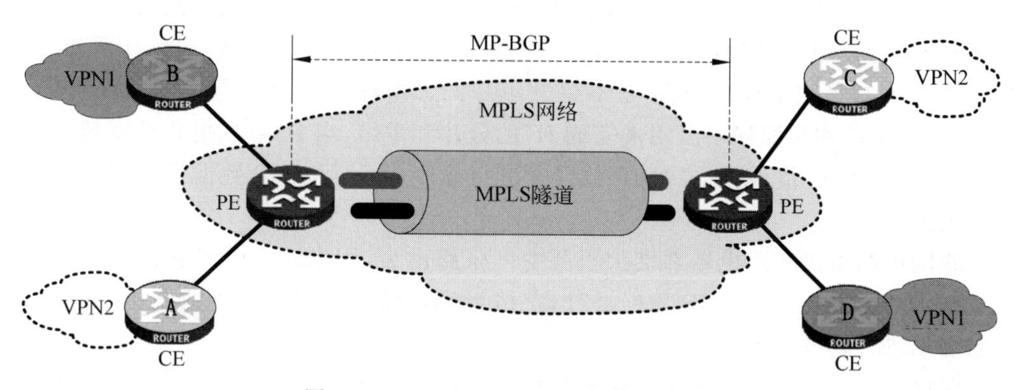

图 5.42　BGP/MPLS VPN 架构示意图

BGP/MPLS VPN 中的隧道不需要手动配置,可以利用扩展的 BGP 自动完成。首先,RFC4760 对 BGP-4 进行了多协议扩展(multiprotocol extensions),使 BGP 不仅可以为 IP 传递路由信息,也可以为包括 3 层 VPN 在内的多种协议传递路由信息,扩展后的 BGP 称为 MP-BGP①。然后,在 BGP/MPLS VPN 中,CE 设备将 VPN 的路由信息发送给 PE 设备,PE 设备之间利用 MP-BGP 交换路由信息,得到到达其他 VPN 子网的路由,并利用 BGP 分发 MPLS 标记,这些 MPLS 标记用来在 PE 设备之间构建 MPLS 隧道。在 MPLS 网络核心的路由器无须知道 VPN 的路由信息,仅依赖 MPLS 标记,沿着标记交换路径 LSP 转发分组。为支持不同 VPN 中 IP 地址重叠,以及实现各 VPN 之间的隔离,RFC4364 又规定了一系列复杂的技术实现方案,这些技术实现方案不在本书的介绍范围。对 BGP/MPLS VPN 感兴趣的读者可以参考相关专业文献进行深入学习。

5.8　本章小结

本章首先介绍了网络层的基本概念,然后介绍了如何利用 IP 连接异构的网络,进而介绍路由器进行分组转发的算法,以及为 IP 提供诊断信息和差错信息的 ICMP。在介绍了路由选择协议的基本概念之后,本章又介绍了内部网关协议 RIP、OSPF 以及外部网关协议 BGP。本章最后介绍了 NAT 和 VPN 等专用网络相关的概念,以及多协议标记交换(MPLS)和它的典型应用。

网络层的主要任务是向上层提供主机到主机的通信服务。网络层最重要的设备是路由器,其主要功能包括分组转发和路由选择,其中分组转发功能属于数据平面,路由选择功能属于控制平面。传统网络的控制平面是分布式实现的,每台路由器中都包含控制平面。软件定义网络(SDN)的控制平面是集中式实现的,SDN 的控制逻辑全部在 SDN 控制器中实现。传统网络的数据平面采用基于目的地址的转发策略。SDN 的数据平面采用基于流表的通用转发策略。

互联网协议(IP)是 TCP/IP 协议族中两个最重要的协议之一,其协议数据单元通常称

① MP-BGP 属于 IBGP,即内部 BGP。

为 IP 分组或 IP 数据报。IP 屏蔽了异构网络的实现细节,实现了网际互联。IP 是无连接的、尽力而为服务的协议,其作用范围是源主机的网络接口到目的主机的网络接口。

IP 数据报封装在数据链路层帧内部,由 IP 首部和数据部分组成。IP 首部长度 20～60B,其中前 20B 是固定首部,其余是不超过 40B 的选项部分。IP 首部中的总长度字段、标识字段、标志字段和片偏移字段用来完成 IP 的分片和重组,当 IP 数据报总长度超过数据链路层所规定的 MTU 值,就需要对 IP 数据报进行分片,分片后的 IP 数据报片到达目的主机后进行重组。

互联网中的主机和路由器都维护了至少一张路由表,用来实现分组转发功能。当一台主机或路由器需要发送一个 IP 数据报时,它执行最长前缀匹配算法查找路由表,按照匹配的路由表项进行转发。

互联网控制报文协议与 IP 结合使用,提供与网络配置信息和 IP 数据报处置相关的诊断和控制信息。ICMP 报文可分为两大类: ICMP 差错报告报文和 ICMP 查询/信息报文。ICMP 差错报告报文包括目的不可达、重定向、超时和参数问题等几种类型。ICMP 查询/信息报文包括回显请求/应答、路由器请求/通告等几种类型。ping 程序、跟踪路由程序以及 TCP 的路径 MTU 发现都是 ICMP 的典型应用。

实现路由选择功能的算法称为路由选择算法,为路由选择算法传递必要信息的网络协议称为路由选择协议。常用的路由选择算法包括距离向量算法、链路状态算法和路径向量算法。互联网引入自治系统(AS)的概念对路由选择进行分层管理。AS 是在单一技术管理下的一组路由器,对其他 AS 表现出一个单一的、一致的路由选择策略。因而,互联网的路由选择协议被划分为两大类: AS 内的路由选择协议称为内部网关协议;AS 之间的路由选择协议称为外部网关协议。内部网关协议包括 RIP 和 OSPF,外部网关协议包括 BGP。3 个路由协议的对比如表 5.14 所示。

表 5.14　RIP、OSPF 和 BGP 的对比

比　较　项	RIP	OSPF	BGP
类别	内部网关协议	内部网关协议	外部网关协议
路由算法	距离向量算法	链路状态算法	路径向量算法/选择策略
适用的网络环境	小型 AS	大型 AS	互联网中的 AS
向哪些路由器发送路由信息	向直连邻居发送路由信息	向相关路由器洪泛发送路由信息	向对等站发送路由信息
路由信息内容	路由器已知的所有直连和间接路由信息	路由器 LSA; 网络 LSA; 汇总 LSA(网络); 汇总 LSA(ASBR); AS 外部 LSA	路由器选出的最佳路径向量信息以及该路径的各种属性
以什么频率更新路由信息	以定期更新(30s)为主,也支持触发更新	链路状态变化后立即更新;周期性更新(30min)	仅路径向量发生变化时更新,但定期保活维持对等站关系

续表

比 较 项	RIP	OSPF	BGP
直接协议	UDP	IP	TCP
是否支持 CIDR	RIP2 支持	支持	支持
其他特点	坏消息传播得慢	支持区域划分	分为 EBGP 和 IBGP

专用网络是指企业或机构内部专用的网络，专用网络可以使用专网地址。专用网络上的主机与公用互联网上的主机通信可以利用网络地址转换(NAT)技术，NAT 分为基本 NAT 和 NAPT 两类。在 NAPT 中，传输层端口号也参与网络地址转换。

利用公用的互联网作为本机构各专用网之间通信载体的专用网称为虚拟专用网络(VPN)。实现 VPN 需要采用隧道技术，最基础的隧道是 IP in IP 隧道。VPN 的实现模式有两种：重叠模式和对等模式。典型的重叠模式 VPN 实现方案包括 GRE VPN 和 IPsec VPN 等，BGP/MPLS VPN 是主流的对等模式 VPN 的实现方案。

MPLS 试图将虚电路的一些特点与数据报的灵活性结合起来，提供更丰富的应用。MPLS 以分配标记的方式定义转发等价类，实现显式路由。它主要应用于 3 个方面：使不知道如何转发 IP 数据报的设备支持基于目的 IP 地址的转发；利用显式路由支持负载均衡和流量工程；利用 BGP，支持对等模式 VPN。在以上 3 种应用中，MPLS 分别利用标记交换协议(LDP)、资源预留协议(RSVP)和边界网关协议(BGP)进行标记分发。

习 题 5

1. 在网络层中，控制平面的主要功能是什么？数据平面的主要功能是什么？

2. 试述传统网络中路由器的构成。

3. 试述控制平面与数据平面分离的优缺点。

4. 设 IP 数据报使用固定首部，其各字段的具体数值如图 5.43 所示(除 IP 地址外，均为十进制表示)。试计算应当写入到首部检验和字段中的数值，结果用二进制或十六进制表示。

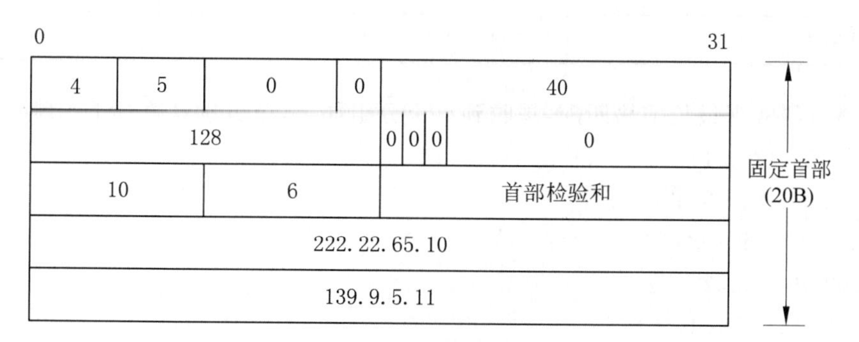

图 5.43 第 4 题图

5. 假定主机 A 向主机 B 发送封装在一个 IP 数据报中的 TCP 报文段。当主机 B 接收到该数据报时，主机 B 中的网络层如何知道应当将该报文段交给 TCP 而不是其他协议实体呢？

6. 在 IP 首部中，用来确保一个分组的转发不超过 N 台路由器的字段是哪个？

7. 在 IPv4 中，什么时候一个大数据报被分片成多个较小的数据报片？较小的数据报片在什么地方重组成一个较大的数据报？

8. 什么是 MTU？它对 IP 数据报的影响是什么？

9. 假设一个 IP 长度为 5000B(包含固定 IP 首部)，DF 标志位为"0"。现在要通过一个 MTU＝1500B 的网络，则需要划分为多少个分片？每个数据报片的数据字段长度、片偏移字段的值是多少(用十进制表示)？分片在什么地方进行重组？

10. IP 数据报发送时其首部有如下的信息(十六进制表示)：

45 00 00 54 00 03 00 00 20 06 00 00 7C 4E 03 02 B4 0E 0F 02

请根据 IP 数据报格式回答下列问题：

(1) 有无任何选项？

(2) 这个 IP 数据报的标识是多少？

(3) 这个 IP 数据报在互联网中传输过程中最多能经过多少个路由器？

(4) 写出这个 IP 数据报的源 IP 地址，用点分十进制形式表示。

11. 假设路由器收到一个 IP 数据报，转发时发现下一跳链路的 MTU 较小，需要分片。则分片后的 IP 数据报首部与原 IP 数据报首部相比，哪些字段的值会发生变化？

12. 路由器中路由表的作用是什么？路由表的项目中包含哪些字段？

13. 假设一个路由器建立了表 5.15 所示的路由表。这个路由器可以直接通过接口 0 和接口 1 发送分组，也可以将分组转发给路由器 R2、R3 或 R4。

表 5.15 第 13 题的路由表

目的地址	掩码	下一跳
202.96.170.0	255.255.254.0	接口 0
202.96.168.0	255.255.254.0	接口 1
202.96.166.0	255.255.254.0	R2
202.96.164.0	255.255.252.0	R3
0.0.0.0(默认)	0.0.0.0	R4

假设路由器实现最长前缀匹配，现收到 5 个分组如下，试分别计算其下一跳。

(1) 202.96.171.91；

(2) 202.96.167.151；

(3) 202.96.169.192；

(4) 202.96.163.52；

(5) 202.96.165.121。

14. 某公司网络如图 5.44 所示。IP 地址空间 192.168.1.0/24 被均分给销售部和技术部两个子网，并已分别为部分主机和路由器接口分配了 IP 地址，销售部子网的 MTU＝1500B，技术部子网的 MTU＝800B。

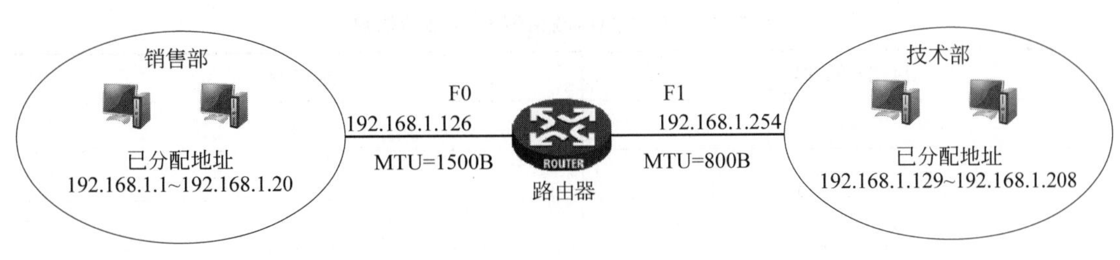

图 5.44　第 14 题图

请回答以下问题：

(1) 销售部子网的广播地址是什么？技术部子网的子网地址是什么？若每个主机仅分配一个 IP 地址，则技术部子网还可以连接多少台主机？

(2) 假设主机 192.168.1.1 向主机 192.168.1.208 发送一个总长度为 1500B 的 IP 分组，IP 分组的首部长度为 20B，路由器在通过接口 F1 转发该 IP 分组时进行了分片。若分片时尽可能分为最大片，则一个最大 IP 分片封装数据的字节数是多少？至少需要分为几个分片？每个分片的片偏移量是多少？

15. ICMP 报文分为几类？试述 ICMP 报文中常见的类型值及其含义。

16. 遇到以下两种情况，路由器将产生哪种类型的 ICMP 差错报告报文？

(1) 当路由器发现 IP 数据报可以直接交付，但目的主机不响应 ARP 请求，路由器无法发送 IP 数据报时。

(2) 当路由器未配置默认路由，且 IP 数据报中的目的 IP 地址与路由表中所有项目都不能匹配时。

17. 试述跟踪路由程序的实现原理。

18. 路由协议分为哪两类？它们的主要区别是什么？

19. 直接封装 RIP、OSPF、BGP 报文的协议分别是哪些？

20. 在 OSPF 自治系统中区域表示什么？为什么引入区域的概念？OSPF 的主干区域标识符是什么？

21. 试从多个方面对比 RIP、OSPF 和 BGP 的异同。

22. 路由器 A 运行 RIP 路由协议。假定 A 的路由表如表 5.16 所示。

表 5.16　第 22 题中路由器 A 的路由表

目的网络	距离/跳	下一跳路由
N1	5	B
N2	2	F
N3	6	C
N4	3	C
N5	1	D

现在路由器收到路由器 C 发来的路由信息如表 5.17 所示。

表 5.17　第 22 题中路由器 C 发来的信息

目的网络	距离/跳
N1	3
N2	1
N3	7
N4	4
N5	2
N6	5

求路由器 A 更新后的路由表,并写出计算步骤。

23. 在如图 5.45 所示的网络中,请仿照表 5.12 的步骤,给出结点 A 利用 OSPF 的前向搜索算法计算并建立路由表的过程。

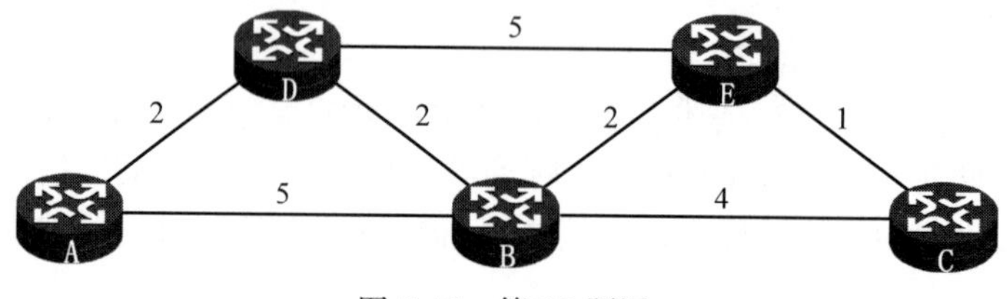

图 5.45　第 23 题图

24. 试述 BGP 检测路径中的环路的方法。

25. BGP 的报文种类有哪些?分别有什么作用?

26. 什么是 NAT?什么是 NAPT?NAT 的优点和缺点有哪些?

27. 什么是 VPN?请简述其功能。

28. 某校园网有两个局域网,通过路由器 R1、R2 和 R3 接入互联网,S1 和 S2 为以太网交换机,局域网采用静态 IP 地址配置,路由器部分接口以及各主机的 IP 地址如图 5.46 所示。

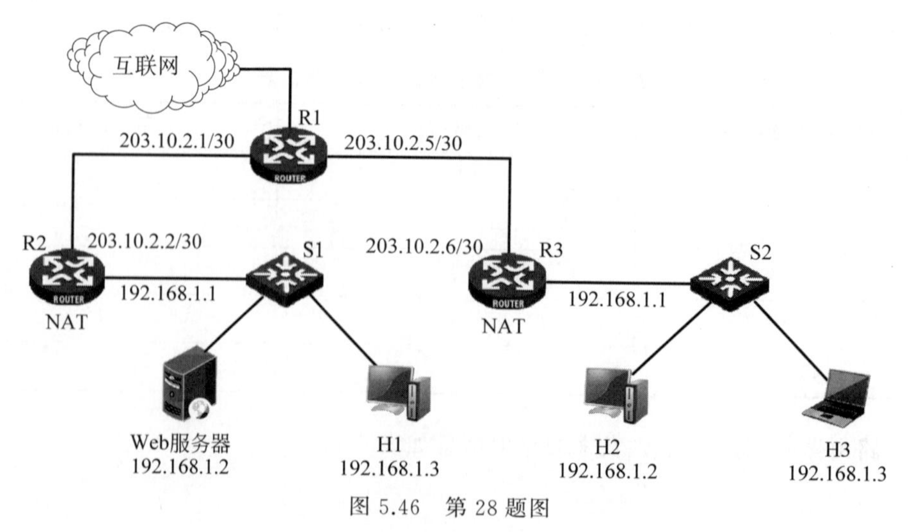

图 5.46　第 28 题图

假设 NAT 转换表结构如图 5.47 所示。

外网		内网	
IP 地址	端口号	IP 地址	端口号

图 5.47　NAT 转换表结构

请回答下列问题：

(1) 为使 H2 和 H3 能够访问 Web 服务器(使用默认端口号),需要进行什么配置?

(2) 若 H2 主动访问 Web 服务器时,将 HTTP 请求报文封装到 IP 数据报 P 中发送,则 H2 发送 P 的源 IP 地址和目的 IP 地址分别是什么?经过 R3 转发后,P 的源 IP 地址和目的 IP 地址分别是什么?经过 R2 转发后,P 的源 IP 地址和目的 IP 地址分别是什么?

29. 多协议标记交换的工作原理是怎样的?它主要应用于哪些方面?

30. 多协议标记交换如何支持流量工程?

第 6 章　数据链路层

数据链路层在计算机网络中处于较低的层次。TCP/IP 支持多种不同的数据链路层协议,例如以太网协议、无线局域网协议、点对点网络协议等。数据链路层的基本功能包括封装成帧、寻址、差错控制等,有些数据链路层协议还支持流量控制、介质访问控制等其他功能。

本章主要内容包括数据链路层的基本功能,以太网协议和交换机的工作原理,虚拟局域网的基本概念,地址解析协议(ARP)的基本原理,无线局域网的组成、MAC 帧格式和 CSMA/CA 协议,点到点协议(PPP)及其在以太网上的应用。

6.1　数据链路层概述

6.1.1　数据链路层的基本概念

在 IEEE 802 的系列标准中,将所有运行了数据链路层(第二层)协议的网络设备称为站点或站(station),如主机、路由器、交换机、WiFi 接入点(access point,AP)等都可以称为站点,而结点通常是指运行了网络层(第三层)协议的网络设备,如主机和路由器。

链路(link)是指从一个站点到相邻站点之间的一段物理线路(有线或无线),中间没有任何其他的站点,也称为物理链路。所谓数据链路(data link)是指在一段物理链路上增加了控制数据传输的协议软件或硬件,也称为逻辑链路。在进行数据通信时,源主机发送的 IP 数据报往往需要经过多段链路传输,才能到达目的主机。显然,链路是端到端路径的组成部分。如图 6.1 所示,从主机 H_1 到主机 H_2 经过了 5 段链路,分别是主机 H_1 到无线 AP 之间的无线链路、无线 AP 到路由器 R_1 之间的以太网链路、两台路由器之间的点对点链路、路由器 R_2 到二层交换机之间的以太网链路以及二层交换机到主机 H_2 的以太网链路。

数据链路层的协议数据单元(PDU)称为帧(frame)。每个数据帧中包含的源地址和目的地址称为硬件地址(hardware address,HA)或物理地址(physical address)。在每一段链路上,数据帧的源地址是结点发送接口的硬件地址;数据帧的目的地址是结点接收接口的硬件地址,目的硬件地址与发送方结点计算的下一跳 IP 地址相对应。如图 6.1 所示,第①段链路和第②段链路中数据帧的源地址都是主机 H_1 的发送接口的硬件地址 HA_1,目的地址都是路由器 R_1 的接收接口的硬件地址 HA_3[①];第③段链路中数据帧的源地址是路由器 R_1 的转发接口的硬件地址 HA_4,目的地址是路由器 R_2 的接收接口的硬件地址 HA_5;第④段链路和第⑤段链路中数据帧的源地址都是路由器 R_2 的转发接口的硬件地址 HA_6,目的地址是主机 H_2 的接收接口的硬件地址 HA_2。观察两台主机间的 5 段数据链路可以发现,每经过一台路由器,数据帧中的源地址和目的地址都会发生变化,这与第 5 章中的 IP 通信不

① 虽然第①段链路是无线局域网(WLAN)链路,第②段链路是以太网链路,但这两种数据链路层的帧格式可以互相转换,两种帧格式中都包含源地址和目的地址。第①段链路的地址 3 是目的地址 HA_3。

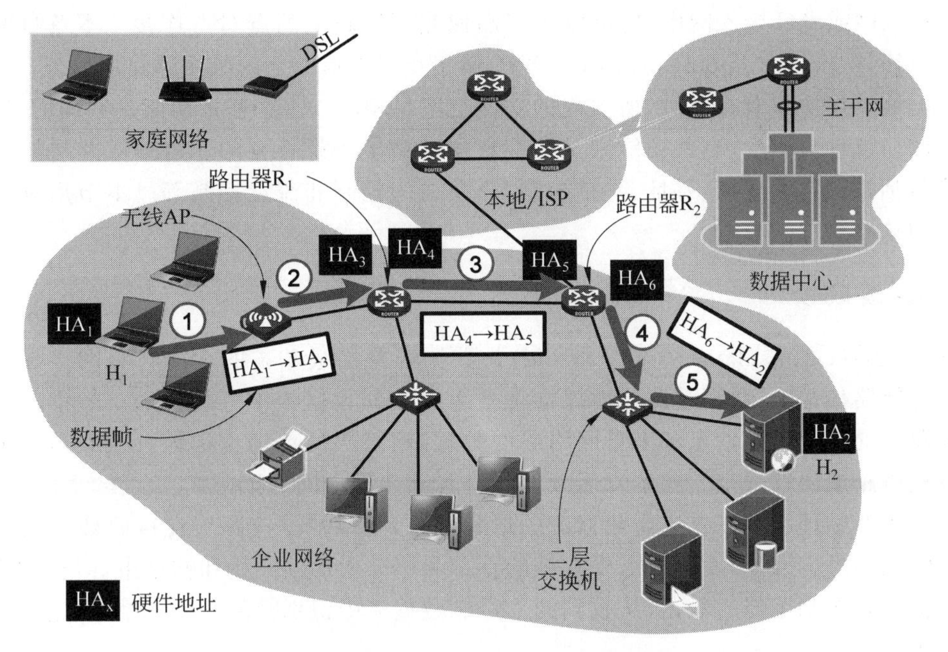

图 6.1　两台主机之间的 5 段数据链路

同,IP 数据报的源 IP 地址与目的 IP 地址在通信过程中不发生变化(不考虑 NAT)。因此,数据链路层的主要任务是提供相邻结点之间的通信服务。大多数数据链路层协议的作用范围是相邻的结点之间①,如图 6.2 所示。

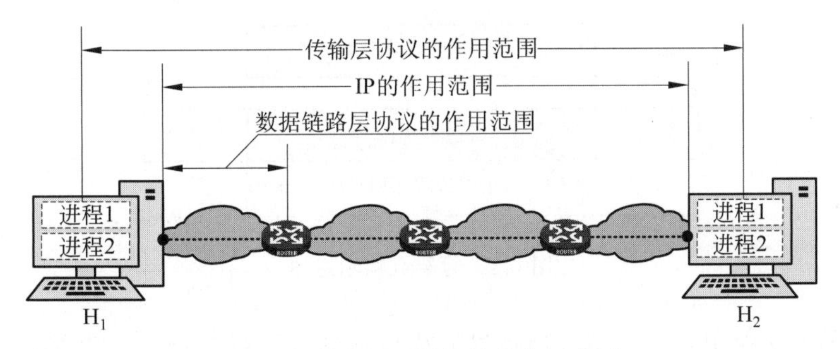

图 6.2　数据链路层协议的作用范围

数据链路层使用的信道主要有以下两种类型。

(1) 广播信道。这种信道使用一对多的广播通信方式。广播信道用于连接传统半双工以太网、无线局域网或光纤同轴混合网中的多台主机。因为广播信道上连接的主机很多,因此必须使用专用的介质访问控制(media access control,MAC)协议来协调这些主机的数据帧发送。本章将要介绍的以太网协议、无线局域网(WLAN)协议都属于广播信道上的数据链路层协议。

(2) 点对点信道。这种信道使用一对一的点对点通信方式。点对点信道可以用于

① 当无线 AP 连接了以太网和无线局域网时,以太网协议和无线局域网协议的作用范围较小,不能覆盖到两个相邻的结点之间,仅覆盖到相邻的两个站点之间。

ADSL 接入网或光纤接入网中，也可以用于高速光纤链路上的点对点连接。本章将要介绍的点到点协议(point to point protocol,PPP)属于点对点信道上的数据链路层协议。

数据链路层协议有很多种，所实现的功能也不尽相同。有些基本功能是共同的，所有数据链路层协议都具有的；有些功能则是某些数据链路层协议特有的。数据链路层协议的主要功能包括帧的封装成帧、寻址、差错控制、介质访问控制和流量控制等。本节后续部分将简要介绍这些功能。

6.1.2 封装成帧

封装成帧(encapsulation and framing)是数据链路层最基本的功能。当网络层的分组需要通过链路传送时，数据链路层协议会将分组封装到数据帧中进行传送。帧中包含用于数据链路层通信的控制信息和来自网络层的数据，网络层的数据也称为有效载荷。帧的格式由数据链路层协议规定。在本章后续部分将看到几种不同的帧格式。

由于帧在物理层上以二进制数据流的形式传输，所以数据链路层在接收数据时必须确定每一帧的边界。因此，发送方需要在帧的首部和尾部增加帧开始和帧结束标记；这样接收方就能根据首部和尾部的标记，从收到的二进制数据流中识别帧的开始和结束，这个功能称为帧定界。

用帧首部和帧尾部将网络层数据封装起来，并确定帧的边界，称为封装成帧，如图 6.3 所示。一个帧的帧长等于帧的数据部分长度加上帧首部以及帧尾部的长度。每一种数据链路层协议都规定了它能传送的数据部分的长度上限，该上限称为最大传送单元(maximum transfer unit,MTU)。显然，为了提高帧的传输效率，应该使帧的数据部分长度尽可能地接近 MTU。

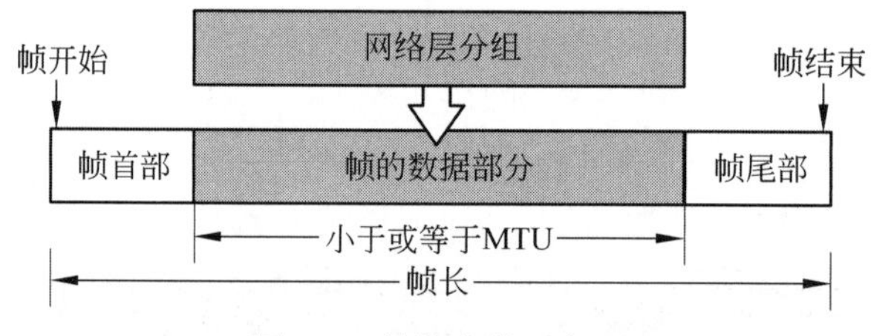

图 6.3 封装成帧示意图

帧定界的方法有很多。典型的帧定界方法包括标志字符法、标志比特法和特殊的物理层编码法。网络层协议无须了解数据链路层采用的帧定界方法，也就是说帧定界方法对网络层是透明的，即为透明传输。不同的帧定界方法实现透明传输的方式也不一样。

1. 标志字符法

对于面向字符的协议，即以字符为基本传送单元的协议，可以指定特殊字符作为帧开始和帧结束的标志字符，称为帧定界符。例如，当 PPP 用于异步传输时，规定特殊字符 0x7E 作为帧定界符。

如果标志字符出现在数据中时，会干扰帧定界功能的实现。可以采用字符填充法解决该问题，实现透明传输。发送方在数据中出现的每个标志字符前，插入一个特殊的转义字符，当接收方收到单独的标志字符时，才作为帧定界符使用。在将数据提交给网络层之前，接收方必须将转义字符删除。如果转义字符也出现在数据中，发送方在转义字符之前必须再插入一个转义字符，接收方遇到两个转义字符时，删除第一个。字符填充法如图 6.4 所示。其中 FLAG 代表标志字符,ESC 代表转义字符。

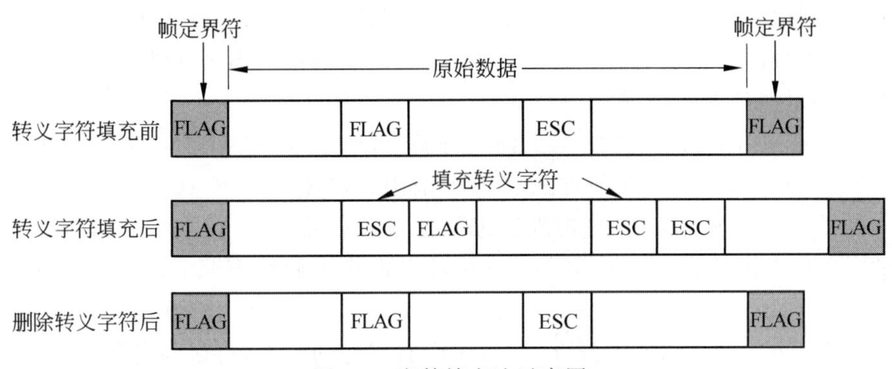

图 6.4　字符填充法示意图

PPP 用于异步传输时,采用了类似的字符填充法,规定转义字符为 0x7D,并将特殊字符的范围扩展到所有 ASCII 码控制字符,在数据部分中出现的帧定界符、控制字符以及转义字符前均插入转义字符,并对特殊字符的编码加以改变,例如帧定界符 0x7E 字符填充后编码为(0x7D,0x5E),转义字符 0x7D 字符填充后编码为(0x7D,0x5D),控制字符 0x03 字符填充后编码为(0x7D,0x23)。接收方收到数据后,再进行相反的变换,恢复原始数据。详细的字符填充规则由 RFC1662 规定。

采用字符填充法后,所有帧定界相关操作由数据链路层完成,网络层协议无须了解帧定界的详细规定,因此帧定界对于网络层是透明的。

2. 标志位法

对于面向二进制位(bit)的协议,即以二进制位为基本传送单元的协议,可以指定特殊的二进制位组合作为帧开始或帧结束的标志。例如高级数据链路控制(high level data link control,HDLC)协议规定用 01111110 作为帧开始和帧结束标志。当 PPP 用于同步传输时,也采用和 HDLC 协议相同的规定。

HDLC 和 PPP 采用零位填充法[①],避免传送的数据中包含 01111110,实现透明传输。每当发送方在数据中发现连续 5 个 1 时,就立即在其后方填充 1 个 0。接收方如果收到连续 5 个 1 时,其后方必然是发送方填充的“0”,于是将其删除,还原成原来的二进制数据流。零位填充法如图 6.5 所示。

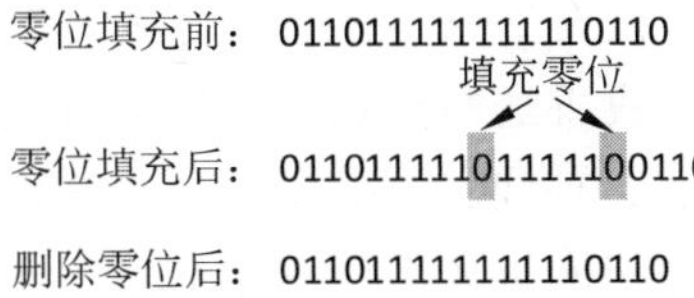

零位填充前：011011111111110110

填充零位

零位填充后：01101111101111100110

删除零位后：011011111111110110

图 6.5　零位填充法示意图

采用字符填充法和位填充法产生了一个消极影响,每一帧的实际长度会受到它所携带的数据内容的影响。

3. 特殊的物理层编码法

还有一种帧定界的方法是利用物理层的特殊编码标记帧的边界。在将数据编码成数字信号在物理层传送时,为了使接收方能够从接收的数据中恢复时钟信息来保证同步,需要线路中所传输的信号有足够多的跳变,即不能有过多连续的高电平或低电平,否则无法提取时钟信息。因此,物理层编码方案中通常会包含冗余编码,这种冗余意味着一些信号永远不会出现在常规数据中。例如 4B/5B 编码方案中,4 位数据被映射到 5 位编码,这意味着该编码

---

① 位填充法又称比特填充法。

方案共有 32(即 2^5)种可能的编码信号,但其中仅有 16 种信号对应具体的数据,其他 16 种信号被用作控制信号或者未定义。可以利用这些保留的编码信号标识帧的开始和结束。利用物理层特殊的编码实现帧定界的好处是,由于冗余编码不会出现在常规数据中,因而不需要填充数据,即可实现透明传输。

早期的 10Mb/s 以太网采用的是曼彻斯特编码,通过是否存在信号来识别帧边界,但快速以太网(100Mb/s)出现后,这种方法就不再采用。快速以太网 100Base-TX 和 100Base-FX 采用 4B/5B 编码,利用特殊的物理层编码法实现帧定界。在 4B/5B 编码中,/J/码和/K/码成对出现代表帧开始;/T/码和/R/码成对出现代表帧结束①。千兆以太网 1000Base-X 采用 8B/10B 编码,万兆以太网采用 64B/66B 编码,它们都利用特殊的物理层编码法实现帧定界。本书对物理层编码不展开介绍,对编码有兴趣的读者,可以参考数字信号处理相关的专业资料。

6.1.3 寻址

网络体系结构的不同层次都需要自己的寻址方案。回想一下,应用层的主机名、传输层的端口号、网络层的 IP 地址等就是各层的地址。为了在数据链路层实现帧的发送和接收,数据链路层接口通常也需要一个地址。数据链路层的地址最初是固化在网络接口卡(network interface card,NIC)中的,因此称为硬件地址或物理地址。网络接口卡也称为网络适配器,它实现了物理层和数据链路层的功能。

广播信道上的数据链路层协议必须有寻址功能,在广播信道上的主机或路由器的网络接口必须具有硬件地址才能够发送和接收数据帧。如以太网协议和 WLAN 协议都采用了 48 位的硬件地址,该硬件地址称为 MAC 地址。由于点对点信道上的发送方和接收方都只有一个,因此其数据链路层协议的寻址功能不是必需的。如 PPP 的数据帧虽然定义了 8 位的地址字段,但地址字段值总是全"1",并允许通过协商省略地址字段。

在以太网上,虽然主机和路由器的网络接口都具有 MAC 地址,但是二层交换机的接口允许没有 MAC 地址。这是因为二层交换机的任务是在主机与路由器之间传递数据报,二层交换机透明地执行该项任务,主机或路由器不必明确地将帧寻址到二层交换机,如图 6.6 所示。有些交换机属于可管理交换机,它不仅作为交换设备,也作为通信终端参与通信,这样的交换机才需要具有 MAC 地址。

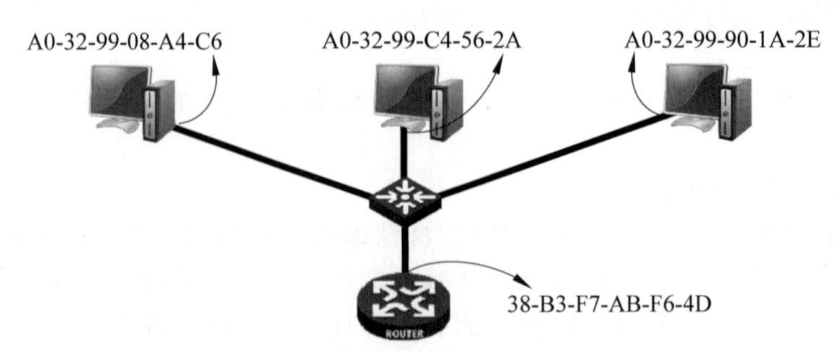

图 6.6 主机和路由器的 MAC 地址

① /J/码的编码为 11000,/K/码的编码为 10001,/T/码的编码为 01101,/R/码的编码为 00111。

IEEE 规定了两种类型的扩展唯一标识符(extended unique identifier,EUI),分别是长度为 6B(48 位)的 EUI-48 和长度为 8B 的 EUI-64①。EUI-48 通常用作 IEEE 802 网络设备的硬件地址,例如以太网 MAC 地址、WLAN 的 MAC 地址等。长度为 48 位的 MAC 地址一般用十六进制数表示,地址中的每个字节表示为一对十六进制数,如图 6.6 中 MAC 地址所示。EUI-64 可以用于 FireWire、ZigBee 等协议,也可以用于 IPv6 地址的自动配置。EUI-48 和 EUI-64 在 IETF 制定的各种协议中的用法,由 RFC7042 规定。

用作 MAC 地址的 EUI-48 分为两部分,每部分各占 3B,如图 6.7 所示。前 3B(高 24 位)称为组织唯一标识符(organizationally unique identifier,OUI),由 IEEE 的注册管理机构(registration authority,RA)负载分配;后 3B(低 24 位)称为扩展标识符(extended identifier,EI),由获得 OUI 的厂商自行分配。由 IEEE 的 RA 统一分配 OUI,可以保证 MAC 地址的全球唯一性。已经分配的 OUI 可以在 IEEE 网站查询和下载②,如华为公司已获得了 38-B3-F7、84-E9-86 等多个 OUI。

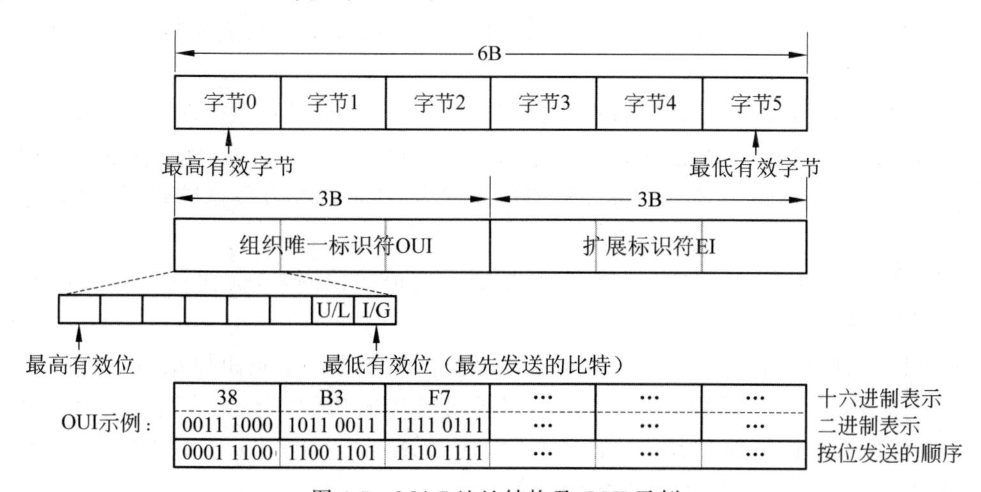

图 6.7 MAC 地址结构及 OUI 示例

IEEE 规定 MAC 地址的最高字节的最低位为 I/G(individual/group)位,如图 6.7 所示。当 I/G 位为 0 时,MAC 地址代表单站地址,用来进行单播。当 I/G 位为 1 时,MAC 地址代表组地址,用来进行多播。以太网标准规定按照大端(big endian)字节序发送数据,但在发送字节时按照小端(little endian)比特序发送比特,即发送数据时先发送最高有效字节(most significant byte),但发送字节时先发送最低有效位(the least significant bit)。因此,在网络上发送 6B 的 MAC 地址时,最先发送的是 I/G 位,如图 6.7 中 OUI 示例所示。

IEEE 还规定 MAC 地址的最高字节的次低位为 U/L(universal/local)位,如图 6.7 所示。当 U/L 位为"0"时代表全局管理,说明该 MAC 地址由 IEEE 分配,是全球唯一地址。当 U/L 位为"1"时代表本地管理,说明该 MAC 地址由用户分配,不具有全球唯一性。此外,当 U/L 位为"1"时,组织唯一标识符(OUI)改称为厂商标识(company ID,CID),扩展唯一标识符(EUI)改称为扩展本地标识符(extended local identifier,ELI)。根据以太网对数据发送

① EUI-48 和 EUI-64 的用法由 IEEE 的文档 *Guidelines for Use of EUI,OUI,and CID* 规定。

② 下载地址:http://standards-oui.ieee.org/oui/oui.txt。

顺序的规定,在网络上发送6B的MAC地址时,U/L位是发送的第2位数据,如图6.7所示。

由IEEE RA分配的所有OUI中,I/G位和U/L位均为“0”。也就是说,IEEE RA仅负责分配全局管理的单播地址。对于I/G位为“1”的多播地址,即使它的U/L位为“0”,该地址也不属于IEEE RA分配的全球唯一地址。图6.7中的OUI示例给出了38-B3-F7的十六进制表示、二进制表示和按位发送的顺序。根据IEEE关于I/G位和U/L位的规定,显然,MAC地址空间共包含2^{46}个全球唯一的单播地址。此外,IEEE还规定48位全为“1”的地址是广播地址,代表本网络上的所有站点。

当网络适配器收到一个帧时,首先检查帧中的目的地址,只有发往本站的帧或广播帧才会被适配器接收①,否则将丢弃帧。

6.1.4 差错控制

任何通信链路都不是完美的,在传输过程中都会出现差错,0可能变成1,1也可能变成0,这称为比特差错。在数据链路层,不同的协议提供不同程度的差错控制功能,包括无差错接受(accept)或可靠传输。

无差错接受是指“凡是接收方数据链路层接受的帧,都能以非常接近于1的概率认为这些帧在传输过程中没有产生比特差错”。传输过程中出现比特差错的帧,接收方虽然收到了,但是由于有差错而被丢弃。也可以近似地表述为“凡是接收方数据链路层接受的帧均无差错”。

可靠传输在第4章中已经介绍过,它是指通过信道传输的帧,无比特差错或者丢失,并且都按照其发送顺序交付。

在光纤、同轴电缆和双绞线等比特差错率很低的链路上的数据链路层协议,例如以太网协议、PPP等仅提供无差错接受功能,而不提供可靠传输功能。在无线链路等比特差错率较高的链路上的数据链路层协议,如WLAN协议,依靠肯定应答和重传机制,提供相邻MAC站(MAC station)之间的可靠传输功能。

无论是无差错接受,还是可靠传输功能的实现,都需要差错检测算法来发现比特差错。在第4章和第5章中已经介绍了IP、TCP和UDP检验和的计算方法,这种检验和的计算可以提供有限的差错检测功能,比较适合软件实现。在数据链路层,目前应用广泛的差错检测算法是循环冗余检验(cyclic redundancy check,CRC),CRC的计算很容易用硬件实现。本章后续将要介绍的以太网协议、WLAN协议、PPP等都采用CRC算法进行差错检测。

CRC算法的原理很简单。在发送方,首先把数据划分为组,每次发送一组数据。假定每组数据k比特,将待发送数据记为M。发送方利用CRC算法在数据M的后面添加供差错检测用的r比特冗余码,然后构成一个帧发送出去,共发送$k+r$比特。对于一个帧来说,为了进行检错而添加的冗余码常称为帧检验序列(frame check sequence,FCS)。增加了FCS后构成的帧如图6.8所示。在待发送数据后面增加r比特冗余码,虽然增大了数据传输的开

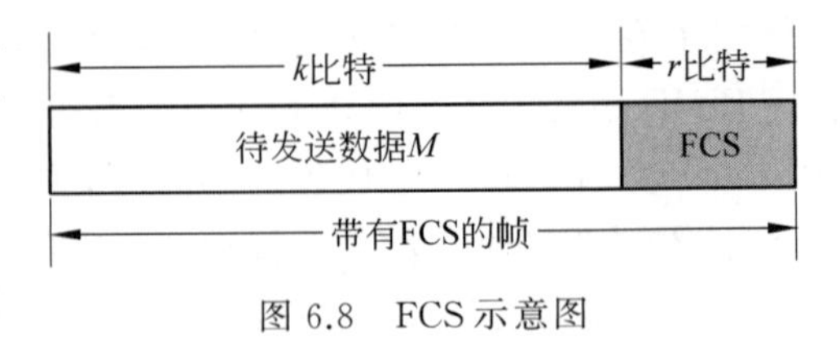

图6.8 FCS示意图

① 网络适配器也支持混杂模式。在混杂模式时,网络适配器将接收所有帧。

销，但却可以进行差错检测，付出这种代价往往是值得的。

CRC 算法将待发送数据和冗余码都看作二进制数，采用模 2 运算规则进行计算。所谓模 2 运算即在加法运算中不进位，在减法运算中不借位。这意味着加法和减法是相同的，并且这两种运算都等价于计算二进制数的按位异或（XOR）。除了加法和减法运算的变化外，乘法和除法的运算与普通二进制算术中的运算相同。

为计算 r 位冗余码，发送方需要事先和接收方协商一个长度为 $r+1$ 位的二进制数 P。然后按照以下步骤，计算得出 r 位冗余码。

（1）计算 2^rM，这相当于在 M 后面添加 r 个 0，得到一个 $k+r$ 位的二进制数。

（2）用得到的 $k+r$ 位数除以收发双方事先商定的二进制数 P，得出的商记为 Q，而余数记为 R。显然，R 是 r 位的二进制数，比 P 少 1 位。这个余数 R 就是 CRC 算法计算的冗余码，也是帧中的帧检验序列 FCS。

图 6.9 所示为一个计算冗余码的简单的例子。例子中待传送的数据 $M=110010$，显然 $k=6$，假定冗余码长度 $r=3$，收发双方协商的 $P=1011$。经模 2 除法运算后的结果是，商 $Q=111011$，余数 $R=101$。商没有用处，余数 R 作为冗余码拼接在数据 M 的后面一起发送出去，实际发送的帧为 110010101，共有 $k+r$ 位。

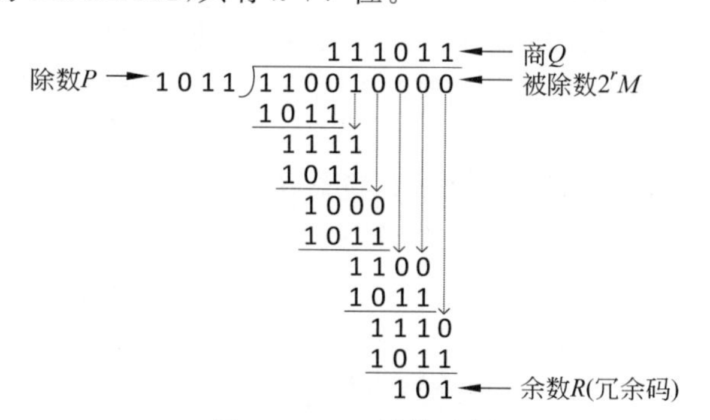

图 6.9　CRC 计算示例

接收方把收到的数据以帧为单位进行 CRC 检验，把每一个帧都除以 P，然后检查余数 R'。若余数 $R'=0$，则判定传输没有差错，接受帧。否则，判定传输出现差错，丢弃帧。

CRC 检验也称为多项式编码（polynomial code），其基本思想是将二进制编码看作系数为 0 或 1 的多项式，对二进制编码的计算被解释为多项式计算。收发双方商定的 P 来源于生成多项式（general polynomial）$P(x)$，其最高位和最低位系数必须是 1。如本示例中 $P=1011$ 对应的生成多项式为 $P(x)=x^3+x^1+1$。

CRC 算法在数学上已经得到证明，它能够检测到长度小于或等于 r 的突发错误；也能够检测到所有奇数个比特差错；在适当的假设下，长度大于 r 的突发错误能以概率 $1-0.5^r$ 检测到；因此，经过精心挑选的生成多项式 $P(x)$ 可以确保 CRC 算法漏判的概率极低。

一些特殊的多项式已经成为国际标准，如 CRC-32 被 IEEE 应用在包括以太网在内的多种数据链路层协议中：

$$\text{CRC-32}=x^{32}+x^{26}+x^{23}+x^{22}+x^{16}+x^{12}+x^{11}+x^{10}+x^8+x^7+x^5+x^4+x^2+x^1+1$$

则 CRC-32 对应的二进制数 $P=100000100110000010001110110110111$。

在数据链路层采用 CRC 可以过滤掉绝大部分传输错误。因此,在高层使用检验和复核其他错误已经足够了。

CRC 属于检错码(error-detecting code)的一种,只能够检测到传输错误,但是不能纠正错误。还有一种技术解决方案称为纠错码(error-correcting code),不仅能检测到传输错误,还能纠正错误。但纠错码需要增加更多的冗余位。为了纠正错误,需要付出更大数据传输开销。在互联网领域,通常认为检错码已经足够好,没有必要使用纠错码。纠错码的常见应用场景是太空通信或单向卫星广播。

6.1.5 介质访问控制

介质访问控制(medium access control,MAC)协议用来规定共享信道的访问方式和访问者。在点对点信道上,仅有一个发送方和一个接收方,只要信道是全双工的,就无需 MAC 协议,即无论何时,发送方都能够发送帧。例如,PPP 就不需要 MAC 协议。在广播信道上存在多个发送方和多个接收方,因此需要 MAC 协议来协调它们访问共享的广播信道。在广播信道上的 MAC 协议也称为多点接入协议(multiple access protocol)①。如以太网和无线局域网都需要 MAC 协议。

近年来,在大量的数据链路层技术中已经实现了几十种 MAC 协议。实现介质访问控制的方法可以分为 3 类:静态信道分配方法②、随机接入方法和受控接入方法。

1. 静态信道分配方法

在多个竞争站点之间分配单个信道的传统做法是把信道容量拆开分给多个站点使用,这种方法属于静态信道分配方法。常见的静态信道划分方法包括频分多路复用(frequency division multiplexing,FDM)、时分多路复用(time division multiplexing,TDM)和码分多路复用(code division multiplexing,CDM)。码分多路复用更常用的名词是码分多址(code division multiple access,CDMA)。频分多路复用、时分多路复用和码分多路复用如图 6.10 所示。

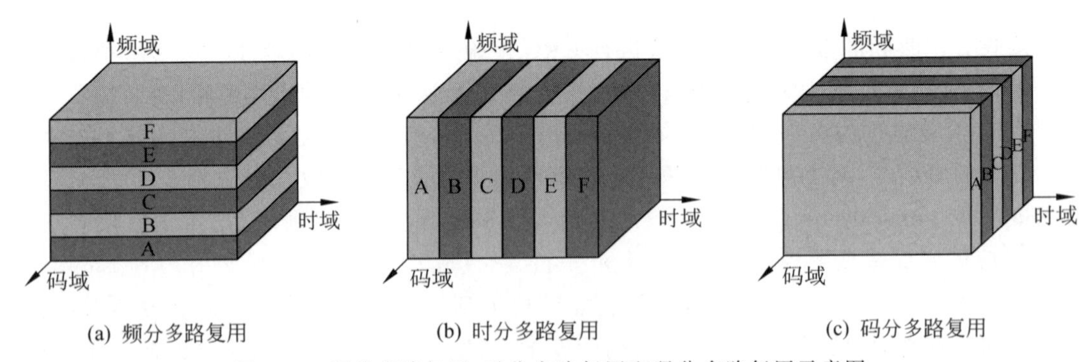

图 6.10 频分多路复用、时分多路复用和码分多路复用示意图

1) 频分多路复用

频分多路复用(FDM)是将信道划分为 N 个不同的频段,并把每个频段分配给 N 个站

---

① multiple access protocol 又称多路访问协议。

② 静态信道划分方法频分多路复用、时分多路复用和码分多路复用通常划分在物理层。

点中的一个。由于每个站点都有各自专有的频段，因此站点之间不会发生干扰。FDM 相当于在一个具有 R 比特每秒(b/s)带宽的信道中创建了 N 个具有 R/N 比特每秒带宽的子信道，每个站点独享一个子信道。显然，每个站点仅能使用 R/N 比特每秒的带宽，如果某个站点没有数据需要发送，那么分配给它的资源将被白白浪费。

2) 时分多路复用

时分多路复用(TDM)将时间划分为时间帧(time frame)，称为时分多路复用帧(frame)[①]，并进一步将每个 TDM 帧划分为 N 个时隙(slot)。然后把每个时隙分配给 N 个站点中的一个。当某个站点需要发送数据时，它只能在 TDM 帧中指派给它的时隙内发送。由于每个站点都有各自专有的时隙，因此站点之间也不会发生干扰。TDM 也有 FDM 所具有的主要缺点，即限制每个站点仅能使用 R/N 比特每秒的带宽，如果某个站点没有数据需要发送，那么分配给它的资源也将被白白浪费。

3) 码分多路访问

码分多路访问(CDMA)为每个站点分配一种不同的码片序列(chip sequence)，这些精心选择的码片序列满足某些数学特征[②]。然后每个站点用它唯一的码片序列来对它发送的数据进行编码。CDM 网络允许不同的站点同时传输数据，只要接收方知道发送方的码片序列，就能够正确接收发送方编码的数据。CDMA 属于扩频通信的一种，目前广泛地应用于蜂窝电话通信。CDMA 同样具有 FDM 所具有的缺点。

无论是按照时间、频率，还是按照码片序列划分信道，将单个信道静态划分为多个子信道的方法本质上是低效的。计算机系统中的数据流量表现出极端的突发性，峰值流量与平均流量之比能达到 1000∶1，因此大多数信道在多数时间是空闲的。静态信道分配方法的特点决定了它们都不适应突发性的流量。

为了能够高效、公平地共享信道，可以采用动态信道分配方法。动态信道分配方法可以分为两类：随机接入方法和受控接入方法。

2. 随机接入方法

随机接入方法是一种基于争用的信道分配方法。随机接入的特点是所有站点可随机地发送数据。但如果恰巧有两个或更多的站点在同一时刻发送数据，则在共享信道上就会产生冲突，可使这些站点的发送都失败。因此，必须有检测冲突和解决冲突的机制。随机接入的 MAC 协议主要包括纯 ALOHA[③] 协议、时隙 ALOHA 协议、带冲突检测的载波感应多路访问(carrier sense multiple access with collision detection，CSMA/CD)协议以及带冲突避免的载波感应多路访问(carrier sense multiple access with collision avoidance，CSMA/CA)协议。

1) 纯 ALOHA 协议

纯 ALOHA 协议的基本思想非常简单，当站点有数据需要发送时就立即发送，如果发生了冲突，则发送方需要等待一段随机时间，然后再次发送该帧。为了获得更高的吞吐量，纯 ALOHA 协议采用了统一长度的帧。用数学方法可以证明，纯 ALOHA 协议的最大吞

---

① TDM 帧与数据链路层的帧含义不同，TDM 帧不是数据链路层的协议数据单元。

② 码分多路访问(CDMA)的码片序列之间都满足正交关系，关于 CDMA 的细节可以参考相关专业书籍，本书不做过多介绍。

③ ALOHA 协议来源自夏威夷大学的一项研究项目，ALOHA 一词是夏威夷问候语“喂”。

吐量约为 18.4%，换句话说，可以达到的最高信道利用率约为 18.4%。如果继续提高网络负载，将会带来吞吐量的下降，并最终产生拥塞。

2）时隙 ALOHA 协议

时隙 ALOHA 协议是对纯 ALOHA 协议的改进。它将时间分成离散的等长的间隔，称为时隙(slot)，每个时隙对应一帧。在时隙 ALOHA 协议中，所有站点必须保持同步，即每个站点都应知道时隙何时开始。站点只允许在时隙开始时发送帧。因此，当站点有数据要发送时，必须等待下一个时隙开始。如果发生了冲突，则发送方需要随机等待几个时隙，然后再次发送该帧。经过改进后，时隙 ALOHA 协议的最高信道利用率提高了约一倍，可以达到 36.8%。

3）CSMA/CD 协议

CSMA/CD 协议是以太网(Ethernet)中采用的 MAC 协议。CSMA/CD 协议比较复杂，它不再采用统一长度的帧，在 ALOHA 协议的基础之上增加了更多的控制措施。首先，增加了载波监听机制。当站点有数据需要发送时，它先监听信道，确定当时是否有其他站正在传输数据，即"发送前先监听"。如果信道空闲，它就发送数据；否则，它就等待到信道变成空闲，然后才发送数据，即"闲则发送，忙则等待"。其次，增加了冲突检测机制。站点不仅在发送数据前需要监听信道，在发送数据时，也需要监听信道，即"边发送边监听"。当几个站同时发送数据时，共享信道上的信号电压变化幅度将会增大，发送方监听信道就可以及时检测到冲突。如果检测到冲突，发送方应立即停止发送，即"冲突则停发"。最后，CSMA/CD 采用二进制指数后退算法(binary exponential backoff，BEB)来确定冲突后重传的时机。该算法是一种随机后退的算法，并且能够随着重传次数的增加，增大随机后退的时间范围。在尝试一定次数①后，则放弃重传，即"随机后退重传"。

CSMA/CD 协议中，站点从开始发送数据到检测到冲突发生，最多经过一个端到端往返传播延迟。如果将端到端传播延迟记为 τ，则端到端往返传播延迟为 2τ，这个称为争用期。在争用期内，发送方如果没有检测到冲突，则说明信道已经成功被发送方占用。为判断帧是否成功发送，CSMA/CD 协议规定帧的发送延迟不能小于 2τ。换句话说，运行 CSMA/CD 协议的以太网的最小帧长受 2τ 限制，如对于 10Mb/s 的传统以太网，它的争用期 2τ 为 51.2μs，它的最小帧长为 10Mb/s×51.2μs=512b，即 64B。而对于 100Mb/s 的快速以太网，它的争用期 2τ 为 51.2μs，它的最小帧长为 100Mb/s×5.12μs=512b，也是 64B。发送方在成功发送数据之前，有可能经历多个争用期。CSMA/CD 协议模型由交替出现的争用期、传输期，以及所有站点都静止的空闲期组成，如图 6.11 所示。

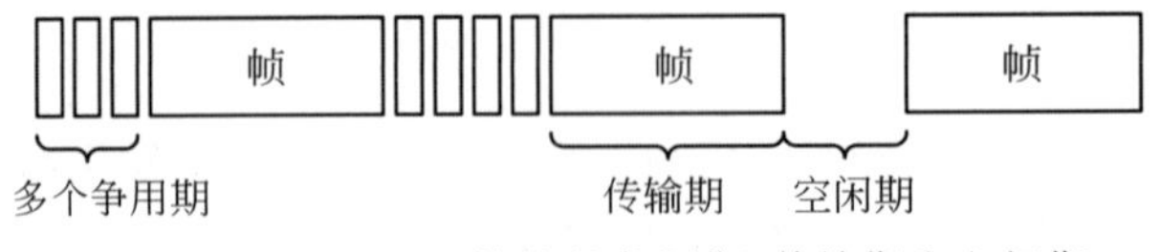

图 6.11　CSMA/CD 协议的争用期、传输期和空闲期

近年来，以太网技术发展很快并得到了广泛的应用，传输速率也在不断提升，从最初的 10Mb/s 逐步增加到 100Mb/s、1000Mb/s、10Gb/s。在 IEEE 802.3cm-2020 和 IEEE 802.

① 在以太网中最大重传次数为 16 次。

3cn-2019 中已经分别规定了多模光纤和单模光纤上的 400Gb/s 的以太网标准。随着双绞线、光纤替代同轴电缆,交换机替代集线器(hub),共享传输介质的以太网逐渐退出历史舞台。目前的以太网绝大多数都是交换式以太网。在一个交换式以太网中,每台主机使用一条专用的链路连接到一个交换机端口。在链路的两端仅有主机和交换机两台设备有可能发送数据,当交换式以太网工作在全双工模式时,每台主机和交换机都以独享的方式占用传输介质,这种以太网称为全双工以太网。在全双工以太网上不再需要使用 CSMA/CD 协议。

在 IEEE 802.3 系列标准中,10Mb/s、100Mb/s 和 1000Mb/s 的以太网支持半双工模式,更高速率的以太网仅支持全双工模式。目前,以太网大多工作在全双工模式下。对 CSMA/CD 协议,本书不再做更多细节介绍。在 6.2 节中还会继续介绍以太网。

4) CSMA/CA 协议

在无线局域网(WLAN)中使用分布式协调功能(distributed coordination function, DCF)时,采用的 MAC 协议是 CSMA/CA 协议。CSMA/CA 协议属于 WLAN 协议中强制实现的功能。在无线局域网中,由于不能边发送边检测冲突,只要开始发送数据,就不会中途停止,而一定会把整个帧发送完毕。因此,CSMA/CA 采用肯定应答、重传和冲突避免机制代替以太网中的冲突检测机制。冲突避免机制虽然能减少冲突发生的概率,但并不能完全避免冲突的发生。

CSMA/CA 协议采取了两点措施来避免冲突。首先,当监听到信道空闲时,WLAN 的站点并不立即发送数据,而是采用二进制指数后退算法[①]随机后退一段时间后,才能够发送数据。其次,WLAN 站点允许采用控制帧对信道进行预约,以避免隐蔽站带来的冲突。CSMA/CA 协议的细节涉及无线局域网的帧结构、帧间间隔等知识,在 6.4 节将进行深入介绍。

3. 受控接入方法

受控接入方法是一种无争用的信道分配方法,其特点是站点只能在受控情况下发送数据,因而不会产生冲突。两种常见的受控接入协议分别为轮询(polling)协议和令牌传递(token-passing)协议。

1) 轮询协议

轮询协议要求在所有接入的站点中,指定一个主站点。主站点以循环的方式轮询其他站点。其他站点只有在被轮询后才允许发送数据。轮询协议目前应用在 IEEE 802.15 规定的无线个人区域网(wireless personal area network, WPAN)以及蓝牙协议中。

2) 令牌传递协议

令牌传递协议不需要主站点,但一种称为令牌(token)的特殊帧在各站点之间以某种次序传递,获得令牌的站点才允许发送数据。令牌传递协议最初应用在 IEEE 802.5 规定的令牌环(token ring)网络中,后来在光纤分布式数据接口(fiber distributed data interface, FDDI)和 IEEE 802.17 规定的弹性分组环(resilient packet ring, RPR)等城域网技术中有所应用。目前,这几种网络已经很少使用。

6.1.6 流量控制

流量控制是数据链路层协议的可选功能。流量控制用于解决发送方的发送速度超出接

---

① WLAN 的二进制指数后退算法与以太网的二进制指数后退算法也有不同,将在 6.4 节讨论该算法。

收方的处理速度的问题,如果没有流量控制功能,则当接收方缓存溢出时,会造成丢包。在TCP/IP协议族中,传输层的TCP依赖滑动窗口机制实现了端到端的流量控制,因此很多数据链路层协议并未设计流量控制功能,而将流量控制交给传输层处理,但是以太网协议设计了流量控制功能。

以太网设计了两种流量控制机制:背压(back pressure)机制和暂停(pause)帧。在半双工模式下,以太网采用背压机制进行流量控制。当接收方不希望接收更多帧时,可以在共享介质上传输一个假载波(false carrier),直到它能够接收新帧为止。根据CSMA/CD协议,共享介质上存在载波时,发送方将不能继续发送帧。

在全双工模式下,由于不使用CSMA/CD协议,背压机制是无效的,因此以太网采用pause帧进行流量控制。当接收方不希望接收更多帧时,它显式地向发送方发送一个pause帧,pause帧中携带一个字段,通知发送方暂停发送多长时间。发送方收到pause帧后将立即暂停发送。pause帧格式及使用规则由IEEE 802.3① 规定。

在以太网中,流量控制功能是可选的。它可以由用户激活或通过自动协商激活。当多个站通过一台过载的交换机发送数据时,该交换机会向所有主机发送pause帧,这种机制会带来公平性问题。因此,以太网中通常并不使用pause帧。

6.1.7 数据链路层的主要协议

数据链路层的主要协议如下。

(1) 以太网(Ethernet)协议。该协议是双绞线或光纤链路等有线传输介质上应用广泛的数据链路层协议,由IEEE 802.3规定。

(2) 地址解析协议(address resolution protocol,ARP)。该协议负责将下一跳IP地址映射到硬件地址,由RFC826规定。

(3) 无线局域网协议(wireless local area network,WLAN)。该协议是无线传输介质上重要的数据链路层协议,由IEEE 802.11规定。

(4) 点到点协议(point to point protocol,PPP)。该协议是点对点链路上实现的、在接入网中广泛应用的数据链路层协议,由RFC1661和RFC1662规定。

6.2 以 太 网

以太网是目前最流行的有线局域网技术。自20世纪70年代被提出以来,经过了多次修改以适应新的需求,目前已形成庞大的IEEE 802.3系列标准。IEEE 802.3标准包括以太网的数据链路层标准和各种物理层标准,其中仅IEEE 802.3-2018就包括8部分,共5600页。本节仅介绍以太网的基本概念和关键主题。

6.2.1 以太网的演变

以太网技术最初于1973年诞生于美国施乐(Xerox)公司的Palo Alto研究中心(简称为PARC)。当时的实验以太网采用粗同轴电缆作为总线,以3Mb/s的速率运行。1976年,

---

① 参见IEEE 802.3-2018 Annex 31B (Ethernet Pause Flow Control)。

Metcalfe 和 Boggs 发表他们具有以太网里程碑意义的论文[①]。后来，DEC、Intel 和施乐公司将以太网标准化，于 1980 年联合提出了 10Mb/s 以太网标准的第 1 个版本 DIX Ethernet V1，1982 年又修改为第 2 个版本 DIX Ethernet V2。1983 年，稍加修改后的 DIX 以太网标准被 IEEE 采纳，成为著名的 IEEE 802.3 标准。之后，IEEE 802 小组就一直引领着以太网的发展。在过去的几十年间，以太网经历了多次重大更新，它的主要发展过程如图 6.12 所示。

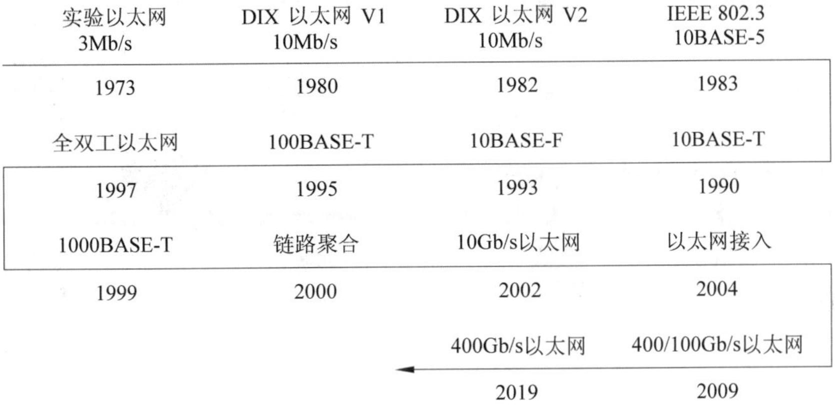

实验以太网 3Mb/s　1973
DIX 以太网 V1 10Mb/s　1980
DIX 以太网 V2 10Mb/s　1982
IEEE 802.3 10BASE-5　1983
10BASE-T　1990
10BASE-F　1993
100BASE-T　1995
全双工以太网　1997
1000BASE-T　1999
链路聚合　2000
10Gb/s以太网　2002
以太网接入　2004
400/100Gb/s以太网　2009
400Gb/s以太网　2019

图 6.12　以太网的发展过程

以太网的发展趋势包含以下几方面。

1. 从低速到高速

最早用于实验的以太网速率仅为 3Mb/s。第一个标准的以太网速率为 10Mb/s，称为传统以太网。1995 年发布的速率为 100Mb/s 的以太网，称为快速以太网(fast Ethernet)。超过 100Mb/s 速率的以太网，称为高速以太网。2019 年在 IEEE 802.3cn 中规定了运行在单模光纤上的、传输距离为 40km、速率为 400Gb/s 的以太网物理层标准 400GBASE-ER8，2020 年，在 IEEE 802.3cm 中又规定了运行在多模光纤上的、传输距离为 100m、速率为 400Gb/s 的以太网物理层标准 400GBASE-SR4.2 和 400GBASE-SR8。从 3Mb/s 到 400Gb/s，以太网的速率已经提高 13.3 万倍。尽管已经如此令人惊讶，但以太网技术仍然在不断发展。

400G　BASE　-　SR8
速率　信号类型　物理媒体

图 6.13　以太网物理标准的标注格式

以太网有众多的物理层标准，这些标准采用了统一的方法进行标注，其格式如图 6.13 所示。第一项代表速度，如 10 代表 10Mb/s，400G 代表 400Gb/s；第二项代表信号类型，BASE 代表基带信号，BROAD 代表宽带信号，目前几乎所有以太网信号都是基带信号；第三项代表物理介质类型，如 T 代表双绞线(twisted pair)，SR8 代表 8 对多模光纤。

2. 从共享传输介质到独享传输介质

传统以太网也被称为共享以太网，这种以太网采用同轴电缆作为共享传输介质，其结构如图 6.14(a)所示。共享以太网中，共享传输介质作为总线，多个站被连接到一根共享总线

① Metcalfe R M，Boggs D R. Ethernet：distributed packet switching for local computer networks[J]. Communications of The ACM，1976，19(7)：395-404.

上，采用 CSMA/CD 协议协调多个站的数据发送。这种网络拓扑称为总线拓扑。20 世纪 90 年代，随着 10BASE-T 的开发，越来越多的站点通过双绞线连接到集线器(hub)，而不再使用同轴电缆。使用集线器连接的以太网，从表面上看是一个星形拓扑，但工作在物理层的集线器实际上模拟了同轴电缆的工作，因此这种以太网从逻辑上依然是总线拓扑，依然采用 CSMA/CD 协议协调多个站的数据发送，其结构如图 6.14(b)所示。10BASE-T 以太网的出现，是局域网发展史上的一个非常重要的里程碑。从此以太网的拓扑就从总线拓扑变为更加方便的星形拓扑，而以太网也逐渐在局域网中占据了统治地位。

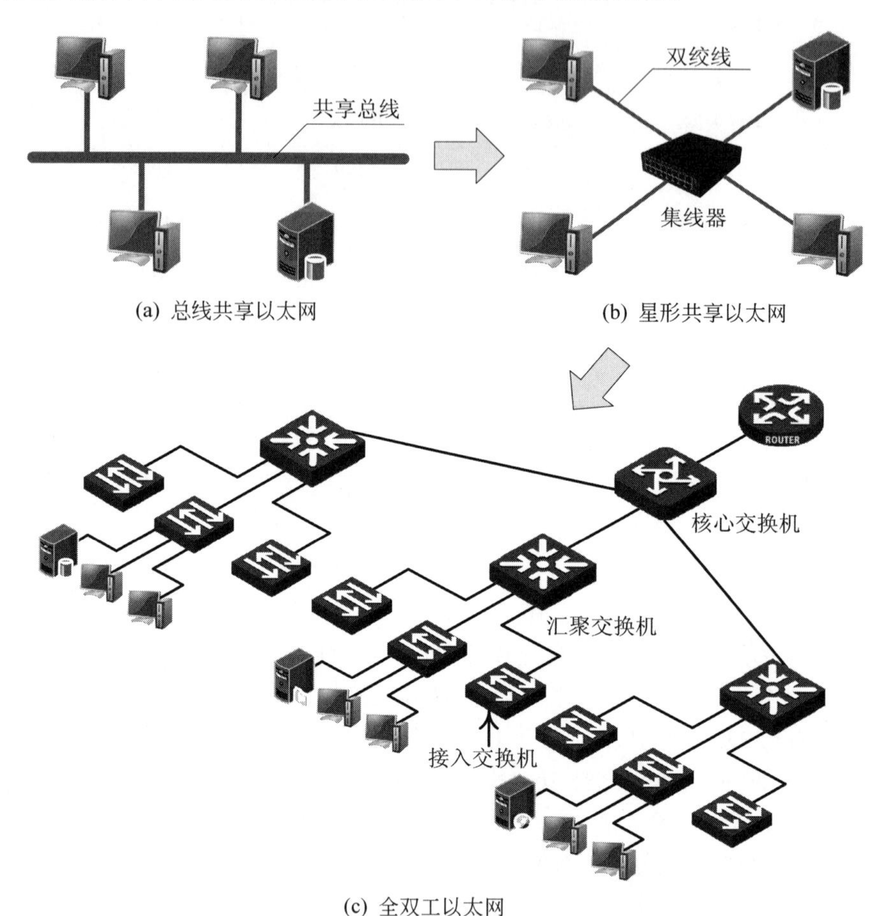

图 6.14 从共享以太网到全双工以太网

20 世纪 90 年代后期，随着 100BASE-T 以太网的发展和流行，交换机逐渐替代了集线器。交换机是数据链路层设备，以存储转发方式工作，并且可以工作在双工模式下。当交换机完全替代集线器后，在以太网中，每段链路的两端仅有两个站点，它们都工作在全双工模式下，都以独享的方式占用传输介质，这种以太网称为全双工以太网，其结构如图 6.14(c)所示。在全双工以太网中，不再需要使用基于竞争的 CSMA/CD 协议，所有站点都可以同时发送数据而不发生冲突。

3. 从局域网到城域网再到广域网

以太网最初仅仅是局域网，但随着网络技术的不断更新，以太网技术的应用范围已经从局域网、城域网扩展到广域网。导致以太网技术应用范围不断扩展的因素有两个。首先是全双工以太网技术的出现。由于全双工以太网不再使用 CSMA/CD 协议,为保证冲突检测有效性而规定的传输距离上的限制就不复存在了。以太网可以传输到物理链路可达的、尽可能远的任何地方。其次是成本因素。以太网因其简单性使得实现成本较低。如果在城域网和广域网中也采用以太网技术,则它们之间不再需要帧格式转换,将节约更多的成本。2004 年,IEEE EFM(Ethernet in the first mile)工作组推出了 IEEEE 802.3ah 标准,制定了以太网接入技术的实现标准,从而实现了端到端的以太网传输。

6.2.2 以太网的帧格式

早期以太网的帧格式由 DIX Ethernet 标准规定,这种格式被称为 DIX 格式或 Ethernet V2 格式。后来,对这种格式稍加修改,制定了 IEEE 802.3 标准的以太网帧格式。IEEE 最初制定的局域网技术规范中包括很多种类型,为了支持各种类型的局域网互连,IEEE 将数据链路层分为两个子层:介质访问控制(media access control,MAC)子层和逻辑链路控制(logical link control,LLC)子层。LLC 层的帧格式对于各种局域网都是相同的,MAC 层的帧格式则各不相同。LLC 子层由 IEEE 802.2 标准规定,随着以太网在局域网市场中取得垄断地位,LLC 子层的作用日渐消失,IEEE 于 2010 年撤销了 IEEE 802.2 标准,指定 LLC 子层的标准参考 ISO/IEC 8802-2,并且 ISO/IEC 8802-2 标准也已经不再更新。因此,本章介绍以太网时,不再考虑 LLC 子层。

目前,所有的 IEEE 802.3 以太网帧都基于一个共同的格式,并且在原有规范的基础上进行了扩展,以支持额外的功能。IEEE 802.3 标准中用到了术语分组(packet),但其含义与互联网术语中的分组不同,为了区分两个术语,使用 IEEE 分组(IEEE packet)特指 IEEE 802.3 标准中的分组。IEEE 802.3-2018 标准中规定的以太网帧格式如图 6.15 所示。

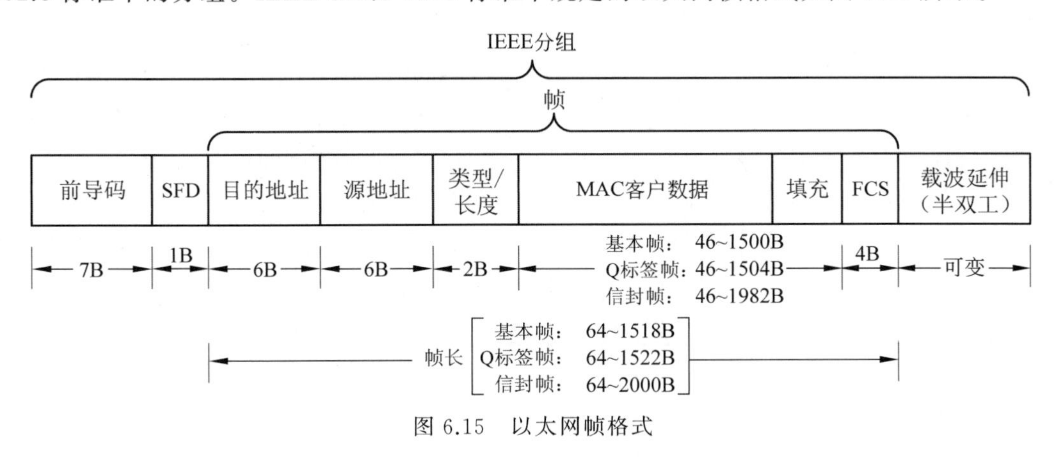

图 6.15 以太网帧格式

在 IEEE 分组中,前导码、帧开始符(start frame delimiter,SFD)和载波延伸字段属于物理层,其他字段属于数据链路层,数据链路层的各字段共同构成了帧。

IEEE 分组中各字段含义如下。

(1) 前导码。该字段占 7B,取值为交替的 1 和 0。以太网采用的编码方案包括曼彻斯特编码、4B/5B 编码、8B/10B 编码等都自带时钟信号。在发送帧之前先发送前导码,其作用是使接收端的适配器在接收 MAC 帧时能够迅速调整其时钟频率,使它和发送端的时钟同步,即“实现位同步”。

(2) 帧开始符 SFD。该字段占 1B,取值“10101011”。SFD 的前 6 位的作用和前导码一样,最后的两个连续的“1”代表帧即将开始传送。

(3) 目的地址。该字段占 6B,接收方 MAC 地址。目的 MAC 地址可以是单播地址、多播地址或广播地址。

(4) 源地址。该字段占 6B,发送方 MAC 地址。

(5) 类型/长度。该字段占 2B。由于历史原因,该字段包含两种含义。当取值小于或等于 1500(0x05DC)时,该字段理解为长度字段,代表基本帧中 MAC 客户数据的字节数。在基本帧中,MAC 客户数据即来自于上层协议(如 IP)的数据,其最大长度不允许超过 1500B。当取值大于或等于 1536(0x6000) 时,该字段理解为类型字段,代表 MAC 客户协议类型。类型字段典型的取值有 0x0800 代表 IP、0x0806 代表 ARP 等。

(6) MAC 客户数据(MAC client data)。MAC 客户数据包含可选的标签和上层协议数据,上层协议可以是 IP、ARP,也可以是其他协议。

IEEE 802.3 定义了 3 种类型的以太网帧:基本帧(basic frame)、Q 标签帧(Q-tagged frame)和信封帧(envelope frame)。3 种帧的 MAC 客户数据字段的最大长度不同。

① 基本帧就是最初以太网标准中定义的帧,没有进行扩展,不支持额外功能,不允许包含任何标签。因此,基本帧中的 MAC 客户数据仅包含上层协议的数据,其最大长度不允许超过 1500B。考虑到帧首部和尾部共 18B,基本帧的最大帧长为 1518B。

② Q 标签帧是指增加了 IEEE 802.1Q 标签的帧。IEEE 802.1Q 标签也简称 Q 标签,长度 4B,用以实现虚拟局域网(virtual local area network,VLAN)功能。类型字段取值 0x8100、0x88a8 或 0x88e7 的帧是 Q 标签帧。Q 标签帧的 MAC 客户数据最大长度 1504B,其上层协议的数据最大长度仍然是 1500B。Q 标签帧的最大帧长为 1522B。关于 VLAN 的基本原理将在 6.2.4 节进行介绍。

③ 信封帧是指增加了额外标签的帧。这些额外标签由类型字段指明,可以用来提供更多扩展功能。IEEE 802.3-2018 中允许最多 482B 的标签,因此信封帧的 MAC 客户数据最大长度为 1982B,其上层协议的数据最大长度仍然是 1500B。信封帧的最大帧长为 2000B。需要说明的是,Q 标签帧属于信封帧;但并非所有信封帧都是 Q 标签帧。

综上所述,虽然 3 种类型的以太网帧的 MAC 客户数据字段的最大长度不同,但其中封装的上层协议的数据最大长度都是 1500B,也就是说以太网的 MTU 为 1500B。

在以太网中传输数据时,每个帧携带的上层数据越多,则效率就越高。传统以太网的 MTU 仅 1500B,为提高传输效率,在某些传输速率为 1Gb/s 以上的以太网中支持一种非标准的扩展,称为巨型帧[①](jumbo frames)。巨型帧允许携带最多 9000B 的有效负载。但使用巨型帧时需要谨慎,它们可能无法由传统以太网设备处理。

(7) 填充。在传输速率为 10Mb/s 的以太网中,CSMA/CD 协议为了保证冲突检测的有效性,限制以太网最小帧长为 64B。虽然以太网经过了多次更新,但每次更新都会保持与之前的以太网标准的兼容性,因此以太网始终保持着最小帧长 64B 的规定。

当上层协议传来的数据小于 46B 时,会导致封装的以太网帧不足 64B,从而以太网协议

---

① Linux 操作系统支持巨型帧。

实体必须在填充字段用“0”补足。所以，在接收方向上层协议实体提交数据时，需要将这些填充字段删除。

(8) 帧检验序列 FCS。该字段占 4B，利用 CRC 算法进行帧检验。帧检验计算范围包括目的地址、源地址、类型/长度、MAC 客户数据和填充字段。以太网的 FCS 采用 IEEE 标准的 CRC32 进行计算，其生成多项式在 6.1.4 节中已有介绍。

(9) 载波延伸(carrier extension)。在千兆以太网中，当工作在半双工模式时，为了保持 CSMA/CD 协议的有效性，需要在较短的帧后补充字段值全为“0”的载波延伸字段。由于全双工以太网不需要 CSMA/CD 协议，因此，工作在全双工模式时，不需要该字段。目前，以太网极少工作在半双工模式下，本书对载波延伸不做深入介绍。

以太网协议规定，每发送完一帧都必须停下来等待一小段时间再发送下一帧。这段时间称为帧间间隔(inter-frame gap)，也称为 IEEE 分组间隔(inter-packet gap)。帧间间隔的作用有两点：一是在运行 CSMA/CD 协议时停止发送可以让信道空闲下来，以方便多个站点争用信道；二是在传输速率为 10Mb/s 的传统以太网中，停止发送代表帧结束标记，再次发送新帧时，前导码和 SFD 可以代表帧开始标记。IEEE 规定的帧间间隔为 96 比特时间，即发送 96b 数据消耗的时间。对于传输速率为 10Mb/s 的传统以太网来说，帧间间隔为 9.6μs；对于传输速率为 100Mb/s 的快速以太网来说，帧间间隔为 0.96μs；以此类推。

6.2.3 网桥和交换机

在许多情况下，人们都希望对以太网的覆盖范围进行扩展。在使用粗同轴电缆或细同轴电缆的以太网中，经常使用中继器来扩展以太网的地理覆盖范围。两个电缆网段可用一个中继器连接起来。在 10BASE-T 网络出现后，将多个集线器互相连接，就可以扩展成覆盖范围更大的树状拓扑的以太网。中继器和集线器都属于物理层设备，通过中继器或集线器的接口连接在一起的所有站点都处于同一个冲突域(collision domain)，如图 6.16(a)所示。所谓冲突域是指站点发送的物理层信号可以到达的范围。处于同一个冲突域内的站点，在任意一个时刻只能有一个站点在发送数据，否则将会发生冲突。使用中继器或集线器扩展以太网，覆盖范围扩大的同时，冲突域也扩大了。为了保证 CSMA/CD 协议的有效性，在同一个冲突域内的端到端往返传播延迟 2τ 必须受到限制，因此，IEEE 802.3 中规定了 5-4-3 规则来限制以太网的覆盖范围。所谓 5-4-3 规则是指在一个网络中，最多可以分为 5 个网段，用 4 个中继器连接，仅允许其中 3 个网段有站点设备，其他 2 个网段只用于传输距离的延长。10BSE-T 网络最多允许级联 4 个集线器。

随着 100BASE-T 网络和交换机的普及，集线器最终被交换机(switch)所替代。IEEE 802.1D 标准规定了网桥(bridge)的操作，而交换机本质上是多接口、高性能的网桥，本书对交换机和网桥两个术语不做区分。交换机的接口通常称为端口①。交换机工作在数据链路层，也称为二层交换机(L2 switch)②。交换机以存储转发方式处理收到的数据帧③，因此，

---

① 交换机的端口是硬件端口，和运输层的端口、端口号概念完全不同。

② 某些高端交换机具有路由功能，可以工作在网络层，称为三层交换机。本书中未做特殊说明的交换机均指二层交换机。

③ 有一类交换机称为直通式交换机，为了提高转发效率，它们在收到帧首部后就开始转发数据帧。直通式交换机转发数据帧之前不能进行帧检验，也有一些负面影响。本书仅讨论存储转发方式的交换机。

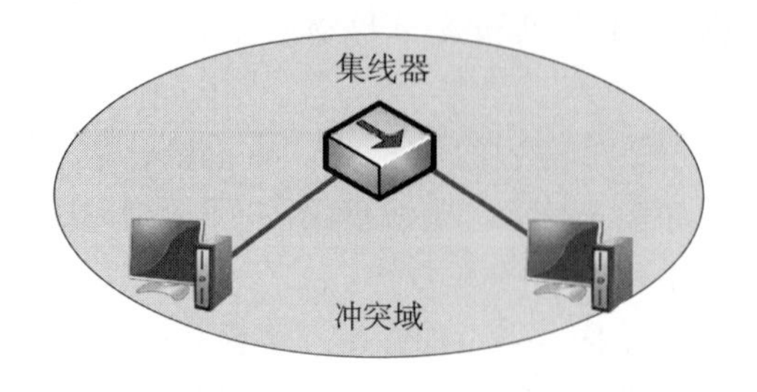

(a) 集线器所有接口处于同一个冲突域

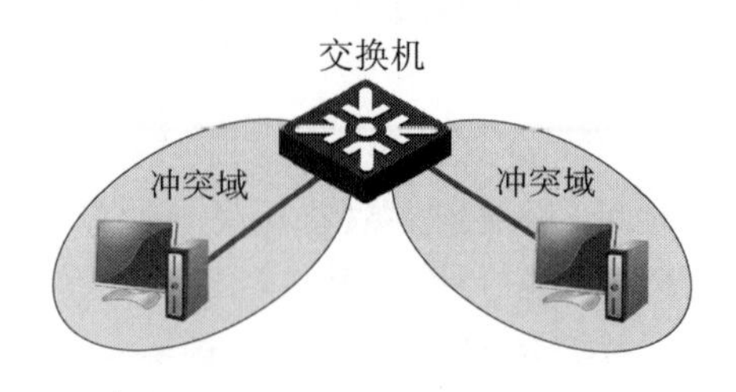

(b) 交换机每个端口处于同一个冲突域

图 6.16　集线器和交换机的冲突域

交换机的不同端口之下连接的站点可以同时发送数据，但交换机的每个端口下连接的站点不能同时发送数据，即处于同一个冲突域，如图 6.16(b)所示。所以说交换机可以隔离冲突域。如果交换机的每个端口都直接与一台主机或另一台交换机相连，这种以太网称为全交换以太网。交换机通常工作在全双工模式之下，在全双工全交换网络中，相互通信的主机都可以独占传输介质，无冲突地传输数据。因此，全双工全交换网络不再使用 CSMA/CD 协议，也不再需要受到 5-4-3 规则的限制。利用交换机扩展以太网，可以覆盖更大的地理范围，而不必考虑端到端往返传播延迟 2τ。

1. 交换机的工作原理

交换机是一种即插即用设备，每台交换机维护一张或多张交换表[①]（也称为地址表）。交换表是通过自学习算法自动逐渐建立起来的。交换表由很多交换表项组成，每条交换表项主要包括 3 个字段：MAC 地址、端口和老化时间(ageing time)。其中，MAC 地址和端口用来记录与该地址相连的端口，老化时间用来记录学习到该项目后经历的时间。下面，通过一个简单的例子来介绍交换机的工作原理。

图 6.17 所示为一个简单的全交换网络。主机 ns50A、ns50B 与交换机 SWA 相连，主机 ns50C 和 ns50D 与交换机 SWB 相连，SWA 与 SWB 之间也有连接链路。可以利用 Linux 的虚拟网络设备 bridge 搭建出图 6.17 所示网络拓扑，研究交换机的工作过程。

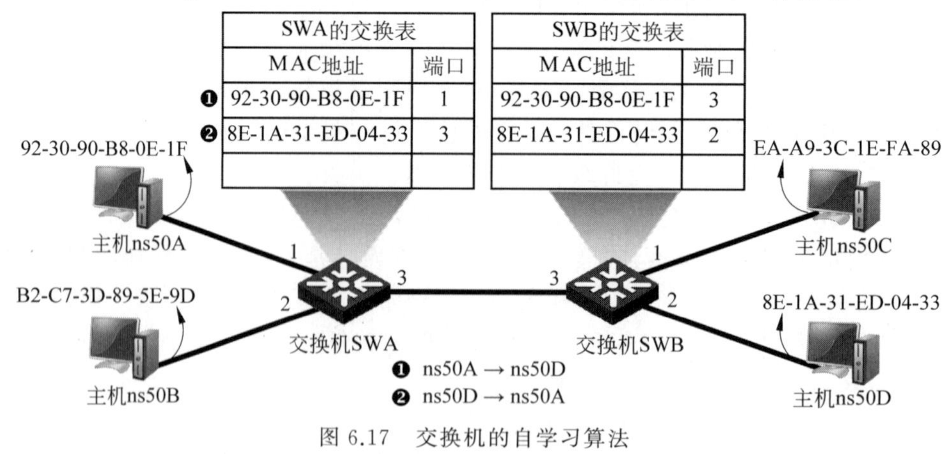

图 6.17　交换机的自学习算法

① 交换机的实现方式不同，在某些交换机的实现中，为每个 VLAN 维护一张交换表，因此一台交换机中存在多张交换表。

交换机刚启动时，交换表为空。每当交换机收到一个数据帧，它首先进行自学习。交换机用数据帧中的源 MAC 地址查找交换表，如果找不到匹配的项目，则将源 MAC 地址和对应的端口写入交换表；如果能找到匹配的项目，则更新老化时间。图 6.17 所示的示例中第一次通信是主机 ns50A 向主机 ns50D 发送一个数据帧，将该帧记为❶号帧。❶号帧的源 MAC 地址为 92-30-90-B8-0E-1F，从交换机 SWA 的 1 端口进入 SWA。根据交换机的自学习算法，源 MAC 地址 92-30-90-B8-0E-1F 和端口编号 1 被写入 SWA 的交换表。

交换机完成自学习后，会对数据帧进行转发。交换机用数据帧中的目的 MAC 地址查找交换表，如果找不到匹配的项目，则将数据帧向接收端口以外的所有端口转发；如果能找到匹配的项目，则根据交换表指明的端口转发；如果交换表指明的端口恰好是接收端口，则丢弃数据帧，不进行转发。图 6.17 所示的示例中❶号帧的目的 MAC 地址为 8E-1A-31-ED-04-33，根据交换机的转发算法，该帧被转发向 SWA 的 2 和 3 端口。

当❶号帧从交换机 SWB 的 3 端口进入 SWB，根据交换机的自学习算法，源 MAC 地址 92-30-90-B8-0E-1F 和端口编号 3 被写入 SWB 的交换表，如图 6.17 所示。然后根据交换机的转发算法，该帧被转发到 SWB 的 1 和 2 端口。

主机 ns50B、主机 ns50C 收到❶号帧后，由于目的 MAC 地址与自己的 MAC 地址不匹配，会直接丢弃该帧。主机 ns50D 收到❶号帧后，会先除去帧首部和尾部，然后将数据部分上交给上层协议实体。

假定主机 ns50D 收到❶号帧后回送一个数据帧给主机 ns50A，将该帧记为❷号帧。❷号帧的源 MAC 地址为 8E-1A-31-ED-04-33，目的 MAC 地址为 92-30-90-B8-0E-1F。当❷号帧从 SWB 的 2 端口进入交换机后，根据交换机的自学习算法，目的 MAC 地址为 92-30-90-B8-0E-1F 和端口编号 2 被写入 SWB 的交换表。然后根据交换机的转发算法，在交换表中查找目的 MAC 地址，本次能找到匹配的项目，于是将❷号帧转发到 SWB 的 3 端口。同样的过程也发生在交换机 SWA 中，目的 MAC 地址为 92-30-90-B8-0E-1F 和端口编号 3 被写入 SWA 的交换表，然后❷号帧被转发到 SWA 的 1 端口，最终到达主机 ns50A。

每台交换机经过一段时间对 MAC 地址的“学习”后，最终每台交换机都会知道每个站可由哪个端口到达。由于站点可能出现移动、网卡更换、MAC 地址改变或其他情况，所以就算交换机曾发现一个 MAC 地址可通过某个端口访问，这个信息也不是永远正确的。交换表中的老化时间就是为解决该问题而设计的，如果交换表中某项目的老化时间到达了“有效期”，则交换机会删除该项目。

2. 生成树协议

交换机可以单独工作，也可以与其他交换机共同工作。当多个交换机连接在一起共同工作时，由于存在冗余链路的可能性，可能会形成很多循环帧。下面，以图 6.18 所示网络来介绍这个问题。为方便描述，图 6.18 中的多个交换机的端口使用了统一编号，实际上，每台交换机的端口都是独立编号的。

假设图 6.18(a)中的多个交换机刚被打开，并且它们的交换表为空。当主机 S 发送一个帧时，交换机 A 在 2、3 和 4 端口复制并转发该帧。这时，最初的帧已被生成 3 份副本。这些帧被交换机 B、C 和 D 接收。交换机 B 在 6 和 7 端口复制并转发该帧。交换机 C 和 D 分别在 9、10 端口和 11、13 端口复制并转发该帧。这时最初的帧已被生成 6 份副本。这些帧在交换机 B、C 和 D 之间双向传输，当这些帧到达时，各交换机的交换表开始出现振荡，这是

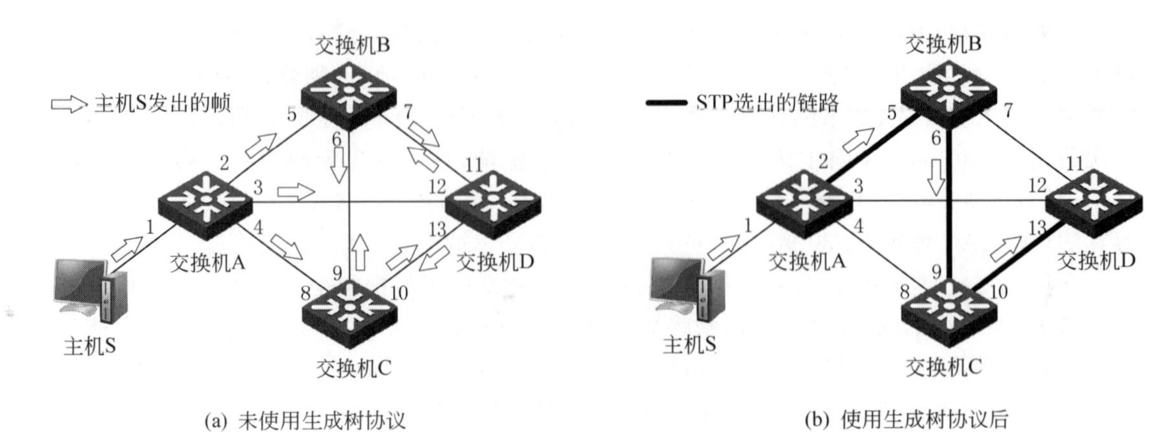

图 6.18 包含冗余链路的网络

由于交换机从不同的端口反复收到来源为主机 S 的帧。显然，这种情况是不能容忍的。如果发生了这种情况，交换机将无法工作。

交换机间的冗余链路会引起广播风暴和交换表振荡等问题。使用生成树协议(spanning tree protocol,STP)可以解决该问题。

STP 通过在每台交换机上禁用某些端口来工作，这样可避免拓扑环路。在数学上，连通图中的生成树必须满足两个条件：一是包含连通图中所有的顶点；二是任意两顶点之间有且仅有一条通路。生成树中，任意顶点到其他顶点的路径都没有环路。一张图可能存在多个生成树。STP 用于找出图中一个生成树，STP 算法中将交换机作为顶点，并将链路作为边。图 6.18(b)说明了使用生成树协议后的网络拓扑，其中的粗实线表示网络中被 STP 选择用于转发帧的链路，其他链路没有被使用。3、4、7、8、11 和 12 端口被阻塞。通过使用生成树协议，避免了广播风暴和交换表振荡等问题。

生成树的形成和维护由多个交换机共同完成，交换机间通过网桥协议数据单元(bridge protocol data unit,BPDU)来完成生成树协议。生成树协议首先选出某台交换机作为“根”，然后根据链路成本构造生成树。生成树协议也能够适应交换机的启用和关闭、接口卡更换或 MAC 地址改变、网络拓扑变化等各种状况，并及时更新生成树。

在当前标准 IEEE 802.1D-2004 中，快速生成树协议(rapid spanning tree protocol,RSTP)替代了早期传统的 STP。RSTP 的核心是快速生成树算法，它比传统生成树算法的收敛速度更快，更适用于不断变化的网络拓扑。RSTP 已经被扩展到 VLAN 中，它采用多生成树协议(multiple spanning tree protocol,MSTP)，保留了与 RSTP 和 STP 报文格式的兼容，并支持构造多个生成树，即每个 VLAN 一个生成树。关于 STP、RSTP 和 MSTP 的细节，本书不做过多介绍，感兴趣的读者可以参考 IEEE 802.1D-2004 和 IEEE 802.1Q-2018 等相关标准和技术文档。

6.2.4 虚拟局域网

随着交换式以太网的使用越来越多，位于同一以太网中的主机数量也越来越多，它们可以直接与其他主机通信。IEEE 规定 48 位为全“1”的地址是广播地址，目的地址为广播地址的帧称为广播帧。广播帧能够被分发到同一以太网上的所有主机，当大量主机使用广播时，广播到每台主机的流量将耗费大量网络带宽资源。为了更有效地利用网络带宽资源，需要限制以太网广播的范围。此外，很多网络攻击都是在同一个广播域中发起的，出于网络安全方面的考虑，也需要限制广播的范围。这里所谓广播域是指站点发送的广播帧能够到达的范围。

交换机在收到以太网广播帧时，会向接收端口之外的所有端口进行转发，因此交换机的所有端口下连接的站点处于同一个广播域，如图 6.19 所示。在 2.2 节中已经介绍，路由器的每个接口属于不同网络，当路由器收到以太网广播时，它不进行转发。因此，路由器的每个接口下连接的站点处于同一个广播域。也就是说路由器可以隔离广播域，如图 6.19 所示。

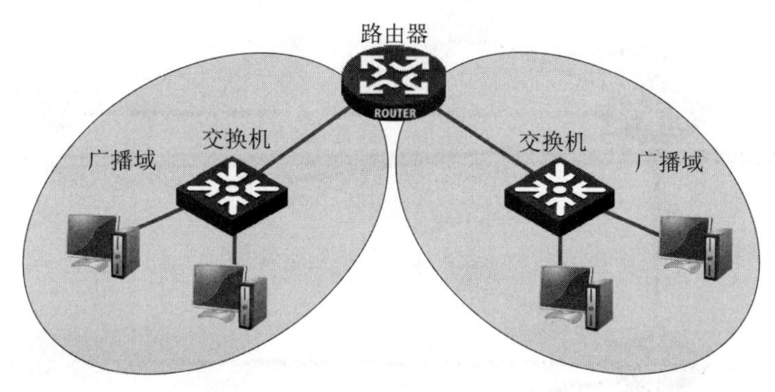

图 6.19　交换机和路由器的广播域

在同一个以太网内部，可以隔离广播域，限制广播的范围吗？答案是肯定的。为了解决该问题，IEEE 采用一种称为虚拟局域网(virtual local area network，VLAN)的功能扩展了 IEEE 802.3 的以太网标准，它被定义在 IEEE 802.1Q 中，目前最新的版本是 IEEE 802.1Q-2018。

在 IEEE 802.1Q 中定义的虚拟局域网 VLAN 是由一些局域网网段构成的与物理位置无关的逻辑组，这些网段具有某些共同的需求。虚拟局域网 VLAN 的实现依赖交换机，支持 VLAN 功能的交换机称为 VLAN 交换机。

VALN 可以隔离广播域，属于相同 VLAN 的主机处于同一个广播域，属于不同 VLAN 的主机处于不同的广播域。如图 6.20 所示为一个包含 2 台交换机、7 台主机的局域网，7 台主机被划分在 3 个 VLAN 中，3 个 VLAN 构成了 3 个广播域。VLAN 实现了以太网中主机之间的流量分隔，即使连接在同一台交换机上但属于不同 VLAN 的两台主机，它们之间的流量也需要一台路由器或三层交换机来传递。所谓三层交换机是指具有部分网络层功能的交换机。

将主机划分到 VLAN 的方式有很多种，最简单和最常用的方式是基于端口的 VLAN 划分[①]，即明确指定各端口属于哪个 VLAN。这样交换机的指定端口所连接的主机就被分配到一个指定的 VLAN 中了。如图 6.20 所示，交换机 SWD 的 2 端口和 5 端口被划分给 VLAN10，这两个端口连接的主机 ns51B 和 ns51C 就属于 VLAN10。

当属于不同 VLAN 的主机连接在同一交换机时，交换机负责确保流量不在两个

① 某些交换机支持基于 MAC 地址的 VLAN 划分，三层交换机还可以支持基于 IP 地址的 VLAN 划分。

VLAN之间泄漏。当多个VLAN跨越多个交换机时，在交换机之间的链路上需要通过多个VLAN的流量。通常将连接两台VLAN交换机的端口称为trunk端口，VLAN交换机之间的链路称为trunk链路。为了区分不同VLAN的流量，在以太网帧发往trunk端口之前，需要在帧中插入Q标签来标记该帧的归属。插入了Q标签的帧称为Q标签帧，如图6.20所示。在交换机向主机转发帧之前，需要移除Q标签帧中的标签。插入和移除Q标签的工作对主机是透明的，完全由交换机负责。主机发送和接收的帧都是基本帧，如图6.20所示。

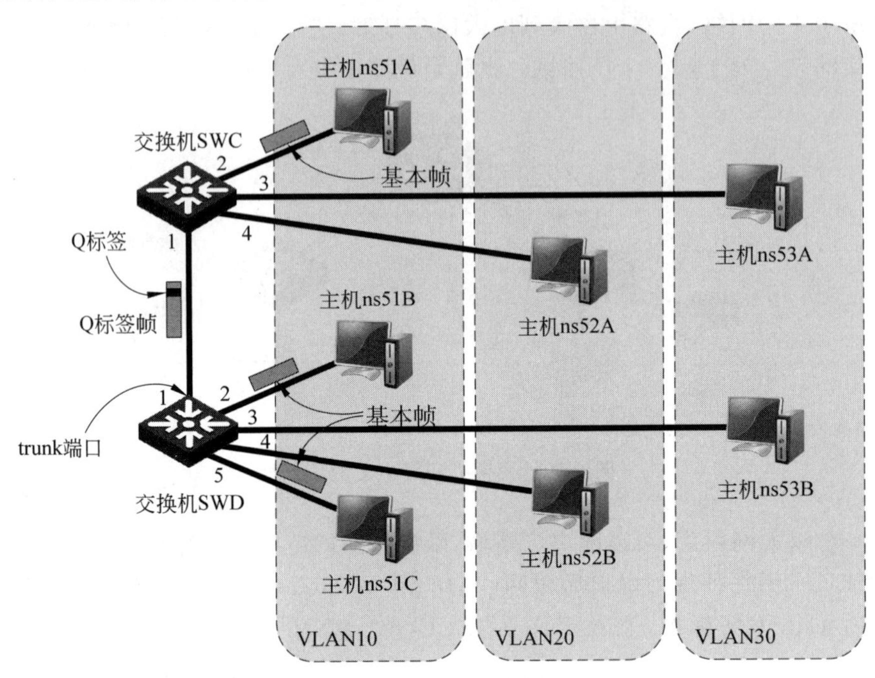

图6.20　VLAN示意图

在如图6.20所示网络中，假如主机ns51B发送了一帧广播帧，交换机SWD从2端口收到后，根据自己保存的端口和VLAN的映射关系，将广播帧转发向属于同一个VLAN的5端口。同时，交换机SWD复制广播帧，并插入Q标签，Q标签中包含VLAN号(本例为VLAN10)，然后将带有Q标签的广播帧转发向trunk端口，即1端口。当交换机SWC收到Q标签帧后，读取Q标签中的VLAN号(本例为VLAN10)，去除Q标签，将广播帧转发向该VLAN对应的2端口。主机ns51C和主机ns51A收到的帧均为基本帧。

在Linux中可以利用虚拟网络设备bridge和虚拟网络接口实现VLAN，利用Linux虚拟网络环境搭建如图6.20所示网络拓扑，然后利用Linux的nping命令从主机ns51B上发送以太网广播，观察trunk链路上的Q标签帧。

执行如下Linux命令[①]，指明目的MAC地址为全"1"的广播地址，构造UDP用户数据报，从主机ns51B上发送以太网广播。

---

① Linux命令中48位MAC地址被分割为6个十六进制数，使用":"分隔。在Windows中，MAC地址使用"-"分隔。传统上，UNIX系统一直使用":"，而IEEE标准和其他操作系统倾向于使用"-"。":"分隔和"-"分隔意义相同，不影响理解。

```
# ip netns exec ns51B nping -c 1 --udp -g 3000 --dest-mac ff:ff:ff:ff:ff:ff 192.
168.51.255
```

在交换机 SWC 的 1 端口用 Wireshark 截获 Q 标签帧如图 6.21 所示。

No.	源MAC地址	目的MAC地址	VLAN ID
1	2e:1a:d7:e9:fd:6b	ff:ff:ff:ff:ff:ff	10

```
> Frame 1: 46 bytes on wire (368 bits), 46 bytes captured (368 bits) on interface trunk, id 0
v Ethernet II, Src: 2e:1a:d7:e9:fd:6b (2e:1a:d7:e9:fd:6b), Dst: Broadcast (ff:ff:ff:ff:ff:ff)
  > Destination: Broadcast (ff:ff:ff:ff:ff:ff)
  > Source: 2e:1a:d7:e9:fd:6b (2e:1a:d7:e9:fd:6b)
    Type: 802.1Q Virtual LAN (0x8100)
v 802.1Q Virtual LAN, PRI: 0, DEI: 0, ID: 10
    000. .... .... .... = Priority: Best Effort (default) (0)
    ...0 .... .... .... = DEI: Ineligible
    .... 0000 0000 1010 = ID: 10
    Type: IPv4 (0x0800)
> Internet Protocol Version 4, Src: 192.168.51.11, Dst: 192.168.51.255
> User Datagram Protocol, Src Port: 3000, Dst Port: 40125
```

主机 ns51B：192.168.51.11

图 6.21　Q 标签帧实例

IEEE 802.1Q 中规定的 Q 标签由长度为 2B 的标签协议标识(tag protocol identifier，TPID)和长度为 2B 的标签控制信息(tag control information，TCI)组成。其中 TPID 兼容以太网帧中的类型/长度字段，标签控制信息 TCI 由优先级码点(priority code point，PCP)、丢弃适当性指示符(drop eligible indicator，DEI)和 VLAN ID 这 3 个字段组成。插入 Q 标签后的帧格式如图 6.22 所示。

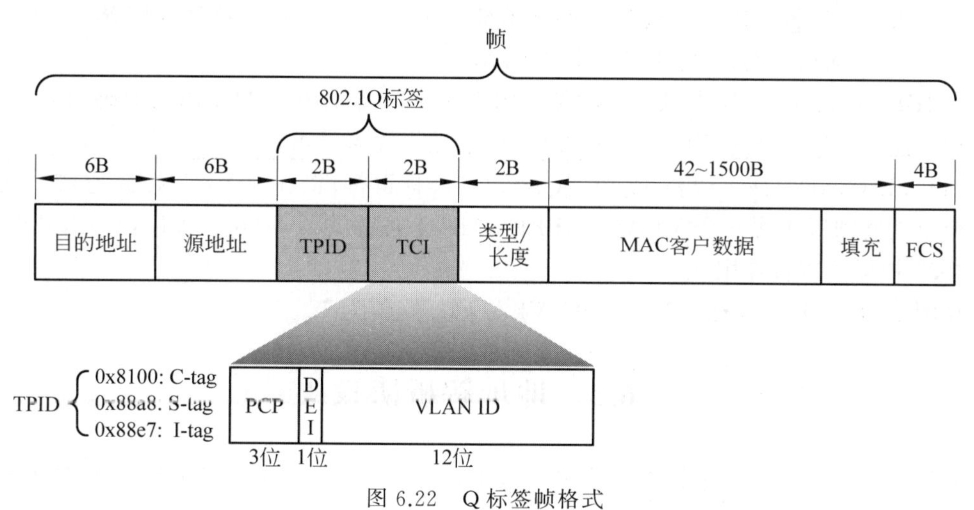

图 6.22　Q 标签帧格式

Q 标签中各字段含义如下。

(1) 标签协议标识(TPID)。该字段占 2B，即 16 位，用于指明插入的标签类型。IEEE 802.1Q-2018 中规定了 3 种类型的 Q 标签：TPID 取值 0x8100 时代表 C-tag；TPID 取值 0x88a8 时代表 S-tag；TPID 取值 0x88e7 时代表 I-tag。

① C-tag 是指客户 VLAN 标签(customer VLAN tag)，是 IEEE 801.2Q 中最初定义的标签类型，是最常见、应用最广泛的一种 Q 标签，用于客户网络中的 VLAN 交换机，用来实

现图 6.20 所示的虚拟局域网。

② S-tag 是指服务商 VLAN 标签(service VLAN tag),用于在服务商网络中的 VLAN 交换机中实现 QinQ 协议。QinQ 协议是一个利用标签嵌套实现的二层隧道协议。当带有 C-tag 的 Q 标签帧从用户网络进入服务商网络时,服务商可以给用户的 Q 标签帧再次插入一个外层标签,形成 QinQ 帧,在服务商的 VLAN 中转发。当 QinQ 帧离开服务商网络时,外层标签被剥离,恢复成用户的 Q 标签帧,转发到用户网络中。

③ I-tag 是指主干网服务实例标签(backbone service instance tag),用于主干网边界交换机(backbone edge bridge,BEB)。如果 TPID 为 I-tag,则标签控制信息(TCI)也会做专门的定义,这与图 6.22 中所示的有所不同。I-tag 的用法比较复杂,超出了本书的介绍范围,有兴趣的读者可以参考 IEEE 802.1Q-2018 标准。

在图 6.21 截获的 Q 标签帧实例中,TPID 取值 0x8100,说明 Q 标签为 C-tag,该帧为普通的 Q 标签帧。

(2) 优先级码点(PCP)。该字段占 3 位,用于代表用户优先级。用户优先级最初在 IEEE 802.1P 标准中定义,后来定义在 IEEE 802.1Q 标准中。用户优先级可以与 VLAN 结合使用,也可以单独使用。当 VLAN ID 取值为“0”时,说明 Q 标签帧中不包含 VLAN 信息,仅包含用户优先级信息。

在图 6.21 截获的 Q 标签帧实例中,PCP 取值为“0”。

(3) 丢弃适当性指示符(DEI)。该字段占 1 位,用于指示在带宽争用等情况下是否允许丢弃帧。默认值为 0,代表不丢弃帧。在较早期的标准中,DEI 位被定义为规范格式指示符(canonical format indicator,CFI),用来区分以太网帧、FDDI 帧和令牌环帧。CFI 默认取值为“0”,代表以太网帧。随着其他局域网技术被淘汰,CFI 这种用法已经被废弃。

在图 6.21 截获的 Q 标签帧实例中,DEI 取值为“0”。

在 IEEE 802.1Q-2018 标准中,规定了 PCP 和 DEI 结合在一起使用的编码和解码规则,有兴趣的读者可以参考 IEEE 802.1Q-2018 标准进行深入学习。

(4) VLAN ID。该字段占 12 位,代表 VLAN 标识符,也称为 VLAN 号,它唯一地标识了这个以太网帧属于哪一个 VLAN。IEEE 802.1Q 共提供了 4096 个 VLAN 号,其中 0、1、2 和 4095 被保留做特殊用途。

在图 6.21 截获的 Q 标签帧实例中,VLAN ID 取值为 10。

6.3 地址解析协议

如果一台主机要将一个帧发送到另一台主机,虽然源主机和途经的路由器都知道目的主机的 IP 地址,但主机或路由器怎样知道应当在帧的首部填入什么样的硬件地址呢?地址解析协议(ARP)就是用来解决这样的问题的。

ARP 提供了一种从网络层的 IP 地址解析出数据链路层的硬件地址的方法。由于不同的数据链路层协议可以采用不同类型的硬件地址,ARP 在设计时考虑了 IP 地址和各种类型的硬件地址的映射。但在实际应用中,ARP 几乎总是用于 32 位 IPv4 地址和以太网的 48 位 MAC 地址之间的映射。在 RFC826 中对这种情况进行了详细说明,本节也仅介绍这种情况。

还需要说明的是，ARP 仅用于 IPv4，IPv6 中使用邻居发现协议，邻居发现协议属于 ICMPv6 的一部分，关于 ICMPv6，将在第 7 章中介绍。

从 6.1.1 节的介绍中，已经知道数据链路层的主要任务是提供相邻结点（主机或路由器）之间的通信服务，每经过一台路由器，IP 数据报被转发向下一个网络，数据链路层帧中的源 MAC 地址和目的 MAC 地址都会发生变化。在每一个网络中，帧的目的 MAC 地址都是下一跳结点的接收接口的 MAC 地址。因此，ARP 需要做的是在每一个网络中，将下一跳结点的 IP 地址解析为其对应的 MAC 地址。然后，以太网协议可以将该 MAC 地址作为目的 MAC 地址写入帧首部中，完成帧的发送。对于间接交付网络，下一跳 IP 地址可以从路由表中获得；对于直接交付网络，下一跳 IP 地址即目的地址。

在图 6.23 所示的网络拓扑中，源主机 ns56A 发送到目的主机 ns56B 的 IP 数据报可以直接交付，其下一跳 IP 地址就是目的 IP 地址 192.168.56.125。而源主机 ns56A 发送到目的主机 ns57A 的 IP 数据报，需要经过了 4 个网络才能到达目的主机，其下一跳 IP 地址依次是 192.168.56.1、192.168.56.246、192.168.56.250 和 192.168.57.126（目的主机）。在 IP 数据报的转发过程中，需要 ARP 进行 4 次地址解析。

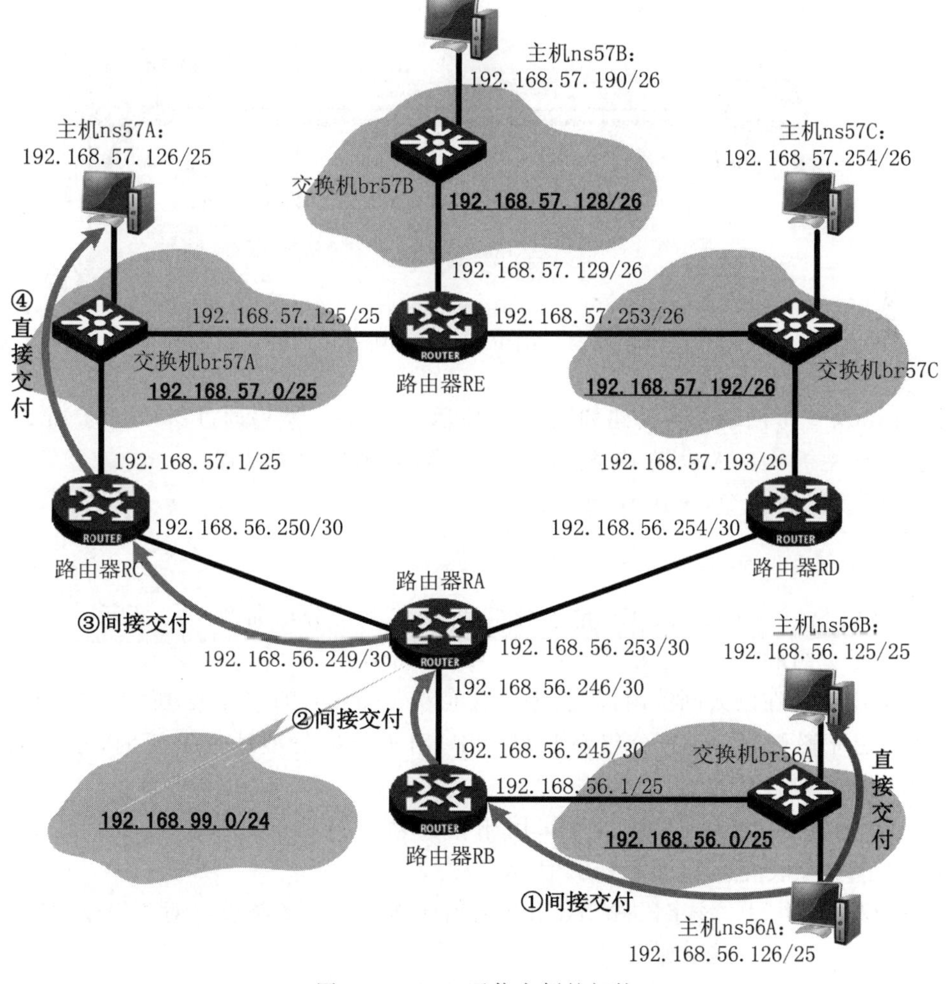

图 6.23 ARP 通信实例的拓扑

6.3.1 ARP 的地址解析过程

ARP 进行的每次地址解析都发生在同一个网络内。路由器的每个接口都连接了一个网络，每个接口连接的所有站点也都处于同一个广播域中。当 ARP 需要解析下一跳 IP 地址对应的 MAC 地址时，就会构造 ARP 请求分组，并将待解析的 IP 地址写入 ARP 请求，通过以太网广播帧封装后发送给本网络的所有主机。此时，同一广播域中的所有主机就会收到 ARP 请求。需要注意的是，与请求方处于不同 VLAN 中的主机不能收到 ARP 请求。如果某个主机正在使用 ARP 请求中指明的 IP 地址，当它收到 ARP 请求时，应该构造 ARP 响应分组，并将该 IP 地址对应的 MAC 地址写入 ARP 响应，再通过以太网单播帧封装后发送给请求方主机。例如，在图 6.23 所示网络拓扑中，源主机 ns56A 在向目的主机 ns57A 发送 IP 数据报时发生的第 1 次 ARP 地址解析过程如图 6.24 所示。

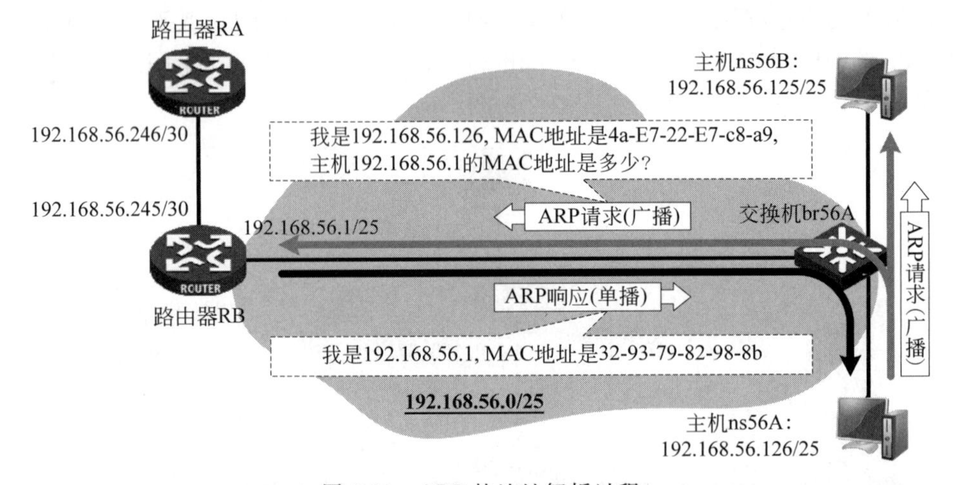

图 6.24　ARP 的地址解析过程

利用 Linux 虚拟网络环境搭建如图 6.23 所示网络拓扑，然后通过 Linux 的 ping 命令从主机 ns56A 向主机 ns57A 发送 IP 数据报，观察 ARP 地址解析过程。

执行如下 Linux 命令，发送 IP-ICMP 报文：

```
# ip netns exec ns56A ping -c 1 192.168.57.126
```

然后，在交换机 br56A 上截获 ARP 请求分组和 ARP 响应分组如图 6.25 所示。

ARP 请求分组和响应分组格式相同，由 RFC826 规定，如图 6.26 所示。

ARP 分组封装在以太网帧内部，类型字段值为 0x0806，如图 6.25 所示。当用于 IP 地址到 MAC 地址解析时，ARP 分组总长度 28B，用于其他类型地址解析时，总长度可变。ARP 分组中各字段含义如下。

(1) 硬件地址类型。该字段占 2B，用于指出数据链路层地址的类型。对于以太网 MAC 地址，该字段取值为 1，如图 6.25 所示。

(2) 协议地址类型。该字段占 2B，用于指出网络层地址的类型。对于 IPv4 地址，该字段取值为 0x0800，如图 6.25 所示。

(3) 硬件地址长度。该字段占 1B，用于指出硬件地址的字节数。对于以太网 MAC 地

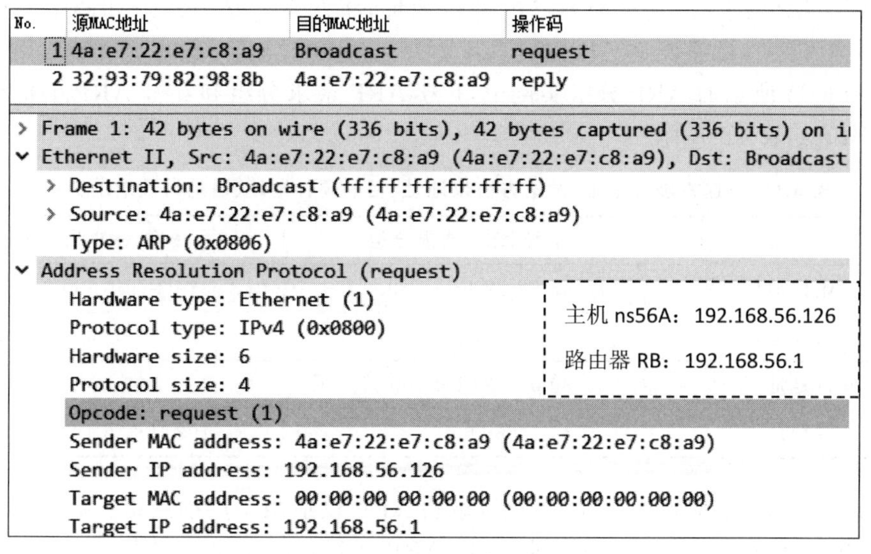

图 6.25　ARP 分组实例

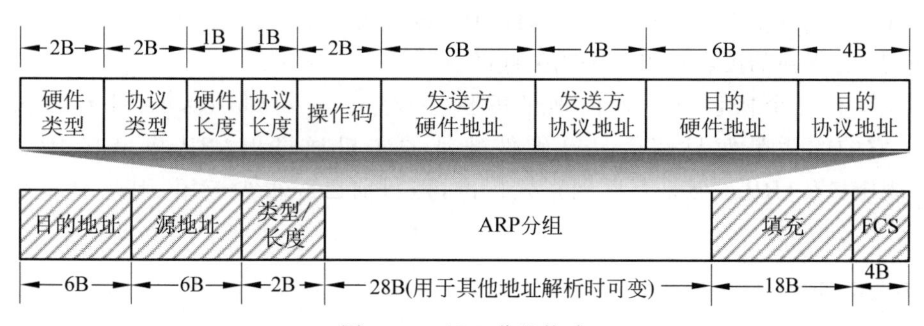

图 6.26　ARP 分组格式

址，该字段取值为 6，如图 6.25 所示。

（4）协议地址长度。该字段占 1B，用于指出协议地址的字节数。对于 IPv4 地址，该字段取值为 4，如图 6.25 所示。

（5）操作码（opcode）。该字段占 2B，用于指出 ARP 分组的类型。对于 ARP 请求分组，该字段取值为 1；对于 ARP 响应分组，该字段取值为 2。当分组为 ARP 请求时，通常以太网帧的目的地址字段为全“1”的广播地址。但是，在 RFC1122 中规定了一种使用单播 ARP 请求的情况，它用于刷新 ARP 高速缓存。

在如图 6.25 所示的 ARP 分组实例中，1 号报文为 ARP 请求，其操作码为 1，以太网目的地址为全“1”的广播地址 ff-ff-ff-ff-ff-ff。2 号报文为 ARP 响应，其操作码为 2，以太网目的地址为接收方 MAC 地址。

（6）发送方硬件地址、发送方协议地址、目的硬件地址和目的协议地址。在 ARP 用于 32 位 IPv4 地址和以太网的 48 位 MAC 地址之间的映射的情况下，发送方硬件地址、发送方协议地址、目的硬件地址、目的协议地址分别占 6B、4B、6B、4B。如果用于其他类型地址解析时，这 4 个字段长度根据实际情况改变，因此会造成 ARP 分组总长度可变。

当报文为 ARP 请求时，目的硬件地址字段值为全“0”，代表未知。使用目的协议地址的主机收到 ARP 请求时，它填充自己的硬件地址，将两个发送方地址和两个目的地址互换，设置操作码为 2，然后发送 ARP 响应。

在如图 6.25 所示的 ARP 分组实例中，1 号 ARP 请求分组和 2 号 ARP 响应分组的上述 4 个字段值如表 6.1 所示。

表 6.1 发送方硬件地址、发送方协议地址、目的硬件地址、目的协议地址实例

字　段	1 号 ARP 请求分组	2 号 ARP 响应分组
发送方硬件地址	4a-E7-22-E7-c8-a9	32-93-79-82-98-8b
发送方协议地址	192.168.56.126	192.168.56.1
目的硬件地址	00-00-00-00-00-00	4a-E7-22-E7-c8-a9
目的协议地址	192.168.56.1	192.168.56.126

根据以上 ARP 地址解析过程的介绍，显然 ARP 仅适用于广播网络。数据链路层能将 ARP 请求交付到它连接的所有网络设备，是 ARP 运行的一个重要要求。在非广播多路访问（non-broadcast multiple access，NBMA）网络中，需要使用 NBMA 下一跳解析协议（NBMA next hop resolution protocol，NHRP），该协议由 RFC2332 规定。关于 NHRP，本书不做介绍，有兴趣的读者可以参考相关标准。

此外，还有一个协议称为逆向地址解析协议（reverse address resolution protocol，RARP）。它的作用是使只知道自己硬件地址的主机通过 RARP 找出其 IP 地址，由 RFC903 规定。RARP 虽然是互联网正式标准，但目前已经很少应用，因此本书不再介绍 RARP。

6.3.2 ARP 缓存

ARP 高效运行的关键是每台主机和路由器上都维护了 ARP 缓存。ARP 缓存用来存放 IP 地址和 MAC 地址之间的最新映射。主机或路由器的每个网络接口维护一张 ARP 缓存表，多个网络接口就维护多张 ARP 缓存表。ARP 缓存表中的每一项记录保存一条 IP 地址和 MAC 地址之间映射关系，每条记录还维护着一个生存时间，当生存时间超过有效期后，这条记录被删除。

当满足以下 3 种情况时，ARP 进程会更新本机的 ARP 缓存表。

(1) 一台主机在发送了 ARP 请求后，当它收到 ARP 响应时，会将对方的 IP 地址和 MAC 地址记录在 ARP 缓存表中。

(2) 如果一台主机收到的 ARP 请求中目的地址是本机，说明对方正在与本机通信。为了避免不久后本机发起 ARP 请求询问对方的 MAC 地址，这台主机会将 ARP 请求中的发送方 IP 地址和 MAC 地址记录在 ARP 缓存中。

(3) 如果一台主机收到的 ARP 请求中发送方的 IP 地址已经在本机的 ARP 缓存表中，说明本机最近和对方有过通信。于是就会将发送方的 IP 地址和 MAC 地址更新在 ARP 缓存表中。即使发送方的 IP 地址和 MAC 地址的映射关系没有发生变化，ARP 进程也会更新 ARP 缓存项的生存时间。

在 RFC1122 中还规定了 ARP 缓存的验证方法。主机会采用单播轮询方式周期性地向远程主机发送单播 ARP 请求，如果连续两次 ARP 请求都未收到对方的 ARP 响应，则会删除 ARP 缓存表中的相应记录。

使用 ARP 缓存后，当主机需要解析 IP 地址对应的 MAC 地址时，会首先查询本机的 ARP 缓存表，只有在查询不到时①，才会发起广播形式的 ARP 请求。使用 ARP 缓存。在采用上述各项更新规则后，可以很大程度上减少 ARP 请求的数量，减少网络中的广播流量。

在 Windows 和 Linux 操作系统中都提供了操作 ARP 缓存的命令，命令格式很接近，例如使用“arp -a”可以查询 ARP 缓存表；使用“arp -d”可以删除 ARP 缓存中的指定记录；使用“arp -s”可以向 ARP 缓存中增加指定记录。在 Linux 中，还可以使用“arp -n”查询 ARP 缓存表，或者使用“ip neigh”查询和修改 ARP 缓存表。

在完成了图 6.25 所示的 ARP 通信后，用“arp -n”查询主机 ns56A、路由器 RB 以及主机 ns56B 的 ARP 缓存表，结果如图 6.27 所示。主机 ns56A 和路由器 RB 都按照缓存更新的规则，在 ARP 缓存表中写入了相应的记录。主机 ns56B 虽然能够收到主机 ns56A 发送的广播形式的 ARP 请求，但是由于 ns56B 既不是这次通信的目的主机且之前又没有和主机 ns56A 有过通信，因此主机 ns56B 并未记录 ARP 请求中发送方的 IP 地址和 MAC 地址，仍然保持 ARP 缓存表为空。

```
[root@localhost]#ip netns exec ns56A arp -n
Address                  HWtype  HWaddress           Flags Mask            Iface
192.168.56.1             ether   32:93:79:82:98:8b   C                     tap56A
[root@localhost]#ip netns exec RB arp -n
Address                  HWtype  HWaddress           Flags Mask            Iface
192.168.56.126           ether   4a:e7:22:e7:c8:a9   C                     tapRB_56A
192.168.56.246           ether   92:81:19:91:12:4a   C                     tapRB_RA
[root@localhost]#ip netns exec ns56B arp -n
[root@localhost]#
```

图 6.27　ARP 缓存实例

RFC5227 中描述了利用 ARP 进行 IPv4 地址冲突检测（address conflict detection，ACD）的方法，其中定义了 ARP 探测分组和 ARP 通告分组，并给出了避免和解决 ACD 的建议，本书对 ACD 不做详细介绍，有兴趣的读者可以参考相关标准。

6.4　无线局域网

无线局域网（wireless local area network，WLAN）又称 WiFi②（wireless fidelity，威发），是目前访问互联网最流行的技术之一。在家庭、办公室、咖啡厅、图书馆、机场、商场等场所都提供了 WiFi 热点，通过它可以把计算机、平板计算机、智能手机等终端连接到互联网。

无线局域网的标准是 IEEE 802.11，它包括无线局域网的 MAC 层标准和物理层标准，目前最新的版本是 IEEE 802.11—2020。IEEE 802.11 网络定义了多种物理层标准，但都使

① 在较新版本的 Windows 和 Linux 操作系统中，根据 RFC4861 中邻居发现（neighbor discovery）协议的规定，修改了发起 ARP 请求的条件，只有能够查询到 IP 地址和 MAC 地址的映射记录，并且该记录处于“可达（reachable）”状态时，才无须发起 ARP 请求。

② 是 WiFi 联盟推广 IEEE 802.11 无线局域网选用的商用名称，WiFi 联盟的前身是无线以太网兼容性联盟。

用相同的 MAC 协议,采用相同的 MAC 帧结构。IEEE 802.11-2020 标准包括了较早的物理层标准,如 IEEE 802.11b、IEEE 802.11a、IEEE 802.11g、IEEE 802.11n、IEEE 802.11ac 等,这些物理层标准规定了 IEEE 802.11 网络可以采用的工作频率、调制和编码方法等,在不同的物理层标准下,能达到不同的最高数据率。它们的简单对比如表 6.2 所示。

表 6.2 IEEE 802.11 物理层标准

标 准	频段/GHz	物理层技术	最高数据率/(Mb · s^{-1})
IEEE 802.11b(第 16 节)	2.4	DSSS①	11
IEEE 802.11a(第 17 节)	5	OFDM②	54
IEEE 802.11g(第 18 节)	2.4	OFDM	54
IEEE 802.11n(第 19 节)	2.4 和 5	OFDM、MIMO	600
IEEE 802.11ac(第 21 节)	5	OFDM、MU-MIMO	6933.3

WiFi 联盟将 IEEE 802.11n 标准称为 WiFi 4,将 IEEE 802.11ac 标准称为 WiFi 5,它们都使用多输入多输出(multiple input multiple output,MIMO)天线。特别是 IEEE 802.11ac,可在下行链路上支持多用户 MIMO(multiuser MIMO,MU-MIMO),允许一个基站同时向多个站点传输数据,最多支持 4 个用户并行传输。MIMO 是一种在发送端和接收端都使用多根天线发送和接收不同的信号,在收发之间构成多个信道的天线系统。MIMO 具有极高的频谱利用效率,可以极大地提高信道容量。

IEEE 802.11ax 标准还在制定中。WiFi 联盟将 IEEE 802.11ax 称为 WiFi 6,它目前还是 IEEE 的草案标准,尚未纳入 IEEE 802.11-2020 标准中。IEEE 802.11ax 在上行链路和下行链路上均支持 MU-MIMO,最多支持 8 用户并行传输。

从 2011 年开始,中国信息技术标准化技术委员会开始展开 45GHz 和 60GHz 毫米波标准的研究工作。经过多年的研究,IEEE 于 2018 年接受了中国研究的 45GHz 频段和 60GHz 频段的毫米波无线局域网标准,正式发布了 IEEE 802.11aj 标准。IEEE 802.11aj 标准已经被纳入 IEEE 802.11-2020 第 24 节和第 25 节。

IEEE 802.11-2020 标准内容繁杂,共 4300 多页,本节仅关注基本原理,主要介绍无线局域网的组成,MAC 帧和 MAC 协议。

6.4.1 无线局域网的组成

IEEE 802.11 无线局域网分为两类:基础设施(infrastructure)网络和自组织网络(ad hoc network)。

基础设施网络由一套基础设施以及一个或多个基本服务集(basic service set,BSS)组成。一套基础设施包括分布式系统(distribution system,DS)、接入点(access point,AP)、门户(portal)和网状网关(mesh gate)。其中,AP 是指提供分布式系统接入功能(distribution system access function,DSAF)的站点(station,STA)。AP 也负责一个 BSS 内的流量转

① DSSS(direct sequence spread spectrum,直接序列扩频)。

② OFDM(orthogonal frequency division multiplexing,正交频分复用)。

发。门户(portal)是指提供 IEEE 802.11 WLAN 和非 IEEE 802.11 LAN 交互服务的逻辑点(logical point)。在一台设备内可以同时实现 AP 和门户功能。网状网(mesh network)中的站点称为网状站点(mesh station)。网状网关是指提供分布式系统接入功能的网状站点。基础设施网络中至少要包含一个 AP,如图 6.28 所示。

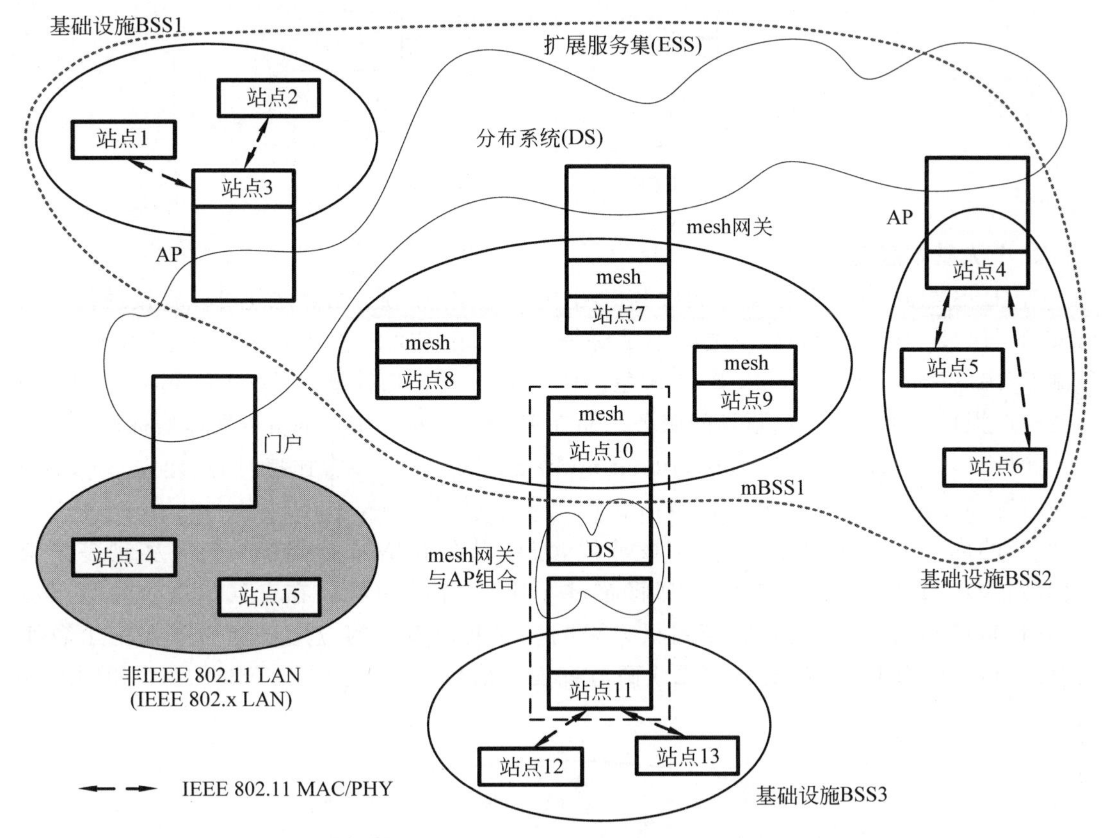

图 6.28　IEEE 802.11 基础设施网络示例

自组织网络是由一些移动站点组成的网络,其运行不依赖基础设施。自组织网络中的站点之间可以直接通信。但自组织网络的服务范围有限,并且一般也不和外界的其他网络相连。在某些自组织网络中增加基础设施后,可以实现与其他网络的连接。

BSS 是 IEEE 802.11 体系结构中的基本构件,它由多个无线站点组成。根据 BSS 中站点的种类和功能,IEEE 802.11-2020 标准将 BSS 分为独立基本服务集(independent BSS, IBSS)、个人基本服务集(personal BSS,PBSS)、基础设施基本服务集(infrastructure BSS)和网状基本服务集(mesh BSS,MBSS)。

1. 独立基本服务集

独立基本服务集(IBSS)是 IEEE 802.11 WLAN 中最基础、最简单的 BSS,由多个站点组成。IBSS 中的站点之间是对等关系,站点之间直接相连,可以直接通信。在 IBSS 中,如果两个站点间的距离超出了对方的无线信号传播范围,则两个站点不能进行通信。也就是说,IBSS 中的站点不具备转发能力,IBSS 网络不具有多跳(multi-hop)传输功能。IBSS 中不包含接入点、门户以及分布式系统等基础设施,因此,正如其名字一样,IBSS 是一个独立的 BSS,不能与其他网络相连。IBSS 属于自组织网络,它通常是临时建立的网络。一个 IBSS 示例如图 6.29 所示。

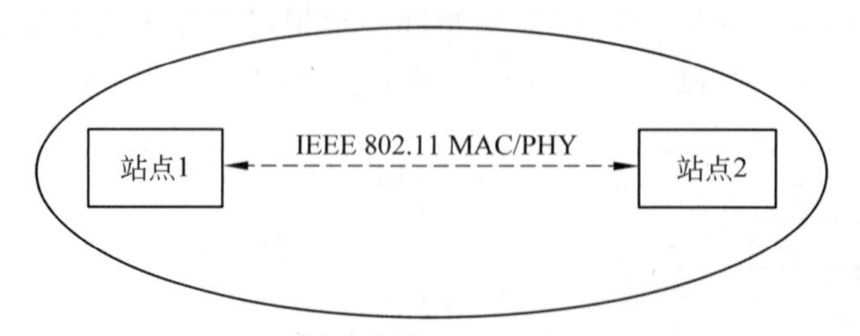

图 6.29 IEEE 802.11 独立基本服务集示例

2. 个人基本服务集

与 IBSS 类似,个人基本服务集(PBSS)也由多个站点组成,站点之间可以直接通信。与 IBSS 不同的是,PBSS 的各站点之间不是对等关系。在 PBSS 中,只有一个站点承担 PBSS 控制点(PBSS control point,PCP)的角色。PCP 负责发送信标帧(beacon frame),为 PBSS 中的站点提供基于竞争的信道访问服务。而在 IBSS 中,每个站点都负责发送信标帧。

此外,PBSS 只能由 DMG(directional multi-gigabit,定向多吉比特)站点建立,即 PBSS 中的所有站点都是 DMG 站点。DMG 由 IEEE 802.11ad 规定,在 IEEE 802.11-2020 中对应第 20 节的内容。DMG 工作在 60GHz 波段,它可以在 MIMO 技术的支持下实现多信道的同时传输,每个信道的传输带宽都将超过 1Gb/s。但是 DMG 在空气中信号衰减很厉害,其传输距离、信号覆盖范围受到很大影响。因此,DMG 的应用只能局限在一个较小的范围内,主要用于实现家庭内部无线高清音视频信号的传输。一个 PBSS 示例如图 6.30 所示。

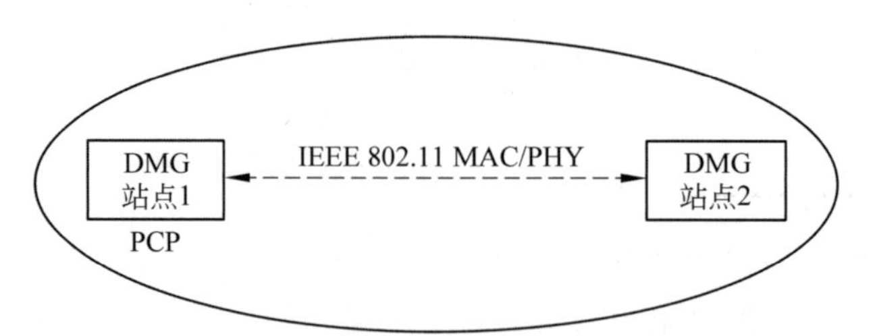

图 6.30 IEEE 802.11 个人基本服务集示例

需要注意的是,由 DMG 站点建立的 BSS 并不都是 PBSS,也可以是其他类型的 BSS,如 IBSS 或者基础设施 BSS。

3. 基础设施基本服务集

基础设施基本服务集(infrastructure BSS)是 IEEE 802.11 WLAN 中最常见的一种 BSS,由一个 AP 和多个站点组成。AP 可以通过无线介质(wireless medium)与其他站点建立关联(association),与 AP 建立关联后的站点才能与 AP 通信,通信只能在站点和 AP 之间进行,AP 负责转发站点间的通信流量。

AP 之间可以通过 DS 连接起来,AP 提供 DS 接入功能。通过一个 DS 连接在一起的多个 BSS 称为一个扩展服务集(extended service set,ESS)。DS 中用来连接 AP 的介质称为分布式系统介质(distribution system medium,DSM)。最常见的 DSM 是 IEEE 802.3。网络使用的传输介质用无线介质连接的 DS 称为无线分布式系统(wireless distribution system,WDS)。基础设施 BSS 和扩展服务集(ESS)示例如图 6.28 所示。

4. 网状基本服务集

网状网由自组织网络发展而来,具有多跳传输功能。网状基本服务集(mesh BSS,MBSS)由网状站点组成,网状站点可以作为源站、目的站或者转发站。由于具有多跳转发功能,即使两个站点间的距离超出了对方的无线信号传播范围,它们也可以通过转发站相互通信。此外,MBSS 允许通过一个或多个网状网关接入 DS。一个 MBSS 示例如图 6.31 所示。MBSS、网状网关和 DS 示例如图 6.28 所示。

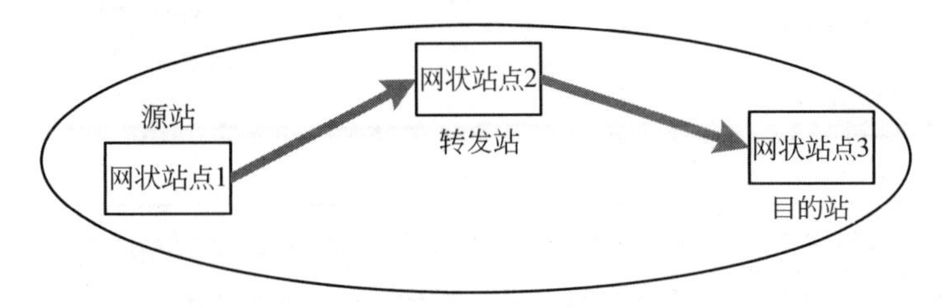

图 6.31 IEEE 802.11 网状基本服务集示例

由于 MBSS 中的所有站点都可以通过无线介质互相通信,因此 MBSS 也可以用来作为分布式系统介质。AP、门户、网状网关等可以利用 MBSS 构成一个 DS,提供 DS 服务。进而,多个基础设施 BSS 能够通过一个 MBSS 构成一个 ESS。网状网关与 AP 可以组合在一起,在一台设备内实现,如图 6.28 所示。

无线局域网的各个组成部分中,最常见的是基础设施 BSS,本节后续部分介绍基础设施 BSS 中的 MAC 帧和 MAC 协议,对 WLAN 的其他组成部分感兴趣的读者可以阅读 IEEE 802.11-2020 标准进行深入学习。

6.4.2 无线局域网的 MAC 帧

IEEE 802.11-2020 中定义了多种类型的 MAC 帧格式。在所有 IEEE 802.11 的 MAC 帧中,前两位的定义是一样的,为协议版本号(protocol version,PV)字段。目前,IEEE 802.11 标准共定义了两个版本号,分别为 PV0 和 PV1。

PV0 格式的 MAC 帧是绝大多数 IEEE 802.11 WLAN 中采用的 MAC 帧;PV1 格式的 MAC 帧是 IEEE 802.11ah[①] 中定义的 MAC 帧,该格式为物联网(internet of things,IoT)领域的应用做了优化,更适用于低功耗的应用场景,如传感器网络。本书仅介绍 PV0 格式的 MAC 帧,对 PV1 格式的 MAC 帧感兴趣的读者可以阅读相关文献进行深入学习。

PV0 格式的 MAC 帧的前 8 位的定义是一样的,分别是协议版本、类型和子类型字段,其他部分的格式定义与类型和子类型相关。在 IEEE 802.11 中共定义了 3 种类型的 MAC 帧,分别是数据帧、管理帧和控制帧。详细的类型和子类型定义可以参考 IEEE 802.11-2020。

---

① IEEE 802.ah 于 2016 年提出,被纳入 IEEE 802.11-2020 中,对应第 23 节的内容。

1. 数据帧

在 Linux 虚拟网络环境中,用 mac80211_hwsim 模块创建 3 个虚拟 WLAN 接口,分配给 3 个网络命名空间,然后用 hostapd 将其中一个网络命名空间中的 WLAN 接口模拟为接入点(AP),构建如图 6.32 所示的简单网络拓扑,该网络拓扑模拟了一个基础设施 BSS。

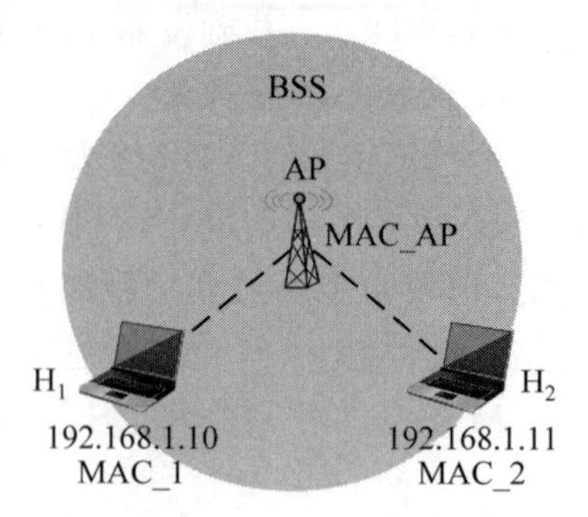

图 6.32　WLAN 通信实例拓扑

在 mac80211_hwsim 模块提供的监听接口上,启动 Wireshark,截获该 BSS 内部的通信数据。当执行如下 Linux 命令,向主机 H_2 发送一个 ICMP 回显请求报文后,截获的帧如图 6.33 所示。

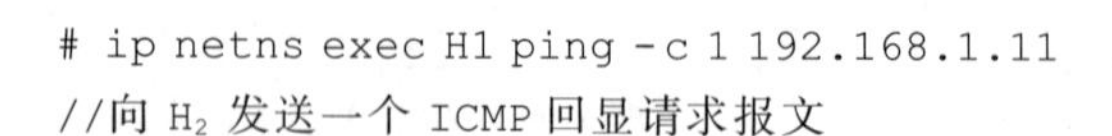

```
# ip netns exec H1 ping -c 1 192.168.1.11
//向 H2 发送一个 ICMP 回显请求报文
```

No.	源地址	目的地址	地址1，2，3，4	注释
60	192.168.1.10	192.168.1.11	c6:94:8e:aa:9b:47,02:5b:bb:9f:ee:4e,b6:d6:20:38:90:ec	To DS:1;From DS:0;ICMP回显请求
61		02:5b:bb:9f:ee:4e…	02:5b:bb:9f:ee:4e	To DS:0;From DS:0;确认帧
62	192.168.1.10	192.168.1.11	b6:d6:20:38:90:ec,c6:94:8e:aa:9b:47,02:5b:bb:9f:ee:4e	To DS:0;From DS:1;ICMP回显请求
63		c6:94:8e:aa:9b:47…	c6:94:8e:aa:9b:47	To DS:0;From DS:0;确认帧
64	192.168.1.11	192.168.1.10	c6:94:8e:aa:9b:47,b6:d6:20:38:90:ec,02:5b:bb:9f:ee:4e	To DS:1;From DS:0;ICMP回显应答
65		b6:d6:20:38:90:ec…	b6:d6:20:38:90:ec	To DS:0;From DS:0;确认帧
66	192.168.1.11	192.168.1.10	02:5b:bb:9f:ee:4e,c6:94:8e:aa:9b:47,b6:d6:20:38:90:ec	To DS:0;From DS:1;ICMP回显应答
67		c6:94:8e:aa:9b:47…	c6:94:8e:aa:9b:47	To DS:0;From DS:0;确认帧

```
v IEEE 802.11 Data, Flags: .p.....T
    Type/Subtype: Data (0x0020)
  v Frame Control Field: 0x0841
      .... ..00 = Version: 0
      .... 10.. = Type: Data frame (2)
      0000 .... = Subtype: 0
    v Flags: 0x41
        .... ..01 = DS status: Frame from STA to DS via an AP (To DS: 1 From DS: 0) (0x1)
        .... .0.. = More Fragments: This is the last fragment
        .... 0... = Retry: Frame is not being retransmitted
        ...0 .... = PWR MGT: STA will stay up
        ..0. .... = More Data: No data buffered
        .1.. .... = Protected flag: Data is protected
        0... .... = Order flag: Not strictly ordered
    .000 0000 0100 0000 = Duration: 64 microseconds
    Receiver address: c6:94:8e:aa:9b:47 (c6:94:8e:aa:9b:47)
    Transmitter address: 02:5b:bb:9f:ee:4e (02:5b:bb:9f:ee:4e)
    Destination address: b6:d6:20:38:90:ec (b6:d6:20:38:90:ec)
    Source address: 02:5b:bb:9f:ee:4e (02:5b:bb:9f:ee:4e)
    BSS Id: c6:94:8e:aa:9b:47 (c6:94:8e:aa:9b:47)
    STA address: 02:5b:bb:9f:ee:4e (02:5b:bb:9f:ee:4e)
    .... .... .... 0000 = Fragment number: 0
    0000 0001 1100 .... = Sequence number: 28
  > CCMP parameters
v Logical-Link Control
  > DSAP: SNAP (0xaa)
  > SSAP: SNAP (0xaa)
  > Control field: U, func=UI (0x03)
    Organization Code: 00:00:00 (Officially Xerox, but
    Type: IPv4 (0x0800)
> Internet Protocol Version 4, Src: 192.168.1.10, Dst: 192.168.1.11
```

各站的 MAC 地址

主机 H_1（MAC_1）：02:5b:bb:9f:ee:4e

主机 H_2（MAC_2）：b6:d6:20:38:90:ec

AP（MAC_AP）：c6:94:8e:aa:9b:47

图 6.33　WLAN 数据帧实例

在截获的帧中,60、62、64、66 号帧属于数据帧,61、63、65、67 号帧属于控制帧中的 ACK 帧。由于无线站点无法在发送数据时进行冲突检测,因此不能确定数据帧是否发送完成。于是,IEEE 802.11 中采用停止等待协议实现可靠传输,依靠 ACK 帧判断是否发送成功。

每个数据帧必须在收到肯定应答后,才能发送下一个数据帧,对于出现差错的帧,需要进行重传。图 6.33 中展开分析的是 60 号数据帧,关于 ACK 帧将在控制帧小节中继续介绍。

IEEE 802.11—2020 中规定的 WLAN 数据帧格式如图 6.34 所示。

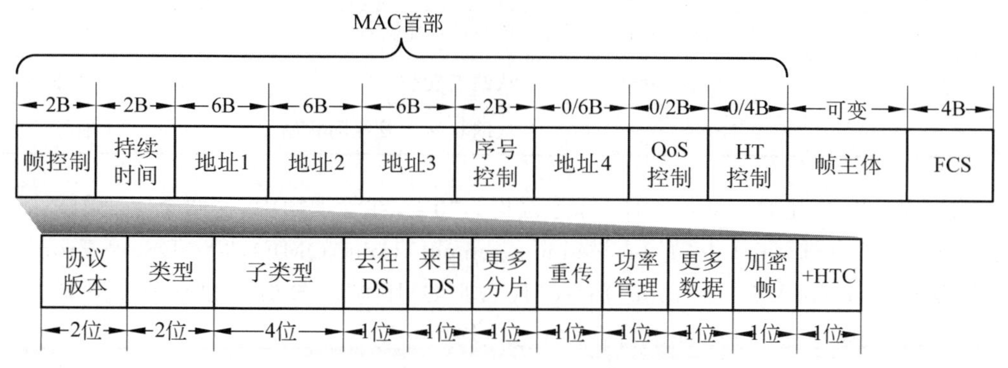

图 6.34　IEEE 802.11 WLAN 数据帧格式

WLAN 数据帧由 MAC 首部、帧主体和帧检验序列 FCS 3 部分组成。MAC 帧中各字段含义如下。

(1) 帧控制。该字段占 2B,包含 11 个子字段,其前 3 个子字段分别是协议版本(protocol version,PV)、类型(type)和子类型(subtype)字段。当协议版本取值为 0,即 PV0 时,所有类型的 WLAN 帧的前 3 个字段具有相同的格式。对于所有 PV0 的数据帧和大多数管理帧以及控制帧,其帧控制字段的格式相同,如图 6.34 所示。部分特殊类型的管理帧和控制帧,具有不同的帧控制字段格式。本小节仅介绍 PV0 的数据帧,对其他 WLAN 帧格式感兴趣的读者可以阅读 IEEE 802.11—2020。

① 协议版本子字段。该字段占 2 位,目前标准允许取值 0 或 1[①]。图 6.33 数据帧实例中,协议版本取值为 0。

② 类型子字段。该字段占 2 位,取值为 0 代表管理帧,取值为 1 代表控制帧,取值为 2 代表数据帧。图 6.33 数据帧实例中,类型子字段取值为 2,说明 60 号帧为数据帧。

③ 子类型子字段。该字段占 4 位。IEEE 802.11 标准为各种类型的帧定义了很多种子类型。如数据帧中,子类型取值“0000”代表普通数据帧;子类型“1xxx”代表包含服务质量(quality of service,QoS)[②]的数据帧,称为 QoS 数据帧。只有 QoS 数据帧的 MAC 首部中才包含 QoS 控制字段。图 6.33 数据帧实例中,子类型子字段取值为“0000”,说明 60 号帧为普通数据帧。

帧控制字段的后 8 位为 8 个标志位,各占 1 位。

④ 在数据帧中,去往 DS(To DS)标志位和来自 DS(From DS)标志位用来标识数据帧的传输方向[③]。数据帧中去往 DS 和来自 DS 的取值、应用范围以及含义如表 6.3 所示。

图 6.33 数据帧实例中,60 号和 64 号数据帧的“To DS=1 From DS=0”是从站点发往 AP 的;62 号和 66 号数据帧的“To DS=0 From DS=1”是从 AP 发往站点的。

---

① 协议版本为 1 的帧格式在 IEEE 802.11-2020 的第 9.8 节中定义。

② IEEE 802.11e 中规定了支持 QoS 的 MAC 层功能,目前大多数无线设备都支持 IEEE 802.11e。

③ 为了便于理解,在基础设施 BSS 中,可以将此处的 DS 理解为 AP。

表 6.3　数据帧中去往 DS 和来自 DS 的取值、含义以及应用范围

去往 DS	来自 DS	应 用 范 围	含　　义	MAC 首部中地址数
0	0	IBSS、PBSS	从站点发往站点	3 地址
0	1	基础设施 BSS	从 AP 发往站点	3 地址
1	0	基础设施 BSS	从站点发往 AP	3 地址
1	1	MBSS	从网状站点发往网状站点	4 地址

在控制帧中，去往 DS 和来自 DS 标志位均为"0"。在管理帧中，这两个字段用来标识是否为服务质量管理帧(quality of service management frame，QMF)，"To DS=1 From DS=0"代表 QMF 帧；"To DS=0 From DS=0"代表非 QMF 帧。图 6.33 数据帧实例中，61、63、65 和 67 号控制帧中去往 DS 和来自 DS 标志位均为"0"。

⑤ 更多分片(more fragments)标志位用来标识当前数据帧是否是最后一个分片。由于无线信道的通信质量较差，在传输较长的帧时将其划分为多个较短的帧再进行传输，可以提高传输效率。这是因为分片小于全尺寸的帧，如果需要启动一次重传，则只需要重传少量数据。IEEE 802.11 支持帧分片，当使用帧分片时，每个分片有自己的 MAC 首部和 FCS，它们独立于其他分片处理。除非使用块肯定应答(block ACK)功能，否则每个分片将被单独发送，并由接收方为每个分片产生一个 ACK。在一个帧的多个分片中，除最后一片外，其余的每个数据帧的更多分片位都设置为"1"。更多分片位与 MAC 首部中的序号控制字段共同完成数据帧的分片和重组功能。

图 6.33 数据帧实例中，60 号数据帧的更多分片位设置为"0"，说明该帧是未分片帧或最后一个分片，本例中 60 号数据帧未分片。

⑥ 重传(retry)标志位用来标识当前数据帧是否是出错后重传的帧，接收站可以利用该标志消除重复帧。重传标志位被置"1"时，代表当前数据帧是重传帧。

⑦ 功率管理(power management)[①]标志位用来指示站点的功率管理模式。功率管理标志位的用法较为复杂，在不同种类的 BSS 中有不同的规定，本节仅介绍在基础设施 BSS 中的用法。在基础设施 BSS 中，由 AP 发出的所有帧中，功率管理位未使用，处于保留状态。由站点发出的帧中，当功率管理位置"1"，代表发送完该帧后，站点将进入省电(power save，PS)模式；当功率管理位置"0"，代表发送完该帧后，站点将保持活动(active)模式。

图 6.33 数据帧实例中，60 号数据帧是由站点发往 AP 的帧，其中功率管理位取值为"0"，说明站点将保持活动模式。

⑧ 在基础设施 BSS 中，更多数据(more data)标志位用来标识 AP 是否还有帧需要发送给站点，该标志位仅在 AP 发往站点的帧中有效。当站点处于省电模式时，AP 有可能替站点缓存了若干数据帧。更多数据位置"1"表示 AP 至少还有一个缓存帧需要发送给该站点。在 WLAN 的其他运行环境中，更多数据标志位有更复杂和详细的用法，本书不再深入介绍。

⑨ 加密帧(protected frame)标志位用来标识帧主体是否被加密，该标志位通常只用在

① power management 又称电源管理。

数据帧中。当加密帧标志位置“1”时，说明帧主体中的数据被密码算法封装了。

IEEE 802.11 中，WLAN 的安全模型经历过很大变化。早期的 IEEE 802.11 中，WLAN 采用有线等效保密(wired equivalent privacy，WEP)进行加密，但 WEP 后来被证明不安全。2003 年，WEP 被 WiFi 保护访问(WiFi protected access，WPA)代替。WPA 采用临时密钥完整性协议(temporal key integrity protocol，TKIP)，确保每个帧都用不同的密钥加密，同时还采用 Michael 算法提供数据完整性保护，以此弥补 WEP 中的主要弱点。在 WEP 和 WPA 中，都采用 RC4(Rivest cipher 4)加密算法。2004 年，IEEE 802.11i 工作组制定了一个功能更强的标准，被称为 WPA2。WPA2 中采用了新的安全协议——CCMP[①](counter CBC-MAC protocol，计数器密码块链接报文认证码协议)，并且 WPA2 采用高级加密标准(advanced encryption standard，AES)算法。

在使用 WEP、WPA 或者在小规模环境中使用 WPA2 时，授权通常通过一个预先设置的共享密钥或密码来实现，知道这个密钥的用户拥有访问网络的合法授权。这些共享密钥被用来初始化加密密钥，加密密钥被用来加密帧主体，以保护隐私。这种方案称为预共享密钥(pre-shared key，PSK)，它具有一些局限性。因此，WPA 后期标准支持 IEEE 802.1x，它采用了扩展认证协议[②](extensible authentication protocol，EAP)，该协议用于 IEEE 802 局域网(包括 IEEE 802.3 和 IEEE 802.11)时，称为 EAPOL(EAP over LAN)。预共享密钥 PSK 和 IEEE 802.1x(EAPOL)都可以用于认证和初始化密钥。WiFi 联盟把使用 PSK 的版本称为“WPA-个人版”，使用 IEEE 802.1x 的版本称为“WPA-企业版”。

2017 年 10 月，安全研究者发现 WPA2 在遭受到密钥重装攻击(key reinstallation attack，KRACK)攻击后会泄露站点和 AP 之间传输的数据。2018 年，WiFi 联盟发布了 WPA3。在 WPA3 个人版中，采用对等实体同时认证(simultaneous authentication of equals，SAE)取代了 PSK，提供了更可靠的、基于密码的认证。在 WPA3 企业版中，提供了可选的 192 位密钥的 CNSA(commercial national security algorithm)加密算法，采用 192 位加密模式时，使用 GCMP[③](Galois/counter mode protocol，伽罗瓦/计数模式协议)。WPA3 还提供了其他安全特性，但目前支持 WPA3 的设备尚未大量应用。

WEP、WPA、WPA2 和 WPA3 的对比如表 6.4 所示。

表 6.4　WEP、WPA、WPA2、WPA3 的对比

名　　称	加密算法	安全协议	认证方案
WEP	RC4	WEP	PSK
WPA	RC4	TKIP	PSK/802.1x(EAPOL)
WPA2(IEEE 802.11i)	AES	CCMP/TKIP	PSK/802.1x(EAPOL)
WPA3	AES/CNSA	CCMP/GCMP	SAE/802.1x(EAPOL)

在 2004 年，WEP 已经被 WiFi 联盟废弃。在 IEEE 802.11—2020 中，也不建议继续使用 TKIP 安全协议。WPA2/CCMP 方案是目前应用最广泛的 WLAN 安全方案。

---

① CCMP 由 RFC3610 规定。

② EAP 由 RFC3748 规定。

③ GCMP 由 RFC5647 规定。

在图 6.33 所示的数据帧实例中，60 号数据帧的加密帧标志位被置“1”，说明帧主体被加密。在本实例中采用 CCMP 加密方案。CCMP 加密后的数据帧格式如图 6.35 所示。

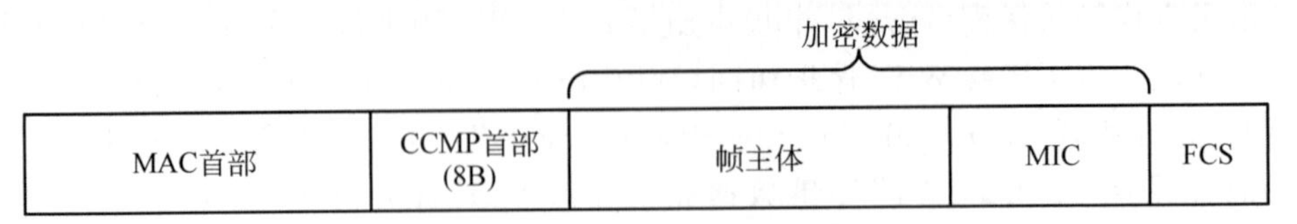

图 6.35 CCMP 加密后数据帧格式

在 MAC 首部后有长度为 8B 的 CCMP 首部，然后才是加密后的帧主体和报文完整性编码(message integrity code，MIC)。如图 6.33 所示的数据帧实例中，CCMP 首部记为 CCMP 参数(parameters)，随后的数据是解密后的帧主体①。

⑩ +HTC 标志位用于指明帧中是否包含高吞吐量(high-throughput，HT)控制字段。该标志位用于 IEEE 802.11n 定义的某些 QoS 数据帧中，当该位被置“1”时，代表当前帧中包含 HT 控制字段。在其他数据帧中，该标志位总是设置为“0”。

图 6.33 数据帧实例中，60 号数据帧的+HTC 位被置“0”时，说明其 MAC 首部中未包含 HT 控制字段。

(2) 持续时间。该字段占 2B，用于通告本帧及其 ACK 帧将会占用信道多长时间，单位为微秒。持续时间字段在 IEEE 802.11 标准中还有多种用途，在数据帧中，只有最高位为 0 时才表示持续时间。因此，持续时间不可能超过 $2^{15}-1\mu s$(即 32767μs)。本书不介绍持续时间字段的其他用途，有兴趣的读者可以参考相关标准进行深入学习。

持续时间用于 WLAN 中的虚拟载波监听(virtual carrier sense)机制，关于虚拟载波监听将在 6.4.3 节介绍。

在图 6.33 所示的数据帧实例中，60 号数据帧的持续时间字段值为 64μs，代表发送站通告本帧及其 ACK 帧将占用信道 64μs。

(3) 地址。IEEE 802.11 MAC 帧首部中包含 4 个地址字段，主要是用来标识 5 个信息：接收站地址(receiver address，RA)、发送站地址(transmitter address，TA)、目的站地址(destination address，DA)、源站地址(source address，SA)和基本服务集 ID(BSSID)。下面，以图 6.32 所示的 WLAN 网络拓扑中，主机 H_1 发送给主机 H_2 的 IP 数据报为例，介绍这 5 个信息的含义。

主机 H_1 发送给主机 H_2 的 IP 数据报，首先需要由主机 H_1 发送到与其关联的 AP，然后由 AP 转发到主机 H_2。为方便描述，将主机 H_1 的 MAC 地址记为 MAC_1，主机 H_2 的 MAC 地址记为 MAC_2，AP 的 MAC 地址记为 MAC_AP。实例中的 3 个 MAC 地址如图 6.33 所示。

① 接收站地址(RA)是指 MAC 帧的直接接收方的地址。

② 发送站地址(TA)是指 MAC 帧的直接发送方的地址。

在 H_1 发往 AP 的数据帧中，RA 是 MAC_AP，TA 是 MAC_1。在 AP 发往 H_2 的数据

---

① 为了利用 Wireshark 解密监听到的 WLAN 数据，需要截获 CCMP 进行密钥协商时的四次握手信息，还需要提供连接 AP 时的密钥。

帧中，RA 是 MAC_2，TA 是指 MAC_AP。

③ 目的站地址(DA)是指 MAC 帧的最终接收方的地址。

④ 源站地址(SA)是指 MAC 帧的最初发送方的地址。

在 H_1 发往 AP 的数据帧中，以及在 AP 发往 H_2 的数据帧中，DA 都是 MAC_2，SA 都是 MAC_1。

⑤ BSSID 用来标识每一个 BSS，它的格式和 MAC 地址一样。在基础设施 BSS 中，BSSID 就是 AP 的 MAC 地址。在 IBSS 中，BSSID 在 IBSS 启动时，由站点指定。在 MBSS 中，BSSID 就是发送方网状站点的 MAC 地址，也就是说 BSSID 总是和发送站地址(TA)一致。在 PBSS 中，BSSID 是 PCP 的 MAC 地址。因此，在本实例中，BSSID 始终是 MAC_AP。

IEEE 802.11 MAC 帧首部的 4 个地址字段中，只有地址 1 是必需的，其他 3 个地址字段都是可选的。根据帧类型不同，IEEE 802.11 MAC 帧首部中包含的地址数不同。控制帧根据子类型不同，采用 1 地址格式或 2 地址格式。所有管理帧都采用 3 地址格式。数据帧根据去往 DS 字段和来自 DS 字段的值不同，采用 3 地址格式或 4 地址格式。数据帧首部中的地址数如表 6.3 所示。

在 4 个地址字段中，地址 1 总是代表接收站地址(RA)，地址 2 总是代表发送站地址(TA)，地址 3 和地址 4 的含义并不固定，在不同的帧中有不同的定义。在数据帧首部中，地址 1～4 的含义如表 6.5 所示。

表 6.5 数据帧中地址 1～4 的含义

去往 DS	来自 DS	地址 1	地址 2	地址 3	地址 4
0	0	RA=DA	TA=SA	BSSID	N/A
0	1	RA=DA	TA=BSSID	SA	N/A
1	0	RA=BSSID	TA=SA	DA	N/A
1	1	RA	TA	DA	SA

图 6.33 数据帧实例中，60 号数据帧是从主机 H_1 发往 AP 的，最终目的站是主机 H_2，其地址 1 为接收站地址 MAC_AP，地址 2 为发送站地址 MAC_1，地址 3 为目的站地址为 MAC_2，不包含地址 4 字段。

(4) 序号控制。该字段占 2B(16 位)，用于指明帧的序号和帧分片后的分片序号。序号控制字段包含 2 个子字段，其中高 12 位是序号(sequence number)子字段，低 4 位是分片号(fragment number)子字段。

在控制帧中没有序号控制字段，IEEE 802.11 为每个管理帧和数据帧分配一个序号，每发送一个管理帧或数据帧，序号加 1。所有重传的帧，其序号与原始帧相同。在图 6.33 所示的数据帧实例中，60 号数据帧的序号为 28。

如果数据帧进行了分片，则第一个分片的分片号字段值为“0”，后续每个分片依次加 1。如果数据帧未进行分片，其分片号字段值为“0”。所有分片的帧，其序号与原始帧相同。接收方将接收到的同一序号的分片根据分片号重组成原始帧。当所有包含同一序号的分片被接收，并且最后一个分片的更多分片标志位设置为“0”时，这个帧被重组并交给更高层协议来处理。图 6.33 数据帧实例中，60 号数据帧未分片，其分片序号字段为“0”。

(5) QoS 控制。该字段是可选字段,占 2B。在数据帧中,只有 QoS 数据帧(子类型字段值为"1xxx")才包含 QoS 控制字段。在图 6.33 所示的数据帧实例中,各帧均不包含 QoS 控制字段。

(6) HT 控制。该字段是可选字段,占 4B。在数据帧中,只有部分 QoS 数据帧才包含 HT 控制字段。当 QoS 数据帧中的+HTC 字段值为 1 时,说明该帧包含 HT 控制字段。在图 6.33 所示的数据帧实例中,各帧均不包含 HT 控制字段。

(7) 帧主体。IEEE 802.11 规定,每个数据帧必须包含 LLC 首部,因此上层的 IP 或 ARP 使用 IEEE 802.11 WLAN 时,必须先将 IP 数据报或 ARP 报文封装入 LLC 帧,然后才能作为帧主体封装在 WLAN 的数据帧中。RFC1042 中规定了将 IP 数据报和 ARP 报文封装入 LLC 帧的方法。封装后 LLC 帧格式如图 6.36 所示。

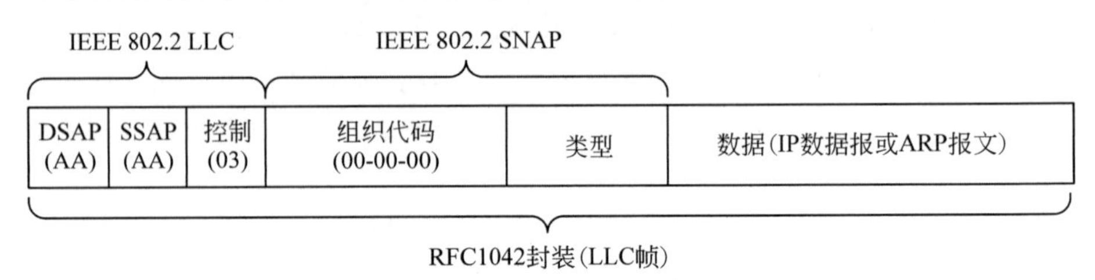

图 6.36 将 IP 数据报或 ARP 报文封装入 LLC 帧

LLC 首部包括 3 个字段。

① DSAP 是指目的服务访问点(destination service access point)。占 1B,RFC1042 规定其取值为 0xAA。

② SSAP 是指源服务访问点(source service access point)。占 1B,RFC1042 规定其取值为 0xAA。

③ 控制字段长度也占 1B,RFC1042 规定其取值为 0x03。

子网接入协议(sub network access protocol,SNAP)的首部包含两个字段。

① 组织代码(organization code)占 3B,RFC1042 规定将其都设置为"0"。

② 类型字段占 2B,它的格式和取值与 IEEE 802.3 以太网帧首部中的类型字段一致,0x0800 代表 IP 数据报,0x0806 代表 ARP 报文。

在图 6.33 所示的数据帧实例中,解密后的 60 号数据帧的帧主体是经过 LLC 封装的 IP 数据报。

IEEE 802.11 数据帧可以和 IEEE 802.3 以太网帧互相转换。例如,在图 6.37 所示网络拓扑中,当接入点 AP1 和 AP2 连接了无线局域网 WLAN 和以太网时,两个接入点无须利用网络层设备就可以完成帧格式的转换。

考虑主机 H_3 向主机 H_1 发送 IP 数据报的过程。假定 H_3 已经利用 ARP 获知了 H_1 的 IP 地址与 MAC 地址的映射关系,则 H_3 会将 IP 数据报封装成 IEEE 802.11 数据帧发出,该数据帧的地址 1 为 MAC_AP2(RA),地址 2 为 MAC_3(TA/SA),地址 3 为 MAC_1(DA),帧主体为加密后的 LLC 帧。当 AP2 收到该数据帧后,需要将其转换成 IEEE 802.3 以太网帧格式转发向交换机。将 IEEE 802.11 数据帧转换成 IEEE 802.3 以太网帧的过程如图 6.38 所示。

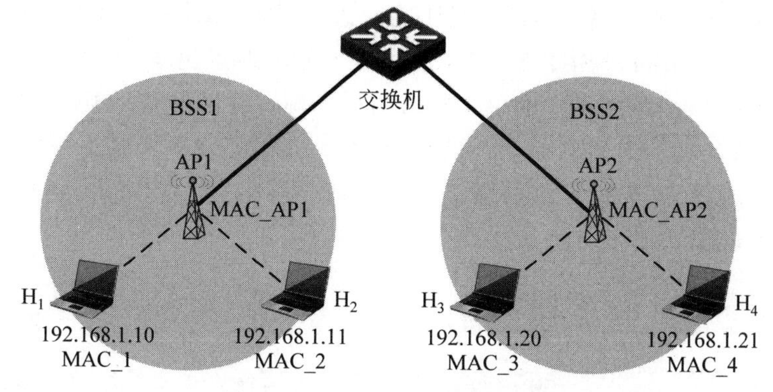

图 6.37 WLAN 与以太网互连

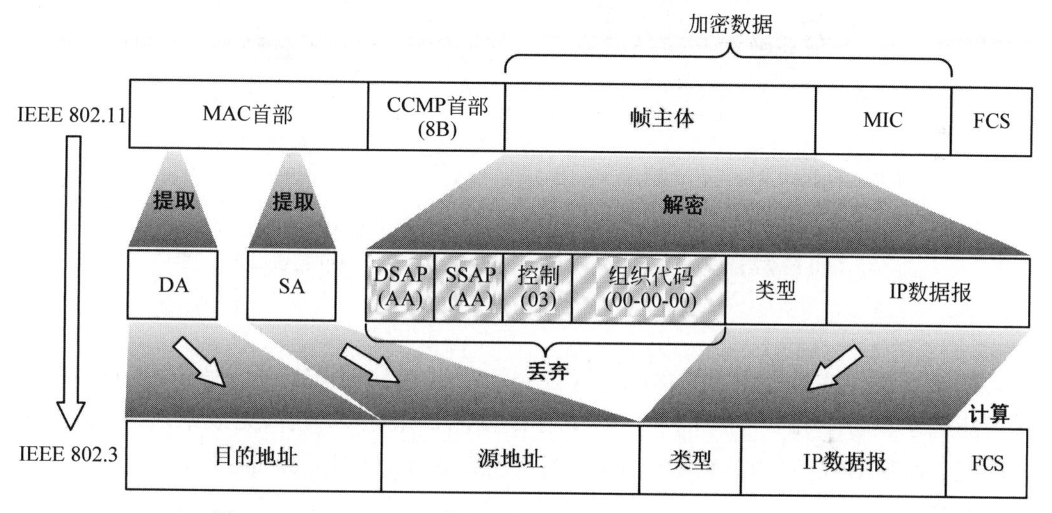

图 6.38 IEEE 802.11 数据帧到 IEEE 802.3 以太网帧的转换

AP2 首先从 IEEE 802.11 帧首部中提取目的地址 DA(MAC_1)和源地址 SA(MAC_3),然后利用 CCMP 首部将帧主体解密,接着将 DA、SA、类型和 IP 数据报分别填写入 IEEE 802.3 的目的地址、源地址等对应字段,最后重新计算 FCS,得到 IEEE 802.3 以太网帧。

交换机收到该帧后,将其转发给 AP1。采用与图 6.38 所示相反的步骤,AP1 可以将 IEEE 802.3 以太网帧转换成 IEEE 802.11 数据帧转发给主机 H_1。

(8) 帧检验序列(FCS)。该字段占 4B,利用 CRC 算法进行帧检验。帧检验计算范围包括 MAC 帧首部和帧主体的所有字段。IEEE 802.11 的 FCS 采用 IEEE 标准的 CRC32 进行计算,其生成多项式与 IEEE 802.3 以太网的生成多项式一样。

2. 管理帧

管理帧主要用于创建、维持、终止站点和 AP 之间的关联。它们也被用于确定是否采用加密传输,支持哪种传输速率,以及采用的时间数据库等。管理帧主要包括信标(beacon)帧、关联请求(association request)帧、关联响应(association response)帧、探测请求(probe request)帧和探测响应(probe response)帧等。

关联意味着在无线站点和 AP 之间创建一个虚拟线路。AP 仅向关联的无线站点发送数据帧,无线站点也仅通过关联的 AP 向其他站点或因特网发送数据帧。

IEEE 802.11 标准要求每个 AP 周期性地发送信标帧,每个信标帧包括该 AP 的服务集标识(service set identifier,SSID)和 MAC 地址。无线站点为了发现正在发送信标帧的 AP,需要扫描信道,找出该区域中的 AP 发出的信标帧。在通过信标帧了解到可用 AP 后,无线站点可以选择一个 AP 进行关联。然后,无线站点需要发送关联请求帧,收到 AP 返回的关联响应帧后,关联关系建立。扫描信道和监听信标帧的过程被称为被动扫描(passive scanning),如图 6.39(a)所示。

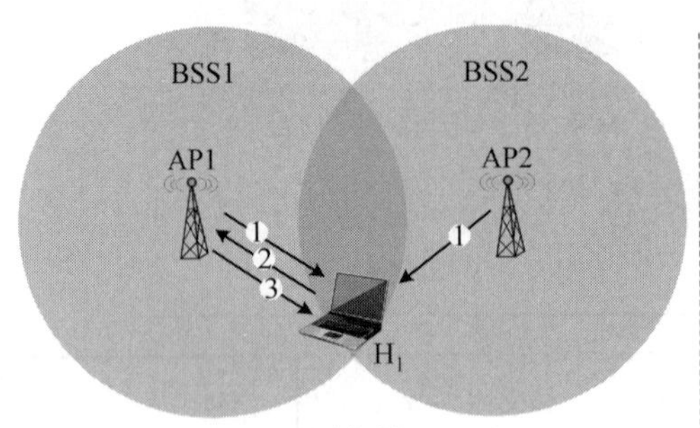

(a) 被动扫描

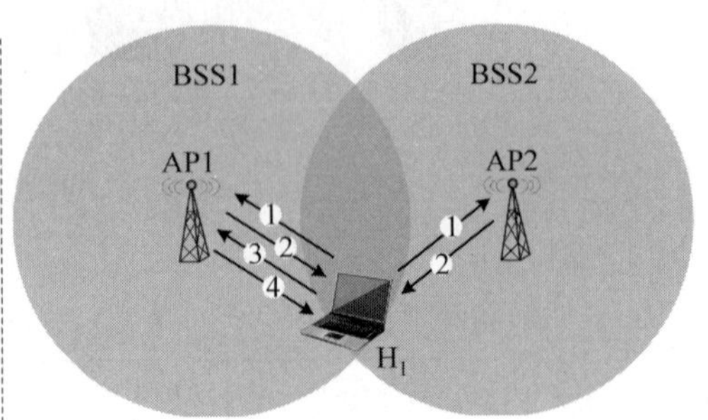

(b) 主动扫描

图 6.39 主动扫描和被动扫描

无线站点也能够执行主动扫描(active scanning),它首先向无线信号范围内的所有 AP 发送探测请求帧,AP 用一个探测响应帧应答该探测请求帧。然后,无线站点向 AP 发送关联请求帧,收到 AP 返回的关联响应帧后,关联关系建立,如图 6.39(b)所示。

3. 控制帧

控制帧主要用于预约信道和数据帧的肯定应答。控制帧主要包括 ACK 帧、请求发送(request to send,RTS)帧和允许发送(clear to send,CTS)帧等。

IEEE 802.11 无线局域网采用停止等待协议在数据链路层实现可靠传输。WLAN 中的某个站点如果正确收到一个数据帧,则会在一个短帧间间隔(short interframe space,SIFS)[①]后,发回一个 ACK 帧。如果发送站在给定的时间内未收到 ACK 帧,则会认为出现了错误并重传该帧;如果在若干次重传后仍未收到 ACK 帧,发送站将放弃发送并丢弃该帧。IEEE 802.11 的 ACK 帧示例如图 6.40 所示。

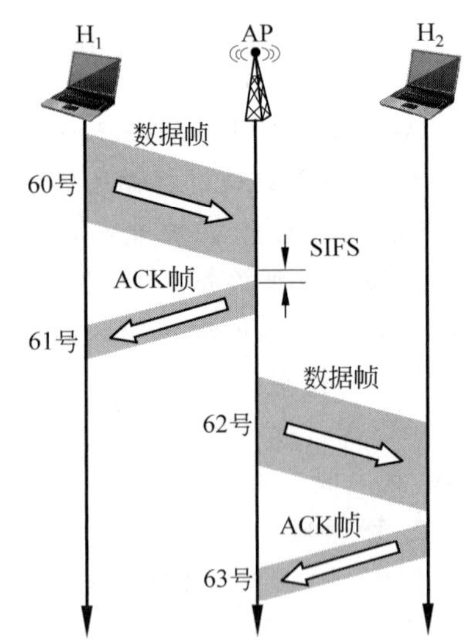

图 6.40 IEEE 802.11 的 ACK 帧

需要强调的是,停止等待协议是在直接发送站和直接接收站之间实现的,即 ACK 帧是由数据帧的直接接收

① 短帧间间隔是 IEEE 802.11 规定的几种帧间间隔的一种,将在 6.4.3 节讨论各种帧间间隔。

站产生并发回给直接发送站的。在如图 6.33 所示的数据帧实例中，主机 H_1 发向主机 H_2 的 ICMP 回显请求报文的过程是，首先将该报文由 H_1 发给 AP(60 号帧)，AP 收到该报文后向 H_1 发送 ACK 帧(61 号帧)；然后 AP 将该报文转发给 H_2(62 号帧)，H_2 收到再向 AP 发送 ACK 帧(63 号帧)。因此，一次 ICMP 请求回显，Wireshark 在无线局域网中截获了两个 ICMP 请求回显报文，如图 6.40 所示。

IEEE 802.11 只能保证本段无线链路上的可靠传输，不能保证端到端的可靠传输，端到端的可靠传输服务依然需要传输层的 TCP 提供。

IEEE 802.11 允许采用 RTS 帧和 CTS 帧进行信道预约，用来避免隐蔽站带来的冲突可能。

图 6.41 所示为一个隐蔽站示例，无线站点 H_1 和 H_2 都在 AP 的无线信号范围之内。虽然两者都与该 AP 关联，但是两个无线站点却互相不在对方的无线信号范围之内。如果两个站点同时发送数据给 AP，显然会产生冲突，但由于无线信号覆盖范围的问题，双方都不能通过载波监听的方法发现对方正在发送数据，这个问题被称为隐蔽站问题。

为解决隐蔽站问题，IEEE 802.11 允许发送站在发送数据帧前，首先向接收站 AP 发送一个 RTS 帧，用持续时间字段指示传输数据帧和 ACK 帧需要的总时间。当接收站 AP 收到 RTS 帧后，它发送一个 CTS 帧作为响应。该 CTS 帧有两个目的：给发送站明确的发送许可，也通知其他站点在持续时间内不要发送数据。如图 6.42 所示，RTS 帧、CTS 帧、数据帧和 ACK 帧之间均采用短帧间间隔(SIFS)。

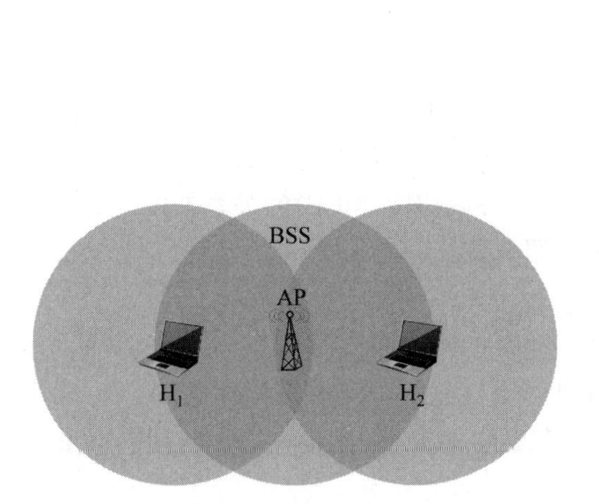

图 6.41 隐蔽站问题

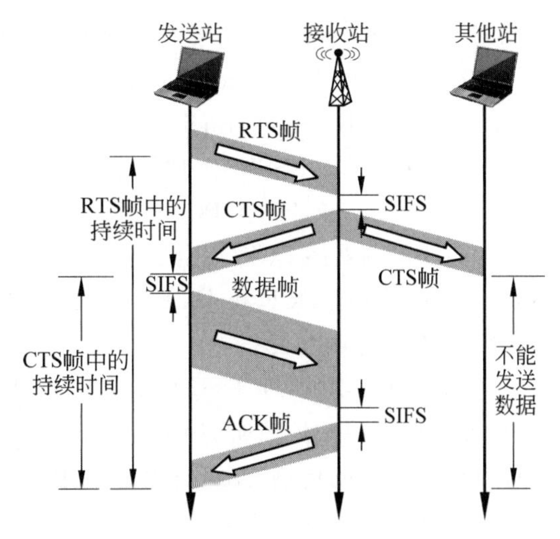

图 6.42 IEEE 802.11 的 RTS 帧和 CTS 帧

虽然 RTS 帧和 CTS 帧比较短，它们不会长期占用信道，但仍然会增加传输开销。因此，在通常情况下，IEEE 802.11 标准的实现会提供一个称为 RTS 阈值的配置选项，超过阈值长度的帧才会触发一个 RTS 帧，预约信道。在覆盖范围有限的 WLAN 中，隐蔽站问题通常很少发生，可以将 RTS 阈值设置为很大，这样可以减少分组执行 RTS/CTS 带来的开销。

RTS 帧格式如图 6.43(a)所示。CTS 帧和 ACK 帧的格式如图 6.43(b)所示。

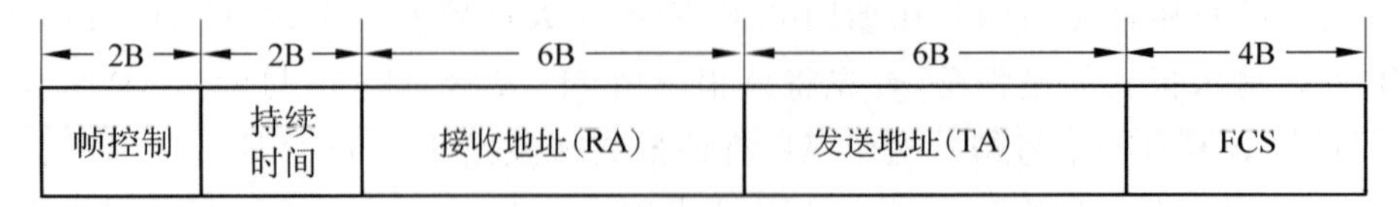

(a) RTS帧的格式

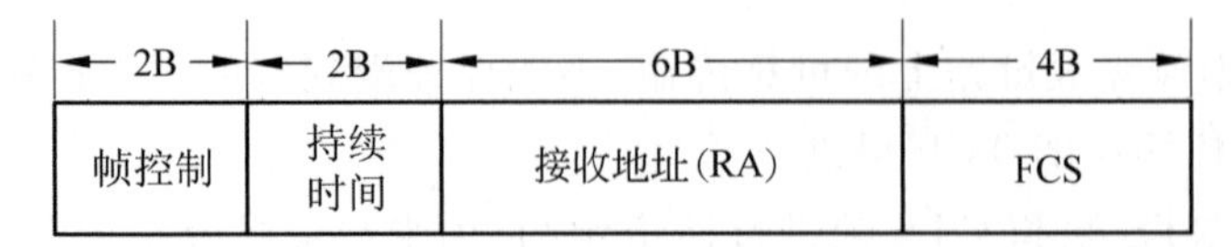

(b) CTS帧和ACK帧的格式

图 6.43 RTS 帧、CTS 帧和 ACK 帧的格式

6.4.3 无线局域网的 MAC 协议

IEEE 802.11—2020 标准采用 3 种方法解决无线介质访问控制问题：分布式协调功能(distributed coordination function，DCF)、混合协调功能(hybrid coordination function，HCF)和 mesh 协调功能(mesh coordination function，MCF)。

DCF 是 WLAN 中介质访问控制的基本方法，用于竞争服务，是 HCF 和 MCF 的基础，IEEE 802.11 协议规定所有站都应该实现 DCF。

HCF 用于支持 IEEE 802.11e 和 IEEE 802.11n 中的 QoS，所有支持 QoS 的设备都应该实现 HCF。HCF 包括受控接入和竞争接入两种方法。HCF 受控接入即 HCF 受控信道接入(HCF controlled channel access，HCCA)；HCF 竞争接入指增强型分布式信道接入(enhanced distributed channel access，EDCA)。

MCF 仅用于 MBSS 中。在较早期的 IEEE 802.11 标准中还定义了点协调功能(point coordination function，PCF)，PCF 的应用非常少，在 IEEE 802.11—2020 中已经废弃了 PCF。

分布式协调功能 DCF、混合协调功能 HCF 和 mesh 协调功能(MCF)的关系如图 6.44[①] 所示。本节主要介绍 DCF 和 HCF，MCF 不在本书介绍范围。

1. 分布式协调功能

分布式协调功能(DCF)采用 CSMA/CA 协议，即带冲突避免的载波感应多路访问。其中，载波感应又称载波监听，用来检测传输介质是否繁忙，多点访问用来确保每一个无线终端可以公平地访问传输介质，冲突避免用以降低冲突发生的概率，期望在指定时间内只有一个无线终端能够访问传输介质。

本节前面部分已经提到，IEEE 802.11 无线站点无法同时发送和接收数据，不能边发送边检测是否发生了冲突，因此，IEEE 802.3 以太网中曾经采用的 CSMA/CD 协议不能应用于 IEEE 802.11 无线局域网。IEEE 802.11 WLAN 对 IEEE 802.3 中的 CSMA/CD 协议做了几点改进，以适应无线传输介质的访问控制。

首先，IEEE 802.11 在 WLAN 中利用 ACK 帧，代替 IEEE 802.3 中的冲突检测机制，如

---

① 图 6.44 所示为不包含 DMG 站(IEEE 802.11ad)、CDMG 站(IEEE 802.11aj)、CMMG 站(IEEE 802.11aj)站和 S1G 站(IEEE 802.11ah)的 MAC 协议体系结构。这些站的 MAC 协议体系结构请参考 IEEE 802.11-2020 第 10 节的介绍。

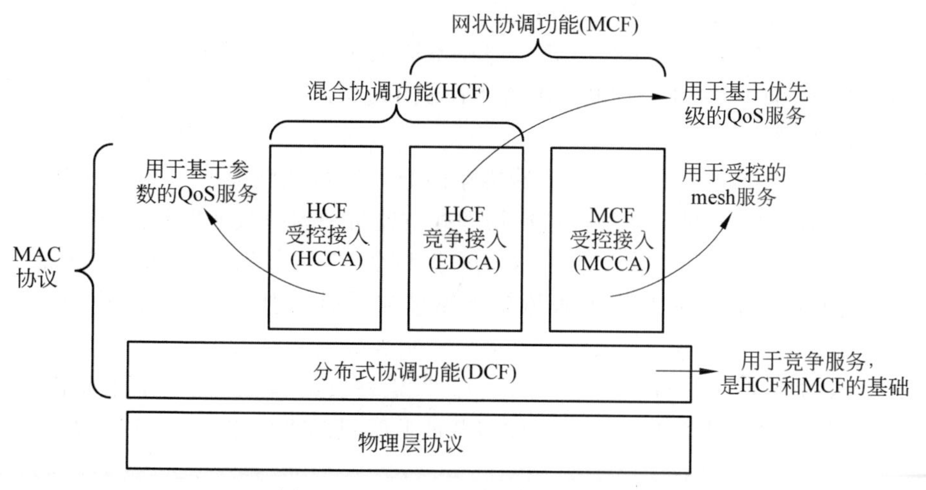

图 6.44　DCF、HCF 和 MCF 的关系

果发送站没有收到 ACK 帧，就假设发生了冲突，然后重传该数据帧。IEEE 802.11 中规定广播帧和多播帧不需要进行肯定应答。

其次，IEEE 802.11 采用冲突避免机制来减少冲突发生的概率。当监听到信道空闲时，WLAN 的站点先等待帧间间隔，再利用二进制指数后退算法随机后退一段时间后，才允许发送数据。在这段时间内，该站点仍然会持续监听信道。

此外，IEEE 802.11 还采用 RTS 帧/CTS 帧预约信道，解决隐蔽站问题，进一步减少冲突发生的概率。

接下来，从帧间间隔、载波监听和随机后退等几方面介绍分布式协调功能(DCF)。

1) 帧间间隔

发送帧之间的时间间隔称为帧间间隔(interframe space，IFS)。IEEE 802.11—2020 共定义了 10 种帧间间隔，这些帧间间隔可以提供接入无线介质的优先级。DCF 中常见的帧间间隔有 5 种，按照间隔从短到长的排列如下。

(1) 短帧间间隔(short interframe space，SIFS)：高优先级。

(2) 优先帧间间隔(priority interframe space，PIFS[①])：较高优先级。

(3) DCF 帧间间隔(DCF interframe space，DIFS)：普通优先级。

(4) 仲裁帧间间隔(arbitration interframe space，AIFS)：用于 QoS 站点，这是一组帧间间隔，根据不同的接入类别(access category)可以定义多个 AIFS，记为 AIFS[AC]。AIFS[AC]是增强型分布式信道接入(EDCA)使用的帧间间隔。

(5) 扩展帧间间隔(extended interframe space，EIFS)：用于帧重传的帧间间隔。

此外，缩小的帧间间隔(reduced interframe space，RIFS[②])是比 SIFS 还短的帧间间隔。在 IEEE 802.11-2020 中规定，非 DMG 站点不使用 RIFS。其他 4 种帧间间隔来源于 IEEE

① PIFS 最初称为 PCF 帧间间隔(PCF interframe space)，IEEE 802.11-2020 中废弃了 PCF，用 PIFS 代表 priority interframe space。

② RIFS 在 IEEE 802.11-2012 中纳入 WLAN 标准，但从 IEEE 802.11-2016 起规定，非 DMG 站点不使用 RIFS，并且在将来的标准中将取消对 RIFS 的支持。

802.11ad,用于 DMG 站点,本书不再介绍。

IEEE 802.11 规定不同优先级的帧允许在不同的 IFS 之后发送,如 CTS 和 ACK 帧在 SIFS 后可以发送,而 RTS 和数据帧需要在 DIFS 后发送。

2）载波监听

IEEE 802.11 CSMA/CA 设备在开始传输前必须进行载波监听,用以检查传输介质是否被占用。IEEE 802.11 的载波监听包括物理载波监听和虚拟载波监听两种方式。

（1）物理载波监听(physical carrier sense)。每个 IEEE 802.11 的物理层规范都需要提供一种评估信道是否空闲的功能,它通常基于能量和波形识别。这种功能称为空闲信道评估(clear channel assessment,CCA),用于了解介质当前是否繁忙。

（2）虚拟载波监听(virtual carrier sense)。发送站发送单播帧时会基于帧长度、传输速率和物理层特性等设置持续时间字段。虚拟载波监听机制将检查每个 MAC 帧中的持续时间字段。

发送站在数据帧的持续时间字段中填入本帧结束后还要占用多少时间,包括目的站发送 ACK 帧所需的时间。该持续时间等于传输一个 ACK 帧的时间加上一个 SIFS,如图 6.45(a)所示。ACK 帧中的持续时间值为 0。

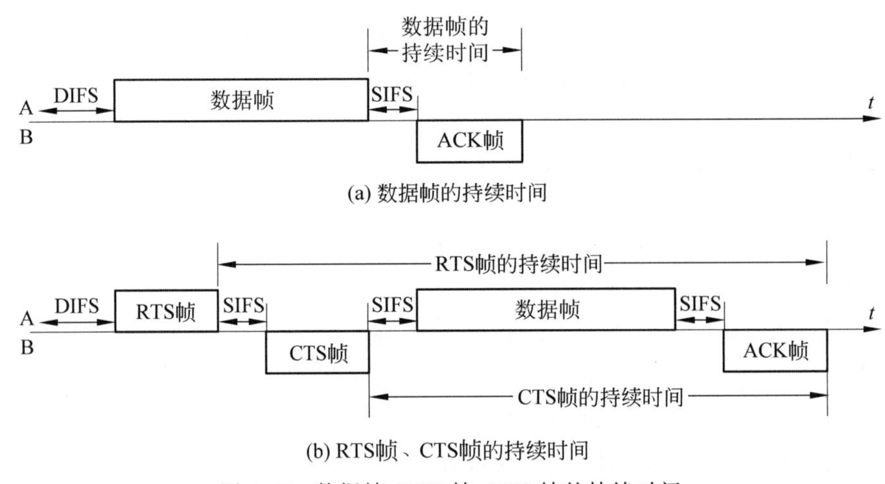

图 6.45　数据帧、RTS 帧、CTS 帧的持续时间

RTS 帧和 CTS 帧的持续时间包括传输数据帧和 ACK 帧所需要的总时间。其中 RTS 帧的持续时间等于传输 CTS 帧、数据帧和 ACK 帧的时间再加上 3 个 SIFS;CTS 帧的持续时间值等于传输数据帧和 ACK 帧的时间再加上两个 SIFS,如图 6.45(b)所示。

执行虚拟载波监听的每个站维持一个称为网络分配向量(network allocation vector, NAV)的本地计数器,用来估计信道将处于繁忙状态的时间。当站点监听到一个大于本地 NAV 的持续时间时,它用持续时间值更新本地 NAV 变量。NAV 变量基于本地时钟递减,只要本地 NAV 不为 0,信道就会被认为是繁忙的。当监听到一个 ACK 帧时,本地 NAV 被重新置“0”。

物理载波监听和虚拟载波监听是同时执行判断的,只有两种方式都认为信道空闲时,才判定信道空闲。

载波监听可以看作 WLAN 冲突避免机制的第一道防线,其中物理载波监听是物理层防线，虚拟载波监听是数据链路层防线。

3）随机后退

在 IEEE 802.11 WLAN 中，发送站确定信道从忙转闲后，为避免多个站同时发送数据，所有想发送数据的站需要执行随机后退（random backoff）算法，计算后退时间并推迟接入信道。

WLAN 的随机后退算法是二进制指数后退算法（binary exponential backoff，BEB）。后退时间等于一个随机数与时隙的乘积，时隙（slot time）依赖物理层标准，扩频技术不同，时隙也不尽相同，通常是几十微秒。随机数是在区间[0，CW]中随机选择的一个整数，其中竞争窗口（contention window，CW）是一个整数，且满足 aCWmin≤CW≤aCWmax。aCWmin 和 aCWmax 由物理层标准定义。CW 的值从物理层指定的常数 aCWmin 开始，随着重传次数增加，以 2 的幂次减 1 增加，直到 aCWmax 为止。直接序列扩频（DSSS）和正交频分多路复用（OFDM）规定的 aCWmin 值、aCWmax 值以及竞争窗口 CW 的增大示例如图 6.46 所示。

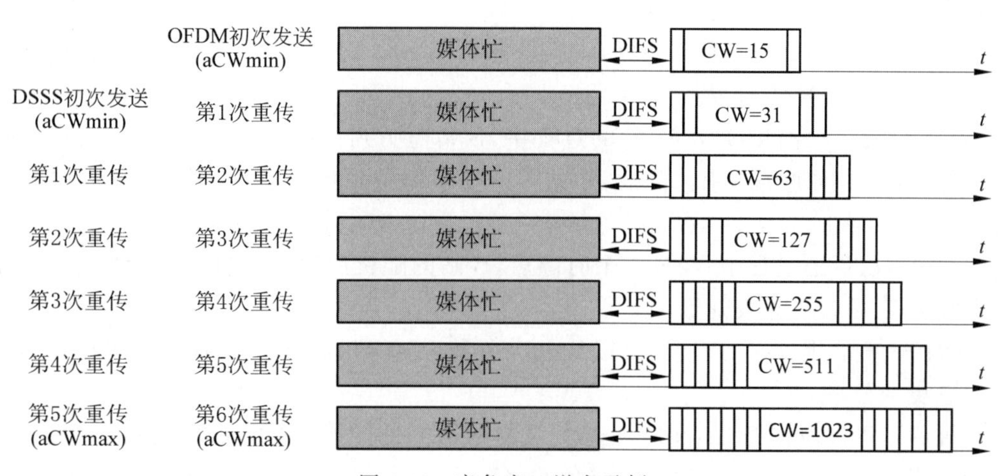

图 6.46　竞争窗口增大示例

随机后退计时器是无线站点传输帧之前的最后一个计时器。当信道从忙转闲，并持续空闲了 DIFS 后，随机后退计时器开始计时。在后退过程中，每经过一个时隙，站点会监听一次信道，若信道空闲则随机后退计时器的值减 1；若信道忙则挂起随机后退计时器，直至信道再次从忙转闲，并持续了 DIFS 后，计时器恢复计时。当站点的随机后退计时器倒数至 0 时，意味着站点竞争获得信道，可以发送数据。

为更好地理解 IEEE 802.11 的随机后退机制，用如下例子来说明后退的过程。

当 A 站正在发送数据时，B 站和 C 站都有数据需要发送，由于监听到信道忙，B 站和 C 站需要推迟到信道空闲后，执行随机后退算法，后退结束才能发送数据。B 站和 C 站的随机后退过程如图 6.47 所示。

（1）当 B 站与 C 站相继产生数据，需要竞争信道进行发送时，它们首先推迟至信道空闲，然后等待 DIFS，若在这段时间内，信道保持空闲状态，B 站和 C 站就可以进入随机后退过程。

（2）B 站和 C 站分别从各自的竞争窗口（CW）中选择一个随机数，作为随机后退计时器

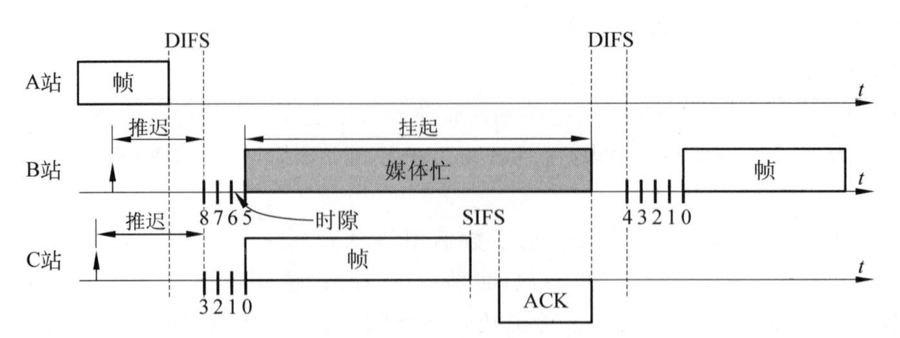

图 6.47 随机退避的例子

的值。在图 6.47 的例子中 B 站选择了 8,C 站选择了 3。

(3) 进入后退过程后,每经过一个时隙,随机后退计时器的值减 1。在本例中,经过 3 个时隙后,B 站的随机后退计时器从 8 递减至 5,而 C 站的随机后退计时器从 3 递减至 0。于是 C 站获得信道,可以开始发送数据。

(4) C 站发送的数据到达接收站后,接收站利用 CRC 进行检验,如果检验通过,则在等待 SIFS 后发送 ACK 给 C 站。

(5) C 站发送数据和接收 ACK 的过程中,B 站监听到传输介质忙,于是将随机后退计时器挂起,直到本次通信结束。随后,B 站等待 DIFS,将随机后退计时器减到 4,继续倒数计时。

(6) 在本次后退过程中,经过 4 个时隙后,B 站的随机后退计时器从 4 递减至 0。于是 B 站获得信道,可以开始发送数据。

B 站在恢复后退计时的时候,直接从上次剩余的时间开始倒数,这样设计可以使协议对所有站点更加公平。

随机后退可以看作 WLAN 冲突避免机制的第二道防线,它可以将站点同时进行通信的可能性降至很低,但仍然无法完全避免冲突。因此,如果无线站点没有收到 ACK,就会再次进入载波监听,尝试重新发送帧。发送站重传帧时,需要在信道空闲 EIFS 后,再进入随机后退过程,重传时应按照图 6.46 所示规则,增大竞争窗口(CW)的值。

2. 混合协调功能

初期的 IEEE 802.11 协议没有考虑服务质量(quality of service,QoS)。随着 IEEE 802.11 的商用成功,WiFi 的应用越来越多,导致无线 QoS 的需求越来越多。2004 年通过的 IEEE 802.11e 标准为 WLAN 增加了 QoS 功能。它为 WLAN 引入 QoS 站、QoS 接入点等新的术语。一般情况下,支持 QoS 功能的设备也支持传统的非 QoS 操作。IEEE 802.11e 标准中的一些主要设计也被 IEEE 802.11 项目组进一步演进,成为后续协议的重要组成部分。如 IEEE 802.11n 中的高吞吐量站(high-throughput station,HT STA)都支持 QoS,都属于 QoS 站。

初期的 IEEE 802.11 协议中仅定义了分布式协调功能(DCF)和点协调功能(PCF),IEEE 802.11e 将它们改进为支持 QoS 的增强型分布式信道接入(EDCA)和 HCF 受控信道接入(HCCA)。EDCA 建立在 DCF 基础上,是基于竞争的介质访问控制机制;HCCA 建立在 PCF 之上,使用轮询方法控制介质访问。HCCA 的应用很少,本节仅介绍 EDCA。

EDCA 对 DCF 主要做了两点改进：传输机会(transmission opportunity，TXOP)和接入类别(access category，AC)。

1) 传输机会

在传统的 DCF 中，当站点竞争到信道后，可以获得发送一帧的机会，即“竞争一次，传输一个帧”。这种竞争机制会带来速率异常(rate anomaly)问题[①]。例如，一个站点 A 以 6Mb/s 的速率发送，而另一个站点 B 以 54Mb/s 的速率发送的情况，如果发送相同长度的帧，则站点 A 花费的时间是站点 B 的 9 倍。如果两站在同一个 BSS 内竞争信道，它们以相同的概率获得信道，慢速发送的 A 将拖累快速发送的 B，会使得 B 的实际速率降低到接近 A 的程度。这对快速发送方而言是不公平的。

为了解决传输速率异常问题，IEEE 802.11e 引入了 TXOP 的概念，将竞争方式进行改进，即“竞争一次，传输一段时间”。当站点竞争到信道后，可以获得一段传输时间，在这段时间内，站点可以传输多个数据帧，这种方式称为帧突发(frame burst)。在帧突发期间，每个帧之间都为短帧间间隔(SIFS)。TXOP 的传输时间可以通过虚拟载波监听进行保证。

2) 接入类别(AC)

实现 QoS 的时候，一般可以把 QoS 模型简化为两个步骤。

(1) 流量分类：按照业务类型或者优先级对流量进行分类并打上标记。

(2) 配置传输策略：对不同类型的流量使用不同的传输策略。

IEEE 802.11e 使用 4 种接入类别(AC)为无线站点提供差异化接入服务。IEEE 802.1D 在以太网帧首部中通过 PCP 字段定义的 8 个用户优先级(user priority，UP)[②]被映射到 WLAN 的 4 种 AC。

4 种 AC 按照优先级顺序从高到低排序如下。

(1) 语音服务 AC(voice AC，AC_VO)：一般是 VoIP 流量类型，对延迟最为敏感，属于优先级最高的流量。

(2) 视频服务 AC(video AC，AC_VI)：视频服务也是对延迟十分敏感的一种流量类型，它的优先级低于语音服务。

③ 尽力而为服务 AC(best effort AC，AC_BE)：AC_BE 是默认的流量类型，用于网页访问等应用，对于延迟有一定需求，但没有那么敏感。

④ 背景流量 AC(background，AC_BK)：AC_BK 是对延迟最不敏感的一种流量类型，用于文件传输，打印作业等应用。

8 个用户优先级和 4 种接入类别的映射关系如表 6.6 所示。

表 6.6　用户优先级和接入类别的映射关系

接入类别(AC)	AC_VO		AC_VI		AC_BE		AC_BK	
用户优先级(UP)	7	6	5	4	3	0	2	1

---

① M. Heusse，F. Rousseau，G. Berger-Sabbatel and A. Duda，Performance anomaly of IEEE 802.11b，in：Proceedings of IEEE INFOCOM’;03，San Francisco，CA (March 2003)。

② 用户优先级最初由 IEEE 802.1P 定义，IEEE 802.1P 和 IEEE 802.1Q 后来都被统一纳入 IEEE 802.1D 标准。PCP 在 6.2.4 节已有介绍。PCP 也经常被称为服务编码(code of service，COS)。

当带有Q标签的IEEE 802.3以太网帧需要转换到IEEE 802.11 WLAN帧时，记录在Q标签中的用户优先级(UP)将被保存在WLAN帧首部的QoS控制字段中。具有QoS功能的无线站点也可以根据网络层IP首部中的区分服务码点(DSCP)，直接封装QoS帧。

无线设备发送QoS帧时，将数据流导入4个AC队列中，每个AC队列利用增强的DCF竞争TXOP。EDCA模型如图6.48所示。

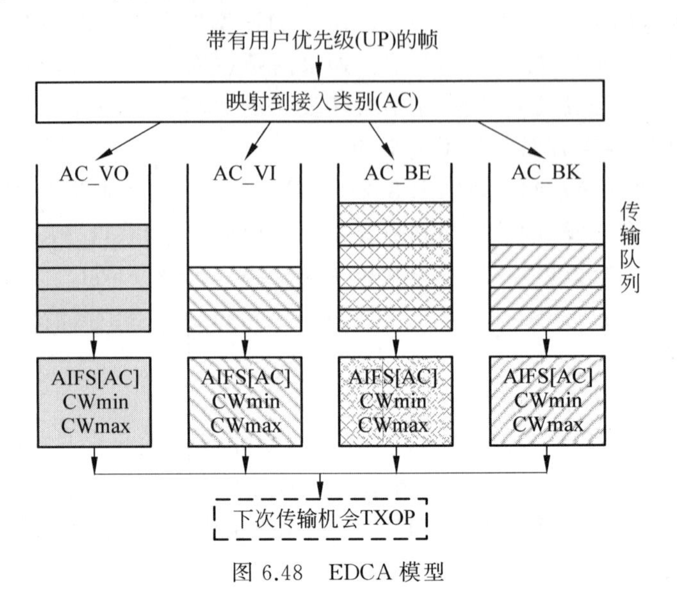

图6.48 EDCA模型

在EDCA中，对CSMA/CA协议的竞争参数进行了调整。首先，帧间间隔不再采用DIFS，而是采用AIFS[AC]。IEEE 802.11规定的SIFS、PIFS、DIFS和AIFS[AC]的关系如式(6-1)所示。

$$\begin{cases} \text{PIFS} = \text{SIFS} + 1 \times \text{时隙} \\ \text{DIFS} = \text{SIFS} + 2 \times \text{时隙} \\ \text{AIFS[AC]} = \text{SIFS} + n \times \text{时隙} \end{cases} \tag{6-1}$$

AIFS[AC]计算公式中的n是可配置的，AC不同，取值也各不相同，优先级较高的AC，n的取值较小。因此，优先级较高的AC，在传输介质空闲后等待更少的时间即可进入后退计时。

EDCA中每个AC的竞争窗口参数CWmin和CWmax不再采用物理层指定的常数，而是根据优先级，不同的AC配置不同的CWmin和CWmax。优先级较高的AC，使用的竞争窗口范围较小；优先级较低的AC，使用的竞争窗口范围较大。因此，优先级较高的AC，选取到较短的后退时间的概率更大。

总之，采用EDCA后，具有最高优先级的AC帧的随机后退值最小，因此更可能得到TXOP。

混合协调功能(HCF)中，对流量准入控制、TXOP的传输模式、ACK的反馈策略等都有更详细的规定，具体细节本书不再深入介绍，有兴趣的读者可以阅读IEEE 802.11—2020标准进行深入学习。

6.5　点到点协议

点到点协议(point to point protocol,PPP)在传统拨号上网、ADSL 接入网、光纤接入网以及 SDH 网络中广泛使用。PPP 来源于另一种广泛应用的协议——高级数据链路控制(high level data link control,HDLC)协议。HDLC 协议是 ISO 制定的标准,也是很多数据链路层协议的基础。

PPP 用来在全双工、点对点链路上传输网络层分组,由 RFC1661 和 RFC1662 规定,是互联网正式标准。PPP 实际上是一个协议集合,而不是一个单一的协议,它包括 3 个主要组成部分。

(1) 一种将多种网络层分组封装到串行链路的方法。

(2) 一个用来处理连接建立、选项协商、测试线路和释放连接的链路控制协议(link control protocol,LCP)。

(3) 一组网络控制协议(network control protocol,NCP)。其中每种网络控制协议用于支持不同的网络层协议,例如用于支持 IP 的网络控制协议 IPCP(RFC1332),用于支持 IPv6 的网络控制协议 IPv6CP(RFC5072)。

6.5.1　点到点协议的帧格式

点到点协议的帧格式借鉴了 HDLC 的帧格式,由 RFC1662 规定,其格式如图 6.49 所示。

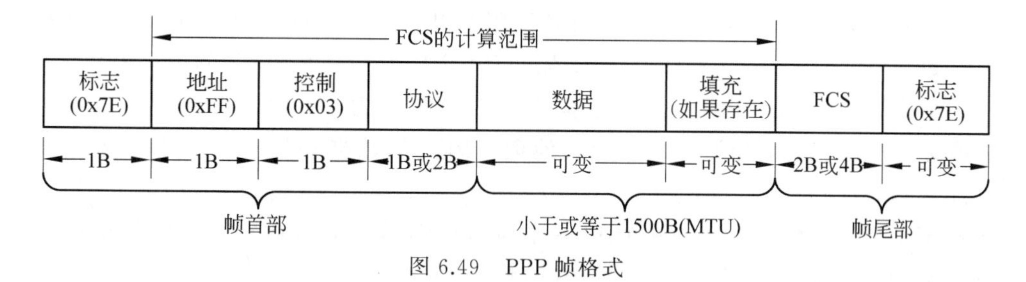

图 6.49　PPP 帧格式

点到点协议的帧中各字段含义如下。

(1) 标志。帧首部的第一个字段和帧尾部的最后一个字段都是标志字段,各占 1B。标志字段表示一个帧的开始或结束。因此标志字段就是点到点协议帧的定界符。标志字段规定取值为 0x7E,二进制表示为 01111110。

当数据字段出现 0x7E 时,PPP 根据传输模式不同,采取不同的措施进行处理。

① 当 PPP 用于异步传输(如在拨号网络中应用)时,它采用字符填充法解决该问题。RFC1662 规定转义字符为 0x7D,然后按照如下方法进行填充。

把数据字段中出现的每一个 0x7E 字符转换成为 2B 的序列(0x7D,0x5E)。

若数据字段中出现 0x7D 字符,则将其转换为 2B 的序列(0x7D,0x5D)。

若数据字段中出现 ASCII 码的控制字符(即数值小于 0x20 的字符),则在该字符前面插入一个 0x7D 字符,并将该字符的编码加 0x20。例如,字符 0x03 被转换成(0x7D,0x23),

字符 0x11 被转换成(0x7D,0x31) 等。

由于发送方进行了字节填充,因此接收方在收到数据后需要进行相反的变换,就能够正确地恢复出原来的数据。

② 当 PPP 用于同步传输时,如在 SDH 中应用时,它采用位填充法解决该问题。该方法在 6.1.2 节已有介绍。即每当发送方在数据中发现连续 5 个“1”时,就立即在其后方填充 1 个 0。接收方如果收到连续 5 个“1”时,将其后的“0”删除,还原成原来的二进制数据流。

(2) 地址和控制。

① PPP 的地址字段来源于 HDLC,占 1B。HDLC 可用于多点链路,地址字段用来指明接收方。但 PPP 仅用于点对点链路,仅有一个接收方,因此地址字段总是被设置为 0xFF。

② PPP 的控制字段也来源于 HDLC,占 1B。在 HDLC 中,控制字段用来指明帧类型,但 PPP 仅使用了一种帧,所以控制字段总是被设置为 0x03,该值在 HDLC 中代表无编号帧。

PPP 最初曾考虑将来对地址和控制字段的值进行扩展定义,但至今也没有给出。因此,这两个字段实际上并没有意义。PPP 使用 LCP 进行链路层参数协商时,通常会省略这两个字段。

(3) 协议。协议字段用来指明数据部分封装的是何种协议的数据,占 1B 或 2B。RFC1661 中规定协议字段必须满足以下要求:高位字节的最低有效位必须为“0”,低位字节的最低有效位必须为“1”。当协议字段为 0x0021 时,说明数据字段封装的是 IP 数据报。当协议字段为 0xC021 时,说明数据字段封装的是 LCP 分组。当协议字段为 0x8021 时,说明数据字段封装的是 IPCP 分组[①]。

在默认情况下,协议字段占 2B,但 PPP 使用 LCP 进行链路层选项协商时,允许将协议字段配置为 1B 的压缩形式。RFC1661 中强调,LCP 分组总是使用 2B 的未压缩格式。

(4) 数据和填充。PPP 的最大传送单元 MTU[②] 默认为 1500B。PPP 使用 LCP 进行链路层选项协商时,可以将 MTU 配置为其他值。PPP 的数据和填充字段加起来不允许超过 MTU。

(5) FCS。PPP 帧尾部包括一个 FCS 字段,占 2B 或 4B。PPP 的 FCS 字段采用 CRC 算法检验除 FCS 字段本身和标志字段之外的整个帧。

在默认情况下,PPP 采用 16 位的 FCS,其生成多项式所对应的二进制数 P 为 10001000000100001。PPP 使用 LCP 进行链路层选项协商时,允许将 CRC 从 16 位扩展到 32 位,此时,CRC 的生成多项式采用 6.1.4 节中给出的 CRC-32,与以太网中采用的生成多项式相同。

PPP 在默认情况下不支持可靠传输,仅提供无差错接受。但 RFC1663 中给出了一种在 PPP 上进行可靠传输的方案,该方案很少被使用。

6.5.2 PPP 链路的状态

在发送 PPP 帧之前,必须先建立和配置 PPP 链路。通信结束后,需要释放 PPP 链路。

---

① 协议字段的分配可以在 https://www.iana.org/assignments/ppp-numbers 上查询到。

② 在 RFC1661 等 PPP 标准中,将 MTU 记为最大接收单元(maximum receive unit,MRU)。

PPP 链路从建立到释放的状态变迁如图 6.50 所示。

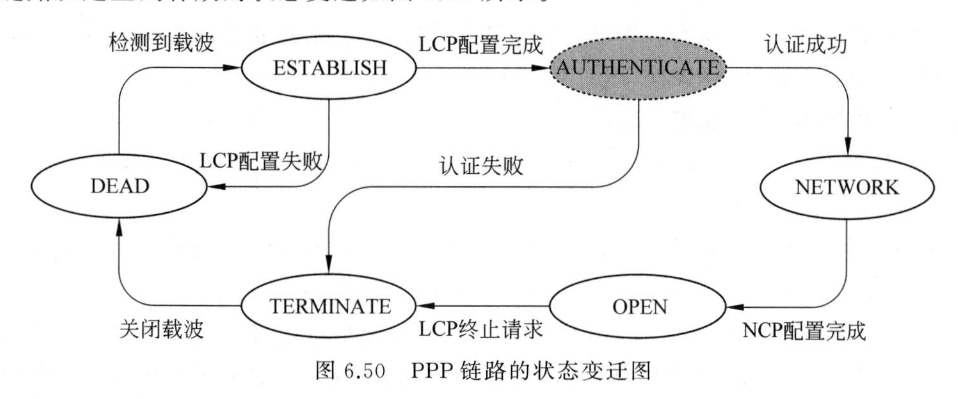

图 6.50 PPP 链路的状态变迁图

1. DEAD 状态

链路的初始状态为 DEAD,这意味着不存在物理层连接。当物理层连接建立以后,双方能够检测到载波,链路转换到 ESTABLISH 状态。

2. ESTABLISH 状态

在 ESTABLISH 状态,PPP 对等实体可以利用 LCP 协商一些配置选项。LCP 规定了 3 种用途的帧:配置、终止和维护,每种用途的帧又包括多种类型。所有类型的 LCP 帧都封装在 PPP 的数据部分中,其 PPP 帧首部的协议字段值为 0xC021。LCP 负责区分不同类型的 LCP 帧。

用于配置的 LCP 帧包括配置请求帧(configure-request)、配置肯定应答帧(configure-ACK)、配置否定应答帧(configure-NAK)和配置拒绝帧(configure-reject)。

通信双方通过向对方发送配置请求帧,并接收对方的响应来进行配置选项的协商。配置请求帧中包含发送方希望使用的配置选项。

接收方可以发送以下几种响应中的一种。

(1) 配置肯定应答帧:配置请求中的所有选项都接受。

(2) 配置否定应答帧:配置请求中的所有选项都识别,但某些选项不能接受。

(3) 配置拒绝帧:配置请求中的某些选项无法识别,不能接受。

RFC1661、RFC1662 以及其他 RFC 中共规定了 30 种配置选项[①],常见的几种配置选项如下。

(1) MRU[②](maximum-receive-unit)选项:用来配置 PPP 的最大传送单元 MTU 值。

(2) ACFC(address-and-control-field-compression)选项:用来配置是否省略地址字段和控制字段。

(3) PFC(protocol-field-compression)选项:用来配置是否将协议字段压缩为 1B。

(4) AP(authentication-protocol)选项:用来配置是否使用,以及使用何种认证协议。

(5) FCSA(FCS-alternatives)选项:用来配置是否将 FCS 字段扩展到 32 位。

其他的配置选项,本书不再介绍,有兴趣的读者可以参考相关 RFC 文档进行深入学习。

---

① PPP 配置选项可以在 https://www.iana.org/assignments/ppp-numbers 上查询到。

② PPP 标准中的 MRU 与本章讨论的 MTU 概念相同。

如果 LCP 配置选项协商要求使用认证协议进行身份认证，当 LCP 配置完成后，链路状态转换到 AUTHENTICATE 状态。否则，当 LCP 配置完成后，链路状态跳过 AUTHENTICATE 状态，直接转换到 NETWORK 状态。

3. AUTHENTICATE 状态

AUTHENTICATE 状态是一个可选的状态，只有 LCP 配置选项协商要求使用认证协议进行身份认证才会进入该状态。

在 RFC1661 中允许使用两种认证协议：密码认证协议（password authentication protocol，PAP）和挑战握手认证协议（challenge handshake authentication protocol，CHAP）[①]。在 RFC3748 中又规定了另一种可以用于 PPP 的认证协议：扩展认证协议（extensible authentication protocol，EAP）。这 3 种认证协议的数据都需要封装在 PPP 的数据部分中传输，当 PPP 帧首部的协议字段值为 0xC023 时，内部封装的是 PAP 报文；当 PPP 帧首部的协议字段值为 0xC223 时，内部封装的是 CHAP 报文；当 PPP 帧首部的协议字段值为 0xC227 时，内部封装的是 EAP 报文。

如果认证通过，链路状态转换到 NETWORK 状态。否则链路状态转换到 TERMINATE 状态。

4. NETWORK 状态

在 NETWORK 状态，PPP 对等实体可以使用一个或多个 NCP 进行网络层参数的相关协商，典型的情况是使用一个 NCP。对于 IPv4，NCP 被称为 IPCP。IPCP 可协商一系列选项，包括 IP 压缩协议、IPv4 地址、移动 IPv4[②] 以及域名服务器等。

IP 压缩协议提供了高层（TCP 和 IP）首部压缩的方法，最初在 RFC1144 中介绍，后来演化为 RFC2507 和 RFC3544 中的 IP 首部压缩方案，最新的改进方案称为鲁棒性首部压缩（robust header compression，ROHC），由 RFC5225 规定。

NCP 配置完成后，NCP 可以控制链路转换到 OPEN 状态。

5. OPEN 状态

只有链路进入 OPEN 状态后，PPP 才可以用来传送上层协议的数据，如传送 IP 数据报。此外，在 NETWORK 状态和 OPEN 状态时，PPP 也可以传送 LCP 分组和 NCP 分组。NCP 可以根据需要，关闭网络层连接。一旦关闭网络层连接，LCP 也将尝试终止 PPP 链路。

LCP 通过终止请求帧（terminate-request）和终止肯定应答帧（terminate-ACK）终止 PPP 链路后，链路状态转换到 TERMINATE 状态。

6. TERMINATE 状态

物理层连接被放弃后，链路将回到 DEAD 状态。

6.5.3 以太网上的点到点协议

随着以太网占据市场主导地位，利用以太网接入互联网成为一种宽带接入方案，ISP 需

---

① PAP 和 CHAP 在 RFC1334 中规定，RFC1994 对 CHAP 进行了更新。RFC2433 和 RFC2759 规定了 MS-CHAP v1 和 MS-CHAP v2。

② IPCP 中的移动 IPv4 配置选项由 RFC2290 规定。

要一种能在以太网上运行的、基于单用户计费的接入控制方案。于是，RFC2516 规定了以太网上的点到点协议(point to point protocol over ethernet，PPPoE)，它将 PPP 帧封装在以太网帧内，利用 PPP，使以太网上的每个用户站点都可以与一个远程的 PPPoE 服务站点建立 PPP 会话，该服务站点位于 ISP 内，称为接入集中器(access concentrator，AC)。这样，当用户通过 PPP 会话获得一个 IP 地址，ISP 就可以通过 IP 地址和特定的用户相关联。

PPPoE 的运行包括两个阶段：发现阶段和 PPP 会话阶段。在发现阶段，用户站点首先发现 AC 的 MAC 地址，然后建立一个与 AC 的 PPPoE 会话，一个唯一的 PPPoE 会话标识符(SESSION_ID)会被分配给这个会话。会话建立后，两个对等实体进入 PPP 会话阶段，就像进行普通的 PPP 会话一样运行。只是 PPP 帧是封装在以太网帧内部传输的。

1. PPPoE 的帧格式

RFC2516 规定的 PPPoE 帧格式如图 6.51 所示。

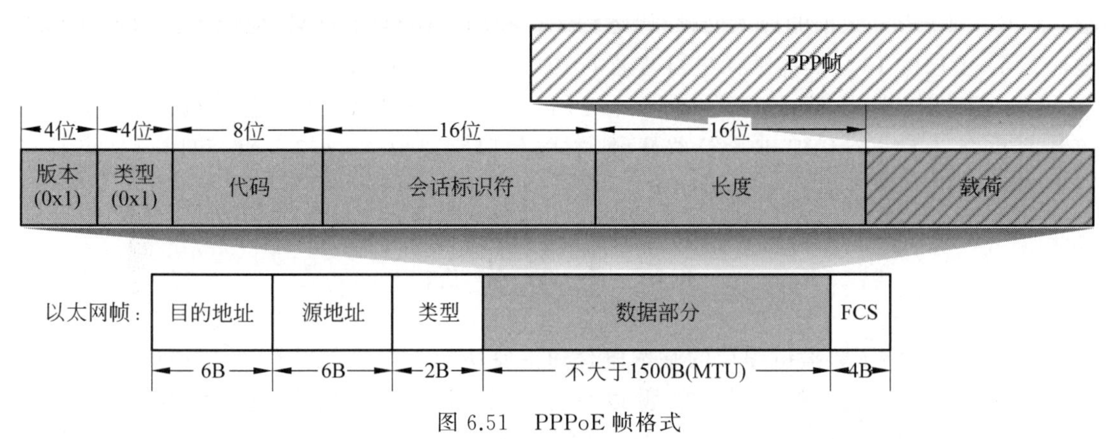

图 6.51　PPPoE 帧格式

PPPoE 帧中各字段含义如下。

(1) 版本和类型字段。这 2 个字段各占 4 位，在当前版本中均取值为 0x01。

(2) 代码字段。该字段占 8 位，用以区分发现阶段和 PPP 会话阶段中各种类型的 PPPoE 帧。

(3) 会话标识符字段。该字段占 16 位，每一个 PPPoE 会话都会具有一个唯一标识符。

(4) 长度字段。该字段占 16 位，代表 PPPoE 载荷部分的长度，以字节为单位。

(5) 载荷字段。根据代码不同，载荷部分封装的数据不同。在发现阶段，载荷字段封装 PPPoE 用来分配会话标识符的各种帧。在 PPP 会话阶段，载荷部分封装 PPP 帧。

2. PPPoE 的发现阶段

PPPoE 的发现阶段分为以下 4 个步骤。

(1) 用户站点广播一个 PPPoE 主动发现初始化(PPPoE active discovery initiation，PADI)帧，用以请求远程 AC 发回它的 MAC 地址。PADI 帧的代码字段值为 0x09，会话标识符字段值为 0x0000。

(2) 收到 PADI 帧的远程 AC 都单播返回一个 PPPoE 主动发现提供(PPPoE active discovery offer，PADO)帧，其中包含自己的 MAC 地址。PADO 帧的代码字段值为 0x07，会话标识符字段值仍然为 0x0000。

(3) 用户站点选择一个远程 AC，并单播发送一个 PPPoE 主动发现请求(PPPoE active

discovery request，PADR）帧给被选中的 AC，用以请求建立会话。PADR 帧的代码字段值为 0x19，会话标识符字段值仍然为 0x0000。

(4) 远程 AC 单播发送一个 PPPoE 主动发现会话确认（PPPoE active discovery session-confirmation，PADS）帧给用户站点，分配给用户站点本次会话的标识符。PADS 帧的代码字段值为 0x65，会话标识符字段填写本次会话的标识符。如果远程 AC 拒绝分配会话标识符给用户站点，返回给用户站点的会话标识符字段依然为 0x0000。

在 PPPoE 的发现阶段中，所有的封装了 PPPoE 数据的以太网帧中，类型字段均填写 0x8863。

3. PPPoE 的会话阶段

在 PPPoE 会话阶段，封装了 PPPoE 数据的以太网帧中，类型字段填写 0x8864。会话中，所有 PPPoE 帧的代码字段均为 0x00，会话标识符字段均填写发现阶段所获得的标识符。封装了 PPPoE 数据的以太网帧，以远程 AC 和用户站点的 MAC 地址为目的地址和源地址交互，上层的 PPP 实体就像进行普通的 PPP 会话一样运行。

当 LCP 发出终止请求帧，终止一个 PPP 会话时，PPPoE 会话也会被终止。此外，PPPoE 也定义了一个 PPPoE 会话终止帧，它的代码字段值为 0xa7。AC 和用户站点都可以主动发送 PPPoE 会话终止帧以结束会话。

6.6 本章小结

本章首先介绍了数据链路层的基本概念和主要功能。然后介绍了以太网的演变和以太网协议，进而介绍了交换机的工作原理，以及虚拟局域网的基本概念。随后，本章介绍了地址解析协议（ARP）。在介绍了无线局域网的组成和 MAC 帧格式的基础上，介绍了无线局域网的 MAC 协议：CSMA/CA 协议。最后，介绍了点到点协议（PPP）以及以太网上的点到点协议（PPPoE）。

数据链路层的信道包括两种：广播信道和点对点信道。数据链路层的主要功能包括封装成帧、寻址、差错控制、介质访问控制和流量控制。封装成帧是数据链路层最基本的功能，可以采用字符填充的标志字符法、按位填充的标志位法和特殊的物理层编码法进行帧定界。寻址是广播信道上的数据链路层协议必须具有的功能，数据链路层上的地址称为硬件地址，以太网和 WLAN 的硬件地址也称为 MAC 地址。48 位的 MAC 地址由 3B 的组织唯一标识符和 3B 的扩展唯一标识符组成。差错控制也是数据链路层的基本功能，数据链路层最常用的差错检测算法是 CRC，多数数据链路层协议都提供无差错接受服务，WLAN 的数据链路层提供可靠传输服务。介质访问控制是共享信道上的数据链路层协议才需要的功能，实现介质访问控制的方法可以分为 3 类：静态信道分配方法、随机接入方法和受控接入方法。流量控制是数据链路层协议的可选功能，只有部分数据链路层协议提供了流量控制能力。

以太网是目前最流行的有线局域网技术。以太网经过多年的发展，从 10Mb/s 提升到 400Gb/s，从共享式局域网发展到交换式局域网，从局域网领域拓展到城域网、广域网领域，形成了庞大的 IEEE 802.3 系列标准。半双工以太网采用 CSMA/CD 协议访问共享传输介质，全双工以太网以独享的方式占用传输介质。以太网的帧格式简单，从互联网的边缘部分到核心部分均有应用，可以实现端到端以太网传输。以太网交换机具有即插即用、自动学习等特点。以太网交换机可以隔离冲突域,支持 VLAN 的以太网交换机能够隔离广播域。

地址解析协议(ARP)提供了一种从网络层的 IP 地址解析出数据链路层的硬件地址的方法。ARP 解析下一跳 IP 地址时,将待解析的 IP 地址写入 ARP 请求,用以太网广播帧封装后发送给本网络的所有主机。同一广播域中的所有主机均能收到 ARP 请求。正在使用该 IP 地址的主机,将其 MAC 地址写入 ARP 响应,单播发送给请求方主机。

无线局域网(WLAN)是目前访问互联网最流行的技术之一。IEEE 802.11 无线局域网分为两类,一类是基础设施网络,另一类是自组织网络。基本服务集(BSS)是 IEEE 802.11 体系结构中的基本构件,基础设施基本服务集由接入点(AP)和无线站点组成。WLAN 的 MAC 帧,分为数据帧、管理帧和控制帧。管理帧主要用于创建、维持、终止站点和 AP 之间的关联。控制帧主要用于预约信道和数据帧的肯定应答等。WLAN 采用了 3 种方法解决无线介质访问控制问题:分布式协调功能(DCF)、混合协调功能(HCF)和 mesh 协调功能(MCF)。DCF 采用 CSMA/CA 协议。HCF 分为 HCCA 和 EDCA,其中 EDCA 是增加了 QoS 功能后的增强型的 DCF。

CSMA/CA 协议中,站点发送数据前先监听信道,同时采用物理载波监听和虚拟载波监听两种方式,如果信道忙则推迟发送,当信道空闲时,还需要采用二进制指数后退算法进行随机后退后才能发送数据,发送的单播帧如果未收到 ACK 帧,则需要进行重传。

点到点协议(PPP)是一种在传统拨号上网、ADSL 接入网、光纤接入网以及 SDH 网络中广泛使用的协议。PPP 由 3 部分组成:封装 PPP 帧的方法、一个 LCP 和一组 NCP。当利用以太网接入互联网时,可以采用 PPPoE 实现基于单用户计费的接入控制方案。

习 题 6

1. 数据链路层使用的信道有哪几种?它们有什么区别?

2. 试对比数据链路层协议、网络层 IP 以及传输层协议的作用范围。

3. 典型的帧定界方法有哪些?试对比它们的异同。

4. HDLC 协议采用二进制位组合 01111110 作为帧开始和帧结束标志,并采用零位填充法实现透明传输,当接收方收到以下二进制数据时,它实际收到的数据是什么?

(1) 0011110111110011111011O。

(2) 000111110111010111110110。

5. 假如 CRC 的生成多项式为 10011,当发送以下数据时,试求添加在数据后边的余数。

(1) 1010101010。

(2) 1101011011。

(3) 1010100000。

(4) 0101101010。

6. 试介绍实现介质访问控制的方法。

7. 假设一个采用 CSMA/CD 协议的 100Mb/s 局域网,最小帧长是 128B,则在一个冲突域内两个站点之间的单向传播延迟最多是(　　)。

A. 2.56μs　　B. 5.12μs　　C. 10.24μs　　D. 20.48μs

8. 试对比 CSMA/CD 协议和 CSMA/CA 协议。

9. 试分析数据链路层的主要功能有哪些?

10. 假定长度为 1km 的 CSMA/CD 网络带宽为 100Mb/s。设信号在网络上的传播速率为 2×10^5km/s。求此协议的最小帧长。

11. 什么是冲突域?什么是广播域?试进行比较。

12. 一个 100Mb/s 的以太网如图 6.52 所示,若集线器再生比特流过程中会产生 1.535μs 的延迟,信号传播速度为 200m/μs,不考虑以太网帧的前导码,则 H_3 与 H_4 之间理论上可以相距的最远距离是多少米?

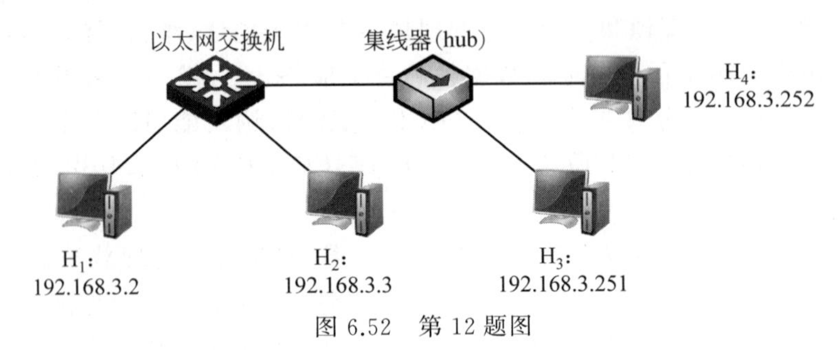

图 6.52　第 12 题图

13. 如图 6.53 所示,有 4 台主机 H_1～H_4 通过交换机和集线器构成一个局域网,MAC1～MAC4 为相应主机的物理地址,P1～P3 为交换机的接口。开始时,交换机的转发表为空,然后开始发送数据(发送顺序如表 6.7 所示)。

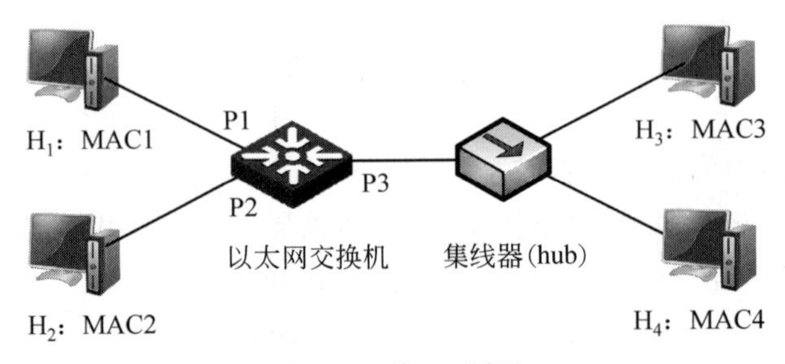

图 6.53　第 13 题图

(1) 请在表 6.7 中填写交换机的转发表,以及交换机的处理操作,并描述一下交换表的建立过程。

表 6.7　第 19 题中交换机的交换表

发送的帧	交换机的转发表		交换机的处理(转发、洪泛、丢弃)
	主机地址	接口	
$H_1\rightarrow H_2$			
$H_3\rightarrow H_1$			
$H_4\rightarrow H_3$			
H_2 广播一帧			

(2) 假定 H_1 发送给 H_2 的以太网帧的数据长度是 60B，帧的源地址和目的地址是什么？需要填充的字节数是多少？

14. 什么是 VLAN？如果某局域网包含 200 台主机，划分为 4 个 VLAN，请问该局域网包含几个广播域？

15. 已知主机 H_1、H_2、H_3、交换机 S 和路由器 R 连接的网络拓扑结构如图 6.54 所示，它们的 IP 地址和 MAC 地址标示于图中。初始状态它们的 ARP 缓存都是空的。当 H_1 向 H_3 发送一个 IP 数据报时，请回答下列问题：

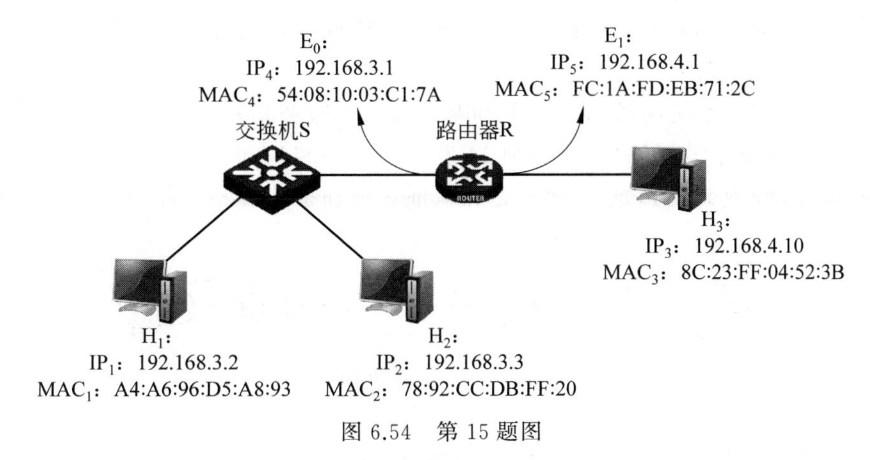

图 6.54　第 15 题图

(1) IP 数据报的发送过程中总共使用了几次 ARP？

(2) 主机 H_1 需要对哪些 IP 地址进行 ARP 解析？

(3) 当完成 IP 数据报发送后，请分别给出主机 H_1、H_2、H_3、路由器 R 中的 ARP 缓存的内容，仅要求写出“IP 地址-MAC 地址”对。

(4) 如果主机 H_3 收到该 IP 数据报后，立即发送一个 IP 数据报给主机 H_1，这次 IP 数据报发送过程中总共使用了几次 ARP？

16. 路由器 R 通过以太网交换机 S_1 和 S_2 连接两个网络，R 的接口、主机 H_1 和 H_2 的 IP 地址与 MAC 地址如图 6.55 所示。若 H_1 向 H_2 发送 1 个 IP 分组 P，则 H_1 发出的封装 P 的以太网帧的目的 MAC 地址、H_2 收到的封装 P 的以太网帧的源 MAC 地址分别是什么？

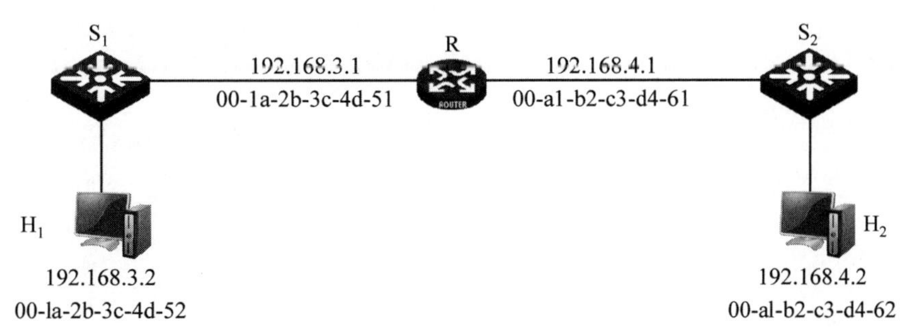

图 6.55　第 16 题图

17. 无线局域网分为几类？它们有什么区别？

18. IEEE 802.11 无线局域网中,主机与 AP 建立关联的方法有几种?试述建立关联的步骤。

19. IEEE 802.11 无线局域网的 MAC 协议进行 CSMA/CA 信道预约的方法是(　　)。

A. 发送 ACK 帧　　　　　　　　B. 采用二进制指数后退

C. 使用多个 MAC 地址　　　　　D. 交换 RTS 与 CTS 帧

20. 为避免冲突,IEEE 802.11 无线局域网采用了哪些方法?这些方法可以完全避免冲突吗?

21. 混合协调功能(HCF)中的传输机会有什么特点?它与分布式协调功能(DCF)中的信道竞争结果有什么不同?

22. IEEE 802.11 无线局域网标准中有哪几种基本服务集?

23. 在图 6.56 所示的网络中,若主机 H 发送一个封装访问 Internet 的 IP 分组的 IEEE 802.11 数据帧 F,则帧 F 的地址 1、地址 2 和地址 3 分别是什么?

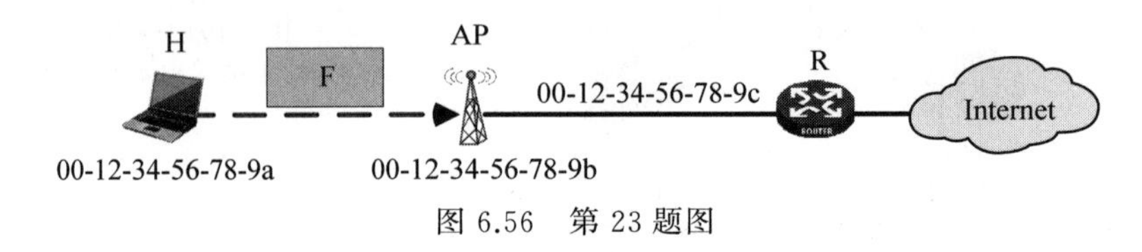

图 6.56　第 23 题图

24. PPP 适用于哪种信道?试述 PPP 的组成。

25. PPP 使用异步传输时,收到一个帧的数据部分用十六进制表示是 7D 5E FE 27 7D 5D 7D 5D 65 7D 5E。请用十六进制写出真正的数据。

26. PPP 链路状态有哪几种?在哪种状态下 PPP 才能用来传送上层协议的数据。

第 7 章　IPv6

IPv4 是一种目前广泛部署的互联网协议。随着互联网规模的急剧增加，IPv4 的局限性使它难以适应飞速发展的互联网需求。为了解决 IPv4 地址枯竭、路由效率低、缺乏服务质量(QoS)保证等问题，IPv6 应运而生。目前，IPv6 正在以越来越快的速度走向大规模应用。

本章介绍的内容包括 IPv6 特点、IPv6 地址、IPv6 分组、ICMPv6 和 IPv6 过渡技术。

7.1　IPv6 概述

IPv6 保持了 IPv4 赖以成功的许多特点，例如，IPv6 仍然支持无连接、不可靠、尽力而为等服务，允许发送方选择分组大小，要求发送方指明 IPv6 分组到达目的结点前的最大跳数(maximum hops)。尽管与之前的有些概念十分相似，但 IPv6 还是改变了协议中的许多细节。

本节对 IPv6 进行概述。从分析 IPv4 的局限性开始，说明针对 IPv4 存在问题的改进措施，以及 IPv6 的产生背景，最后总结 IPv6 的特点。

7.1.1　IPv6 的产生

IPv4 体系结构简单易于实现、互操作性好，经受住了从局部互联到全球互联的重大变迁。然而，IPv4 的局限性使它越来越无法适应飞速扩展的互联网用户。它设计的不足日益明显，主要表现在以下几方面。

1. IPv4 地址资源枯竭

IPv4 地址受到 32 位长度的限制，地址结构不合理，地址分配过程中存在较大浪费。随着互联网的广泛应用，使得对地址的需求越来越多，最终造成 IPv4 地址资源枯竭的问题。

IPv4 地址结构导致地址分配浪费。IPv4 分类编址用若干高位区分地址类别，使得地址空间的分配效率降低；A 类和 B 类地址空间大，将一个 A 类或 B 类地址块分配给一个机构，即使地址块中的地址没有用完，也不能分配给其他机构；D 类地址用于多播；E 类地址保留为以后使用；在 RFC1918 中定义的私有地址 10.0.0.0/8、172.16.0.0/12、192.168.0.0/16 只能用于机构内部通信，不能用于互联网；此外，还有特殊地址的使用，例如广播地址和回送地址，等等。这些因素造成可用的 IPv4 全局唯一单播地址数目的缩减。

接入互联网的设备类型和数量越来越多，对 IP 地址的需求剧增。除了传统的 PC，手机、PDA、汽车、家用电器等设备也都有接入互联网的需求。随着物联网的发展，将会有传感器、RFID 读卡器、智能楼宇设施等更多的设备接入互联网。物联网的发展势必需要更大的地址空间。

2. 路由效率低

由于 IPv4 采用与网络拓扑结构无关的形式分配地址，所以不能反映有关主机的位置信息，随着网络数目的增加，路由表的长度会迅速增加。由于 IPv4 发展初期的地址分配规划问题，造成许多IPv4地址块分配不连续，不能有效进行路由聚合。IPv4地址结构层次性差，也不利于路由聚合，不利于路由快速查找。

庞大的路由表占用较多内存空间，对设备成本和转发效率都有一定的影响，降低了互联网服务的稳定性。

IPv4分组首部定义的选项字段长度可变，不利于路由器用硬件实现IP分组中路由信息的提取、分析和选择。IPv4分组有首部检验和字段，当路由器转发分组时，必须进行检验和计算，因而增加了路由器对首部处理的负担。

若源结点发送的IPv4分组大于传输路径中某个网络的MTU值，则相关路由器需要进行IPv4分组的分片处理，这样一来就会增加路由器的负担。

在IPv4分组传输过程中采用的是独立路由选择技术，没有利用分组之间的相关性，即使是从同一个源结点发送到同一个目的结点，对网络有同样传输要求的一系列分组也同样需要路由器对每个分组都进行存储-查表-转发的操作。

3. 缺乏服务质量(QoS)保证

IPv4不需要预先建立连接，而是直接依赖IP分组首部信息来决定分组的转发路由，非常适合电子邮件、信息检索等非实时的短报文的传输。由于IPv4缺乏实时性和服务多样性等方面的服务质量(QoS)保证，所以对语音、视频等实时性的业务不能很好支持。随着互联网的发展，安全问题越来越突出，但是IPv4没有针对安全性进行设计，固有的架构并不支持端到端的传输安全，只能提供单一的尽力而为服务，不能满足不同业务类型对网络的需求。

针对这些问题，IPv4采取了一些改进措施。例如，提出了无类别域间路由选择(CIDR)技术和网络地址转换(NAT)技术等解决方案，以推迟地址资源枯竭时间。CIDR技术的引入，实现了路由聚合和层次化路由，多个路由表项可以聚合为一个表项，大大缩减了路由表的规模，提高了路由效率。另外，通过定义新协议实现对QoS的支持，例如实时传输协议(realtime transport protocol，RTP)、实时传输控制协议(realtime transport control protocol，RTCP)、资源预留协议(resource reservation protocol，RSVP)、安全套接字层(secure socket layer，SSL)协议等。

尽管对IPv4进行了完善和补充，但并不能解决所面临的关键问题，所以IPv6便应运而生。

IPv4地址的不足严重影响了互联网的发展，1991年11月，IETF成立了ROAD(routing and address，路由与地址)工作组来研究和解决所面临的问题。1992年3月，ROAD提出了短期和长期解决方案，接受使用CIDR路由聚合技术来解决路由表膨胀问题。1993年年末，IETF成立了IPng area工作组。1994年12月，IPng area工作组在RFC1726中定义了IPng的技术准则(technical criteria)。1995年1月，IPng area工作组在RFC1752中确定了IPng的协议规范，推荐了3个IPng建议，分别是下一代互联网协议通用体系结构(the common architecture for the next generation internet protocol，CATNIP)、简单增强的互联网协议(simple internet protocol plus，SIPP)和基于CLNP编址网络的TCP/UDP(the TCP/UDP over CLNP-addressed networks，TUBA)。其中，CLNP(connectionless network protocol)是一种工作在OSI参考模型中的网络层无连接数据报协议。

IETF以SIPP作为IPng的基础，对SIPP进行改进，把IP地址位数增加到128位，采用路由首部增强技术和IPv4的CIDR技术，并加入TUBA的自动配置与过渡技术等。于是新一代的IP产生了，取名为IPv6。1995年12月，在RFC1883中定义了IPv6标准，1998年12月，RFC2460对RFC1883进行了较大修改。1999年，完成了IETF要求的协议审定和测试，确定IPv6进入实用阶段。后来又定义了一系列RFC文档，例如RFC5095、RFC5722、RFC5871、RFC6437、RFC6564、RFC6935、RFC6946等，对IPv6进行补充和更新。可以看出，IPv6是一个十分活跃的研究领域，IPv6相关RFC文档在不断地推出和更新中。

2016年11月7日，IAB声明IETF不再强制所有协议标准必须支持IPv4，但必须支持IPv6，这成为IPv4向IPv6过渡的一个重要结点。IPv6逐渐从"可选项"变身为"必选项"，世界各国纷纷出台相应政策，以确保不在下一代互联网的发展中"掉队"。

7.1.2 IPv6的特点

IPv6继承了IPv4的优点，并根据IPv4的应用经验进行了大幅度的修改和功能扩充。IPv6目前已被公认为下一代互联网的核心技术，凭借以下主要技术特点被广泛认可。

1. IPv6的地址空间更大且地址层次结构更灵活

与IPv4的32位地址空间相比，IPv6的地址空间扩展到了128位，具有更合理的层次结构，因此能够更有效地划分地址空间和使用地址位。

IPv6地址的长度是IPv4的4倍，理论上最多可分配$2^{128}=3.4\times10^{38}$个IPv6地址，相当于地球表面每平方米能够提供6.65×10^{23}个IPv6地址，而每平方千米平均仅有4个IPv4地址。如果每秒分配1万亿(10^{12})个地址，则IPv6地址需要10^{20}年才能分完。

为连接到互联网上的每台设备分配一个全球唯一的单播地址，是IPv6地址设计者从一开始就考虑到的问题。采用IPv6地址后，不仅每台计算机可以拥有一个IPv6地址，而且使得几乎每台电子设备都可以拥有一个全球可达地址。例如，IP电话、IP传真、TV机顶盒、照相机、传呼机、无线PDA、IEEE 802.11b设备、蜂窝电话、汽车等。一个人拥有100个IP地址也并非梦想。

IPv6不仅增加了地址位数，还采用了灵活的多层级结构，每层都有助于聚合地址空间，增强地址分配功能。多层级结构为相关协议提供了灵活性和新功能。一个灵活的地址构架是网络协议的关键。

2. 高效的IPv6分组首部

与IPv4相比，IPv6首部得到了简化，长度固定且字段数量减少。在IPv4分组中，选项字段属于首部内容，长度可变。如果一个IPv4分组携带选项字段，则该分组传输路径中经过的每个路由器都必须处理选项字段，即使选项只是对端系统有意义。IPv6使用扩展首部实现了选项功能，路由器只需要处理与之相关的扩展首部，而不用处理与之无关的扩展首部，使得路由器的处理负担得以减轻。

3. 安全性支持

IPSec(internet protocol security，互联网络层安全协议)是由IETF制定的一个网络安全标准。在IPv6中，IPSec作为认证扩展首部AH和封装安全载荷扩展首部ESP实现。它一方面提供数据完整性保障和身份鉴别(authentication)，另一方面提供数据加密。使得IPv6互联网具有潜在的端到端的安全性。

4. 地址自动配置

为了减轻网络地址管理的负担，提高地址配置的自动化程度，IPv6提供了有状态地址自动配置和无状态地址自动配置两种地址自动配置方案。

5. 更好地支持多媒体信息传输

IPv6 分组增加了流标识(flow label,FL)字段,使得源结点可以请求中间结点对一系列分组进行高效处理。这种机制可以有效支持实时音频和视频等多媒体类型的数据传输。

6. 提供移动性支持

IPv4 问世时,还没有移动 IP 的概念,IPv4 的移动性是一个附加功能。而 IPv6 的移动性是内置的,定义了支持移动功能的 IPv6 分组扩展首部。这意味着在需要时,任何 IPv6 结点都能够使用移动 IPv6 功能。

7. 支持 IPv6 平稳过渡

IPv6 与 IPv4 不兼容,IPv6 不像千年虫(Y2K)问题那样,全球所有计算机在相同时间升级,平稳地进入新千年。IPv4 和 IPv6 网络可能会长期共存,不可能要求所有的 IPv4 结点同时升级。IPv4 平稳地向 IPv6 过渡技术,是一个关系到互联网能否稳定运行的重要技术。

为此,IETF 建立了一个名为 Next Generation Transition(NGtrans)的特别工作组专门研究从 IPv4 到 IPv6 的转换和 IPv6 过渡技术的研究工作。NGtrans 与 IPv6 工作组密切工作,建立过渡策略和机制。

7.2 IPv6 地 址

互联网上的每个结点都依赖 IP 地址进行相互区分和联系。在互联网中,网络应用、分组路由、网络安全和网络管理都依赖 IP 地址,IP 地址是互联网结点标识和互联互通的基础。IPv6 地址方案的设计是 IPv6 相当重要的组成部分。

RFC4291 对 IPv6 地址体系结构(IP version 6 addressing architecture)进行了定义。IPv6 地址为 128 位,理论上可以提供 2^{128} 的地址空间。IPv6 地址比 IPv4 复杂得多,不仅是扩大了地址空间,还采用了灵活的多层次地址结构,对整个地址空间的利用、路由效率的提高,以及协议提供的功能等方面都有很大的影响。另外,还新增了任播(anycast)地址类型,可将 IPv6 分组发送给一组网络结点中的任意一个。

本节介绍 IPv6 地址的基础知识。

7.2.1 IPv6 地址表示

对于长度为 128 位的 IPv6 地址,有着不同于 32 位 IPv4 地址的表示形式。RFC4291 将 IPv6 地址表示为冒号十六进制记法(colon hexadecimal notation)的文本字符串形式,其格式为 x:x:x:x:x:x:x:x。其中,x 表示 1～4 位十六进制数,将 128 位的地址分为 8 个段,每段的 16 位用 4 位十六进制数字表示,段与段之间用冒号分隔开来。例如,两个 IPv6 地址可以表示的文本字符串形式分别为 2001:0db8:0000:0000:0008:0800:200c:417a 和 ff01:0000:0000:0000:0000:0000:0000:0101。为了进行简化,可以采用零压缩地址表示形式。一个段中的前导零可以省略;如果一个段中 4 位十六进制数字为全“0”,则可以压缩为一个“0”。上面的 IPv6 地址可以分别简化表示为 2001:db8:0:0:8:800:200c:417a 和 ff01:0:0:0:0:0:0:101。在此基础上,还可以进一步压缩,将地址中连续的 16 位全“0”的多个段用“::”来代替,例如第二个 IPv6 地址可以简化表示为 ff01::101。

RFC4291 描述的这种 IPv6 文本字符串表示法，具有一定的灵活性，但给运营商、系统工程师和用户的使用带来一些问题。因此，在 RFC5952 中定义了一种规范的 IPv6 地址的文本表示建议。要求 IPv6 地址中的字母都用小写字母表示。一个段中的前导“0”必须省略，例如不能把地址表示为 2001:0db8::0001，一定要表示为 2001:db8::1。一个 16 位全为一对“0”的段必须表示为 0。必须合理使用“::”，使得 IPv6 地址表示起来尽可能短，例如这个地址 2001:db8:0:0:0:0:2:1 一定压缩为 2001:db8::2:1，不能表示为 2001:db8::0:1 的形式，这是因为它可表示为更短的形式 2001:db8::1。不能用“::”来缩短一个 16 位全“0”的段，例如可以这样表示一个地址 2001:db8:0:1:1:1:1:1，但不能表示为 2001:db8::1:1:1:1:1。一个 IPv6 中只能使用一次“::”，一定要选择合适的使用位置，即选择连续 16 位全“0”的段序列最长的位置使用“::”进行压缩。例如，地址 2001:0:0:1:0:0:0:1 应该压缩为 2001:0:0:1::1，而不应该压缩为 2001::1:0:0:0:1。当连续 16 位全“0”的段序列的长度相等时，必须缩短第一个连续 16 位全“0”的段序列。例如，2001:db8:0:0:1:0:0:1，一定压缩为 2001:db8::1:0:0:1，而不能压缩为 2001:db8:0:0:1::1。

IPv6 地址中可以嵌入 IPv4 地址，这种地址形式主要用于 IPv4 网络与 IPv6 网络相互连接的共存环境，表示形式为 x:x:x:x:x:x:d.d.d.d，其中，x 表示 1～4 个十六进制数；d 表示十进制数。对于嵌入的 IPv4 地址可以使用 IPv4 地址的点分十进制记法，也可以表示为冒号十六进制记法形式。这是 IPv4 向 IPv6 过渡过程中所使用的特定地址表示方法。例如，0:0:0:0:0:0:13.1.68.3 和 0:0:0:0:0:ffff:129.144.52.38 是嵌入 IPv4 地址的 IPv6 地址表示形式，也可以进一步压缩为::13.1.68.3 和::ffff:129.144.52.38。

IPv6 地址前缀的表示形式类似于 IPv4 的 CIDR，表示为 ipv6-address/prefix-length。IPv6 地址前缀长度 prefix-length 是一个十进制数值，说明 IPv6 地址前缀的位数。例如，一个结点的地址为 2001:db8:0:cd30:123:4567:89ab:cde，前缀表示为 2001:db8:0:cd30::/60，表明它有 60 位前缀。也可以组合在一起表示为 2001:db8:0:cd30:123:4567:89ab:cdef/60。

在 RFC2732 中定义了 URL 中的 IPv6 地址表示格式，IPv6 地址必须由“[”和“]”括起来，在“]”后面可以加上端口号，接着是目录和文件名。例如，两个 URL 表示为 http://[fedc:ba98:7654:3210:fedc:ba98:7654:3210]:80/index.html 和 http://[3ffe:2a00:100:7031::1]。

7.2.2 IPv6 地址类型

IPv6 地址用来标识接口(interface)或接口集(sets of interfaces)，IPv6 地址定义了 3 种类型，分别是单播地址、任播地址和多播地址。

单播(unicast)地址是单个网络接口的标识符，目的地址是单播地址的分组将交付给由单播地址标识的接口。任播(anycast)地址是一组接口(a set of interfaces)的标识符，通常这些接口属于不同结点。发送给任播地址的分组，将交付给由任播地址标识的一组接口中的某个接口。根据路由协议的距离测量，这个接口是离得最近的那个接口。多播(multicast)地址也是一组接口的标识符，通常这些接口属于不同结点。发送给多播地址的分组，将交付给由多播地址标识的一组接口的所有接口。IPv6 没有定义广播地址(broadcast address)，广播地址可以看作多播地址的一个特例。

所有类型的 IPv6 地址都是分配给接口的，而不是分配给结点。因为接口属于结点，那么结点的任何接口的单播地址都可以看作为该结点的标识符。

IPv6 地址类型由若干高位表示，RFC4291 定义的地址类型标识如表 7.1 所示。

表 7.1　IPv6 地址类型

地址类型(address type)	二进制前缀(binary prefix)	IPv6 记法(IPv6 notation)
未指定地址(unspecified)	00…0　(128 位)	::/128
回送地址(loopback)	00…1　(128 位)	::1/128
多播地址(multicast)	11111111	ff00::/8
链路本地地址(link-local unicast)	11111110 10	fe80::/10
全局单播地址(global unicast)	(everything else)	

7.2.3　IPv6 单播地址

IPv6 定义了几种类型的单播地址，例如全局单播地址(GUA)、站点本地地址(已经废弃)、链路本地地址(LLA)和唯一本地地址(ULA)。还有一些特殊用途的全局单播地址。

有的主机可能知道它所在链路的子网前缀，这时的 IPv6 地址由子网前缀和接口标识符组成，不同地址的前缀长度 n 可以不同。IPv6 单播地址格式如图 7.1 所示。

子网前缀(n 位)	接口标识(128－n 位)

图 7.1　IPv6 单播地址格式

1. 接口标识

IPv6 单播地址中的接口标识(interface ID)用于标识接口。接口标识的产生方式如下：手动配置；直接从接口的链接层地址产生；使用随机方式生成，以便保护客户隐私；使用 DHCPv6 自动生成。

除了以 000 开头的用于 IPv4 和 IPv6 混合环境的地址，所有单播地址的接口 ID 都是 64 位，使用扩展唯一标识符 64(EUI-64) 格式。EUI-64 可以由 48 位以太网 MAC 地址映射形成，如图 7.2 所示。映射方法是，首先将值 0xfffe 插入到 48 位以太网卡地址的高 24 位组织唯一标识符 OUI 和低 24 位扩展标识符 EI 的中间。然后，把 u 位设置为“1”。MAC 地址的首字节的最低位 g 和次低位 u 位有特殊定义，即 g 位表示单播/多播(individual/group)地址；u 位表示全局/本地(universal/local)地址。其他位用字母 c 表示，其值可以为“1”或为“0”。

例如，如果接口的 MAC 地址为 00:0d:87:04:6f:30，则按图 7.2 所示的方式映射的 64 位网络接口标识为 020d:87ff:fe04:6f30。

2. 未指定地址

未指定地址(the unspecified address)是没有指定给特定接口的单播地址，它是 128 位全“0”的 IPv6 地址 0:0:0:0:0:0:0:0，记为::/128。未指定地址不能分配给任何结点。若一台主机不知道自己的 IPv6 地址，则它发送 IPv6 分组时，在其源地址字段中可以使用未指

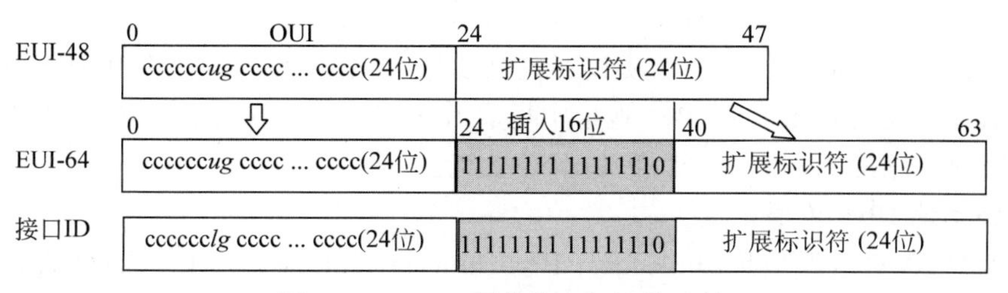

图 7.2 EUI-64 网络接口标识的映射

定地址。例如,当主机向 DHCPv6 服务器请求一个 IPv6 地址时,或者在重复地址探测 DAD 中发送一个报文时,就可以使用未指定地址。未指定地址不能用作目的地址,IPv6 路由器不能转发使用未指定地址的 IPv6 分组。

3. 回送地址

IP 地址 0:0:0:0:0:0:0:1 是回送地址(the loopback address),记为::1/128,其作用类似于 IPv4 的回送地址 127.0.0.0/8。回送地址不能分配给任何结点。回送地址可以认为是结点的一个虚拟接口地址,是永远不会关闭的。回送地址不能用作源地址,IPv6 路由器不转发目的地址为回送地址的分组。回送地址通常用来测试 IP 协议栈是否能够正常工作。

4. 全局单播地址

全局单播地址(global unicast addresses,GUA)的格式如图 7.3 所示。n 位的全局路由前缀(global routing prefix)分配给站点(site),站点由一簇子网/链路(a cluster of subnets/links)组成;m 位的子网 ID 是站点内子网标识(subnet ID);通常,$n+m=64$,以二进制串 000 开头的地址除外,所有全局单播地址有一个 64 位接口 ID,接口 ID 可以使用 EUI-64 格式。以 000 开头的全局单播地址由嵌入 IPv4 地址的 IPv6 地址使用。

全局路由前缀(n 位)	子网 ID(m 位)	接口 ID($128-n-m$ 位)

图 7.3 全局单播地址格式

RFC3177 推荐的全局单播地址格式,GUA 的最高 3 位为 001,即前缀可以表示为 2000::/3,如图 7.4 所示。

001	全局路由前缀(45 位)	子网 ID(16 位)	接口 ID(64 位)

图 7.4 前缀为 2000::/3 的全局单播地址格式

IPv6 中的站点(site)是互联网的组成部分,它由若干网络组成。这些网络一般用于某个公司或组织。由于这些网络在地理位置上的联系非常紧密,所以互联网将这些网络抽象成一个站点。

5. 嵌入 IPv4 地址的 IPv6 地址

嵌入了 IPv4 地址的 IPv6 地址(IPv6 addresses with embedded IPv4 addresses)有两种类型,一种是 IPv4 兼容的 IPv6 地址(IPv4-compatible IPv6 address),一种是 IPv4 映射的 IPv6 地址(IPv4-mapped IPv6 address)。

IPv4 兼容的 IPv6 地址表示为::a.b.c.d/96,该地址已经废弃不用。IPv4 映射的 IPv6

地址表示为::ffff:a.b.c.d/96。这里 a.b.c.d 是 IPv4 地址。

为了支持 IPv6 过渡技术,相关协议还定义了嵌入 IPv4 地址的一系列 IPv6 过渡地址。这些过渡地址格式既方便了从 IPv6 地址中提取 IPv4 地址,也方便了由 IPv4 地址生成 IPv6 地址。过渡地址参见 7.6 节或参考相关 RFC 文档。

6. 链路本地 IPv6 单播地址

链路本地 IPv6 单播地址(link-local IPv6 unicast addresses,LLA)的格式如图 7.5 所示,前缀表示为 fe80::/10。接口 ID 可以采用 EUI-64 格式。例如若接口 MAC 地址为 00e0-fc58-292f,则自动生成的 LLA 为 fe80::2e0:fcff:fe58:292f;如若接口 MAC 地址为 00e0-fcaa-374b,则自动生成的 LLA 为 fe80::2e0:fcff:feaa:374b。

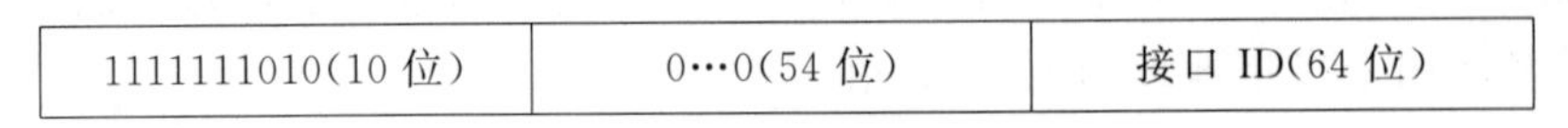

1111111010(10 位)	0…0(54 位)	接口 ID(64 位)

图 7.5 链路本地地址格式

链路本地地址 LLA 在一个链路范围内使用,主要用于地址自动配置、邻居发现等应用场合。路由器不转发具有 LLA 源地址或目的地址的分组到其他链路。启用 IPv6 协议栈时,如果允许,每个接口都会自动生成一个 LLA。一个接口只能有一个 LLA。

因为一个接口可以配置多个 IPv6 地址,为了确定路由的唯一下一跳地址,内部网关协议(IGP)通常使用 LLA 进行报文交互。例如,IPv6 路由协议的 RIPng 报文和 OSPFv3 报文的源地址、目的地址均可使用 LLA 进行交互。这样,即使路由器接口的全局单播地址发生变化,也不会引起路由器重建邻居关系,不影响路由协议的工作。同时,也节约了 IPv6 地址的使用。

例如,两个路由器 R1 和 R2 连接如图 7.6 所示,图中标识了 R1 和 R2 连接接口的 MAC 地址,以及自动生成的 LLA 地址。下面通过 R1 与 R2 交互 OSPFv3 报文的过程,简单说明 LLA 的使用情况。

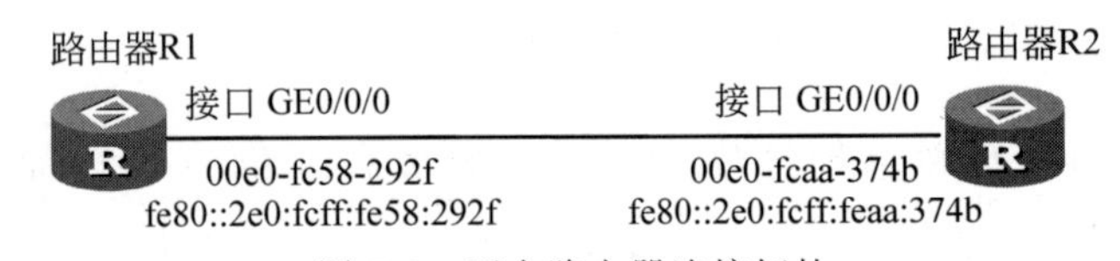

图 7.6 两个路由器连接拓扑

配置两个路由器使之运行路由协议 OSPFv3。R1 发送的 Hello 报文使用 LLA 地址。同样,R2 发送的 Hello 报文也使用 LLA 地址,如图 7.7 所示。其中,ff02::5 是本地链路范围内所有 OSPFv3 路由器的多播地址。IPv6 多播地址参见 7.2.5 节。

OSPFv3 的路由表使用 LLA 作为下一跳地址。本例中的路由器 R1 和 R2 使用 LLA 建立和维护邻居关系,R1 和 R2 的邻居关系表如图 7.8 所示。

7. 站点本地 IPv6 单播地址

站点本地 IPv6 单播地址(site-local IPv6 unicast addresses)的格式如图 7.9 所示,可以表示为 fec0::/10,仅仅在单个站点范围内有意义。在 RFC3879 中废弃了站点本地地址,不再使用。

```
375 1663.984000   fe80::2e0:fcff:fe58:292f   ff02::5   OSPF   90 Hello Packet
376 1665.187000   fe80::2e0:fcff:feaa:374b   ff02::5   OSPF   90 Hello Packet
> Frame 375: 90 bytes on wire (720 bits), 90 bytes captured (720 bits) on interface 0
> Ethernet II, Src: HuaweiTe_58:29:2f (00:e0:fc:58:29:2f), Dst: IPv6mcast_05 (33:33:00:00:00:05
v Internet Protocol Version 6, Src: fe80::2e0:fcff:fe58:292f, Dst: ff02::5
    0110 .... = Version: 6
  > .... 1100 0000 .... .... .... .... .... = Traffic Class: 0xc0 (DSCP: CS6, ECN: Not-ECT)
    .... .... .... 0000 0000 0000 0000 0000 = Flow Label: 0x00000
    Payload Length: 36
    Next Header: OSPF IGP (89)
    Hop Limit: 1
    Source: fe80::2e0:fcff:fe58:292f
    Destination: ff02::5
    [Source SA MAC: HuaweiTe_58:29:2f (00:e0:fc:58:29:2f)]
v Open Shortest Path First
  v OSPF Header
      Version: 3
      Message Type: Hello Packet (1)
```

图 7.7　Hello 报文使用 LLA

```
[R1]dis ipv6 neighbor
----------------------------------------
IPv6 Address : FE80::2E0:FCFF:FEAA:374B
Link-layer   : 00e0-fcaa-374b
Interface    : GE0/0/0
```

(a) R1的邻居表

```
[R2]dis ipv6 neighbor
----------------------------------------
IPv6 Address : FE80::2E0:FCFF:FE58:292F
Link-layer   : 00e0-fc58-292f
Interface    : GE0/0/0
```

(b) R2的邻居表

图 7.8　邻居表使用 LLA

1111111011(10 位)	子网 ID(54 位)	接口 ID(64 位)

图 7.9　站点本地 IPv6 单播地址的格式

8. 唯一本地 IPv6 单播地址

唯一本地 IPv6 单播地址(unique local IPv6 unicast addresses),简称唯一本地地址(ULA),用于本地通信。在 RFC4193 中定义,唯一本地单播地址格式如图 7.10 所示。

前缀 (7 位)	L 标志 (1 位)	全局 ID (40 位)	子网 ID (16 位)	接口 ID (64 位)

图 7.10　唯一本地 IPv6 单播地址的格式

ULA 中的前缀(prefix)字段,7 位,值为 1111 110,表示为 fc00::/7。L 标志位,若 L 位为“1”,表示是本地分配的前缀;若 L 位为“0”,保留将来使用。通常使用的 ULA 的前缀是本地分配的前缀,表示为 fd00::/8。全局标识符(global ID)字段,40 位,通过 RFC4193 定义的伪随机全局 ID 算法产生全局唯一标识。子网标识占 16 位,用于标识一个子网。接口标识占 64 位,用于标识接口。

使用 ULA 的分组不能在全局互联网上路由,只可以在一个有限区域内使用,例如在一个站点或者有限的一组站点之间路由。任何没有全局单播地址的组织或机构都可以使用 ULA。可以看出,ULA 是一种用于本地通信,且具有全局唯一性的地址,不能出现在全局路由表中。

ULA 具有一些重要特点。ULA 具有全球唯一的前缀，虽然使用随机方式产生全局ID，但是冲突概率很低；可以进行网络之间的私有连接，而不必担心地址冲突等问题；具有固定前缀(fc00::/7)，方便站点边界设备进行路由过滤；独立于互联网服务提供方(ISP)，可以在一个站点内进行通信，而不需要永久地或间歇地连接互联网；如果通过路由或 DNS 意外泄露到站点外，也不会与其他任何地址产生冲突。

7.2.4 IPv6 任播地址

任播地址(anycast address)是 IPv6 定义的一种新地址类型。一个任播地址可以分配给多个接口，这些接口分属于不同结点，发送给任播地址的分组会被分配给具有这个任播地址的最近的接口。任播地址不能作为 IPv6 分组的源地址。任播地址的分配来自于单播地址空间，在语法上与单播地址没有区别。具有任播地址的结点一定要进行配置，明确知道这是一个任播地址。

RFC4291 定义了子网路由器任播地址，格式如图 7.11 所示。子网路由器任播地址有 n 位子网前缀，其余位用“0”填充。路由器必须支持子网路由器任播地址。

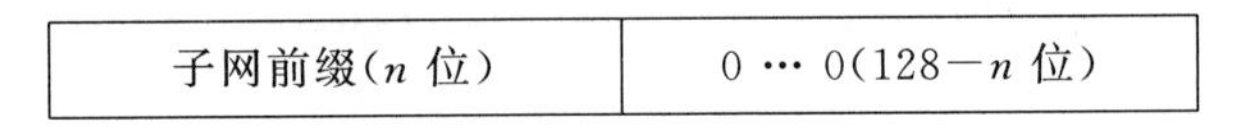

子网前缀(n 位)	0 … 0(128－n 位)

图 7.11　子网路由器任播地址

子网路由器任播地址用于一组路由器中的某一台路由器负责与远程子网的通信。与一个子网连接的所有路由器接口，均被分配了该子网的子网路由器任播地址。

7.2.5 IPv6 多播地址

一个 IPv6 多播地址用来标识一组接口，这些接口往往属于不同结点。发往多播地址的分组将发给这一组接口。一个接口可以属于一个或多个多播组。多播地址不能用作 IPv6 分组的源地址。

1. 多播地址格式

在 RFC4291 中定义的多播地址格式如图 7.12 所示。IPv6 多播地址由高 8 位前缀“1111 1111”进行标识，前缀表示为 ff00::/8。下面简单介绍一下多播地址定义的相关字段。

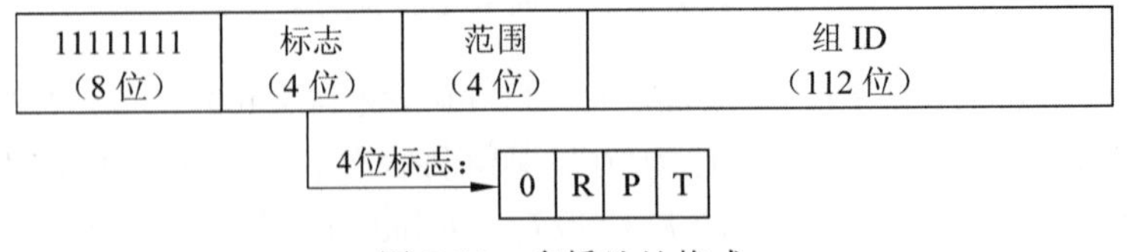

图 7.12　多播地址格式

多播地址中各个字段的含义如下。

(1) 标志(flags)字段，该字段占 4 位，高位保留，若设置“0”，则其后的 3 位分别是 T(transient)位、P(prefix)位和 R(rendezvous point)位。

① T 位用来定义一个多播地址是永久多播地址还是临时多播地址。T 为“1”，是非永久分配的多播地址，是动态分配的临时多播地址。T 为“0”，表示这是一个 IANA 分配的众所周知(well-known)的永久多播地址。

② P 位用于定义网络前缀是否嵌入多播地址中。为了支持 IPv6 多播地址的动态分配，在 RFC3306 中定义了 P 位。P 为“0”，表示多播地址不是基于网络前缀指派(assigned)的；P 为“1”，表示多播地址是基于网络前缀指派的。若 P 为“1”，那么 T 位一定设置为“0”。

IANA 负责分配单播地址的网络前缀，但是没有机构分配多播地址。通过将单播地址的网络前缀嵌入多播地址中，就可以得到全局唯一多播地址，这样，可以避免互联网的多播地址产生冲突。这时 P 和 T 必须为“1”，即多播地址的 4 位标志位为 0011。

③ R 位。在 RFC3956 中定义了在 IPv6 多播地址中嵌入汇聚点(rendezvous point，RP)地址的地址分配策略，定义了多播地址的标志位 R，用以表示是否将 RP 地址嵌入到 IPv6 多播地址中。R 位为“1”，说明多播地址中嵌入了 RP 地址，这时 P 位和 T 位也都为“1”。

关于汇聚点(RP)的定义和作用，请参考第 8 章关于多播路由协议的相关介绍。

在 RFC7371 中，对于标志字段的定义进行了更新，将标志字段扩展至 8 位。详细定义请参考 RFC 文档的介绍。

(2) 范围(scope)字段。该字段占 4 位。定义了多播组成员的作用域，用于说明多播组成员的分布范围，限制多播分组传输的网络区域。表 7.2 给出了多播地址范围字段的值和意义。其他没有列出的取值，要么是保留的，要么是未指定的。

表 7.2　多播地址范围字段定义

范围字段值(二进制)	范围字段值(十六进制)	范围类型
0001	1	接口本地范围
0010	2	链路本地范围
0100	4	管理本地范围
0101	5	站点本地范围
1000	8	组织本地范围
1110	e	全局范围

(3) 组标识(group ID)字段。用于标识一个多播组。在给定的范围内，地址可以是永久的，也可以是临时的。

永久多播地址的组标识独立于作用域，在所有范围的值都有唯一意义。例如，如果一个 NTP 服务器组分配了组 ID 为 0x101 的永久多播地址，那么 ff02::101 表示与发送方在同一条链路上的所有 NTP 服务器；ff05::101 表示与发送方在同一个站点的所有 NTP 服务器；ff0e::101 表示互联网上的所有 NTP 服务器。分配的永久 IPv6 多播地址，可以在 IANA 网站中查询 http://www.iana.org/assignments/ipv6-multicast-addresses。

RFC4291 预定义了一些永久 IPv6 多播地址，如表 7.3 所示。例如，ff02::1 表示链路本地范围内的所有结点多播地址，所有 IP 主机和路由器都知道该地址，其作用类似于 IPv4 的广播地址(255.255.255.255)。

表 7.3 预定义的多播地址

多播地址	范 围	含 义	描 述
ff01::1	接口本地	所有结点	接口本地范围的所有结点
ff01::2	接口本地	所有路由器	接口本地范围的所有路由器
ff02::1	链路本地	所有结点	链路本地范围的所有结点
ff02::2	链路本地	所有路由器	链路本地范围的所有路由器
ff05::2	站点	所有路由器	站点本地范围的所有路由器

对于非永久分配的多播地址，只有在给定范围内才有意义。

2. 被请求结点多播地址

被请求结点多播地址(solicited node multicast address)的作用范围是链路本地。根据各个接口配置的单播或任播地址，结点可以自动计算生成相应的被请求结点多播地址，并加入被请求结点多播地址标识的多播组。

被请求结点多播地址有固定前缀是 ff02::1:ff00:0/104，这 104 位前缀加上单播或任播地址的低 24 位，就形成了被请求结点多播地址。例如，对于单播地址 2001:410:0:1::1:a，映射的被请求结点多播地址为 ff02::1:ff01:a。可以看出，高位不同但只要低 24 位相同的 IPv6 单播或任播地址，形成的被请求结点多播地址是相同的，这样的多播地址形成方法，可以减少结点加入的多播地址的数量。

被请求结点多播地址有非常重要的应用，可以用于地址解析、重复地址检测(DAD)等，在 7.5 节介绍邻居发现协议(NDP)时，可以看到其应用情况。

相对于 IPv4 而言，IPv6 地址有 128 位，因此在地址生成、使用、安全等方面都比 IPv4 复杂得多。对 IPv6 地址结构的深入了解，是进行 IPv6 地址规划和 IPv6 网络测试，保护 IPv6 网络安全，以及进行下一代互联网网络体系结构研究的基础。涉及 IPv6 地址结构方面的互联网标准数量众多、内容涵盖面广泛，学习研究 IPv6 地址结构需要花费一定的时间和精力。感兴趣的读者可以关注 IPv6 地址结构的相关标准。

7.3 IPv6 分 组

IPv6 规范最初在 RFC1883 中定义，后来被 RFC2460 废弃，目前的最新定义在 RFC8200 中。IPv6 分组由首部和载荷两部分组成，如图 7.13 所示。IPv6 首部长度固定，占 40B。IPv6 首部定义进行了简化，删除了选项字段。IPv6 定义了扩展首部(extension headers)，其实现的功能取代并扩展了 IPv4 分组首部中的选项功能。扩展首部不属于 IPv6 分组首部，而是属于载荷部分。

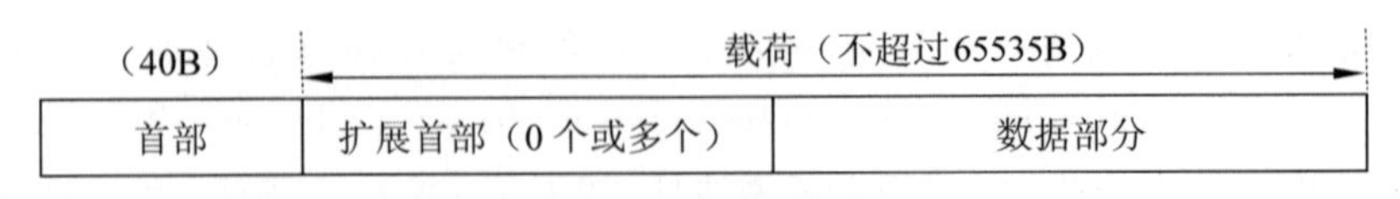

图 7.13 IPv6 分组格式

7.3.1 IPv6 分组首部

IPv6 分组 40B 长的固定首部，定义了分组传输过程中经过的结点都必须处理的信息。IPv6 分组首部格式如图 7.14 所示，定义了 8 个字段。字段定义如下。

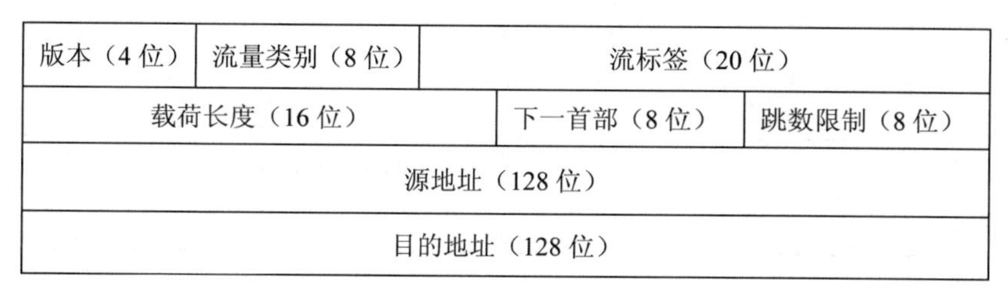

图 7.14 IPv6 分组首部

IPv6 分组固定首部各个字段的含义如下。

(1) 版本(version)。该字段占 4 位。IP 版本号，值为 6。

(2) 流量类别(traffic class)。该字段占 8 位，主要用于流量管理。对于在区分服务和显式拥塞通知中使用的流量类别，分别在 RFC2474 和 RFC3168 进行了定义。

(3) 流标签(flow label)。该字段占 20 位。源结点通过流标签标识流，使得流分组在网络传输中进行高效处理，并得到服务质量保障。对网络层来说，流是从特定的源结点发送到特定的目的结点的一系列分组，而且源结点希望中间路由器能够对该分组序列进行特殊处理。属于同一个流的所有分组的处理方式是相同的。一个流由流标签、源地址和目的地址三元组定义。流标签的详细描述请参考 RFC6437。

(4) 载荷长度(payload length)。该字段占 16 位，以字节为单位说明 IPv6 分组中除首部以外的其他部分，即载荷部分的长度，其最大值是 65535B。所有扩展首部和数据部分都属于载荷部分。如果载荷长度超过 65535B，则载荷长度字段置为“0”，使用扩展首部跳到跳选项中的超大载荷选项功能定义实际的载荷长度。

(5) 下一首部(next header)。该字段占 8 位，若 IPv6 分组有扩展首部，则下一首部字段说明紧跟在首部后面的第一个扩展首部的标识号，即扩展首部类型；若没有扩展首部，则下一首部字段是某协议的类型号，类似于 IPv4 分组中的协议字段的功能，说明数据部分应该交给哪个协议进行处理，例如 TCP、UDP、ICMP 等。

每个扩展首部也包含下一首部字段。扩展首部标识号原来在 RFC1700 中定义。现在，使用在线数据库(https://www.iana.org/assignments/protocol-numbers/protocol-numbers.xhtml)取代了 RFC1700。表 7.4 给出了扩展首部标识的定义。IPv6 首部或任何扩展首部的值下一首部的值为 59 时，表示后面没有任何信息了。后面将简单介绍主要扩展首部的定义。

(6) 跳数限制(hop limit，HL)。该字段占 8 位，是一个无符号整型数。其作用类似于 IPv4 分组首部中的 TTL 字段，用来限制分组在网络中的生存时间。源结点在发送 IPv6 分组时设置跳数限制字段值。转发分组的路由器将 HL 值减 1。当 HL 值减为 0 时，丢弃该分组。

(7) 源地址(source address)。该字段占 128 位。标识发送分组的结点 IPv6 地址。

(8) 目的地址(destination address)。该字段占 128 位。标识接收分组的结点 IPv6 地址。

表 7.4　下一首部标识定义

下一首部	标识号	下一首部	标识号
跳到跳选项首部	0	封装安全载荷首部	50
ICMP	2	认证首部	51
TCP	6	ICMPv6	58
UDP	17	无下一个首部	59
路由首部	43	目的选项首部	60
分片首部	44		

7.3.2　IPv6 分组扩展首部

为了支持选项功能，在 IPv6 分组首部之后和数据部分之前可以增加扩展首部字段。为了尽可能减轻路由器的处理负担，在 IPv6 分组转发过程中，并不需要传输路径中所有路由器都处理扩展首部，跳到跳选项首部除外。目前，IPv6 定义了 6 种扩展首部，分别是跳到跳选项首部(hop by hop option header)、路由首部(routing header)、分片首部(fragment header)、目的选项首部(destination options header)、认证首部(authentication header，AH)和封装安全载荷首部(encapsulating security payload header，ESP)。其中前 4 个扩展首部在 RFC8200 中定义，AH 首部在 RFC4302 中定义，ESP 首部在 RFC4303 中定义。

一个 IPv6 分组可以没有扩展首部，也可以携带一个或多个扩展首部。当有多个扩展首部时，放置顺序是有要求的。一般将需要中间路由器处理的扩展首部放置前面，靠近首部位置，只需要目的结点处理的扩展首部放在后面。这样能够方便路由器处理分组。

按照上述规则，扩展首部在 IPv6 分组中的放置顺序如下：

① IPv6 首部；

② 跳到跳选项首部；

③ 目的选项首部(需要中间结点处理时)；

④ 路由首部；

⑤ 分片首部；

⑥ 认证首部(AH)；

⑦ 封装安全载荷(ESP)首部；

⑧ 目的选项首部(仅在目的结点处理时)；

⑨ 上层协议首部(例如 TCP 报文段首部、UDP 数据报首部)。

除了目的选项首部可以出现两次外，其他扩展首部在分组中只能出现一次。

扩展首部定义的格式中，一般都有下一首部和扩展首部长度这两个字段。下一首部字段类似 IPv6 首部的下一首部字段，是一个 8 位无符号整数。扩展首部长度字段是一个 8 位无符号整型数，以 8B 为单位说明扩展首部的长度，扩展首部的总长度必须是 8B 的整数倍。长度值的计算不包括扩展首部的前 8B，如果扩展首部只有 8B 长，则长度字段值即为 0。利用这种结构，IPv6 扩展首部可以像菊花链那样将扩展首部链接起来，如图 7.15 所示。IPv6 分组的最后那个扩展首部，下一首部字段的值是协议类型号。

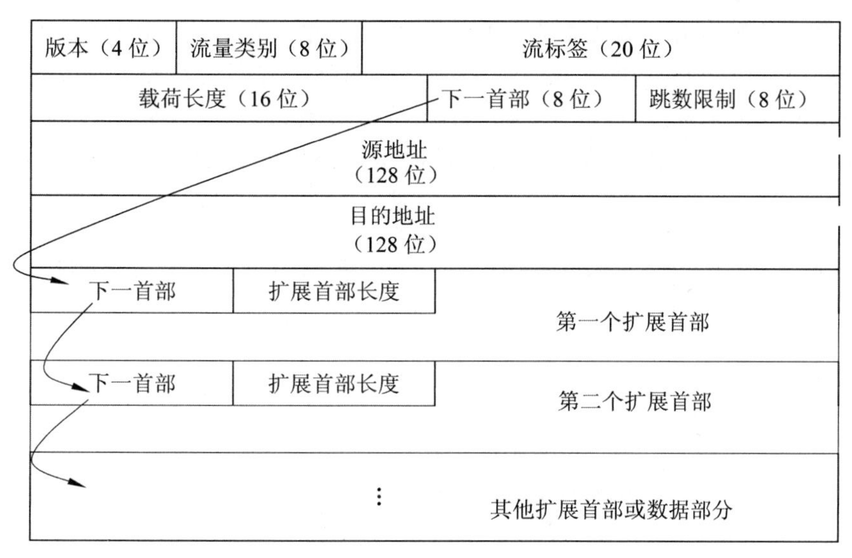

图 7.15　携带扩展首部的 IPv6 分组

7.3.3　跳到跳选项首部

跳到跳选项首部用于携带需要中间结点处理的选项信息，从源结点到目的结点的传输路径上的每个结点，都要检查和处理跳到跳选项信息。

跳到跳选项首部格式如图 7.16 所示。其中选项字段是可变长字段，按照 TLV（type length value，类型长度值）选项格式进行定义。

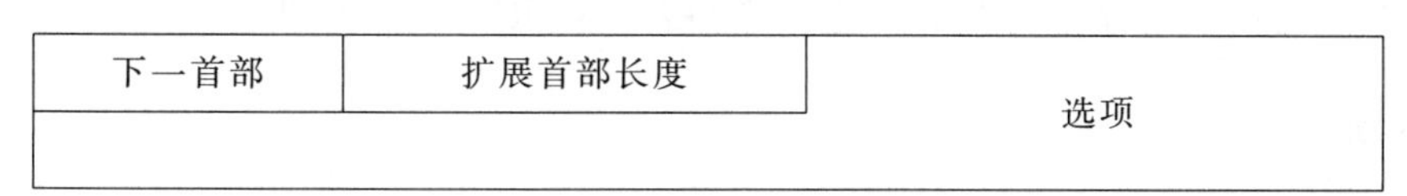

图 7.16　跳到跳选项首部

TLV 选项格式如图 7.17 所示。选项类型 type，占 8 位，用于标识所定义的选项类型，同时也指出对 TLV 选项的处理方法；选项数据长度 length，为 8 位无符号整型数，说明选项数据字段的长度，以字节为单位；选项数据（option data），长度可变，定义特定选项类型的数据。

选项类型	选项数据长度	选项数据

图 7.17　TLV 选项格式

目前，在跳到跳选项扩展首部中已经定义了超大载荷 TLV 选项。超大载荷 TLV 选项的选项类型字段值为 194；选项长度字段值等于 4，即 4B 长度；选项数据字段的值用以表示 IPv6 分组的实际载荷长度。如果 IPv6 分组携带有超大载荷 TLV 选项，那么 IPv6 分组首部的载荷长度字段值为 0。IPv6 分组的超大载荷最多可以为 $2^{32}-1$B，超过 40 亿字节（4294967295B）。详细内容请参考 RFC2675 文档。

7.3.4　源路由首部

源路由首部定义了两种类型：类型 0 和类型 2。

(1) 类型 0 的源路由首部功能类似 IPv4 分组的松散源路由选项，定义格式如图 7.18 所示。路由类型(routing type)字段，占 8 位，类型 0 源路由首部的路由类型字段值为 0。剩余段数(segments left)字段，占 8 位，是一个无符号整数，说明剩余路由段的数量，即到达最终目的结点之前，分组传送途中必须经过的指定路由器的数量。保留字段，占 16 位，均置"0"。

<table>
<tr><td>下一首部</td><td>扩展首部长度</td><td>路由类型=0</td><td>剩余段数</td></tr>
<tr><td colspan="4">保留</td></tr>
<tr><td colspan="4">地址[1]</td></tr>
<tr><td colspan="4">⋮</td></tr>
<tr><td colspan="4">地址[n]</td></tr>
</table>

图 7.18　类型 0 源路由首部

地址[1]～地址[n]是一个地址列表，由 IPv6 分组的源结点设置。地址列表中的每个地址就是分组传输过程中必须经过的指定路由器的 IPv6 地址。除了地址列表中列出的指定路由器外，IPv6 源路由首部不会被其他路由器检查和处理。也就是说，仅当这个结点为指定的必须经过的路由器，或者是分组的最终目的结点时，才对源路由首部进行处理。其他路由器不用处理源路由首部，这样不会增加其他路由器的处理开销。相关结点对类型 0 的源路由首部的处理算法请参考 RFC2460。

(2) 类型 2 的源路由首部可以携带移动结点的家乡地址，用于支持移动 IPv6，对通信对端与移动结点的通信过程进行路由优化。详细内容在 RFC3775 中定义。

7.3.5　分片首部

与 IPv4 不同，数据传输路径上的路由器不允许对 IPv6 分组进行分片，只允许源结点进行分片。为了实现分片功能，定义了分片首部。分片首部格式如图 7.19 所示。

<table>
<tr><td>下一首部</td><td>保留 1</td><td>分片偏移</td><td>保留 2</td><td>M</td></tr>
<tr><td colspan="5">标识</td></tr>
</table>

图 7.19　分片首部格式

分片首部长度固定，共有 8B，所以不再有扩展首部长度字段。保留 1 个字段，占 8 位，目前未用，设置为"0"。分片偏移(fragment offset)字段，占 13 位，无符号整型数，与 IPv4 分组首部的偏移字段类似，以 8B 为单位，表示分片数据的起始字节在原分组中的位置，即相对于原分组的可分片部分的偏移量。例如，若该值为 175，表示分片数据的首字节，相对于原分组的可分片部分的偏移量是 1400B(即 175 个 8B)。保留 2 个字段，占 2 位，未用，设置为"0"。M(more fragment)标志字段占 1 位，说明此分片是否还有后续分片。若值为 1，表示后面还有其他分片；若值为 0，则表示是最后一个分片。标识(identification)字段，占 32 位，与 IPv4 的标识字段类似，但在 IPv4 中为 16 位。源结点为每个被分片的 IPv6 分组都分配一个 32 位的标识号，用来唯一标识从源结点发送到目的结点的分组。接收方利用标识字段的值识别分片所属的原分组，以便重组分片。

最初的、未分片前的 IPv6 分组称为原分组。原 IPv6 分组首部和需要中间结点处理的扩展首部（例如，跳到跳选项首部、路由首部）构成每分片首部（per fragment headers）。IPv6 分组除了每分片首部之外的剩余部分才是可分片部分。

原分组的可分片部分根据路径 MTU 大小划分为数据分段。路径 MTU（path MTU，PMTU）是源和目的结点之间的路径上所有链路 MTU 的最小值。每个数据分段前面加上每分片首部和 IPv6 分组首部，封装为一个分片分组。IPv6 分片分组独立地在网络中传输，最后在目的结点重组。

下面举例说明 IPv6 分片机制。假设源结点发送一个 IPv6 分组，载荷长度为 2902B，没有携带扩展首部，如果路径 MTU 等于 1500B，源结点必须进行分片。IPv6 首部长度为 40B，分片首部长度 8B，并且除了最后一个分片，其他分片的数据分段长度必须是 8B 的整数倍。分析可知，每个分片分组的载荷部分最大长度为 1448B。所以载荷长度为 2902B 的 IPv6 分组需要划分为 3 个 IPv6 分片，第一个分片分组如图 7.20 所示，偏移量为 0，载荷长度为 1456B，M 字段为“1”。

```
v Internet Protocol Version 6, Src: 2000::1, Dst: 2000::2
    0110 .... = Version: 6
  > .... 0000 0000 .... .... .... .... .... = Traffic Class: 0x00 (DSCP: CS0, ECN: Not-ECT)
    .... .... .... 0000 0000 0000 0000 0000 = Flow Label: 0x00000
    Payload Length: 1456
    Next Header: Fragment Header for IPv6 (44)
    Hop Limit: 64
    Source: 2000::1
    Destination: 2000::2
  v Fragment Header for IPv6
      Next header: ICMPv6 (58)
      Reserved octet: 0x00
      0000 0000 0000 0... = Offset: 0 (0 bytes)
      .... .... .... .00. = Reserved bits: 0
      .... .... .... ...1 = More Fragments: Yes
      Identification: 0x00000001
    Reassembled IPv6 in frame: 14
> Data (1448 bytes)
```

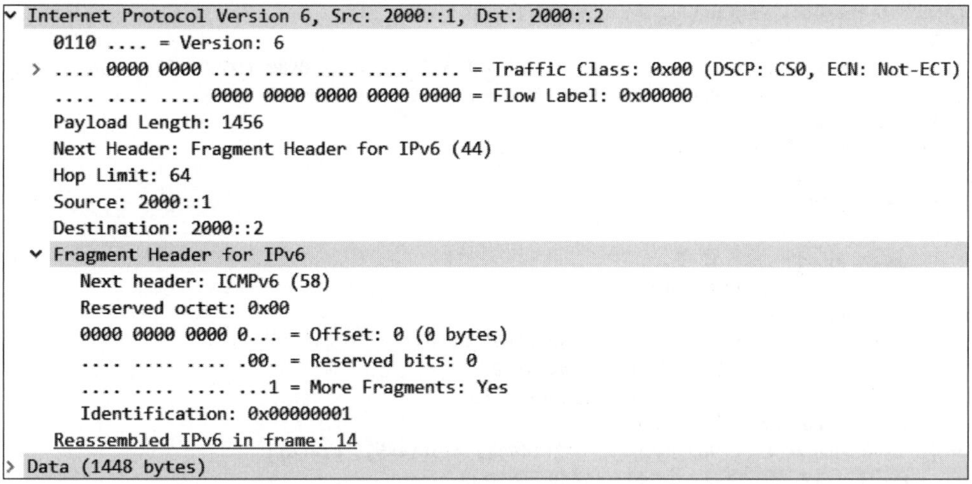

图 7.20　第一个 IPv6 分片

第二个分片如图 7.21 所示，偏移量为 1448B，载荷长度为 1456B，M 字段为“1”。第三个分片如图 7.22 所示，偏移量为 2896B，载荷长度为 14B，M 字段为“0”。可以看出，除了载荷长度字段，这 3 个分组的首部的其他字段值是一样的。3 个分组的分片首部的标识字段值也是一样的。

当分片分组到达目的结点时，由目的结点进行分片重组，只有 IPv6 分组的源地址、目的地址及标识均相同的分片才能重组。分片重组比 IPv4 要复杂一些，其重组规则和计算方法请参考 RFC8200 的定义。

为了保证分组顺利传输，IPv6 要求链路 MTU 的大小至少为 1280B。此外，为了支持可能存在的隧道封装，IPv6 推荐的 MTU 值至少为 1500B。为了使源结点知道路径 MTU，IPv6 强烈建议结点使用路径 MTU 发现机制。路径 MTU 发现，可以通过 ICMPv6 报文来实现，将在 7.4 节介绍。

```
∨ Internet Protocol Version 6, Src: 2000::1, Dst: 2000::2
    0110 .... = Version: 6
  > .... 0000 0000 .... .... .... .... .... = Traffic Class: 0x00 (DSCP: CS0, ECN: Not-ECT)
    .... .... .... 0000 0000 0000 0000 0000 = Flow Label: 0x00000
    Payload Length: 1456
    Next Header: Fragment Header for IPv6 (44)
    Hop Limit: 64
    Source: 2000::1
    Destination: 2000::2
  ∨ Fragment Header for IPv6
      Next header: ICMPv6 (58)
      Reserved octet: 0x00
      0000 0101 1010 1... = Offset: 181 (1448 bytes)
      .... .... .... .00. = Reserved bits: 0
      .... .... .... ...1 = More Fragments: Yes
      Identification: 0x00000001
    Reassembled IPv6 in frame: 14
> Data (1448 bytes)
```

图 7.21　第二个 IPv6 分片

```
∨ Internet Protocol Version 6, Src: 2000::1, Dst: 2000::2
    0110 .... = Version: 6
  > .... 0000 0000 .... .... .... .... .... = Traffic Class: 0x00 (DSCP: CS0, ECN: Not-ECT)
    .... .... .... 0000 0000 0000 0000 0000 = Flow Label: 0x00000
    Payload Length: 14
    Next Header: Fragment Header for IPv6 (44)
    Hop Limit: 64
    Source: 2000::1
    Destination: 2000::2
  ∨ Fragment Header for IPv6
      Next header: ICMPv6 (58)
      Reserved octet: 0x00
      0000 1011 0101 0... = Offset: 362 (2896 bytes)
      .... .... .... .00. = Reserved bits: 0
      .... .... .... ...0 = More Fragments: No
      Identification: 0x00000001
  ∨ [3 IPv6 Fragments (2902 bytes): #12(1448), #13(1448), #14(6)]
      [Frame: 12, payload: 0-1447 (1448 bytes)]
      [Frame: 13, payload: 1448-2895 (1448 bytes)]
      [Frame: 14, payload: 2896-2901 (6 bytes)]
      [Fragment count: 3]
      [Reassembled IPv6 length: 2902]
      [Reassembled IPv6 data: 8000a696ceab0100d0a7050000000000000000000000000000…]
> Internet Control Message Protocol v6
```

图 7.22　第三个 IPv6 分片

7.3.6　目的选项首部

目的选项首部用于携带仅由分组的目的结点处理的选项信息。目的选项首部的格式与跳到跳选项首部一样灵活，也可以携带一个或多个 TLV 选项定义所需要的功能。

可以根据具体情况，将目的选项首部放置在两个位置。当 IPv6 分组使用了源路由首部时，需要为中间结点（源路由首部的地址列表所指定的路由器）提供要处理的信息，目的选项首部携带了这些信息，且放在源路由首部前面；当 IPv6 分组没有使用源路由首部时，目的选项首部被放在其他扩展首部后面。

目前，在目的选项扩展首部中已经定义了支持移动 IPv6 功能的家乡地址选项。离开家乡的移动结点使用家乡地址选项向通信对端通知它的家乡地址。家乡地址选项使用 TLV 可选项格式，如图 7.17 所示。

7.3.7 认证首部

IPSec(internet protocol security，互联网络层安全协议)是在 IP 层为互联网通信提供安全机制的一套协议。1998 年 11 月，IETF 公布了有关互联网 IP 层安全机制的一系列 RFC 文档(RFC2401～2411)。2005 年 12 月，相继定义了新文档 RFC4301～RFC4303，废弃了旧文档。其中 RFC2401 和 RFC4301 中定义了 IP 的安全架构，RFC2402 和 RFC4302 定义了认证首部(AH)，RFC2403 和 RFC4303 定义了封装安全载荷(ESP)首部。AH 和 ESP 首部既可以应用于 IPv4，也可以用于 IPv6。

IPSec 提供了 4 种安全措施来保护数据的传输，分别是安全关联(security association，SA)、安全协议、密钥管理和加密算法(认证算法)。

在发送 IP 安全分组之前，在源结点和目的结点之间必须创建一条网络层的逻辑连接——SA。SA 是从源结点到目的结点的单向连接。如果进行双向安全通信，则两个方向都需要建立 SA。建立 SA 的结点，必须维护 SA 的状态信息，SA 状态信息主要有安全参数索引(security parameter index，SPI)、SA 的源结点和目的结点的 IP 地址、加密算法(认证算法)、加密密钥(认证密钥)、加密模式(认证模式)等。SA 的状态信息存储在安全关联数据库(security association database，SAD)中。

每个安全关联 SA 都可以通过一个安全参数索引(SPI)进行查找。AH 和 ESP 首部都具有 32 位的 SPI 字段。根据给定目的结点的 IP 地址和 SPI，发送方就能确定使用 SA 的安全参数，按 SA 状态信息为 IP 分组加密；根据接收分组中的 SPI 和源 IP 地址，接收方就能确定使用 SA 的安全参数，为分组解密或认证。

密钥管理由密钥确定和密钥分发两部分组成。在两个结点进行安全通信之前，需要确定加密和认证需要的密钥。一般情况下，使用互联网密钥交换(internet key exchange，IKE)协议进行自动密钥管理。当然，也可以使用手动配置和手动管理。在 RFC2409 中定义了 IKE，在 RFC4309 中定义了 IKEv2，后来 RFC7296 废弃了 RFC4309。

加密算法和认证算法用于实现安全协议的加密和认证功能。AH 和 ESP 首部没有规定用于加密和认证的算法。通过协商，可以对算法进行灵活选择。

AH 和 ESP 首部对 IP 分组的安全保护可以使用两种模式：隧道模式和传输模式。隧道模式(tunnel mode)能够对整个 IP 分组进行安全保护；传输模式(transport mode)只是对 IP 分组的数据部分(例如 TCP 报文段和 UDP 数据报)进行安全保护。

认证首部(AH)用来提供数据的完整性和数据来源的身份认证，以及可选的防重放攻击。发送分组前，发送方使用认证密钥对 IP 分组进行认证数据计算，并将认证数据存放在认证扩展首部，然后向接收方发送。接收到分组后，接收方用认证密钥对分组做相同的认证计算。若计算结果与 AH 中的认证数据相同，则可以证明该分组在传送过程中没有被他人篡改；若进行了篡改，计算结果不会相同。也可以证明分组不是他人伪造的。因为伪造者不知道密钥，不可能生成正确的认证信息。

图 7.23 所示是认证扩展首部的格式，由 12B 固定长度的字段和可变长度的字段构成。固定长度的字段包括下一首部、载荷长度、保留和安全参数索引(SPI)，以及序号字段。紧接序号字段其后的是完整性检验值(integrity check value，ICV)可变长度字段。

<table>
<tr><td>下一首部</td><td>载荷长度</td><td>保留</td></tr>
<tr><td colspan="3">安全参数索引(SPI)</td></tr>
<tr><td colspan="3">序号</td></tr>
<tr><td colspan="3">完整性检验值 ICV(长度可变)</td></tr>
</table>

图 7.23　认证扩展首部的格式

(1) 下一首部。该字段的定义同上。

(2) 载荷长度。该字段占 8 位，以 4B 为单位说明 AH 的长度，其值是 AH 的以 4B 为单位的总长度减 2。例如，若认证算法产生 96 位的认证数据，则载荷长度字段的值为 4。

(3) 保留。该字段占 16 位，必须置“0”。

(4) 安全参数索引(SPI)。该字段占 32 位，安全关联(SA)的索引号。用于在安全关联数据库(SAD)中查找安全关联(SA)。

(5) 序号。该字段占 32 位。序号值必须唯一，不能重复，用于防止重放攻击(anti-replay attack)。发送方使用一个单调递增的计数器产生无符号计数值，作为序号字段的值。当双方建立好一个 SA 时，计数器的值初始化为 0，每发送一个分组，计数值增 1。在一个给定 SA 上发送的第一个分组的序号是 1。如果启用了抗重放攻击，则传输序号不允许出现循环。这样，在一个 SA 上传输第 2^{32} 个分组之前，发送方和接收方的计数器一定要重新设定。可以通过建立新的 SA 和新的密钥实现计数器的复位。

(6) 完整性检验值(ICV)。该字段主要用于对分组进行认证和完整性检查，长度可变，但必须是 32 位的整数倍，若有需要，可以使用填充字段。发送方使用认证算法计算得到的认证数据，就放在 ICV 字段。ICV 的计算方法和计算范围请参考 RFC4302 文档。

7.3.8　封装安全载荷首部

封装安全载荷(ESP)首部除了提供机密性、完整性外，还具有数据来源认证和抗重放攻击功能。RFC4303 定义了 ESP 首部格式，如图 7.24 所示。

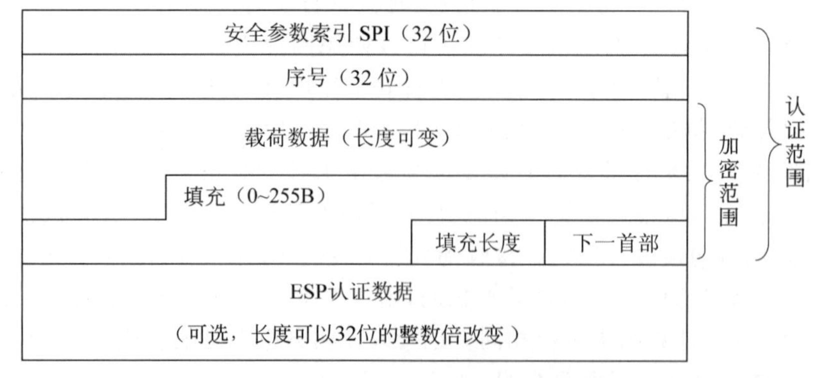

图 7.24　封装安全载荷(ESP)首部的格式

(1) 安全参数索引(SPI)字段。该字段占32位,其作用与AH的SPI相同。由于SPI被用来指定加密算法和密钥,所以SPI不被加密。如果SPI被加密,接收方就无法确定要使用的安全关联(SA)。

(2) 序号字段。该字段占32位,作用与AH相同,也不被加密。因为序号用于抵抗重放攻击,在解密前就能用来判断一个分组是否重复,从而节省为解密所花费的CPU开销。

(3) 载荷数据(payload data)字段。该字段的长度不确定。载荷数据的子结构取决于加密算法和模式的选择。

(4) 载荷数据字段后面是填充字段、填充长度字段和下一首部字段。如果ESP首部提供认证功能,则还具有完整性检验值(ICV)字段,用于存放认证数据。

7.4 ICMPv6

IPv6提供了新版ICMP称为ICMPv6(internet control message protocol version 6)。类似ICMP,IPv6结点可以使用ICMPv6报告IPv6分组传输过程中出现的差错,也可以执行其他网络层功能,例如可以诊断网络运行情况等。

ICMPv6在原有ICMP的基础上做了很多修改,例如,删去了一些极少使用的ICMP报文,增加了支持邻居发现和支持多播技术等功能的报文。ICMPv6功能强大,具有差错报告、网络诊断、邻居不可达探测和多播控制等功能。ICMPv6是IPv6不可分割的一部分,每个IPv6结点必须实现ICMPv6基本协议。

ICMPv6报文可以直接封装在IPv6分组中传送。ICMPv6的协议号是58。

7.4.1 ICMPv6报文的基本格式

在发布IPv6的同时,IETF发布了ICMPv6标准,先后在RFC1885和RFC2463中定义了ICMPv6,目前最新版本是RFC4443。其他RFC文档也定义一些ICMPv6报文类型。ICMPv6报文基本格式如图7.25所示,由报文首部和报文体两部分组成。

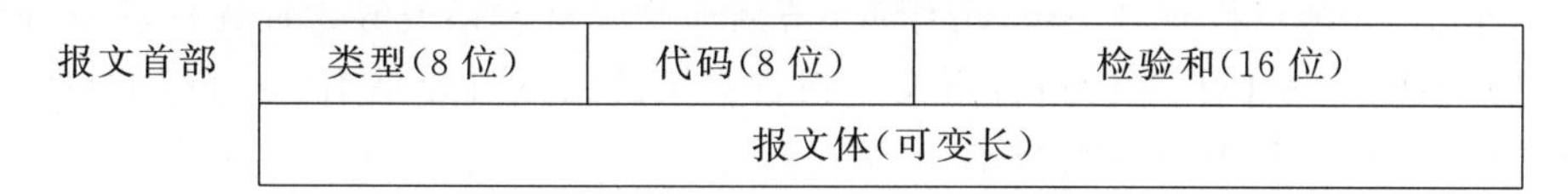

图7.25 ICMPv6报文的基本格式

(1) ICMPv6报文首部定义了3个字段。

① 类型字段。该字段占8位,定义ICMPv6报文的类型。

② 代码字段。该字段占8位,用于确定ICMPv6报文的进一步信息,对同一类型的报文进行更详细的分类。

③ 检验和字段。该字段占16位,用于检测ICMPv6报文和IPv6分组首部部分字段的正确性。检验和的计算采用16位反码求和运算规则,检验范围是ICMPv6报文和伪首部,伪首部包括IPv6分组首部的部分字段。

(2) 报文体(message body)字段,长度可变。不同类型,报文体内容不一样。

ICMPv6报文分为差错报文和信息报文两大类。差错报文的类型字段的最高位为0,信息报文的最高位为1。所以差错报文的类型值范围是0～127;信息报文的类型值范围是128～255。RFC4443中定义的报文类型如表7.5所示。

表7.5 ICMPv6报文的类型

报文种类	类型	报　　文
ICMPv6差错报文	1	目的不可达(destination unreachable)
	2	分组太大(packet too big)
	3	时间超过(time exceeded)
	4	参数问题(parameter problem)
	100	私人实验(private experimentation)
	101	私人实验(private experimentation)
	127	保留用于ICMPv6差错报文扩展(reserved for expansion of ICMPv6 error messages)
报文种类	**类型**	**报　　文**
ICMPv6信息报文	128	回声请求(echo request)
	129	回声应答(echo reply)
	200	私人实验(private experimentation)
	201	私人实验(private experimentation)
	255	保留用于ICMPv6信息报文扩展(reserved for expansion of ICMPv6 informational messages)

类型为100、101、200和201的ICMPv6报文保留给私人实验使用,不能用作一般使用。如果将来类型值出现短缺,则类型127和255用作将来扩展。

7.4.2 ICMPv6的差错报告报文

当一个IPv6结点接收到IPv6分组时,若因检测到有差错或异常而无法转发分组,则需要向源结点发送ICMPv6差错报告报文。报告差错的结点可能是IPv6分组的目的结点,也有可能是转发IPv6分组的中间结点。

ICMPv6目前定义了目的不可达、分组过大、超时、参数问题4种类型的差错报告报文。这4种类型的差错报告报文格式类似,可以用如图7.26所示的通用格式进行表示。4个报文格式的不同主要在于对参数字段的使用,有的报文不使用参数字段,值为0。有的报文使用参数字段定义相关信息。

类型(8位)	代码(8位)	检验和(16位)
参数(32位)		
数据(不超过IPv6中MTU的最小值时,尽可能多地封装出错分组信息)		

图7.26 ICMPv6差错报告报文的格式

ICMPv6 差错报告报文首部的类型字段、代码字段,定义了具体报文类型。检验和字段遵循 ICMPv6 检验和计算方法。ICMPv6 报文体分为两部分,前 4B 是参数字段,剩余部分是出错 IPv6 分组的重要信息。在整个 ICMPv6 报文的长度不超过 PMTU 的情况下,尽可能多地放置出错的 IPv6 分组信息,以便为源结点提供差错分析的依据,对出错 IPv6 分组进行准确判断。

1. 目的不可达报文

目的不可达报文的类型字段值为 1,代码字段取值为 0~6,不同代码值代表目的不可达的不同情况。代码 0 表示不存在到达目的结点的路由(no route to destination);代码 1 表示禁止与目的结点通信(communication with destination administratively prohibited);代码 2 表示超出源地址范围(beyond scope of source address);代码 3 表示地址不可达(address unreachable);代码 4 表示端口不可达(port unreachable);代码 5 表示源地址入口/出口策略失败(source address failed ingress/egress policy);代码 6 表示拒绝到目的结点的路由(reject route to destination)。4B 的参数字段没有定义,设置为“0”。

例如,在一个地址为 2000::1/64 的 IPv6 结点 A 上,试图使用 TFTP 访问一个地址为 2000::2/64 的 IPv6 结点 B。因为结点 B 没有提供 TFTP 服务。所以对结点 B 的 TFTP 访问会导致结点 B 产生代码为 4(端口不可达)的目的不可达报文,如图 7.27 所示。可以看到,目的不可达报文总长度为 80B,除了 ICMPv6 报文首部,还携带了出错 IPv6 分组的重要信息。

```
v Internet Protocol Version 6, Src: 2000::2, Dst: 2000::1
    0110 .... = Version: 6
  > .... 0000 0000 .... .... .... .... .... = Traffic Class: 0x00 (DSCP: CS0, ECN: Not-ECT)
    .... .... .... 0000 0000 0000 0000 0000 = Flow Label: 0x00000
    Payload Length: 80
    Next Header: ICMPv6 (58)
    Hop Limit: 64
    Source: 2000::2
    Destination: 2000::1
v Internet Control Message Protocol v6
    Type: Destination Unreachable (1)
    Code: 4 (Port unreachable)
    Checksum: 0x4d3f [correct]
    [Checksum Status: Good]
    Reserved: 00000000
  v Internet Protocol Version 6, Src: 2000::1, Dst: 2000::2
      0110 .... = Version: 6
    > .... 0000 0000 .... .... .... .... .... = Traffic Class: 0x00 (DSCP: CS0, ECN: Not-ECT)
      .... .... .... 0000 0000 0000 0000 0000 = Flow Label: 0x00000
      Payload Length: 32
      Next Header: UDP (17)
      Hop Limit: 64
      Source: 2000::1
      Destination: 2000::2
  v User Datagram Protocol, Src Port: 49153, Dst Port: 69
      Source Port: 49153
      Destination Port: 69
      Length: 32
      Checksum: 0x738c [unverified]
      [Checksum Status: Unverified]
      [Stream index: 1]
  v Trivial File Transfer Protocol
      Opcode: Read Request (1)
      Source File: lxl.txt
      Type: octet
    > Option: tsize = 0
```

图 7.27　端口不可达报文

2. 分组过大报文

分组过大报文由路由器发出。当路由器转发一个 IPv6 分组时,如果该分组过大,超过了出口链路的 MTU 而不能转发,则丢弃该 IPv6 分组,并向源结点发送分组过大报文。分组过大报文的类型号为 2,代码为 0,参数字段值设置为导致产生分组过大报文出口链路的 MTU 值。

PMTU 是一个重要参数。如果源结点知道 PMTU,那么就可以按照 PMTU 的大小封装 IPv6 分组,从而避免在分组传输过程中产生分组过大报文。在 RFC8201 中定义了最新的 IPv6 路径最大传输单元发现(path MTU discovery,PMTUD)协议,它巧妙利用了分组过大报文。

IPv6 路径 MTU 发现的过程如图 7.28 所示。

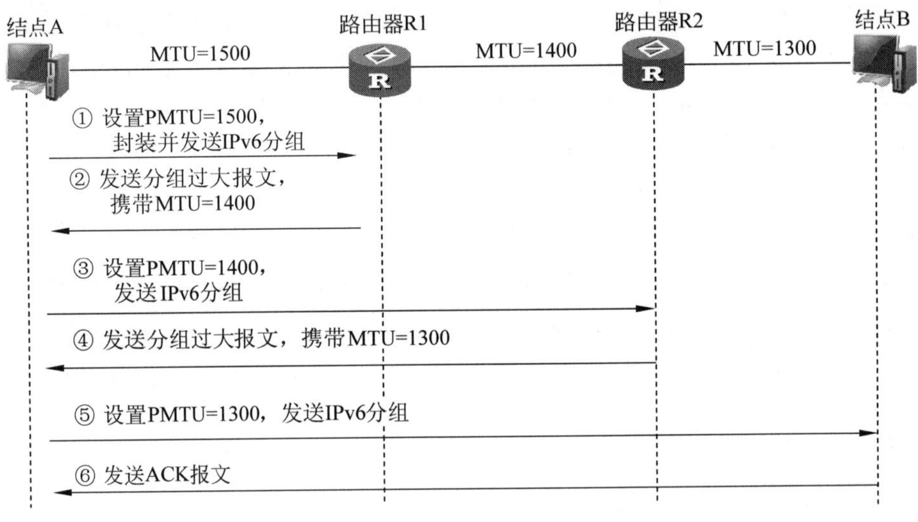

图 7.28 IPv6 的 PMTU 发现过程

(1) 首先,源结点 A 假设 PMTU 的大小就是发送分组的那个出接口链路的 MTU,即设置到结点 B 的 PMTU＝1500。于是,按照 PMTU 要求封装并向目的结点 B 发送一个 IPv6 分组。

(2) 路由器 R1 转发 IPv6 分组时,发现出接口所在链路的 MTU 为 1400,分组过大,R1 无法转发,于是丢弃分组,并向分组的源结点 A 发送分组过大报文,在参数字段携带出口链路 MTU 值 1400。

(3) 收到分组过大报文后,A 为到结点 B 的路由设置新的 PMTU 值为 1400B,然后按照新 PMTU 要求,封装并向结点 B 发送第二个 IPv6 分组。第二个分组顺利通过 R1 转发到达路由器 R2。

(4) 如果 R2 需要将分组转发到 MTU 为 1300B 的链路上。因为分组大于出接口链路的 MTU 值 1300B,所以 R2 丢弃之,并向 A 发送分组过大报文,该报文携带的 MTU 值为 1300。

(5) 与此类似,A 又更新 PMTU 值为 1300B,按照新 PMTU 要求,结点 A 再向 B 发送第三个分组。第三个分组通过 R1 和 R2 顺利转发,最终到达目的结点 B。

(6) 当源结点 A 不再收到分组过大报文,或者收到目的结点 B 的 ACK 报文时,结点 A

到结点 B 之间的 PMTU 值就确定了，图 7.28 中的 PMTU 值为 1300B。

3. 超时报文

超时报文的类型字段值等于 3。超时报文分为跳数超过（代码为 0）和分片重组超时（代码为 1）两种情况。在超时报文中没有使用参数字段，设置为“0”。

如果路由器收到跳数限制字段值为 0 的 IPv6 分组，或是路由器将 IPv6 分组的跳数限制字段值减 1 后变为 0，则路由器必须丢弃这个 IPv6 分组，并给源结点发送一个代码为 0 类型为 3 的超时报文。

当接收结点重组 IPv6 分片分组时，从收到第一个到达的分片后，60s 内还没有收齐属于同一个原 IPv6 分组的所有分片，则取消此次重组，并且丢弃这些分片。同时，向源结点发送代码为 1 类型为 3 的超时报文。

4. 参数问题报文

参数问题报文的类型字段的值等于 4。参数问题报文分为 3 种：错误的首部（代码为 0）、不能识别的下一首部（代码为 1）和不能识别的 IPv6 选项（代码为 2）。参数字段定义为指针（pointer），指向 IPv6 分组的错误字段位置。

当一个结点处理分组时，发现 IPv6 分组首部或其扩展首部中的某个字段有问题，而不能完成对 IPv6 分组的转发，则必须丢弃这个分组，并给源结点发送一个 ICMPv6 参数问题报文，说明错误字段所在位置和错误类型。指针指向错误字段所在位置，即以字节为单位说明错误字段相对于原 IPv6 分组的第一个字节的偏移量。如果指针字段值为 0，则说明原 IPv6 分组首部的版本字段无效。例如，一个类型为 4、代码为 1、指针字段值为 40 的参数问题报文，用来说明偏移量为 40B 的字段处有错误发生，即紧跟在原 IPv6 分组首部后面的第一个扩展首部的开始位置，有一个不可识别的下一首部值，如图 7.29 所示。

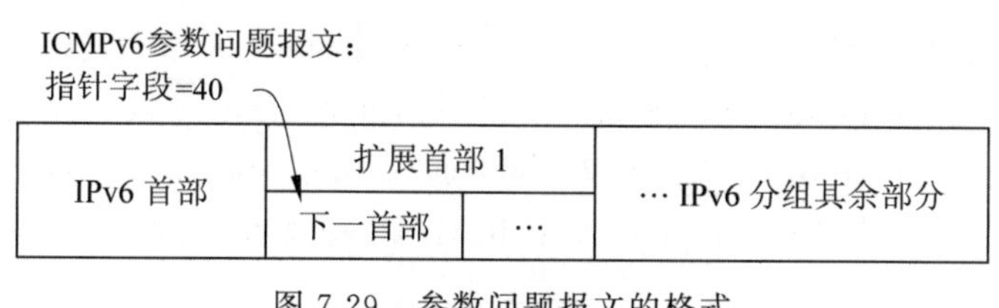

图 7.29　参数问题报文的格式

7.4.3　ICMPv6 的信息报文

IPv6 中至关重要的测试和诊断等功能是由 ICMPv6 信息报文实现的。

网络测试是 ICMPv6 最简单的功能之一。ICMPv6 回声请求（echo request）报文和回声应答（echo reply）报文可以用来实现网络测试功能，它类似于 ICMP 的回声请求报文和回声应答报文。几乎所有的操作系统都可以通过 ping 命令来实现网络检查功能。ICMPv6 要求每个结点，必须能够完成 ICMPv6 回声应答功能，即在收到 ICMPv6 回声请求时，必须发出相应的 ICMPv6 回声应答报文。

图 7.30 给出了 ICMPv6 回声请求和 ICMPv6 回声应答的报文格式。回声请求报文的类型号为 128，回声应答报文的类型号为 129，代码字段都为 0。除了 ICMPv6 的基本字段外，还有标识符字段、序号字段和数据等字段。

类型(8 位)	代码(8 位)	检验和(16 位)
标识符(16 位)		序号(16 位)
数据		

图 7.30　回声请求报文和回声响应报文的格式

标识符(identifier)和序号(sequence number)字段用于匹配回声请求报文和回声应答报文,标识特定的测试会话。数据字段为 0 或任意字节的数据。回声应答报文与回声请求报文的数据字段应该具有相同值,即如果在回声请求报文的数据字段设置了某些数据,则应该将这些数据复制到回声应答报文的数据字段中。

7.5　邻居发现协议

连接到同一条链路上的结点互为邻居结点。同一链路上的 IPv6 结点可以使用 IPv6 的邻居发现协议(neighbor discovery protocol,NDP)来发现彼此的存在,确定彼此的链路层地址,查找路由器,并维护活动邻居的可达性信息。

NDP 是 IPv6 的一个重要组成部分,功能非常强大。NDP 不是一个全新的协议,它没有自己完全独立的报文结构,而是使用了 ICMPv6 的报文结构。

本节先介绍 5 种 NDP 报文格式,然后再介绍这些报文的应用。

7.5.1　NDP 报文

在 1996 年的 RFC1970,1998 年的 RFC2461,以及 2007 年的 RFC4861 文档中分别描述了 NDP,共定义了 5 种类型 NDP 报文,采用与 ICMPv6 报文的相同结构。这 5 种报文分别是路由器请求(router solicitation,RS)报文、路由器通告(router advertisement,RA)报文、邻居请求(neighbor solicitation,NS)报文、邻居通告(neighbor advertisement,NA)报文和重定向报文(redirect)。表 7.6 给出了这 5 个 ICMPv6 报文在 NDP 中的应用。

表 7.6　NDP 报文支持的功能

报　　文	功　　能			
	地址解析	路由器和前缀发现	邻居不可达探测	重定向
路由器请求(RS)133		√		
路由器通告(RA)134		√		
邻结点请求(NS)135	√		√	
邻结点通告(NA)136	√		√	
重定向报文 137				√

NDP 报文通常使用 NDP 报文选项携带有关信息。下面先介绍一下应用在 NDP 报文中的选项,然后再介绍 5 种 NDP 报文的定义。

1. NDP 选项

NDP 报文可以携带选项为邻居发现提供重要信息。NDP 选项用于说明结点的链路层地址、链路的网络前缀、链路 MTU、重定向数据、移动信息以及特定路由等信息。如果需要,一个 NDP 报文就可以携带多个选项,有的选项可以在同一个报文中出现多次。

NDP 选项采用 TLV 格式,主要由 3 部分组成:类型(type)、长度(length)和值(value)。NDP 选项格式如图 7.31 所示。

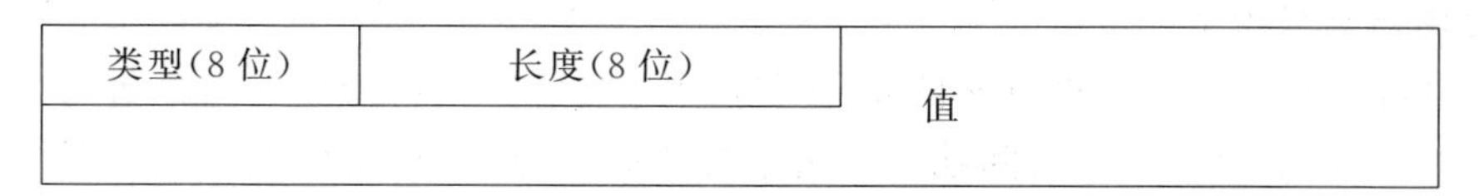

类型值为 1,表示源链路层地址;类型值为 2,表示目标链路层地址;类型值为 3,表示前缀信息;类型值为 4,表示重定向首部;类型值为 5,表示最大传输单元;长度,说明选项总长度,以 8B 为单位

图 7.31　NDP 选项的格式

其中字段含义如下。

(1) 类型(type)字段,定义的选项类型主要有源链路层地址(source link_layer address)、目标链路层地址(target link_layer address)、前缀信息(prefix information)、重定向首部(redirected head)和最大传输单元(MTU)等。相关 RFC 文档还定义了其他 TLV 选项,例如 RFC6275 中定义了用于移动 IPv6 的两个选项,RFC4191 中定义了路由信息选项。

(2) 长度(length)字段,为 8 位无符号整型数,以 8B 为单位说明 NDP 选项的总长度,包括类型字段和长度字段。

(3) 值(value),其内容根据选项类型的不同而不同。例如,源链路层地址选项和目标链路层地址选项,可以存放源链路层地址或者目标链路层地址;重定向报文存放被重定向的 IPv6 分组首部和部分载荷信息;MTU 选项用于存放链路 MTU;前缀信息选项(prefix information option,PIO)的定义较为复杂,格式如图 7.32 所示。

<table>
<tr><td>类型(8 位)</td><td>长度(8 位)</td><td>前缀长度(8 位)</td><td>L</td><td>A</td><td>保留 1(6 位)</td></tr>
<tr><td colspan="6">有效生存时间(32 位)</td></tr>
<tr><td colspan="6">优先生存时间(32 位)</td></tr>
<tr><td colspan="6">保留 2</td></tr>
<tr><td colspan="6">前缀(128 位)</td></tr>
</table>

图 7.32　NDP 前缀信息选项的格式

前缀信息选项的类型字段值为 3;长度字段值等于 4;前缀长度字段,8 位整型数,用来说明前缀的位数,取值范围是 0～128。

(4) L 位。该标志位为 on-link 标志位。L 位置“1”时,表示此前缀可以用于 on-link 确定;置“0”时,并没有就前缀是 on-link 或者 off-link 的属性进行说明。

(5) A 位。该标志位为自治(autonomous)地址配置标志位。A 位置“1”时,说明该前缀可以用于 IPv6 地址自动配置。

(6) 有效生存时间(valid lifetime)。该字段为 32 位无符号整型数,以秒为单位的时间值,用以说明前缀能用于 on-link 确定的时间。如果 32 位全为“1”,表示有效生存时间是无限的。

(7) 优先生存时间(preferred lifetime)。该字段为 32 位无符号整型数,以秒为单位的时间值。在优先生存时间内,根据此前缀生成的地址具有优先使用权。如果 32 位全为"1",表示优先生存时间是无限的。优先生存时间一定不能超过有效生存时间。

(8) 前缀字段。该字段为 128 位,是一个 IP 地址或 IP 地址的前缀。

2. 路由器请求报文

当主机需要与远程系统进行通信时,主机必须找到路由器,借助路由器进行分组传输。一般情况下,路由器每隔一段时间就会发送路由器通告报文,报文中包含重要的网络信息。主机也可以主动向路由器发送路由器请求报文,路由器一旦收到路由器请求报文,将立即发送路由器通告报文。当主机第一次接入链路,或者主机重新启动等情况下,都需要向路由器发送路由器请求报文。

路由器请求报文格式如图 7.33 所示。路由器请求报文的类型字段值为 133;代码必须置"0";检验和字段用于整个 ICMPv6 报文的位错误检验;保留字段必须置"0"。

类型(8 位)	代码(8 位)	检验和(16 位)
保留(32 位)		
NDP 选项		

图 7.33 路由器请求报文的格式

NDP 选项字段,在 RS 报文中一般使用 NDP 源链路层地址选项,携带 RS 报文的发送者的链路层地址。这样,当路由器对 RS 报文进行应答,发送路由器通告 RA 报文时,就不需要去解析发送 RS 报文的结点的链路层地址了。

封装 RS 报文的 IPv6 分组的目的地址是所有路由器多播地址,跳数限制 HL 字段设置为 255。路由器收到 RS 报文时,如果报文检验正确,就立即进行应答,发送路由器通告报文。

3. 路由器通告报文

IPv6 路由器发送 RA 报文通告自己的存在,并提供本链路上的网络参数。图 7.34 是 RA 报文的格式。

类型(8 位)	代码(8 位)	检验和(16 位)
当前跳数限制	M、O、H、Prf、P、R 等	路由器生存时间(16 位)
可达时间(32 位)		
重传计时器(32 位)		
NDP 选项		

图 7.34 路由器通告报文的格式

(1) 类型。该字段值为 134。

(2) 代码。该字段置"0"。

(3) 检验和。该字段用于整个 ICMPv6 报文的比特错误检验。

(4) 当前跳数限制(current hop limit)。该字段为 8 位无符号整型数,是路由器给本地链路主机推荐的最大跳数限制值。主机在封装 Pv6 分组时,可以把它作为首部跳数限制

HL 字段的默认值。

（5）标志(flags)。该字段共 8 位，分别为 M、O、H、Prf、P、R 等标志位。

① M(managed address configuration，受管理的地址配置)标志位。M 位和 O 位决定了结点 IPv6 地址的自动配置方法。M 位置“1”时，表示可以使用 DHCPv6 配置 IPv6 地址。

O(other configuration，其他配置)标志位。当 O 位置“1”时，说明除地址外的其他配置信息，例如 DNS 信息或其他网络信息，可以使用 DHCPv6 进行自动配置。当 M 位置“1”时，O 位可以忽略，无论 O 位值为 0 还是 1，这时都需要使用 DHCPv6 得到所有网络配置信息，包括 IPv6 地址；当 M＝0、O＝0 时，不允许使用 DHCPv6 进行配置 IPv6 地址和其他参数的配置；当 M＝0、O＝1，可以使用无状态地址自动配置 SLAAC 进行 IPv6 地址配置，使用 DHCPv6 进行其他参数配置。

② H(home agent，家乡代理)标志位。该标志位是移动 IPv6 家乡代理标志位。

③ Prf(preferences，优先级)标志位。该标志位占 2 位，表示路由器作为默认路由器的优先级。

④ P(proxy，代理)标志位。该标志位用于说明是否是邻居发现代理。

⑤ R(reserved，预留)位。该标志位占 2 位，未作定义。

（6）路由器生存时间(router lifetime)。该字段占 16 位，为无符号的整型数，以秒为单位说明作为默认路由器的生存期限。如果值为 0，说明路由器不能用作默认路由器。

（7）可达时间(reachability time)。该字段占 32 位，为无符号的整型数。说明了收到可达性肯定应答后，以毫秒为单位表示的邻居可达时间。用于邻居不可达探测(neighbor unreachability detection，NUD)。

（8）重传定时器(retransmission timer)。该字段为 32 位无符号整型数。以毫秒为单位，定义重传邻居请求报文的时间间隔。用于地址解析和邻居不可达探测。

（9）NDP 选项。在 RA 报文中使用的主要 NDP 选项有源链路层地址、MTU 和前缀信息等 NDP 选项。源链路层地址选项用于提供发送 RA 报文的路由器接口的链路层地址；MTU 选项用于提供链路的 MTU 大小；前缀信息选项(PIO)定义链路的网络前缀，如果链路拥有多个前缀，那么路由器通告报文可以包含有多个前缀信息选项。

图 7.35 是一个携带两个前缀选项的 RA 报文，分别通告了 2000:1::/64 和 2000:2::/64 前缀。其中的 2000:1::/64 前缀，L 位置“1”，表明 2000:1::/64 前缀可以用于 on-link 确定；A 位置“1”，表明该前缀可以用于 IPv6 地址自动配置。同时，也指定了该前缀的有效生存时间 2592000s 和优先生存时间 604800s，并且优先生存时间小于有效生成时间。

4. 邻居请求报文

邻居请求(neighbor solicitations，NS)报文格式如图 7.36 所示。类型字段值为 135；代码字段，必须置“0”；检验和字段用于整个 ICMPv6 报文的位错误检验；保留字段未定义，其值必须等于 0；目标(target)地址字段，要请求的目标 IPv6 地址。例如，当进行地址解析时，就是要解析的 IPv6 地址；NDP 选项字段，NS 报文一般使用 NDP 源链路层地址选项，用于存放发送 NS 报文的结点的链路层地址。

邻居请求(NS)报文和邻居通告(NA)报文可以用于实现 IPv6 地址解析功能，还可以用来进行邻居不可达探测。用于地址解析时，NS 报文以多播的形式发送；用于邻居不可达探测时使用单播形式发送。

```
> Internet Protocol Version 6, Src: fe80::2e0:fcff:fe3e:688, Dst: ff02::1
v Internet Control Message Protocol v6
    Type: Router Advertisement (134)
    Code: 0
    Checksum: 0xd4a3 [correct]
    [Checksum Status: Good]
    Cur hop limit: 64
  > Flags: 0x00, Prf (Default Router Preference): Medium
    Router lifetime (s): 1800
    Reachable time (ms): 0
    Retrans timer (ms): 0
  v ICMPv6 Option (Source link-layer address : 00:e0:fc:3e:06:88)
      Type: Source link-layer address (1)
      Length: 1 (8 bytes)
      Link-layer address: HuaweiTe_3e:06:88 (00:e0:fc:3e:06:88)
  > ICMPv6 Option (Prefix information : 2000:2::/64)
  v ICMPv6 Option (Prefix information : 2000:1::/64)
      Type: Prefix information (3)
      Length: 4 (32 bytes)
      Prefix Length: 64
    v Flag: 0xc0, On-link flag(L), Autonomous address-configuration flag(A)
        1... .... = On-link flag(L): Set
        .1.. .... = Autonomous address-configuration flag(A): Set
        ..0. .... = Router address flag(R): Not set
        ...0 0000 = Reserved: 0
      Valid Lifetime: 2592000
      Preferred Lifetime: 604800
      Reserved
      Prefix: 2000:1::
```

图 7.35　携带两个前缀的 RA 报文

<table>
<tr><td>类型(8 位)</td><td>代码(8 位)</td><td>检验和(16 位)</td></tr>
<tr><td colspan="3">保留(32 位)</td></tr>
<tr><td colspan="3">目标地址(128 位)</td></tr>
<tr><td colspan="3">NDP 选项</td></tr>
</table>

图 7.36　邻居请求报文的格式

5. 邻居通告报文

一个结点可以使用邻居通告(neighbor advertisements,NA)报文对邻居请求 NS 报文进行响应,以便快速通告一些信息。NA 报文也可以是非请求地通告。

图 7.37 是邻结点通告报文的格式。类型字段,其值为 136;代码字段,必须置“0”;检验和字段用于整个 ICMPv6 报文的位错误检验。

<table>
<tr><td colspan="3">类型(8 位)</td><td>代码(8 位)</td><td>检验和(16 位)</td></tr>
<tr><td>R</td><td>S</td><td>O</td><td colspan="2">保留(29 位)</td></tr>
<tr><td colspan="5">目标地址(32 位)</td></tr>
<tr><td colspan="5">NDP 选项</td></tr>
</table>

图 7.37　邻居通告报文的格式

NA 报文定义了 3 个标志位，分别是 R(router flag，路由器标志位)、S(solicited flag，请求标志位)和 O(override flag，覆盖标志位)。

(1) R 标志位置“1”时，说明 NA 报文是路由器发送的。

(2) S 标志位置“1”时，说明是对邻居请求报文的应答。若是非请求通告报文或者多播通告报文时，S 标志位一定不能置“1”。R 和 S 标志位可用于邻居不可达探测。

(3) O 标志位置“1”时，说明可以使用目标链路层地址选项中的链路层地址，覆盖和更新邻居缓存中的 IPv6 地址与链路层地址的映射关系。

(4) 保留字段，占 29 位，其值必须等于 0；目标地址字段，如果是对邻居请求报文的应答，则其值与邻居请求报文的目标地址字段值一样；如果是非请求邻居通告报文，目标地址就是发送 NA 报文的结点的 IPv6 地址。

(5) NDP 选项字段，NA 报文一般使用 NDP 目标链路层地址选项。

如果是对邻居请求报文的应答，封装 NA 报文的 IPv6 分组的目的地址就是封装邻居请求报文的 IPv6 分组的源地址。但是如果 NS 报文的源地址是未指定地址，则目的地址就是所有结点多播地址；如果是周期性邻居通告报文，目的地址就是本地链路所有结点多播地址 ff02::1。

6. 重定向报文

路由器发送重定向报文，用于通知主机有一个到达目的结点的更好的第一跳结点。重定向报文格式如图 7.38 所示。

<table>
<tr><td>类型(8 位)</td><td>代码(8 位)</td><td>检验和(16 位)</td></tr>
<tr><td colspan="3">保留(32 位)</td></tr>
<tr><td colspan="3">目标地址(128 位)</td></tr>
<tr><td colspan="3">目的地址(128 位)</td></tr>
<tr><td colspan="3">NDP 选项</td></tr>
</table>

图 7.38　重定向报文的格式

(1) 类型。重定向报文的类型号为 137。

(2) 代码。代码为 0。

(3) 检验和。该字段的作用同其他 NDP 报文；32 位的保留字段置“0”。

(4) 目标(target)地址。该字段是到达目的结点的最佳第一跳的 IPv6 地址，一般使用链路本地地址。

(5) 目的(destination)地址。该字段通常是被重定向的原 IPv6 分组的目的地址。

(6) NDP 选项。重定向报文可以携带两个 NDP 选项。一个是目标链路层地址选项，另一个是重定向首部选项。只要不超过路径 MTU，应该把重定向的原 IPv6 分组的尽可能多的信息放置在重定向首部选项中，以便为源主机提供更多关于被重定向分组的信息。

熟悉 NDP 报文后，接下来就可以学习 NDP 实现的功能了。

7.5.2 路由器和前缀发现

路由器和前缀发现是一个过程，通过这个过程，结点可以定位邻居路由器，并获取前缀和配置参数，确定作为默认网关的路由器。

路由器和前缀发现通过路由器请求(RS)报文和路由器通告(RA)报文来实现。IPv6 路由器在本地链路周期性发送 RA 报文，声明自己的存在。另外，主机启动时，向本地链路范围的所有路由器多播地址 ff02::2 发送 RS 报文，本地链路的路由器收到 RS 报文后，立即发送 RA 报文。

RA 报文可以提供跳数限制、网络前缀、MTU、路由器生存时间等相关信息。RA 报文中的信息，对于网络结点的工作是非常重要的。例如，路由器生存时间，用以说明可以作为默认路由器的时间。当默认路由器失效时，利用邻居不可达探测功能来选择新的默认路由器。利用 RA 报文通告的前缀和配置参数，结点可以进行无状态地址自动配置，或者进行 DHCPv6 有状态自动配置。

7.5.3 地址解析

邻居请求(NS)报文和邻居通告(NA)报文有很多应用场合，例如，应用于地址解析、重复地址探测(DAD)和邻居不可达探测(NUD)等。

在 IPv4 中，使用 ARP 根据 IP 地址解析对应的链路层地址。结点维护一个 ARP 缓存，用于存放 IP 地址与链路层地址的映射关系。取而代之 ARP，IPv6 使用 ICMPv6 的 NS 报文和 NA 报文来实现地址解析功能，使用 IPv6 邻居缓存表存放 IPv6 地址及其对应的链路层地址的对应关系，并说明邻居的可达性状态。

下面以图 7.39 为例说明使用 NS 和 NA 报文进行地址解析的过程。图中标识了两个结点 R1 和 R2 相应接口的 IPv6 地址和链路层地址。

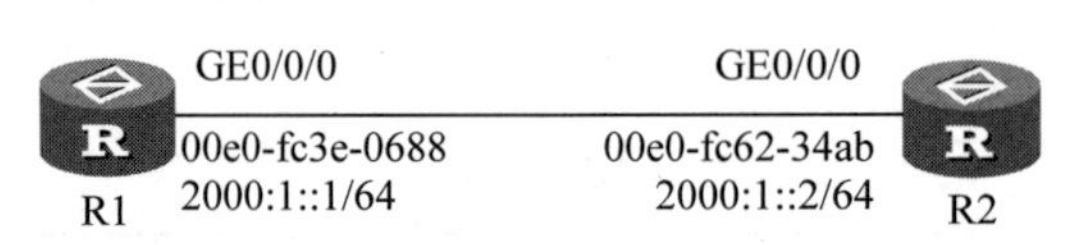

图 7.39 IPv6 地址解析示例之网络拓扑

在结点 R1 上执行命令"ping ipv6 2000:1::2"，通过向 R2 发送 ICMPv6 报文来实现。命令的执行需要解析 R2 接口 GE0/0/0 的链路层地址，这个接口具有 IPv6 地址 2000:1::2。首先，R1 发送一个 NS 报文，如图 7.40 所示。

NS 报文有源链路层地址选项，携带 R1 的 GE0/0/0 接口的链路层地址 00e0-fc3e-0688，NS 报文封装在 IPv6 分组中，分组的源地址为 2000:1::1，目的地址为 IPv6 地址 2000:1::2 映射的被请求结点多播地址 ff02::1:ff00:2。相应地，封装 IPv6 分组的以太网帧的目的地址为 MAC 多播地址 33-33-ff-00-00-02，由被请求结点多播地址 ff02::1:ff00:2 映射生成的。本节稍后介绍 IPv6 多播地址映射为 MAC 多播地址的方法。

结点 R2 收到 NS 报文后，根据 NS 报文的目标地址字段判断出这个报文是发送给自己的。于是构建一个 NA 报文，封装在目的地址为 2000:1::1 的 IPv6 分组中，发送给请求结点 R1。R2 向 R1 发送的 NA 报文如图 7.41 所示。

```
∨ Internet Protocol Version 6, Src: 2000:1::1, Dst: ff02::1:ff00:2
    0110 .... = Version: 6
  > .... 1100 0000 .... .... .... .... .... = Traffic Class: 0xc0 (DSCP: CS6, ECN: Not-ECT)
    .... .... .... 0000 0000 0000 0000 0000 = Flow Label: 0x00000
    Payload Length: 32
    Next Header: ICMPv6 (58)
    Hop Limit: 255
    Source: 2000:1::1
    Destination: ff02::1:ff00:2
∨ Internet Control Message Protocol v6
    Type: Neighbor Solicitation (135)
    Code: 0
    Checksum: 0x35f1 [correct]
    [Checksum Status: Good]
    Reserved: 00000000
    Target Address: 2000:1::2
  ∨ ICMPv6 Option (Source link-layer address : 00:e0:fc:3e:06:88)
      Type: Source link-layer address (1)
      Length: 1 (8 bytes)
      Link-layer address: HuaweiTe_3e:06:88 (00:e0:fc:3e:06:88)
```

图 7.40　发送 NS 报文进行地址解析

```
∨ Internet Protocol Version 6, Src: 2000:1::2, Dst: 2000:1::1
    0110 .... = Version: 6
  > .... 1100 0000 .... .... .... .... .... = Traffic Class: 0xc0 (DSCP: CS6, ECN: Not-ECT)
    .... .... .... 0000 0000 0000 0000 0000 = Flow Label: 0x00000
    Payload Length: 32
    Next Header: ICMPv6 (58)
    Hop Limit: 255
    Source: 2000:1::2
    Destination: 2000:1::1
∨ Internet Control Message Protocol v6
    Type: Neighbor Advertisement (136)
    Code: 0
    Checksum: 0x03ad [correct]
    [Checksum Status: Good]
  ∨ Flags: 0xe0000000, Router, Solicited, Override
      1... .... .... .... .... .... .... .... = Router: Set
      .1.. .... .... .... .... .... .... .... = Solicited: Set
      ..1. .... .... .... .... .... .... .... = Override: Set
      ...0 0000 0000 0000 0000 0000 0000 0000 = Reserved: 0
    Target Address: 2000:1::2
  ∨ ICMPv6 Option (Target link-layer address : 00:e0:fc:62:34:ab)
      Type: Target link-layer address (2)
      Length: 1 (8 bytes)
      Link-layer address: HuaweiTe_62:34:ab (00:e0:fc:62:34:ab)
```

图 7.41　发送 NA 报文进行地址解析

收到 NA 报文后，R1 从目标链路层地址选项中得到 R2 接口 GE0/0/0 的链路层地址 00e0-fc62-34ab。于是，将 R2 接口 GE0/0/0 的 IPv6 地址与链路层地址的映射关系存放在邻居缓存表中，如图 7.42 所示。

在 NS 和 NA 报文的交互过程中，R2 也建立了 R1 接口 GE0/0/0 的 IPv6 地址与链路

```
[R1-GigabitEthernet0/0/0]dis ipv6 neighbor
------------------------------------------------------------------------------
IPv6 Address : 2000::1:2
Link-layer   : 00e0-fc62-34ab                        State : DELAY
Interface    : GE0/0/0                               Age   : 0
VLAN         : -                                     CEVLAN: -
VPN name     :                                       Is Router: TRUE
Secure FLAG  : UN-SECURE
```

图 7.42 结点 R1 的邻居缓存表

层地址的映射关系,如图 7.43 所示。可以看出,使用 NS 报文和 NA 报文,两个结点相互都知道了对方的链路层地址。

```
[R2-GigabitEthernet0/0/0]dis ipv6 neighbor
------------------------------------------------------------------------------
IPv6 Address : 2000::1:1
Link-layer   : 00e0-fc3e-0688                        State : REACH
Interface    : GE0/0/0                               Age   : 0
VLAN         : -                                     CEVLAN: -
VPN name     :                                       Is Router: TRUE
Secure FLAG  : UN-SECURE
```

图 7.43 结点 R2 的邻居缓存表

一个 IPv6 多播地址映射为 MAC 多播地址的方法很简单。MAC 多播地址固定以 16 位的 33-33 开头,将 IPv6 多播地址的后 32 位拼接在 33-33 这 16 位后面,即可映射为 MAC 多播地址。例如,被请求结点多播地址 ff02::1:ff00:2 映射的 MAC 多播地址为 33-33-ff-00-00-02,如图 7.44 所示。

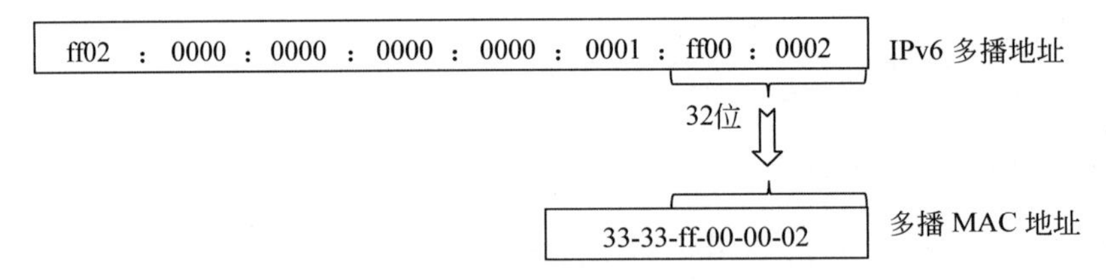

图 7.44 IPv6 多播地址映射为多播 MAC 地址

相比于 IPv4 的 ARP 地址解析,IPv6 使用 NDP 进行地址解析的效率比较高。IPv4 中,ARP 使用广播地址发送 ARP 请求报文,使得本地链路上的所有结点都要处理 ARP 广播报文。在 IPv6 中,发送 NS 报文时,目的地址使用被请求结点多播地址,拥有这个多播地址的结点才会处理 NS 报文,其他结点不需要进行处理。

7.5.4 邻居不可达探测

邻居不可达探测(neighbor unreachability detection,NUD)是确定邻居可达性的过程。NUD 使用 NS 报文和 NA 报文实现其功能。结点向一个邻居的指定地址发送 NS 报文,若收到了邻居应答的 NA 报文,就认为邻居是可达的;如果没有收到 NA 报文,就认为邻居不可达。

每个结点都维护了一张邻居表，邻居表用来维护邻居的状态信息。通过查看邻居表信息，即可了解邻居状态，判断邻居是否可达。RFC4861 定义了 5 种邻居状态，分别是未完成(incomplete)、可达(reachable)、陈旧(stale)、延迟(delay)和探测(probe)状态。

incomplete 状态表示地址解析正在进行，邻居的链路层地址还不确定。即已经发送了 NS 报文，还没有收到相应的 NA 报文；reachable 状态表示邻居是可达的；stale 状态表示邻居不再是可达的，在给邻居发送数据之前，不会去验证其可达性；delay 状态表示不知道邻居是否可达，并且最近已经向邻居发送了数据。为了给上层协议提供可达性肯定应答的机会，不是马上，而是延迟一段时间再探测邻居的可达性；probe 状态表示不知道邻居是否可达，需要发送单播 NS 报文来探测其可达性。

状态之间可以进行迁移。例如，结点 A 向邻居 B 发送 NS 报文，这时邻居表中关于 B 的相应邻居状态标识为 incomplete 状态。若收到邻居 B 的 NA 报文，则 A 认为邻居是可达的，于是把邻居 B 的状态由 incomplete 变为 reachable；若没收到邻居 B 应答的 NA 报文，需要删除关于邻居 B 的表项。

若邻居处于可达 reachable 状态，经过一段时间(邻居可达时间)后，倘若没有收到邻居的 NA 报文，邻居状态则由 reachable 变为 stale 状态。如果一个结点准备向处于 stale 状态的邻居发送数据，它首先将邻居状态由 stale 变为 delay，并向邻居发送 NS 报文，同时启动定时器工作。在定时器计时期间，若收到邻居应答的 NA 报文，则取消定时器计时，邻居状态由 delay 变为 reachable；若定时器计时时间到，仍然没有收到邻居应答的 NA 报文，邻居状态由 delay 变为 probe。

在邻居状态为 probe 期间，结点会周期性地发送单播 NS 报文，若收到邻居应答的 NA 报文，则邻居状态变为 reachable。否则，如果发送了 MAX_UNICAST_SOLICIT 次 NS 报文，也没有收到邻居应答的 NA 报文，则停止发送 NS 报文，删除相关邻居表项。

7.5.5 无状态地址的自动配置

IPv4 使用动态主机配置协议(DHCP)进行 IP 地址的动态配置。结点能够从 DHCP 服务器自动获取配置信息，这是所谓的有状态地址自动配置，即服务器必须保存和维护自动配置结点的状态信息。

IPv6 最重要的目标之一是支持即插即用，不需要任何人工干预，就能将一个结点接入到 IPv6 网络并运行。IPv6 使用两种不同机制来支持即插即用网络连接。第一种机制是有状态地址自动配置，即使用 IPv6 下的 DHCP，DHCPv6。第二种机制是无状态地址自动配置(stateless address auto-configuration，SLAAC)，使用邻居发现协议(NDP)，结点不需要服务器就能获得一个 IPv6 地址。RFC1971 和 RFC2462 描述了 IPv6 无状态地址自动配置机制，目前最新版本是 RFC4862。结点通过发送 RS 报文和接收 RA 报文来获取 IPv6 网络前缀和相关配置信息，根据结点的链路层地址计算出接口标识(interface ID)，按照 SLAAC 配置流程，即可生成 IPv6 地址。

在地址配置过程中需要检测地址的唯一性，这可以通过重复地址探测机制来实现。下面先介绍重复地址探测，然后描述无状态地址自动配置过程。

1. 重复地址探测

进行无状态地址自动配置过程中，或者结点启动时等情况下，结点首先获得一个 IPv6

单播地址，称为临时地址。在临时地址正式使用之前，必须使用重复地址探测（duplicate address detection，DAD）功能确定临时地址的唯一性。在确定唯一性后，临时地址才能够正式使用。

主要使用 NS 报文和 NA 报文进行重复地址探测。结点在本地链路上发送邻居请求（NS）报文，未指定地址::/128 作为源 IPv6 地址，被请求结点多播地址作为目的 IPv6 地址，被请求结点多播地址是由临时单播地址自动映射生成的。

若收到对 NS 报文进行应答的 NA 报文，说明这个临时地址不是唯一的，是重复地址，这个临时地址就不能使用；若没有收到对 NS 报文应答的 NA 报文，则认为这个临时地址是唯一的，则这个临时地址就可以正式使用了。

2. 无状态地址的自动配置过程

RFC4862 定义了无状态地址的自动配置过程，包括生成链路本地地址、生成全局地址，以及检测地址的唯一性等操作。下面进行概要描述。

1）生成临时链路本地地址

根据链路本地地址的网络前缀 fe80::/64，与结点的 EUI-64 接口标识（interface ID）结合生成临时链路本地地址。

2）验证临时链路本地地址的唯一性

通过向临时链路本地地址发送邻居请求（NS）报文进行重复地址探测，确定临时链路本地地址的唯一性。若临时链路本地地址不是唯一的，则停止地址自动配置过程，需要使用手动方式进行 IPv6 地址的配置；若临时链路本地地址是唯一的，临时地址成为正式地址，就将地址分配给接口使用，使用这个正式链路本地地址继续进行配置。

3）获得配置信息

结点使用链路本地地址发送路由器请求（RS）报文，作为应答，本地链路上的路由器发送路由器通告（RA）报文。路由器通过 RA 报文明确说明主机可以使用的配置方式。RA 报文包括地址配置需要的相关信息，例如默认路由、路由器生存时间、标志位，以及网络前缀和链路 MTU 等。

4）生成全局地址

主机根据 RA 报文提供的配置信息来设置跳数限制、可达时间、重传定时器和 MTU 等参数值。主机根据 RA 报文的 M 标志和 O 标志判断可以采取的配置方法，选择使用 DHCPv6 或者无状态地址自动配置，这两种配置方法可以同时使用。

RA 报文可以包含 0 个或多个前缀信息选项，这些选项包含了无状态地址的自动配置用来生成全局地址的信息。对于每个前缀信息选项，主机都需要判断其前缀的有效性。如果前缀有效，则将 EUI-64 接口标识附加到前缀上即可生成一个临时全局地址。通过 DAD 来判断临时全局地址的唯一性。如果是唯一的，则启用为正式地址，并根据前缀信息选项的有效生存时间和优先生存时间，设置全局地址的有生存效时间和优先生存时间。

假设主机 A 的链路层地址为 00:e0:fc:dc:45:2a，选择使用无状态地址自动配置 SLAAC 方式生成 IPv6 地址。首先，根据 A 的 MAC 地址，生成临时链路本地地址 LLA 为 fe80::2e0:fcff:fedc:452a。对临时 LLA 地址进行 DAD 检测，发送 NS 报文，如图 7.45 所示。使用::/128 地址作为源地址，ff02::1:ffdc:452a 作为目的地址，这是由临时 LLA 地址自动生成的被请求结点多播地址。

```
∨ Internet Protocol Version 6, Src: ::, Dst: ff02::1:ffdc:452a
    0110 .... = Version: 6
  > .... 1100 0000 .... .... .... .... .... = Traffic Class: 0xc0 (DSCP: CS6, ECN: Not-ECT)
    .... .... .... 0000 0000 0000 0000 0000 = Flow Label: 0x00000
    Payload Length: 24
    Next Header: ICMPv6 (58)
    Hop Limit: 255
    Source: ::
    Destination: ff02::1:ffdc:452a
∨ Internet Control Message Protocol v6
    Type: Neighbor Solicitation (135)
    Code: 0
    Checksum: 0xf239 [correct]
    [Checksum Status: Good]
    Reserved: 00000000
    Target Address: fe80::2e0:fcff:fedc:452a
```

图 7.45　发送 NS 报文进行临时 LLA 地址的 DAD 探测

若主机 A 没有收到对 NS 的应答 NA 报文，经检测临时 LLA 地址唯一，于是 A 使用这个 LLA 地址向本地链路上的所有结点（ff02::1）发送 RS 报文，请求路由器应答 RA 报文通告配置信息，如图 7.46 所示。RS 报文的源链路层地址选项携带主机 A 的链路层地址。

```
> Internet Protocol Version 6, Src: fe80::2e0:fcff:fedc:452a, Dst: ff02::1
∨ Internet Control Message Protocol v6
    Type: Router Solicitation (133)
    Code: 0
    Checksum: 0xf560 [correct]
    [Checksum Status: Good]
    Reserved: 00000000
  ∨ ICMPv6 Option (Source link-layer address : 00:e0:fc:dc:45:2a)
      Type: Source link-layer address (1)
      Length: 1 (8 bytes)
      Link-layer address: HuaweiTe_dc:45:2a (00:e0:fc:dc:45:2a)
```

图 7.46　发送 RS 报文请求路由器通告配置信息

本地链路上的路由器对 RS 报文进行应答，发送路由器通告 RA 报文，如图 7.47 所示。

RA 报文中，标志位 M=0，O=0，说明路由器允许使用无状态地址自动配置进行 IPv6 地址和其他参数的配置。RA 报文携带一个前缀信息选项，通告前缀 2000::/64，on-link 置"1"，A 标志置"1"，表示网络前缀 2000::/64 可以用作 on-link 确定，可以用于 IPv6 无状态地址自动配置 SLAAC。于是，主机 A 将其链路层地址扩展为 EUI-64 作为接口 ID，即 02e0:fcff:fedc:452a，与前缀 2000::/64 结合即可生成临时全局地址，即 2000:: 02e0:fcff:fedc:452a。

接着，主机 A 发送 NS 报文，使用未指定地址::/128 作为源地址，使用由临时全局地址 2000::02e0:fcff:fedc:452a 生成的被请求结点多播地址 ff02::1:ffdc:452a 作为目的地址，对这个临时全局地址进行 DAD 检测，如图 7.48 所示。

如果没有收到对 NS 报文进行应答的 NA 报文，说明临时全局地址是唯一的，则 2000::02e0:fcff:fedc:452a 就是正式的全局单播地址，可以正常使用了。至此，地址配置结束。

如果 RA 报文中的标志位 M=1，则需要使用 DHCPv6 进行地址自动配置。

```
> Internet Protocol Version 6, Src: fe80::2e0:fcff:febc:2aee, Dst: ff02::1
v Internet Control Message Protocol v6
    Type: Router Advertisement (134)
    Code: 0
    Checksum: 0xb673 [correct]
    [Checksum Status: Good]
    Cur hop limit: 64
  v Flags: 0x00, Prf (Default Router Preference): Medium
      0... .... = Managed address configuration: Not set
      .0.. .... = Other configuration: Not set
      ..0. .... = Home Agent: Not set
      ...0 0... = Prf (Default Router Preference): Medium (0)
      .... .0.. = Proxy: Not set
      .... ..0. = Reserved: 0
    Router lifetime (s): 1800
    Reachable time (ms): 0
    Retrans timer (ms): 0
  v ICMPv6 Option (Source link-layer address : 00:e0:fc:bc:2a:ee)
      Type: Source link-layer address (1)
      Length: 1 (8 bytes)
      Link-layer address: HuaweiTe_bc:2a:ee (00:e0:fc:bc:2a:ee)
  v ICMPv6 Option (Prefix information : 2000::/64)
      Type: Prefix information (3)
      Length: 4 (32 bytes)
      Prefix Length: 64
    v Flag: 0xc0, On-link flag(L), Autonomous address-configuration flag(A)
        1... .... = On-link flag(L): Set
        .1.. .... = Autonomous address-configuration flag(A): Set
        ..0. .... = Router address flag(R): Not set
        ...0 0000 = Reserved: 0
      Valid Lifetime: 2592000
      Preferred Lifetime: 604800
      Reserved
      Prefix: 2000::
```

图 7.47　路由器发送 RA 报文通告网络前缀等信息

```
> Internet Protocol Version 6, Src: ::, Dst: ff02::1:ffdc:452a
v Internet Control Message Protocol v6
    Type: Neighbor Solicitation (135)
    Code: 0
    Checksum: 0xd0ba [correct]
    [Checksum Status: Good]
    Reserved: 00000000
    Target Address: 2000::2e0:fcff:fedc:452a
```

图 7.48　发送 NS 报文进行临时全局地址 DAD 探测

3. DHCPv6 地址的自动配置

IPv6 地址要求高效合理的地址自动分配和管理策略，SLAAC 使用 RA 报文通告的前缀信息进行自动配置。当 RA 报文的标志位 M 置“1”时，结点可以使用 DHCPv6 进行有状态地址自动配置。当标志位 M=0，O=1 时，结点可以使用 DHCPv6 获取其他配置信息，例如 DNS 服务器、默认网关等。

DHCPv6 是一个用来配置主机所需 IPv6 地址、前缀或其他配置参数的网络协议，类似于 IPv4 的 DHCP,能够更好地控制 IP 地址的分配和管理。DHCPv6 由请求配置的客户端、提供配置服务的服务器和 DHCPv6 中继代理构成。中继代理负责转发来自客户或服务器的 DHCPv6 报文,协助 DHCPv6 客户和服务器完成地址配置功能。只有当 DHCPv6 客户和服务器不在同一条链路,或者 DHCPv6 客户和服务器无法单播交互的情况下,才需要 DHCPv6 中继代理的参与。有状态地址自动配置 DHCPv6 最新版本在 RFC8415 定义,还有其他相关 RFC 可供参考。

DHCPv6 使用 UDP 提供的服务,采用客户服务器工作方式。DHCPv6 客户使用 UDP 的 546 端口,服务器和中继代理使用 547 号 UDP 端口。基于客户与服务器交互 DHCPv6 报文过程,可以使结点获得 IPv6 地址和其他配置参数。DHCPv6 定义了客户与服务器交互的报文格式,以及客户与中继代理的交互报文格式。在客户与服务器之间,一个简单交互过程所使用的 DHCPv6 报文序列如图 7.49 所示。

No.	Time	Source	Destination	Protocol	Info
50	500.078000	fe80::5689:98ff:fe34:6e77	ff02::1:2	DHCPv6	Solicit XID: 0x38cdf0 CID: 00030001548998346e77
51	504.078000	fe80::5689:98ff:fe34:6e77	ff02::1:2	DHCPv6	Solicit XID: 0x38cdf0 CID: 00030001548998346e77
53	512.094000	fe80::5689:98ff:fe34:6e77	ff02::1:2	DHCPv6	Solicit XID: 0x38cdf0 CID: 00030001548998346e77
56	528.109000	fe80::5689:98ff:fe34:6e77	ff02::1:2	DHCPv6	Solicit XID: 0x38cdf0 CID: 00030001548998346e77
60	560.172000	fe80::5689:98ff:fe34:6e77	ff02::1:2	DHCPv6	Solicit XID: 0x38cdf0 CID: 00030001548998346e77
63	560.203000	fe80::2e0:fcff:fefe:2f78	fe80::5689:98ff:fe34:6e77	DHCPv6	Advertise XID: 0x38cdf0 CID: 00030001548998346e77 IAA: 3000::4
64	560.219000	fe80::5689:98ff:fe34:6e77	ff02::1:2	DHCPv6	Request XID: 0x38cdf0 CID: 00030001548998346e77 IAA: 3000::4
65	560.234000	fe80::2e0:fcff:fefe:2f78	fe80::5689:98ff:fe34:6e77	DHCPv6	Reply XID: 0x38cdf0 CID: 00030001548998346e77 IAA: 3000::4
139	1049.265000	fe80::5689:98ff:fe34:6e77	ff02::1:2	DHCPv6	Release XID: 0x38cdf0 CID: 00030001548998346e77 IAA: 3000::4
153	1186.250000	fe80::5689:98ff:fe34:6e77	ff02::1:2	DHCPv6	Solicit XID: 0x38cdf0 CID: 00030001548998346e77
154	1186.265000	fe80::2e0:fcff:fefe:2f78	fe80::5689:98ff:fe34:6e77	DHCPv6	Advertise XID: 0x38cdf0 CID: 00030001548998346e77 IAA: 2000::2
155	1186.265000	fe80::5689:98ff:fe34:6e77	ff02::1:2	DHCPv6	Request XID: 0x38cdf0 CID: 00030001548998346e77 IAA: 2000::2
156	1186.297000	fe80::2e0:fcff:fefe:2f78	fe80::5689:98ff:fe34:6e77	DHCPv6	Reply XID: 0x38cdf0 CID: 00030001548998346e77 IAA: 2000::2

图 7.49　DHCPv6 报文交互过程

客户向 ff02::1:2 多播地址发送申请 DHCPv6 Solicit 报文,寻找服务器;服务器发送通告 advertise 报文进行应答,当然也可以发送无请求的周期性通告 advertise 报文;客户向服务器发送请求 request 报文,请求服务器分配地址和网络配置信息;服务器发送 reply 报文进行应答,报文包含地址和配置参数。当客户不再使用分配的地址时,可以使用 release 报文释放地址。ff02::1:2 是本地链路范围的所有 DHCPv6 服务器和中继代理的多播组地址。

与手动配置和无状态地址自动配置相比,DHCPv6 能更好地控制 IPv6 地址的分配,可以为特定的主机分配特定的地址,DHCPv6 服务器记录为主机分配的 IPv6 地址,掌握地址使用情况,为网络管理和安全监控提供基础数据。

7.5.6　前缀重新编址

IPv6 具有为用户提供透明的前缀重新编址(prefix renumbering)能力,允许结点的网络地址从旧前缀平稳地过渡到新前缀。为了实现透明重新编址,一般使用无状态地址自动配置方式生成地址。前缀重新编址主要使用路由器通告(RA)报文中前缀信息选项的时间参数,即前缀的有效生存时间和优先生存时间,优先生存时间必须小于或等于有效生存时间。当由此前缀生成的地址的优先生存时间为 0 时,该地址不能被用来建立新的网络连接。但是在有效生存时间内,该地址还能用来保持以前建立的网络连接。

简单来讲,前缀重新编址的主要过程如下:路由器继续通告当前前缀(旧前缀),但是旧前缀的有效生存时间和优先生存时间的值比较小,接近于 0 值。同时,路由器通告新前缀,新前缀的有效生存时间和优先生存时间的值较大。这时,在本地链路上至少有两个前缀共存,一个旧前缀和一个新前缀。

具有较小有效生存时间的旧前缀的地址,仍可以使用,但不再使用旧前缀生成的地址发起新的网络操作。新的网络操作,使用具有较大有效生存时间的新前缀生成的地址。

在新前缀和旧前缀过渡期间,结点可以使用两个地址,即旧前缀地址和新前缀地址。当旧前缀地址被完全废止时(有效生存时间为 0 时),路由器通告(RA)报文仅包括新前缀。从而逐渐废止旧前缀地址,使用新前缀地址。

7.5.7 重定向

对主机来说,第一跳路由器的选择对发送报文是非常重要的。为了正确地选择第一跳,主机可以发送路由器请求报文,然后根据接收的路由器通告报文中的路由器生存时间进行默认路由器选取。但是,不能保证这种方式配置的默认路由器,就是到达特定目的结点的最佳第一跳路由器。当默认路由器发现自己不是到达特定目的结点的最佳第一跳时,就启动重定向功能。

IPv6 路由器重定向功能通过使用 ICMPv6 重定向报文来实现,类似于 IPv4 中的 ICMP 的重定向功能的实现。路由器可以使用 ICMPv6 重定向报文通知发送分组的源结点,链路上存在一个到特定目的结点转发分组的更好的第一跳路由器;或者通知源结点,目的结点就是一个邻居结点。源结点接收到 ICMPv6 重定向报文后,根据 ICMPv6 重定向报文中的目标(target)地址修改它的本地路由表。

如图 7.50 所示,假设主机 A 发送一个 IPv6 分组给主机 B 时,选择路由器 RA 作为第一跳路由器。当路由器 RA 接收到这个 IPv6 分组时,查找路由表,把分组转发给路由器 RB,由 RB 接着向目的主机 B 转发分组。同时,RA 发现,主机 A 和路由器 RB 都在一条链路上,主机 A 发送给主机 B 的分组的最佳第一跳应该是路由器 RB。这时,路由器 RA 向主机 A 发送一个重定向报文,告诉主机 A 通往特定目的主机 B 的最佳第一跳是路由器 RB。

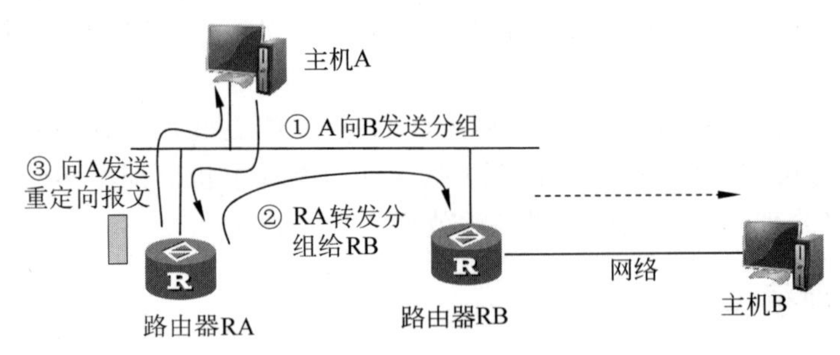

图 7.50 路由器发送重定向报文

7.6 IPv6 过渡技术

从 IPv4 过渡到 IPv6 没有指定一个具体的完成日期。在相当长的时期内,IPv4 和 IPv6 系统需要在互联网中共存。目前,大多数网络都使用 IPv4 的网络,IPv6 网络是 IPv4 网络"海洋"中的"孤岛"。随着 IPv6 技术的发展和应用,将来 IPv6 网络将占多数,IPv4 网络将会逐渐成为 IPv6 网络"海洋"中的"孤岛"。因此,需要研究和应用 IPv4 与 IPv6 共存的过渡技术。IETF 发布的 RFC 文档中提出了 3 种主要过渡机制：双栈技术（dual-stack techniques）、隧道技术（tunneling techniques）和转换技术（translation techniques）。本节简要介绍这 3 种过渡技术。

7.6.1 双栈技术

双栈技术是指 IP 网络中的结点同时支持 IPv4 和 IPv6 两个协议栈，这种结点具有收发 IPv4 分组与 IPv6 分组的能力，通过 IPv4 协议栈与 IPv4 结点通信，也能通过 IPv6 协议栈与 IPv6 结点通信。双栈技术既可以在单一设备上实现，也可以组成一个双栈主干网，双栈主干网中的所有网络设备都必须实现双栈技术。

IPv4/IPv6 双栈结点具有 IPv4 和 IPv6 两种地址，与 IPv6 主机通信时使用 IPv6 地址，与 IPv4 通信时使用 IPv4 地址。双栈示意图如图 7.51 所示。

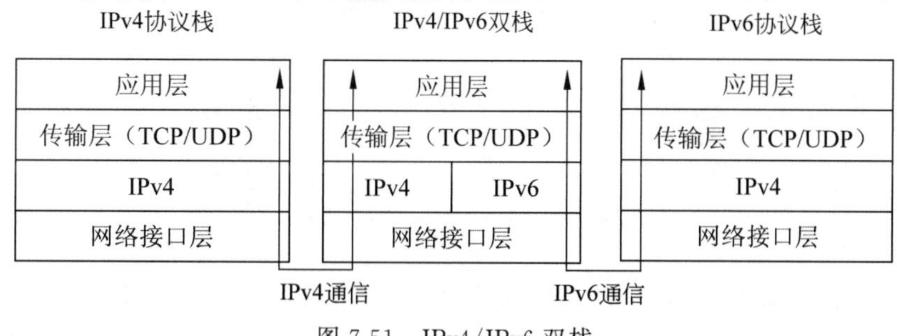

图 7.51 IPv4/IPv6 双栈

双栈技术是 IPv4 向 IPv6 过渡的一种有效技术，是 IPv4 向 IPv6 过渡的基础。其优点是能够使 IPv4 网络与 IPv6 网络互通，易于实现。但是支持双栈技术的网络，全网硬件软件都必须进行升级，以支持 IPv4/IPv6 双栈，基础设施建设成本大，增加了网络复杂度和管理维护的难度。同时，双栈路由器需要更大的内存空间来保存路由信息，会导致路由器内存开销增大、CPU 占用率上升，从而降低处理效率。另外每个双栈结点都必须至少获得一个有效的唯一的 IPv4 地址，并没有从根本上解决 IP 地址短缺问题，并非长久之计。

7.6.2 隧道技术

隧道（tunnel）是指一种协议的报文封装到另外一种协议报文中的技术。在隧道技术中，隧道两端，即 IPv4 与 IPv6 网络的边界设备，可以是路由器也可以是主机，但必须是双栈设备，支持两种协议。

在 IPv4 向 IPv6 过渡的初期，IPv4 网络数量占有绝对优势地位。在现有的 IPv4 网络基础上实现对 IPv6 的支持是一种较好的实现方案，IPv6 over IPv4 隧道过渡机制应运而生。把 IPv6 分组封装在 IPv4 分组中，实现 IPv6 分组跨越 IPv4 网络的透明传输。IPv6 over IPv4 隧道是 IPv6 分组跨越 IPv4 网络传输时所使用的技术。

过渡后期使用 IPv4 over IPv6 隧道，IPv4 分组封装在 IPv6 分组中，实现 IPv4 分组跨越 IPv6 网络的透明传输。

本节只是简单介绍一下 IPv6 over IPv4 隧道技术，其他隧道技术请参考相关资料。

图 7.52 为 IPv4 over IPv6 隧道，以此为例，简单说明隧道技术原理。结点 A 和结点 B

都是 IPv6 结点。结点 A 向 B 发送的 IPv6 分组的源地址为结点 A 的 IPv6 地址 2000::1，目的地址为结点 B 的 IPv6 地址 3000::1，中间需要跨越 IPv4 网络传输。R1 和 R2 路由器是处于 IPv4 与 IPv6 网络的边界设备，是双栈结点，配置为隧道的两个端点。

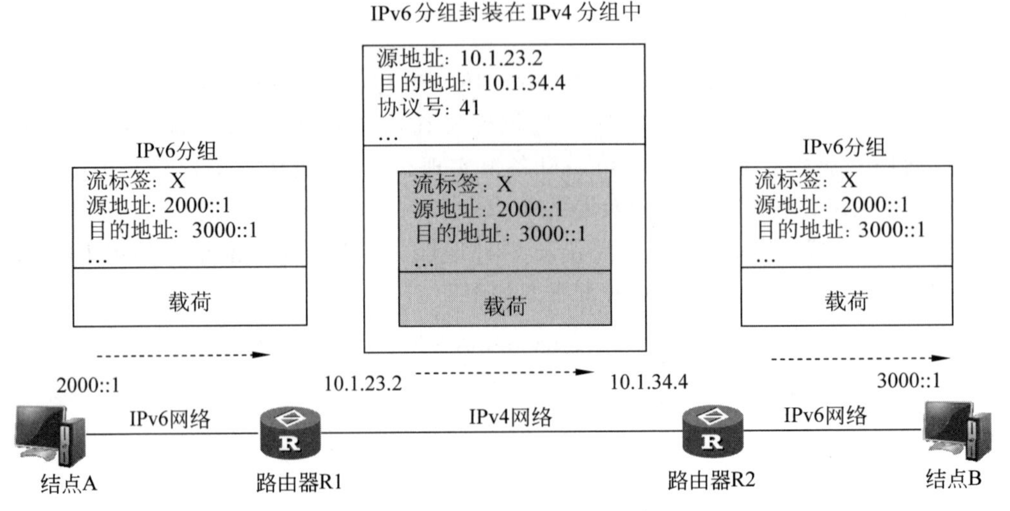

图 7.52　IPv4 over IPv6 隧道

路由器 R1 收到结点 A 发送给结点 B 的 IPv6 分组后，把 IPv6 分组作为数据部分封装在 IPv4 分组中，IPv4 分组首部的协议字段值为 41(IPv6 的协议号)，IPv4 分组的源地址是路由器 R1 连接 IPv4 网络的接口 IPv4 地址 10.1.23.2，目的地址是路由器 R2 连接 IPv4 网络的接口 IPv4 地址 10.1.34.4。IPv4 分组在 IPv4 网络中传输，到达作为隧道出口的路由器 R2。路由器 R2 解封装 IPv4 分组得到 IPv6 分组，将其转发到 IPv6 网络中，最终到达目的结点 B。

隧道技术的基本操作包括封装和解封装，以及隧道端点之间的发现机制，只涉及网络层，对其他层没有影响。为了进行 IP 分组的封装和解封装，有时候需要隧道端点维护地址映射状态。隧道的源 IP 地址、目的 IP 地址等参数，可以静态配置，也可以动态配置。针对不同的过渡需求，相关协议定义了多种灵活的隧道技术。

使用隧道技术的结点必须获得一个 IPv6 地址，不同过渡技术定义了不同的地址分配规则。地址格式的定义也是各种过渡协议的重要组成部分。因为 IPv6 地址有 128 位，可以方便地将 IPv4 地址嵌入 IPv6 地址中，需要时能够方便地从 IPv6 地址中取出 IPv4 地址。

下面简单介绍一下基本隧道过渡技术。

1. 手动配置隧道

RFC2893 和 RFC4213 分别定义了基于 IPv6 over IPv4 的手动配置隧道和自动配置隧道两种类型。手动配置隧道需要管理员手动配置隧道的两个端点，不需要为结点配置特殊的 IPv6 地址，对分组进行封装的隧道端点必须存储隧道出口地址。自动配置隧道不需要手动配置隧道端点地址，可以从 IPv6 分组首部的地址字段中提取出 IPv4 地址作为隧道端点地址。手动隧道一般应用于路由器到路由器的隧道，自动隧道的应用比较灵活。

IPv6 分组封装到 IPv4 分组可以采用两种方式。IPv6 in IPv4 隧道，是最基本的封装方式，是在 IPv6 分组首部前面直接加上 IPv4 分组首部进行封装；通用路由封装(generic routing encapsulation,GRE)隧道使用的是一种多协议隧道封装技术,除了能封装 IPv6 外,GRE 还支持其他协议分组的封装。GRE 还具有简单认证功能。

以图 7.52 的网络拓扑为例,在这个 IPv6 over IPv4 隧道环境中,采用 IPv6 in IPv4 隧道技术,手动配置一个隧道端点的 IP 地址为 10.1.23.2,另一个隧道端点的 IP 地址为 10.1.34.4。在这个隧道中传输的隧道分组如图 7.53 所示,IPv6 分组作为 IPv4 分组的数据部分。

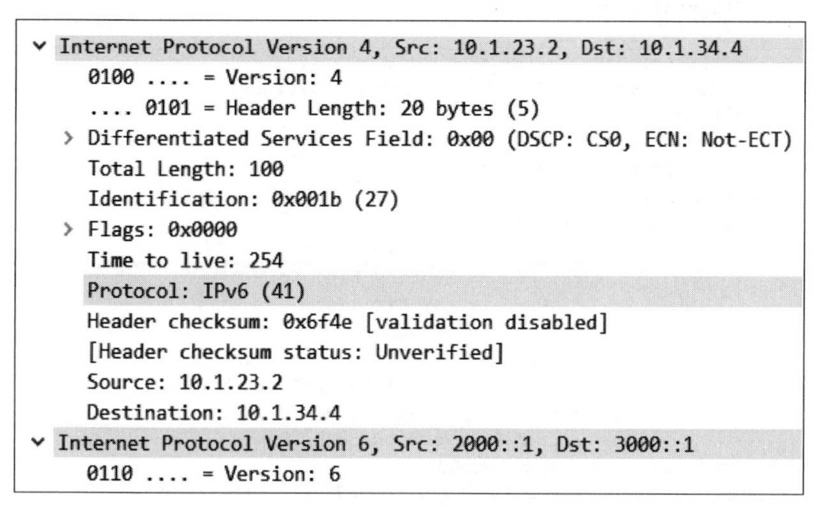

图 7.53　IPv6 in IPv4 隧道分组

如图 7.54 所示,GRE 隧道是在 IPv6 分组首部前加上 GRE 首部,GRE 首部前面再封装一个 IPv4 首部。GRE 首部的最小长度为 4B,具体格式定义可参见 RFC1701。

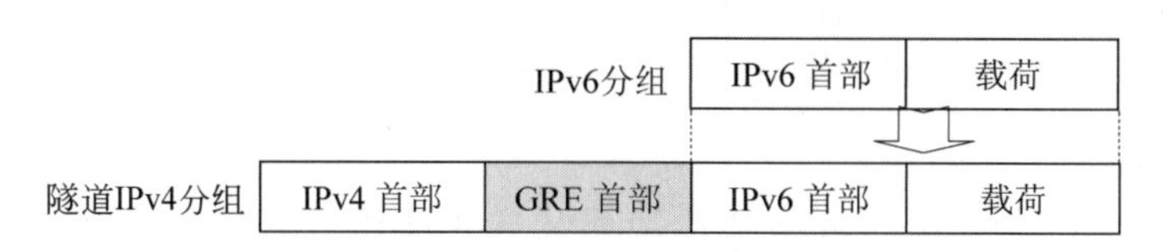

图 7.54　GRE 的格式

配置隧道采用 GRE 技术,并且配置隧道两个端点的 IP 地址。在 GRE 隧道中传输的隧道分组如图 7.55 所示。

2. 6to4 隧道

6to4 隧道是一种 IPv6 over IPv4 的自动配置隧道,在 RFC3056 中进行了定义。6to4 路由器是一种支持 6to4 封装功能的特殊 IPv6 路由器,位于 IPv6 网络与 IPv4 网络边界,6to4 路由器具有公网 IPv4 地址。

使用 6to4 隧道的 IPv6 结点需要配置一个 6to4 的 IPv6 地址,6to4 的 IPv6 地址是在网络前缀中嵌入了所关联的 6to4 路由器的 IPv4 地址,采用前缀嵌入方式。6to4 的 IPv6 地址前缀是 48 位,格式如图 7.56 所示,前 16 位值固定为 2002::/16,后面嵌入 32 位的 6to4 路由器的 IPv4 地址。

隧道入口的 6to4 路由器收到 IPv6 分组后,若检测到目的地址的前缀是 2002::/16,就知道了目的地址是 6to4 主机。于是,从目的 IPv6 地址中的固定位置提取出 32 位,作为隧道出口 6to4 路由器的 IPv4 地址。

```
◢ Internet Protocol Version 4, Src: 10.1.23.2, Dst: 10.1.34.4
    0100 .... = Version: 4
    .... 0101 = Header Length: 20 bytes (5)
  ▷ Differentiated Services Field: 0x00 (DSCP: CS0, ECN: Not-ECT)
    Total Length: 128
    Identification: 0x0001 (1)
  ▷ Flags: 0x00
    Fragment Offset: 0
    Time to Live: 254
    Protocol: Generic Routing Encapsulation (47)
    Header Checksum: 0x6f46 [validation disabled]
    [Header checksum status: Unverified]
    Source Address: 10.1.23.2
    Destination Address: 10.1.34.4
◢ Generic Routing Encapsulation (IPv6)
  ◢ Flags and Version: 0x0000
      0... .... .... .... = Checksum Bit: No
      .0.. .... .... .... = Routing Bit: No
      ..0. .... .... .... = Key Bit: No
      ...0 .... .... .... = Sequence Number Bit: No
      .... 0... .... .... = Strict Source Route Bit: No
      .... .000 .... .... = Recursion control: 0
      .... .... 0000 0... = Flags (Reserved): 0
      .... .... .... .000 = Version: GRE (0)
    Protocol Type: IPv6 (0x86dd)
◢ Internet Protocol Version 6, Src: 2000::1, Dst: 3000::1
    0110 .... = Version: 6
```

图 7.55　GRE 隧道分组

0　　　　15	16　　　　　　　　47
2002	IPv4 地址

图 7.56　48 位 6to4 前缀的格式

为了使用 6to4 自动隧道，首先必须根据隧道端口的 IPv4 地址规划好 6to4 结点的 IPv6 地址。如图 7.57 所示，假设 6to4 隧道端口路由器 R1 的 IPv4 地址为 10.1.23.2，在 R1 所连接的 IPv6 网络中，6to4 主机 A 的 IPv6 地址应该配置为 2002:0a01:1702::1/48，其 48 位前缀嵌入了 R1 的 IPv4 地址。6to4 隧道端口路由器 R2 的 IPv4 地址为 10.1.34.4，在 R2 所连接的 IPv6 网络中，6to4 主机 B 的 IPv6 地址是 2002:0a01:2204::1/48，其 48 位前缀嵌入了 R2 的 IPv4 地址。

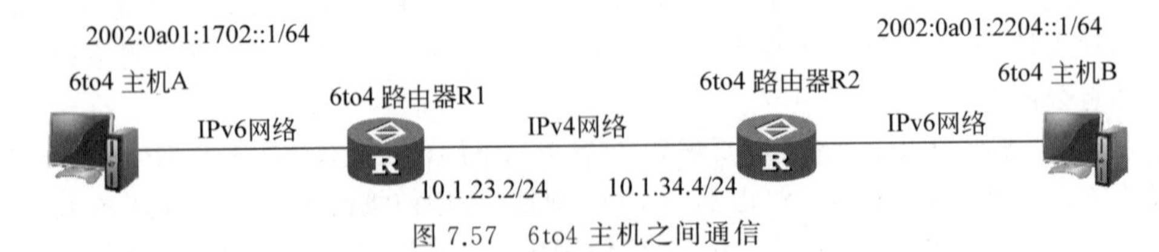

图 7.57　6to4 主机之间通信

按规划好的 6to4 地址，为主机 A 配置 IPv6 地址 2002:0a01:1702::1/64；为主机 B 配置 IPv6 地址 2002:0a01:2204::1/64。同时，配置好路由器的 6to4 隧道。

主机 A 向主机 B 发送 IPv6 分组，分组的目的地址为 2002:0a01:2204::1，分组通过

IPv6 网络进行转发。当 IPv6 分组转发到路由器 R1 时，路由器 R1 检测到目的地址的前缀是 2002::/16，就知道了目的结点是 6to4 主机。于是路由器 R1 把 IPv6 分组封装在 IPv4 分组中，以便通过 6to4 隧道穿越 IPv4 网络。从 IPv6 分组目的地址的前缀中提取这 4B 的值 0a01:2204，即是隧道出口的 IPv4 地址 10.1.34.4，作为隧道 IPv4 分组的目的 IPv4 地址。IPv4 分组在 IPv4 网络中存储转发，当到达隧道出口路由器 R2 时，路由器 R2 解封装得到 IPv6 分组，然后在 IPv6 网络中将分组最终转发到主机 B。图 7.58 为 6to4 隧道分组。

```
› Internet Protocol Version 4, Src: 10.1.23.2, Dst: 10.1.34.4
⌄ Internet Protocol Version 6, Src: 2002:a01:1702::1, Dst: 2002:a01:2204::1
    0110 .... = Version: 6
  › .... 0000 0000 .... .... .... .... .... = Traffic Class: 0x00 (DSCP: CS0, ECN: Not-ECT
    .... .... .... 0000 0000 0000 0000 0000 = Flow Label: 0x00000
    Payload Length: 64
    Next Header: ICMPv6 (58)
    Hop Limit: 63
    Source: 2002:a01:1702::1
    Destination: 2002:a01:2204::1
    [Source 6to4 Gateway IPv4: 10.1.23.2]
    [Source 6to4 SLA ID: 0]
    [Destination 6to4 Gateway IPv4: 10.1.34.4]
    [Destination 6to4 SLA ID: 0]
```

图 7.58　6to4 隧道分组

当 6to4 结点与非 6to4 结点（网络前缀不是 2002::/16）通过 IPv4 网络通信时，需要使用 6to4 中继路由器。6to4 中继路由器能够对目的地址不是 6to4 地址的 IPv6 分组进行转发，将分组转发到非 6to4 结点。

如图 7.59 所示，主机 B 是非 6to4 结点，其地址为 3000::1/48，为了实现主机 A 与主机 B 的通信，R2 需要充当 6to4 中继路由器的角色。并且，需要为中继路由器 R1 配置两条路由，一条是为前缀 2002::/16 配置的路由，下一跳配置为路由器 R1 与中继路由器 R2 之间的 6to4 隧道；另一条是为前缀 3000::/16 配置的路由，下一跳配置为中继路由器 R2。这样根据路由表，发送给主机 B 的分组能够通过隧道传输到达 6to4 中继路由器 R2。中继路由器 R2 再将分组转发到主机 B。

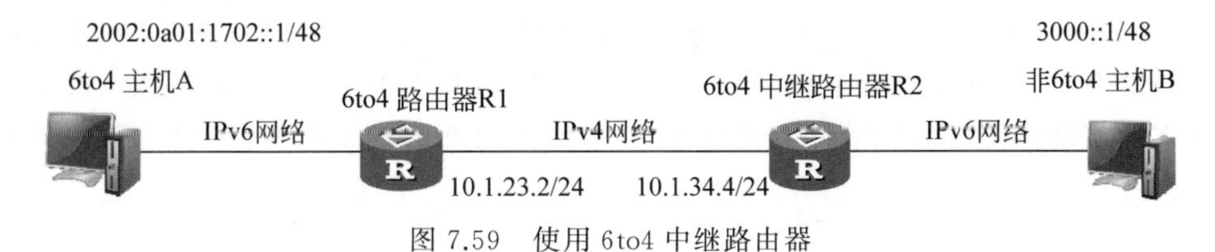

图 7.59　使用 6to4 中继路由器

假设 6to4 主机 A 向主机 B 发送 IPv6 分组，其源 IPv6 地址为 2002:0a01:1702::1，目的 IPv6 地址为 3000::1。当 IPv6 分组到达 6to4 路由器 R1 时，中继路由器 R1 检测到目的地址的前缀是 300::1，据此查找路由，获知下一跳为 2002:a01:2204::，从中提取 32 位的值 0a01:2204，即是隧道出口的 IPv4 地址 10.1.34.4，将其作为 IPv4 分组的目的 IPv4 地址，进行 6to4 隧道封装。通过 IPv4 网络，当 IPv4 分组到达中继路由器 R2。中继路由器 R2 解封装得到 IPv6 分组，在 IPv6 网络中将分组最终传输到主机 B。

图 7.60 为使用 6to4 中继路由器的隧道分组。

```
> Internet Protocol Version 4, Src: 10.1.23.2, Dst: 10.1.34.4
v Internet Protocol Version 6, Src: 2002:a01:1702::1, Dst: 3000::1
    0110 .... = Version: 6
  > .... 0000 0000 .... .... .... .... .... = Traffic Class: 0x00 (DSCP: CS0, ECN: Not-ECT)
    .... .... .... 0000 0000 0000 0000 0000 = Flow Label: 0x00000
    Payload Length: 64
    Next Header: ICMPv6 (58)
    Hop Limit: 63
    Source: 2002:a01:1702::1
    Destination: 3000::1
    [Source 6to4 Gateway IPv4: 10.1.23.2]
    [Source 6to4 SLA ID: 0]
```

图 7.60　使用 6to4 中继路由器的隧道分组

6to4 通过 IPv6 over IPv4 自动隧道技术，解决了 IPv6 网络之间跨越 IPv4 网络相互访问的问题。但是 6to4 采用将 IPv4 地址嵌入 IPv6 地址前缀的编址方法，给网络的规划管理带来了一定难度。

3. ISATAP 隧道

ISATAP(intra-site automatic tunnel addressing protocol，站内自动隧道寻址协议)是另一种 IPv6 over IPv4 自动配置隧道技术，在 RFC5214 中定义。使用 IPv6 in IPv4 数据封装技术。

ISATAP 中，定义了 ISATAP 主机和 ISATAP 路由器。ISATAP 主机是一个实现了 ISATAP 功能的用户主机，位于 IPv4 网络中，通过 ISATAP 隧道接入 IPv6。ISATAP 路由器是一个实现了 ISATAP 功能的路由器，同时接入 IPv4 网络与 IPv6 网络，与 ISATAP 主机通过 IPv4 连通，并建立隧道连接。ISATAP 路由器可以为多台 ISATAP 主机提供基于隧道的 IPv6 互联网接入。

ISATAP 主机需要使用 ISATAP 隧道专用地址，这是一种内嵌 IPv4 地址的特定 IPv6 地址形式。6to4 地址采用前缀嵌入方式，将 IPv4 地址嵌入网络前缀中。与 6to4 不同，ISATAP 地址使用后缀嵌入方式，将 IPv4 地址嵌入 IPv6 地址的后 32 位，作为接口 ID 的一部分，格式如图 7.61 所示。ISATAP 主机使用的 IPv4 地址可以是公有地址，也可以是私有地址。如果 IPv4 地址是公有地址，则 u 位为 1；否则，u 位为 0。g 位是多播地址或单播地址标志位。例如，ISATAP 结点的 IPv4 地址为 192.128.1.102 时，则 ISATAP 使用的 64 位接口 ID 为 0000:5efe:192.128.1.102。

16 位	16 位	32 位
000000ug00000000	0101111011111110	IPv4 地址

图 7.61　ISATAP 地址的接口 ID 格式

为了生成 ISATAP 地址，ISATAP 主机需要获得网络前缀。ISATAP 主机向 ISATAP 路由器发送路由器请求(RS)报文，作为对 RS 报文的应答，ISATAP 路由器发送路由器通告(RA)报文，通告网络前缀。ISATAP 主机获得网络前缀后，与 ISATAP 接口 ID 拼接，即可以生成 ISATAP 地址。例如,如果 RA 报文通告的网络前缀为 2002:2222::/64,则可以生成 ISATAP 地址 2002:2222::5efe:192.168.1.102,以后使用这个地址去访问 IPv6 网络。

以图 7.62 应用场景为例,说明 ISATAP 隧道的工作过程。按图中参数,为 IPv4 路由器 R1、ISATAP 路由器 R2、ISATAP 主机 A 和 IPv6 主机 B 的相应接口配置 IPv4 地址和 IPv6 地址。对 ISATAP 路由器 R2 和主机 A 配置 ISATAP 隧道,为 A 配置 ISATAP 路由器地址为 2.2.2.2。

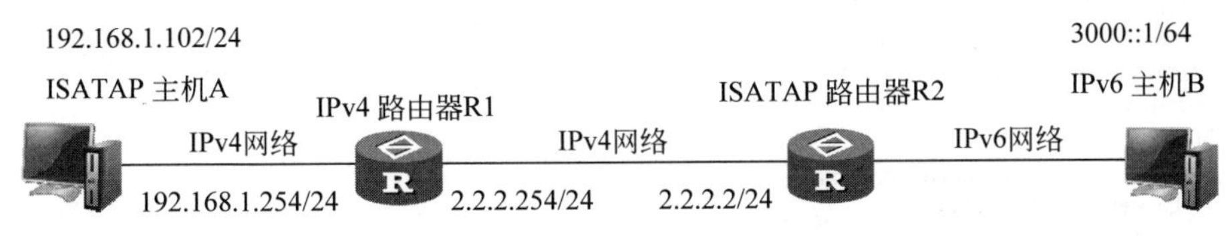

图 7.62　ISTAP 隧道应用场景

首先,为了获得网络前缀,ISATAP 主机 A 需要向 ISATAP 路由器发送 RS 报文。因此,ISATAP 主机和路由器都会生成 ISATAP 链路本地地址。主机 A 根据自己的 IPv4 地址 192.128.1.102 生成 64 位的 ISATAP 接口 ID 为 0000:5efe:192.128.1.102,并根据这个接口 ID 自动生成 ISATAP 链路本地 IPv6 地址 fe80::0000:5efe:192.128.1.102。ISATAP 路由器 R2 也自动生成 ISATAP 链路本地 IPv6 地址 fe80::0000:5efe:2.2.2.2。

然后,主机 A 使用链路本地 IPv6 地址 fe80::0000:5efe:192.128.1.102 向 ISATAP 路由器 R2 发送 RS 报文,如图 7.63 所示。

```
▷ Internet Protocol Version 4, Src: 192.168.1.102, Dst: 2.2.2.2
◢ Internet Protocol Version 6, Src: fe80::5efe:192.168.1.102, Dst: fe80::5efe:2.2.2.2
    0110 .... = Version: 6
  ▷ .... 0000 0000 .... .... .... .... .... = Traffic Class: 0x00 (DSCP: CS0, ECN: Not-ECT)
    .... .... .... 0000 0000 0000 0000 0000 = Flow Label: 0x00000
    Payload Length: 8
    Next Header: ICMPv6 (58)
    Hop Limit: 255
    Source Address: fe80::5efe:192.168.1.102
    Destination Address: fe80::5efe:2.2.2.2
    [Source ISATAP IPv4: 192.168.1.102]
    [Destination ISATAP IPv4: 2.2.2.2]
◢ Internet Control Message Protocol v6
    Type: Router Solicitation (133)
    Code: 0
    Checksum: 0xf9ab [correct]
    [Checksum Status: Good]
    Reserved: 00000000
```

图 7.63　ISATAP 主机 A 发送 RS 报文

作为对 RS 报文的应答,ISATAP 路由器 R2 发送 RA 报文。RA 报文中通告的前缀为 2002:2222::/64,如图 7.64 所示。

主机 A 收到 RA 报文后,生成 IPv6 全局地址 2002:2222::5efe:192.168.1.102,如图 7.65 所示。以后使用这个 IPv6 地址去访问 IPv6 网络。

这时,如果 A 向 IPv6 主机 B 发送数据,则 A 将数据封装在一个 IPv6 分组中,分组的源地址为 2002:2222::5efe:192.168.1.102,目的地址为 3000::1。主机 A 作为 ISATAP 隧道

```
> Ethernet II, Src: HuaweiTe_bd:45:6f (00:e0:fc:bd:45:6f), Dst: WistronI_e4:d4:53 (f8:0f:41:e4:d4:53)
> Internet Protocol Version 4, Src: 2.2.2.2, Dst: 192.168.1.102
> Internet Protocol Version 6, Src: fe80::5efe:2.2.2.2, Dst: fe80::5efe:192.168.1.102
v Internet Control Message Protocol v6
    Type: Router Advertisement (134)
    Code: 0
    Checksum: 0x63e2 [correct]
    [Checksum Status: Good]
    Cur hop limit: 64
  > Flags: 0x00, Prf (Default Router Preference): Medium
    Router lifetime (s): 1800
    Reachable time (ms): 0
    Retrans timer (ms): 0
  v ICMPv6 Option (Prefix information : 2002:2222::/64)
      Type: Prefix information (3)
      Length: 4 (32 bytes)
      Prefix Length: 64
    v Flag: 0xc0, On-link flag(L), Autonomous address-configuration flag(A)
        1... .... = On-link flag(L): Set
        .1.. .... = Autonomous address-configuration flag(A): Set
        ..0. .... = Router address flag(R): Not set
        ...0 0000 = Reserved: 0
      Valid Lifetime: 2592000
      Preferred Lifetime: 604800
      Reserved
      Prefix: 2002:2222::
```

图 7.64　ISATAP 路由器 R2 发送应答 RA 报文

```
隧道适配器 isatap.{FDF64BFC-2AE9-4CE8-8A2F-35CE46427E79}:

   连接特定的 DNS 后缀 . . . . . . . :
   IPv6 地址 . . . . . . . . . . . . : 2002:2222::5efe:192.168.1.102
   本地链接 IPv6 地址. . . . . . . . : fe80::5efe:192.168.1.102%7
   默认网关. . . . . . . . . . . . . : fe80::5efe:2.2.2.2%7
```

图 7.65　主机 A 生成 ISATAP 全局地址

端点，把这个 IPv6 分组封装到 IPv4 分组中，IPv4 分组的源地址为主机 A 的 IPv4 地址 192.168.1.102，目的地址为 ISATAP 路由器的地址 2.2.2.2。ISATAP 隧道分组如图 7.66 所示。

```
▷ Internet Protocol Version 4, Src: 192.168.1.102, Dst: 2.2.2.2
◢ Internet Protocol Version 6, Src: 2002:2222::5efe:192.168.1.102, Dst: 3000::1
    0110 .... = Version: 6
  ▷ .... 0000 0000 .... .... .... .... .... = Traffic Class: 0x00 (DSCP: CS0, ECN: Not-E(
    .... .... .... 0000 0000 0000 0000 0000 = Flow Label: 0x00000
    Payload Length: 40
    Next Header: ICMPv6 (58)
    Hop Limit: 64
    Source Address: 2002:2222::5efe:192.168.1.102
    Destination Address: 3000::1
    [Source 6to4 Gateway IPv4: 34.34.0.0]
    [Source 6to4 SLA ID: 0]
    [Source ISATAP IPv4: 192.168.1.102]
◢ Internet Control Message Protocol v6
```

图 7.66　ISATAP 隧道分组

IPv4 分组经过 ISATAP 隧道到达 ISATAP 路由器后，经过解封装即可得到 IPv6 分组，再在 IPv6 网络中对 IPv6 分组进行转发，最终到达目的结点(IPv6 主机 B)。

ISATAP 得到了较为广泛的应用，例如国内有不少高校都部署了 ISATAP 网络，为校园网用户提供 IPv6 接入。

7.6.3 转换技术

实现 IPv4 与 IPv6 这两种异构网络之间直接通信，较为直观的方式是将通信发起端所使用的 IP 分组直接转换为目的网络可识别的另一种结构的 IP 分组。IPv4/IPv6 转换技术，是通过特定算法对 IPv4 和 IPv6 分组的首部进行转换，经转换器完成报文之间的语义转换，从而实现两种异构网络的直接双向通信。

转换技术主要由地址转换、转换状态维护、IP/ICMP 转换、DNS64 和 DNS46 以及其他应用程序等组成。

地址转换是指转换结点从嵌入 IPv4 地址的 IPv6 地址的特定位置获取 IPv4 地址，或通过 IPv4 地址按一定规则生成 IPv6 地址的过程或方法。RFC6052 是 IPv4/IPv6 转换技术的标准文件，定义了嵌入 IPv4 地址的 IPv6 地址格式和专用前缀，这些专用前缀可以与 IPv4 地址结合形成 IPv6 地址。

转换技术分为无状态转换技术和有状态转换技术两种类型。无状态转换技术是将转换所需要的信息嵌入 IPv6 地址，并在转换器上进行相关配置。为了便于使用转换算法生成 IPv6 地址或者提取 IPv4 地址，转换技术对于 IPv6 地址的格式有一定要求。有状态转换技术需要维护转换状态信息，因此在转换过程中需要动态建立并维护 IPv4 地址与 IPv6 地址之间的映射关系。转换状态信息主要由 IPv4 地址、IPv6 地址以及各自对应的端口号组成。

除了 IP 分组和 ICMP 报文中的 IP 地址，还有其他首部字段需要进行转换。DNS64 和 DNS46 用于实现域名资源记录的 A 记录与 AAAA 记录的双向转换。

IETF 早期的 IPv4/IPv6 的转换技术标准为 RFC2765 和 RFC2766。RFC2765 定义了无状态转换技术(SIIT)，适用于 IPv6 规模较小的情况；RFC2766 定义了有状态转换技术(NAT-PT)，因为可扩展性受限等问题，已被 RFC4966 归类为淘汰标准。

本节简单介绍几种基本的 IPv4/IPv6 转换技术。

1. 无状态转换技术

在无状态转换技术中，IPv4 与 IPv6 地址之间存在一定的映射关系，这种映射关系是预先配置的、静态的、一一对应的。这样的映射关系不需要进行显式维护，仅通过执行特定的无状态映射算法就能完成映射。通常情况下，会将 IPv4 地址嵌入 IPv6 地址的方法实现地址间的静态映射。RFC6052 详细规定义了一系列将 IPv4 地址嵌入 IPv6 地址的映射规则。

在通信发生前，映射规则已经配置在转换器设备中。当转换器收到 IP 分组时，首先判断是否需要转换，若需要，则会按照事先配置好的映射规则，对 IP 地址和其他字段进行转换，并在完成报文首部的转换后进行报文转发。

下面简要介绍 SIIT 和 IVI 两种无状态转换技术。

1) SIIT 技术

IP/ICMP 转换(stateless IP/ICMP translation，SIIT)技术是一种较早提出的无状态转换技术，通过定义的一种无状态地址映射算法实现 IPv4 与 IPv6 地址的相互映射。该技术支持纯 IPv6 结点与纯 IPv4 结点之间的通信。SIIT 提出的将 IPv4 嵌入 IPv6 地址的技术思想是 IVI、NAT-PT 和 NAT64 等后续转换技术方案的重要基础。

SIIT 定义了两种特殊的 IPv6 地址格式，一种是 IPv4 translated IPv6 address，用于支持 IPv6 结点，表示为：：ffff：0：a.b.c.d/96。在进行 IPv4 网络访问时，该地址可以转换为 IPv4 地址；另一种是 IPv4 mapped IPv6 address，用于支持非 IPv6 结点，表示为 ：：ffff：a.b.c.d/96，是 IPv4 结点进行 IPv6 网络访问时所使用的映射地址。其中，a.b.c.d 表示嵌入 IPv6 地址中的 32 位 IPv4 地址。

当 IPv6 结点需要与一个拥有 IPv4 mapped IPv6 address 的 IPv4 结点进行通信时，就使用 IPv4 translated IPv6 address 地址。当 SIIT 边界路由器发现分组的目的地址是 IPv4 mapped IPv6 address 时，就要对这个分组进行协议转换。

SIIT 边界路由器，也称为 SIIT 网关，常部署在 IPv6 网络与 IPv4 网络交界处，SIIT 边界路由器是双栈设备，用于实现转换功能，即进行 IPv4/IPv6 通信的相互转换。具体的转换规则参看 RFC2765、RFC6145。

SIIT 边界路由器用于在 IPv4 网络中通告去往 IPv6 网络的 IPv4 路由；同时，在 IPv6 网络中用于通告去往：：ffff：0：0/96 网络前缀的 IPv6 路由。

SIIT 技术仅适用于在 IPv4 向 IPv6 过渡的初期，IPv6 网络规模较小的情况，这是因为 SIIT 使用了特定的 IPv6 前缀进行地址编址，不利于进行大规模的路由聚合。

2）IVI 技术

RFC6219 介绍了 CERNET 的 IVI 转换设计和部署技术。IVI 的名称来源于罗马数字，Ⅳ表示四，Ⅵ表示六，IVI 表示 IPv4 与 IPv6 互访。IVI 类似 SIIT，但在 SIIT 无状态地址映射机制上进行了优化，支持前缀聚合，避免了 SIIT 面临的路由聚合问题。

IVI 边界路由器处于 IPv6 与 IPv4 网络交界处，需要运行 IVI 无状态地址映射规则，完成双向 IPv6/IPv4 交互的翻译，并向 IPv4 网络发布去往拥有 IVI NSP 前缀的 IPv6 网络的路由，以及向 IPv6 网络发布去往 IPv4 网络的路由。

IVI 采用网络特定前缀（network specific prefix，NSP）进行无状态地址映射，IVI IPv6 地址格式如图 7.67 所示。在 IVI NSP 后面嵌入 32 位 IPv4 地址形成 IPv6 网络前缀。与 SIIT 不同的是，NSP 前缀长度并不要求必须达到 96 位，生成的 IPv6 地址不足 128 位时，在后缀部分补足“0”。所以，可以认为 IVI 的 IPv4 地址是一种中缀嵌入。

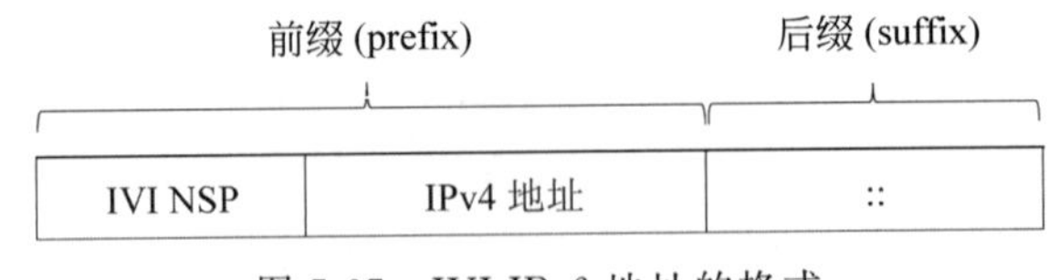

图 7.67　IVI IPv6 地址的格式

IVI 的 NSP 可以是机构或网络运营商分配的，也可以是知名前缀。根据 RFC6052 定义，前缀长度可以是 32 位、40 位、48 位、56 位、64 位或 96 位。RFC6052 也定义了嵌入 IPv4 地址的 IPv6 地址的生成算法，以及从 IPv6 地址中提取 IPv4 地址的算法。

与 SIIT 一样，IVI 需要消耗等同于 IPv6 用户数量的 IPv4 地址，所以 IVI 方案适合于 IPv4 地址资源相对充足的向 IPv6 过渡的初期。

2. 有状态转换技术

在有状态地址转换技术中，通常地址映射采用动态建立、集中维护的方法。有状态是指通过特定手段来显式地建立、维护和管理网络层的IP地址、传输层的端口号和其他属性的映射关系。使用这种方法时，地址不会直接下发到终端主机，而是在转换网关上进行统一的集中化的管理。当某通信首次到达转换网关时，转换网关为该通信分配其在目的网络中的IP地址和端口，并建立和搜索地址映射状态来完成通信协议转换。可以使多条通信使用同一地址，更高效地使用地址资源。

下面简单介绍NAT-PT和NAT64/DNS64两种有状态转换技术。

1）NAT-PT技术

NAT-PT（network address translation-protocol translation，网络地址转换-协议转换）是一种较早提出的有状态转换技术。其基本思想是利用状态维护机制与协议转换机制，在地址资源集中管理的情况下，实现IPv4与IPv6之间的互访。

NAT-PT网关是实现转换的关键组件。NAT-PT网关主要功能包括网络地址转换（network address translation，NAT）、协议转换（protocol translation，PT）和域名服务应用层网关（domain name service-application layer gateway，DNS-ALG）。在将IPv4地址映射到IPv6地址空间时，NAT-PT采用SIIT地址映射机制，即将IPv4地址嵌入IPv6地址的尾部，并结合DNS-ALG实现应用层DNS会话的转换。在将IPv6地址映射到IPv4地址空间时，NAT-PT网关将分组的IPv6地址和端口号，与一个IPv4地址和端口号进行动态绑定和状态维护，从而实现IPv4和IPv6通信转换。

需要对NAT-PT网关进行配置的主要信息有IPv4地址池、IPv6目的地址前缀和IPv4 DNS地址与IPv6 DNS地址。IPv4地址池用于将IPv6地址映射为IPv4地址；IPv6目的地址前缀，用于将IPv4地址映射到IPv6地址；IPv4 DNS地址与IPv6 DNS地址，用于DNS-ALG实现DNS功能。

NAT-PT网关需要向IPv6/IPv4网络分别通告去往IPv6目的地址前缀的路由，以及去往IPv4地址池所属网络的路由。

DNS-ALG是专门用于IPv4和IPv6之间域名解析的应用层网关，可以为IPv6结点提供对IPv4结点的域名解析功能，也可以为IPv4结点提供对IPv6结点的域名解析功能。

NAT-PT在实际应用中存在一些问题，IETF推荐不再使用，已被RFC4966废除。

2）NAT64/DNS64

RFC6146提出了NAT64有状态转换技术，对NAT-PT技术进行改进和完善。NAT64可实现TCP、UDP、ICMP的IPv6与IPv4网络地址和协议转换。

NAT64沿用了NAT-PT地址映射技术，将IPv4地址映射到IPv6地址空间。并将DNS-ALG功能从NAT64网关中抽出来，形成独立的DNS64双栈设备，支持异构地址域名查询和转换。

NAT64使用固定前缀64:ff9b::/96将IPv4地址映射到IPv6地址。双栈设备DNS64是同时接入IPv4网络和IPv6网络的DNS服务器，配合NAT64工作。当DNS64接收IPv6主机对IPv4地址的DNS解析请求时，将A记录添加前缀64:ff9b::/96生成AAAA

记录，作为对 IPv6 主机的 DNS 请求的应答。

在 IPv6 网络中，NAT64 网关通告到前缀 64:ff9b::/96 的路由；在 IPv4 网络中，NAT64 网关要通告 IPv4 地址池所属网络的路由。

NAT64 可以分为静态 NAT64 和动态 NAT64。静态 NAT64 是将特定 IPv4 地址和 IPv6 地址进行互相转换，是一对一的转换方式；动态 NAT64 使用地址池方式，可以让一些 IPv6 地址转化为一些 IPv4 地址。

下面以图 7.68 为例简单说明一下静态 NAT64 的工作过程。主机 A 为 IPv4 结点，主机 B 为 IPv6 结点，IPv4 网络和 IPv6 网络通过 NAT64 网关连接。主机和 NAT64 网关的相应接口链路层 MAC 地址、IPv4 和 IPv6 地址如图 7.68 所示。

图 7.68　NAT 工作示例

为 NAT64 网关配置好 NAT64 静态映射规则，将主机 B 的 IPv6 地址 2001::1 映射到 IPv4 地址 10.1.1.111，使得主机 A 能使用 10.1.1.111 作为目的地址来访问 B。A 向 B 发送 IPv4 分组，目的地址为 10.1.1.111，源地址为 10.1.1.1，如图 7.69 所示。

```
✓ Ethernet II, Src: HuaweiTe_0d:3f:7d (54:89:98:0d:3f:7d), Dst: HuaweiTe_e6:61:82 (00:e0:fc:e6:61:82)
  > Destination: HuaweiTe_e6:61:82 (00:e0:fc:e6:61:82)
  > Source: HuaweiTe_0d:3f:7d (54:89:98:0d:3f:7d)
    Type: IPv4 (0x0800)
✓ Internet Protocol Version 4, Src: 10.1.1.1, Dst: 10.1.1.111
    0100 .... = Version: 4
    .... 0101 = Header Length: 20 bytes (5)
  > Differentiated Services Field: 0x00 (DSCP: CS0, ECN: Not-ECT)
    Total Length: 60
    Identification: 0x1151 (4433)
  > Flags: 0x4000, Don't fragment
    Time to live: 128
    Protocol: ICMP (1)
    Header checksum: 0xd2fe [validation disabled]
    [Header checksum status: Unverified]
    Source: 10.1.1.1
    Destination: 10.1.1.111
```

图 7.69　主机 A 发送的 IPv4 分组

IPv4 分组到达 NAT64 网关后，进行地址转换。目的地址转换为 2000::1，源地址转换为 64:ff96::a01:101，它是由 A 的 IPv4 地址 10.1.1.1 拼接地址前缀 64:ff9b::/96 自动生成的 IPv6 地址。IPv6 分组首部字段也进行相应的转换，这样，IPv4 分组转换为 IPv6 分组，如图 7.70 所示。接着，IPv6 分组在 IPv6 网络中转发，最终到达目的结点 B。

另一个方向，为了使 IPv6 主机 B 能够主动访问 IPv4 主机 A，需要为 NAT64 网关配置 IPv6 前缀。假设配置的前缀为 3000::/96，这个前缀在 B 访问 A 时使用。主机 B 向 A 发送 IPv6 分组，如图 7.71 所示，源地址为 2000::1，目的地址为 3000::10.1.1.1，由 3000::/96 前

```
˅ Ethernet II, Src: HuaweiTe_e6:61:83 (00:e0:fc:e6:61:83), Dst: HuaweiTe_5a:39:cc (54:89:98:5a:39:cc)
  > Destination: HuaweiTe_5a:39:cc (54:89:98:5a:39:cc)
  > Source: HuaweiTe_e6:61:83 (00:e0:fc:e6:61:83)
    Type: IPv6 (0x86dd)
˅ Internet Protocol Version 6, Src: 64:ff9b::a01:101, Dst: 2000::1
    0110 .... = Version: 6
  > .... 0000 0000 .... .... .... .... .... = Traffic Class: 0x00 (DSCP: CS0, ECN: Not-ECT)
    .... .... .... 0000 0000 0000 0000 0000 = Flow Label: 0x00000
    Payload Length: 40
    Next Header: ICMPv6 (58)
    Hop Limit: 127
    Source: 64:ff9b::a01:101
    Destination: 2000::1
    [Source Embedded IPv4: 10.1.1.1]
```

图 7.70 NAT64 网关转换的 IPv6 分组

缀拼接主机 A 的 IPv4 地址 10.1.1.1 生成。

```
> Ethernet II, Src: HuaweiTe_5a:39:cc (54:89:98:5a:39:cc), Dst: HuaweiTe_e6:61:83 (00:e0:fc:e6:61:83)
˅ Internet Protocol Version 6, Src: 2000::1, Dst: 3000::a01:101
    0110 .... = Version: 6
  > .... 0000 0000 .... .... .... .... .... = Traffic Class: 0x00 (DSCP: CS0, ECN: Not-ECT)
    .... .... .... 0000 0000 0000 0000 0000 = Flow Label: 0x00000
    Payload Length: 40
    Next Header: ICMPv6 (58)
    Hop Limit: 255
    Source: 2000::1
    Destination: 3000::a01:101
```

图 7.71 主机 B 发送的 IPv6 分组

NAT64 网关收到 IPv6 分组后，将 IPv6 分组转换为 IPv4 分组，如图 7.72 所示。因为 NAT64 网关已经将 IPv6 地址 2000::1 与 IPv4 地址 10.1.1.111 建立了 NAT64 静态地址映射关系，所以将源地址转换为 10.1.1.111。转换出的目的地址 10.1.1.1 是从 IPv6 地址 3000::10.1.1.1 中提取的 IPv4 地址。IPv4 分组首部字段也进行相应转换，这样，IPv6 分组转换为 IPv4 分组。经过转换后的 IPv4 分组在 IPv4 网络中传输，最后到达目的结点 A。

```
> Ethernet II, Src: HuaweiTe_e6:61:82 (00:e0:fc:e6:61:82), Dst: HuaweiTe_0d:3f:7d (54:89:98:0d:3f:7d)
˅ Internet Protocol Version 4, Src: 10.1.1.111, Dst: 10.1.1.1
    0100 .... = Version: 4
    .... 0101 = Header Length: 20 bytes (5)
  > Differentiated Services Field: 0x00 (DSCP: CS0, ECN: Not-ECT)
    Total Length: 60
    Identification: 0x000c (12)
  > Flags: 0x0000
    Time to live: 254
    Protocol: ICMP (1)
    Header checksum: 0xa643 [validation disabled]
    [Header checksum status: Unverified]
    Source: 10.1.1.111
    Destination: 10.1.1.1
```

图 7.72 NAT64 网关转换的 IPv4 分组

NAT64 是 IPv6 网络发展初期的一种过渡方案，随着 IPv6 网络的发展壮大，也会逐步退出历史舞台。

3. 双重转换技术

前面介绍的转换技术主要解决 IPv4 和 IPv6 结点互通的问题，均属于单次转换技术。实际上，同构网络穿越异构网络实现通信是当前 IPv6 过渡面临的主要需求。这种跨越异构网络的通信问题，需要采用两次转换技术，也称为双重转换技术。

在已经定义的双重转换技术中，464XLAT 是一种有状态双重转换技术，在 RFC6877 定义；dIVI(dual-IVI)是一种无状态双重转换技术，采用两次 IVI 技术实现跨越 IPv6 网络的 IPv4 通信；MAP(mapping address and port，映射地址和端口)是一种无状态双重转换/封装技术。

转换技术除了解决地址映射、域名转换之外，还需要解决协议转换问题。RFC6145 定义了协议转换算法，包括版本号映射，IPv4 服务类型与 IPv6 的流量类别映射，IPv4 总长度与 IPv6 载荷长度映射，IPv4 的生存周期 TTL 与 IPv6 跳数限制 HL 的映射等。

7.7 本章小结

由于 IPv4 网络存在地址空间小、地址结构层次性差、分组长度不固定等缺点，导致出现地址分配枯竭、路由效率低、安全性差，以及对各种实时业务缺乏支持等方面的问题。虽然在 IPv4 中采取了 CIDR 和 NAT 等相应技术进行改进，但是最终的解决方案是采用 IPv6。

在 IPv6 中，定义了巨大的 128 位地址空间，并且支持灵活的地址层次结构；IPv6 分组首部长度固定，支持路由聚合，路由效率得到了提高；使用 IPsec 提供安全机制；增加流标签功能，对多媒体技术提供有力支持；支持 IPv6 地址的自动配置功能，使大规模布署设备成为可能。增加了任播功能，更好地支持了多播和移动技术，并且为 IPv4 和 IPv6 共存提出了过渡方案。

ICMPv6 不仅具有原 ICMP 的协议功能，还增加了新功能。邻居发现协议(NDP)就是使用 ICMPv6 报文来实现的。NDP 支持路由器和前缀发现、地址解析、邻居不可达探测、前缀重新编址、地址重复探测、地址自动配置、重定向等功能。

主要有双栈技术、隧道技术和转换技术 3 种过渡技术。双栈技术是向 IPv6 过渡的最简单和最直接的策略。隧道技术支持 IPv6 分组或 IPv4 分组跨越 IPv4 网络或 IPv6 网络进行通信。转换技术使用特定算法对 IPv4 和 IPv6 地址进行转换，对 IP 分组首部进行语义转换，实现 IPv4 和 IPv6 两种不同协议之间的直接双向通信。

IPv6 解决了地址短缺问题，并采取相应措施，控制路由信息量，防止路由表爆炸。在此基础上，提出了优化路由策略，路由协议也发生了相应变化。IPv6 内部网关协议(IGP)主要有 RIP 的修改版本 RIPng、OSPF 修改版本 OSPFv3 和 IS-IS 修改版本 IS-ISv6。IPv6 外部网关协议 EGP 主要有 BGP4＋。IPv6 路由协议的介绍，读者可参考相关资料。

习 题 7

1. 试分析 IPv4 存在的问题。

2. 在 IPv4 网络中,导致路由效率低的主要原因有哪些?IPv6 中针对这些问题,采取了怎样的应对措施?

3. 请说明 IPv6 技术特点。

4. 请描述 IPv6 地址编址技术,并分析 IPv6 地址结构特点。

5. 若一个 IPv6 地址缩写为 3ffe::a2b3:0:0:dc69,则请写出该地址的非缩写形式。

6. 若一个主机网卡接口的 MAC 地址为 00:0d:87:04:6f:30,则由该 MAC 地址生成的 EUI-64 接口 ID 是什么?对应的链路本地地址是什么?对应的被请求结点多播地址是什么?

7. 将表 7.7 中左列中 IPv6 地址或前缀所代表的意义,填写在右列中。

表 7.7 第 7 题的表格

IP 地址形式	IP 地址或前缀的意义
::/128	
::1/128	
::ffff:202.196.73.4	
:: 202.196.73.4	
ff02::1	
ff02::2	
ff02::1:ff01:000a	
fe80::/10	
fec0::/10	

8. 试说明单播地址、多播和任播地址的区别。

9. 试比较 IPv4 分组首部和 IPv6 分组首部的特点。

10. 分析 IPv6 分组的扩展首部与 IPv4 分组的选项的区别。

11. 说明 IPv6 分组中“下一首部”字段的含义和作用。

12. IPv6 定义了哪些扩展首部?这些扩展首部在 IPv6 分组中的出现顺序如何?

13. 举例说明携带有类型 0 源路由首部的 IPv6 分组传输过程中,IPv6 基本首部的目的地址字段和源路由首部中的主要字段的变化过程。

14. IPv6 分片机制有什么优点?与 IPv4 分片机制相比有什么不同?

15. 什么是安全关联?AH 和 ESP 扩展首部中的安全参数索引 SPI 字段和序号字段起什么作用?

16. 描述 AH 扩展首部和 ESP 扩展首部的作用。

17. 假设一个有效载荷为 4349B 的原 IPv6 分组,需要从结点 A 传送到结点 B。已经探测到从A到B的路径MTU，即PMTU为1500B。所以源结点A必须进行分片处理。计算需要划分几个分片？根据各分片情况填写表7.8中的空白单元。

表7.8 第17题的表格

分 片	分组有效载荷长度	M标志位	分片偏移量
1			
2			
3			
4			
5			

18. 无状态地址自动配置的目的是什么？

19. 解释路由器通告报文所携带的主要信息。

20. 一个路由器通告报文中携带了前缀信息选项(PIO)，请结合前缀重新编址功能，说明有效生存时间和优先生存时间的作用。

21. 如何进行重复地址探测(DAD)？进行重复地址探测时，为什么邻结点请求报文中不包括源链路层地址可选项？

22. 填写表7.9，给出每个NDP机制使用的多播地址。

表7.9 第22题的表格

NDP机制	多播地址
替代ARP	
网络前缀通告	
DAD	
前缀重新编址	
路由器重定向	

23. 列出被NDP所取代的IPv4功能。

24. 描述IPv6的地址解析过程。

25. 描述IPv6无状态地址自动配置过程。

26. 试比较双栈、隧道和转换这3种IPv6过渡技术的特点。

27. 如何识别6to4地址？如何识别ISATAP地址？

28. 描述ISATAP主机获取ISATAP地址的过程。

29. 解释IPv6过渡技术中的无状态转换技术和有状态转换技术。

30. 说明NAT64网关的功能。

第8章 IP 多 播

随着高性能计算机网络技术的迅猛发展与普及，视频会议、协同工作、多媒体远程教育和分布式数据库等基于网络的实时交互应用也迅速增加。这些应用都需要将一个结点发送的数据传送到多个结点。为了进行一对多的通信，无论是采用重复点对点单播通信的方式还是采用广播方式，传输数据所需要的带宽都是巨大的，这样将造成网络资源和服务器资源的极大浪费。IP 多播（IP multicast）技术通过消除对同一分组的冗余传送，从而减少网络流量和网络服务器负担，同时还可以保证服务质量（QoS）。目前多播已经发展成为最有吸引力的互联网服务之一。

多播技术涉及多播组标识和多播组成员管理，以及多播路由建立、多播分组转发、可靠性传输等诸多方面。简单来说，IP 多播功能的实现需要满足以下 3 个基本要求。

（1）标识多播组。可以通过定义 IP 多播地址对多播组进行标识。

（2）多播组成员管理。使用互联网组管理协议（IGMP）实现对多播组成员的管理。

（3）高效传送多播分组到多播组成员。通过路由器实现多播路由协议等功能，支持多播分组的高效传输。

本章首先概述 IP 多播基本概念和 IP 多播地址定义，然后介绍互联网播组管理协议，最后介绍多播路由协议。

8.1 IP 多播概述

IP 多播是一种支持多播源主机发送单一 IP 多播分组到多个接收方的技术。IP 多播分组是指目的地址为多播地址的 IP 分组。一个 IP 多播分组的所有接收方构成一个多播组。多播组成员可以灵活变动，可以随时加入或离开多播组，一个结点可以属于一个多播组，也可以属于多个多播组。不属于多播组的结点也可以发送多播分组。

传统数据传输方式，主要有单播和广播两种。通过 IP 单播技术实现多播功能，源主机需要为多播组的每个成员都发送一个单播分组。用单播方式实现多播，会加重源主机的负担，并且很可能出现多个相同分组沿相同路径传输，浪费网络带宽。

通过 IP 广播实现多播功能，多播源将数据广播到网络，使得网络中的每个主机都能接收到该分组，不管该主机是否是这个多播组的成员。非多播组成员主机必须通过上层协议对多播分组进行过滤、丢弃。显然，这会增加相关主机的处理负担。另外，多播分组可能只是发送给网络上的少数主机，广播会浪费网络带宽。因为路由器只是在本地网络上广播，不会将 IP 分组广播到另一个网络中，所以实现起来比较复杂。

由此看来，无论使用单播还是广播方式实现多播功能，都会引起资源浪费等问题。为了解决这些问题，就有了 IP 多播技术进行多播功能的实现方式。

使用多播技术，多播源只需要发送一个多播分组，目的地址是多播地址，任何侦听这个多播地址的主机都能收到这个多播分组，并且只有多播组内的主机才能收到，其他主机接收不到。在 IP 多播分组传输过程中，链路上没有重复多播分组的传输。这样，就避免了多播源结点为这个多播组的每个成员复制相同分组的负担，同时也避免了无关主机（非本多播组成员）处理不需要的分组。从而节省网络资源，减轻相关结点的处理负担。

自 1988 年 Steve Deering 首次提出 IP 多播的概念以来，业界对多播技术进行了大量研究工作，正逐渐走向成熟。利用 IP 多播技术，可以方便地提供一些新的增值业务。目前，在线直播、网络电视、远程教育、实时视频会议等互联网上基于流媒体和多媒体的业务，几乎都是使用多播技术实现的。在 IP 网络中多媒体业务日渐增多的情况下，多播有着巨大的市场潜力，多播业务也将逐渐得到推广和普及。

8.2 IP 多播地址

多播组（multicast group）就是希望接收特定多播分组的结点集合。多播组的结点也称为多播组成员（multicast group member），它记录了自己所属的多播组的地址。IP 多播分组传输过程中，需要使用 IP 多播地址等信息进行多播路由转发。

本节主要介绍 IPv4 多播地址，简称 IP 多播地址。IPv6 多播地址的定义请参考第 7 章相关内容。

8.2.1 D 类 IP 多播地址

每个多播组都可以用一个 D 类 IP 地址标识，D 类 IP 地址格式如图 8.1 所示。多播地址最高 4 位为 1110，低 28 位是多播组编号，占用 1/16 的 IP 地址空间。多播地址范围是 224.0.0.0～239.255.255.255。

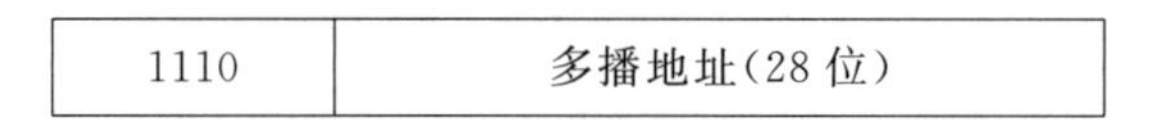

图 8.1 D类 IP 多播地址

为了更好地对多播地址进行管理，IANA 对 D 类地址空间进行了更细致的划分，如图 8.2 所示。

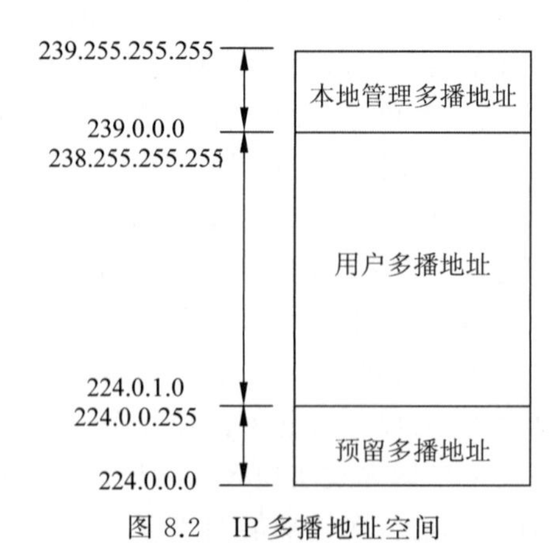

图 8.2 IP 多播地址空间

图 8.2 中，224.0.0.0～224.0.0.255 范围内的地址由 IANA 保留，定义了一些熟知（well

known)多播地址，也称为永久多播地址。预留多播地址分配如表 8.1 所示，这些都是局部地址，一般用于多播路由协议。无论 IP 分组的 TTL 值是多少，只要目的地址为这个范围的 IP 分组，路由器就不会向其他网络转发。例如，224.0.0.1 永久地址分配给了所有系统组(all system group)，224.0.0.2 永久地址分配给了所有路由器组(all router group)。所有系统组包括一个网络上参与 IP 多播的所有主机和路由器，而所有路由器组包含了一个网络上参与 IP 多播的所有路由器。

表 8.1 永久多播地址

多播地址	含义	多播地址	含义
224.0.0.0	基地址(保留)	224.0.0.10	IGRP 路由器
224.0.0.1	本地网络的所有结点	224.0.0.11	移动代理
224.0.0.2	本地网络的所有路由器	224.0.0.12	DHCP 服务器/中继代理
224.0.0.3	未分配	224.0.0.13	所有 PIM 路由器
224.0.0.4	DVMRP 路由器	224.0.0.14	RSVP 封装
224.0.0.5	OSPF 路由器	224.0.0.15	所有 CBT 路由器
224.0.0.6	OSPF 指定路由器	224.0.0.16	指定的 Sbm
224.0.0.7	ST 路由器	224.0.0.17	所有 Sbm
224.0.0.8	ST 主机	224.0.0.18	VRRP
224.0.0.9	RIP2 路由器	224.0.0.19～224.0.0.255	其他链路本地地址

224.0.1.0～238.255.255.255 的地址是用户多播地址，在互联网范围内有效，用于一般用户。其中 233/8 为 GLOP 地址，是一种自治系统(AS)之间的多播地址分配机制，将 AS 地址直接填入中间 2B，第 4 字节为本地位(local bits)。例如，AS 地址为 5662 时，则它的 GLOP 地址为 233.22.30/24。GLOP 地址定义请参看 RFC3180。232.0.0.0～232.255.255.255 是用于特定源多播(source specific multicast，SSM)的临时多播地址，互联网范围有效。SSM 多播地址的定义请参看 RFC3569。

地址空间 239.0.0.0～239.255.255.255 是私有 IP 多播地址(private IP multicast addresses)，仅在特定的本地范围内有效。可参看 RFC2365 administratively scoped addresses 文档进一步学习。

8.2.2 IP 多播地址映射

在实际传输 IP 分组时，网络层的 IP 地址需要映射为链路层的 MAC 地址。在以太网上，单播地址使用 ARP 实现 IP 地址到 MAC 地址的解析功能。为了进行多播，也需要一种将 IP 多播地址映射成 MAC 多播地址的方法。

为了实现 IP 多播地址到 MAC 地址的映射，IANA 使用一个高 24 位为 00-00-5e 的 MAC 地址块，将其中的一半地址分配为多播使用，MAC 地址的第 1 字节的最低位 I/G 置“1”时作为映射 MAC 多播地址使用，并且第 4 字节的最高位必须等于 0。这样，高 25 位固定，即地址范围 0x0100:5e00:0000～0x0100:5e7f:ffff 分配给多播使用。

将D类IP多播地址映射为MAC多播地址的方法，是将D类IP地址低23位映射到MAC多播地址的低23位，映射方法如图8.3所示。例如，按照上述映射方法，D类IP多播地址224.0.0.1映射的MAC多播地址为0x0100:5e00:0001。

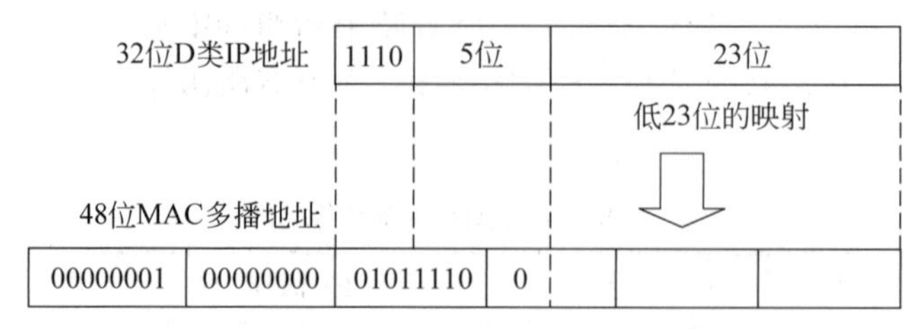

图8.3　D类IP多播地址映射为MAC多播地址

IP多播地址有5位没有参与MAC多播地址映射，也就是32（即2^5）个IP地址可能映射为同一个MAC地址。例如224.1.1.1、224.129.1.1、225.1.1.1、225.129.1.1、…、239.1.1.1、239.129.1.1这32个IP地址映射为同一个MAC地址0x0100:5e01:0101。不同的IP多播地址映射为同一个MAC地址的问题，可能使网卡接收到主机不想接收的多播数据帧。这需要通过设备驱动程序或网络层协议对数据报进行过滤。例如，一个发给224.129.1.1的多播分组可能会被224.1.1.1结点的数据链路层认为是自己应该接收的分组。在数据上传到网络层后，网络层对比IP地址，才会发现这个分组不是发给224.1.1.1结点的，会在IP层把分组扔掉。这样，虽然降低了系统处理效率，但不会引发错误。

8.3　互联网组管理协议

多播组成员管理是多播技术的重要组成部分。互联网组管理协议（internet group management protocol，IGMP）是作用于主机与路由器之间的协议，用于路由器查询主机关于多播组成员的所属关系，以及主机向路由器报告自己加入的多播组和要离开的多播组。路由器根据它们之间的交换报文信息来记录多播组成员所在的网络。

8.3.1　IGMP概述

在多播技术中，一般用字母S表示多播源结点的地址，字母G表示多播组地址。可以使用（*，G）地址对表示任意多播源发送给多播组G的分组，*是通配符。（S，G）地址对表示一个多播源S发送给多播组G的分组。在多播路由中，也可以使用（*，G）和（S，G）这两个地址对表示两种不同多播转发树，或者表示多播路由表项。

为了进行跨越不同网络的多播，主机必须知道本地网络上的多播路由器，以便把多播组成员关系报告给多播路由器；多播路由器也需要创建和维护每个接口所连接网络的相关多播组成员信息，根据这些信息决定多播分组的转发接口。进一步，多播路由器间运行多播路由协议，交换多播组成员信息，并建立多播路由表，从而支持在互联网上的多播分组传输，实现多播功能。

IGMP是TCP/IP的标准之一，用于IP主机与本地连接的路由器之间建立和维护多播组成员信息。当多播路由器确定所连接的网络上有多播组成员时，才向这个网络转发多播分组。先后有3个版本的IGMP，最初RFC1112定义了IGMPv1，只是具有基本的多播组成员查询和多播组成员报告功能;RFC2236 定义了 IGMPv2,在 IGMPv1 的基础上添加了多播组成员快速离开多播组的功能,并定义了查询路由器的选举机制;RFC3376 定义了 IGMPv3,增加了特定源多播功能。关于特定源多播,在 RFC4604 中对 IGMPv3 和 MLDv2 进行了更新。

支持 IGMPv1、IGMPv2 的主机只能根据多播组地址识别和接收多播分组,不能选择只接收特定多播源的分组,即只能识别和接收(*,*G*)多播分组。IGMPv3 支持主机选择接收特定多播源的(*S*,*G*)多播分组。

当多播源向某一个多播组发送数据时,多播源将数据封装在 IP 分组中,分组的源地址为多播源结点的地址 *S*,目的地址则为该多播组地址 *G*。多播组成员侦听多播分组,并接收自己所加入的多播组的分组。

多播路由器的多播组地址表记录了与每一个接口连接的网络上的多播组成员关系。当路由器接收到多播分组时,使用目的地址去查找多播组地址表,根据匹配项指示的接口转发多播分组。

IGMP 支持多播路由器建立和维护多播组地址表。多播路由器周期性地查询本地网络上的主机,以便确定是否有多播组成员存在。主机可以对路由器的查询进行应答,报告自己所加入的多播组,或者报告自己要离开的多播组。多播路由器通过查询以及主机应答的交互过程,建立、更新和维护多播组地址表。在一个网络上,不管有一台还是多台主机是某个多播组的成员,关于这个多播组,多播组地址表中只需要包含一个表项。

与 ICMP 类似,IGMP 报文也封装在 IP 分组中,如图 8.4 所示。封装 IGMP 报文的 IP 分组首部,协议字段值为 2;TTL 字段值为 1,IGMP 报文只能在本网络内传送;目的 IP 地址字段随报文类型的不同而不同。

图 8.4　IGMP 报文的封装

8.3.2　IGMPv1

虽然大多数设备都支持 IGMPv2,但是仍有一部分设备在使用 IGMPv1。IGMPv1 比较简单,实现的功能不够完善。

1. IGMPv1 报文

IGMPv1 报文格式如图 8.5 所示。

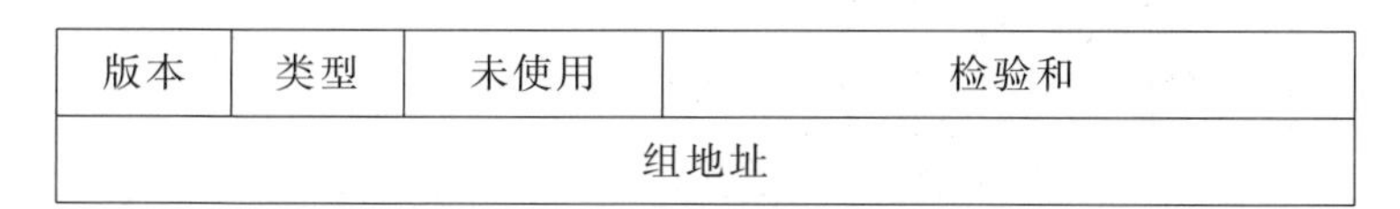

图 8.5　IGMPv1 报文格式

(1) 版本字段。该字段占 4 位,是 IGMP 的版本号,在 IGMPv1 中为 1。

(2) 类型字段。该字段占 4 位,定义报文的类型。在 IGMPv1 中有两种类型的报文,一种是成员关系查询(membership query)报文,类型字段值为0x11,用于多播路由器向主机发送查询;另一种是成员关系报告(membership report)报文。例如,类型字段值为0x12,用于主机向多播路由器报告加入多播组。主机可以主动发送成员关系报告报文,也可以在响应查询报文时发送。

(3) 检验和字段。该字段占16位,用于IGMP报文的位错误检验。

(4) 组地址字段。该字段占32位。若是查询报文,组地址字段设置为全"0"(0.0.0.0),表示多播路由器希望主机对加入的每个多播组都发回一个报告报文;若是报告报文,主机应该把加入的多播组地址置入组地址字段。

2. IGMPv1 查询-响应过程

在IGMPv1中,路由器利用查询报文和报告报文确定在本地网络的活动多播组成员,即确定本地网络是否有加入某个多播组的主机。

路由器和主机之间的查询-响应过程通过如图8.6所示示例进行说明。图中给出了各结点网络接口的IP地址,查询器通过接口g0/0/0连接本地网络。主机A和主机B希望加入多播组2391.1.1,主机C请求加入多播组239.2.2.2。路由器R1是查询器,负责在本网络中进行多播组成员关系的查询。路由器R2是非查询器,它只是简单地侦听网络中的IGMP报文,建立和维护多播组地址表。

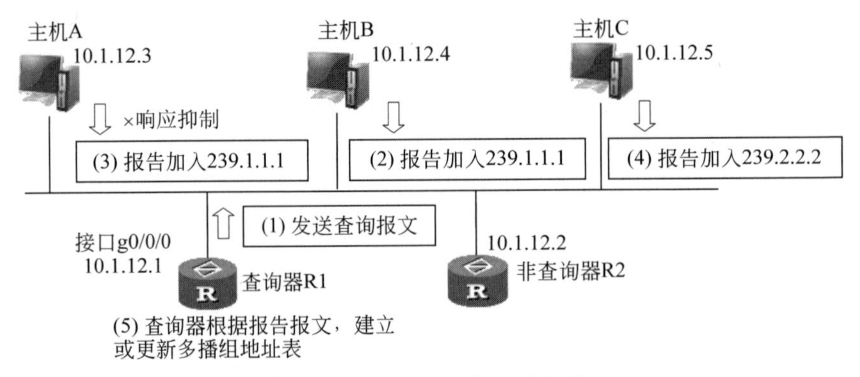

图8.6 IGMPv1 查询响应过程

本例的IGMPv1的查询-响应过程描述如下。

(1) 查询器R1周期性地向本地网络上的所有主机(224.0.0.1)发送查询报文,如图8.7所示。网络上的结点侦听IGMP报文。

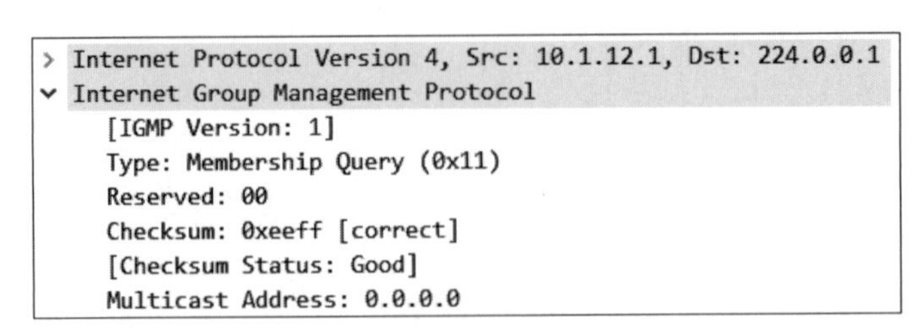

```
> Internet Protocol Version 4, Src: 10.1.12.1, Dst: 224.0.0.1
v Internet Group Management Protocol
    [IGMP Version: 1]
    Type: Membership Query (0x11)
    Reserved: 00
    Checksum: 0xeeff [correct]
    [Checksum Status: Good]
    Multicast Address: 0.0.0.0
```

图8.7 查询器发送IGMPv1查询报文

(2) 主机接收到查询报文后,希望加入多播组的主机马上发送报告报文,对查询报文进行响应。例如,主机B想加入多播组239.1.1.1,则它发送的报告报文如图8.8所示,组地址字段的值等于 239.1.1.1。

```
> Internet Protocol Version 4, Src: 10.1.12.4, Dst: 239.1.1.1
v Internet Group Management Protocol
    [IGMP Version: 1]
    Type: Membership Report (0x12)
    Reserved: 00
    Checksum: 0xfdfc [correct]
    [Checksum Status: Good]
    Multicast Address: 239.1.1.1
```

图 8.8　主机 B 发送 IGMPv1 报告报文

(3) 主机 A 侦听到主机 B 的报告报文,知道了主机 B 已经向路由器报告了要加入的多播组,所以按照 IGMP 的约定,主机 A 会抑制对加入多播组 239.1.1.1 的报告报文的发送,即不用重复发送对同一个多播组的加入报文。

(4) 主机 C 发送加入多播组 239.2.2.2 的报告报文。

(5) 路由器收到主机的报告报文后,就知道了在本地网络上有多播组 239.1.1.1 和多播组 239.2.2.2 的成员,于是路由器会根据这些信息,在多播组地址表中建立或者维护相应表项。如图 8.9 所示,路由器 R1 建立了这两个多播组的表项。一旦 R1 收到发送给多播组 239.1.1.1 的分组,或者发送给多播组 239.2.2.2 的分组,就会向接口 g0/0/0 转发分组。这里 g0/0/0 是路由器连接本地网络的接口。

```
GigabitEthernet0/0/0(10.1.12.1):
 Total 2 IGMP Groups reported
  Group Address    Last Reporter    Uptime      Expires
  239.1.1.1        10.1.12.4        00:00:54    00:01:58
  239.2.2.2        10.1.12.5        00:00:38    00:01:58
```

图 8.9　路由器 R1 的多播组信息

与此同时,非查询器 R2 也收到了这些 IGMP 报文,知道了本网络上的活动多播组的信息,据此也可以建立和维护自己的多播组地址表。

3. IGMPv1 响应抑制

多播路由器并不关心一个网络上有多少台主机属于同一个多播组,甚至不关心哪台主机属于这个多播组。只是想知道网络上是否有多播组的成员。所以,为了提高 IGMP 性能,避免不必要的通信,就定义了响应抑制功能。

当主机收到一个 IGMP 查询报文后,并不立即响应,而是对自己希望加入的每个多播组启动一个计时器,为计时器设置一个随机时间。当计时器时间到了,主机就向路由器发送 IGMP 报告报文。在计时过程中,若一台主机收到其他主机发送的加入多播组的报告报文且这个多播组就是自己想加入的多播组,则取消计时器,不再发送关于这个多播组的报告报文了。通过响应抑制,有助于减少 IGMP 报文的发送数量,节省网络资源。

在图 8.6 所示的例子中,主机 A 收到了 B 发送的关于 239.1.1.1 多播组的加入报文,所以就抑制了 A 发送加入同一个多播组 239.1.1.1 的报告报文。

4. IGMPv1 离开多播组

IGMPv1 采用隐式离开多播组的方法,即主机离开组时是默默离开,不发送任何报文。

主机想要离开一个多播组 G 时，不再对查询报文进行响应。查询器周期性地发送查询报文，在规定的一段时间（或若干次查询）内，查询器一直接收不到主机对多播组 G 的报告报文。由此就可以判断出，在这个网络上已经没有多播组 G 的成员，以后就停止向该网络转发多播组 G 的数据包。

5. IGMPv1 查询器选举

IGMP 查询报文是由查询器发送的。在以太网等多点接入网络中，如果连接了多个路由器，则每台路由器都发送查询报文就是一种浪费，所以应当确定一个路由器作为查询器，由查询器负责发送查询报文，非查询路由器不用发送查询报文。但是，在 IGMPv1 中没有提供查询器的选举机制，所以只能依赖多播路由协议进行查询器的选举。由于不同路由协议使用不同的选举技术，可能会出现在一个网络中有多个查询路由器的情况，这是 IGMPv1 的缺点。

8.3.3 IGMPv2

IGMPv1 的主要缺点是离开多播组的延迟过大，并且查询路由器的选举需要依赖多播路由协议。为了解决这些问题，IGMPv2 做了相应改进，增加了显式离开多播组的功能，当主机想要离开时，只需要向路由器发送离开多播组报文即可。此外，IGMPv2 还定义了查询器的选举机制。

1. IGMPv2 报文

如图 8.10 所示，IGMPv2 报文在 IGMPv1 报文的基础上，进行了两处改动。一个是将 IGMPv1 的版本字段和类型字段合并为类型字段；另一个是增加了最大响应时间（max responsetime）字段。

<table>
<tr><td>类型</td><td>最大响应时间</td><td>检验和</td></tr>
<tr><td colspan="3">组地址</td></tr>
</table>

图 8.10 IGMPv2 报文的格式

（1）IGMPv2 报文的类型字段。该字段占 8 位，共定义了 4 种报文。

① 成员关系查询报文（0x11），分为一般组查询和特定组查询两种报文。一般组查询报文，组地址字段置为全“0”，对所有多播组进行组成员查询。特定组查询（group specific query）报文，对特定多播组进行组成员查询，组地址字段设置为特定多播组的地址。

② 兼容 IGMPv1 的成员关系报告报文（0x12）。

③ IGMPv2 成员关系报告报文（0x16）。

④ 离开组（Leave group）报文（0x17）。

（2）最大响应时间字段。该字段占 8 位，只有在查询报文中才有效，用来说明对这个查询报文进行响应的最大等待时间。主机必须在最大响应时间到达之前发送成员关系报告报文，进行响应。

（3）组地址字段。该字段占 32 位。与 IGMPv1 类似。只是当采用特定多播组查询时，该字段存放要查询的特定多播组的地址。

2. IGMPv2 查询-响应过程

IGMPv2 的组成员加入与 IGMPv1 类似，这里仍然用图 8.6 的示例进行说明。查询器

R1 周期性地发送 IGMPv2 一般组查询报文，如图 8.11 所示。

```
> Internet Protocol Version 4, Src: 10.1.12.1, Dst: 224.0.0.1
v Internet Group Management Protocol
    [IGMP Version: 2]
    Type: Membership Query (0x11)
    Max Resp Time: 10.0 sec (0x64)
    Checksum: 0xee9b [correct]
    [Checksum Status: Good]
    Multicast Address: 0.0.0.0
```

图 8.11　查询器发送 IGMPv2 一般组查询报文

当主机 A 加入组 239.1.1.1 时，发送 IGMPv2 报告报文，如图 8.12 所示。

```
> Internet Protocol Version 4, Src: 10.1.12.3, Dst: 239.1.1.1
v Internet Group Management Protocol
    [IGMP Version: 2]
    Type: Membership Report (0x16)
    Max Resp Time: 0.0 sec (0x00)
    Checksum: 0xf9fc [correct]
    [Checksum Status: Good]
    Multicast Address: 239.1.1.1
```

图 8.12　主机 A 发送 IGMPv2 报告报文

IGMPv2 仍使用响应抑制机制，当主机 B 收到主机 A 的报告报文后，就不再发送加入多播组 239.1.1.1 的报告报文。主机 C 发送加入多播组 239.2.2.2 的报告报文。路由器 R1 和 R2 收到报告报文后，就知道了在本地网络上有多播组 239.1.1.1 和 239.2.2.2 的成员。于是，路由器 R1 和 R2 各自建立这两个多播组的路由表项。

3. IGMPv2 离开多播组

IGMPv2 采用显式离开技术，对多播组成员离开多播组的过程有了较大的改进。当主机离开一个组时，应该向路由器发送离开组报文。

当多播路由器接收到离开组报文时，并不立即从多播组地址表中删除这个多播组的相关表项。这是因为这个报文仅仅是一个多播组成员的主机发送的，可能还有其他主机仍然是这个多播组的成员。为了准确掌握组成员情况，查询器需要发送一个特定组成员查询报文，报文携带这个多播组的地址，要求属于这个多播组的主机在指定时间内进行响应。

如果在这段时间内没有收到响应报文(即成员关系报告报文)。路由器就认为在这个网络上没有这个多播组的成员了，就从多播组地址表中删除这个多播组的表项。

使用图 8.6 的示例，假设主机 A 要离开多播组 239.1.1.1，发送了离开组报文，组地址字段设置为要离开的多播组 239.1.1.1，如图 8.13 所示。

```
> Internet Protocol Version 4, Src: 10.1.12.3, Dst: 239.1.1.1
v Internet Group Management Protocol
    [IGMP Version: 2]
    Type: Leave Group (0x17)
    Max Resp Time: 0.0 sec (0x00)
    Checksum: 0xf8fc [correct]
    [Checksum Status: Good]
    Multicast Address: 239.1.1.1
```

图 8.13　主机 A 发送 IGMPv2 离开组报文

查询器 R1 接收到离开组报文后，会立即发送一个特定组查询报文，如图 8.14 所示。

```
> Internet Protocol Version 4, Src: 10.1.12.1, Dst: 239.1.1.1
v Internet Group Management Protocol
    [IGMP Version: 2]
    Type: Membership Query (0x11)
    Max Resp Time: 1.0 sec (0x0a)
    Checksum: 0xfef2 [correct]
    [Checksum Status: Good]
    Multicast Address: 239.1.1.1
```

图 8.14 查询器发送 IGMPv2 特定组查询报文

作为对特定组查询报文的响应，主机 B 马上发送报告报文，声明自己是多播组 239.1.1.1 的成员，如图 8.15 所示。

```
> Internet Protocol Version 4, Src: 10.1.12.4, Dst: 239.1.1.1
v Internet Group Management Protocol
    [IGMP Version: 2]
    Type: Membership Report (0x16)
    Max Resp Time: 0.0 sec (0x00)
    Checksum: 0xf9fc [correct]
    [Checksum Status: Good]
    Multicast Address: 239.1.1.1
```

图 8.15 主机 B 发送 IGMPv2 报告报文

因此，路由器知道这个网络上仍有多播组 239.1.1.1 的成员，路由器的多播组表保持不变，仍然有 239.1.1.1 和 239.22.2 这两个表项。可以看出，路由器不会因为主机 A 离开多播组 239.1.1.1 而删除表项。

过了一段时间，假设主机 B 也要离开多播组 239.1.1.1，于是发送离开组报文。于是，查询器马上发送特定组查询报文，因为网络上不再有该组的成员，查询器就不会收到报告报文。路由器就此判断出这个网络中没有 239.1.1.1 多播组的成员了，于是删除这个多播组的表项，以后就停止向这个网络转发该多播组的数据。这样，路由器只剩下 239.2.2.2 这一个多播组表项，如图 8.16 所示。

```
GigabitEthernet0/0/0(10.1.12.1):
 Total 1 IGMP Group reported
  Group Address   Last Reporter   Uptime     Expires
  239.2.2.2       10.1.12.5       00:00:47   00:02:08
```

图 8.16 路由器 R1 的多播组表项

上述过程可以用图 8.17 和图 8.18 进行简单描述。在图 8.17 中，首先主机 A 发送离开组报文，接着查询器发送特定组查询报文。因为主机 B 仍然是组 239.1.1.1 的成员，当它侦听到特定组查询报文后，就立即响应，发送报告报文。因此路由器不删除 239.1.1.1 组表项。

图 8.18 说明了主机 B 离开多播组 239.1.1.1 的过程，因为 B 是最后一个离开的多播组成员，则路由器不会收到对特定组查询的响应报文，于是删除 239.1.1.1 表项。

4. IGMPv2 查询器选举

IGMPv2 定义了查询器选举机制。IGMPv2 使用一般组查询报文，并根据路由器的 IP

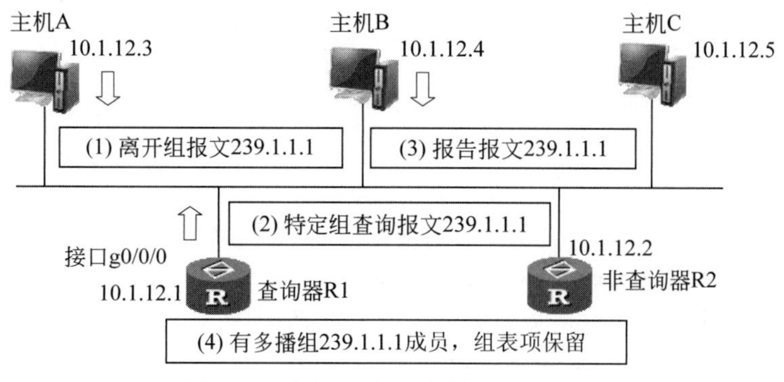

图 8.17　主机 A 离开多播组 239.1.1.1

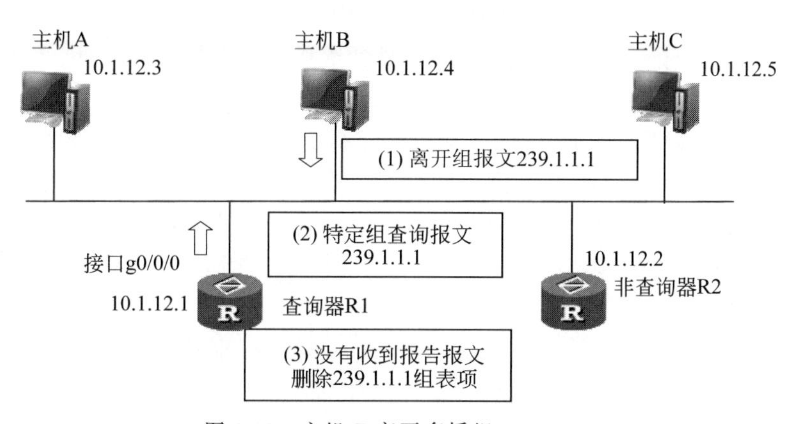

图 8.18　主机 B 离开多播组 239.1.1.1

地址进行查询器选举，其过程描述如下。

在一个多点接入网络中，如果有一个路由器，那么这个路由器就是查询器。如果有多个路由器，则每个路由器都假定自己是查询路由器。路由器启动时，给所有结点发送一般组查询报文；每个路由器都可以收到其他路由器的查询报文，然后使用自己的 IP 地址与封装一般组查询报文的 IP 分组的源 IP 地址进行比较，具有最小 IP 地址的路由器就被选举为查询器。

在如图 8.6 的网络中，假设 R1 连接本地网络的接口 IP 地址为 10.1.12.1，R2 连接本地网络的接口 IP 地址为 10.1.12.2，根据 IGMPv2 查询器选举规则，因为 R1 的 IP 地址小，所以 R1 被选举为查询器。如果把 R1 的接口地址修改为 10.1.12.9，这时 R2 的 IP 地址小，所以 R2 当选为查询器，如图 8.19 所示。

```
[R2]
Aug  5 2020 19:41:20.350.2-08:00 R2 IGMP/7/EVENT:(public net): Elected querier o
n interface GigabitEthernet0/0/0(10.1.12.2) (G07363)
[R2]
Aug  5 2020 19:41:20.350.3-08:00 R2 IGMP/7/QUERY:(public net): Send version 2 ge
neral query on GigabitEthernet0/0/0(10.1.12.2) to destination 224.0.0.1 (G073517
)
```

图 8.19　R2 当选查询器

为了监督查询器的工作，所有非查询器启动一个查询器计时器，无论何时收到查询器的查询报文，就将计时器复位。如果计时器超时，就认为查询器发生故障，则重新启动查询器选举过程。查询器计时器的值一般设置为查询周期的两倍。

8.3.4 IGMPv3

在前两个版本基础上，IGMPv3 增加了新功能，其中一项新功能可以使主机接收从指定源发送的多播分组，支持了特定源多播功能的实现。

特定源多播(source specific multicast，SSM)使用多播组地址和多播源地址标识一个多播会话，传统多播只能使用多播组地址标识多播会话。之所以使用 SSM，是因为多播组成员不一定愿意接收所有多播源发送的多播数据，有可能只想接收某个或某些多播源发送的多播数据。例如，在一个视频会议中，有几个视频会议现场都是活跃的，如果一个用户只想接收主会场的视频，其他分会场的视频不愿意接收，那么 SSM 即可满足用户的这种需求。

SSM 和 IGMPv3 相结合，能够在多播源和多播分组接收方之间直接建立最短路径树，省去了 PIM-SM 多播路由协议中先建立共享树，再从共享树向最短路径树切换的过程，从而能够从一开始就沿着最短路径树转发数据。与其他多播技术相比，在已知多播源的情况下，SSM 技术有着自己的优势。

1. IGMPv3 报文

IGMPv3 在 RFC3376 中定义，报文格式较前面两个版本有较大的变化，IGMPv3 版本中报文长度不固定，在报文格式和结构上扩充了很多字段。

IGMPv3 主要有查询报文和报告报文两种报文类型。成员关系查询报文共有 3 种类型，它们都使用相同的类型号 0x11，这些类型的查询报文可以根据报文的相应字段进行区分。

(1) 一般组查询(general query)，路由器对所有多播组做一般查询。

(2) 特定组查询(group specific query)，用来查询某一特定多播组。

(3) 特定组和源查询(group source specific query)，用来查询特定源和特定多播组。

IGMPv3 成员关系报告(version 3 membership report)报文(0x22)。由主机生成并发送报告报文，用来报告主机所属的多播组，以及感兴趣的多播源。

另外，IGMPv3 还支持 3 种兼容低版本的报文类型，分别是 IGMPv1 成员关系报告(version1 membership report)报文(0x12)、IGMPv2 成员关系报告(version 2 membership report)(0x16)和 IGMPv2 离开组(version2 leave group)报文(0x17)。

IGMPv3 定义的报文格式较复杂，尤其是报告报文。这里不再介绍具体报文格式，只是在下面介绍协议工作过程时，通过几个抓包对报文格式进行简单说明。

2. IGMPv3 查询-响应过程

查询器周期性地向网络上的所有结点 224.0.0.1 发送一般组查询报文，如图 8.20 所示。

作为对查询报文的响应，或者当主机希望加入多播组，或者想要离开多播组时，主机发送报告报文。在报告报文中，主机可以指定想要加入的多播组地址，也可以使用源地址列表形式指出想要加入的特定源和特定多播组。

在报告报文中定义了多种组类型(group type)，方便主机灵活选择使用，例如 MODE_

```
> Internet Protocol Version 4, Src: 10.1.12.1, Dst: 224.0.0.1
v Internet Group Management Protocol
    [IGMP Version: 3]
    Type: Membership Query (0x11)
    Max Resp Time: 10.0 sec (0x64)
    Checksum: 0xec5f [correct]
    [Checksum Status: Good]
    Multicast Address: 0.0.0.0
    .... 0... = S: Do not suppress router side processing
    .... .010 = QRV: 2
    QQIC: 60
    Num Src: 0
```

图 8.20　IGMPv3 一般组查询报文

IS_INCLUDE、MODE_IS_EXCLUDE、CHANGE_TO_INCLUDE_MODE、CHANGE_TO_EXCLUDE_MODE、ALLOW_NEW_SOURCES、BLOCK_OLD_SOURCES 等。IGMPv3 没有专门定义组成员离开报文，但是可以使用某种模式的报告报文向查询器报告要离开的组。

如图 8.21 所示，是使用 MODE_IS_INCLUDE 模式的报告报文，源地址列表中给出了 3 个地址，即 10.1.12.6、10.1.12.7、10.1.12.8，表示这 3 个源地址发送给多播组 239.1.1.1 的数据，都是主机(10.1.12.3) 想要接收的，除此之外的其他多播源发送给多播组 239.1.1.1 的数据不希望接收。报告报文的目的地址为 224.0.0.22，是 IGMPv3 路由器所属的永久多播地址。

```
> Internet Protocol Version 4, Src: 10.1.12.3, Dst: 224.0.0.22
v Internet Group Management Protocol
    [IGMP Version: 3]
    Type: Membership Report (0x22)
    Reserved: 00
    Checksum: 0xaae0 [correct]
    [Checksum Status: Good]
    Reserved: 0000
    Num Group Records: 1
  v Group Record : 239.1.1.1  Mode Is Include
      Record Type: Mode Is Include (1)
      Aux Data Len: 0
      Num Src: 3
      Multicast Address: 239.1.1.1
      Source Address: 10.1.12.6
      Source Address: 10.1.12.7
      Source Address: 10.1.12.8
```

图 8.21　IGMPv3 报告报文 MODE_IS_INCLUDE 模式

查询器收到主机的报告报文后，发送特定组查询报文，如图 8.22 所示。与一般组查询报不同，特定组查询报文的目的地址是特定组的地址，例如 239.1.1.1。

查询器根据需要也可以发送特定组和源查询报文，如图 8.23 所示。与特定组查询报文类似，特定组和源查询报文的目的地址也使用特定组的地址 239.1.1.1。但是与特定组查询报文不同，特定组和源查询报文中携带有特定源地址列表，如图 8.23 所示，源地址列表中列举了 3 个源地址 10.1.12.6、10.1.12.7、10.1.12.8。

```
> Internet Protocol Version 4, Src: 10.1.12.1, Dst: 239.1.1.1
v Internet Group Management Protocol
    [IGMP Version: 3]
    Type: Membership Query (0x11)
    Max Resp Time: 1.0 sec (0x0a)
    Checksum: 0xfcb6 [correct]
    [Checksum Status: Good]
    Multicast Address: 239.1.1.1
    .... 0... = S: Do not suppress router side processing
    .... .010 = QRV: 2
    QQIC: 60
    Num Src: 0
```

图 8.22 IGMPv3 特定组查询报文

```
> Internet Protocol Version 4, Src: 10.1.12.1, Dst: 239.1.1.1
v Internet Group Management Protocol
    [IGMP Version: 3]
    Type: Membership Query (0x11)
    Max Resp Time: 1.0 sec (0x0a)
    Checksum: 0xba9b [correct]
    [Checksum Status: Good]
    Multicast Address: 239.1.1.1
    .... 0... = S: Do not suppress router side processing
    .... .010 = QRV: 2
    QQIC: 60
    Num Src: 3
    Source Address: 10.1.12.6
    Source Address: 10.1.12.7
    Source Address: 10.1.12.8
```

图 8.23 IGMPv3 特定组和源查询报文

IGMPv3 除了支持特定源多播外，其工作机制类似 IGMPv2 相比。IGMPv3 的查询器选举机制跟 IGMPv2 一样。IGMPv3 取消了响应抑制功能。因为不同多播组成员，可能加入同一个多播组，但可以指定不同的多播源，所以，无论主机加入哪个特定组和源，都要应答 IGMPv3 的查询报文。主机可以使用一个报告报文向查询器说明自己想加入的多个组，这样可以减少发送报文的数量。

特定源多播 SSM 要求路由器了解成员主机加入多播组时所指定的多播源。如果多播组成员运行了 IGMPv3，可以在 IGMPv3 报告报文中直接指定多播源地址。但是如果多播组成员只是运行了 IGMPv1 或 IGMPv2，为了使其也能够使用 SSM 服务，路由器上需要提供 IGMP SSM mapping 功能。

IGMP SSM mapping 为 IGMPv1 和 IGMPv2 主机提供 SSM 服务，通过在路由器上静态配置 SSM 地址的映射规则，将 IGMPv1 和 IGMPv2 报告报文中的(* ,*G*)信息，转化为对应的(*S*,*G*)信息。为了保证同一网段上运行任意 IGMP 版本都能得到 SSM 服务，需要在路由器接口上运行 IGMPv3。

3 种版本的 IGMP 的比较如表 8.2 所示。

表 8.2 3 个 IGMP 版本的比较

功 能	IGMPv1	IGMPv2	IGMPv3
查询器选举	使用路由协议	自己选举	自己选举
离开组方式	隐式离开	主动离开	主动离开
特定组加入	无	有	有
特定组和源加入	无	无	有

8.3.5 IGMP snooping

在交换机上，对多播分组的转发采用洪泛方式。交换机的源 MAC 地址学习功能不能建立多播 MAC 地址信息。这样，当交换机接收到一个目的地址为多播 MAC 地址的数据帧时，只能采用洪泛方式，将多播分组发送给除了接收接口之外的所有其他接口，无论这些接口连接的网络是否有多播组成员。这样会浪费资源，所以需要在交换机上控制这种多播分组的洪泛转发。

互联网组管理协议嗅探（internet group management protocol snooping，IGMP snooping）运行在数据链路层，可以实现多播帧在交换机上的转发和控制。IGMP snooping 可以用来解决多播分组在链路层的洪泛问题，节省网络带宽，保护多播组数据安全。

当 IGMP snooping 交换机收到 IGMP 报文时，对 IGMP 报文进行分析。如果是 IGMP 报告报文，交换机将发送报告报文的主机相关信息添加到多播 MAC 地址表中；如果是 IGMP 离开组报文，交换机将删除与发送离开组报文的主机相关的多播 MAC 地址表项。

这样，使用 IGMP snooping 监听和分析 IGMP 报文信息，交换机就可以建立和维护多播 MAC 地址转发表，并根据多播 MAC 地址表，对于接收到的多播帧，只是转发到有多播组成员的接口，避免了洪泛转发。

8.3.6 IPv6 多播接收方发现协议

多播技术虽然具有独特的优势，但却一直未得到广泛应用。一方面存在多播技术的可靠性和组管理能力较弱、多播安全、网络拥塞等自身原因，更重要的是，多播应用需要得到网络设备的支持。但是，目前很多 IPv4 的网络设备并不支持多播功能。IPv6 的出现给多播技术的广泛应用带来了新的契机。

IPv6 强调了多播的必要性，RFC1752 中明确要求 IPv6 设备必须支持多播。这样，在 IPv6 网络设备普遍支持多播应用的情况下，由于部分路由器不支持多播而带来的多播隧道问题也将不存在。IPv6 多播地址相对于 IPv4 具有很大的优越性。IPv6 具有更大的多播地址空间，拥有 112 位的多播组标识符；IPv6 多播地址定义了多播组的作用范围，可以方便地划分多播域，控制多播应用的传播范围；IPv6 定义了被请求结点多播地址类型，这是一种新的地址类型，可以方便地应用于邻居发现协议（NDP）中。IP 多播技术改善了多播路由的可管理性，增强了多播的可扩展性和安全性。

类似于 IGMP，IPv6 主机和路由器之间使用 IPv6 多播接收方发现（multicast listener discovery for IPv6，IPv6 MLD）协议进行交互，使 IPv6 路由器能发现所连接网络上的多播组成员,实现对 IPv6 多播接收方的管理。

文档 RFC2710 定义了 MLD 协议,其功能类似 IGMPv2。RFC3810 对 RFC2710 进行了更新,定义了 MLDv2。MLDv2 协议增加了类似 IGMPv3 中的特定多播源功能,允许接收方加入一个指定多播源的多播组。

从某种意义上说,MLD 协议就是 ICMPv6 的一个子集。MLD 协议使用 ICMPv6 报文,报文格式如图 8.24 所示。

<table>
<tr><td>类型(8 位)</td><td>代码(8 位)</td><td colspan="2">检验和(16 位)</td></tr>
<tr><td colspan="2">最大应答延迟(16 位)</td><td colspan="2">未定义(16 位)</td></tr>
<tr><td colspan="4">IPv6 多播地址
(128 位)</td></tr>
</table>

图 8.24 MLD 报文格式

(1) 类型。共定义了 3 种 MLD 报文类型。

① 多播接收方查询 query 报文,类型值为 130。用来查询结点是否属于一个特定多播组。

② 多播接收方报告 report 报文,类型值为 131。当结点加入某个多播组时使用,也可以用来应答查询报文。

③ 多播接收方退出 Done 报文,类型值为 132。当结点离开某个多播组时使用。

(2) 代码。8 位代码字段,置为全“0”。

(3) 16 位检验和。该字段用于对 MLD 报文进行位错误检验。

(4) 最大应答延迟(maximum response delay)。该字段占 16 位,只用于 query 报文,定义了对 query 报文进行应答时所允许的最大延迟时间,单位是毫秒(ms)。为了避免同时应答,各多播接收方应该等待一个随机时间后再进行应答。这个随机时间值应该在 0 至最大应答延迟范围内。

(5) IPv6 多播地址。该字段的值随报文类型的不同,其值也有所不同。

查询(query)报文类型有 3 种。第一种是一般查询报文,用于发现本地链路上是否有多播接收方;第二种是特定多播地址查询报文(multicast address specific query),用于发现本地链路上是否有特定多播接收方。在 MLDv2 中还定义了第三种查询报文,即特定多播地址和源查询报文(multicast address and source specific query),用于查询在本地链路上是否有特定多播地址和源的接收方。

利用 ICMPv6 的 MLD 报文,在主机和路由器之间进行的交互过程如图 8.25 所示。

如图 8.25(a)所示,查询器周期性地向本地链路所有结点发送一般查询报文。其目的地址是本地链路所有结点多播地址 FF02::1。主机收到一般查询报文后,作为应答,发送一个报告报文,向路由器报告希望加入的多播组。在 MLDv2 中,主机可以向路由器报告希望加入的特定多播组和源。

如图 8.25(b)所示,当一个主机想要离开多播组时,就向路由器发送离开组报文,目的地址是本地链路所有路由器地址 FF02::2,IPv6 多播地址字段存放要离开的多播组的地址。路由器收到此报文后,向本地链路发送一个特定多播地址查询报文,查询是否还有其他

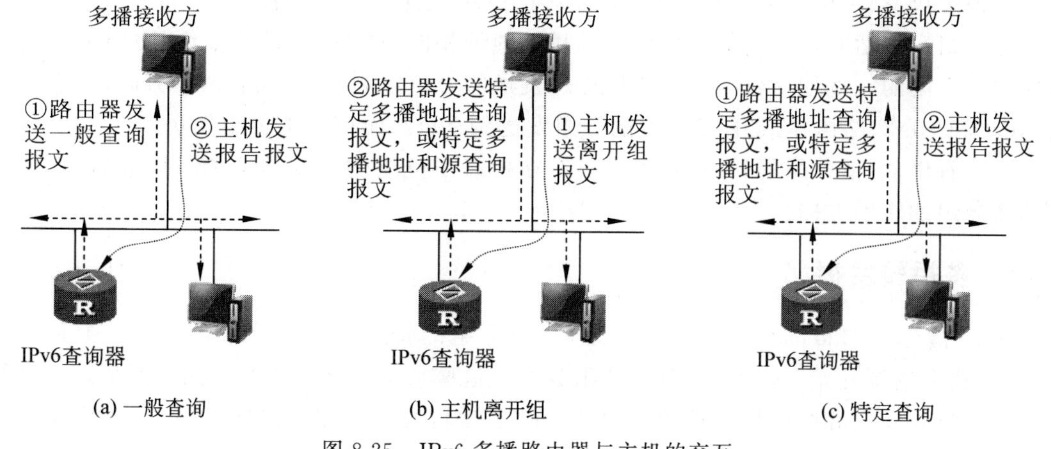

图 8.25　IPv6 多播路由器与主机的交互

主机是这个特定多播组的接收方。在 MLDv2 中，路由器可以向所有主机发送一个特定多播地址和源的查询报文。

在路由器的多播路由表中，如果在有关某个多播地址的定时器超时后，仍然没有收到主机的多播接收方报告报文，则路由器会向所有主机发送一个特定多播地址查询报文，或者 MLDv2 的特定多播地址和源查询报文，以便判断特定多播组是否有接收方，或者判断特定多播组和源是否有接收方，如图 8.25(c)所示。

8.4　多播路由基础

多播路由协议在路由器之间运行，用于建立和维护多播路由表，构建多播转发树，确保路由器能够正确、高效地转发多播分组。

多播转发和路由选择与单播情况不同且相当复杂。在多播路由选择中，即使网络拓扑没有发生变化，但由于某主机加入或离开了一个多播组，就可能会引起多播路由的变化。而在单播路由选择中，只有当拓扑结构变化或设备出故障时，才会发生路由改变。

多播路由的复杂性，还可以通过图 8.26 所示的情况进行说明。图 8.26 中，路由器 R 连接了 3 个网络，假设主机 A、B 和 C 是多播组 G1 的成员，主机 D、E 和 F 是多播组 G2 的成员。主机 G 不属于任何多播组。

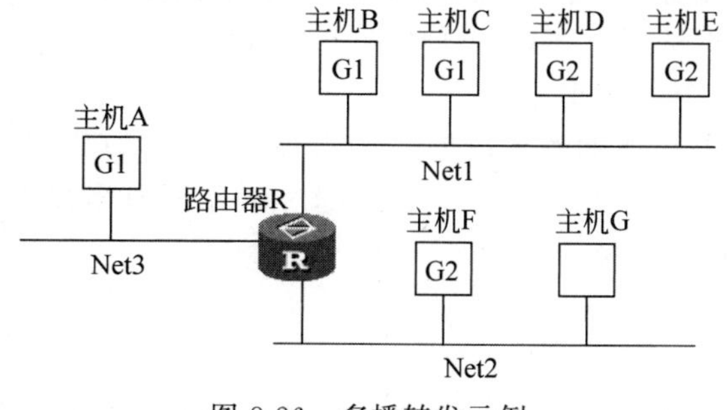

图 8.26　多播转发示例

如果主机A、主机E和主机F分别给多播组G2发送了数据，路由器R将接收并转发这些多播分组。虽然它们发送的多播分组的目的地址相同，都是G2的多播组地址，但是转发方向却是不同的。例如，路由器R把主机A发送的分组复制两份，向着两个方向，分别转发给Net1和Net2；路由器R把E发送的分组发送到Net2；而把F的分组发送到Net1。

可以看出，多播分组的转发，路由器只有在检查了分组的目的地址和源地址后，才能确定多播分组的转发方向。

8.4.1 多播转发树

IP多播分组的目的地址是多播地址，多播分组的转发不是将分组转发给一个目的结点，而是从多播源开始，转发到所有多播组成员。这些成员可能分布在不同的网络。多播路由选择就是要建立和维护以多播源为根结点的多播转发树。在多播转发树上，多播路由器是树上的一个结点，连接两个路由器的网络对应于树的一条边。每个多播路由器向树的叶结点转发多播分组。多播转发树没有回路，确保路由器不会收到重复数据。

多播转发树有基于源的树和共享树两种类型。

(1) 基于源的树(source based tree，SBT)。基于源的树又称最短路径树(shortest path tree，SPT)。以多播源为树根，到每个多播组成员的最短路径构成一棵多播转发树。基于源的树，从源到每个多播组成员的路径最优，使得传送分组的端到端延迟最小，但是需要为多播组的每个源建立一棵最短路径树，所以一个多播组就可能有多个最短路径树。若有 N 个多播组，每个组有 M 个不同的源，则需要建立 $N \times M$ 个最短路径树，每棵最短路径树对应不同的源和多播组。这样，每个路由器必须为每个多播组中的每个源保存路由信息，维护的状态信息量较大，占用大量系统资源，路由表规模也较大，会导致可扩展性受限等问题。使用基于源的树的路由协议主要有DVMRP、MOSPF、PIM-DM等。

(2) 共享树(shared tree)。首先需要选择一个特定路由器为根，从树根到特定多播组的所有成员之间的最短路径构成的转发树，就是共享树。与SPT不同，一棵共享树可以被一个多播组的所有源共享。源首先把多播分组发送给树根，树根再将分组沿共享树转发给所有多播组成员。共享树最大优点是路由器可以保存较少的状态信息，减少了多播路由表项，降低了对路由器资源的需求，具有较好的扩展性。若有 N 个多播组，则需要建立 N 棵共享树，每棵树对应一个多播组。但是，多播分组从源出发，经由共享树转发到多播组成员的路由未必是最优的。另外，存在单点故障问题，共享树对树根的可靠性、处理能力要求较高。使用共享树的路由协议主要有CBT、PIM-SM等。

有的协议将共享树称为汇聚点树(rendezous point tree，RPT)，汇聚点(rendezous point，RP)是汇聚点树的共享树根。

一般用(S，G)表示基于源的树。例如，(10.1.12.1，239.1.1.1)表示源10.1.12.1和多播组239.1.1.1基于源的树。用(*，G)表示共享树，*表示所有多播源，例如，(*，239.1.1.1)表示多播组239.1.1.1的共享树。

8.4.2 反向通路转发

多播分组的转发方式与单播不同。路由器对单播分组的转发，是按照目的地址查路由表的结果进行的，但是对于多播分组，路由器则是根据源地址确定分组的转发策略，多播路由协议更关心的是由多播组成员到多播源的最短路径，这是一个逆向过程。

路由器使用反向通路转发（reverse path forwarding，RPF）机制将报文沿着远离源结点的方向转发。在接收到多播分组后，路由器首先要进行 RPF 检查。在 RPF 检查时使用多播分组的源地址查找单播路由表，与表项匹配的接口就是这个路由器到多播源的最短路径接口。该接口称为 RPF 接口，也称为上游接口。上游是指接近多播源的方向，下游是远离源的方向，也就是接近多播组成员的方向。如果多播分组是从上游接口到达路由器的，则 RPF 检查通过，则路由器转发分组到多播路由表项列出的所有下游接口；如果多播分组不是从上游接口到达路由器的，则 RPF 检查失败，丢弃分组。

根据 RPF 检查，路由器只转发来自于 RPF 接口的分组，其他分组都丢弃掉。这样保证分组按照正确的方向转发。另外，还可以避免因各种原因所造成的多播路由循环问题。

在如图 8.27 所示的例子中，假设从串行接口 S0 接收到了来自多播源 192.168.0.22 的分组，R2 根据源地址查找单播路由表，与第一个表项匹配，接口 E1 是到网络 192.168.0.0/16 的最短路径接口。由此可以判断，从接口 S0 接收的来自多播源 192.168.0.22 的多播分组不是从最短路径转发过来的，未通过 RPF 检测，R2 拒绝转发，丢弃分组。

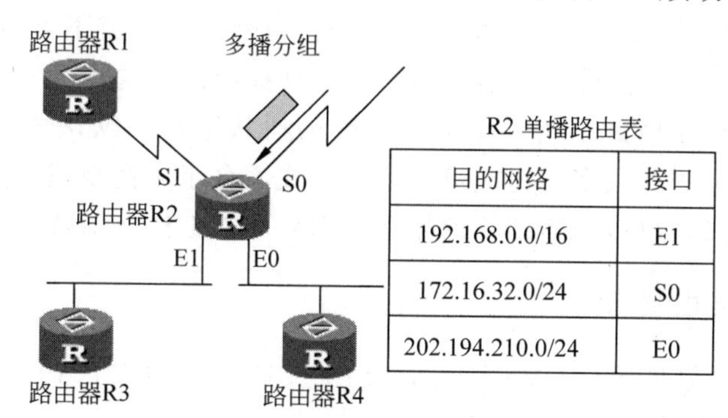

目的网络	接口
192.168.0.0/16	E1
172.16.32.0/24	S0
202.194.210.0/24	E0

图 8.27　RPF 检查示例

如果路由器 R2 在接口 S0 处接收到了来自多播源的 172.16.32.33 的多播分组，R2 根据源地址查找单播路由表，与路由表中的第二个表项相匹配。R2 的第二个路由表项表示，接口 S0 是到网络 172.16.32.0/24 的最短路径接口。所以可以判断，从接口 S0 接收的来自 172.16.32.33 的多播分组是从最短路径转发过来的，则通过了 RPF 检查，于是按照 R2 的多播路由表项，向下游接口列表中的所有接口转发多播分组。

8.4.3　多播路由协议分类

与单播路由选择协议一样，多播路由选择协议也分为域内和域间两种。在域内运行域内多播路由协议，发现多播源，并建立多播转发树，从而实现多播路由的发现和多播分组的转发。在域之间运行域间多播路由协议，发现其他域的多播源，实现在自治系统之间的路由选择。

域内多播路由协议主要有距离向量多播路由协议（distance vector multicast routing protocol，DVMRP）、多播开放最短通路优先（multicast OSPF，MOSPF）、基于核的树（core based tree，CBT）、密集模式协议无关多播（protocol independent multicast-dense mode，PIM-DM）、稀疏模式协议无关多播（protocol independent multicast-sparse mode，PIM-SM）和源特定多播协议无关多播（protocol independent multicast-source specific multicast，

PIM-SSM)等多播路由协议。用于域间的多播路由协议主要有多协议扩展 BGP(multiprotocol extensions to BGP,MBGP)、多播源发现协议(multicast source discovery protocol,MSDP)等。

协议无关多播(PIM)定义了两种模式,即密集模式(dense mode)和稀疏模式(sparse mode)。

(1) 密集模式。密集模式使用 Push 方式,用于数据驱动多播树的构建,密集模式假设网络中至少有一个多播分组接收方,首先使用洪泛方法把分组传输到所有网络,然后根据实际情况,通过不需要接收多播分组的路由器向上游发送剪枝报文。经过剪枝后,上游路由器不再向这个下游路由器发送特定多播分组。当一个被剪掉的树枝上出现新的多播组成员时,可以主动发送嫁接报文来减少加入延迟。密集模式下的路由协议通常采用基于源的树,即最短路径树的树状结构。

密集模式主要用于多播组成员分布较为密集、比较邻近、多播组成员较多、多播分组流持续密集的场景。PIM-DM 工作在密集模式。

(2) 稀疏模式。稀疏模式使用 Pull 方式,用于接收方驱动多播树的构建,每个多播组成员需要主动发送加入组的请求。路由器把多播分组只转发给有多播组成员的目的网络。若路由器的下游结点都离开了多播组,即下游不再有多播组成员,就不再转发多播分组。

稀疏模式协议的特点是,除非有多播组成员主动提出加入请求,否则默认在网络中没有多播组成员。通常,稀疏模式采用共享树(RPT)的树状结构。默认情况下,不主动使用共享树转发多播分组,除非存在多播组成员。稀疏模式适合于多播组成员分布较为稀疏,或者接收方较少,或者多播分组流间断传输的场景。PIM-SM 工作在稀疏模式。

8.4.4 域内多播路由协议

域内多播路由协议主要有 DVMRP、MOSPF、PIM-DM、CBT、PIM-SM、PIM-SSM 等。本节简单介绍一下这些协议的基本情况。

1. DVMRP

距离向量多播路由协议(distance vector multicast routing protocol,DVMRP)采用的是基于多播源树状结构,在 RFC1075 中定义。首先部署在 MBone 上,是第一个支持多播功能的路由协议。与路由信息协议 RIP 类似,使用距离向量算法获得网络拓扑结构。DVMRP 对 RIP 进行了扩展,增加了支持多播的功能。DVMRP 使用扩散与剪枝(broudcast and prune)功能为每个多播源建立一棵基于源的多播转发树,并采用反向通路转发(RPF)技术进行多播分组的转发。

2. MOSPF 协议

多播开放最短通路优先(multicast open shortest path first,MOSPF)协议采用的也是基于多播源的树状结构,是在 RFC1584 中定义的。它在 OSPF 第 2 版的基础上进行了扩展,使之支持 IP 多播路由。MOSPF 协议通过在 OSPF 链路状态通告报文中携带多播信息进行工作,使用 Dijkstra 算法构建基于源的树。因为 Dijkstra 算法计算量大,MOSPF 协议采用了按需计算方法,仅当路由器收到多播源的第一个多播分组时,才进行计算,以便减少路由器的计算量。

MOSPF 协议继承了 OSPF 对网络拓扑变化响应速度快的优点,适用于网络连接状态比较稳定的环境。

3. PIM-DM 协议

密集模式协议无关多播(protocol independent multicast-dense mode,PIM-DM)协议中,PIM 的工作与路由器采用的单播路由选择协议无关,不需要特定的单播路由协议支持,利用任何一种单播路由协议产生的路由表,就可以进行 RPF 检查。PIM-DM 协议在 RFC3973 中定义,并在 RFC8736 中进行更新,用于密集模式,采用基于多播源的树状结构。与前面两种多播路由协议相比,开销较小。后面,还会进一步介绍 PIM-DM 协议。

4. CBT 协议

基于核的树(core-based tree,CBT)协议采用共享树技术,是在 RFC2201 中进行的定义。首先,需要为共享树选择作为根的路由器,该路由器称为汇聚点(rendezvous point,RP)。域内每个路由器都必须知道 RP 的地址,想加入多播组的路由器必须向 RP 发送加入报文。在加入报文向汇聚路由器传输的过程中,经过的所有路由器获取并维护相关路由信息,从而构建共享树。这样,每个路由器都知道了它的上游路由器和下游路由器,从而建立多播路由表。如果某个路由器想离开多播组,则发送剪枝报文,接收到剪枝报文的路由器把相关信息进行删除。

多播源以单播方式把分组发送给 RP,RP 沿着共享树把多播分组转发给所有多播组成员,如图 8.28 所示。

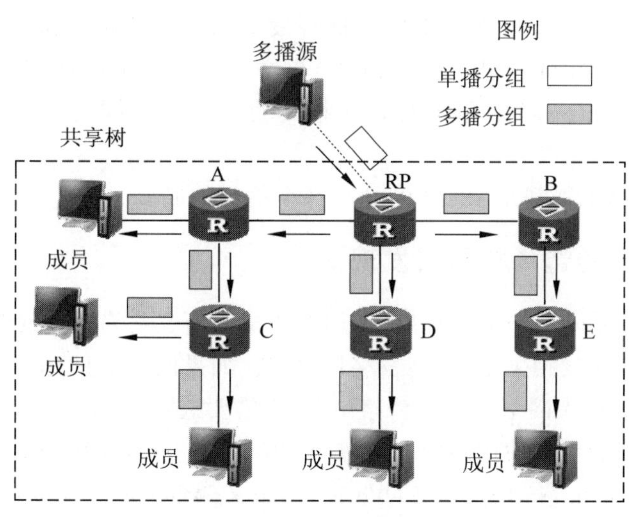

图 8.28　CBT 多播分组转发

5. PIM-SM 协议

稀疏模式协议无关多播(protocol independent multicast-sparse mode,PIM-SM)协议的最新定义在 RFC7761 中,与 PIM-DM 类似,PIM 的工作与路由器采用的单播路由协议无关,应用于稀疏环境。采用类似 CBT 的方法,需要确定一个 RP 作为树根,构建共享树。多播源需要把多播分组发送给 RP,RP 使用共享树进行分组转发,转发给多播分组接收方。更重要的是,在需要更高性能的情况下,PIM-SM 协议能够自动从共享树切换到基于源的树上。

域内多播路由协议中,PIM-SM 协议应用的较好。稍后,将进一步介绍 PIM-SM 协议。

6. PIM-SSM 协议

源特定多播协议无关多播(PIM source specific multicast,PIM-SSM)协议是借助 PIM-

SM 和 IGMPv3 协议实现的多播路由协议。与 PIM-SM 不同，它不需要维护 RP 信息和构建共享树，也不需要注册多播源，就可以在多播源和多播组成员之间直接建立最短路径树。SSM 可以使多播组成员事先知道多播源的具体位置，所以用户在加入多播组时，可以明确表示要从哪些多播源接收分组。

8.5 密集模式协议无关多播协议

与 DVMRP 相似，密集模式协议无关多播(PIM-DM)协议使用扩散与剪枝方法建立基于源的树状结构。首先使用反向通路转发 RPF 策略把每个多播分组都转发给所有路由器，直到接收到剪枝请求时才停止发送。PIM-DM 协议自身不需要构建单播路由表，可以使用任何单播路由协议建立的路由表。

PIM-DM 协议假设每个网络都有多播组成员，所以初始发送的多播分组被扩散到网络中。没有多播组成员的树枝要进行剪枝(prune)操作，多播转发树上只保留有组成员的树枝。为了使剪枝掉的树枝能够重新连入多播树，被剪掉的树枝会周期性地恢复到转发状态，以便能够重新转发多播分组。

PIM-DM 通过 PIM 报文实现相应功能。其中问候(hello)报文用于建立和维护 PIM 路由器的邻居关系；加入(join)报文用于向多播源发送加入多播转发树的请求，剪枝(prune)报文用于剪掉多播转发树的树枝；嫁接(graft)报文用于将一个树枝嫁接到多播转发树上；嫁接肯定应答报文(graft-ACK)用于对嫁接报文的肯定应答；断言(assert)报文用于断言机制。

所有 PIM-DM 路由器都是 224.0.0.13 永久多播组的成员。

8.5.1 指定路由器的选举与邻居发现

指定路由器(designed router，DR)是与多播组成员所在网络直连的路由器，为多播组成员或者多播源创建和转发相关报文，转发多播分组。如果网络中只有一台路由器，此路由器就是 DR；如果在多点接入网络上有多台路由器，则需要选举 DR。

在多点接入网络中可以使用问候报文进行 DR 选举。每个 PIM-DM 路由器都有 DR 优先级(DR priority)，路由器周期性发送问候报文，报文携带 DR 优先级，如图 8.29 所示。收

```
> Internet Protocol Version 4, Src: 10.1.12.2, Dst: 224.0.0.13
v Protocol Independent Multicast
    0010 .... = Version: 2
    .... 0000 = Type: Hello (0)
    Reserved byte(s): 00
    Checksum: 0x7b7f [correct]
    [Checksum Status: Good]
  v PIM Options: 5
    > Option 1: Hold Time: 105
    > Option 19: DR Priority: 1
    > Option 20: Generation ID: 2113657045
    > Option 2: LAN Prune Delay: T = 0, Propagation Delay = 500ms, Override Interval = 2500ms
    > Option 21: State Refresh Capable: Version = 1, Interval = 60s
```

图 8.29 PIM 路由器周期性地发送 Hello 报文

到问候报文后，路由器将自己的优先级与问候报文中的优先级比较，优先级高者当选为DR。如果优先级相同，那么IP地址大的路由器就被选举为DR。

IGMPv1没有查询器选举机制，它可以利用PIM的DR选举机制进行查询器选举。用问候报文选举的DR，就可以作为IGMPv1的查询器。

利用路由器周期性发送的问候报文，也可以进行PIM邻居发现，建立邻居表，维护邻居关系。图8.30所示为一台PIM-DM路由器建立和维护的邻居表。

```
Total Number of Neighbors = 3

Neighbor        Interface            Uptime   Expires  Dr-Priority  BFD-Session
10.1.12.1       GE0/0/0              00:39:51 00:01:23 1            N
10.1.24.4       GE0/0/1              00:39:04 00:01:23 1            N
10.1.23.3       GE0/0/2              00:38:05 00:01:29 1            N
```

图8.30　路由器的PIM邻居表

8.5.2　构建和维护最短路径树

当多播源*S*开始向多播组*G*发送多播分组时，收到多播分组的路由器首先根据单播路由表进行反向通路转发(RPF)检查。PIM可以使用任何路由协议产生的单播路由表进行RPF检查。如果多播分组到达的接口是单播路由表中指示的通往多播源*S*的接口，表明分组是通过RPF接口到达路由器的，就认为是从最短路径转发来的，则RPF检查通过。于是，创建一个(*S*,*G*)多播路由表项，并进行RPF转发，向所有下游接口PIM-DM路由器转发，这个过程称为扩散。通过扩散，多播源把多播分组发送给所有多播组成员。

如果有需要，也可以向上游路由器发送剪枝报文，请求上游路由器不用再向这个接口转发多播分组。如图8.31所示，沿着有方向的实线转发剪枝报文。

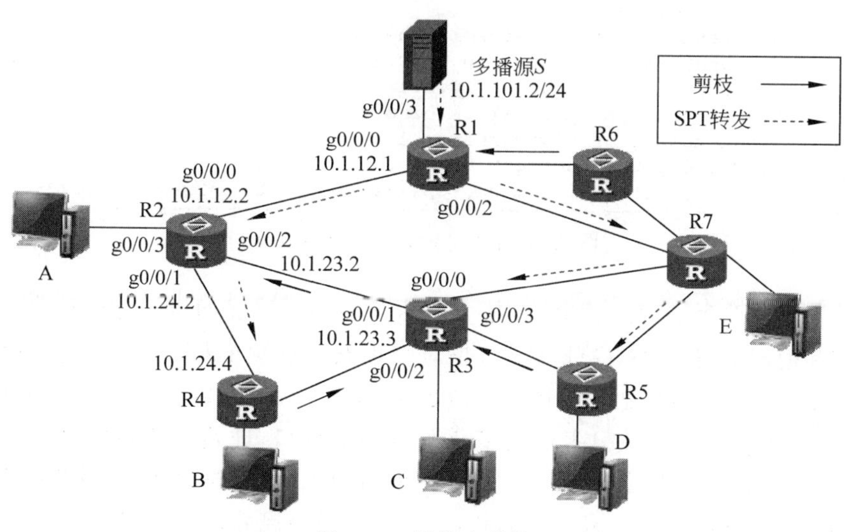

图8.31　扩散和剪枝

上游路由器在收到剪枝报文后，会将多播路由表中的下游接口的(*S*,*G*)表项置为剪枝状态。重复这一操作，直到最短路径树上只剩下具有多播组成员的树枝。通过这个过程，各相关路由器维护(S,G)表项,也就建立了以 S 为根的最短路径树。(10.1.101.2,239.1.1.1)的最短路径树如图 8.31 所示,标注了主要路由器的接口号和 IP 地址。多播源 S 的地址为 10.1.101.2,多播组 G 的地址为 239.1.1.1。这样,多播源沿着最短路径树(即沿着图 8.31 中有方向的虚线)把多播分组发送给所有多播组成员。

关于这棵最短路径树,路由器 R1 建立的(S,G)表项如图 8.32 所示。R1 直接连接多播源 S,所以上游接口为 NULL,它有两个下游接口,一个接口 g0/0/0 连接 R2,另一个接口 g0/0/2 连接 R7。

```
(10.1.101.2, 239.1.1.1)
    Protocol: pim-dm, Flag: LOC ACT
    UpTime: 00:49:09
    Upstream interface: GigabitEthernet0/0/3
        Upstream neighbor: NULL
        RPF prime neighbor: NULL
    Downstream interface(s) information:
    Total number of downstreams: 2
        1: GigabitEthernet0/0/2
            Protocol: pim-dm, UpTime: 00:09:33, Expires: never
        2: GigabitEthernet0/0/0
            Protocol: pim-dm, UpTime: 00:09:43, Expires: never
```

图 8.32　R1 建立的(S,G)路由表

路由器 R2 建立的(S,G)表项如图 8.33 所示。R2 的上游邻居是 R1,IP 地址为 10.1.12.1,上游接口是 g0/0/0,R1 也是 R2 的 RPF 邻居。R2 的下游接口只有一个,是接口 g0/0/1,连接 R4。

```
(10.1.101.2, 239.1.1.1)
    Protocol: pim-dm, Flag: EXT ACT
    UpTime: 00:50:25
    Upstream interface: GigabitEthernet0/0/0
        Upstream neighbor: 10.1.12.1
        RPF prime neighbor: 10.1.12.1
    Downstream interface(s) information:
    Total number of downstreams: 1
        1: GigabitEthernet0/0/1
            Protocol: pim-dm, UpTime: 00:00:55, Expires: never
```

图 8.33　R2 建立的(S,G)路由表

由(S,G)多播路由表可以看出,表项主要内容有(S,G)地址对、RPF 邻居、上游接口、下游接口和超时时间等。(S,G)地址对,是对多播路由表项的标识,是查找路由表的关键字;RPF 邻居,为与该接口相连的上游路由器的地址;上游接口,也称为 RPF 接口,是与 RPF 邻居连接的接口;下游接口为远离多播源方向的接口,即路由器转发多播分组的输出接口。当然,可能有多个下游接口,这时称为下游接口列表;超时时间,多播路由表项在表中的存在时间。若在超时时间内未得到刷新,则此表项将被删除。

多播树上的路由器从上游接口接收到(S,G)多播分组后,寻找多播路由表中的最长匹配表项,然后依据匹配表项,将多播分组转发到指定的下游接口,最终将多播分组转发给多播组的每个多播组成员。

8.5.3 剪枝和嫁接

如果多播组成员离开或加入多播组，则需要对多播转发树进行维护，可以通过剪枝和嫁接操作实现。

当路由器发现所有下游路由器或网络都没有某个多播组成员时，就向上游路由器发送剪枝报文，请求上游路由器停止向该路由器转发多播分组。

在图 8.31 的示例中，假设主机 A 要离开多播组 239.1.1.1，则向路由器 R2 发送 IGMP 离开组报文。R2 在收到离开组报文后，会把连接 A 的接口从多播组地址表中删除。因为 R2 的(10.1.101.2,239.1.1.1)多播路由表项还有下游接口 g0/0/1，则 A 的离开，并不会引起 R2 的剪枝操作。

如果主机 B 离开了多播组 239.1.1.1，则路由器 R4 需要把连接主机 B 的接口从多播组地址表中删除。这时，R4 的所有接口连接的网络都没有多播组成员了，于是向着多播源 10.1.101.2方向给上游路由器 R2 发送剪枝(prune)报文，如图 8.34 所示。这里 10.1.24.4 为 R4 与 R2 连接的接口 IP 地址，10.1.24.2 为 R2 连接 R4 的接口 IP 地址。

```
> Internet Protocol Version 4, Src: 10.1.24.4, Dst: 224.0.0.13
v Protocol Independent Multicast
    0010 .... = Version: 2
    .... 0011 = Type: Join/Prune (3)
    Reserved byte(s): 00
    Checksum: 0x57e2 [correct]
    [Checksum Status: Good]
  v PIM Options
      Upstream-neighbor: 10.1.24.2
      Reserved byte(s): 00
      Num Groups: 1
      Holdtime: 210
    v Group 0: 239.1.1.1/32
        Num Joins: 0
      v Num Prunes: 1
          IP address: 10.1.101.2/32
```

图 8.34 R4 向 R2 发送剪枝报文

路由器 R2 在收到剪枝报文后，会把连接 R4 的接口 g0/0/1 从多播路由表中删除，这时 R2 的(10.1.101.2,239.1.1.1)多播路由表项的下游接口为空，如图 8.35 所示。

```
(10.1.101.2, 239.1.1.1)
    Protocol: pim-dm, Flag: ACT
    UpTime: 00:16:23
    Upstream interface: GigabitEthernet0/0/0
        Upstream neighbor: 10.1.12.1
        RPF prime neighbor: 10.1.12.1
    Downstream interface(s) information: None
```

图 8.35 R2 的(S,G)表项

既然 R2 的下游接口没有多播组成员，于是 R2 向多播源 10.1.101.2 方向给上游路由器 R1 发送剪枝报文，具体操作与 R4 的操作类似。

嫁接是把剪掉的树枝重新加入多播转发树上，可通过发送嫁接报文来实现。经过剪枝

后,若有新的多播组成员向路由器发送 IGMP 报告报文,路由器会在多播组地址表中添加相关信息,并向上游路由器发送 PIM-DM 嫁接报文,当上游路由器收到嫁接报文后,会把相应接口设置成转发状态,以便进行多播分组的转发。默认情况下,被剪掉的树枝等待一段时间后,就会自动嫁接到最短路径树上。每个路由器都设置一个剪枝计时器,当计时时间到,就会向上游路由器发送嫁接报文。为了减少被剪枝掉的树枝恢复到转发状态的等待时间,PIM-DM 路由器也可以主动发送嫁接报文,及时恢复到转发状态,而不需要等待剪枝计时器超时。

例如,路由器 R4 向 R2 发送的嫁接报文如图 8.36 所示,是以单播形式发送的,目的地址就是它的上游路由器的 IP 地址,即 R2 的地址 10.1.24.2。R2 收到嫁接报文后,把与 R4 相连接的接口置为转发状态,恢复对 R4 进行 239.1.1.1 多播分组的转发,并且向 R4 发送一个嫁接肯定应答报文。如果需要(例如 R2 也不在最短路径树上),则 R2 继续向上游路由器发送嫁接报文,直到到达一个在最短路径树上的路由器或者根结点。

```
> Internet Protocol Version 4, Src: 10.1.24.4, Dst: 10.1.24.2
v Protocol Independent Multicast
    0010 .... = Version: 2
    .... 0110 = Type: Graft (6)
    Reserved byte(s): 00
    Checksum: 0x55b4 [correct]
    [Checksum Status: Good]
  v PIM Options
      Upstream-neighbor: 10.1.24.2
      Reserved byte(s): 00
      Num Groups: 1
      Holdtime: 0
    v Group 0: 239.1.1.1/32
      v Num Joins: 1
          IP address: 10.1.101.2/32
        Num Prunes: 0
```

图 8.36　R4 向 R2 发送嫁接报文

8.5.4 断言机制

PIM 的断言(assert)机制是一种为了避免重复接收多播分组的机制。具体来说,当 PIM 路由器接收到邻居发送的相同多播分组后,就意识到发生了重复多播分组转发,于是就发送断言报文,报文的目的地址为 224.0.0.13。收到断言报文的 PIM 路由器,将自己的配置参数与断言报文中的参数进行比较,按一定规则进行竞选,获胜者(winner)就成为这个路由器的上游路由器,只有上游路由器才进行多播分组的转发。落选者(loser)会删除多播路由表项的这个下游接口;同时,向这个接口发送剪枝报文,不再向这个接口转发多播分组。

在如图 8.31 所示的网络中,多播源 *S* 发送的视频通过 PIM-DM 进行扩散。其中,路由器 R2 的上游接口为 g0/0/0,下游接口为 g0/0/1 和 g0/0/2。R3 的上游接口为 g0/0/0,下游接口为 g0/0/1、g0/0/2 和 g0/0/3。R2 和 R3 从它们各自的上游接口接收多播分组,然后都会转发到各自的下游接口。这样,R2 从接口 g0/0/2,R3 从接口 g0/0/1 分别接收到了同样的多播分组。从而都触发了断言机制,于是 R2 和 R3 互相发送断言报文。假设 R2 获胜,成为获胜者。R3 失败,作为落选者,R3 需要删除掉多播路由表项中的 g0/0/1 这个下游接口，同时通过接口 g0/0/1 接口发送剪枝报文。R2 收到 R3 的剪枝报文后，删除掉 g0/0/2 这个下游接口。此时，因为 R2 的(10.1.101.2,239.1.1.1)表项不为空，还有 g0/0/1 下游接口，所以不需要再向 R2 的上游发送剪枝报文。

断言竞选时，首先比较路由器的单播路由协议优先级(metric preference)，优先级高者获胜；若优先级一样，则比较它们到多播源的路由开销(metric)，开销较小者获胜；如果开销也一样，则根据它们的 IP 地址竞选，地址大的获胜。断言报文携带有这些竞选时用到的相关信息。

如图 8.37 所示为路由器 R2 和 R3 交互的 PIM-DM 报文。10.1.23.2 是 R2 接口 g0/0/2 的 IP 地址，10.1.23.3 是 R3 接口 g0/0/1 的 IP 地址。可以看出，R2 发送的关于(10.1.101.2,239.1.1.1) 的断言报文中 Metric Preference 为 10，是它使用的路由协议 OSPF 的优先级；Metric 为 2，是路由器 R2 到多播源 10.1.101.2 的开销。

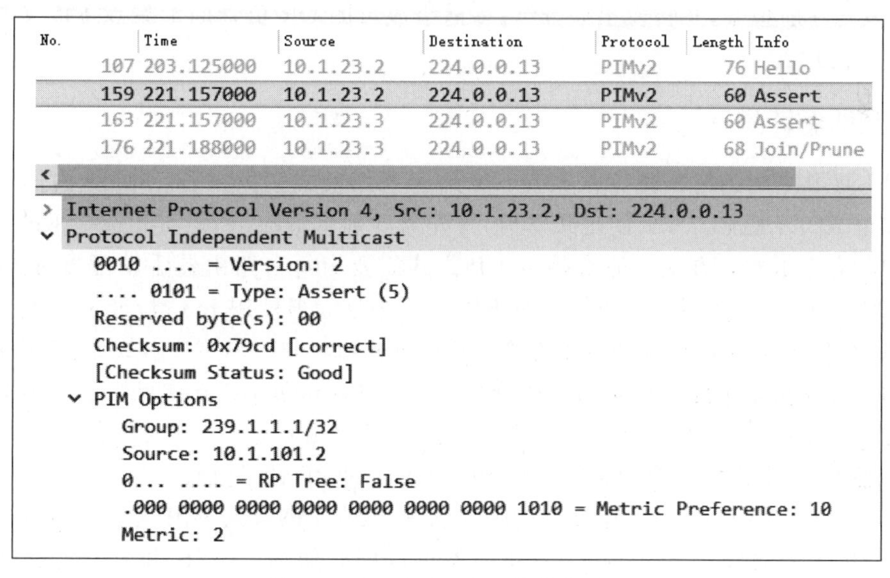

图 8.37　R2 与 R3 交互的断言报文

8.6　稀疏模式协议无关多播协议

稀疏模式协议无关多播(PIM-SM)协议是另一个 PIM 协议，使用稀疏模式工作。它假设网络中都没有多播组成员，除非有结点请求加入多播组。PIM-SM 构建并维护基于源的树和共享树两种多播转发树，结合了这两种树的优点，是一种应用前景最为广阔的域内多播路由协议。

如果有多播组成员的加入，则 PIM-SM 路由器创建共享树。当多播源刚开始发送数据时，首先将多播分组发送给共享树的树根，再通过共享树转发最初多播分组。通过接收多播分组，路由器能够发现多播源。当转发多播分组的速率超过一定阈值后，为了提高转发效率，路由器就会建立基于多播源的树(即最短路径树)，并切换到最短路径树上。

同 PIM-DM 协议一样，PIM-SM 协议不依赖特定单播路由协议工作。PIM-SM 协议定义了 PIM 报文实现相应功能。其中,问候报文(hello)用于建立和维护 PIM 路由器的邻居关系;注册(register)报文用于多播源向汇聚点(RP)注册;注册停止(register stop)报文用于停止多播源注册;加入(join)报文用于向多播源或 RP 发送加入多播转发树(最短路径树或汇聚点树)的请求;剪枝(prune)报文用于多播转发树的剪枝;自举(bootstrap)报文用于自举路由器(bootstrap router,BSR)选举和发送候选 RP(candidate RP,C-RP)的汇总信息;C-RP通告报文用于 C-RP 向 BSR 发送通告信息;断言(assert)报文用于断言机制。

与 PIM-DM 协议类似,PIM-SM 路由器通过周期性地发送问候报文建立 PIM 路由器的邻居关系。另外,在多点接入网络中,可以使用问候报文进行指定路由器 DR 选举。所有 PIM-SM 路由器都是 224.0.0.13 永久多播组的成员。

PIM-SM 中的指定路由器(DR)有很重要的作用,无论是与多播源连接的网络,还是与多播组成员连接的网络,在多点接入网络中,例如以太网,都需要选举 DR。多播源的 DR 负责向 RP 发送注册报文,并转发多播分组;多播组成员的 DR 负责向汇聚点 RP 或多播源发送加入/剪枝报文。

8.6.1 汇聚点选举

PIM-SM 共享树的树根称为汇聚点(RP),为了加入共享树,PIM-SM 域内的所有路由器必须知道 RP 的地址。为了创建共享树,首先需要确定 RP。PIM-SM 选举 RP 主要有静态指定和动态选举两种方式。静态指定 RP 方式需要为每台路由器手动配置 RP 地址;动态选举 RP 方式,可以使用相关协议选举 RP。RP 地址一般使用 Loopback 接口地址。

静态指定 RP 方式的最大弱点是存在 RP 单点故障现象。当 RP 出故障时,此 RP 所负责的多播转发树将无法进行正常的多播分组转发。动态选举 RP 方式可以较好地解决单点故障问题。BootStrap 是开放标准的自举协议,AutoRP 是 Cisco 公司的私有协议,都可以用来动态选举 RP。下面简单介绍自举协议 BootStrap 的 RP 选举过程。

在 BootStrap 协议中,为保证网络的强壮性,一般在 PIM-SM 域中配置多个候选自举路由器(C-BSR)和候选 RP(C-RP),一台路由器可以同时作为 C-BSR 和 C-RP,都使用回送(loopback)地址。

(1) 从 C-BSR 中竞选自举路由器(BSR)。首先,C-BSR 将自己的优先级和 IP 地址放在自举报文中,发送给 PIM-SM 域中所有路由器;然后,C-BSR 将自己的优先级和 IP 地址与收到的其他 C-BSR 发送的自举报文中的优先级和 IP 地址进行比较。竞选胜利者继续发送自举报文,失败者停止发送。这样,最终只剩下一个 C-BSR 发送自举报文,此 C-BSR 即成为域中的 BSR,且网络中的所有路由器也都知道了 BSR 的地址。

竞选 BSR 主要依据优先级和 IP 地址,首先比较优先级,优先级高者获胜;如果优先级相同,IP 地址大者获胜。

BSR 是 PIM-SM 域的管理核心,一个 PIM-SM 域内只能有一个 BSR。但是,因为有多个 C-BSR,一旦 BSR 发生故障,C-BSR 能够通过自动选举再产生新的 BSR。

(2) C-RP 从接收到的自举报文中获知了 BSR 的地址,于是就将自己的优先级、IP 地址和所服务的多播组地址发送给 BSR。BSR 将这些信息进行汇总,形成 RP 信息集(RP-Set)。然后,BSR 将 RP 信息集封装到自举报文中,发布到整个 PIM-SM 域。所有路由器依据 RP 信息集,使用相同计算规则,为特定多播组计算 RP。因为 RP 信息集一样,又采用统一算法，那么计算出的 RP 也是一样的。这样，在选举出 RP 的同时，每个路由器也知道了 RP 地址。

因为配置了多个 C-RP，一旦当前 RP 出现了故障，就马上进行 C-RP 竞选，以避免 RP 单点故障问题。

8.6.2 构建和维护共享树

多播路由表是随着多播树的构建过程而建立起来的。基于源的树的最短路径树的多播路由表项主要包括(S,G)地址对、RPF(反向通路转发)邻居、上游接口、下游接口和超时时间等内容。作为共享树的汇聚点树的多播路由表主要包括(*,G)地址对、RP 地址、RPF 邻居、上游接口、下游接口和超时时间等。其中，RP 地址就是汇聚点(RP)地址，使用回送地址。

当主机想要加入多播组时，需要通过指定路由器(DR)请求加入共享树。首先，主机向 DR 发送 IGMP 成员关系报告报文。如果 DR 没有(*,G)表项，则进行创建，将收到 IGMP 报告报文的接口添加到表项的下游接口列表中。然后，DR 构建加入报文，并向着 RP 方向逐跳转发加入报文。在转发加入报文的过程中，相关路由器都建立或者维护多播组转发状态信息。如果收到加入报文的路由器已经在共享树上，则只需将接收加入报文的接口加入到它的(*,G)多播路由表项的下游接口列表中，不需要再转发加入报文；如果收到加入报文的路由器不在共享树上，则需要创建一个(*,G)表项，并把接收加入报文的接口加入到下游接口列表中，继续向着 RP 方向转发加入报文，直至到达一台在共享树中的路由器，或者到达树根 RP。类似地，RP 也要创建(*,G)路由表项，将收到加入报文的接口添加到下游接口列表。这样，多播组新成员的加入，使得一个树枝连接到共享树上，这个树枝上的路由器都建立了相关多播路由表项。

每个多播组成员的加入都这样操作，则从 RP 到多播组成员的树枝就构成了一棵共享树，如图 8.38 所示，假设 R6 为共享树的 RP，它的回送地址为 10.1.6.6，构建的共享树如图中带方向的虚线所示。图中标识了每台路由器主要接口的 IP 地址，以及每台主机接口的 IP 地址。

假设图 8.38 中的路由器 R2 收到了主机 A 加入多播组 239.1.1.1 的 IGMP 报告报文，于是，R2 检查自己的多播路由表中是否有关于多播组 239.1.1.1 的表项。假设 R2 不在共享树中，R2 没有 239.1.1.1 的表项，于是在多播路由表中添加(*,239.1.1.1)表项，如图 8.39 所示。

然后，构建如图 8.40 所示的加入报文，并向着 RP 方向发送加入报文。10.1.6.6 是 RP 的回送地址。

路由器 R1 在收到 R2 发来的加入报文后，同样也需要查找多播路由表。假设 R1 不在共享树中，没有 239.1.1.1 的表项，则需要添加多播组 239.1.1.1 的(*,G)表项，构建并转发加入报文。R1 建立的(*,239.1.1.1)路由表项如图 8.41 所示。

R1 把加入报文转发到汇聚点，即 R6，类似地，R6 检查并添加多播组 239.1.1.1 的(*,G)表项。

主机 B、C、D、E 等其他多播组成员加入多播组的操作与主机 A 类似；相关路由器的操作与 R1 和 R2 类似。这样，随着多播组成员的加入，在这些路由器中也就建立了(*,239.1.1.1)

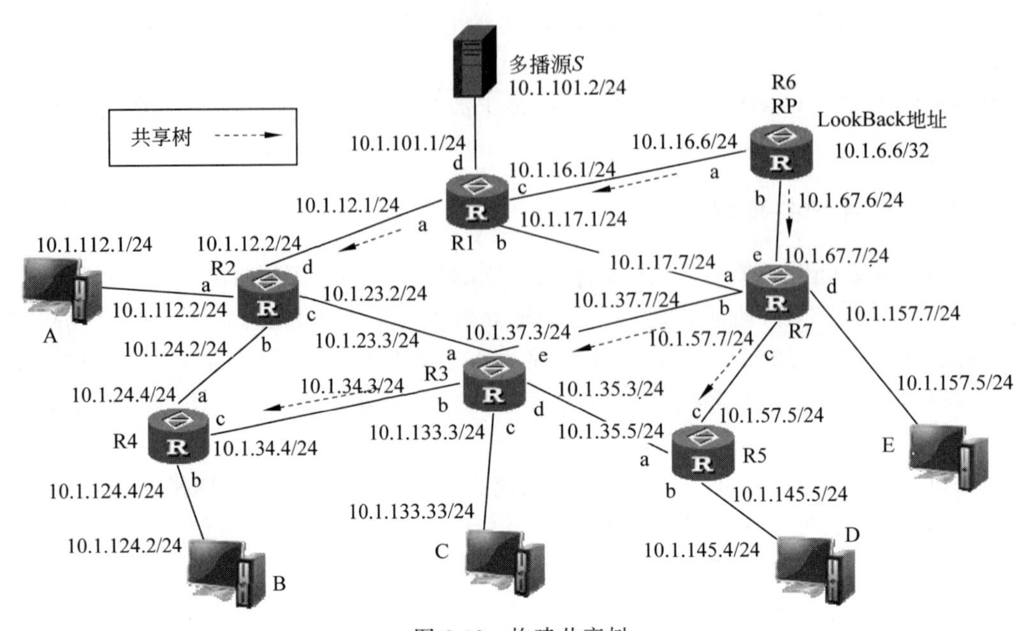

图 8.38 构建共享树

```
(*, 239.1.1.1)
    RP: 10.1.6.6
    Protocol: pim-sm, Flag: WC EXT
    UpTime: 00:07:41
    Upstream interface: GigabitEthernet0/0/0
        Upstream neighbor: 10.1.12.1
        RPF prime neighbor: 10.1.12.1
    Downstream interface(s) information: None
```

图 8.39 R2 的(*,239.1.1.1)表项

```
> Internet Protocol Version 4, Src: 10.1.12.2, Dst: 224.0.0.13
v Protocol Independent Multicast
    0010 .... = Version: 2
    .... 0011 = Type: Join/Prune (3)
    Reserved byte(s): 00
    Checksum: 0xbbdf [correct]
    [Checksum Status: Good]
  v PIM Options
      Upstream-neighbor: 10.1.12.1
      Reserved byte(s): 00
      Num Groups: 1
      Holdtime: 210
    v Group 0: 239.1.1.1/32
      v Num Joins: 1
          IP address: 10.1.6.6/32 (SWR)
        Num Prunes: 0
```

图 8.40 R2 发送加入报文

```
(*, 239.1.1.1)
    RP: 10.1.6.6
    Protocol: pim-sm, Flag: WC
    UpTime: 00:01:18
    Upstream interface: GigabitEthernet0/0/1
        Upstream neighbor: 10.1.16.6
        RPF prime neighbor: 10.1.16.6
    Downstream interface(s) information:
    Total number of downstreams: 1
        1: GigabitEthernet0/0/0
            Protocol: pim-sm, UpTime: 00:01:18, Expires: 00:03:12
```

图 8.41　R1 的(＊,239.1.1.1)表项

路由表项,如表 8.3 所示。

表 8.3　(＊,239.1.1.1)PIM 路由表

路由器	(＊,*G*)地址对	RP 地址	RPF 邻居	上游接口	下游接口列表
R1	(＊,239.1.1.1)	10.1.6.6	10.1.6.6	c	a
R2	(＊,239.1.1.1)	10.1.6.6	10.1.12.1	d	None
R3	(＊,239.1.1.1)	10.1.6.6	10.1.37.7	e	b
R4	(＊,239.1.1.1)	10.1.6.6	10.1.34.3	c	None
R5	(＊,239.1.1.1)	10.1.6.6	10.1.57.7	c	None
R6	(＊,239.1.1.1)	10.1.6.6	NULL	None	a,b
R7	(＊,239.1.1.1)	10.1.6.6	10.1.67.6	e	b,c

共享树建立起来后,就可以根据多播组成员关系的变化,通过加入或剪枝报文进行加入或剪枝操作。当多播组成员离开多播组时,它的 DR 就向多播组 RP 方向逐跳转发剪枝报文,剪枝报文沿着共享树向上游转发时,沿途路由器会更新多播路由表项,删除下游接口。例如,主机 A 向路由器 R2 发送 IGMP 离开报文,因为主机 A 是连接在 R2 接口 a 上的多播组 239.1.1.1 的唯一成员,A 的离开使得接口 a 的连接方向不再有多播组成员。于是 R2 在多播转发表的下游接口列表中删除接口 a。这时,R2 不再转发来自多播组 239.1.1.1 的数据。于是,R2 向上游发送剪枝报文。R1 从接口 a 收到 R2 的剪枝报文,在下游接口列表中删除接口 a。这时,下游接口列表也变为 None。同样,R1 向上游继续发送剪枝报文。R6 从接口 a 收到 R1 的剪枝报文,在下游接口列表中删除接口 a。这时,与 R1 相连接的这个树枝即被剪枝掉。R6 作为 RP 不再向接口 a 方向转发多播组 239.1.1.1 的数据。

可以看出,在转发树上的路由器通过向多播组的 RP 方向发送加入或剪枝报文,维护共享树状态。

8.6.3　多播源注册

当多播源发送多播分组时,会首先把分组发送给 RP,然后由 RP 沿着共享树转发多播分组给多播组成员。

多播分组在初始传送时，源和RP之间没有多播树。此时，源的指定路由器(DR)会将多播分组封装在注册报文中，然后将注册报文封装在单播IP分组中发送给RP。如果有多播组成员，则RP收到注册报文时，进行解封装，并把多播分组沿共享树转发。

RP在收到注册报文后，就会发现多播源。然后，RP就向多播源的方向发送针对特定多播源的加入报文，沿途路由器转发加入报文，并建立(S,G)表项。当RP发送的加入报文到达多播源的DR时，多播源到RP的最短路径树就建立了起来。这时，多播源的DR就会沿最短路径树将多播分组发送给RP。

当多播分组沿最短路径树到达RP时，RP会向多播源的DR发送注册停止报文，使DR停止使用注册报文对多播分组的封装操作。收到注册停止报文后，多播源发送的多播分组不再进行注册报文封装，而是沿着最短路径树把多播分组发送给RP。

下面，以图8.38中的多播源S发送的多播分组为例，说明多播源向RP发送多播分组的过程。

多播源S向多播组239.1.1.1发送视频数据，多播分组的源地址为S的地址10.1.101.2，目的地址为239.1.1.1。S的指定路由器R1将多播分组封装在注册报文中，以单播方式转发给RP，单播分组的目的地址为RP的回送地址10.1.6.6，源地址为R1与多播源连接接口d的地址10.1.101.1。R1发送的注册报文如图8.42所示。

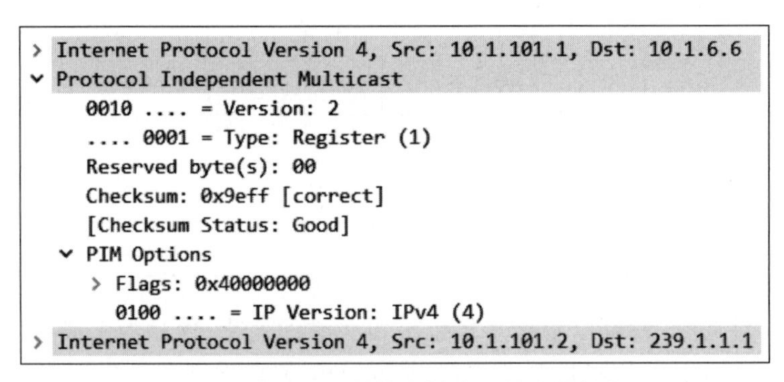

```
> Internet Protocol Version 4, Src: 10.1.101.1, Dst: 10.1.6.6
v Protocol Independent Multicast
    0010 .... = Version: 2
    .... 0001 = Type: Register (1)
    Reserved byte(s): 00
    Checksum: 0x9eff [correct]
    [Checksum Status: Good]
  v PIM Options
    > Flags: 0x40000000
      0100 .... = IP Version: IPv4 (4)
> Internet Protocol Version 4, Src: 10.1.101.2, Dst: 239.1.1.1
```

图8.42 R1发送封装多播分组的注册报文

RP在接收到多播分组后，如果存在该多播分组的接收方，也就是RP关于(*,G)的多播路由表项的下游接口列表不为空，就将多播分组向这些接口转发，即沿着共享树转发多播分组；否则，将其丢弃。

以如图8.42的方式先将多播分组封装到注册报文中，然后再封装到单播分组中进行处理会使开销大、效率低，因此在RP收到源S发来的第一个多播分组后会建立路由表项(10.1.101.2,239.1.1.1)，将接收多播分组的a接口作为上游接口，下游接口为空。并且通过接口a向着多播源S方向发送加入报文，如图8.43所示。R1从c接口收到加入报文后，会建立一个(10.1.101.2,239.1.1.1)表项，c接口为下游接口，d接口与多播源连接，d接口为上游接口。这样，就建立了源S和RP之间的一棵基于源的树(即最短路径树)，由源S发送的多播分组就可以使用最短路径树发送给RP。

R1和R6建立的源到RP的最短路径树(10.1.101.2,239.1.1.1)PIM路由表如表8.4所示。

```
> Internet Protocol Version 4, Src: 10.1.16.6, Dst: 224.0.0.13
v Protocol Independent Multicast
    0010 .... = Version: 2
    .... 0011 = Type: Join/Prune (3)
    Reserved byte(s): 00
    Checksum: 0x5be3 [correct]
    [Checksum Status: Good]
  v PIM Options
      Upstream-neighbor: 10.1.16.1
      Reserved byte(s): 00
      Num Groups: 1
      Holdtime: 210
    v Group 0: 239.1.1.1/32
      v Num Joins: 1
          IP address: 10.1.101.2/32 (S)
        Num Prunes: 0
```

图 8.43　RP 发送加入报文

表 8.4　源到 RP 的(*S*,*G*)PIM 路由表

路　由　器	(*S*,*G*)地址对	RPF 邻居	上游接口	下游接口列表
R1	(10.1.101.2,239.1.1.1)	NULL	d	c
R6	(10.1.101.2,239.1.1.1)	10.1.16.1	a	None

建立基于源的树(即最短路径树)时,源 *S* 把多播分组封装到注册报文中传送。一旦最短路径树建立起来,源 *S* 也会把多播分组通过最短路径树传送到 RP。这样,同一个多播分组 RP 可能会收到两份,这时,RP 丢弃注册报文。为了抑制注册报文的发送,RP 向着源 *S* 的方向发送注册停止报文。R6 发送的注册停止报文如图 8.44 所示。

```
> Internet Protocol Version 4, Src: 10.1.6.6, Dst: 10.1.101.1
v Protocol Independent Multicast
    0010 .... = Version: 2
    .... 0010 = Type: Register-stop (2)
    Reserved byte(s): 00
    Checksum: 0x7cd9 [correct]
    [Checksum Status: Good]
  v PIM Options
      Group: 239.1.1.1/32
      Source: 10.1.101.2
```

图 8.44　RP 发送注册停止报文

一旦收到注册停止报文,多播源的 DR 就不再使用注册报文而是直接使用最短路径树发送多播分组。

RP 发送注册停止报文的另一种情况是,当没有多播组成员时,RP 会丢弃相关多播分组,并向源发送注册停止报文,通知 DR 停止发送注册报文和多播分组。

8.6.4　切换到基于源的树

从源到 RP,再通过共享树转发多播分组的路径,不一定是从源到多播组成员的最短路径。例如，图 8.38 中的源 S 发送的多播分组沿着 R1→R6→R7 路径转发到 R7，而转发到 R7 的最短路径是 R1→R7。所以，为了提高路由效率，PIM-SM 协议提供了从共享树到基于源的树（即最短路径树，SPT）的切换机制，以减少网络延迟和在 RP 上可能出现的拥塞。

当指定路由器（DR）发现接收特定（S，G）多播分组的速率超过一个 SPT 阈值（SPT threshold）时，就会触发最短路径树的切换。切换后，源发送的多播分组将沿着这棵最短路径树，经最短路径转发给多播组成员。共享树只用于帮助多播组成员发现活动的多播源，以及用于多播分组传送的初始阶段。

下面，以图 8.38 所示示例描述从多播源到多播组成员的基于源的树（即最短路径树）的建立过程，以及由共享树切换到基于源的树的过程。

当 R7 接收多播分组 239.1.1.1 的速率超过事先确定的特定 SPT 阈值时，R7 就向着多播源 10.1.101.2 的方向发送加入报文，同时创建（10.1.101.2，239.1.1.1）多播路由表项。R7 从接收的多播分组中得到活动多播源的地址为 10.1.101.2，根据这个地址查找单播路由表，获知到多播源的最短路径，由此得到 RPF 邻居和上游接口，将这些信息添加到多播路由表项（10.1.101.2，239.1.1.1）中。在加入报文向着源的方向转发过程中，途径的路由器会根据加入报文内容、接收和转发报文的接口等信息建立（S，G）表项。当加入报文从接口 b 到达多播源的指定路由器 R1 时，就在 R1 的（S，G）表项的下游接口列表中将接口 b 添加进去。R2、R3、R4、R5 等其他路由器操作与 R7 类似。这样，通过加入报文的传输建立了（S，G）表项，从而就构建了一棵基于源 S 到多播组成员的最短路径树。各路由器的 PIM 路由表项示例如表 8.5 所示。

表 8.5　源 S 到多播组成员的（10.1.101.2，239.1.1.1）PIM 路由表

路　由　器	（S，G）地址对	RPF 邻居	上游接口	下游接口列表
R1	（10.1.101.2，239.1.1.1）	NULL	d	a，b
R2	（10.1.101.2，239.1.1.1）	10.1.12.1	d	b
R3	（10.1.101.2，239.1.1.1）	10.1.37.7	e	None
R4	（10.1.101.2，239.1.1.1）	10.1.24.2	a	None
R5	（10.1.101.2，239.1.1.1）	10.1.57.7	c	None
R6	（10.1.101.2，239.1.1.1）	NULL	None	None
R7	（10.1.101.2，239.1.1.1）	10.1.17.1	a	b，c

这时，一个多播组成员可能会收到两份同样的多播分组，一个是通过源发送给 RP，然后再沿共享树（即汇聚点树，RPT）转发过来的分组；另一个则是直接沿着基于源的树（即最短路径树）转发过来的分组。为了避免这种重复传送分组的浪费，需要向 RP 的方向发送剪枝报文并剪枝共享树。剪枝报文转发过程中途径的路由器和 RP，各自更新多播路由表。

例如，路由器 R7 同时连接在 SPT 和 RPT 上，当它在 SPT 上收到（S，G）分组时，就不需要再从 RPT 上接收多播分组了，所以 R7 会向 RP 方向发送剪枝报文，将自己从共享树上剪掉。

PIM-SM 切换到基于源的树进行多播分组传输，使得分组从源到多播组成员的传输路径最短，减少了网络延迟。

路由器在转发多播分组时，先进行 RPF 检查。如果是 RPT，则 RPF 检查使用 RP 的 IP 地址；如果是 SPT，RPF 检查使用多播源的地址。

PIM-SM 协议更适合于多播组中成员较少，传输带宽不是很丰富的场合。另外，类似 PIM-DM 协议，PIM-SM 协议也具有断言功能。

IPv6 路由器之间也使用 PIM-SM 协议。PIM-SM 网络中的指定路由器(DR)是多播树中的边界路由器，它是连接主机与上游路由器的桥梁，既能处理 MLD 报文，又能处理 PIM 报文。DR 通过 MLD 协议发现本地链路上的多播接收方，然后 DR 向 RP 发送加入剪枝报文，维持多播组 G 的 RP 树。

与 IPv4 相比，IPv6 的多播路由协议在原理方面没有大的变化。但是 IPv6 多播路由协议可以使用 IPv6 多播地址的特点，对路由协议有更好的支持。

8.6.5 PIM-SSM 协议

传统的 PIM-SM 多播是任意源多播(any source multicast，ASM)，只使用多播组地址来标识一个多播会话。特定源多播(source specific multicast，SSM)是一种新的多播业务模型，使用多播组地址和多播源地址同时来标识一个多播会话。SSM 需要与 IGMPv3 结合使用，不需要维护 RP 信息，不需要建立 RPT，也不需要注册多播源，可以直接在源与多播组成员之间建立一棵基于源的树(即最短路径树)。SSM 结点预先知道多播源的位置，在结点加入多播组时，可以明确说明接收或拒绝来自特定多播源的数据。

PIM-SSM 协议的功能的实现主要包括邻居发现、DR 选举和构建 SPT。

与 PIM-DM、PIM-SM 类似，PIM-SSM 路由器之间周期性的发送问候报文来发现和维护 PIM 邻居关系，并使用问候报文进行 DR 选举。

结点在通过 IGMPv3 成员关系报告报文向指定路由器加入多播组时，既可指定加入的多播组地址，又可指定特定多播源地址。如果多播组成员的指定路由器知道了多播源地址，就可以向多播源方向发送加入报文，创建 SPT。建立 SPT 的过程与用 PIM-SM 协议创建最短路径树的过程类似。

IANA 规定 232.0.0.0/8 是用于 SSM 的多播地址。

8.7 域间多播路由协议

域间多播路由需要解决活动多播源的发现问题以及域间 RPF 检查问题。

多播源与多播组成员可能不在一个 AS 域中，所以需要解决一个 AS 域的多播组成员发现不同 AS 域中的多播源的问题。多播源发现协议(MSDP)，用于在 AS 之间交换多播源信息，不同 AS 域通过 MSDP 就可以获知其他域中的活动多播源。

域间的 RPF 检查使用的是 MBGP 路由表，MBGP 是对 BGP 的扩展。使用 MBGP，在 AS 域间不仅能传送单播路由信息还可以传送多播路由信息等其他信息。

在运行 MBGP 和 MSDP 时，需要 PIM-SM 协议作为域内多播路由协议。

8.7.1 多播源发现协议

在 RFC3618 中定义的多播源发现协议(multicast source discovery protocol，MSDP)主

要用于发现其他 AS 域内的活动多播源。

PIM-SM 域中，当多播源使用注册功能将多播分组发送给 RP 后，域内的 RP 便会发现本域中的活动多播源。一个 RP 可以使用 MSDP 把本域内的活动多播源通知给其他 RP。这样一来，各个域中的 RP 通过使用 MSDP 报文交换多播源信息，就可以发现域间的多播源。

MSDP 报文交换是在 MSDP 对等体(peer)之间进行的。使用 TCP 连接可在 RP 之间建立 MSDP 对等关系。MSDP 对等关系可以建立在不同 PIM-SM 域的 RP 之间，也可以建立在同一个 PIM-SM 域的多个 RP 之间，还可以建立在 RP 与非 RP 路由器之间。每个 MSDP 对等体又可称为 MSDP 发言人(MSDP speaker)。

一旦 RP 收到本域内的多播源发送的注册报文，便会向 MSDP 对等体发送 MSDP 活动源(source active，SA)报文，然后 MSDP 对等体会周期性地发送 SA 报文。这些 SA 报文中携带了本域内的活动多播源信息，主要包括多播源地址、多播组地址和源 RP(origin RP)地址等。RP 通过 SA 报文，把域内活动多播源信息通知给它的 MSDP 对等体。

假设 RP1 是一个汇聚点(RP)，当它接收到 SA 报文后，会像在 PIM-SM 域中一样，使用 SA 报文中的源 RP 地址进行 RPF 检查。如果通过了 RPF 检查，则进行 RPF 转发。如果 RP1 中有 SA 报文标识的多播组地址 G 的共享树($*$,G)的状态信息且($*$,G)的下游接口不为空，即 RP1 的共享树中有多播组 G 的成员。于是，一方面，RP1 沿共享树进行多播分组的转发；另一方面，RP1 就向着多播源方向发送(S,G)加入报文，请求加入这个多播源的最短路径树。这样，RP1 就把基于源最短路径树的一个分支引入自己所在的域。之后，这个多播源发送的数据就会通过该分支到达 RP1，RP1 再沿着域内共享树把多播分组转发给多播组成员。同样，指定路由器从共享树上接收到多播分组之后，根据设定的 SPT 阈值，也可以切换到基于源的树(即最短路径树)上。

8.7.2 多协议边界网关协议

域间单播路由协议一般使用 BGP4。为了使 BGP4 能够在 AS 之间支持多播路由，必须对 BGP4 进行改进。多协议边界网关协议(multiprotocol border gateway protocol，MBGP)是对 BGP 的扩展，扩展方法在 RFC2858 和 RFC4760 中定义。MBGP 报文不仅能携带 IPv4 路由信息，也能携带多个网络层协议的路由信息，例如 IPv6 和 IPX 等。携带多播路由信息是其中一个扩展功能。BGP4 所支持的常见策略和配置方法都可以应用到多播技术中。

MBGP 运行于 AS 边界路由器上，用来提供域间的下一跳信息。当 RP 或者多播组成员向位于其他 AS 的多播源 S 方向发送加入报文时，就可以使用 MBGP 路由表进行 RPF 检查。MBGP 提供了一种进行域间多播 RPF 检查方法。

8.7.3 域间多播

下面通过一个简单例子说明使用 MBGP、MSDP 和 PIM-SM 这 3 种协议进行域间多播的过程。

如图 8.45 所示，AS100、AS200、AS300 和 AS400 这 4 个域内都运行了 PIM-SM 协议，它们的共享树的树根分别为 RP1、RP2、RP3 和 RP4。首先，在 RP1 与 RP2、RP1 与 RP3、

RP2 与 RP3，以及 RP3 与 RP4 之间都建立了 MSDP 和 MBGP 对等关系，如图 8.45(a)中的双向虚线所示。

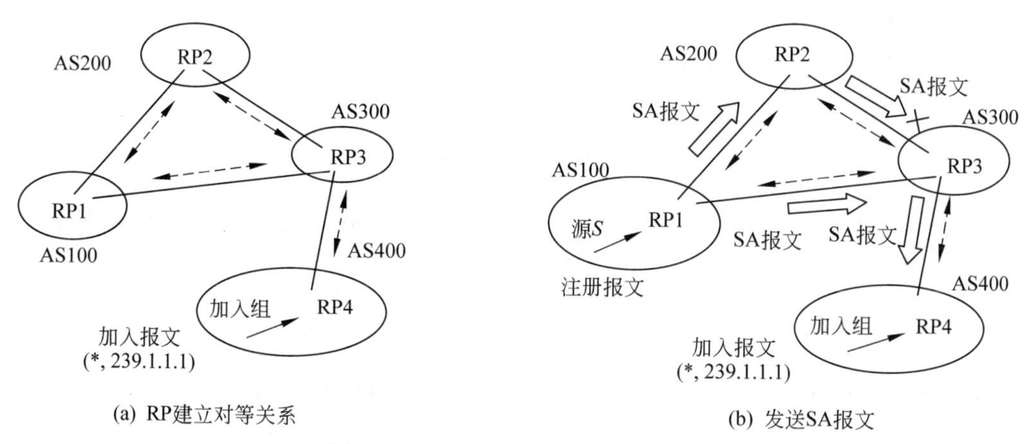

图 8.45　MSDP 对等体发送 SA 报文

AS400 域中有一个多播组成员请求加入(＊,239.1.1.1)组时，就使用 PIM-SM 协议的加入报文构建以 RP4 为树根的共享树。

当 AS100 域中有一个多播源 S(IP 地址为 10.1.101.2)开始活动，向多播组 239.1.1.1 发送多播分组时，S 的指定路由器将多播分组封装在注册报文中，并向 RP1 发送注册报文。RP1 收到注册报文后，对其解封装得到多播分组，将多播分组沿着 AS100 域内共享树转发给多播组成员。同时，RP1 构建 SA 报文，SA 报文携带 RP1 的 IP 地址 10.1.2.2、多播组(10.1.101.2,239.1.1.1)地址对等信息。然后，RP1 将 SA 报文发送给 MSDP 对等体 RP2 和 RP3，RP1 就是源 RP。发送给对等体 10.1.5.5 的 SA 报文如图 8.46 所示。

```
> Internet Protocol Version 4, Src: 10.1.2.2, Dst: 10.1.5.5
> Transmission Control Protocol, Src Port: 59949, Dst Port: 639, Seq: 49, Ack: 49, Len: 20
v Multicast Source Discovery Protocol
    Type: IPv4 Source-Active (1)
    Length: 20
    Entry Count: 1
    RP Address: 10.1.2.2
  v (S,G) block: 10.1.101.2/32 -> 239.1.1.1
      Reserved: 0x000000
      Sprefix len: 32
      Group Address: 239.1.1.1
      Source Address: 10.1.101.2
```

图 8.46　RP 向对等体发送 MSDP SA 报文

RP2、RP3 分别根据 RP1 的 IP 地址查询 MBGP 路由表，对接收的 SA 报文进行 RPF 检查。RPF 检查都通过，于是，RP3 将 SA 报文转发给 RP4，RP2 将 SA 报文转发给 RP3。RP3 对 RP2 转发的 SA 报文进行 RPF 检查，未通过，则将其丢弃，如图 8.45(b)所示。RP4 对 RP3 转发的 SA 报文 RPF 检查通过。RP4 知道了 AS100 内有多播组 239.1.1.1 的活动多播源 10.1.101.2，于是 RP4 将活动多播源等信息存储在 cache 中，如图 8.47 所示。

RP4 根据 SA 报文中的多播源地址，向着多播源 S 的方向发送一个(S,G)加入报文，构

```
MSDP Source-Active Cache Information of VPN-Instance: public net
 MSDP Total Source-Active Cache - 1 entry
 MSDP matched 1 entry

(10.1.101.2, 239.1.1.1)
 Origin RP: 10.1.2.2
```

图 8.47　RP4 缓存活动多播源信息

建从 AS100 的多播源到 RP4 的最短路径树。以后的多播分组沿此最短路径树转发到 RP4。RP4 再通过 AS400 内的共享树 RPT,将多播分组转发给本域内的多播组成员。如图 8.48(a)所示,此最短路径树可以不经过 RP1 和 RP3。

(a) 多播源到RP的最短路径树　　(b) 多播源到多播组成员的最短路径树

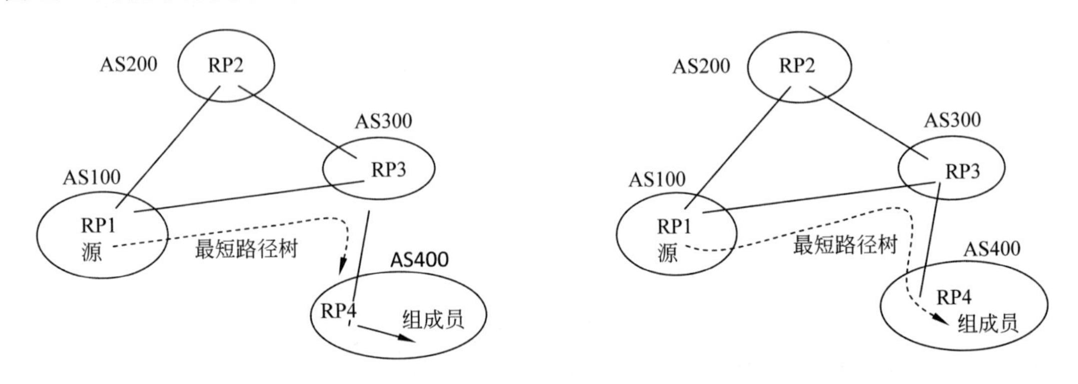

图 8.48　构建最短路径树

为了提高多播分组的传送效率,需要跨域建立基于源的树。AS400 域中连接多播组成员的指定路由器可以选择切换到基于源的树(即最短路径树)上,可以按照 PIM-SM 规则进行切换。多播分组将沿此最短路径树从多播源发送给多播组成员。如图 8.48(b)所示,此最短路径树可以不经过 RP1、RP3 和 RP4。

重复上述操作,使得所有 MSDP 对等体都可以收到 SA 报文,使得所有多播组成员都可以收到多播分组。

8.8　本章小结

随着视频会议、远程教学、视频点播等在互联网上的广泛应用,IP 多播技术的优势和重要性逐渐显现出来。

同一个多播组的结点都记录有相同的多播组地址,IPv4 使用 D 类多播地址标识多播组。IANA 对 D 类地址空间进行划分,定义了永久多播地址、临时多播地址和本地管理多播地址,根据不同类型地址的特点可以选择使用。IPv6 具有更大的多播地址空间,定义了多播组的作用范围,并且新定义了被请求结点多播地址类型。

IGMP 是 IPv4 环境下用于对多播组成员进行管理的协议,支持多播组成员的加入和退出。IGMPv1 定义了路由器查询过程,以及主机加入多播组的过程;IGMPv2 在 IGMPv1 的基础上增加多播组成员快速离开多播组的功能；IGMPv3 支持多播组成员指定接收或指定不接收某些多播源的分组，即支持特定源多播功能。类似地，IPv6 定义了多播接收方发现协议(MLD)，用于 IPv6 主机与路由器之间的交互，对多播分组接收方进行管理。

多播路由协议主要用来建立和维护多播路由表，使用 RPF 检查控制多播分组的转发。多播转发树是多播路由机制的重要概念，并分为基于源的树(SPT)和共享树(RPT)两种类型，各有自己的特点。PIM-SM 协议兼有 RPT 和 SPT 两种转发树的优点，在域内路由协议中占主导地位，是应用前景最好的多播路由协议。

使用 MBGP、MSDP 和 PIM-SM 这 3 种协议实现域间多播。MBGP 在 AS 域间交换多播路由信息，用于域间 RPF 检查；MSDP 在 AS 间交换多播源信息，用于发现活动多播源；PIM-SM 协议用于域内多播路由协议，支持 MBGP 和 MSDP 的工作。

习　题　8

1. 要实现 IP 多播功能，需要解决哪些问题？

2. 分别说明使用单播技术和广播技术实现多播功能的不足。

3. 说明 IP 多播的特点。

4. IPv4 使用 D 类 IP 地址表示多播组。说明这 3 个 D 类 IP 地址空间的特点：224.0.0.0～224.0.0.255、224.0.1.0～238.255.255.255 和 239.0.0.0～239.255.255.255。

5. 如何将 D 类 IP 多播地址映射为 MAC 多播地址？若一个 IP 多播地址为 226.24.60.9，其对应的 MAC 多播地址是什么？

6. 以太网上的路由器收到目的地址为 239.1.1.1 的多播分组，需要通过 MAC 地址为 4a-22-45-12-e1-e2 的接口转发出去。试说明路由器封装这个 IP 多播分组的以太网帧的源 MAC 地址字段和目的 MAC 地址字段的值。这个路由器需要调用 ARP 吗？

7. 编写程序，实现下列功能。

(1) 判断给定的 IP 地址(点分十进制形式)是否为多播地址。

(2) 判断给定的 MAC 地址是否为 MAC 多播地址。

8. 编写程序，实现下列功能：将给定的 IP 多播地址(点分十进制形式)转换为 MAC 多播地址(十六进制表示)。

9. 描述 IGMPv2 的响应抑制功能。

10. 说明 IGMPv2 的组成员离开多播组的过程。并与 IGMPv1 离开多播组过程进行比较。

11. 说明 IGMPv2 报文中的最大响应时间字段的作用。

12. 什么是多播转发树？根据所使用的多播转发树的不同，多播路由协议分为哪些类型？多播路由协议 DVMRP、MOSPF、CBT、PIM-DM 和 PM-SM 分别使用了哪一种多播转发树？

13. 请说明二元组(S,G)与二元组($*$,G)的区别。

14. 路由器对多播分组的处理过程中，需要进行 RPF 检查。本题所使用的网络环境如图 8.49 所示。路由器 RA 从接口 S0 收到了来自 192.168.0.22 的多播分组，从接口 S1 收到了来自 172.16.32.66 的多播分组。路由器 RA 分别对这两个多播分组进行 RPF 检查，请说明处理结果。要求说明理由。

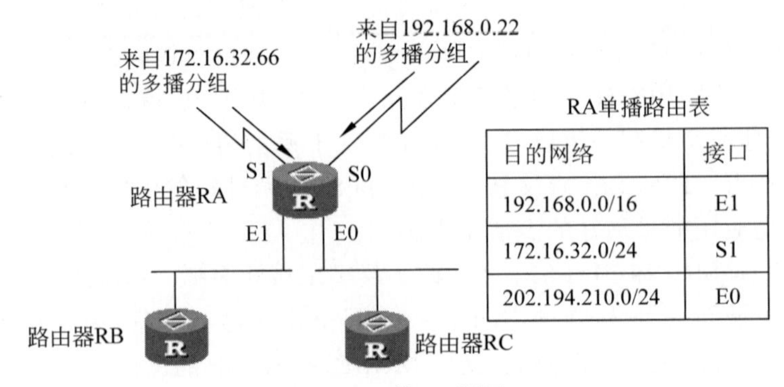

目的网络	接口
192.168.0.0/16	E1
172.16.32.0/24	S1
202.194.210.0/24	E0

图 8.49　第 14 题图

15. 描述在 PIM-DM 中,扩散、剪枝和嫁接操作在多播转发树的建立和维护过程中的作用。

16. 比较 PIM-DM 和 PIM-SM 这两个多播路由协议。

17. 关于 PIM-SM,说明源在初始传送多播分组时所进行的操作。什么时候需要从共享树切换到基于源的树?并说明切换过程。

18. 说明 MSDP 的作用,并描述 MSDP 的工作过程。

19. 比较 MBGP 与 BGP。

20. 说明 IPv6 多播技术的新特性。

参考文献

[1] PETERSON L L,DAVIE B S. 计算机网络——系统方法[M]. 王勇,张龙飞,李明,等译. 5版. 北京:机械工业出版社,2015.

[2] 谢希仁. 计算机网络[M]. 7版. 北京:电子工业出版社,2017.

[3] KUROSE J F,ROSS K W. 计算机网络——自顶向下方法[M]. 陈鸣,译. 7版. 北京:机械工业出版社,2018.

[4] 李向丽. 高级计算机网络[M]. 北京:清华大学出版社,2010.

[5] TANENBAUM A S,WETHERALL D J. 计算机网络[M]. 严伟,潘爱民,译. 5版. 北京:清华大学出版社,2012.

[6] 李向丽,李磊,陈静. 计算机网络技术与应用[M]. 北京:机械工业出版社,2006.

[7] LIN Y,HWANG R,BAKER F. 计算机网络——一种开源的设计实现方法[M]. 陈向阳,吴云韬,徐莹,译. 北京:机械工业出版社,2014.

[8] 国家互联网信息办公室. 中国互联网20年:网络大事记篇[M]. 北京:电子工业出版社,2014.

[9] 张中荃. 现代交换技术[M]. 3版. 北京:人民邮电出版社,2013.

[10] 桂海源,张碧玲. 现代交换原理[M]. 4版. 北京:人民邮电出版社,2013.

[11] NADEAU T D,GRAY K. 软件定义网络[M]. 毕军,译. 北京:人民邮电出版社,2014.

[12] COLEMAN D D,WESTCOTT D A. CWNA认证无线网络管理员[M]. 朱志立,蒋楠,译. 北京:清华大学出版社,2014.

[13] 崔勇,吴建平. 下一代互联网与IPv6过渡[M]. 北京:清华大学出版社,2014.

[14] DAVIES J. 深入解析IPv6[M]. 汪海霖,译. 3版. 北京:人民邮电出版社,2014.

图书资源支持

感谢您一直以来对清华版图书的支持和爱护。为了配合本书的使用，本书提供配套的资源，有需求的读者请扫描下方的“书圈”微信公众号二维码，在图书专区下载，也可以拨打电话或发送电子邮件咨询。

如果您在使用本书的过程中遇到了什么问题，或者有相关图书出版计划，也请您发邮件告诉我们，以便我们更好地为您服务。

我们的联系方式：

地　　址：北京市海淀区双清路学研大厦 A 座 714

邮　　编：100084

电　　话：010-83470236　010-83470237

客服邮箱：2301891038@qq.com

QQ：2301891038（请写明您的单位和姓名）

资源下载：关注公众号“书圈”下载配套资源。

资源下载、样书申请

书圈

图书案例

清华计算机学堂

观看课程直播